安徽省基层气象台站简史

安徽省气象局　编

气象出版社
China Meteorological Press

内容简介

本书全方位、多角度地反映了新中国成立 60 年来安徽省气象事业的发展变化,真实记录了全省各级(省级、地市级、区县级)气象事业的发展进程、机构历史沿革、气象业务发展、职工队伍建设、法制建设、文化建设、台站基本建设等情况,是一部具有留存价值的台站史料,同时也是一本进行台站史教育的教科书。

图书在版编目(CIP)数据

安徽省基层气象台站简史/安徽省气象局编. —北京:
气象出版社,2010.3
ISBN 978-7-5029-4942-6

Ⅰ.①安… Ⅱ.①安… Ⅲ.①气象台-史料-安徽省
②气象站-史料-安徽省 Ⅳ.①P411

中国版本图书馆 CIP 数据核字(2010)第 032525 号

Anhuisheng Jiceng Qixiangtaizhan Jianshi

安徽省基层气象台站简史

安徽省气象局 编

出版发行:气象出版社

地　　址:北京市海淀区中关村南大街 46 号	邮政编码:100081
总 编 室:010-68407112	发 行 部:010-68409198
网　　址:http://www.cmp.cma.gov.cn	**E-mail**: qxcbs@263.net
责任编辑:白凌燕　于建慧	终　　审:章澄昌
封面设计:燕　彤	责任技编:吴庭芳
印　　刷:北京中新伟业印刷有限公司	
开　　本:787 mm×1092 mm　1/16	印　　张:29.75
字　　数:760 千字	彩　　插:6
版　　次:2010 年 3 月第 1 版	印　　次:2010 年 3 月第 1 次印刷
印　　数:1~2000	定　　价:85.00 元

《安徽省基层气象台站简史》编委会

主　　任：翟武全

副主任：向世团　李　栋　曾晓伟

委　员：王　兴　包正擎　褚万江　张媛媛

《安徽省基层气象台站简史》编写组

主　　编：向世团

副主编：李　栋　曾晓伟　梅凤乔

成　员：褚万江　张孝平　施其信　李　德
　　　　陶国清　戚尚恩　方小龙

总　序

　　2009年是新中国成立60周年和中国气象局成立60周年,中国气象局组织编纂出版了全国气象部门基层气象台站简史,卷帙浩繁,资料丰富,是气象文化建设的重要成果,是一项有意义、有价值的工作,功在当代,利在千秋。

　　60年来,气象事业发展成就辉煌,基层气象台站面貌发生翻天覆地的变化。广大气象干部职工继承和弘扬艰苦创业、无私奉献,爱岗敬业、团结协作,严谨求实、崇尚科学,勇于改革、开拓创新的优良传统和作风,以自己的青春和智慧谱写出一曲曲事业发展的壮丽篇章,为中国特色气象事业发展建立了辉煌业绩,值得永载史册。

　　这次编纂基层气象台站简史,是建国以来气象部门最大规模的史鉴编纂活动,历史跨度长,涉及人物多,资料收集难度大,编纂时间紧。为加强对编纂工作的领导,中国气象局和各省(区、市)气象局均成立了编纂工作领导小组和办公室,制定了编纂大纲,举办了培训班,组织了研讨会。各省(区、市)气象局编纂办公室选调了有较高文字修养、有丰富经历的人员从事编纂工作。编纂人员全面系统地收集基层气象台站各个发展阶段的文字、图片和实物等基础资料,力求真实、客观地反映台站发展的历程和全貌。我谨向中国气象局负责这次编纂工作的孙先健同志及所有参与和支持这项工作的同志们表示衷心感谢。

　　知往鉴来,修史的目的是用史。基层气象台站史是一座丰富的宝库。每个气象台站的发展史,都留下了一代代气象工作者艰苦奋斗、爱岗敬业的足迹,他们高尚的精神和无私的奉献,将永远给我们以开拓进取的力量。书中记载的天气气候事件及气象灾害事例,是我们认识气象灾害规律、发展气象科学难得的宝贵财富。这套基层气象台站简史的出版,对于弘扬优良传统和作风,挖掘和总结历史经验,促进气象事业科学发展,必将发挥重要的指导和借鉴作用。

　　　　　　　　　　　　　　　　　中国气象局党组书记、局长　

　　　　　　　　　　　　　　　　　　　　　　　　　　　2009年10月

前　言

为了庆祝新中国成立 60 周年和中国气象局成立 60 周年,中国气象局决定在全国气象部门开展基层台站简史编纂工作。这项工作可以说是功在当代、利在后人,将为气象事业留下一笔丰厚的精神财富。安徽省各级气象部门在省气象局台站史志编纂工作领导小组的指导下,经过 3 个多月的奋战,较好地完成了安徽省基层气象台站简史的编纂工作,许多同志为此付出了艰辛的努力。

安徽气象部门历来十分重视对历史的回顾和总结,各级气象部门的历史资料保存相对比较完整。但像这次这样比较系统的整理和归类还从来没有进行过,这次台站简史的编纂具有开创性的、承前启后的重要意义。

1950 年华东军区气象处在安庆建立了安徽省第一个气象站,这是新中国成立后安徽省气象事业的起点。1952 年,安徽省军区司令部设立了气象科,标志着安徽省开始有了气象事业管理机构,随后又建立了蚌埠、合肥、宿县、芜湖气象站。1954 年 1 月,安徽省军区气象科改为安徽省气象科,同年 10 月,改称为安徽省人民政府气象局。

1956 年 7 月 1 日,安徽省气象局开始在报纸、电台上公开发布天气预报。20 世纪 50 年代初,全省只有气象专业干部 50 多人,到第一个五年计划末,全省气象干部职工达到 320 人。

1958 年,按照"地地有台,县县有站,社社有哨,队队有组"的服务与建设原则,全省相继建立了一大批气象站。实现了一地一台,一县一站的气象台站网络。各级气象部门认真贯彻"以生产服务为纲,以农业服务为重点"的工作方针,树立气象为经济建设特别是为全省农业发展服务的指导思想,推动了各项工作的开展。

1966—1976 年的"文化大革命"时期,安徽省气象事业虽然受到一定影响,但大多数气象职工排除干扰,坚守岗位,气象业务服务工作基本没有停顿。到 1978 年底,全省气象职工总人数达 1600 人,但整个队伍文化、专业素质偏低。

党的十一届三中全会之后,安徽气象事业进入了健康发展、大步前进的时期,安徽省基层台站的业务服务、技术装备、管理水平、党的建设和文化建设、人才队伍以及台站面貌都发生了巨大变化,为安徽省的地方经济建设做出了重要贡献。

回顾历史,我们倍感自豪和骄傲。展望未来,我们深深感到肩负的责任和使命。站在新的历史起点上,让我们高举中国特色社会主义伟大旗帜,深入贯彻落实科学发展观,携手并肩,齐心合力,继续以优异的成绩书写安徽气象事业科学发展的新篇章!

安徽省气象局局长

2009年6月，全国政协副主席罗富和（左一）视察安徽省气象局

2008年2月1日，中国气象局局长郑国光（前右二）在安徽省气象局听取抗击低温雨雪冰冻灾害气象服务工作汇报

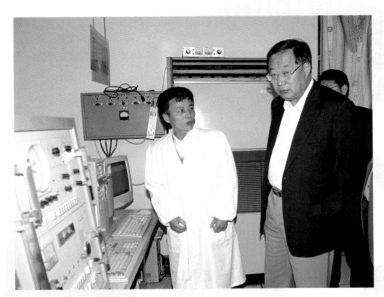

2004年5月，时任中国气象局局长秦大河在安徽基层气象台站视察

2008年1月27日，安徽省委书记王金山（前左三）、省委常委孙金龙（前左二）、副省长赵树丛（前左一）到安徽省气象局了解雪灾天气情况

2007年4月，中国气象局局长郑国光与安徽省委、省政府领导会谈

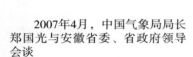

2008年，安徽省省长王三运（前中）、副省长赵树丛（前右二）视察气象工作

1979年7月13日，邓小平同志
与黄山气象站全体同志合影

1963年10月19日，陈毅副总理
与黄山气象站全体同志合影

1981年5月，陈慕华副总理
与黄山气象站全体同志合影

1980年6月20日，方毅副总理为黄山气象站题词

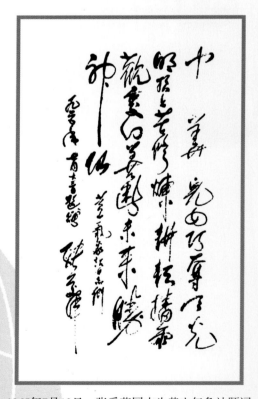

方毅同志题词

1965年7月13日，张爱萍同志为黄山气象站题词

2005年5月，中国气象局副局长许小峰（右）和安徽省副省长赵树丛（左）为淮河流域气象中心揭牌

2006年6月，中国气象局副局长王守荣等为淮河流域重点试验室揭牌

2008年8月，安徽省气象局与民航签定合作协议

滁州市气象局天气会商系统

合肥市气象局

黄山市气象局园林

马鞍山市气象科技馆

界首市（县级）气象局

颍上县气象局

目 录

安徽省气象台站概况

安徽位于华东腹地,是中国东部襟江近海的内陆省份,跨长江、淮河中下游,东连江苏、浙江,西接湖北、河南,南邻江西,北靠山东。安徽清初属江南省,康熙 6 年(公元 1667 年),拆江南省为江苏、安徽两省而正式建省,取当时安庆、徽州两府首字得名。境内有皖山、皖水,即现今的天柱山和皖河。全省总面积 13.96 平方千米,约占全国总面积的 1.45%,居华东第 3 位,人口 6740 万。

安徽省地势西南高、东北低,地形地貌南北迥异,复杂多样。长江、淮河横贯省境,分别流经长达 416 千米和 430 千米,将全省划分为淮北平原、江淮丘陵和皖南山区三大自然区域。境内主要山脉有大别山、黄山、九华山、天柱山。全省共有河流 2000 多条,湖泊 110 多个,著名的有长江、淮河、新安江和全国五大淡水湖之一的巢湖。

天气气候特点

安徽四季分明,气候温和,雨量充沛,无霜期约 200~250 天,适宜多种作物生长。全省年平均气温 14~17℃。年较差各地都小于 30℃。全省年平均降水量在 750~1700 毫米,淮北一般在 900 毫米以下,沿江西部和大别山区在 1200 毫米以上,江南南部 1700 毫米。

安徽淮河以北属暖温带半湿润季风气候,淮河以南属亚热带湿润季风气候。淮河以北地区春夏之交经常出现连阴雨、霜冻、干热风等灾害;长江、淮河沿岸和皖南山区梅雨季节,则暴雨时常发生,从而引发山洪、泥石流及内涝灾害;江淮之间入伏后,多为晴热少雨天气,易造成大面积干旱,有时形成伏旱连秋旱。安徽入梅期平均在 6 月 16 日,出梅期为 7 月 9 日,梅雨期平均长度为 24 天,梅雨量多年平均江淮之间为 270 毫米、沿江江南 320 毫米。

主要气象灾害

暴雨(洪涝)　安徽各地暴雨日数平均每年 2~7 天,南多北少,山区多,平原丘陵少。新中国成立后的 60 年间,安徽先后发生成灾面积 66.7 万公顷以上的水灾 20 多次,局部性的洪涝灾害年年都有。

干旱 干旱是安徽省常见的主要气象灾害。持续时间长,影响范围大。据近50年的资料,在成灾面积10万公顷以上的各类气象灾害中,旱灾占出现总次数的32%,仅小于水灾的42%。全省性旱年频率为5年左右一遇。

大风 大风也是安徽主要的气象灾害之一。3—8月出现频率占全年2/3。7—8月为第二个集中期,以雷雨大风为多。秋、冬两季出现次数较少。

冰雹 冰雹主要出现在3—8月,其中3—6月间出现的冰雹占全年冰雹总数的85.7%。

连阴雨 江南连阴雨天气过程比较频繁,江淮之间次之,淮北地区较少。春季连阴雨主要影响沿江、江南春播,秋季连阴雨则主要影响沿淮、淮北秋收秋种。

寒潮 安徽全省平均每年大约有3次左右的寒潮,最早的寒潮出现在10月份,最晚出现在4月份。

机构历史沿革及隶属演变

建制情况 1950年,华东军区气象处在安庆建立了安徽省第一个气象站,这是新中国成立后安徽省气象事业的起点。1951年,根据政务院颁布的《关于全国各气象台站建制及管理的联合决定》,原由华东军区司令部气象处管理的台站,下交各省军区管理。1952年6月,成立安徽省军区司令部气象科,安徽省气象台站仍为华东军区司令部气象处直接管理。1954年,撤销大军区气象处,气象部门体制改为中央气象局和省气象局两级业务管理。同年1月,安徽省人民政府财政经济委员会接收安徽省军区气象科,改称安徽省气象科,隶属于省人民政府财政经济委员会第四办公室领导,行政与具体业务工作暂由水利厅管理。11月,成立安徽省人民政府气象局。1965年5月,省委、省人委批转省委组织部、省编委《关于调整省级国家机关部分机构的报告》,将省气象局划为厅下局,改名为安徽省农业厅气象局,由省农业厅领导。1968年8月,改名为安徽省农业厅气象局革命委员会。1969年,改称安徽省气象服务站革命委员会。1970年5月,恢复厅级局,改名为安徽省革委会气象局。1973年5月,国务院、中央军委下达《关于调整气象部门体制的通知》,确定中央气象局归国务院建制,各省、地、县气象部门归同级革命委员会领导。1980年1月,改名为安徽省人民政府气象局。1983年,改由国家气象局(1993年改称中国气象局)和地方政府双重领导,改名为安徽省气象局。

截至2008年底,安徽省气象局有9个内设机构:办公室(外事办公室)、监测网络处、科技减灾处、计划财务处、人事教育处、政策法规处、监察审计处(与党组纪检组合署办公)、机关党委办公室(精神文明建设办公室)、离退休干部办公室。12个直属处级事业单位:省气象台、省气候中心、省气象科学研究所、省大气探测技术保障中心、省气象防雷中心、省气象科技开发中心、省气象局财务核算中心、省气象培训中心、省气象局后勤服务中心、淮河流域气象中心、黄山气象管理处、九华山气象管理处。经地方相关部门批准成立,由安徽省气象局管理的处级机构2个:安徽省人工影响天气办公室、安徽省农村综合经济信息中心。

人员状况 20世纪50年代初,全省气象干部职工仅有50多人。新中国第一个五年计划期间,安徽省气象队伍发展较快,1960年,达到320人。1987年后,安徽气象事业发展进入了快车道,队伍建设,特别专业人才队伍建设也步入春天。截至2008年12月31日,全省在职在编气象人员1650人,其中本科及其以上769人(其中博士6人,硕士74人);高级职称116人(其中正研级6人)。1人入选"全国百名首席预报员",8人获国务院特殊津贴,1人获省政府特殊津贴,4人获省政府人才资金资助,1人获安徽省中青年突出贡献专家称号。

省级气象台站概况

经过几代气象人的艰苦拼搏,开拓创新,无私奉献,安徽气象事业健康发展,阔步前进。气象科技及现代化建设的丰硕成果在防灾减灾气象服务中发挥着重大作用,为安徽的经济社会发展、人民福祉安全做出了积极贡献。1997—2008年期间,安徽省委、省政府先后9次致电中国气象局为省气象局请功;安徽省气象局连续10年在中国气象局年度综合目标考核中名列前茅。

1. 气象业务

1999年建成安徽省新一代气象综合业务系统,大气探测、天气预报、气候业务、通信监视、农业气象、卫星遥感、公益服务、资料管理、人工影响天气作业指挥、业务管理等10个子系统先后投入业务运行。整体建设水平处于全国气象部门省级业务系统的领先水平,为全国省级气象综合业务系统建设创造了经验。

天气预报 每天发布72小时内、3小时间隔的温、压、风场和雨量预报;每天2次滚动输出0～72小时内6小时降水预报,每天输出0～7天的全省79站的高低温预报以及4～7天的24小时降水等级预报;建立了短时临近预报预警业务系统,第一时间内滚动刷新输出省台、各地市气象台发布的0～6小时强危险天气预警信号信息;为淮河流域提供有针对性、流域性的预报产品。2006年开始,先后开展了气象灾害预警、地质灾害气象等级预警预报、城市暴雨积涝预报、城市空气质量预报、淮河流域和长江流域(皖江段)面雨量预报、农业气象产量预报、农作物病虫害气象条件预报、森林火险气象等级预报、水上气象导航预报等产品。

气候预测 开展逐旬滚动气候预测,每旬发布未来30天的趋势预报;进行了《安徽汛期旱涝气候变化和预测研究》等课题研究,已投入业务运行并提供预测产品。同时,开展了大气环境评价、江淮分水岭风机提水应用试验示范、风能资源精查、核电站选址气候可行性论证等服务工作。

气象科研 新中国成立以来,安徽省气象局有120余项科研成果获省部级以上科技奖励。其中国家科学技术进步二等奖1项,省部级科学技术一等奖2项、二等奖18项。省气象局参与研制的"我国梅雨锋暴雨遥感监测技术与数值预报模式系统"获得2006年度国家科学技术进步二等奖,"淮河流域能量与水分循环和气象水文预报"获得教育部2007年科学技术进步一等奖;"安徽省新一代气象综合业务系统开发研究与建设"获安徽省科学技术一等奖;"中国第一台新一代多普勒天气雷达(CINRAD)系统环境与技术研究"、"安徽农网建设与应用"、"基于GIS的重大农业气象灾害测评系统"等14项成果获安徽省科学技术二等奖;

"安徽省大别山区亚热带丘陵山区农业气候资源及合理利用"获中国气象局科技进步一等奖,"GSM无线雨量遥测仪研究开发"等4项成果获中国气象局科技开发二等奖。

1984年,研制出在PC-1500微型计算机上用于国家基本站的测报程序。1985年开发出基于IBM-PC机的编制月报表程序并在全国推广应用。1988年,在APPLE机上开发出面向基准气象站的测报程序,通过鉴定在全国推广应用。

1992年,组织长期自记气候站和有线遥测站业务软件的开发,1993年在全国11个站进行业务化考核运行,1995年至1999年,该软件升级为新一代地面测报软件《AHDM 4.0》版和《AHDM 5.0》,从2003年起正式在全国气象部门推广应用。

2. 气象服务

1991年夏,淮河发生特大洪涝。在淮河水位超出警戒线高位运行的情况下,国务院和安徽省委、省政府根据省气象局提供的天气预报果断决定,将王家坝行洪时间推迟8小时,使圩区近2万名群众及时安全转移。

1994年,安徽省遭历史罕见干旱,气象部门在4月份就作出了准确的预报。各级政府确定了以抗旱为主的指导方针,在汛期蓄水、引水176亿立方米,保证了全省人、畜用水和266.7万公顷农田的灌溉。

2007年,淮河流域发生了仅次于1954年的全流域性大洪水,在淮河防汛过程中,安徽省气象局将气象应急指挥车开到了王家坝,将淮河雨情、水情、汛情、灾情等信息以及王家坝防汛现场图像直接传到了国家防总、国务院,受到国务院领导的高度评价。

2008年1月10日至2月4日,安徽省遭遇了新中国成立以来最严重的一场雪灾,安徽省气象部门及时启动《安徽省暴雪灾害气象服务Ⅲ级应急预案》,每天向社会滚动提供最新预报预警信息和雪灾防范知识。省委书记王金山为此赞扬省气象局,在应对抗击雪灾工作中发挥了非常重要的作用:一是降雪预报很及时很准确,二是采取多种渠道及时向社会发布预警信息、宣传防范雪灾知识,引导公众避防伤害,工作非常到位。

2003年开始,省气象局免费向全省行政村以上各级政府防汛抗旱责任人、中小学责任人、水库责任人、地质灾害易发地的6万多名责任人发送手机气象服务短信;在省级电视、报纸、电台、网站设有气象预报发布专栏和网页。2008年,编印50万册气象灾害防御读本免费发放给小学生。安徽省气象局承办的"安徽农网"每日更新信息5000多条,日均访问量超过8000人次,用户遍及全国各地以及美国、日本、欧洲等36个国家和地区。

3. 精神文明

2000年1月13日,中国气象局和安徽省文明委联合授予全省气象部门"文明系统"荣誉称号和奖牌。2000年3月23日,安徽省文明委做出《关于开展向安徽省气象系统学习的决定》。2005年和2008年安徽省气象局、池州市气象局、萧县气象局连续两届荣获中央文明委授予的"全国文明单位"。全省气象部门先后有2个单位荣获"全国气象部门双文明建设先进集体标兵"荣誉称号,3个单位荣获"全国气象部门双文明建设先进集体"称号。全省气象部门获省部级以上表彰的74人,其中全国劳模4人、全国五一劳动奖章2人、省劳模10人、省五一劳动奖章5人。

4. 气象法规建设

1997 年《合肥多普勒天气雷达站探测设施和探测环境保护办法》颁布实施;1998 年 9 月 1 日《安徽省气象管理条例》颁布实施;2005 年 1 月 1 日《淮南市防御雷电灾害条例》颁布实施;2005 年 5 月 1 日《安徽省防雷减灾管理办法》颁布实施;2007 年 11 月 1 日《安徽省气象灾害防御条例》颁布实施;2009 年 6 月 1 日《安徽省气象设施和气象探测环境保护办法》颁布实施。

所辖市级局、台概况

1. 市气象局

安徽省气象局下辖 17 个地级市气象局:合肥、淮北、亳州、宿州、蚌埠、阜阳、淮南、滁州、六安、马鞍山、巢湖、芜湖、宣城、铜陵、池州、安庆、黄山市气象局。

2. 气象台站

安徽省气象局下辖 81 个地面气象观测站;5 个多普勒天气雷达站;2 个 L 波段雷达探空站;22 个农业气象观测站;13 个 GPS/MET 站;10 个闪电定位监测站;7 个酸雨观测站;1142 个区域气象观测站;1223 个降水观测点;407 个气温、风向风速观测点;156 个气压、湿度观测点。

地面观测站 81 个地面观测站中,基准站 3 个,基本站 21 个,一般站 57 个。其中,台站历史最悠久的是芜湖气象站,1886 年建立(芜湖测候站)并开始降雨量的观测。新中国成立后,最早建立的是安庆气象站(1950 年建站),最晚的是天柱山气象站(2003 年建站)。全省"站龄"50 年以上的有 69 个站,其中安庆、蚌埠、滁州、宿州、和县、合肥、屯溪、亳州、阜阳、霍山和砀山达 55 年以上。在现址工作年数超过 50 年的气象台站有 17 个:滁州、祁门、宿州、黄山、宁国、泗县、宣城、庐江、寿县、望江、潜山、太和、旌德、肥西、休宁、马鞍山和凤台。其中时间最长的为滁州气象站,达 56 年。

2003 年,省气象局成功研制出智能数据采集与无线数据传输于一体的自动雨量站,在全国率先建设高时空密度加密雨量站网。2004 年底,完成全省台站的自动气象站建设,并实现自动气象站观测资料每 10 分钟 1 次的自动上传。至 2008 年,全省建成由 816 个雨量站、251 个四要素自动气象站、75 个六要素自动气象站组成的区域气象观测网。

2004 年,在全省增设了 68 个土壤墒情普查站点,建成全省土壤墒情普查监测网。

2006 年,在全国气象部门率先建成由全省所有台站组成的实景观测与视频监控网,对81 个台站的气象观测场实况进行远程实时观测、监控和录像。

2006 年,作为全国 5 个试点台站之一的寿县国家气候观象台,开展自动气候站考核,建成了通量观测系统。

气象雷达站 1969 年,省气象台安装了我国第一部国产 3 厘米波长的 711 天气雷达,之后全省先后建设了 9 部 711 型天气雷达;1985 年在黄山光明顶建设了我国第一部 10 厘米波长的 714 型天气雷达；1986 年在阜阳建设了 5 厘米波长的 713 型天气雷达。1999 年，具有 20 世纪 90 年代世界先进水平的中美合作生产的第一部 S 波段新一代天气雷达在合肥建成。此后，在马鞍山、阜阳、蚌埠、黄山也相继建成新一代天气雷达。

2004 年、2008 年，安庆、阜阳探空雷达分别升级为 L 波段雷达。

气象卫星站 1993 年，全省 15 个地市气象局建成高分辨卫星云图接收系统。1995 年开始建设气象卫星综合应用业务系统，在全省建成由 1 个省级、15 个地市级 VSAT 站组成以及全部 80 个台站的 PC-VSAT 单收站组成的卫星通信网，该系统于 1999 年正式投入业务运行，实现了气象信息的高速传输、计算机网络化和信息资源共享。2004 年，合肥和蚌埠率先建设了 DVB-S 卫星资料接收应用系统。2007 年，全省所有市级气象部门均建成了 DVB-S 卫星数据广播接收系统，全面实现了风云二号双星观测资料的接收利用。

气象通讯网络 1988 年组建了安徽省甚高频电话通讯网，1992 年建成全省地市以上气象部门计算机远程通信系统，1994 年在全国气象部门率先加入中国公用分组交换数据网，并迅速向县级扩展，组成覆盖全省各级气象台站传输速率为 9600 比特/秒的气象防灾减灾广域网。1995 至 1997 年，全省台站的编制观测报表的数据全部经公用分组交换数据网自动上传至省气象局，发报实现了计算机自动上传，在全国率先实现大气探测信息传输方式的一次重大变革。

2003 年，省气象局在全省气象部门实施 VPN 宽带网建设。省气象局建成了两条连接因特网的 100 兆光纤，全省所有市级气象台站和近 20 个县级气象局以 10 兆光纤接入因特网，其余台站以 2 兆 ADSL 接入因特网。2005 年，县级台站全部升级为 10 兆光纤电路，通过硬件和软件相结合的 VPN 组网方式形成了全省气象部门 VPN 宽带网。2007 年，省气象局开始进行省—市—县 SDH 专线建设，2009 年底已投入业务运行。从而实现省—市—县 SDH 与 VPN 网络的互为备份运行，全面提升网络可靠性与安全性。

黄山气象管理处

黄山风景区地处皖南山区的黄山市境内，属世界自然和文化遗产地、世界地质公园，是驰名中外的山岳旅游胜地。黄山气象管理处坐落在黄山风景区内，所在地光明顶，是黄山第二高峰，也是华东地区有人工作生活的最高处。

机构历史沿革

1. 始建情况

1955 年 6 月，在安庆气象部门工作的李凯同志接到上级指示，到黄山风景区新建黄山气象站。李凯同志赶到黄山后，在黄山管理处（黄山风景区管理委员会的前身）沙处长（具体姓名不详）陪同下，带领 4 人（炊事员和保卫人员）来到黄山光明顶选好站址，开始新建气象站。两个月后，李凯同志接上级通知到北京气象培训班参加学习，由一名姓方的参谋（具体姓名不详）接替李凯工作。黄山气象站于 1956 年 1 月 1 日 0 时开展气象业

务,承担国家基本观测站任务,观测场海拔高度 1840.4 米,经纬度为北纬 30°08′,东经
118°09′。

2. 建制情况

领导体制与机构设置演变情况　1956 年至 1986 年 9 月,黄山气象站直属省气象局管
辖,科级建制。1985 年,国家气象局在光明顶建立我国第一部 714 天气雷达,成立 714 雷达
站。1986 年 10 月,省气象局批准成立黄山气象管理处,县处级建制,直属省气象局管理,
内设黄山气象站、黄山 714 雷达站、人秘科,辖管太平县气象站(1988 年 5 月划归徽州地区
气象局)。1979 年,实行由上级气象部门和黄山管委会双重领导,以部门为主的管理体制。
1989 年 1 月至 1992 年 7 月与黄山市气象局合署办公,1992 年 8 月又直属省气象局管理。
自 1989 年 3 月起,黄山气象处气象工作人员实施轮换制。

人员状况　建站初期有 11 人,建处初期有 26 人。2008 年底在编气象职工 16 人,其中
本科学历 8 人,大专学历 2 人;高级职称 1 人,中级职称 7 人,初级职称 8 人;年龄 30 岁以下
5 人,40～50 岁 8 人,50 岁以上 3 人,平均年龄 41 岁。

单位名称及主要负责人更替情况

单位名称	主要负责人	职务	性别	任职时间
黄山气象站	李　凯	负责人	男	1955.6—1955.7
	方参谋	负责人	男	1955.8—1955.9
	方树柏	站长	男	1955.10—1956.4
	吴洪钧	站长	男	1956.5—1957.9
	黄在瑞	站长	男	1957.9—1961.4
	陈光中	站长	男	1961.5—1971.8
	石惠民	站长	男	1971.9—1984.3
	蒋有勇	站长	男	1984.4—1986.11
黄山气象管理处	于承安	处长	男	1986.12—1989.3
	余仁国	处长	男	1989.3—1994.1
	陈文东	处长	男	1994.2—1997.12
	於克满	处长	男	1998.1—2000.1
	张国良	处长	男	2000.2—2002.9
	郝定平	处长	男	2002.10—2008.2
	杨　彬	处长	男	2008.3—

气象业务与服务

1. 气象业务

地面观测　1956 年 1 月 1 日起,每天 4 次观测。1980 年改为 02、05、08、11、14、17、20、
23 时 8 个时次地面观测。观测项目有云、能见度、天气现象、气压、气温、湿度、风向风速、
降水、雪深、日照、蒸发、地温、电线积冰等;发报任务有天气报、重要天气报、气象旬月报、航

危报、台风加密报等。1979年分别在北海、玉屏楼、云谷寺、半山寺和温泉建立气象哨,开展温度、降水观测(观测期2年)。1986年1月起使用PC-1500袖珍计算机取代人工编报。2000年1月ZQZ-Ⅱ型自动气象站并开始试运行。2001年1月1日起以遥测Ⅱ型站记录作为正式地面气象观测记录,目测项目和定时降水仍用人工观测作为正式记录。2002年1月1日起自动站单轨运行。2004年5月在风景区松谷庵、北海、玉屏楼、温泉和大峡谷建成四要素自动站,2007年11月在汤口寨西建成六要素自动站并运行。

1988年7月起气象处承担酸雨观测任务,2005年9月起使用酸雨观测业务软件进行数据处理和传输。2008年10月受黄山管委会委托建设雷电预警系统,进行闪电定位和大气电场监测。

雷达探测　1987年6月714雷达投入业务运行,每天05、08、11、14、17、20、23时7次定时开机观测,并绘制雷达回波素描图,汛期每日3次定时采用传真机通过VHF信道向江苏、浙江、湖北、福建、上海、河南和本省地、市、县台站传送,非汛期停机保养。2006年12月714雷达停止使用。2008年5月S波段新一代天气雷达开始试运行,24小时开机;10—12月每天10—15时开机观测,并向省气象台和国家大气探测中心上传数据,雷达资料并网共享。

气象预报　1970年8月始,通过天气形势,分析天气图和本站资料,制作早晚2次天气预报。1977年8月始使用气象传真接收机接收高空、地面天气图和物理量预报图等,分析制作预报。1985年起发布森林火险气象等级预报。2000—2005年,建立VSAT站、气象网络应用平台和省市气象视频会商系统,开通100兆光缆,接收从地面到高空各类天气形势图和云图、雷达等数据。2000年后预报业务逐步发展,开展未来48小时、4～7天、汛期气候趋势等短、中、长期预报及短时临近预报,同时发布各景点天气预报。

气象信息网络　1956年1月,自设电台传递气象报。1958年10月改用有线电话。1996年6月建成气象数据通信专用网,9月利用X.25分组交换数据网上传大气探测资料,实现自动化信息传输。2002年升级为100兆宽带网,同年建成简易局域网。2004年建立"黄山天气在线"网站,2006年采用ASP.NET架构和SQL数据库对网站进行改版。2008年网络重新规划布局,建设完成了布线规范的局域网,配制了防火墙、路由器,建成SQL2005数据库服务器。

2. 气象服务

①公众气象服务

1970年起在气象站门口以公告牌形式为游客提供天气预报服务。1996年黄山景区天气预报开始在中央电视台播出。2002年开始通过手机短信向用户发布气象信息。2003年开始通过气象灾害预警信息电子显示屏在景区管委会办公大楼、各大宾馆、重要公共场所及光明顶广场发布气象信息。2004年起通过"黄山天气在线"网站发布滚动气象信息。2008年9月,与景区电信部门合作在全国风景区率先建立"96800121"气象信息服务热线电话。

重大节假日气象服务　从2000年开始,黄山景区逐渐形成节假日旅游热,每逢春节、元旦、小长假及黄金周到来之前,黄山气象处都及时启动重大节假日气象服务预案,向景区管委会领导及旅游、综治、园林等有关部门提供节假日天气预报服务,并在节日期间及时滚动向社会发布气象信息。

气象景观特色服务 自 2004 年起,黄山气象管理处还通过"黄山天气在线"网站、"96800121"气象信息服务热线电话和风景区主要景点的气象灾害预警信息电子显示屏每天发布云海、佛光、雾凇、雪景、日出日落等气象景观概率预报信息,为游客游览黄山提供特色气象服务。

重大活动气象保障服务 2000 年起气象处开始为黄山景区管委会承担国家领导人及重要外宾来访等重大活动的天气保障任务。在接到重大接待气象保障通知后,气象处迅速启动重大活动气象服务预案,组织业务人员进行天气会商,并做出精细天气预报,及时向管委会领导及相关接待部门报告天气状况。接待期间根据天气变化及时滚动发布气象信息。至 2008 年底共进行重大活动气象保障服务 26 次。

雷电预警安全保障气象服务 黄山景区索道缆车运行受大风、雷电威胁很大。2001 年起,气象处向索道公司提供大风、雷电的预警信息服务,为索道运行安全提供安全气象保障。同时向相关景点管理人员提供气象灾害预警信息,以便景点管理人员及时疏散游客,保障游客生命安全。2008 年 10 月建成雷电预警系统,为景区提供雷电预警服务。

②决策气象服务

1977—1985 年,气象站主要是通过电话向景区领导汇报重要天气过程的预报信息。1985—2003 年,气象处开始通过《重要天气报告》、《黄山汛期 5—9 月气候预测》、《黄山防火期天气气候预测及建议》等决策服务产品向景区领导和相关部门提供决策气象信息服务;2003—2008 年,又开发了《重要气象信息专报》、《灾害性天气警报》、《旅游黄金周专题预报》、《重大节假日天气预报》、《重大接待活动专题预报》等决策服务产品。

③专业专项服务

1992 年起开始进行专业专项服务,服务项目主要有科技服务,防雷图审、防雷检测、防雷工程等。

④人工影响天气

1998 年黄山风景区成立人工影响天气办公室,机构设在管委会防汛抗旱指挥部,人员及编制归地方,气象处负责调度和指挥。至 2008 年底装备"三七"高炮 2 门,人影作业人员 7 人。人工影响天气机构成立以来,多次开展人工增雨(雪)工作,为缓解景区旱情、降低火险等级、增加水源、改善生态环境发挥了作用。如 2002 年 10 月景区旱情严重,根据管委会要求,气象处抓住有利作业时机,于 10 月 17 日 6 时 30 分开始,发射人工增雨炮弹 78 发,效果十分明显,作业后景区普降大雨。2007 年在汤口寨西建成人工影响天气基地,建立固定作业炮台和 1 个六要素自动站,2008 年 9 月引进建成人工影响天气近地层远程控制撒播系统。2008 年底黄山气象管理处与管委会联合投资建成人工影响天气指挥中心。

⑤气象科技服务

1981 年以来,气象处结合景区实际,在森林防火、生态环境保护等方面积极开展专业气象科技服务工作,将气象科技融入生态保护之中,实现景区连续 29 年无森林火灾。1998 年著名景点"梦笔生花"成功实施"扰龙松"移植工程,气象处全程提供服务;2006 年在国宝"迎客松"附近安装自动气象站,为保护"迎客松"提供科学依据;2004—2006 年冬季干旱,

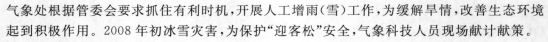

气象处根据管委会要求抓住有利时机,开展人工增雨(雪)工作,为缓解旱情,改善生态环境起到积极作用。2008年初冰雪灾害,为保护"迎客松"安全,气象科技人员现场献计献策。

⑥气象科普宣传

1999年气象处在光明顶广场建立气象科普宣传长廊。该长廊2002年被中国气象局、中国气象学会确定为全国气象科普教育基地。2002年起,每年举办2期防雷、气象灾害防御等知识讲座,每年开展2次气象科普宣传活动。2004年起在光明顶广场增设电子显示大屏,滚动播出气象服务信息与气象科普知识;在"黄山天气在线"网站专栏宣传气象知识,每年公众访问量15万人次以上。

气象法规建设与管理

2000年以来,每年3月和6月开展气象法律法规和安全生产宣传教育活动。气象处承担气象行政审批、规范天气预报发布和传播管理职能。实行低空升空物施放许可、建筑工程图纸防雷审批制度。防雷安全纳入景区安全考核之中。2007年绘制了《黄山气象观测环境保护控制图》,纳入风景区规划管理,为气象观测环境保护提供保证。

党建与气象文化建设

1. 党建工作

支部组织建设 1976年8月,成立黄山气象站党支部,石惠民任支部书记。1984年4月至1986年10月,蒋有勇任支部书记;1986年12月更名为黄山气象管理处党支部,于承安任支部书记。因随人事变动,余仁国、于克满、张国良、郝定平先后担任支部书记,现任支部书记为杨彬。1992年、1993年、1998年、2001年、2005年,分别被管委会机关党委评为"先进党支部"。2008年底,有中共党员13人。

党风廉政建设 2001—2008年,参与气象部门和地方党委开展的党章、法律法规知识竞赛共15次。2002年起,连续7年开展党风廉政教育月活动。2003年起,每年开展处领导党风廉政述职报告和党课教育活动,严格执行处级领导个人重大事项报告制度,推进惩治和防腐败体系建设。2002年以来,为规范办事行为,先后制定完善"三重一大"民主决策、政务公开、财务、科技服务、大宗物资采购等五个方面42项规章制度。

2. 气象文化建设

精神文明建设 气象处把景区作为气象部门对外的窗口,不仅要自身创建文明,而且要传递文明。1985年起,主要围绕"五讲四美三热爱"等主题开展工作。2003—2008年,先后开展"文明言行,擦亮窗口"、"和谐黄山,我爱我处"等8次活动;2003年开始,与黄山区甘棠镇龙北社区结对共建,资助困难学生;每年组织2次乒乓球、扑克牌、棋类、跳绳比赛等文体活动。2000年以来,参与演讲比赛、征文、文艺演出、文明创建知识竞赛25场次。开展精神文明建设,建设一流台站,凝炼了黄山气象人精神——"艰苦创业、爱岗敬业、奋力兴业、奉献爱业"。

文明单位创建 1995 年气象处将创建文明单位工作纳入日常工作之中,"建文明单位,树行业形象,做文明职工"成为气象处创建工作的出发点。为营造文明创建氛围,不断提高服务水平,气象处制定了《黄山气象处职工文明守则》,引导职工投入到创建文明单位的活动中去。1998 年获黄山风景区"神圣杯"精神文明奖,2002 年获黄山风景区安全文明单位称号,2003 年获省气象局文明创建先进单位称号,2004 年开始,连续获得省市级第六届、第七届、第八届文明单位称号。

3. 荣誉

集体荣誉 1959 年,黄山气象站应邀派代表赴北京参加国庆十周年观礼。1988—2008 年,黄山气象管理处获地厅级以上集体荣誉 108 项。其中,2001 年、2004 年,被安徽省人事厅、省气象局联合授予全省气象系统"先进集体"称号。2002 年,被中国气象局和中国气象学会评为"全国气象科普工作先进集体"。

个人荣誉 1988—2008 年,黄山气象管理处获得省部级以上表彰的先进个人有 2 人:江斌,中共党员,本科学历,气象预报员,1995 年被安徽省政府表彰为抗洪抢险劳动模范。刘安平,中专学历,气象观测员,2004 年获安徽省人事厅、省气象局联合表彰为全省气象系统先进个人。

台站建设

台站综合改造 黄山气象管理处占地 4700 平方米。1955 年 7 月 15 日,气象站办公楼破土动工,建筑面积 250 平方米。1975 年建设宿舍楼 334 平方米;1980 年,根据需要兴办光明顶招待所;1985 年 6 月建设黄山 714 雷达楼 450 平方米,雷达设备在 1986 年 7 月由空军派"黑鹰"直升机分 31 架次从太平县运到光明顶进行安装;1997 年气象处对整体环境进行全面改造,将办公楼改扩建成气象楼,建筑面积 350 平方米;2007 年对雷达楼进行改造更新,建筑面积 400 平方米,同时安装一部新一代天气雷达(S 波段多普勒雷达,雷达主要设备由南京民用直升机公司从屯溪黄山飞机场运到光明顶),建立了现代化气象业务平面、会议会商室、档案室及雷电预警中心平台,更新了业务用微机和办公设备。

建站初期的观测场

办公与生活条件改善 建站始至 1970 年,采用煤油灯和蜡烛照明;1971 年接通电缆,基本解决了工作和生活用电。自建站至 2002 年,采用地窖和容器储存雨水供应饮用,枯水时段水质变味,干旱时期到 5 千米外的天海水库担水使用。2003 年起接通景区水网,启用自来水。

园区建设 2001 年和 2008 年先后对单位进行绿化美化和道路硬化 2000 平方米。黄山气象管理处经过半个多世纪的不断建设与发展,建成具有装备现代、网络先进、环境美观的单位。

黄山气象站新貌

九华山气象管理处

九华山坐落在安徽省南部,南依黄山,西邻长江,系中国佛教四大名山之一,中国首批 AAAAA 级旅游区、中国文明风景旅游区,华东黄金旅游线——"两山一湖"(九华山、太平湖、黄山)旅游开发战略的主景区。景区现有面积 32 平方千米,规划面积 120 平方千米,保护面积 176 平方千米,景区现有人口 1.5 万。

1999 年九华山风景区由管理处升格为管理委员会(副厅级)。

九华山属亚热带季风性气候,同时又具有山区小气候特征。冬暖夏凉,四季分明。年平均温度 14.1℃,年平均降水量 2100 毫米,年平均日照时数 1720 小时,是旅游度假的理想之地。

机构历史沿革

1. 始建情况

因旅游气象服务工作的需要,1980 年 9 月,安徽省气象局决定组建九华山气象站,调曹旭同志到九华山负责筹建工作。

九华山气象站坐落在九华山风景区核心景区内,占地面积为 6389.3 平方米(九华山国有〔2005〕第 008 号土地证),原址为:九华山管理处九华大队白马生产队,后调整为:九华山风景区九华街白马新村 15 号。地面观测场位于九华山风景区九华街白马新村山塔"山顶",即东经 117°47′,北纬 30°29′,海拔高度 647.3 米,1982 年 7 月 1 日正式开展业务工作。

2. 建制情况

领导体制与机构设置演变情况 九华山气象管理处前身九华山气象站为正科级建制,自 1982 年 7 月开展工作以来,体制及内部机构设置演变如下表:

建制变更	起讫年月	内设机构	管理归属	备注
九华山气象站	1982.7—1985.12	测报股、预报股	省气象局业务处 直属台站科	正科
九华山气象站	1985.12—1990.12	测报股、预报股	芜湖地区行政公署气象局	正科
九华山气象局	1991.1—1994.4	测报股、预报股	池州地区行政公署气象局	正科
九华山气象管理处筹备组	1994.5—2002.4	气象台、办公室、科技服务	安徽省气象局	正处
九华山气象管理处	2002.5—	中心(3个正科级机构)	直属单位	

人员状况　九华山气象站建站时仅有1人。2008年12月31日,有正式职工10人,下派领导干部2人,下派主办会计1人,离退休人员3人。

主要负责人变更情况

负责人	性别	职务全称	任职时间
曹　旭	男	九华山气象站副站长(主持工作)	1980.9—1984.2
王均匀	男	九华山气象站站长	1984.3—1994.4
王良朝	男	九华山气象管理处筹备组组长(副处转正处,主持工作)	1994.5—2000.10
夏正平	男	九华山气象管理处副处长(主持工作)	2000.10—2008.2
祝卫华	男	九华山气象管理处处长	2008.3—

气象业务与服务

1. 气象业务

地面观测　九华山气象管理处气象业务属国家一般站,主要从事每天3次地面气象观测业务(08、14、20时),夜间不守班。建站伊始,观测项目为:云、能见度、天气现象、气压、气温、湿度、降水量、日照、蒸发、风向风速、积雪、雪深、地面温度(0厘米、最高、最低)等基本气象要素。无发报任务。业务执行1980年版《地面气象观测规范》。2004年1月起执行2003年版《地面气象观测规范》。之后,业务变更如下表:

变更年月	变更内容
1993.07	由EN风向风速计取代EL风向风速仪。
1997.09	测报业务平台升级,由计算机(386)取代PC-1500。
1998.05	启用AHDM4.0测报程序,11月起进行加密报拍发试验。
1999.01	正式开始拍发天气加密报(08、14、20时)。
2001.11	完成地面观测场改造,换围栏。
2004.04	六要素自动气象站安装调试成功,进入试运行。
2004.07	开展特种温度(草面、裸露空气、水泥地面)观测,土壤墒情普查观测。
2005.01	六要素自动站与人工站平行观测(以人工站为主)。
2005.05	停止土壤墒情普查观测。
2006.01	六要素自动站与人工站平行观测(以自动站为主)。
2006.10	观测场安装全景实时监控系统。

变更年月	变更内容
2007.01	六要素自动站实行单轨运行,业务技术体制改革正式实施,九华山站更名为国家气象观测二级站。
2007.07	取消草面、裸露空气、水泥地面温度观测。8月完成天台、百岁宫、牛角尖3处四要素自动站建设及观测环境评估保护工作。11月完成地面观测场防雷工程改造。

气象信息网络 1990年以前,气象信息主要通过电话传递,1990年3月建成甚高频电话,初步实现部门间气象信息传输固定通道。1997年9月建成X.25传输系统,1999年1月建成VSAT气象卫星数据单向接收系统,2003年5月,由VPN宽带网(100兆)取代X.25,传输速率大为提升。

气象预报 气象为旅游经济发展服务是建立九华山气象站的初衷。1994年以前,九华山气象预报主要依靠安徽人民广播电台每天3次的天气预报广播、天气形势分析指导及武汉气象中心每天广播的08时高空(850百帕、700百帕、500百帕)实况、14时地面要素实况进行手工填图、绘图分析为依据,结合预报员经验和本站预报指标而制作。1994年5月,九华山气象管理处筹备组成立后,加大对气象业务的地方性投入,气象预报资料由传真图到接收卫星资料,再到全信息网络传输、雷达资料接收,真正实现全方位、全天候的资料保障系统。

2. 气象服务

公众服务 1995年6月前,通过九华山广播站向社会发布九华山地区天气预报,每天2次(早、晚各1次)。1995年6月15日,由九华山气象台制作的风景区电视天气预报正式在九华山有线电视台播出(无主持人)。1997年6月,九华山风景区旅游景点及周边城市电视天气预报在九华山有线电视台正式播出(有主持人)。2001年4月,九华山天气预报自动答询系统"121"开通。2004年5月,手机短信天气预报信息平台建成使用。2007年3月,气象灾害预警信息电子显示屏在景区各大宾馆、游客集散地、重点景区、乡镇、防汛、防火、应急成员单位安装,基本实现气象灾害预警信息无盲区的工作目标。

决策服务 决策服务重点关注关键性、灾害性、转折性天气过程及重大户外活动的气象保障服务。服务方式有:向地方领导及职能部门当面汇报、书面报告、电话汇报、短信提示等。近10年重大气象灾害成功案例有:2000年、2004年、2005年、2007年夏秋连旱,2007年7月10日特大暴雨,强台风"韦帕"、"罗莎",2008年1—2月低温雨雪冰冻灾害及景区森林防火火险等级气象预警等。

专业与专项服务 九华山气象站开展专业与专项服务始于1991年,随着旅游经济的快速发展,其服务面也不断拓宽。常年主要服务项目有:春茶采摘期专项服务,索道、缆车运行保障服务,建筑物防雷专项服务(图审、防雷工程验收、防雷装置年检),庙会专项保障服务,人工增雨专项服务,双休日旅游专项服务等。分季节开展的森林火险等级服务(防火期),重大灾害性天气公路交通预警服务,次干旱期的供水预警服务及财产保险服务等。

气象科技服务 受自然条件的限制,九华山气象科技服务总量较小,常规项目有:气象影视广告、专业气象信息服务、防雷、气球、气候资料、网络更新维护等。

气象科普宣传 受九华山常住人口少等条件的限制,气象科普宣传过去仅在中小学生中偶尔开展。进入 21 世纪后,随着气象与社会交流深度与广度的拓宽和自身业务发展及交流媒体、手段的提升,人们对防灾减灾知识的需求,气象科普宣传步入正规。目前,九华山气象台已列为风景区唯一的科普基地,每年定期开展科普宣传活动。主要有:中小学生气象灾害防御宣传教育周(4 月)、风景区科技周、安全生产宣传月(6 月)、"11·9"宣传日。此外,还不定期为旅游服务企业举行气象灾害防御培训班和气象灾害防御宣传画进社区,并利用电视天气预报节目常年进行气象科普宣传,正确引导驻山居民及广大来山游客科学防灾减灾。

法规建设与管理

气象法规建设 《九华山风景区防雷减灾实施办法》于 1997 年 6 月由风景区建设环保处与九华山气象管理处联合发文实施。

社会管理 气象探测环境已纳入风景区核心景区规划保护范围。按照《九华山风景区管理条例(实施细则)》的规定,核心景区不得施放氢气球,必须施放的,由活动单位申请,九华山气象管理处审批。九华山气象管理处依据《中华人民共和国气象法》和《九华山风景区防雷减灾实施办法》对风景区防雷减灾工作进行管理,并会同风景区安全生产监督管理局将防雷安全纳入安全生产统一布置、统一检查、统一考核。

政务公开 政务公开是廉政建设的重要组成部分,是从源头预防腐败的有效手段。九华山气象管理处一贯坚持党务、政务公开制度,接受监督。2004 年出台《九华山气象管理处政务公开实施细则》,由处办公室负责监督实施。目前公开的内容有:人事、财务(包括预算、执行、重大开支)、项目建设、政府采购、车辆管理、重大事项决策、领导参加重大活动等。公开形式:内部局域网、公告栏张贴、职工大会通报。

党建与气象文化建设

1. 党建工作

支部组织建设 1994 年 10 月以前,九华山气象站与九华山管理处农林科合为一个党支部(时称中共九华山风景区第七支部),气象站党员 5 人。1994 年 10 月 7 日,经中共九华山风景区管理处党委批准,成立中共九华山气象党支部(第 22 支部),党员数 6 人。2008 年12 月,中共党员 11 人,其中在职人员党员 7 人,下派人员党员 2 人,退休人员党员 2 人。1997 年,被中共九华山管理处党委授予"先进党支部"。

党风廉政建设 九华山气象管理处始终坚持预防、教育、制度并举,强力推进主要领导"一岗双责",领导班子个人重大事项报告制度、五项承诺和主要领导"两个不直接分管"(财务、工程建设和采购)制度,党务、政务公开制度,从源头上预防了腐败现象的滋生。近年来,重点开展理想信念、文明诚信、机关效能、制度建设等活动,已形成较完整的党风廉政建设和反腐败工作体系。没有发生领导干部因不廉受处分的现象。

2. 气象文化建设

精神文明建设 精神文明建设是气象工作的重要组成部分,自中央提出加强精神文明建设以来,九华山气象管理处即将文明创建列入重要工作内容,成立机构、制订规划、出台方案和制度。以提升人的综合素质为主线,努力实现"组织领导好、工作业绩好、行业风气好、创建效果好、思想文化建设好、综合治理好"的创建目标,提炼出九华山气象人精神:"跳出气象干气象,走出山门求发展",为九华山气象事业发展提供理念支撑。

文明单位创建情况

荣誉称号	获奖时间	届别	命名机关
池州地区"双文明建设"先进单位	1998.6	第二届	中共池州地区委员会 池州市行政公署
安徽省"文明单位"	2002.3	第五届	中共安徽省委员会 安徽省人民政府
安徽省"文明单位"	2004.4	第六届	中共安徽省委员会 安徽省人民政府
安徽省"文明单位"	2006.5	第七届	中共安徽省委员会 安徽省人民政府
安徽省"文明单位"	2008.5	第八届	中共安徽省委员会 安徽省人民政府

文体活动 九华山气象管理处每年均开展系列文体活动。固定活动有:"迎新春"文艺晚会、庆"三八"座谈会、"清明节"祭奠英烈活动、"七一"奉献日活动、"迎新年"体育比赛等。并组队参加九华山风景区及安徽省气象局组织的各类演讲、文体汇演活动。目前建成的活动场所有网球场(多功能)、多功能厅、文明学校(阅览室),能基本满足活动需要。

3. 荣誉

1997年10月,安徽省人事厅与安徽省气象局联合授予九华山气象管理处"先进集体"荣誉称号。

台站建设

1981年6月,购得九华大队白马生产队队屋3间(泥石墙瓦屋面)为临时用房。后随着业务工作的开展、工作人员的增加,陆续建设了砖木结构的业务值班室83.3平方米、生活用房232.2平方米、会议室38.2平方米、招待所56.4平方米(1985年6月全部建成)。基础设施为民用电、山泉水、土路。1990年6月争取到中央财政资金在气象站院内建设人工水井1口,解决职工工作、生活用水问题。

1994年4月成立九华山气象管理处筹备组,1996年起掀起了台站建设、业务发展的新高潮。建设情况如下表:

建筑物名称	建成时间	建筑面积	用途	备注
职工宿舍	1993.12	184平方米	职工住房	砖混二层2户。接通市政自来水。
办公、业务综合楼	1996.9	435平方米	行政、业务	砖混结构,局部三层。建成专路供电。

续表

建筑物名称	建成时间	建筑面积	用途	备注
宿舍楼	1997.10	636 平方米	职工住房	砖混结构,三层 9 户
旅游气象研究所楼	1999.7	1134 平方米	科研、办公	砖混结构,局部四层
基础设施综合改造	2004—2005 2008		道路、护坡、供排水、绿化、通讯、网络、供电等	国家项目资金

1982 年的地面观测场

地面观测场现状(2008 年 10 月摄)

九华山气象管理处业务办公楼

合肥市气象台站概况

　　合肥位于安徽省的中部,地处江淮之间,巢湖之滨,紧靠"长三角",通江达海,承东启西、贯通南北、连接中原,是一座具有2200多年历史的古城。秦朝时置合肥县,明清时为庐州府治,故又称"庐州",素以"三国故地、包拯家乡"而闻名海内外。市域总面积7266平方千米,全市总人口479万人,现辖瑶海、庐阳、蜀山、包河4区和肥东、肥西、长丰3县。合肥属于亚热带到暖温带的过度带,气候温和湿润,四季分明,春温多变,秋高气爽,梅雨显著,夏雨集中,年平均降水量约为1000毫米,年平均温度15.7℃,年平均日照2100多个小时,全年无霜期230天。

气象工作基本情况

　　台站概况　合肥市气象局为合肥地区主管气象工作的正县级事业单位,从1997年5月1日起正式统一领导和管理所辖肥东、肥西、长丰3县气象局。合肥国家气象基本站(下称合肥站)始建于1952年,肥西、肥东、长丰3县气象局分别建于1958年、1959年、1966年。各站的管理体制1958—1963年归地方领导,省气象局负责业务指导;1964年—1970年10月"人、财、业务"三权回收省气象局;1970年11月—1973年6月,实行军管,以当地人武部领导为主;1973年7月—1979年,转为地方同级革命委会领导,气象业务受上级气象部门指导;1980年体制改革,实行以气象部门为主、气象部门和地方政府双重领导的现行管理体制。

　　全市4个国家级气象观测站中,国家基本气象站1个,国家一般气象站3个。合肥站现为合肥国家基本气象站、国家辐射二级站、国家级酸雨观测站、国家级农业气象试验站。肥东、肥西、长丰3站均为国家一般气象站。1999年合肥开始建设自动气象站,2002年3个县气象局开始建设地面自动气象站。截至2008年底,全市共建成单要素自动雨量站34个,四要素站14个,六要素站7个。

　　人员状况　2002年4月,合肥市气象局独立建制时共有在职职工45人。其中,市局24人,肥东县局6人,肥西县局8人,长丰县局7人。截至2008年12月31日,全市共有气象职工85人,其中,离退休职工27人,在职职工58人。在职职工中,市局机关12人,市局事业单位工作人员25人,肥东县局7人,肥西县局7人,长丰县局7人;45周岁以下36人;

研究生 1 人,本科学历 33 人;高级职称 4 人,中级职称 29 人;少数民族 3 人。

党建和文明创建　1973 年以前,3 个县气象局都没有建立独立的党支部。截至 2008 年底全市气象部门共有 4 个党支部,中共党员 63 人,其中离休 1 人,退休 20 人,在职 42 人,先后荣获"先进党支部"、"先进基层党组织"称号 7 次;荣获"优秀党员"、"先进党务工作者"称号 10 人次。2002 年全市全面开展局务公开工作;2007 年根据省局要求各县局选配了兼职纪检(监察)员,开始执行"三人决策制度"。1 人当选中共合肥市第八届、第九届党代会代表。

市气象局及 3 个县气象局自 2004 年全部建成"合肥市文明单位"。长丰县局 2006 年被省委省政府授予第七届"安徽省文明单位"称号。全市荣获省气象局与省人事厅联合表彰的"先进集体"称号共 3 次,荣获省部级表彰的"先进个人"1 人次。1 人当选合肥市第十届、第十一届政协委员。

主要业务范围

全市气象业务有地面观测发报、农业气象观测发报、特种观测、预报与服务。

地面观测与发报　常规观测项目有温度、气压、湿度、风向、风速、能见度、云、天气现象、降水、蒸发、雪深(雪压)、电线积冰、地面温度、曲管地温、深层地温(40、80、160、320 厘米)、冻土、日照。合肥站每天 02、05、08、11、14、17、20、23 时各发 1 份天气报;3 个县气象局每天 08、14、20 时各发 1 份天气报。当出现大雾、雷暴、大风、龙卷、冰雹、霾、浮尘时,各台站均不定时拍发重要天气报。合肥站每旬拍发气象旬报、每月最后一天拍发气候月报。

农气观测与发报　农气观测项目有:水稻(一季稻)、冬小麦、油菜、土壤水份,物候观测项目是家燕、青蛙、刺槐、合欢 4 项。编制农业气象周报、旬报、月报、季报、年报,提供农业气象产量预报情报和生态农业等专题农业气象服务。

特种观测项目　酸雨、辐射、GPS/MET 水汽、闪电定位、草面温度、水泥地面温度、裸露空气温度。

天气预报与服务　常规预报业务有:短时(24 小时)预报,每天 06、11、16 时各发布 1 次;短期(72 小时)要素预报,包括:降水、温度、风向、风速预报,每天 07、10、15 时制作完成后上传省气象局。每天 13 时前制作发布合肥市空气质量预报。5—8 月制作短时临近预报,每间隔 3 小时发布 1 次。5 月 1 日—9 月 30 日制作发布合肥市地质灾害等级预警预报。

气象服务　公众气象服务:每天通过发布电视预报、在《合肥晚报》刊登未来 3 天精细化天气预报、"96121"天气预报自动电话答询为公众服务。决策气象服务:每周一、周四滚动发布 5 天预报并报合肥市有关部门和领导,当出现灾害性、关键性、转折性天气时,及时制作发布专题预报。专业与专项气象服务:春播、夏收、秋种预报,黄金周、春运、高(中)考预报,大型户外活动气象服务保障预报。

合肥市气象局

机构历史沿革

1. 始建及沿革情况

合肥市气象局始建于 1996 年 12 月,1997 年 3 月 7 日正式成立,办公地点在合肥市芜湖路 220 号。2002 年 4 月 18 日独立建制的合肥市气象局正式挂牌,办公地点在合肥市史河路 16 号;同时,原省气象台观测科以及安徽省农业气象试验站整体并入合肥市气象局。2007 年 3 月,现办公地点搬迁至合肥市砀山路四里河桥北、大房郢水库坝下。

合肥站始建于 1952 年 7 月,同年 8 月 1 日正式开展气象观测,当时位于北纬 31°53′,东经 117°15′的合肥市小南门外二里岗,观测场海拔高度 27.8 米,是安徽省较早建站的几个站点之一。先后隶属于华东军区气象处、安徽省气象科、安徽省气象局,并经历过 3 次搬迁:1955 年 1 月 1 日搬迁至合肥市芜湖路 220 号,经纬度不变,观测场海拔高度为 25.7 米;1979 年 1 月 1 日搬迁至合肥西郊巫大岗(现合肥市史河路 16 号),经纬度变更为北纬 31°52′,东经 117°14′,观测场海拔高度为 29.8 米;2004 年 1 月 1 日搬迁至现址合肥骆岗机场内,经纬度变为北纬 31°47′,东经 117°18′,观测场海拔高度 27.0 米。

安徽省农业气象试验站始建于 1956 年,原址位于合肥市农科南路 40 号,安徽省合肥市安徽农科院内。因历史原因,于 20 世纪 60 年代初撤销,1979 年上半年重建。1983 年 9 月搬迁至合肥市西郊巫大岗(现史河路 16 号)。2002 年 4 月并入合肥市气象局,更名为合肥农试站。2006 年随业务体制改革与地面观测业务合并成立合肥国家气象观测站(农试站)。2007 年 3 月,办公地点随市气象局搬迁至合肥市砀山路四里河桥北大房郢水库坝下。

2. 建制情况

领导机制与机构设置演变情况　1996 年 12 月 19 日,经合肥市人民政府和安徽省气象局共同研究,决定在省气象台基础上组建合肥市气象局。1997 年 3 月 7 日,合肥市气象局正式成立,与省气象台合署办公。从 1997 年 5 月 1 日起对原来分别由巢湖、六安、蚌埠地市气象局代管的肥东、肥西、长丰 3 县气象局实行统一领导和管理。1998 年 4 月 27 日,原安徽省气象台和省气候中心合并成立安徽省气象防灾减灾中心,合肥市气象局随之与安徽省气象防灾减灾中心合署办公。2001 年 12 月,经合肥市政府和安徽省气象局再次商定,同意成立独立建制的合肥市气象局。2002 年 4 月 18 日独立建制合肥市气象局正式挂牌,为合肥地区主管气象工作的正县级事业单位,实行安徽省气象局与合肥市人民政府双重领导,以安徽省气象局为主的管理体制。

人员状况 2002 年 4 月,合肥市气象局独立建制初期实有人员 24 人,其中,男 16 人,女 8 人,45 周岁以下 15 人,本科学历以上 4 人,工程师以上 9 人,党员 9 人。截至 2008 年 12 月 31 日,合肥市气象局在职职工 37 人。

在职职工情况

单位	职工总数	性别		45 岁以下	本科以上	少数民族	工程师以上	中共党员
		男	女					
市局机关	12	8	4	4	7		7	10
局直单位	25	17	8	19	15	2	14	15
合计	37	25	12	23	22	2	21	25

单位名称及主要负责人更替情况

单位名称	负责人	职务	性别	任职时间
合肥市气象局	孙健	局长	男	1997.3—2000.7
合肥市气象局	翟武全	局长	男	2000.8—2002.3
合肥市气象局	冯皖平	局长	男	2002.4—

气象业务与服务

1. 气象业务

地面观测 合肥站现为国家气象基本站、国家辐射二级站、国家级酸雨观测站。建站时观测项目有气温、气压、湿度、风向、风速、能见度、云、天气现象、降水、蒸发、雪深(压)、地面状态(1960 年 1 月 1 日停止观测)。1959 年 1 月 1 日开始日射观测,1961 年 1 月 1 日开始高空风和探空观测(1988 年 1 月 1 日停止观测),1989 年 9 月 1 日开始酸雨观测。随后陆续增加了自动土壤水分、GPS/MET 水汽、闪电定位等观测业务。

1984 年开始,地面观测业务开始使用 PC-1500 计算机,初步实现了数据处理的自动化。1992 年,太阳辐射观测业务实现了有线遥测。1999 年 4 月建设了国产 ZQZ-Ⅱ型有线遥测自动站(全国首批 6 个试点站之一),2004 年改建成 CAWS600-SE 型自动气象站。2005 年建设了土壤水分自动观测系统。2006 年和 2007 年建设了 GPS/MET 水汽监测站和 GPS 移动探空站。截至 2008 年底共建设了紫外线监测站 1 个、酸雨监测站 1 个、四要素移动自动气象站 6 个,六要素移动自动气象站 4 个。

气象信息网络 2002 年 4 月开通了 10 兆光纤,通过 VPN 进行资料接收和传输。2003 年 6 月合肥及 3 个县气象局全部建成了交互式视频天气会商系统,省—市—县三级台站可点对点进行天气会商。2004 年 5 月市气象台安装了 PC-VSAT 单收站,通过卫星接收地面实况资料、数值预报产品资料、卫星云图资料等,处理后通过 MICAPS 平台分析应用,制作预报。

气象预报 1996 年 12 月至 2004 年 9 月,合肥地区的天气预报业务由安徽省气象台代制作发布。2004 年 10 月合肥市气象台正式制作发布合肥地区的预报,包括短时预报(1 天

3 次)、24 小时、48 小时、72 小时、96 小时、120 小时单站预报和分县(肥东县、肥西县、长丰县)要素预报,内容为降水、温度、风向风速。每年汛期(5—8 月)制作短时临近预报,每 3 小时 1 次。

农业气象 作为国家级农业气象试验站主要业务包括水稻(一季稻)、冬小麦、油菜 3 种农作物观测、土壤水分和家燕、青蛙、刺槐、合欢 4 项物候观测项目,以及农业新科技、观测新方法的试验、研究和推广。编作农业气象周报、旬报、月报、季报、年报,提供农业气象产量预报等情报和生态农业等专题农业气象服务。1980—1985 年,参与完成《安徽省农业气候资源和区划》、《合肥地区农业气候资源和区划》的编制工作。1984—1992 年,在安徽省大别山地区开展了食用菌大棚栽培技术和高产优质栽培技术的扶贫开发项目。1995—1996 年开展了花卉苗木栽培技术研究。

业务科研 2008 年 11 月,合肥市重点科研项目"基于 SVD 的合肥地区汛期旱涝气候预测研究应用"通过鉴定,成果达到国内先进水平。

2. 气象服务

公众气象服务 2003 年 3 月 1 日合肥市气象影视中心开始制作《城市空气质量预报》并在市电视台新闻频道播出,2004 年初,代制作肥东、肥西、长丰县每天晚上 18 时 30 分播出的天气预报节目。2006 年,合肥电视台"空气质量预报"栏目、3 县局预报栏目模拟上人。2004 年底"合肥气象"网站(http://www.hfqx.com.cn/)开发完成投入使用。2006 年、2008 年 2 次对该网站进行了改版升级,增加了悬挂今日预警图标、滚动播放短期预报,以及临近天气、天气周报、农气情报、生活指数、空气质量预报、地质灾害预报查询等服务内容。2007 年 11 月,开始负责录入"96121"语音系统中合肥市每天早、中、晚 3 次短时预报,24、48 小时预报,汛期临近预报,上下班预报等内容。

决策气象服务 1997 开始以提供预报材料的方式为合肥市政府及有关部门提供气象服务。当遇到关键性、灾害性、转折性天气过程时,及时当面向市领导汇报,并通过电话、传真、网络等方式向关部门发送气象服务材料。2002 年 4 月开始制作 5 天天气专报,呈送市委市政府及有关部门。2004 年 12 月开始对灾害性天气发布预警信号,并通过传真、电话、网络发送到市委、市政府、市防汛抗旱指挥部、市农委、市城市防洪办等有关部门。2005 年 7 月与市电视台签订气象灾害预警信号发布协议。2005 年 3 月开始开展手机短信发布业务,2008 年 5 月建成了合肥市灾害性天气手机短信发布平台,年底手机用户突破3000 人。

2008 年 1 月 11 日—2 月 3 日,合肥市遭遇了 1954 年以来持续时间最长,降雪量最大的低温雨雪冰冻灾害性天气,最大积雪深度 44 厘米。1 月 26 日上午,市气象局及时向正在参加安徽省"两会"的孙金龙书记汇报了严重的雨雪天气情况和严峻的天气趋势,提出了预防措施及建议。市领导当场决定立即召开抗雪救灾紧急会议,全面组织、部署抗击雨雪冰冻灾害工作。合肥市气象局自 1 月 11 日至 2 月 3 日共发布手机短信 32444 条次;制作天气预报 34 期,《合肥地区重要天气专报》13 期,《合肥地区重大灾害性天气专报》5 期。气象服务受到领导称赞,并被授予"抗雪救灾先进单位"称号。

每年制作春播、夏收、秋种、秋收专题天气专报,"五一"黄金周、"十一"黄金周、春节、中考、高考期间气象服务专题材料,以及有序用电气象服务、城郊秸秆焚烧遥感定位服务。2005年5月开始,与市国土资源局合作开展地质灾害预警预报。

专业与专项气象服务 2005年10月开始与《合肥晚报》合作开辟天气预报专版。2005年,在全市招聘了20多名天气预报质量监督员,并开通了合肥地区免费气象报灾电话。积极开展人工影响天气气象服务工作,2002年、2003年、2004年、2008年均荣获"全省人工增雨防雹组织优秀奖"。

2006年11月15日,为合肥滨湖新区开工典礼提供专题服务;2008年5月21—28日为奥运圣火在合肥传递提供专项气象服务,每天按3小时1段提供8段分时"精细化"预报服务;2008年12月8日至12月18日,为"合肥新桥国际机场开工典礼"提供气象服务,发气象专题服务材料7期。

2002年成立合肥市气象技术应用研究所(现为市气象科技服务中心),经营蓝天气球(2007开始停止),并对县气象局的科技服务进行指导和管理,协助省气象科技服务中心做好防雷、气象信息和影视的协调工作。2005—2008年,合肥市气象局先后与建管、教育、公安、旅游等部门联合发文,强化防雷安全管理。

气象科普宣传 合肥市气象局每年利用"3·23"世界气象日、科技周、安全生产宣传月、气象防灾减灾宣传月、防雷宣传教育月等,组织职工走上街头,走进乡镇、农村、学校,宣传气象科普知识。2008年9月17日,合肥市气象局在肥东县店埠镇排头小学举行《安徽省小学生气象灾害防御教育读本》捐赠仪式。

法规建设与管理

法规建设 2004年,合肥市政府转发了《市气象局关于合肥市施放气球和防雷安全管理工作的意见的通知》。2006年制定了《合肥市重大气象灾害应急预案》,经市政府批准下发全市,建立联防抗灾机制;同年,市政府下发了《关于印发加快我市气象事业发展的实施意见》,形成了合肥气象事业发展的指导性和纲领性文件。

社会管理 1996年11月8日,合肥市规划局与安徽省气象局联合发文,对合肥多普勒天气雷达站周围建筑高度控制技术规定进行了明确;1997年安徽省人民政府下发了《合肥多普勒天气雷达站探测设施和探测环境保护办法》,对雷达站的探测环境进行有力地保护。近年来,合肥市气象局通过联合市人大、市政府法制办先后组织对气象法规贯彻执行情况,特别是对探测环境保护进行了检查。

2007年,合肥市气象局成立了5人组成的气象行政执法支队、施放气球管理办公室和防雷安全管理办公室,依法从事气象执法管理。

政务公开 2006年,在行政许可项目清理中,保留了防雷装置的设计审核和竣工验收、施放气球资质证初审和施放气球活动审批3项。同年5月,全市3项行政许可全部进入行政服务中心办理。2008年,制定了《合肥市气象行政处罚自由裁量权实施细则和量化标准》。

党建与气象文化建设

1. 党建工作

支部组织建设　2002 年 6 月，成立合肥市气象局机关党支部，有正式中共党员 13 人，陆中桂任第一届支部书记。2004—2006 年进行 2 次改选。截至 2008 年底，有中共党员 33 名，下设机关、气象台、观测站、科技服务和退休干部 5 个党小组。党支部自成立以来先后 5 次获得市直机关"先进党支部"等荣誉称号，5 人次荣获"优秀共产党员"称号，支部内部评选"优秀共产党员"12 人次。

党风廉政建设　自 2002 年以来，合肥市气象局党组每年年初与各县局和局直负责人签订党风廉政建设责任书，连续 7 年开展了党风廉政宣传教育月活动。2003 年起，每年对 3 个县气象局财务收支进行内部审计。2005 年开展了立铭励廉活动。2007 年开始编发每季度 1 期的《局务公开简报》；同年，在认真贯彻落实《安徽省县(市)气象局兼职纪检(监察)员管理办法》和《关于在县(市)气象局建立"三人决策"制度的规定》文件精神中，为 3 个县气象局各选聘了 1 名兼职纪检(监察)员。先后制定了《合肥市气象局领导班子党风廉政建设岗位职责》、《合肥市气象局领导干部经济责任审计联席会议制度》等制度。2008 年开展了"党风廉政建设制度建设年"活动，编制了党风廉政建设制度汇编手册。

2. 气象文化建设

精神文明建设　2002 年 7 月 12 日，合肥市气象局成立精神文明建设领导小组和办公室，冯皖平局长任组长。同年 11 月 12 日，成立合肥市气象文化研究会，冯皖平任会长。市气象局坚持以创建文明单位、文明行业为载体，加强精神文明建设和气象文化建设。以《合肥气象工作》、合肥气象网"一网一刊"为阵地，大力宣传精神文明创建工作，营造氛围。坚持理论学习强化职工的思想道德素养，大力弘扬"创业、敬业、兴业、爱业"的"四业"精神。2007—2008 年，与马鞍山市气象局开展结对共建活动。每年 10 月开展送温暖献爱心，2005 年 1 月、2008 年 5 月分别开展了向海啸灾区、汶川地震灾区献爱心活动。

气象文化活动　自 2003 年开始，开展"争创学习型单位、争做学习型职工"活动，2007 年在新办公楼建立了图书阅览室、职工活动室，2007—2008 年，开展了职工读书月活动。每年举办春节联欢会，老干部座谈会。2005 年、2007 年分别举办了合肥市气象职工运动会。积极参与合肥市举办的各项活动。

2003—2008 年，连续荣获"合肥市文明单位"称号；2006 年和 2008 年分别获得"合肥市卫生先进单位"；2007 年获得"合肥市文明行业"；2008 年获得"合肥市创建文明行业工作文明窗口"。

3. 荣誉

集体荣誉　2003 年被合肥市政府授予"合肥市抗洪抢险先进集体"称号；2005 年、2008 年分别被合肥市政府授予"2002—2004 年度先进集体"、"2005—2007 年度先进集体"荣誉；2008 年被合肥市委市政府授予"合肥市抗雪防冻救灾先进单位"称号；被合肥市政府授予

"合肥市行风评议先进单位"称号。

个人荣誉　方茸,2003 年 9 月被安徽省委、省政府授予"安徽省抗洪抢险先进个人"称号。2004 年 3 月荣获合肥市"三八"红旗手称号,2008 年 3 月被合肥市委、市政府授予"合肥市抗雪防冻救灾先进个人"称号;陈汝龙,2003 年被合肥市政府授予"合肥市抗洪抢险先进个人"称号;柳军,2003 年被合肥市委、市政府授予"合肥地区抗击非典型肺炎先进个人"称号;黄向荣,2007 年荣获合肥市"三八"红旗手称号;张锐,2008 年被合肥市委、市政府授予"合肥市经济建设和社会发展中先进个人"称号。

台站建设

合肥市气象局 2002 年独立建制时办公用房仅 300 平方米左右,是原省气象台观测科的办公用房。市气象局领导在编制《合肥气象事业"十五"发展建设规划》中提出了建设"合肥气象防灾减灾预警服务系统工程"的目标任务。2004 年,在合肥市砀山路与大房郢水库之间,选地 23400 平方米,新建合肥市气象局办公区和业务楼。工程于 2006 年底完工,2007 年投入使用。业务大楼共 6 层 4900 平方米,建有计算机高速通信网络平台、现代化的预报预警平台和气象服务平台。新办公区院内新建 50 米×50 米的综合观测场 1 个。

1965 年合肥气象站观测场(合肥市芜湖路)

1979 年合肥气象站观测场(合肥市史河)

2007 年合肥市气象局新建办公楼

肥东县气象局

肥东县地处江淮之间,东临巢湖,是省会合肥的东大门,辖 18 个乡镇,面积近 2211 平方千米,人口约 109 万。肥东季风显著,冬冷夏热,春秋季气候温和。由于冷暖空气活动频繁,天气形势多变,因而自然灾害现象多有发生。

机构历史沿革

1. 始建及沿革情况

1959 年 10 月,按国家气候站标准筹建肥东县气候站。1960 年 1 月 1 日,开展气象业务,站址在肥东县店埠镇三房郢(乡村),位于北纬 $31°52'$,东经 $117°28'$。1960 年 10 月,更名为肥东县气候服务站。1962 年 5 月,气候站撤销,1963 年 6 月恢复。1972 年 11 月 22 日,经省革委会、人武部批准,成立安徽省肥东县革命委员会气象站。1979 年 11 月 20 日更名为肥东县气象局,启用“安徽省肥东县气象局”公章,以省、地气象部门领导为主,党的关系在地方。2001 年 11 月 23 日,气象观测场迁至人民路与合蚌路交汇处,位于北纬 $31°53'$,东经 $117°28'$,海拔高度 25.0 米。2007 年 1 月—2008 年 12 月,更名为肥东国家气象观测站一般站。

2. 建制情况

领导体制与机构设置演变情况 1959 年建站之初由省气象局和地方双重领导,1961年 3 月业务划归滁县站领导。1963 年 6 月“三权(人、财、物)”收回,业务由省气象局管理,党的关系由地方领导。1970 年至 1972 年 11 月,由县人武部领导。1973 年 8 月调整气象部门体制,县气象站由县革委会领导,划入县农业办管理,属局科单位。1979 年 2 月 17 日起,以省、地气象部门领导为主,党的关系在地方。1983 年 12 月—1985 年 3 月,由安徽省气象局直属台站科管理。1985 年 4 月—1997 年 4 月,隶属巢湖市气象局管理。1997 年 5月 1 日起隶属合肥市气象局管理。

人员状况 1959 年建站初期包括站长在内共 3 人。截至 2008 年 12 月 31 日,共有在职职工 7 人,离退休职工 8 人。在职职工中,本科以上学历 5 人,大专学历 2 人;中级专业技术人员 5 人,初级专业技术人员 2 人;年龄 50 岁以上 1 人,40~49 岁 4 人,40 岁以下 2 人。

单位名称及主要负责人更替情况

单位名称	负责人	职务	性别	任职时间
肥东县气候站	阮介初	站长	男	1960.1—1973.8
肥东县气象服务站	陈骏	站长	男	1973.9—1978.3
肥东县革命委员会气象站	许高彬	副站长(主持工作)	男	1978.4—1978.8

单位名称	负责人	职务	性别	任职时间
肥东县革命委员会气象站	陈 电	站长	男	1978.8—1978.10
肥东县气象局	王诗元	副局长（主持工作）	男	1978.10—1982.2
肥东县气象局	万锦田	副局长（主持工作）	男	1982.4—1984.3
肥东县气象局	殷光裕	局长	男	1984.3—1988.3
肥东县气象局	姜祖志	局长	男	1988.11—1997.1
肥东县气象局	徐光柱	局长	男	1997.2—

气象业务与服务

1. 气象业务

地面测报 1959 年 8 月建站至 1995 年 12 月 31 日为一般气象观测站,采用人工观测。观测项目有云状云量、能见度、地面温度、气温、湿度、气压、风向风速、降水、蒸发、日照、冻土、积雪等。每天 08、14、20 时对所有项目进行定时观测。一些不常见的项目,如冰雹、龙卷风等,进行不定时观测,随时出现随时观测。1996 年 1 月 1 日—1999 年 12 月 31 日为天气气候辅助站,只在每天 08、20 时对观测项目进行定时观测。2000 年 1 月 1 日—2003 年 12 年 31 日恢复为一般气象观测站,采用人工观测。2004 年 1 月 1 日建成自动气象站,开始自动化管理。自动气象站观测项目有气压、气温、湿度、风向风速、降水、地温等,观测项目全部采用仪器自动采集、记录,替代了人工观测。2001—2006 年建成了 13 个单要素雨量自动站,2007 年在肥东县桥头集镇布设了 1 个四要素(雨量、温度、风向、风速)自动气象站。2008 年 11 月份在众兴水库建成了 1 个六要素(雨量、温度、湿度、气压、风向、风速)自动气象站。

1970 年 9 月开始承担预约天气报任务;1971 年 4 月拍发预约航危报,同年 9 月拍发台风补充天气报;1975 年 11 月长江中下游暴雨试验期间拍发台风加密报;1982 年 4 月拍发重要天气报;1994 年 1 月停发小图报、重要天气报,1998 年 2 月份恢复上述两项发报任务。1999 年 4 月停发天气小图报,改发天气加密报至今。

气象信息网络 1960—1996 年气象电报主要通过电话传报给邮电局转发,1982 年开始使用 123 型传真机接收天气形势图。1994 年开始通过甚高频电话接收巢湖气象信息,加入巢湖气象会商网。1996 年开始启用分组交换网,传递气象电报和各种信息。1997 年 5 月开通县政府气象服务终端,同年 10 月,开通"162"分组数据交换网,并投入业务应用。1999 年安装了 VSAT 单收站,接收日本和欧洲的天气形势图。2003 年 6 月开通"ADSL"上网传输,2007 年 9 月开通 10 兆宽带传输,即"VPN"传输。

天气预报 1982 年之前通过收音机接收武汉气象区域中心、华东区域气象中心提供的天气形势分析信息,制作天气形势分析简图,作出本地天气预报。1982 年开始利用 123 型传真机接收的天气形势图,结合本地资料分析制作天气预报。预报产品包括 24～48 小时天气预报(短期)、一周或一旬天气预报(中期)、月或季预报(长期)、重要农事季节天气预报(如"春播"预报、"三夏"预报、"梅雨"预报等)

2. 气象服务

公众气象服务 1997年5月以前,主要是通过县广播电台每天06时和19时向全县进行天气预报广播。1997年5月,开通"121"(2006年改为"12121",2007年改为"96121")模拟信号天气预报答询系统,2004年8月开通"96121"数字化天气预报答询系统,滚动播出本县短期天气预报、未来3~5天天气预报,气象与健康、全国城市天气预报、天气实况、综合气象服务、听众点播等各种预报及服务产品,最大限度地满足不同行业、不同层次听众的需求,真正将天气预报送到千家万户。1997年10月,建成TL-80电视天气预报制作系统,每天由专业播音员录制天气预报后送到县电视台播出。2005年1月开通县—市无线传输电视天气预报节目以后,电视预报节目由市气象局影视中心制作,县气象局接收后送到县电视台播出。2006年3月,建成重要天气信息预警发布平台,通过短信平台为各级政府、中小学校、企事业单位领导和社会大众提供及时天气预警信息。2008年6月,县气象局和县安监局联合建立地质灾害预警信号发布系统,为预防地质灾害发生提供气象信息。

决策气象服务 肥东县地处江淮分水岭,位于南北气候过渡带,气候复杂多变。主要气象灾害有干旱、洪涝、雹灾、龙卷风、风灾、冻害等。其中北部分水岭地区以旱灾为主,南部以洪涝灾害为主。每年汛期来临前,肥东县气象局及时和上级业务管理部门进行天气会商,通过电视天气预报、"96121"天气答询系统、各类气象服务汇报材料、呈阅材料等不同形式向县领导和用户单位发布春播、汛期、午收、冬修等天气预报。遇有关键性、灾害性和转折性天气过程,通过书面材料向县领导及相关部门汇报和通报有关情况,以便做好防灾工作。

专业和专项气象服务 1989年5月在省气象局业务处的指导下,肥东县气象局在合肥地区率先开展建筑物防雷检测服务。1995年3月成立肥东县气象科技服务部,该服务部主要业务项目有庆典气球、彩虹门、气象影视广告和常规防雷检测等,并承担全县行政范围内的专业和专项气象服务。1998年4月经县政府批准成立肥东县防雷减灾局(县气象局的二级机构),将全县的加油站、液化气站、炸药库、烟花爆竹仓库以及新建的建(构)筑物的雷电防护工作纳入常规专项气象服务范畴。2002年以来,先后完成农村中小学远程教育的防雷工程、县委机要局机房工程、县烟草局机房电子防雷工程以及6个乡镇敬老院、儿童福利院等社会公用事业的雷电防护工作。

2000年5月,投资10万元,购制WB-1型四管人工增雨火箭发射架1台,开始实施局部人工影响天气作业。经省人工影响天气办公室批准,在路口乡、梁园镇、八斗镇设立3个人工影响天气作业点,作业范围主要是位于县北部江淮分水岭易旱地区。2001年10月、2002年10月2次获得省政府人影领导组颁发的"全省人工影响天气先进集体"称号。

2003年7月份,国家重点工程合肥第二发电厂在肥东桥头集镇开工建设,为了配合工程建设,肥东县气象局全体业务人员加班加点完成了1980—2002年气象资料整编,为该工程的按期竣工提供气象保障。2006年4月,宁西铁路肥东段开工建设,肥东县气象局业务人员深入现场调查后,了解到施工单位实际需求,通过传真、电子邮件等形式将短期气候服务产品及时送到用户手中。2007年2月,肥东县气象局和县供电公司签订了《气象服务框架协议》,明确县气象局向供电公司提供高温、暴雨、大风、雷击等灾害性天气信息,供电公司根据信息合理调度用电供给和办理供电设备损失保险索赔手续。

气象科技服务　按照肥东县政府的要求,县气象局承担全县 18 个乡镇农网信息站业务管理工作。2002 年 2 月,按照"六个一"的要求完成乡镇农网硬件布设后,建成了安徽农村综合经济信息网肥东县乡镇信息入乡工程,2003 年 8 月又开通了乡镇政务办公系统,2006 年利用现有的农网平台,开通了物价综合信息监测网、党员教育先锋网,实现了多网合一,大大地提高了网络资源利用率。

气象科普宣传　20 世纪 60—90 年代,科普宣传主要以广播、电视、报纸等媒体为主。2000年以后,气象科普宣传活动开展的形式更加丰富,主要每年在世界气象日、安全生产宣传月、科技三下乡等活动中,设置展台、展版、悬挂条幅、接受咨询。印制、散发气象防灾减灾宣传材料和科普知识小手册。2005 年以来,开展了气象科普宣传进校园、进社区、进单位,到乡镇、到村、到个人等活动,向社会各界赠送气象科技图书共3800 本,向有关乡镇和企事业单位赠送气象科普光盘 54 张。2008 年向全县小学生赠送防雷知识读本 800 本,为 300 多名小学生上防灾减灾课。

2007 年 3 月 23 日,肥东县气象局在县政府
广场开展气象科技减灾宣传活动。

气象法规建设与管理

行政执法　2000 年以来,肥东县认真贯彻落实《中华人民共和国气象法》、《安徽省气象管理条例》等法律法规,省、市、县人大领导多次视察或听取气象工作汇报,开展气象执法检查。2004 年起,每年开展安全生产和气象法律法规宣传教育活动。2004 年 3 月,县行政服务中心设立气象窗口,承担气象行政审批职能。

社会管理　根据《中华人民共和国气象法》、《气象探测环境和设施保护办法》(中国气象局第 7 号令)以及《安徽省气象设施和气象探测环境保护办法》等法规,依法对气象探测环境和设施进行保护。2004 年 5 月 1 日开始严格按照《安徽省防雷减灾管理办法》,依法对全县建(构)筑物、易燃易爆仓库、加油站等场所防雷设施进行防雷安全检测、验收和防雷设计图纸审核。

政务公开　2004 年 3 月起,对气象行政审批的办事程序、气象服务、服务承诺、气象行政执法依据、服务收费依据及标准等内容向社会公开。

党建与气象文化建设

1. 党建工作

支部组织建设　1975 年 2 月 6 日,经肥东县县直机关工委批准,成立肥东县气象站党支部,陈骏任第一任支部书记;1979 年 11 月更名为肥东县气象局党支部。现有党员 12 人,其中在职6人,退休6人。2004年,县气象局党支部获得县直机关工委颁发的"先进党支部"称号;2005年、2006年分别有1名职工获得县直机关工委颁发的"优秀党务工作者"称号;2007年、2008年分别有1名职工获得县直机关颁发的"优秀党员"称号。

党风廉政建设 2002年3月,成立了党风廉政和局务公开领导小组,制定了党风廉政建设制等规章制度。每年年初与市气象局领导签订了党风廉政建设责任状。结合精神文明创建工作与行风建设,不定期组织职工观看廉政教育片,学习廉政规定,开展"述廉、评廉"活动。深入开展局务公开工作,对单位重大决策和事项通过会议通报、公告栏张贴、网上公开等适当的方式向职工公开。2005年10月,获得省气象局颁发的"全省气象系统政务公开先进单位"奖牌。2007年,在贯彻落实《安徽省县(市)气象局兼职纪检(监察)员管理办法》和《关于在县(市)气象局建立"三人决策"制度的规定》文件精神中,4月份选聘了1名兼职纪检员,开始实施"三人决策"工作机制。在2008年开展的反腐倡廉活动制度建设推进年活动中,肥东县气象局认真按照县活动办要求,制定实施方案,在活动的不同阶段扎实推进党风廉政工作。

2. 气象文化建设

精神文明建设 自1996年党的十四届六中全会以后,肥东县气象局开始把精神文明创建工作提到重要议事日程,同年4月份成立精神文明建设领导小组。县气象局紧紧围绕弘扬安徽气象人"创业、兴业、敬业、爱业"精神开展群众性精神文明活动。2003年,肥东县气象局建立了职工活动中心,添置了近千册业务、科技图书,开辟了职工阅览室,多次成功组织县直有关部门参加的乒乓球友谊赛。新购置的办公电脑、传真机、打印机、复印机等办公设备,极大地改善了县气象局的工作和生活环境,丰富了职工文化生活。全局形成了良好的学习风气,先后有5名在职干部参加防雷、大气科学、经济管理等专业学历教育。

文明创建 自1996年开始,逐步开展文明单位、文明行业创建工作。1998年5月建成县级文明单位;2003年、2005年、2007年分别被合肥市委市政府授予第八届、第九届、第十届"合肥市文明单位"称号。

3. 荣誉

2005年1月获得省气象局颁发的"全省气象服务十佳单位"奖牌。

2004年12月被安徽省气象局授予"全省气象系统先进集体"称号。

2001年10月、2002年10月2次获得省政府人工影响天气领导组颁发"全省人工影响天气先进集体"奖牌。

台站建设

2001年3月,因肥东县城市发展和规划需要,经上级管理部门和县政府协调,肥东县气象局在人民路东段征用土地4600平方米,建设新站,共投入资金150万元,建成气象科技楼1栋,面积540平方米,辅助用房3间,25米×25米标准气象观测场1个、修建围墙300平方米、道路及场地硬化350平方米、铺设草坪1500平方米。2006年10月,又征用土地2000平方米,用以改善工作和气象探测环境。2008年12月投入资金20万元完成县级气象业务中心升级改造。

1976 年 5 月在肥东县城三房郢建成的
气象局办公和生活区

2002 年 11 月新建成的肥东县气象局办公楼

肥西县气象局

肥西县位于安徽中部,江淮流域之间,东临巢湖。县域总面积 2053 平方千米,地理坐标为东经 117°5′～117°9′,北纬 31°42′～31°43′。肥西县属亚热带季风性湿润气候,其气候特点是温和湿润、雨量适中、四季分明、日照充足。年均气温 15.4℃,无霜期 240 天,年均降水量 1010.5 毫米,多集中在 5—8 月,自然灾害以旱、涝为主。

机构历史沿革

1. 始建及站址迁移情况

肥西县气象站始建于 1958 年底,地址在上派镇雁蛋岗,位于北纬 31°42′,东经 117°11′,海拔高度为 24.2 米。1959 年 1 月 1 日开展工作,1962 年 1 月 1 日撤销。1967 年初在距离原站址约 2 千米的上派镇城西郊"长岗头"郊区重新建站,新址位于北纬 31°42′,东经 117°08′,海拔高度 21.8 米。同年 4 月 1 日开始观测,此位置一直延续使用。

2. 建制情况

领导体制与机构设置演变情况　1959 年 1 月建站,从事地面气象测报、预报工作。1979 年 1 月成立肥西县气象局,正科级建制,机构设置有观测组、预报组(传真室)、资料室、局长室。1984 年 3 月,更名为肥西县气象站。1987 年 6 月—1999 年 10 月,转为安徽省气象观测辅助站。1999 年 10 月,变更为肥西县气象局。2007 年 1 月,改为国家气象观测二级站。2008 年 12 月 31 日,改为国家气象观测一般站。

1958年—1961年12月,体制归地方领导,省气象局负责业务指导;1967年4月—1970年12月,体制归省气象局,党的关系归地方领导;1971年1月—1973年6月,归地方人武部领导;1973年7月—1979年1月,属县革命委员会领导;1979年8月,实行上级气象部门和地方政府双重领导,以气象部门为主的管理体制。期间,1979年2月—1983年12月,属六安地区气象局管理;1984年1月—1985年3月,划归安徽省气象局直属领导;1985年3月—1997年6月,归属六安地区气象局领导;自1997年5月1日开始归属合肥市气象局领导。

人员状况 1959年1月建站之初仅有职工3人。截至2008年12月31日,共有干部职工14人(其中,离休1人、退休6人、在职7人)。在职职工中,30岁以下1人,30～45岁3人,45～55岁3人;大学本科4人,大专2人,中专1人;工程师4人,助理工程师1人,技术员2人。有回族职工1人。

单位名称及主要负责人更替情况

单位名称	负责人	职务	性别	任职时间
肥西县气象服务站	刘华民	测报组长	男	1958.12—1962.1
肥西县气象站	杜希扬	测报组长	男	1967.4—1970.12
肥西县革命委员会气象站	杜希扬	测报组长	男	1971.1—1973.5
肥西县革命委员会气象站	刘丙乙	副站长(主持工作)	男	1973.5—1979.1
肥西县气象局	刘丙乙	副局长(主持工作)	男	1979.2—1981.12
肥西县气象局	蔡士朝	副局长(主持工作)	男	1981.12—1984.3
肥西县气象站	倪世权	副站长(主持工作)	男	1984.3—1987.4
肥西县气象站	桑贤合	站长	男	1987.5—1989.1
肥西县气象站	张 锐	副站长(主持工作)	男	1989.1—1991.10
肥西县气象站	张 锐	站长	男	1991.10—1999.10
肥西县气象局	张 锐	局长	男	1999.10—2003.11
肥西县气象局	程云生	副局长(主持工作)	男	2003.11—2004.6
肥西县气象局	孙东亮	副局长(主持工作)	男	2004.6—2007.4
肥西县气象局	程云生	副局长(主持工作)	男	2007.4—2008.4
肥西县气象局	程云生	局长	男	2008.4—

气象业务与服务

1. 气象业务

地面观测 从1959年1月1日开始,每天于08、14、20时共3次对云、能见度、天气现象、空气温度、湿度、地面温度、地中温度、降水、雪深、日照、蒸发、气压、风、冻土等气象要素进行观测记录并发送天气报、重要天气报。每年的4月1日—8月31日发05—05时雨量报。月终制作月报表上报省、市气象局。1986年运用PC-1500机编制报文,1998年使用电脑制作打印辅助站月简表,2001年1月使用地面气象测报系统"AHDM 5.0"编制报文,制作月报表、年报表。2004年1月1日开始使用地面气象测报业务系统软件"OSSMO2004"。

2003 年 11 月份,县气象局建成 AMS-Ⅱ型自动气象站,12 月 1 日开始试运行(至 2005 年 12 月 31 日)。自动气象站观测项目有气压、气温、湿度、风向、风速、降水、地温等,所有观测项目全部自动采集、记录,替代了人工观测。2006 年 1 月 1 日,自动气象站正式投入业务运行。2004 年建成了 11 个自动雨量监测站,2006 年建成了 4 个四要素(雨量、温度、风向、风速)自动气象站。2008 年 11 月份在官亭镇建成了 1 个六要素(雨量、温度、湿度、气压、风向、风速)自动气象站。

气象预报 1984 年之前都是通过收音机接收武汉区域中心提供的天气形势分析信息,再结合本地特点作出天气预报的。1984 年 5 月开始利用传真单片机接收天气形势图。1999 年 4 月开始利用气象卫星地面单收站接收卫星云图和各种天气形势分析预报图、数值预报图,丰富了制作天气预报的应用资料。预报产品包括 24～48 小时天气预报(短期)、一周或一旬天气预报(中期)、月或季预报(长期)、重要农事季节天气预报(如"春播"预报、"三夏"预报、"梅雨"预报等)。

气象信息网络 1984 年 5 月开始使用 1 台 CZ-80 型传真单片机,实现了天气形势图的传真接收。1999 年 4 月安装了气象卫星地面单向接收站,实现了卫星云图和各种天气形势分析预报图、数值预报图的接收。2000 年底之前,地面气象观测报文都是通过电话传送的,月报表也是由人工填写、人工校对、人工审核、人工邮寄的。2000 年 4 月建成"电话线＋ADSL 网络适配器"模式的联通互联网,开始使用 ADSL 拨号上网方式传送报文、电脑编制月报表、年报表。2004 年 9 月,升级为 10 兆光纤上网模式,同时县气象局建立了自动站,全面建成了气象信息采集、编报、传输、编制各种报表资料自动化体系。

2. 气象服务

公众气象服务 1996 年以前,公众气象服务主要是通过县广播站每天 2 次向全县进行天气预报广播,遇有重大天气变化,如暴雨、大风、寒潮等,及时向县领导汇报,并通知有关单位,做好预防准备。1998 年 4 月,建成天气信息电话自动答询系统,即"121"(2006 年改为"12121",2007 年改为"96121")系统,1998 年 8 月,建成了天气预报制作发布机制,实现天气预报在县电视台定时播放。将天气预报信息传送到千家万户。

决策气象服务 定期、不定期地编制《呈阅材料》呈送县委、县政府、县人大、县政协班子领导。为各级党委、政府决策提供科学依据。《呈阅材料》包括一周预报、一旬预报、春播预报、汛期预报、"三夏"预报、梅雨期预报、汛情雨量实况、"三秋"预报、冬季寒潮预报、重要活动期间天气预报等。2006 年 6 月,建成重要天气信息预警手机短信发布平台,以发送手机短信的方式为各级政府、中小学校、企事业单位领导和社会大众提供及时天气预警信息。

专业与专项气象服务 1988 年以前,主要是通过编制一旬天气预报为相关企事业单位提供有偿服务。1988 年开始,开展了建筑物防雷安全检测有偿服务,1994 年 1 月开始,开展了施放庆典气球、彩虹门等广告业务,1998 年 4 月开通了"121"天气信息自动答询有偿服务,1998 年 8 月开通了电视天气预报栏目。1988 年开始,增加了建筑物避雷设施安全检测、竣工验收工作业务,对县境内所有企事业单位防雷设施进行防雷安全检测;对新建(构)筑物进行防雷图纸审核、防雷设施竣工验收服务工作。1989 年开始,先后陆续增加开展了为有需求的企事业单位安装天气警报接收机项目服务工作。

2000年,增设人工增雨办公室,并申报了紫蓬镇、高刘镇、铭传乡3个人工增雨作业点。2001年5—7月降水量连续偏少,3个月仅144.4毫米,出现严重干旱。7月13日县气象局在高刘镇组织组织了人工增雨,傍晚时分,开始降雨,雨量达到了50毫米以上。整个7—8月间,县气象局先后在高刘镇、农兴镇、袁店乡等多个作业点实施人工增雨作业,发射增雨火箭弹数十枚。2004年1—2月,肥西县降水严重偏少,根据省人影办的指示和县政府的安排,县气象局于2月27日晚在紫蓬山地区成功实施了人工增雨作业,紫蓬山地区降水量达20毫米以上,缓解了日益严重的旱情和蓬山地区森林火险等级火险。2005年度、2006年度获省人工增雨防雹先进单位称号。

气象科技服务与技术开发 2000—2001年,参加了安徽省地面测报软件"AHDM 5.0"的开发研究,此成果现已在全国推广。2000—2004年开发研制了肥西县人工作业指挥系统,并于2006年获得肥西县科技成果进步二等奖。

1999年9月,经肥西县人民政府批复,成立肥西县农村综合经济信息服务中心,挂靠县气象局,业务和行政归合肥市农村综合经济信息网中心管理。2000—2001年,在省、市农网中心的支持下,在县政府的领导下,全县31个乡镇已配备了微机,建成了乡镇信息服务站,主要负责从网上获取市场行情、涉农政策、劳务需求等致富信息,通过乡广播站、宣传栏、村干部会议、手机短信等形式及时地传送给广大农户;把本乡镇的农特优产品集中上网发布,实现网上销售。

气象科普宣传 利用开展纪念世界气象日(3月23日)、安全生产宣传月、防雷减灾宣传教育月活动,通过发放各种宣传材料、制作防灾减灾知识解答电视节目、在《肥西报》上刊出专版等多种形式开展丰富多彩的气象科普宣传活动。另外,县气象局院内的国家一般气象站也是本县中小学生科普宣传点之一。

法规建设与管理

法规建设 1998—2003年,县气象局先后建立、丰富、完善了《肥西县电视天气预报和气象信息电话规范化服务制度》、《肥西县农网工作制度》。1999年4月,县气象局与县建筑业管理局联合下发文件《关于加强我县建(构)筑物防雷设施管理的通知》(肥气发〔1999〕13号)。2007年9月建筑物防雷装置设计审核行政许可和建筑物防雷装置竣工验收行政许可通过肥西县人民政府审核并向社会颁布。

社会管理 2003年肥西气象局有2名干部办理了气象行政执法证,执法行为归属合肥市气象执法队管理。依法对气象探测环境保护、施放氢气球和防雷安全等开展专项执法检查。根据《安徽省防雷减灾管理办法》依法对全县建(构)筑物、易燃易爆仓库、加油站等场所防雷设施进行防雷安全检测、验收和防雷设计图纸审核。2006年3月肥西"气象窗口"进入县行政服务大厅,规范了建筑物防雷装置设计审核行政许可和建筑物防雷装置竣工验收行政许可程序。2007年12月,肥西县规划局对气象探测环境保护标准进行了备案,将《气象探测环境和设施保护办法》的实施纳入到肥西县城乡总体规划中。

政务公开 2000—2008年,肥西气象局先后建立并完善了政务公开栏、局务公开制度、局务公开档案。2008年在肥西气象局网站上设立意见箱并公开举报电话,依法向社会公开气象服务内容、服务承诺、办事程序、服务收费依据及标准、气象行政执法依据等内容。

党建与气象文化建设

1. 党建工作

支部组织建设　1971年3月—1973年4月有中共党员2人,编入县委农办党支部。1973年5月成立中共肥西县气象站党支部,由刘丙乙任支部书记。1979年1月更名为中共肥西县气象局党支部。2008年底,有中共党员11人,其中在职5人,离休1人,退休5人。2002年7月,被县直机关工委授予"先进基层党组织"称号。

党风廉政建设　改革开放以来,特别是从2004年开始,认真落实党风廉政建设目标责任制,积极开展廉政教育和廉政文化建设活动。2004—2008年,先后开展了以"情系民生,勤政廉政"为主题的廉政教育,组织观看了《忠诚》等警示教育片;每年开展一次党风廉政宣传教育月活动。2000年开始,建立政局公开制度,设立局务公开栏,公开内容涉及气象业务与服务、财务管理、产业经营及效益、党建与精神文明建设方面;重要事项、重大改革情况。2007年8月选聘了一名兼职纪检员,开始实施"三人决策"工作机制。2007—2008年,先后组织开展了共产党员先进性教育活动、反腐倡廉制度建设推进年活动、机关效能建设大整改活动,党风廉政建设扎实开展。

2. 气象文化建设

精神文明建设　1996年,依据省气象局《精神文明建设工程实施方案》(皖气政发〔1996〕145号)的文件精神,出台了《肥西县气象局精神文明建设工作实施方案》,成立了以单位"一把手"为组长的精神文明建设领导小组,不断加强思想建设、作风建设、道德建设、党风廉政建设、科学文化建设,紧紧围绕弘扬安徽气象人"创业、兴业、敬业、爱业"精神,开展群众性形式多样的精神文明建设活动,建立精神文明建设长效机制,每年制定具体实施计划,包括项目内容、时间安排、进度要求、主要措施、年度目标等。

文明单位创建　1997年开始开展创建文明单位活动,以学习贯彻落实党的十四届六中全会通过的《中共中央关于加强社会主义精神文明建设的若干重要问题的决议》为契机,根据省气象局要求和部署,认真开展创建文明单位、文明行业活动,坚持"两个文明"一起抓,努力提高干部职工的思想道德水平和科学文化素质,建设"四有"职工队伍,争创优质服务,优良作风,优美环境。1998年被肥西县委县政府授予第六届"肥西县文明单位"称号;1999年、2001年、2003年、2005年、2007年分别被合肥市委市政府授予第六届、第七届、第八届、第九届、第十届"合肥市文明单位"称号。

3. 荣誉

集体荣誉　1999年度荣获县政府目标管理先进单位;2000年获安徽省气象局颁发的防汛抗旱气象服务先进集体;2008年度获县政府政风行风评议先进单位。

台站建设

1967年重建时,拥有5间平房(建筑面积73.5平方米),1975年在观测场四周扩征土地 3000 平方米,在老观测场北面新建 8 间平房(建筑面积 196 平方米),打造 1 口水井,解决用水问题。1982 年 8 月在原址西侧扩征土地 7300 平方米,1983 年 4—5 月将原观测场向西北方向迁移了 30 米,1983 年上半年在 8 间平房的北面又新建平房 3 间(建筑面积 73.5 平方米)。1983 年 6 月—1984 年 5 月新建办公楼 14 间(建筑面积 370 平方米),铺设了水泥道路。1988 年上半年将原 5 间平房卖掉,在老办公平房南面新建平房 4 间(建筑面积为 98 平方米),1999 年建成第二口水井。2001 年在办公楼西端扩建建筑面积 112 平方米的上下二层业务楼。2000 年购置了 1 辆轿车(桑塔纳)。2006—2008 年向南扩征了 5 亩[①]地,建起了 300 多米长的景观围墙,新建了现代化的业务办公楼(建筑面积达 759 平方米),完成了大院道排工程和园林式景观工程。新办公楼业务平台、业务值班室、资料图书室、会议室等均达到省一流气象台站标准。

1967 年时的肥西气象站

2000 年扩建改造后的肥西县气象局办公楼

2008 年新建的肥西县气象观测场

---

① 1 亩＝1/15 公顷,下同。

长丰县气象局

长丰县地处江淮丘陵北缘,是传统的农业大县,有"皖中粮仓"之美誉。横贯县境中南部的江淮分水岭,将全县分为长江、淮河两大水系,南水入江,北水归淮。全县总面积 1938 平方千米,辖 15 个乡镇和 1 个省级开发区,总人口 78.99 万。长丰县属亚热带季风性湿润气候,气候温和,降水充沛,日照充足,植被丰富,四季分明。年平均气温 15℃,年平均降雨 960 毫米,年平均日照 2160 小时,年平均无霜期 224 天。

机构历史沿革

1. 始建及沿革情况

长丰县气象观测站始建于 1966 年 2 月,站址位于水湖镇西门外城郊,观测场位于北纬 32°28′,东经 117°09′,海拔高度 29.0 米,同年 4 月 1 日开始开展气象业务工作。1980 年 9 月 28 日因盖办公楼,观测场在原址前移 50 米,经纬度未变,海拔高度变为 28.1 米。2007 年 1 月 1 日改为国家气象观测二级站。2008 年 12 月 31 日改为国家气象观测一般站。

2. 建制情况

领导体制与机构设置演变情况 1966 年 2 月 21 日,经省气象局和长丰县革命委员会联合发文批准建立长丰县气象站,隶属县农林局。1970 年 11 月 7 日,根据省革命委员会、省军区文件精神,更名为长丰县气象服务站,归县人武部领导,省气象局负责业务指导,实行以军事部门为主的双重领导。1973 年 7 月 11 日,改由县革命委员会领导,属县科(局)级单位。1979 年 8 月 7 日,经省革命委员会批准实行由上级气象部门和地方政府双重领导,以气象部门为主的管理体制,更名为长丰县气象局,划归安徽省气象局直属领导。1985 年经省气象局调整,长丰县气象局隶属蚌埠市气象局管理;1997 年 5 月 1 日以后,隶属合肥市气象局管理。

人员状况 1966 年建站初期有 3 人。截至 2008 年 12 月 31 日,共有在职职工 7 人,离退休职工 5 人。在职职工中,大学以上学历 3 人,大专学历 3 人,中专学历 1 人;中级专业技术人员 5 人,初级专业技术人员 2 人;年龄 50 岁以上 2 人,40~49 岁 2 人,40 岁以下 3 人。

单位名称及主要负责人更替情况

单位名称	负责人	职务	性别	任职时间
长丰县气象站	殷光裕	负责人	男	1966.2—1970.11
长丰县气象服务站	殷光裕	负责人	男	1970.11—1974.11
长丰县气象服务站	孟凡珍	协理员	女	1974.11—1978.3
长丰县气象局	孟凡珍	局长	女	1978.3—1984.10

续表

单位名称	负责人	职务	性别	任职时间
长丰县气象局	韩修家	局长	男	1984.10—1988.3
长丰县气象局	杜希扬	副局长（主持工作）	男	1988.3—1991.9
长丰县气象局	李广杰	局长	男	1991.9—2004.3
长丰县气象局	夏玲娣	局长	女	2004.3—

气象业务与服务

1. 气象业务

地面观测 1966年4月1日开始气象业务工作,每天08、14、20时每天3次观测(夜间不守班)。观测项目为:云、能见度、天气现象、降水、风、日照、蒸发(小型)、冻土、积雪、地面温度和浅层地温(5、10、15、20厘米)、气压、空气温度、湿度,并编制气表-1、气表-21。2004年7月1日开始增加3项特别温度观测,即裸露空气温度、水泥面温度和草丛温度的最高最低每日极值;同年7月下旬开始开展常年土壤湿度、墒情观测,并向省气象台通讯科发送报文。2007年7月1日起停止特种温度观测。

1972年7月1日开始向合肥发航危报,1975年1月1日起取消发航危报业务,改发地面天气报和重要天气报。1993年使用PC-1500做记录,编发报。1996年使用微机编发报,编制年、月报表,停止使用PC-1500。2005年1月1日起使用OSSMO 2004测报软件进行观测、发报、编制月年报表。2007年1月1日起,取消了加密天气报、重要天气报、05时加密雨量报等观测发报项目。

2004年1月1日,县气象局本部自动气象站开始与人工站进行了为期2年的平行对比观测。2005年开始以自动站观测数据为准,发报、编制报表。2006年1月1日起,测报业务进入自动站单轨运行。2004年建了10个单要素自动雨量站,2006年建四要素(雨量、温度、风向、风速)自动气象站3个。2008年11月份在罗集水库建六要素(雨量、温度、湿度、气压、风向、风速)自动气象站1个。

气象预报 1981年10月,成立预报组,通过收音机接收武汉区域中心提供的天气形势分析信息,再结合本站资料、图表每日制作24小时天气预报和旬天气预报。1998年5月利用气象卫星地面单向接收站接收的卫星云图和各种天气形势分析预报图、数值预报图等各种天气分析预报信息,结合本地特点制作本县天气预报产品。本县预报产品包括24～48小时天气预报(短期)、一周或一旬天气预报(中期)、月或季预报(长期)、重要农事季节天气预报(如"春播"预报、"三夏"预报、"梅雨"预报等)。

气象信息网络 1981年10月,安装天气图传真接收机,接收武汉区域中心提供的天气形势分析信息。1998年5月,安装了气象卫星地面单向接收站。1997年10月,开通"162"分组数据交换网,并投入业务应用。2000年开始利用ADSL方式上互联网。从2001年1月开始,实现了报文通过ADSL网络方式传送报文。2004年初,ADSL模式升级为10兆光纤的局域网模式。

农业气象 1979年3月,根据省气象局文件增加农业气象观测业务,被定为国家农气观测点,成立了农气观测组,开展农业气象业务,观测作物有冬小麦、玉米、棉花、大豆等,并进行物候观测、土壤墒情测定等。1985年4月底,撤销了长丰县农业气象观测点。

2. 气象服务

公众气象服务 1996年以前,主要通过县广播站每天2次向全县进行天气预报广播,遇有重大天气变化,如暴雨、大风、寒潮等,及时向县领导汇报,并通知有关单位,做好预防准备。1997年10月,建成"121"天气信息电话自动答询系统("121"2006年改为"12121",2007年改为"96121")。1998年1月1日,开始在县电视台播放图文配音形式的天气预报。2007年以来,开始在乡镇、农场等单位安装气象灾害预警信息电子显示屏,发布天气预报,提供气象信息,扩大气象服务覆盖面。

决策气象服务 定期、不定期地编制"呈阅材料"呈送县委、县人大、县政府、县政协四大班子领导,为县党委、政府决策提供科学依据。"呈阅材料"主要包括一周预报、一旬预报、春播预报、汛期预报、"三夏"预报、梅雨期预报、汛情雨量实况、"三秋"预报、冬季寒潮预报、重要活动期间天气预报等。2004年增加手机短信服务方式。2006年,建成重要天气信息预警发布平台,以手机短信方式向市政府机关主要领导、各乡镇负责人、农村中小学校长等提供决策服务信息和灾害性天气短时临近预报服务。

专业与专项气象服务 1986年以前,专业气象服务主要是通过编制一旬天气预报,为有需求的相关单位提供有偿服务。1987年开始,先后增加了安装天气警报接收机、防雷安全检测、防雷图纸审核、防雷设施竣工验收等服务项目。1987年5月,经县工商部门批准成立了长丰县气象科技服务部,开展承接庆典气球、彩虹门、电视天气预报背景画面广告服务。2006年以来,主要工作是防雷装置设计审查、防雷工程竣工验收等。

1998年8月13日,经县机构编制委员会会议研究,同意长丰县气象局增挂长丰县防雷减灾局牌子。1998年12月25日,县政府同意成立长丰县人工增雨防雹领导小组,领导小组下设办公室,办公室设在长丰气象局。2000年配备了WB-1型四管人工增雨火箭发射架1部,同时申报人工增雨作业点3个,分别是罗集乡、左店乡、水湖镇。

气象科技服务 2000年3月,长丰县农村综合经济信息网正式运行,按照"政府主管、农委牵头、气象主办"的原则,长丰县气象局先后开展了信息入乡、信息进村、入户、入企工作,充分发挥农网为农、为企、为政府服务的作用。2001年4月11日,经长丰县机构编制委员会研究,同意设立长丰县农村综合经济信息服务中心,挂靠县气象局,人员由气象局调剂解决,主要承担全县农村综合经济信息网的规划、管理和网络服务工作。2001年5月,开通长丰县县乡政务办公系统。2001年底,全县所有乡镇配备了微机,建成了乡镇信息服务站。长丰县被评为"全省农网信息入乡工程"先进县。

气象科普宣传 20世纪60—90年代,科普宣传主要以广播、电视、报纸等媒体为主。2000年以后,气象科普宣传活动开展的形式更加丰富,主要每年在世界气象日、安全生产宣传月、科技三下乡等活动中,设置展台、展板、悬挂条幅、接受咨询。印制、散发气象防灾减灾宣传材料和科普知识小手册。2005年以来,开展了气象科普宣传进校园、进社区、进单位、到乡镇、到村、到个人等活动。2008年向全县小学生赠送防雷知识读本1万3千本。

气象法规建设与管理

2000年以来,长丰县认真贯彻落实《中华人民共和国气象法》《安徽省气象管理条例》等法律法规,县人大领导多次视察或听取气象工作汇报,开展气象执法检查。2004年起,每年6月和12月开展安全生产和气象法律法规宣传教育活动。2004年,县行政服务中心设立气象窗口,承担气象行政审批职能。

根据《中华人民共和国气象法》《气象探测环境和设施保护办法》(中国气象局第7号令)以及《安徽省气象设施和气象探测环境保护办法》,依法对气象探测环境和设施进行保护。2005年5月1日开始严格按照《安徽省防雷减灾管理办法》,依法对全县建(构)筑物、易燃易爆仓库、加油站等场所防雷设施进行防雷安全检测、验收和防雷设计图纸审核。

2004年起对气象行政审批的办事程序、气象服务、服务承诺、气象行政执法依据、服务收费依据及标准等内容向社会公开。

党建与气象文化建设

1. 党建工作

支部组织建设 1974年前与县林业局成立联合党支部。1974年成立中共长丰县气象站党支部,孟凡珍任党支部书记。1978年更名为中共长丰县气象局党支部。2008年底,有中共党员7人,其中在职5人,退休2人。2006年,1名职工获得县直机关工委颁发的"优秀党员"称号。

党风廉政建设 2002年起,连续7年开展"党风廉政建设宣传教育月"活动,不定期组织职工观看廉政教育片,学习廉政规定,开展"述廉、评廉"活动。2002年3月,成立了党风廉政和局务公开领导小组,根据省气象局要求开展局务公开工作,对单位重大决策、财务情况、职工利益、年度考核、用车制度等通过会议通报、公告栏张贴、网上公开等适当的方式向职工公开。2007年认真贯彻落实《安徽省县(市)气象局兼职纪检(监察)员管理办法》和《关于在县(市)气象局建立"三人决策"制度的规定》文件精神,1月选聘了兼职纪检员,单位重要决策事项开始经过"三人决策"小组研究决定。2008年开展了"加强制度建设、坚持廉正勤政、促进科学发展"主题教育活动,组织参加了中国气象局举办的"华风杯"反腐倡廉建设知识竞赛。

2. 气象文化建设

精神文明创建 1996年先后成立了精神文明建设、文明创建工作领导小组。依据省气象局《精神文明建设工程实施方案》,开始开展精神文明建设工作,主要围绕弘扬安徽气象人"创业、兴业、敬业、爱业"精神开展群众性精神文明创建活

2008年新建的职工图书阅览室

动。积极组织职工参加合肥市气象局举办的多项群众性创建活动。2007年组织职工参加了合肥市气象局运动会。2008年筹资1万元,建立起了职工图书室,购买了各类图书1万多册,征订报纸杂志20多份;同年修建了职工文体活动室,购置了健身器材。

文明单位创建 文明创建工作起步于20世纪90年代初。坚持"不怕苦,不怕累,不怕难,勤俭节约,艰苦奋斗"精神,深入持久地开展文明创建。1998年被长丰县委、县政府授予"文明单位"称号;2006年被安徽省委、省政府授予第七届"安徽省文明单位";2007年被合肥市委市政府授予第十届"合肥市文明单位"称号。

3. 荣誉

1981年被安徽省气象局授予"安徽省气象系统先进集体"。1986年被安徽省气象局授予"最佳农气服务单位"。2005年3月被长丰县委、县政府授予"长丰县综合目标管理先进单位"。2007年3月被长丰县委、县政府授予"长丰县综合目标管理先进单位"。2008年3月被长丰县委、县政府授予"长丰县综合目标管理先进单位"。

台站建设

1966年,长丰县气象观测站初建时,仅有砖混结构房屋8间。观测场按25米×25米标准建设。1975年4月,征地5亩,增加8间砖混结构房屋。1980年新建三层办公楼1幢14间,391.48平方米,观测场在原址上前移50米。2008年,投资20多万元,对办公环境进行了改造。改善了视频会商系统,实现了观测场地和办公区24小时监控,同时进行了环境绿化,安装了部分室外健身器材。2001年购置了桑塔纳轿车1辆,2007年购置了别克君威轿车1辆。

1980年长丰县气象站观测场及站貌

2008年长丰县气象局新貌(办公楼及宿舍楼)

淮北市气象台站概况

淮北市位于安徽省北部,地处苏、豫、皖三省交界处,地貌以平原为主,地势由西北向东南倾斜,海拔在 15～40 米之间,经纬度:东经 116°24′～117°03′,北纬 33°16′～34°10′,总面积 2770 平方千米,辖 1 县 3 区,即濉溪县、相山区、杜集区和烈山区,人口 213.7 万。淮北市矿产资源丰富,是中国能源基地、农副产品生产基地和全国塌陷土地复垦示范区、国家级生态建设示范区。

淮北市属典型的暖温带半湿润季风气候,境内气候温和、日照充足、四季分明、雨热同季,年平均气温 15.3℃,年平均降水量 832.2 毫米,年平均无霜期为 220 天,年平均相对湿度 71%,日照时数 2315.8 小时。主要气象灾害有干旱、洪涝、大风、雷电、冰雹、干热风等。

气象工作基本情况

台站概况　淮北市气象局辖 1 个县气象局:濉溪县气象局。1956 年,开始组建全市气象台站网。全市有 2 个地面气象观测站,32 个区域自动气象站。地面气象观测站中,有 2 个国家一般气象观测站。区域自动气象站中,单要素(雨量)站 21 个,四要素(雨量、温度、风向、风速)站 8 个,六要素(雨量、温度、湿度、风向、风速、气压)站 3 个。

人员状况　截至 2008 年 12 月 31 日,全市气象部门在编人数 31 人,其中研究生 1 人,本科 17 人;高级职称 2 人,中级以上职称 16 人。

党建和文明创建　截至 2008 年底,全市气象部门有党支部 2 个,党员 17 人。全市气象部门共建成省级文明单位 1 个,市级文明单位标兵 1 个。

主要业务范围

负责全市行政区域内地面气象观测,淮北市长、中、短期及短时临近气象预报制作和发布传播管理;天气预报预警服务;气象情报、气候资源开发利用项目的气候灾害可行性论证;大气环境影响评价建设规划、设计以及建设工程使用的非气象主管机构提供的气象资料审核;人工影响天气工作管理;防雷图纸审核、设计、安装及管理,防雷检测及防雷安全监管等本行政区域内的雷电灾害防御工作组织管理;气象探测环境保护管理;电视天气预报制作;农村综合经济信息网络管理;充灌施放升空气球管理等。

主要服务内容:一是决策服务,为党、政、军部门提供气象预报、情报等气象信息。二是公益服务,通过新闻媒体、信息网络向社会发布天气预报、警报和情报。三是专业服务:为农业生产提供农业气象预报、情报服务;为各专业用户提供专业气象服务;提供气象资料服务;向有关用户提供深加工的气象信息专项产品服务。开展人工影响天气防灾减灾服务;防御雷电灾害服务,避雷装置检测、防雷工程设计施工服务及庆典气球施放等其他科技服务。

淮北市气象局

机构历史沿革

1. 始建及沿革情况

1977 年 10 月 12 日,筹建淮北市气象台,站址位于杜集区高岳镇博庄村,位于东经 116°49′,北纬 33°59′,海拔高度 33.5 米。1982 年 1 月 1 日,淮北国家一般气候站正式开展地面气象观测。1987 年 1 月 1 日起,淮北国家一般气候站更名为淮北国家一般气象站,承担了濉溪县气象站的省内小图报,雨量报,重要天气报等发报任务。2003 年 1 月 1 日起,淮北国家一般气象站迁至淮北市高岳镇开渠广场内,位于东经 116°50′,北纬 33°59′,海拔高度 31.5 米。2007 年 1 月 1 日,更名为淮北市国家气象观测站二级站。2009 年 1 月 1 日,起恢复淮北国家一般气象站名称。

2. 建制情况

领导体制与机构设置演变情况 1977 年 10 月筹建淮北市气象台,由淮北市农林局代管,业务由省气象局管理。1979 年 8 月,改为省气象局和地方双重领导,以省气象局为主。1980 年 3 月由市农业委员会代管,业务由省气象局管理。1980 年 5 月 16 日,成立淮北市气象局(县级)。1981 年 6 月,设立了办公室、预报组、观测组、传真组。1983 年 11 月 22 日,改名为淮北市气象台。1986 年,改为淮北市气象局。1996 年实行以部门为主与地方政府双重领导的管理体制,既是安徽省气象部门的下属单位,又是同级人民政府主管气象工作的部门。2006 年 9 月,核定机构规格正处级,机关编制 11 人,内设办公室(计划财务科)、业务科技科(政策法规科)、人事教育科(监察审计室)。辖气象台、气象科技服务中心、农村综合经济信息中心、防雷中心、濉溪县气象局 5 个科级事业单位和市人工降雨防雹办公室地方编制科级事业单位,国家气象系统事业编制 22 人。2007 年 4 月,增加气象财务核算中心科级事业单位。

人员状况 1978 年建站初期,有职工 3 人。2008 年底,在编职工 26 人;大学本科以上学历 12 人,专科以上 22 人;高级专业技术职称人员 2 人,中级专业技术职称人员 14 人,初级专业技术职称人员 10 人;50 岁以上 3 人,40~49 岁 12 人,40 岁以下 11 人。

单位名称及主要负责人更替情况

单位名称	负责人	职务	性别	任职时间
淮北市气象台	张畏三	市委副书记兼筹建组长	男	1977.10—1978.10
淮北市气象台	朱广华	台长	男	1978.10—1980.2
淮北市气象台	邵延龄	副台长	男	1980.2—1980.5
淮北市气象局	邵延龄	副局长	男	1980.5—1981.8
淮北市气象局	郑庆善	副局长(主持工作)	男	1981.8—1983.11
淮北市气象台	郑庆善	副台长(主持工作)	男	1983.11—1984.6
淮北市气象台	佘修平	副台长(主持工作)	男	1984.6—1986.7
淮北市气象局	佘修平	副局长(主持工作)	男	1986.7—1986.11
淮北市气象局	王良友	副局长(主持工作)	男	1986.11—1989.12
淮北市气象局	张宗亮	副局长(主持工作)	男	1989.12—1993.12
淮北市气象局	王经富	局长	男	1993.12—1999.12
淮北市气象局	李鹏举	局长	男	1999.12—2003.5
淮北市气象局	赵三立	副局长(主持工作)	男	2003.5—2004.12
淮北市气象局	赵三立	局长	男	2004.12—

气象业务与服务

1. 气象业务

承担全市气象工作的归口管理和大气探测、天气预报、农业气象、人工影响天气、气象科研、气象科技服务等工作任务。2005—2008 年连续 4 年在全省气象部门年度综合目标考核中被评为"特别优秀达标单位"。

地面观测 1982 年 1 月 1 日起,每天 08、14、20 时 3 次观测。观测项目有云、能见度、天气现象、气压、气温、湿度、风向风速、降水、雪深、日照、蒸发、地温、雪压等,拍发地面天气报(小图报)和重要天气报。2008 年 11 月增加电线积冰观测。

特种观测 2003 年 10 月,安装调试 LF2000 型太阳辐射数据记录仪,开始紫外线观测。2004 年 7 月 11 日开始裸露水泥地面、草间温度观测;同年 7 月 23 日开始土壤墒情观测。2005 年 3 月 5 日,利用省气象局开发的特种观测资料采集传输数据。

自动气象站 2003 年 1 月,在开渠广场气象观测场完成 ZQZ-C 型自动气象站安装并开始试运行,2005 年起正式运行。2004—2008 年,建设 22 个自动雨量站、8 个四要素气象自动监测站和 3 个六要素自动气象站,建成地面中小尺度自动气象监测网。2008 年 11 月,添置移动气象台 1 部,包括六要素自动观测设备。

雷电监测 2005 年 8 月,完成了闪电定位仪的安装,同时闪电资料正式上传到省气象局服务器。

卫星接收 1985 年 11 月增加极轨卫星云图接收设备。1986 年 4 月正式使用,1987 年停止使用。1989 年引进卫星云图接收设备,以 APT 接收低分辨率日本气象同步卫星云图。1995 年安装卫星云图处理系统,接收日本 GMS 卫星信号。2000 年通过 MICAPS 系统使用高分辨率卫星云图。2007 年 5 月完成 DVB-S 系统的安装、7 月实现气象频道落地接收、8 月完成了风云 C 星和 D 星安装调试,实现了双星资料接收。

气象信息网络 1980 年前,利用收音机收听武汉区域中心气象台和上级以及周边气象台站播发的天气预报和天气形势。1981—2000 年,利用超短波双边带电台接收武汉区域中心气象信息。1984 年,配备 Z-80 传真收片机,1996 年停止使用。1985 年安装 1 套甚高频电话。1987 年 7 月,增加 APPLE-Ⅱ计算机并正式使用。1993 年 11 月,通信方式采用单机 X.25 卡拨号实现了远程资料的调用。1994 年,通讯方式采用 X.25 分组交换网,通信速率达到 9600 比特/秒,建立了以 Novell386 为服务器的局域网。1990 年,配备长城 286 计算机,1992 年 7 月配备长城 486 计算机开通远程终端。1996 年 5 月加入 X.25 分组网,组建了局域网。1996 年,开始启动 9210 工程,1997 年 7 月完工。1998 年 11 月,完成 Sybase 分布式数据库和业务应用软件安装。2000 年 5 月,完成单收站的安装,同时安装了 PC-VSAT 多媒体播放卡。2000 年,建设局域网,利用代理服务器,由 PSTN 线连接互联网;2003 年,建设 10 兆光缆宽带网和 WEB 服务器并联上互联网,配备华为路由器,通过 VPN 实现与省气象局的资料共享。2003 年 6 月,建立省市气象视频会商系统,开通 100 兆光缆。2006 年 11 月,进行了 VPN 网络升级改造,更换了路由器。

气象预报 1979 年秋,开展天气预报业务,通过收听天气形势,结合本站资料图表每日下午制作未来 24 小时天气预报。20 世纪 80 年代初起,增加预报次数和预报时效,从 1982 年开始,采用计算机普查因子,建立旬、月、季成套的预报方程进入数值化阶段。1997 年,MICAPS 系统在投入业务应用,2004 年,MICAPS 2.0 取代 MICAPS 1.0。2009 年,完成 MICAPS 3.0 的测试使用。2000 年至今,开展常规 24 小时、未来 3～5 天和旬月报等短、中、长期天气预报以及临近预报。截至 2008 年,每日 06 时、15 时 30 分制作未来 3～5 天天气预报;同时,开展每日早、中、晚 3 次常规短期天气预报、旬(月)报等中长期天气预报以及短时临近预报。

农业气象 1979 年,开始在春播、三夏、三秋等重要农事季节通过电话、传真等方式开展农业气象业务。1992 年 6 月,建立了农村气象科技服务网。2005 年 2 月,创刊《淮北农业气象》,每月定期制作。不定期发布病虫害气象预报、作物产量预报、农业干旱监测预报和秸秆焚烧监测专报等专题气象服务材料,1989 年始,编写全年气候影响评价。1999 年起,为《淮北市地方志》《淮北年鉴》提供气候史料。2007 年起,为政策性农业保险开展保前、保中、保后气象预报评估鉴定。

2. 气象服务

公众气象服务 1990 年以前,公共气象服务的手段以广播为主。1990 年开始逐步由广播、电话、传真、信函等向电视、微机终端、电子显示屏、互联网等发展。1996 年,开通多媒体电视天气预报节目。2004 年 10 月,开通有节目主持人的电视天气预报,内容包括淮北市分区预报、人体舒适度指数预报等。1997 年 4 月 30 日,建成"121"自动答询天气电话系统。2002 年 4 月,模拟电话答询系统升级为数字式自动答询系统。2004 年 12 月,"121"升位为"12121"。2008 年 10 月,"12121"自动答询天气电话系统服务内容为公益性常规预报信息服务;同年,增加了"96121"自动答询天气电话系统。2006 年 6 月,开通供电气象服务计算机终端。2008 年 1 月,开通环保气象服务计算机终端,开展气象预报和实时资料服务。2006 年 6 月,开始开展气象预警信息电子显示屏服务,在全市党政机关、企事业单位和乡镇布设 50 块气象灾害预警信息电子显示屏。

决策气象服务　1979 年,开始以口头或传真方式向市委、市政府提供决策服务。20 世纪 90 年代起,在原有基础上逐步丰富服务内容和服务方式。截至 2008 年底,有《重要天气信息专报》、《天气情况汇报》、《汛期天气专报》、《淮北农业气象》等决策服务产品。2006年,建立了手机短信发布平台,平台用户包括地方党委、政府主要领导和各级防汛责任人。

专业专项服务　1984 年夏季开始开展专业气象有偿服务,服务手段主要为气象资料服务和寄送气象旬月报;1990 年,成立市避雷设施检测中心,逐步开展建筑物、易燃易爆场所防雷装置安全检测;1992 年开展了气象专用警报机服务;1995 年至今开展施放庆典气球服务;1996 年 9 月 20 日,市编委发文成立淮北市防雷安全领导小组办公室,负责全市新建建(构)筑物防雷工程图纸审查、审核、设计评价、竣工验收、计算机信息系统等防雷安全检测以及防雷工程设计、施工。1998 年,开始进行天气预报传真服务。2002 年,开始进行《气象科技服务周报》服务,发送给全市党政机关和企事业单位。2006 年 6 月开通供电气象服务计算机终端,2008 年 1 月开通环保气象服务计算机终端,开展气象预报和实时资料服务。至 2008 年底,气象科技服务已从最初的单一的专业气象服务发展为气象影视服务、专业气象服务、防雷技术服务、气象信息电话服务、手机短信气象服务、计算机网络服务、充气升空物宣传服务等多个项目,服务范围涉及工业、农业、能源、电力、交通、运输、建筑、林业、水利、环保、旅游、保险、消防、商业仓储、文化、体育等几十个行业和部门,并针对用户的需要,开发、研制了大量的气象科技服务产品。

人工影响天气　人工增雨主要采取用"三七"高炮发射含碘化银炮弹的方式,防雹则采取"三七"高炮发射含碘化银炮弹和使用防雹土火箭相结合的方式。作业人员主要由解放军高炮部队和地方高炮民兵组成,气象部门和一些高校的科技人员担任技术指导。通讯方式采取手摇式有线电话。1981 年,人影工作暂告一段落。1996 年恢复人影工作,并纳入常规业务。1996年 8 月 7 日,成立了以分管副市长为组长的淮北市人工影响天气领导小组。1997 年 6 月,成立人工降雨防雹领导小组办公室,地方编制 5 人。到 2008 年底,共有"三七"高炮 6 门,西安产人影火箭发射架 1 套,乌海 556 厂产人影火箭发射架4 套,人影车辆 5 部,人影炮库、车库、弹药库 9间。作业人员由民兵和气象部门人员承担,由安徽省人影办统一培训,持有上岗证。至 2008 年

2008 年 9 月至 2008 年 12 月,市气象局全力以赴开展抗旱保苗人工增雨作业,先后动用了火箭高炮 20(门、套)/次,参加作业人员 98 人次,在 8 个作业点组织作业

底,共设立 10 个固定炮点,有持证人员 30 名。人影作业以增雨为主,每年作业的主要季

节是春季和秋季,每年平均作业 3～4 次。1997—2003 年,市人工影响天气办公室挂靠在气象台。2004 年后,挂靠业务科,配备了计算机、电话等办公设备,建立健全了各项规章制度。连续 11 年获得安徽省人工影响天气优秀组织奖。

气象科技服务 2000 年开展安徽农村综合经济信息网(以下简称"安徽农网")"信息入乡"工程建设,是年 11 月,开通"淮北农网信息港",建设全市农村综合经济信息服务网络。2001 年 10 月,市辖 3 区 1 县 26 个涉农部门和 33 个乡镇 16 家企业农网信息站全部建成。2005 年,开通了淮北农村综合经济信息网(以下简称"淮北农网")。2006 年,与市劳动和社会保障局联合开通了淮北劳务输出网,与市委组织部联合开通了淮北先锋网。另外,当年还自主开发了淮北星火科技网。

气象科普宣传 2001 年,市气象台成为市青少年科普教育基地,每年世界气象日或者平时根据一些学校的要求对外开放,接待中小学生参观,每年接待中小学生 400 多人次。1996 年,在《淮北日报》开设气象科普专栏,组织科技人员每周撰写刊登一篇气象科普作品。

法规建设与管理

气象法规建设 2000 年 1 月 1 日,市气象局设立法规科,挂靠办公室。2004 年后,法规工作由业务科技科负责,业务科技科同时挂政策法规科牌子。主要是对防雷工程专业设计或施工资质管理、施放气球单位资质认定、施放气球活动许可和探测环境保护等实行社会管理。

2006 年 4 月 28 日,制订下发《淮北市气象局重大气象灾害预警应急预案》,提高了应对重大气象灾害的综合管理水平和应急处置能力。

2006 年 4 月 29 日,制定下发《淮北市气象局应对突发公共事件业务服务实施办法》,使应急气象业务服务系统快速、规范、有效的进入应急工作状态。

社会管理 目前,依法行使的行业管理项目主要有探测环境保护、施放气球单位资质认定与施放气球许可、防雷装置设计审核和竣工验收、建设项目大气环境影响评价使用气象资料审查和天气预报发布,气象行政审批项目、办事程序、气象行政执法依据等向社会公开。2005 年 4 月,进驻市行政服务中心大厅,设一个气象局服务窗口,进驻一名工作人员。2007 年,增设一个防雷中心窗口,增加一名工作人员。

施放充气升空物管理做到定点、定时、定量、定单位,定看护和管理责任人,确保气球施放安全。

政务公开 2000 年起,对气象行政审批办事程序、气象服务、服务承诺、气象行政执法依据、服务收费依据及标准等内容向社会公开。2006 年,制定下发了《局务公开工作实施细则》,落实首问责任制、气象服务限时办结、气象电话投诉、气象服务义务监督、领导接待日、财务管理等一系列规章制度,坚持利用上墙、网络、电子屏、黑板报、办事窗口及媒体等六个渠道开展局务公开工作。

党建与气象文化建设

1. 党建工作

支部组织建设　1981 年,市气象局党支部成立。现有中共党员 18 人(其中离退休 5 人)。

党风廉政建设情况　1999 年 8 月,成立党组纪检组。2000—2008 年,参与气象部门和地方党委开展的党章、党规、党纪和法律法规等知识竞赛共 48 次。2002 年起,连续 7 年开展党风廉政教育月活动。2003 年起,每年开展局领导和中层干部述职述廉报告和党课教育活动,层层签订党风廉政目标责任书。2003—2008 年,制定工作、学习、服务、财务、党风廉政、安全等 6 个方面 35 项规章制度。

2. 气象文化建设

精神文明建设　1995 年起,先后成立文明创建、党风廉政建设、宣传思想政治、社会治安综合治理、安全生产、计划生育、局务公开等各项工作领导小组。2001 年,文明办设在人事教育科。自 1998 年以来,利用会议、课堂、网络、展板、简报、集体活动、文明市民学校等形式进行文明创建宣传教育。

文明单位创建　1997 年 12 月,被市委直属机关工委评为县级文明单位。1999 年获省气象局文明行业创建达标单位。2000 年 6 月 29 日,市文明委召开"学气象部门创文明行业"现场会。2007 年 11 月,市文明委召开全市文明单位创建现场会。2004 年 4 月,被淮北市委、市政府授予第十届市级文明单位。2006 年 4 月,被淮北市委、市政府授予第十一届市级文明单位标兵。2008 年 4 月,被安徽省委、省政府授予第八届省级文明单位。

从 1996 年起,每年组织开展观看优秀影片、革命传统教育、文体比赛、文明创建知识竞赛、纪念"3·23"世界气象日、拥军爱民慰问、"送温暖献爱心"救灾捐款、党风廉政建设知识竞赛等气象文化活动。2004 年起,先后与濉溪县界洪村、相山区新村社区结对共建,与贫困村(户)、残疾人结对帮扶。是年,还添置跑步机、乒乓球桌、健身器等体育器材。2008 年,建设室外篮球场。

3. 荣誉

集体荣誉

先进集体	获得时间	荣誉名称	授予单位
市气象台	1984 年	全省气象系统最佳单位	安徽省气象局
市气象局服务科	1989 年	安徽省气象系统先进单位	安徽省气象局

个人荣誉

先进个人姓名	获得时间	荣誉名称	授予单位
赵三立	2003 年	安徽省抗洪抢险先进个人	安徽省委、省政府
孙金贺	2007 年	安徽省抗洪抢险先进个人	安徽省委、省人民政府
陈启霞	2007 年	安徽省抗洪抢险先进个人	安徽省委、省人民政府
张学贤	2008 年	安徽省抗雪防冻救灾先进个人	安徽省委、省人民政府

台站建设

1984 年 7 月 24 日,建设主体三层、局部四层、建筑面积 1300 平方米的办公楼。

2006 年,投资 1000 万元,建设市气象防灾减灾中心大楼,2008 年 11 月落成,主体五层、局部六层,高 31.7 米,建筑面积 3548 平方米;楼内有现代化业务平面、气象影视演播室、人工影响天气指挥中心、学术报告厅、气象科普展厅以及图书阅览室、党员活动室、职工活动室等。

1983 年淮北市气象台观测场

2003 年 1 月启用的城市生态气象站

2008 年 11 月,淮北市气象防灾减灾中心大楼正式落成

濉溪县气象局

濉溪县位于安徽省北部,是淮北市唯一市辖县。县城依市而建,全县辖 11 个乡镇和 1 个省级经济开发区,208 个行政村,人口 106 万,全县总面积 1987 平方千米。濉溪承东启西,区位优越,地处苏、鲁、豫、皖 4 省交界处,是淮海经济区和徐州经济圈重要组成部分。

濉溪历史悠久,坐落于临涣镇柳孜的隋唐大运河遗址,被列为 1999 年全国十大考古发现之一。濉溪还是春秋时期政治家华元、秦相蹇叔、东汉哲学家桓谭的故里。

濉溪属暖温带半湿润季风气候区,气候条件较为优越,年平均气温 14.7℃,年降水量822.6 毫米,全年日照时数 2262.7 小时。主要气象灾害有干旱、洪涝、暴雨、冰雹、大风、雷电等。

机构历史沿革

始建情况　1956 年下半年,筹建濉溪县气候站。1957 年 1 月 1 日正式进行气象观测。站址位于濉溪县老城北关(东经 116°47′,北纬 33°56′),海拔高度 31.4 米。2009 年 1 月 1 日,迁址到濉溪镇八里村(东经 116°45′,北纬 33°56′),海拔高度为 31.6 米。

建制情况　1956—1976 年,归县农林局代管。1976—1984 年,由县农业委员会代管,业务受上级气象台指导。1983 年至今,实行由上级气象主管机构和地方政府双重领导,以上级气象主管机构领导为主的体制。

人员状况　1957 年建站初期有职工 3 人。现有在编职工 5 人。其中,中共党员 3 人、团员 2 人;大学以上学历 4 人,大专学历 1 人;中级专业技术人员 3 人,初级专业技术人员 2 人;年龄在 40～49 岁 2 人,40 岁以下 3 人。

单位名称及主要负责人变更情况

单位名称	负责人	职务	性别	任职时间
濉溪气候站	黄献仁	负责人	男	1956.9—1965.8
		副站长(主持工作)		1965.8—1975.12
濉溪县气象站	陈沛然	副站长(主持工作)	男	1975.12—1976.7
濉溪县气象站	黄霞芝	站长	男	1976.8—1977
濉溪县气象站	朱立武	站长	男	1979—1981
濉溪县气象局	郑庆善	局长	男	1984.2—1986.12
濉溪县气象站	邱全灵	副站长(主持工作)	男	1986.2—1992.9
濉溪县气象局	郑良武	局长	男	1992.9—1995.2
濉溪县气象局	邱全灵	局长	男	1995.2—1998.1
濉溪县气象局	马致华	局长	男	1998.1—2007.1
濉溪县气象局	陈启霞	局长	女	2007.1—

气象业务与服务

1. 气象业务

地面观测　1956 年 11 月 1 日起,观测时次采用地方时 01、07、13、19 时每天 4 次观测。1961 年 1 月 1 日起,每天 02、08、14、20 时 4 次观测。观测项目有云、能见度、天气现象、气压、气温、湿度、风向风速、降水、雪深、日照、蒸发、地温等。1987 年 1 月 1 日—1999 年 12 月 31 日,根据皖气业〔1986〕047 号文件精神,本站由国家一般站调整为辅助站,观测项目有雪深、风向风速、降水、天气现象以及为当地服务要求开展的气象要素。2000 年 1 月 1

日,恢复为国家一般站,按照调整前的观测项目进行观测、发报。

2006—2007 年,增加草面温度、裸露空气温度、水泥路面温度观测。2006 年 7 月起,增加土壤墒情观测,每月逢 3 日、8 日观测并向省气象科学研究所发报。

2005 年 6 月,在濉溪镇二里庄濉溪县气象观测场完成 CAWS600-Ⅰ型自动气象站安装并开始试运行。2006—2007 年,与人工站双轨运行观测,以人工站为主。2008 年起,实现以自动站观测站为主的基本业务,同时每日 20 时进行人工观测。

2004 年夏季,在刘桥、铁佛、百善、赵集、古饶、岳集、四铺、临涣、祁集、杨柳、孙疃、五沟、南坪、双堆、陈集建立了 15 个单雨量自动气象站。2005 年秋季,在临涣、陈集、南坪单雨站的基础上升级为四要素自动气象站,同时新建五铺、徐楼、韩村 3 个单雨量站。2006 年 7 月,在铁佛、五沟、四铺升级单雨站为四要素站,新建白沙、宋苗、任集 3 个单雨量自动站,8 月宋苗雨量站迁往尤沟。2008 年 10—11 月,在孙疃矿、卧龙湖矿、五铺中学新建 3 个六要素自动气象站。截至 2008 年底,全县共建成 21 个单要素和多要素自动气象站,初步建成 5 千米格距的"地面中尺度气象灾害自动监测网"。

气象信息网络 1980 年前,利用收音机收听武汉区域中心气象台和上级以及周边气象台站播发的天气预报和天气形势。1981—2000 年,利用超短波双边带电台接收武汉区域中心气象信息,配备 ZSQ-1(123)天气传真接收机接收北京、欧洲气象中心以及东京的气象传真图。1999—2007 年,建立 VSAT 站、气象网络应用平台、专用服务器和省市县气象视频会商系统,开通 100 兆光缆,接收从地面到高空各类天气形势图和云图、雷达等数据,为气象信息的采集、传输处理、分发应用、会商分析提供支持。2000—2004 年,接通"163"一线通网络传输天气加密报。2004 年,安装中国电信 ADSL 宽带,实现宽带传输。2007 年 3 月,建成移动光纤。2009 年 1 月 1 日,切换成 10 兆光纤。

气象预报 1960 年 10 月始,通过收听天气形势,结合本站资料图表,每日早晚制作 24 小时内日常天气预报。20 世纪 80 年代初起,每日 06、10、15 时 3 次制作预报。2000 年至今,开展常规 24 小时、未来 3～5 天和旬月报等短、中、长期天气预报以及临近预报。同时,开展灾害性天气预报预警业务和供领导决策的各类重要天气报告等。

农业气象 1984—1985 年,编制完成《濉溪县农业气候资源和区划》,获得由省农业区划办公室颁发的科技成果三等奖。1999 年始,编写全年气候影响评价。1990 年起,为《濉溪县地方志》《濉溪年鉴》提供气候史料。2009 年起,为政策性农业保险开展保前、保中、保后气象预报评估鉴定。

2. 气象服务

公众气象服务 1961 年,开始制作天气预报,向全县人民提供公众气象服务。服务产品已由单一的天气预报,发展到目前的气象生活指数、紫外线指数、人体舒适度预报等,尤其是 2005 年以来,不断完善雷雨大风等 14 种气象灾害预警信号发布工作同时纳入公众气象服务,使公众气象服务更加完善。以前气象预报等服务产品主要由县广播站统一发布,通过农村有线广播播送,1999 年 7 月 18 日,应用非线性编辑系统制作电视天气预报节目,公众气象服务开始通过电视传播。2005 年 10 月 15 日,电视气象节目主持人走上荧屏,使全县人民更加直观了解各种气象服务产品。1997 年建成"121"电话语音系统,通过固定电话及时了解天气实况。2005年3月,开通手机气象短信服务。2003年,通过濉溪气象网站提供网络气象服务。2006—2008年,在全县范围内安装30块气象灾害预警信息电子显示屏。

决策气象服务　20世纪80年代,主要以口头或传真方式向县委、县政府提供决策气象服务。20世纪90年代,逐步规范《重要天气报告》、《气象内参》、《气象信息与动态》、《汛期(5—9月)天气形势分析》等决策服务产品,及时向地方党委政府和有关部门提供决策服务。2008年,开展气象灾害预评估和灾害预报服务;同年,建立了县政府突发公共事件预警信息发布平台,全面承担突发公共事件预警信息的发布与管理。

专业专项气象服务　1985年3月,遵照国务院办公厅《转发国家气象局关于气象部门开展有偿服务和综合经营的报告的通知》(国办发〔1985〕25号)文件精神,专业气象有偿服务开始起步,利用传真邮寄、警报接收机、声讯、影视、电子显示屏、手机短信等手段,面向各行业开展气象科技服务。1995年起至今,开展庆典气球施放服务。

1991年,成立县避雷设施检测站,为各单位建筑物避雷设施开展安全检测。1996年,县政府发文成立濉溪县防雷安全领导小组办公室(濉政办〔1996〕21号),逐步开展建筑物防雷装置、新建建(构)筑物防雷工程图纸审核、设计评价、竣工验收、计算机信息系统等防雷安全检测。2002年6月,与县建设局联合办公开展防雷工程图纸审核。1999年起,全县各类新建建(构)筑物按照规范要求安装避雷装置。2005年10月起,对重大工程建设项目开展雷击灾害风险评估。

1975年开始人工降雨防雹作业。1996年10月,成立县人工降雨防雹领导小组办公室。截至2008年底,共添置人工增雨火箭发射装置2套,高炮5门,建立人工增雨作业基地3个,培训作业人员100人次。多年来共开展人工影响天气作业70余次,节约抗旱资金数亿元,曾8次被省政府授予"人工增雨防雹先进单位"。

气象科技服务与技术开发　2000年8月,建立濉溪县农村综合经济信息网(以下简称濉溪农网),开通全县24个乡镇农网信息服务站,建成以濉溪农网为中心的全县农网信息系统。通过濉溪农网、濉溪农网信息港、濉溪气象网发布农业、气象、政务等各类信息。2004年,建立濉溪县先锋网和濉溪气象网两个网站,发布农业、气象、政务等各类信息。2002年,承担建立濉溪政府网。2007年将政府网移交给县信息办管理。

气象科普宣传　1994年,与县农业委员会联合对全县农技人员进行气象知识专题讲座。1995年7月,被市科技局授予"淮北市青少年气象科普教育基地"。1998年与县消防大队共同举办全县重点防火单位雷电灾害知识专题培训3期。2002—2008年共对全县乡镇农网信息员培训5期,培训人员200人次。2008年9月19日,向全县小学五年级学生免费发放《小学生气象灾害防御教育读本》。同时,应用电视气象、手机短信、报刊专版、电子屏、网站等渠道,实施气象科普入村、入企、入校、入社区,全县科普教育受众面达80万余人。

法规建设与管理

气象法规建设　认真贯彻落实《中华人民共和国气象法》、《安徽省气象管理条例》等法律法规,县人大和法制委每年视察或听取气象工作汇报。2002年5月6日,濉溪县人民政府下发《关于进一步做好防雷安全管理工作的通知》(濉政〔2002〕38号),气象工作纳入县政府目标责任制考核体系。

社会管理 2003年3月,濉溪县防雷行政审批工作纳入县政府审批办证中心运行。2006年3月1日,县政府作出《濉溪县人民政府关于依法保护气象探测环境的承诺书》(濉政秘〔2006〕11号)。

政务公开 2002年起,对气象行政审批办事程序、气象服务、服务承诺、气象行政执法依据、服务收费依据及标准等内容向社会公开。2006年,制定下发了《局务公开制度》、《局务公开责任制》、《局务公开办法》、《局务公开考核办法实施细则》等各项制度和措施,落实首问责任制、气象服务限时办结、气象电话投诉、气象服务义务监督、财务管理等一系列规章制度,坚持会议公布、上墙、网络及媒体等渠道开展局务公开工作。

2007年4月4日,安徽省气象局印发《关于在县(市)气象局建立"三人决策"制度的规定》后,同月即成立"三人决策小组",建立健全科学、高效、民主的决策机制。

党建与气象文化建设

1. 党建工作

支部组织建设 1998年2月,成立濉溪县气象局党支部,邱全灵同志任支部书记。2007年1月—2008年,陈启霞同志担任支部书记。2002—2008年,有5人次被濉溪县直工委授予"优秀党员"称号,1人次被濉溪县直工委授予"优秀党务工作者"称号。2008年12月,全局有中共党员3名。

党风廉政建设 2000—2008年,参与气象部门和地方党委开展的党章、党规、法律法规知识竞赛共5次。2002年起,有7年开展党风廉政教育月活动。2004年起,开展作风建设年活动。2006年起,每年开展局领导党风廉政述职和党课教育活动,并签订党风廉政目标责任书,推进惩治和防腐败体系建设。2000—2008年,先后制定工作、学习、服务、财务、党风廉政、卫生安全等六个方面35项规章制度和办法。

2. 气象文化建设

1987年起,开展争创文明单位活动。1988年起,每年开展职业道德教育月活动。2000—2008年,先后开展党史党性教育,同时连续多年对贫困户结对帮扶。

2000年起,每年组织文体活动丰富职工业余生活。2006年,安装了公民道德规范宣传牌和"气象"宣传牌,每个职工的办公桌上都制作了公示牌;同年,在淮北气象系统文体比赛中获优秀组织奖、淮北气象系统业务比赛中获第一名。

3. 荣誉

1988—2008年,获地厅级以上集体荣誉18项。其中,被省政府8次授予"人工增雨防雹先进单位"。2006年5月被淮北市委、市政府授予"市级文明单位";2007年2月,在万人行风评议活动中被濉溪县委、县政府授予"人民满意单位";2008年5月,被淮北市委、市政府授予"市级文明单位标兵"。

台站建设

　　2007—2008 年,投资 300 万元,建成县防灾减灾业务楼,其中业务楼建设建筑面积 900 平方米,炮库 5 间,院内道路及硬化超过 2500 平方米,设置了气象预警中心业务平台、气象灾害培训基地以及图书阅览室、党员活动室、职工活动室。

老观测场

新观测场

老办公楼

新办公楼

亳州市气象台站概况

亳州市位于安徽省西北部,全市行政区域土地面积 8374 平方千米,全市总人口 588 万。1986 年撤县(亳县)建市(亳州市)。2000 年 5 月经国务院批准设立为省辖市,辖涡阳、蒙城、利辛 3 县和谯城区。亳州市府所在地谯城区,面积 2226 平方千米,人口 130 万,从商城王建都开始,是一座具有三千多年历史的文化古城。亳州在悠久的历史长河中,涌现出无数灿若星晨的风流人物、英雄豪杰、文人墨客。有一代圣君商汤;集政治家、军事家、文学家于一身的枭雄曹操;中医外科鼻祖华佗等。亳州是"神医"华佗的故乡,也是我国历史上的四大药都之一。

亳州市处在暖温带南缘,属于暖温带半温润气候区,有明显的过渡性特征,主要表现为季风明显,气候温和,光照充足,雨量适中,无霜期长,四季分明,春温多变,夏雨集中,秋高气爽,冬长且干。年平均气温 14.7℃;极端最高气温 42.1℃;极端最低气温 −24.0℃。年平均降水量 790.2 毫米,降水主要集中在 6、7、8 月份。无霜期 213 天左右。年平均日照时数 2241.5 小时。主要气象灾害有暴雨洪涝、干旱、低温冻害、连阴雨渍涝、夏季强对流。

气象工作基本情况

台站概况　亳州市气象局辖涡阳、蒙城、利辛 3 个县气象局。下设 4 个地面气象观测站,1 个气象台,2 个农业气象观测站,52 个区域气象站点。其中亳州、蒙城为国家基本气象站,观测数据参加全球气象资料交换,同时也是农业气象观测站。涡阳、利辛为一般气象观测站,也是土壤湿度观测点。四要素站 14 个,自动雨量站 38 个。基本建成了覆盖全市、布局基本合理的地面综合探测系统。1 区 3 县地面气象观测站全部实现了 ZQZ-Ⅱ型地面气象要素综合有线遥测系统(也称自动站)。

人员状况　截至 2008 年 12 月,全市气象部门有在职职工 54 人,编制外用工 14 人,其中本科学历 26 人,大专学历 13 人;工程师 23 人,高级工程师 1 人。

党建与文明创建　截至到 2008 年 12 月,全市气象部门有党支部 4 个,党员 32 人。有省级文明单位 2 个、市级文明单位 2 个。

主要业务范围

主要业务有制作和发布全市范围内长、中、短期天气预报和气候预测,发布短时临近预报和灾害性天气警报,向各级政府和有关部门提供决策气象服务,通过媒体开展公众气象服务,为相关行业提供专业气象服务;为重点工程和重大社会活动提供气象保障;开展气象科学研究和成果推广应用;按照《地面气象观测规范》进行地面气象要素的观测和发报,主要农作物生长期土壤墒情的观测、产量预报;根据天气气候状况适时开展人工影响天气作业;承担气象探测环境保护职责,开展升空气球施放单位资质审批、施放气球活动许可、防雷装置设计审核、防雷装置竣工验收等行政审批业务;开展各类建筑物(构筑物)防雷设施安全检测业务;利用气象新信息网络优势与组织部门、农业部门合作开展乡镇综合信息服务站的建设、维护、技术培训等工作。

亳州市气象局

机构历史沿革

1. 始建及站址迁移情况

亳州市气象局前身是亳县气象站,始建于 1952 年 11 月。1953 年 1 月 1 日开始正式观测,站址位于亳县周西巷,观测场位置为北纬 33°53′,东经 115°46′,海拔高度 37.6 米。1954年 11 月 1 日,观测场向东南迁移 68 米,海拔高度变为 37.1 米。

1979 年 5 月,迁站到亳县城关环城马路西南角(现址),观测场位置为北纬 33°52′,东经115°46′,海拔高度 37.7 米。同时建二层办公楼约 500 平方米。1983 年观测场由于离墙太近,不符合规范要求,平移至原观测场东北偏东方向,距原址 22 米。

2. 建制情况

领导体制与机构设置演变情况 1953 年 1—7 月,建制属安徽军区司令部气象科,由华东军区司令部气象处领导。1953 年 8 月—1954 年 10 月,建制属亳县政府财委。1954 年10 月—1958 年 11 月,建制属安徽省气象局阜阳专区气象台。1958 年 12 月—1963 年 12月,建制属亳县政府,业务管理属阜阳专区气象台。1964 年 1 月—1970 年 10 月,人、财、物"三权"归属安徽省气象局,阜阳专区气象台管理。1970 年 11 月—1979 年 1 月,属亳县革委会管理,科局级,业务归阜阳地区革命委员会气象局。1980 年,全国气象系统进行机构改革,建立部门和地方双重管理领导体制(以部门领导为主),属阜阳地区行署气象局管理。1986 年 3 月,亳县撤县建县级市,同年 6 月更名为亳州市气象局。1999 年 3 月升格为副处级单位,归安徽省气象局直管。2001 年升格为正处级单位。建站之初到 1999 年 3 月,亳州市气象局只有气象观测和预报 2 个组,没有行政管理职能,升格后成立了综合办公室。

人员状况 1953 年建站初期只有 5 人。2001 年 12 月亳州市气象局成立时有 22 人。截至 2008 年 12 月,有在职职工 30 人,编制外用工 7 人。其中参照公务员管理的机关人员 10 人;直属事业单位人员 20 人。平均年龄 37 岁,本科学历人员 19 人,占职工总数 63.3%;具有工程师资格人员 9 人,高级工程师资格 1 人。中共党员 15 人。

单位名称及主要负责人更替情况

单位名称	负责人	职务	性别	任职时间
亳县气象站	吴玉田	站长	男	1953.1—1955
亳县气象站	夏正刚	站长	男	1955—1956.4
亳县气象站	刘建新	副站长(主持工作)	男	1956.4—1965.8
亳县气象站	贾 毅	副站长(主持工作)	男	1965.8—1971.5
亳县气象站	王清民	指导员	男	1971.5—1973.11
亳县气象站	孙敬业	站长	男	1973.11—1979.8
亳州市气象局(县级)	杜绍兴	局长	男	1979.8—1984.9
亳州市气象局(县级)	吴茂全	局长	男	1984.9—1988.10
亳州市气象局(县级)	赵三立	局长	男	1988.10—1992.12
亳州市气象局(县级)	冯永远	副局长(主持工作)	男	1992.12—1993.5
		局长		1993.5—1999.3
亳州市气象局(市级)		局长(副处)		1999.3—2001.11
亳州市气象局(市级)	朱 键	局长	男	2001.11—2003.10
亳州市气象局	孙 钢	副局长(主持工作)	男	2003.10—2005.5
		局长		2005.6—

气象业务与服务

1. 气象业务

地面观测 1953 年气象观测丙种站。1980 年 1 月起,改为国家基本气象站。2007 年更名为国家气象观测一级站。2008 年 12 月 31 日 20 时起更名为国家基本气象站。

1953 年 1 月 1 日,开始地面观测,气候(定时)观测时次为 03、05、09、12、14、16、21、24 时共 8 次。观测项目:云、能见度、天气现象、气温、湿度、风向、风速、降水(人工测量)、最低草温。

1954 年 1 月 1 日起每日地方平均太阳时 01、07、13、19 时 4 次定时气候观测,日界 19—19 时。同时观测项目增加有:蒸发、日照、地温、冻结现象(1957 年改称电线积冰)、雪深、雪压。

1960 年 8 月改为 02、08、14、20 时 4 次观测,日界 20—20 时。

1954—1964 年,气象观测仪器和项目逐年增加、取消变更情况较大。截至 2008 年主要观测项目有:云、能见度、天气现象、气温、气压、湿度、风向、风速、降水(人工测量)、蒸发、日照、电线积冰、雪深、雪压、冻土、地面温度(人工)5、10、15、20 厘米;地面及各层次地温

（自动观测）5～320厘米。1982—1985年,开始酸雨为预约观测。2005年7月—2007年7月,增加草面温度、水泥面温度、裸露空气温度观测。2005年10月,开始接收使用雷电监测资料。

2005年6月,建成全市自动雨量站监测网。亳州谯城区共建城10个自动雨量站和1个四要素自动站。

2005年12月 TCL-713C雷达安装、调试并正式使用。

从建站至1986年,观测、编发报和报表均由手工完成;1986年4月使用PC-1500小型计算机处理有关记录、编报和编制报表。1994年启用AHDM2.0版测报软件,1997年升级为AHDM4.0版,1998年实现有线遥测七要素观测自动化,使用测报软件安徽DM-1.0,并逐渐升级为DM-5.0。2000年正式启用自动站观测记录,人工观测备份,实现除云、能见度、天气现象以外观测自动化。2004年使用OSSMO测报软件,2005年1月1日升级为OSSMO2004版。

自1953年起24小时编发4次基本天气报、4次补充天气报、重要天气报、航危报和台风加密天气报告、气象旬(月)报。

自有资料记录以来编制的报表有:气表-1、2、3、4、5、6、7、8,气表-21、25,地面气象月简表。1991年3月开始记带,气表需手抄。1993年10月起用微机编制气表-1,仍手抄底本。2003年1月开始取消手抄报表,改为机制报表。2008年8月所有观测资料移送到安徽省气象局档案馆保存。

气象信息网络 1953年1月起,使用固定电话向邮电局报房传报,再由报房传至区域气象中心和航空机场。1996年,台站使用X.28拨号上网发报,逐步建立了以X.25专线为主的气象通信网络。2003年X.25网络全面升级为可连接Internet的光纤宽带网,并在此基础上建立了与省气象局互连的VPN网络。

气象预报 20世纪50—80年代,主要以收听大台预报和观测员看天经验,利用单站点聚图、综合时间剖面图、95图、65图、三线图、六线图等,绘制简易天气图制作短期天气预报、中期天气预报。

20世纪80年代以后,配备录音机和气象传真接收机,接收高空、地面天气图和物理量预报图等,分析制作短期和中期预报。1988年开通甚高频无线对讲通讯电话,实现与阜阳地区局的通话会商。1999年利用PC-VSAT卫星接收常规观测资料和数值预报产品并使用气象信息综合分析处理系统(MICAPS 1.0)。

2003年6月,省—市视频会商会议系统投入业务使用。同年9月,新一代市级天气预报业务流程正式使用。

2005年1月,气象信息综合分析处理系统(MICAPS 1.0)升级为MICAPS 2.0。

2008年8月,V2视频会议系统正式使用。

2000年以后预报业务逐步发展,制作未来48小时、4～7天、汛期气候趋势等短、中、长期预报及短时临近预报,上报重大天气过程预报技术总结。

2003年5月,亳州市气象台自主研发汛期降水预报模式,用于汛期预报。

2004年1月,与市环保局合作,开发《亳州市空气质量预报》程序,开展城市空气质量预报、空气污染气象条件等城市气象环境服务。8月,增加制作短时临近预报业务。

2006年4月1日开始,制作5天分县城市预报并于下午16时前上传省气象局服务器。

农业气象 1985年5月,设国家农业气象基本观测站。主要承担农作物产量预测预报,冬小麦、夏大豆、甘薯、烟叶等作物生长期观测;物候观测;土壤水分观测;农业气象灾害观测与调查;农业气象旬(月)报编发任务。

2. 气象服务

公众气象服务 1996年以前,预报员每日制作48小时的天气预报,旬报和午收、汛期天气预报,通过县广播站向全县发布天气预报。1997年1月,与市电视台协商开播由气象局制作的电视天气预报节目;同年6月开通"121"天气预报自动答询系统,开展常规天气预报、天气趋势、灾害防御、科普知识、农业气象服务等。2005年4月,与市电视台、市广播电台签订预警信号发布业务流程,制作并发布气象灾害预警信息。

2006年1月,成立市气象影视中心,使用多媒体非线性编辑系统,推出有主持人的电视天气预报节目《药都气象》;同年下半年市代县制作电视天气预报节目,通过网络传递到县局。

决策气象服务 20世纪50—80年代,遇重大天气发生时向县政府口头或书面汇报。2004年11月,开通手机气象短信服务和气象预警服务,发布涉及灾害性天气预(警)报、重要气象信息,为市委、市政府六大班子和政府各职能部门领导提供决策服务;服务范围逐步扩大到防汛责任人、各乡镇负责人、各村两委主任和中小学校长,到2008年底服务对象约1000余人。

专项气象服务 1985年初开展气象专业有偿服务,服务内容为短中长期天气预报,向各企事业单位发送。1998年购置15部警报接收机,安装到县防汛抗旱办公室和轮窑厂等各大企业,建成气象预警服务系统,每天3次定时广播服务。1997年开始施放气球的服务。2001年成立了亳州风云气象科技服务有限责任公司,开展施放气球、防雷工程等业务。2002—2008年,为全国(亳州)中药材交易会和全国(亳州)中药材交易会暨国际(亳州)中医药博览会提供气象服务,开展高、中考专题服务。

自20世纪70年代起和武装部联合用高炮进行人工降雨。1976年8月自制土火箭进行人工降雨。1996年购买2门"三七"双管高炮进行人工增雨。1998年成立了由市县分管负责人任组长,人武部、气象局等单位组成的人工降雨领导小组。同年购置了西安第四航天研究院第四十一所生产的WR-98型车载增雨防雹火箭发射系统1套使用至今。每年市(区)政府拨专款实施人工增雨,每年作业3～5次。多次受到政府嘉奖。

1987年初,利用摇表开展建筑物避雷针检测工作。2002年开展工程技术服务;2006年开展防雷设计技术审查和竣工验收服务。2007年成立了有独立法人资格的亳州市防雷中心。至2008年底使用的仪器为:K-3690B等电位测试仪、K-2766B避雷器测试仪、L-4105T接地电阻测试仪。

气象科技服务 1997年6月,与电信局合作开通"121"天气预报自动答询系统,2004年7—9月相继与移动公司、联通公司、铁通公司合作开通"12121"。2003年"121"改为"12121",2007年10月改为"96121"。

1999年下半年成立亳州市农村综合经济信息服务中心。2000年完成各乡镇农村综合经济信息服务站建设。

2003 年 6 月,安徽省气象防灾减灾短信服务系统开通,至 2008 年底,亳州气象短信用户达 15 万 7 千余户。

2006 年 7 月,开通网络气象服务,主要上网产品有短期预报、生活气象指数预报、周报、旬报、重要农事气象服务等。

气象科普宣传 积极利用世界气象日、科技宣传日、安全宣传月、法制宣传月等活动,开展气象科普宣传。多年来共发放宣传资料近 80000 余份、义务咨询 6000 余人次、向利辛县各小学赠《小学生气象灾害防御教育读本》25000 余册、赠市教育局 600 余套防雷知识挂图。接待小记者 3 千余人次。

法规建设与管理

气象法规建设 2004 年 7 月成立了法规科和执法大队,指定专人负责气象法规工作。2007 年法规科与业务科合并为业务(法规)科.法规科承担气象行政审批、规范天气预报发布和传播管理等职能。

2006 年 5 月 29 日,市政府下发了《亳州市人民政府关于贯彻〈安徽省防雷减灾管理办法〉的实施意见》(亳政〔2006〕48 号);2006 年 7 月 25 日,亳州市气象局、发改委、建委、行政服务中心下发了《关于实行防雷设施设计图纸审核项目联批的通知》(亳气发〔2006〕17 号)。

社会管理 2005 年向市建委(规划局)、国土资源局等有关部门递交了探测环境保护备案的所需资料,市建委表示在探测环境保护范围内的建设审批中,将气象探测环境保护的标准,作为能否建设的第一条件。2008 年市政府把《气象台站探测环境保护专项规划》的编制工作列入年度重点工作。

2005 年 1 月开始实施升空气球单位资质审批、施放气球活动许可。2006 年 9 月市行政服务中心设立气象窗口,正式开展升空气球施放单位资质审批、施放气球活动许可、防雷装置设计审核、防雷装置竣工验收等行政审批业务。自 20 世纪 90 年代后期起,市政府多次下发《关于对全市避雷装置进行安全性能检测的通知》、《关于加强防雷安全管理工作的通知》和《加强升空物安全管理的通知》。

政务公开 2004 年制定了《亳州市气象局局务公开实施细则》,对社会公开的内容有机构设置、法律法规、气象行政执法依据、执法权限、向社会服务的主要内容、行政审批办事程序、服务收费依据、服务承诺、违纪的投诉处理途径等。

对内公开的内容:气象业务与服务的开展情况,财务情况,气象科技服务收支分配情况,干部任免,"三重一大"事项,内部规章制度等。2008 年被评为全市政务公开先进示范点。

党建与气象文化建设

1. 党建工作

支部组织建设 1952—1976 年党员人数不足 3 人,与外单位合并支部。1980 年成立中共亳县气象站党支部,属亳县农委总支。2002 年成立亳州市气象局党支部,属亳州市直工委总支。至 2008 年底,有中共党员 15 人。

党风廉政建设 2002 年成立亳州市气象局党组纪检组。2002—2008 年,参与气象部门和地方党委开展的党章、法律法规知识竞赛共 14 次。2002 年起,连续 7 年开展党风廉政教育月活动;与各科室和县气象局签订党风廉政责任状;建立主动定期向地方纪委汇报工作制度;开展处级领导党风廉政述职报告和党课教育活动;严格执行处级领导个人重大事项报告制度,推进惩治和防腐败体系建设。2002 年以来,为规范办事行为,先后制定完善"三重一大"民主决策、政务公开、财务管理、科技服务、大宗物资采购等五个方面多项规章制度。2008 年成立重大工程建设项目招标议标"五人工作小组"。

2005 年,全市公开选拔聘用县气象局兼职纪检员,建立"三人决策"机制。

2. 气象文化建设

精神文明建设 1996 年开始把精神文明建设和文明单位创建作为一项常规工作内容,先后以建设一流台站、树立"气象人四业"精神、打造气象文化等为创建目标。2005 年成立精神文明建设领导小组,每年组织参加或自办各类演讲比赛、征文、文艺演出、知识竞赛、书法绘画摄影展览等,至 2008 年共参与和举办各类活动 10 余场。2006 年开展了"讲正气、比奉献"活动,2008 年开展读书活动。

开展文明创建规范化建设,改造观测场,装修业务值班室,统一制作局务公开栏和文明创建标语牌等宣传牌。1999 年,荣获"精神文明创建工作达标单位"称号;2000 年荣获"文明单位标兵"称号;2002 年荣获"市级文明单位"称号;2006 年、2008 年分别荣获"十佳文明机关"称号;2006 年和 2008 年分别荣获第七届、第八届"省级文明单位"称号。

文体活动情况 建设了职工图书阅览室,拥有藏书 1000 余册。建立了室内外文体活动场所,购置了文体活动器材。自 2005 年以来,每年举办 3~4 次的文体活动。2007 年和应标同志获全市围棋比赛第二名。

3. 荣誉

集体荣誉 1999—2008 年亳州市气象局共获得各类先进荣誉 20 个。其中 2006 年和 2008 年获得第七届、第八届省级文明单位奖;2007 年获得中国气象局授予的全国局务公开先进单位奖;安徽省气象局授予各类单项奖 9 个。

个人荣誉

获奖人	荣誉称号	授奖机关	授奖日期
任大亚	先进工作者	安徽人事厅、安徽省气象局	2004
冯永远	防汛抗旱先进个人	安徽省委、省政府	2006.1
董 凌	抗洪抢险先进个人	安徽省委、省政府	2007.9

台站建设

基础设施建设 亳州市气象局台站建设经历了从无到有、从小到大、从简陋到现代的发展阶段。建站初期的只有几间工作平房。1978 年至 1979 年,站址搬迁至环城南路西南角,占地面积 16700 平方米,投资约 2 万元建设 1 栋面积 500 余平方米的二层办公楼,观测组与预报组独立办公。2004年春至2005年10月,亳州市气象局争取省政府、中国气象局、安徽省气象局和亳州市政府的财政资金250万元,新建了占地15300平方米气象大院,1栋2300余平方米的综合办公楼。局机关各科室、气象台、科技服务中心分层办公,在三层、四层分别设有大小会议室2个,还有接待室、阅览室。1997年,市政府赠送1辆旧桑塔纳车,2002年自购了第一辆帕萨特新车。

工作生活条件改善 1987年到1988年,把职工旧宿舍重新翻盖成砖混结构的房屋,并新增房屋面积180余平方米。2004年春季开始,对工作生活环境进行大面积绿化、美化、硬化,观测场周围全部种植了草坪,建花园小路;在办公区草坪安装户外健身器材4套,职工活动室内安装健身器材3套。2008年3月又安装了30盏草坪景观灯。累计完成了约5000平方米的草坪绿化和200多米的彩砖小路以及院内的硬化与亮化工程的建设。同时,对原办公楼进行改造,为每个新进的科技人员提供了15平方米左右的中转住房。如今气象局东院观测场周围草坪茵茵,西院办公楼前垂柳依依,花坛茂盛,小路通幽,环境宜人。

亳州市气象局2000年以前的办公楼和观测场

亳州市气象局2005年启用的新办公楼

涡阳县气象局

涡阳县位于安徽省西北部的淮北平原,1864年建县,隶属颍州府。2001年划归亳州市。涡阳建县虽晚,但历史悠久,文化积淀丰厚。新石器时代遗址遍布全境,历史上古圣先贤众多,是先秦思想家老子的出生地,也是捻军首领张乐行出生地和捻军起义发祥地。全县面积2107平方千米,人口138万,年平均气温14.6℃,年降雨量814毫米。

机构历史沿革

始建及站址迁移情况 1956年5月,涡阳气候站筹建,8月1日建成并正式开始地面气象、农气观测。涡阳气候站位于县城东关马寨农场内,观测场位于东经116°14′,北纬33°30′,海拔高度30.0米。1975年11月,气候站迁到县城南关郊外,东经116°12′,北纬33°30′,观测场海拔高度31.0米。1998年1月1日,迁到城关镇三里庄行政村与刘桥自然村之间,东经116°12′,北纬33°29′,观测场海拔高度29.3米。

建制情况 1956年建站名为涡阳气候站。1958年9月,更名为涡阳气象服务站。1971年12月1日站名改为涡阳县革委会气象站。1979年更名为涡阳气象局。1981年9月1日站名改为涡阳县气象站。2007年1月1日站名改为涡阳国家气象观测二级站。

1956年涡阳县气候站属于安徽省气象局直接管理,地方上归县农工部领导。1958年"三权"下放,气象站划归涡阳县。1960改为气象服务科。1963年省气象局对涡阳气象站收回又下放,先后归属于县计财科,后又划归农林局。1964年省气象局收回"三权",行政上归涡阳县人委领导。1970年县武装部代管。1973年涡阳县革命委员会生产指挥组代管。1977年划归县农业生产办公室。1979年到2001年气象局隶属于阜阳气象局。2001年划归亳州市气象局。

人员状况 1956年建站时有工作人员3人。2008年12月31日在编职工8人,其中大学学历2人,大专学历3人,中专学历2人,高中学历1人;中级专业技术人员3人,初级专业技术人员5人;年龄50～55岁3人,40～49岁2人,30～40岁1人,30岁以下的有2人。

单位名称及主要负责人变更情况

单位名称	负责人	职务	性别	任职时间
涡阳县气象服务站	张学锐	副站长	男	1956.8—1957.7
涡阳县气象服务站	葛勤功	站长	男	1957.7—1959.11
涡阳县气象服务站	苗庭仲	站长	男	1959.11—1963.4
涡阳县气象服务站	莫景亮	副站长(主持工作)	男	1963.4—1965.9
涡阳县气象服务站	聂崇明	负责人	男	1965.9—1971.9
涡阳县气象服务站	武祝三	副站长(主持工作)	男	1971.9—1973.4
涡阳县气象服务站	葛建玉	站长	男	1973.4—1979
涡阳县气象局	李守才	副局长(主持工作)	男	1979—1981
涡阳县气象局	徐太保	局长	男	1981—1984.3
涡阳县气象局	张卫东	副局长(主持工作)	男	1984.3—1986.4
涡阳县气象局	任大亚	副局长(主持工作)	男	1986.4—1987.4
涡阳县气象局	任大亚	局长	男	1987.4—2002.7
涡阳县气象局	刘 诚	副局长(主持工作)	男	2002.7—2003.7
涡阳县气象局	刘 诚	局长	男	2003.7—

气象业务与服务

1956年建站时,主要业务是地面观测和农业气象观测,而后观测仪器和内容逐渐增加。1972年增设预报业务。到2008年,地面气象观测已基本实现自动化,并在全县设置了4个四要素自动站和10个自动雨量站。气象预报和服务从无到有,目前已发展到广播、电视、电话、互联网、手机等多种媒体和服务方式。预报准确率也大大提高,预报内容丰富多样。

1. 气象业务

地面观测 1956 年 8 月到 1960 年 7 月,每天 01、07、13、19 时 4 次定时观测,日界 19—19 时,夜间不守班;1960 年 8 月到 1961 年 3 月改为 02、08、14、20 时 4 次观测,日界 20—20 时,夜间不守班;1961 年 4 月起改为 08、14、20 时 3 次观测,日界 20—20 时,夜间不守班。观测项目有:云、能见度、天气现象、空气温度和湿度、风向风速、降水、雪深、日照、蒸发、冻土、地面温度、浅层地温(5、10、15、20 厘米)、深层地温(40、80、160、320 厘米)、地面状态;其中 1960 年 1 月 1 日起地面状态停止观测、1965 年 1 月 1 日起 160 厘米和 320 厘米地温停止观测。

1959 年 2 月 1 日起增加气压观测,1959 年 7 月 1 日起增加气压自记观测;1960 年 1 月 1 日起增加气温自记观测,其中 1960 年 7 月 1 日到 1961 年 2 月 9 日因故停用,1961 年 7 月 29 日到 1975 年 3 月 30 日只记录不整理;1960 年 1 月 1 日起增加空气相对湿度自记观测,其中 1962 年 3 月 1 日到 1975 年 3 月 31 日只记录不整理;1960 年 6 月 18 日起增加降水自记观测;1977 年 7 月 7 日起增加风向风速自记观测。

2004 年 6 月起增加土壤墒情观测项目,并每旬制作土壤墒情报告。2004 年 7 月新增大气探测拓展项目:最高、最低裸露气温,最高、最低水泥地面温度,最高最低草面温度,2007 年 7 月取消。

1989 年启用 PC-1500 计算机处理有关记录和发报。1994 年启用 AHDM2.0 版测报软件,1997 年升级为 AHDM4.0 版,2005 年 1 月 1 日升级为 OSSMO 2004 版。建站以来编制的报表有气表-1、2、3、4、5、7、21、23、24、25 和月简表,农气表-1、2、3、4,均为人工制作。1991 年 3 月开始记带,气表需手抄。1993 年 10 月起用微机编制气表-1,仍手抄底本。2003 年 1 月开始以打印气表上报,不需手抄。

1956 年 8 月 1 日到 2007 年 12 月,本站保存的各类原始观测记录于 2008 年 8 月移送到安徽省气象局档案馆保存。

2002 年 12 月安装 ZQZ-CⅡ型自动气象站,2003 年 1 月 ZQZ-CⅡ型自动气象站投入使用,与人工观测双轨运行,以人工观测为主;2004 年仍双轨运行,以遥测站为主。自动站观测项目包括温度、湿度、气压、风向风速、降水、地面温度、浅层地温(5～20 厘米)、深层地温(40～320 厘米)。2005 年 1 月 1 日起自动站单轨运行,人工观测由原来每日 3 次,改为每日 20 时 1 次,压、温、湿、风自记仪器照常使用,只记录不整理。自动站采集的资料与人工观测资料存于计算机中互为备份,每月定时复制光盘归档、保存、上报。

2004 年 4 月在 10 个乡镇安装了单雨量观测站,2006 年又在马店、义门、高公、单集安装了四要素自动气象观测站。观测资料采用实时无线传输到省大气探测中心集中处理,并上网供调用。

农业气象 1956 年 8 月到 1985 年 5 月开展对小麦、棉化、红芋、大豆、油菜等作物的观测和土壤墒情观测。1985 年 6 月涡阳农气组撤销。

气象信息网络 1956 年 8 月 1 日—1999 年 4 月所有绘图报、重要天气报和雨量报均通过邮电局以电报方式传输;1999 年 5 月开始通过分组网向省气象局传输报文;2003 年通过宽带 VPN 传输报文和观测数据。2004 年开通 100 兆专用光缆,实现自动传输。

天气预报 1958 年开始,制作发布单站补充天气预报;1980 年以前利用收音机接收安徽气象台、江苏气象台、河南气象台、湖北气象台天气预报和天气形势,预报制作主要以收听大台预报加上观测员看天经验为主,开展本站补充订正预报。20 世纪 60 年代起,预报员每日 16 时 45 分接收省台广播绘制简易天气图,同时运用农谚和数理统计方法制作本县长、中、短期天气预报。1981 年气象专用传真 C2-80 投入使用,接收北京气象中心和东京气象中心气象信息。1998 年,建立 PC-VSAT 卫星单收站,启用 MICPAS1.0 预报分析软件。

2004 年开通 100 兆专用光缆,实现测报资料自动传输,同时从网络平台上调用各类天气形势图和云图、雷达等数据,使预报人员的视野更广,预报准确率得到较大提高。

2. 气象服务

公众气象服务 1958 年起,每天利用县广播站发布本县 24 小时、48 小时天气预报。1995 年 7 月在县电视台和县教育电视台开播多媒体天气预报节目,2005 年起由亳州市气象局影视中心代作有节目主持人的电视天气预报节目。1998 年起利用安徽农网短信平台开通手机短信天气预报服务,后改为在安徽省气象信息服务平台发布。1982 年编制出版《安徽省涡阳县气象资料》、《涡阳县农业气候资源分析及利用》。

决策气象服务 1958 年起,以口头、电话或简报形式向县委、政府提供决策气象服务。1972 年增加《天气旬月报》、专题气象汇报等内容。1998 年起增加手机短信方式向县委、县政府及相关部门提供决策服务。2005 年起手机短信服务范围扩大到防汛责任人、各乡镇负责人、各村两委主任和中小学校长。服务内容为重要气象信息专报、气象灾害预警信息及在重要农事季节提供的短期、中期、长期天气预报等。

专业与专项服务 1985 年,遵照国务院办公厅《转发国家气象局关于气象部门有偿服务和综合经营的报告的通知》(国办发 1985 年 25 号)文件精神,专业气象有偿服务开始运转。最初是气象局与服务对象签订气象有偿服务合同,服务内容打印后专人递送。1988 年购买了气象警报系统,为部分窑厂和企业安装了气象警报接收机,1992 年后逐步停用。1992 年起开展庆典气球服务。

1995 年在电视台开播多媒体天气预报节目,播放部分乡镇和周边城市背景画面及广告。2002 年成立涡阳县华云气象科技服务公司,将有偿服务项目和收入纳入公司统一管理。2004 年起通过手机短信方式向交通、供电、保险、烟草等部门提供有偿服务。

1987 年起开展建筑物避雷设施安全检测;2005 年起对高层建筑物进行施工防雷图审和竣工验收。2007 年成立涡阳县雷电防护所,专门从事防雷设计图纸审核和防雷工程检测、验收工作。

1976 年夏,省军区蚌埠高炮连来涡阳,会同气象站在本县龙山,标里实施人工降雨作业。同年冬,淮南女民兵高炮连来龙山公社进行增雨作业,作业后有降雪。1997 年 7 月,县政府拨款购置人工增雨作业车 1 辆,WR-1B 型火箭发射器 1 台。2006 年又购置 QF3-Ⅱ火箭发射装置 1 套,江铃皮卡作业车 1 辆。1997—2008 年,每年都要进行 3 次以上的增雨作业。1997 年、1998 年获县政府 2 次嘉奖。

气象科技服务 1995 年初开通"121"天气预报自动答询系统,2003 年"121"改为"12121",2008 年又改为"96121"。2007 年涡阳县气象局开发研制了新一代晓天"96121"天气预报语音自动答询系统,系统采用目前世界上最先进的 TTS 文语转换引擎,将需要播放的文字内容,转换成完整的语音播放。该系统已有 10 余家气象台站使用。

1999 年 10 月成立安徽省农村综合经济信息网涡阳县农网中心,2000 年 10 月完成乡镇信息站建设。

法规建设与管理

1. 气象法规建设

2005 年 7 月 29 日涡阳县人民政府第 22 次常务会议通过并下发《关于印发《涡阳县防雷减灾管理办法》的通知》(涡政〔2005〕54 号),要求各乡镇、有关部门认真贯彻实施。这是安徽省县级第一个防雷减灾管理办法。

2. 社会管理

社会管理 依法履行对气象探测环境和设施的保护工作。履行防雷安全管理职责。在县行政服务中心设立气象服务窗口,对防雷工程专业设计或施工资质管理、施放系留升空气球单位资质认定、施放气球活动许可制度等实行社会管理。并将防雷技术服务与行政管理严格分开。

政务公开 对社会公开的内容:机构、人员、职责;依法行政主要法律法规的文件名称、项目、执法权限;公开向社会服务的主要工作内容、办事程序及要求;服务承诺、违诺违纪的投诉处理途径。

对内公开的内容:气象业务与服务的开展情况;财务预算决算、财务收支执行、奖金福利发放、招待费使用情况;专项经费使用情况;地方气象事业费使用情况;气象科技服务各项目指标任务、投资、收入、成本、费用、纳税、效益、分配情况;经营项目的兴办、停办、承包、租赁及相关合同或协议;干部任免、技术职称评审、人员竞争上岗、录用调配、考核奖惩、工资福利、教育培训等;年度综合目标管理任务及分解,工作进度及完成情况;发展党员、党员考评、党费收缴;精神文明建设、党风廉政建设、职工教育等;重大事项(包括建设工程招投标、单项金额县气象局超过 2000 元以上)、重大改革的决策及各项内部规章制度等。

党建与气象文化建设

1. 党建工作

支部组织建设 建站之初,没有设立支部,党员生活参加归口支部。1982 年设中共涡阳县气象局支部,书记徐太保。2008 年底,有中共党员 7 人。2002 年、2004 年、2005 年、2007 年被涡阳县委授予基层党组织先进单位。2006 年被县委组织部授予党员电教先进单位。

党风廉政建设情况 1998 年成立纪检组。2005 年全市公开选拔兼职纪检员,建立"三人决策"机制,对"三重一大"项目须由局长、副局长和兼职纪检员共同决策。建立党风廉政建设目标责任制,主动接受县纪委的指导和监督。成立局务、财务公开监督小组,重要方案项目的实施、较大数目支出等须经局务会讨论才能决定。对涉及到财务、人事、评先、奖惩等在"办公网"和职工会上通报、公示。开展以勤政、勤廉,积极工作为当地经济发展做贡献的主题教育活动。严格执行由局长、副局长和兼职纪检员组成"三人决策"机制,强化内部监督。

2. 气象文化建设

精神文明建设 2002年成立文明市民学校,以培育"有理想、有道德、有文化、有纪律"的气象新人为目标,要求全体职工遵守公民道德、社会公德、家庭美德规范,树立"涡阳精神"、"黄山松精神",严格做到"十要"、"十不准";2003—2008年,建设了"两室一场"(图书阅览室、职工学习室、小型运动场),拥有图书1500册。

2002年8月业务楼建成,办公条件改善,全体职工极积参加义务劳动,院内的小路、水塘、整地、栽树、种花、铺草、修路,都是职工自己动手修建,既节约了资金,又陶冶了情操。

文体活动情况 2003年以前文体设施以乒乓球、羽毛球为主,2004年在办公区安装了篮球架和健身器材1套,2007年底在生活区安装了健身器材1套。组织职工开展和参加各项文体活动。2007年李运锋同志获全国气象系统运动会标枪第三名。

3. 荣誉

2000年,被县文明委授予文明创建工作"特殊贡献单位";2003年、2005年,被县委、县政府授予"文明单位";2006年,获涡阳县"十佳文明单位"称号;2004年、2008年,分别被评为亳州市第二届、第四届"文明单位"。

台站建设

1956年建站时,共有工作、生活用房3间。1975年迁至县城南关时,征地9.45亩,建办公用房6间,职工住房13间。1987年省局拨款建业务楼1座计200平方米,至1991年先后改造职工宿舍8套。1998年县政府出资40万元,划拨9亩土地,将气象局办公区迁至刘桥现址,建业务楼750平方米,办公条件大大改善,原址改为气象局家属院。通过多年努力,完成了业务系统的规范化建设,机关院内也变成了风景秀丽的花园。2005年购红旗牌轿车1辆。

1956年涡阳县气象局全貌

2008年涡阳县气象局大院环境

蒙城县气象局

蒙城县历史悠久,文化底蕴丰厚,是省级历史文化名城。始建于殷商,唐天宝元年(公元 742)正式定名为蒙城县,沿用至今,是一代先哲庄子的故里。

蒙城县属大陆性暖温带半湿润季风气候。表现为气候温和,雨量适中,日照充足,四季分明,冬季干寒,夏季炎热多雨。年平均气温 15.0℃,年平均无霜期 207 天,年平均日照 2181.0 小时,极端最高气温 40.8℃,极端最低气温—23.3℃,年平均降雨量为 845.3 毫米。

机构历史沿革

1. 始建及沿革情况

1956 年春,蒙城县气候站建立。站址位于县城西北李庵桥,北纬 33°17′,东经 116°33′,海拔高度 26.7 米。1961 年 4 月 1 日,站址迁至蒙城县城西三里庄,地处北纬 33°17′,东经 116°32′,海拔高度 26.5 米。1962 年 10 月,迁回原址。2002 年 12 月 1 日,修建观测场,海拔高度为 27.1 米。2007 年 1 月 1 日调整为国家气象观测一级站。2009 年 1 月 1 日,更名为国家基本气象站。

2. 机构建制情况

领导体制与机构设置演变情况　1958 年之前,属县农工部建制,农业局领导。1959 年 3 月 1 日,气象站与水文站合并为蒙城县水文气象站,属县水电局领导。1960 年 4 月 10 日,更名为蒙城县水文气象服务站。1962 年 5 月 1 日,水文与气象分开,更名为蒙城县气象服务站,归农业局领导。1964 年 1 月,人、财、物"三权"回归省气象局管理,地方负责党政领导。1970 年,更名为蒙城县革命委员会气象站。1973 年,归县革委会领导,属科局单位。1979 年 3 月,"三权"收回省气象局。1980 年 12 月,更名蒙城县气象局。2001 年 12 月 18 日前,属阜阳地区(市)气象局管理,2001 年 12 月 18 日划归亳州市气象局管理。

人员状况　1956 年建站初期只有 2 人。2008 年底有在编 9 人,聘用 2 人,退休 3 人,全部为汉族。在编 9 人中,大学学历 4 人,大专学历 5 人;中级专业技术人员 4 人,初级专业技术人员 4 人,见习期未满 1 人;50～55 岁 2 人,40 岁以下的有 7 人。

单位名称及主要负责人更替情况

单位名称	负责人	职务	性别	任职时间
蒙城县气候站	佘修平	副站长(主持工作)	男	1956.10—1961.11
蒙城县气候站	施继炳	副站长(主持工作)	男	1961.11—1962.11
蒙城县气候站	佘修平	副站长(主持工作)	男	1962.11—1967.9
蒙城县气象服务站	陈国良	副站长(主持工作)	男	1967.9—1969.11

单位名称	负责人	职务	性别	任职时间
蒙城县革命委员会气象站	佘修平	副站长（主持工作）	男	1969.11—1979.1
		站长		1979.1—1979.8
蒙城县气象局	张鼎生	副局长（主持工作）	男	1979.9—1982.9
蒙城县气象局	邵建清	副局长（主持工作）	男	1982.10—1985.2
蒙城县气象局	史祥泉	副局长（主持工作）	男	1985.2—1987.2
		局长		1987.2—1992.11
蒙城县气象局	张　健	副局长（主持工作）	男	1992.11—1995.5
		局长		1995.5—2001.12
蒙城县气象局	宋亚申	副局长（主持工作）	男	2001.12—2002.7
		局长		2002.7—

气象业务与服务

1. 气象业务

地面观测　1856 年 10 月 15 日正式开展观测。1960 年 7 月 31 日前,观测时次为每天 02、07、13、19 时 4 次;1960 年 8 月 1 日—1961 年 3 月 31 日,改为 02、08、14、20 时 4 次;1961 年 4 月 1 日至 2004 年 12 月 31 日,每天有 08、14、20 时 3 次;2005 年 1 月 1 日起,20 时 1 次。2007 年 1 月 1 日起,02、05、08、11、14、17、20、23 时 8 次观测发报,观测项目有云、能见度、天气现象、气压、气温、湿度、风向风速、降水、地温、蒸发、冻土、雪深（压）、电线积冰。

2003 年 1 月 1 日开始人工、自动站平行观测,自动观测的项目有气压、气温、湿度、风向风速、降水、地温等。2005 年 1 月 1 日,实行自动气象站单轨业务运行。

2004 年 7 月至 2008 年 6 月开展水泥路面、草面、裸露空气的最高和最低温度观测。1957 年起,每年从 3 月 31 日至 10 月 1 日,向省、地区（市）台发雨量报,2001 年 12 月起,向阜阳市气象局发雨量报改为向亳州市气象局发雨量报,2007 年停发雨量。1957 年起,每月向省台发旬报 3 次、月报 1 次。1968 年至 1986 年 1 月 1 日,每天 06—18 时,每小时固定向 AV 蚌埠 MH 南京发出航危天气报和其他预约报;1986 年 1 月 1 日到 1989 年 12 月 31 日,把 AV 蚌埠固定航危报改为 AV 蚌埠、MH 合肥预约航危报。1993 年 1 月 1 日停发航危报。1983 年 11 月开始向北京、武汉两地编发重要天气报,每天 02、08、14、20 时 4 次定时,另加不定时和两种预约报;2008 年 6 月 1 日开始调整重要天气报发报任务,积雪、雨凇发报任务作了调整,增加雷暴、视程障碍现象,其他重要天气仍执行重要天气报原规定。

建站以来人工制作的报表有气表-1、气表-21、气表-25、气表-5 和月简表。1991 年 3 月开始记带,气表需手抄,不需人工统算。1996 年起用微机编制气表,仍手抄底本。2005 年 1 月开始以打印气表上报,不需手抄。2007 年开始气表资料以电子文档上报,不需打印气表。2008 年 8 月将 2006 年以前资料移送安徽省气象局保存。

气象信息网络　1999 年前所有报文均通过电信部门以电报方式传输;1999 年后通过

分组交换网向省气象局传输报文;2003 年开始通过光缆宽带传输报文和观测数据。

1989 年 12 月开始使用 PC-1500 计算机观测查算、编报。1996 年起改用微机。1998 年开始应用安徽地面气象测报业务系统软件 4.0 版,用于查算、编报和资料保存。2003 年 1 月 1 日正式投入使用。2005 年开始应用 OSSMO 2004 版。2006 年 9 月开始开展观测场视频监控及实景观测工作。2004 年在乡镇建立 9 个自动雨量站,2006 年建立 5 个四要素自动站。

气象预报　蒙城县属暖温带半湿润性季风气候。其主要气候特点是:季风明显,四季分明,气候温和,雨量适中,光照充足,无霜期较长,灾害性天气频发,尤以暴雨、干旱、大风、冰雹、雷电、大雪为甚。

1975 年前,每天定时抄收安徽电台及江苏、河南电台和湖北中心气象台的天气形势广播,然后绘制成天气图。1975 年 10 月,配备 1 台 117 型气象传真机,每天按时接收中央台定时发出的 300 百帕、500 百帕、700 百帕、850 百帕和亚欧地面天气分析图。1984 年 9 月配 80 型传真收片机 1 台。1985 年 9 月配备环形天线气象传真 1 套。1987 年 2 月,架设开通甚高频无线对讲通讯电话,实现与地区气象局直接业务会商。1999 年 7 月卫星单收站(VSAT)建成使用,接收各种预报资料,卫星预报资料处理软件从 MICAPS 1.0 到目前已更新至最新版 MICAPS 3.1。2005 年 6 月 20 日开始发布气象灾害预警信号,分为蓝、黄、橙、红色 4 个级别共 11 类;2007 年 6 月 12 日预警信号种类增加至 14 类。

农业气象　1958 年起开展农业气象业务。其项目主要有冬小麦、夏大豆、棉花等几种主要作物的生育状况观测和简易的农田小气候。1966 年"文化大革命"开始后,农业气象工作中断。1979 年 10 月,按省气象局规定正式恢复农业气象工作,并确定为国家农业气象站,1985 年 3 月改为省级农业气象站,1990 年改为国家级农业气象站。工作的主要项目有:冬小麦;夏大豆生育状况观测,0~50 厘米的土壤湿度测定;自然物候观测;作物生育期间气候评价;冬小麦、夏大豆产量气象预报;不定期的农业气象情报等。并按规定向上级业务部门报送报表。

2. 气象服务

公众气象服务　20 世纪 90 年代以前,公共气象服务的手段主要以广播、电话和传真为主,1988 年 5 月购买甚高频电话备用机 1 部,购买天气预报警报接收机 15 部用于服务。20 世纪 90 年代起,向电视、微机、电子显示屏、互联网等发展。

决策气象服务　20 世纪 90 年代起,在原有以口头或书面方式向县委、县政府提供决策服务基础上,逐步丰富服务内容和服务方式,目前有《重要天气信息专报》、《天气情况汇报》、《汛期天气专报》等决策服务产品。2006 年建立了手机短信发布平台,用户包括县几套班子领导、各级防汛责任人、县直各单位、乡镇、村、中小学校主要负责人。

专业专项气象服务　1985 年开始进行气象有偿专业服务,主要是为全县各乡镇(场)或相关企事业单位提供中、长期天气预报和气象资料。2001 年成立蒙城县农村综合经济信息服务中心。2002 年完成各乡镇农村综合信息服务站建设。2004 年开始开展高、中考专题服务。1958 年,全县组建了 40 个气象哨,至 2008 年还保留有 7 个。1997 年依托各乡镇政府建立雨量观测点,后来因乡镇机构改革和经费问题等,雨量观测停止。

1986年开展防雷检测工作,利用摇表实施防雷检测。1999年更换电子检测仪器。1999年起开展防雷图审和验收工作。

1975年、1976年连续2年春季进行土面增温剂试验,在涡北前王和双涧老集对棉花、水稻进行喷撒试验。1976—1978年开展了高炮人工降雨试验,1976年开展了高炮人工降雪试验。

1996年10月15日和1997年6月25日,在全省首次实施高炮和火箭人工增雨作业。1997年6月,蒙城县人民政府人工降雨办公室成立,挂靠气象局。1997至2008年使用1套WR-1B型火箭增雨设备,适时开展人工增雨作业,3次被县政府通令嘉奖。

气象科技服务 1997年开通多媒体电视天气预报节目。1997年,"121"天气电话自动答询系统建成,开展气象预报和科普知识;2002年,模拟答询系统升级为数字式自动答询系统;2004年"121"升位为"12121";2008年,更改为"96121"。

气象科普宣传 2003年成立蒙城县科普教育基地,平时根据一些学校的要求对外开放,接待中小学生参观。每年还利用世界气象日、防雷减灾宣传月以及科技活动周等特殊节日组织人员深入街头、学校、机关、社区、农村发放宣传材料、开展科普咨询等。在电视天气预报栏目和"96121"天气预报语音系统等开展气象科普活动。

气象法规建设与管理

气象法规建设 2004年下发《关于切实加强气象观测场环境保护工作的通知》(蒙政办〔2004〕5号)。2004年和2006年分别下发《关于做好防雷减灾工作的通知》(蒙政秘〔2004〕16号、蒙政秘〔2006〕31号)等文件。

社会管理 主要有探测环境保护、施放气球许可、防雷装置设计审核和竣工验收、建设项目大气环境影响评价使用气象资料审查等。2007年8月起,在县行政服务中心设立预约服务,负责防雷装置设计核准与竣工验收及施放气球审批材料受理。

政务公开 对气象行政审批办事程序、气象服务、服务承诺、气象行政执法依据、服务收费依据及标准等内容向社会公开。落实首问责任制、气象服务限时办结、财务管理等一系列规章制度。坚持公开栏、网络及媒体等渠道开展局务公开工作。

党建与气象文化建设

1. 党建工作

支部组织建设 1974年建立中共蒙城县气象局党支部,书记佘修平。2008年有党员9人。

党风廉政建设 1998年由副局长兼纪检员。2005年建立由局长、副局长和兼职纪检员组成"三人决策"机制,同年成立党风廉政宣传教育活动领导小组,做好宣传教育活动。2006年成立党风廉政建设和惩防体系建设领导小组,定期到县纪委汇报工作。截至2008年底没有发生一起违法乱纪的事件。

2. 气象文化建设

精神文明建设　1998 到 2008 年,连年被蒙城县委、县政府授予"文明单位";2004 年到 2008 年,连年被蒙城县委、县政府授予文明创建"标兵单位";2005 年被蒙城县委、县政府授予"十佳"文明窗口单位;2004 年、2008 年被亳州市委、市政府授予第二、四届"文明单位"。1999 年县直机关民主测评获"十佳单位"。2008 年效能建设与优化环境"万人行风评议",获全县县直单位第一名。

文体活动情况　购置了文体活动器材,组织职工开展和参加各项文体活动,定期给职工进行健康检查。每逢"3·23"世界气象日,都开展气象文化知识普及,做好拥军爱民慰问、"送温暖献爱心"救灾捐款。1997 年获县委、县政府庆祝党的"十五大"胜利闭幕、新中国成立 48 周年文艺汇演"优秀演出奖"。

3. 荣誉

集体荣誉　1956 至 2008 年获得国家气象局表彰 2 项,获得安徽省气象局和市政府(地区行政公署)表彰 20 项。

1978 年,获全国气象部门"红旗站";1997 年,获中国气象局重大气象服务"先进集体";1997 年,获阜阳地区行政公署创优质服务争一流水平竞赛"先进单位";1998 年,获省气象系统"先进集体";2004、2008 年,获亳州市第二届、第四届"文明单位";2008 年,获亳州市科学技术三等奖。

个人荣誉

获奖人	荣誉称号	表彰机关	获奖时间
佘修平	先进个人	安徽省人民委员会	1959 年
佘修平	先进工作者	中国气象局	1978 年
佘修平	先进个人	安徽省革命委员会	1979 年
宋亚申	抗洪救灾先进个人	安徽省委、省政府	2007 年

台站建设

1986 年 5 月,建 381 平方米业务楼。1997 年,建 880 平方米宿舍楼,1997 到 1999 年,对局大院的环境进行了综合改造,更新了办公设备;2002 年修建了观测场,2006 年修建了无塔供水设施,2008 年安装了箱体式变压器、装修了办公楼。

1996 年县政府赠送 1 辆桑塔纳轿车,1996 年购置 1 辆解放双排车。截至 2008 年,有跃进双排车、红旗名仕轿车和五菱双排车共 3 辆。

1964 年蒙城县气象局全景

2008 年局业务平面

2008 年局大院

利辛县气象局

　　利辛县位于安徽省亳州市东南部,北邻涡阳,南连颍上、凤台,东靠蒙城,西接颍东区、太和县。地处东经 115°54′～116°31′,北纬 32°51′～33°27′之间。

　　利辛县始建于 1965 年 5 月 1 日,2000 年从阜阳市划属亳州市,县辖 23 个乡镇,361 个村居民委员会,全县总人口 154 万,其中农业人口占 93.74%。面积 1950 平方千米,耕地 11.70 万公顷,盛产小麦、玉米、大豆等。是新兴的能源大县,境内板集煤矿储量达 14.4 亿吨。利辛县气候属暖温带半湿润季风气候。日照充足,气候温和,雨量适中,四季分明。常年主导风向为东南风,次之东北风,夏季主导风向东南风。年均气温 14.8℃,无霜期 215 天,年均日照时数 2223.4 小时,年均太阳辐射总量 124.7 千卡[①]/平方厘米,年均降水量 823.9 毫米。灾害性天气以暴雨、干旱、大风、冰雹、雷电、龙卷、暴雪等危害最大。

---

　① 1 千卡＝4.1855 千焦耳,下同。

机构历史沿革

1. 始建及沿革情况

1965 年 5 月 1 日,利辛建县同时筹建气象服务站。站址利辛县城北"郊外",观测场位于北纬 33°09′,东经 116°12′,海拔高度 27.9 米。1981 年 1 月 1 日复测经纬度,变更为北纬 33°09′,东经 116°13′,海拔高度 27.7 米。2001 年 1 月 1 日搬迁至利辛县双桥乡蒋庄村"郊外",观测场位于北纬 33°08′,东经 116°12′,海拔高度 27.9 米。

1969 年 4 月,利辛县气象服务站更名为安徽省利辛县革命委员会气象领导小组,1971 年 5 月更名为安徽省利辛县革命委员会气象站,1979 年 12 月更名为安徽省利辛县气象局,1984 年 1 月更名为安徽省利辛县气象站,1986 年 1 月更名为安徽省利辛县气象局。1980 年被确定为气象观测国家一般站,2007 年 1 月 1 日改为国家气象观测站二级站,2008 年 12 月 31 日改为国家一般气象站。

2. 建制情况

领导体制与机构设置演变情况　建站至 1967 年,以省气象局领导为主双重领导,行政管理属利辛县农林局。1968 年领导体制下放,属利辛县农林局领导,1969 年属利辛县生产指挥组领导。1970 年 1 月—1973 年 6 月,实行以军事部门为主双重领导,属利辛县人武部和县生产指挥组领导。1973 年 7 月—1979 年 1 月,归县革委会领导。1979 年 2 月开始以安徽省气象局领导为主的双重领导。2001 年 12 月 18 日前属阜阳地区(市)气象局管理,2001 年 12 月 18 日划归亳州市气象局管理。

人员状况　1966 年建站时 3 人,1980 年 7 人;2008 年底 12 人,其中在编 7 人,聘用 2 人,退休 3 人,全部为汉族。在编职工中,本科学历 3 人,大专学历 4 人;中级职称 5 人,初级职称 2 人;50～55 岁 1 人,40～49 岁 1 人,40 岁以下 5 人。

单位名称及主要负责人更替情况

单位名称	负责人	职务	性别	任职时间
利辛县气象站	郑科斌	负责人	男	1965 年(下半年)—1973.3
利辛县气象站	杨显明	站长	男	1974.4—1977.5
利辛县气象站	解子钦	站长	男	1977.6—1978.1
利辛县气象站	杨兰荣	副站长	男	1978.2—1978.10
利辛县气象站	李志清	副站长	男	1978.11—1979.12
利辛县气象站	王锡田	负责人	男	1980.1—1980.7
利辛县气象局	王天柱	副站长(主持工作)	男	1980.8—1982.1
		局长		1982.1—1986.10
利辛县气象局	郑科斌	局长	男	1986.11—1993.12
利辛县气象局	李亚玲	局长	女	1994.1—2000.12
利辛县气象局	孙登峰	副局长(主持工作)	男	2001.1—2001.4
		局长		2001.4—

气象业务与服务

1. 气象业务

地面观测 1966年1月1日开始正式气象观测记录,每天08、14、20时3次定时观测,夜间不守班。观测项目有云、能见度、天气现象、空气温度和湿度、风向风速、降水、雪深、日照、蒸发、地面温度、冻土。1966年7月增加浅层地温观测;1966年10月增加气压观测。2002年5月1日ZQZ-CⅡ型自动气象站启用,观测项目:气压、气温、相对湿度、风向风速、降水量、地面温度、浅层地温、深层地温。2004年1月1日自动站单轨运行。2004年6月增加土壤墒情观测项目,2004年7月至2008年6月开展水泥路面、草面、裸露空气的温度观测。2005年1月始每日20时人工观测气压、气温、相对湿度、风向风速、地面温度、浅层地温等。

1966年4月1日开始发雨量报,2007年6月开始,如自动站上传资料正常,不再人工拍发雨量报。1971年4月20日到1993年3月每年4至9月每日08、14时向合肥、阜阳气象局发小图报。1999年3月小图报改为天气加密报。2001年4月—2008年底,每天08、14、20时发天气加密报。1971年9月27日—2008年底,预约发台风补充天气报。1982年4月1日开始发重要天气报。1966年4月1日—2005年5月1日,拍发水情报,期间发报目的地、发报时次等多次变动。2004年6月开始有土壤墒情发报任务。2005年1月1日开始增加实时资料上传任务。

1966年4月—2008年7月,保存原始观测记录有气压、气温、水汽压、相对湿度、云量、云状、能见度、天气现象、降水、蒸发量、雪深、风向风速、地面温度、冻土深度、日照时数;1966年7月后增浅层地温资料;2002年5月1日后增深层地温资料。其中1993年1—3月所有原始资料丢失。2008年8月将上述全部资料移送安徽省气象局保存。2004年6月24日,3个木质百叶箱更换为玻璃钢百叶箱。

建站以来编制的报表有气表-1、气表-21、气表-25和月简表。1989年7月1日开始使用PC-1500计算机观测查算、编报。1991年3月开始记带,手抄气表,不人工统算。1995年1月起用微机编制气表,仍手抄底本。1998年开始应用安徽地面气象测报业务系统软件4.0版,2005年1月1日开始应用地面气象测报业务系统软件2004版。2007年开始气表资料以电子文档上报。

2003年底到2004年初在9个乡镇设自动雨量观测站;2005年在丹凤建四要素自动气象站。2006年9月开始开展观测场视频监控及实景观测工作。2007年在胡集、永兴、纪王场建四要素自动气象站,后来胡集自动雨量站调整到大李集。

气象信息网络 1966年4月—1999年4月,所有报文均通过电信部门以电报方式传输;1999年5月通过分组交换网向省气象局传输报文;2003年开始通过光缆宽带VPN传输报文和观测数据。

气象预报 建站时只有收音机,接收通过电台发布的天气预报、气象信息、资料和数据,用来制作分析图表。1981年10月增添气象传真机工具,接收上海、北京、日本发布的传真图,有地面图、高空图、预报分析图、实况图、要素图、雷达图等。1999年12月卫星单收站(VSAT)建成使用,接收各种预报资料;卫星预报资料处理软件从 MICAPS 1.0 到目前已更新至 MICAPS 3.1。制作和发布的预报产品有:临近、短时、短期、中期天气预报,重要天气预报、关键性天气预报、重大活动天气预报等。

2. 气象服务

公众气象服务 建站至 20 世纪 90 年代初期,利用本地有线广播站每日定时向全县广播天气预报。1996 年电视天气预报节目开播,成为公众气象服务的主要手段。

1992 年,利辛县政府下发《关于组建部分乡镇气象科技监测服务网点的通知》(利政字(1992)第 209 号),在张村、孙集、阚疃、永兴、王人、胡集、江集共 8 个镇设雨量点,用于掌握全县的雨情、农情和各类气象灾情。

1996 年 4 月,开始在乡镇布设气象警报接收机,组建农村气象警报网,5 月 30 日该网正式开通,每天定时 5 次广播天气预报及天气公告、中长期预报、气象小知识和农事建议。

1997 年 4 月,开通"121"天气自动答询电话系统,最初仅提供短期天气预报,后来扩展服务内容包括:本地 6 小时天气预报、本地 24 至 48 小时预报、本地 3 到 7 天预报、天气实况信息、全省天气预报、生活气象指数预报、气象知识信箱、农业信息等。

1999 年 10 月,成立利辛县农村综合经济信息服务中心。2000 年 9 月完成各乡镇农村综合经济信息服务站建设。2001—2005 年每周制作一期"农网信息联播",2006 年起改为"气象与农情"在电视台播出。

2008 年在全县安装 8 个电子显示屏,每天 3 次提供本县中短期预报、全省天气预报、灾害天气预警及农事指导等信息。

决策气象服务 建站初期主要利用文字材料、电话或当面汇报等形式为县有关主要领导提供决策气象服务。2004 年开始开展手机短信业务,为县六大班子、各乡镇领导和相关部门主要负责人提供决策信息。决策气象服务材料主要有旬(周)报、天气专报、重要气象信息专报、专题材料等。

1981 年开始查墒(土壤墒情)和农气工作,每月出一期《天气与农情》。2004 年开始开展高、中考专题服务,为县领导及有关部门、考点提供气象信息。

专业与专项气象服务 利辛县专业专项服务始于 1984 年,当时主要是气象旬月报服务。1987 年开展防雷检测工作,利用摇表实施防雷检测;1998 年更换仪器型号为 4102。20 世纪 90 年代后期开展防雷图审和验收工作。1996 年开始先后开展影视、"121"声讯等服务项目。

1976 年 6 月,利辛县成立人工降雨领导小组,在张村镇设立炮点。1976 年 8 月 8 日 14 时 25 分,由气象员、解放军战士第一次进行高炮降雨作业。1998 年 7 月 28 日县政府办公室下发《关于成立利辛县人工影响天气领导小组的通知》,同时设立 12 个炮点,并拨专款购置 WR-1B 火箭发射装置 1 套。2000 年又购置 WR-1B 型 1 套。2005 年购买 QF3-11 作业设备和江铃 JX1021DSP 皮卡牵引车。到 2008 底共实施人工影响天气作业 53 次,3 次被县政府通报表彰。

气象科普宣传 2003 年 8 月 12 日,县委宣传部、县科协在气象局设立利辛县青少年科普教育基地。

2008 年 9 月向全县 25000 多名五年级学生免费发放《气象灾害防御教育读本》,并对教师进行了培训。

积极组织多种科普宣传活动,建立送科技下乡、气象服务到田间地头的长效机制。每年都组织宣传,普及气象防灾减灾知识,发放宣传材料。

法规建设与管理

气象法规建设 2006 年 3 月 16 日,利辛县人民政府下发《关于加强气象探测环境保护的通知》(利政〔2006〕29 号),要求各乡镇、有关部门切实做好气象探测环境保护工作。

2006 年 5 月 24 日,利辛县九届人大常委会第二十五次会议通过了《利辛县人大常委会关于加强气象探测环境和设施保护的决定》(利人常〔2006〕08 号)。

2007 年 4 月 6 日,利辛县人民政府出台《关于加快气象事业发展的实施意见》(利政〔2007〕24 号),提出加强气象基础保障能力建设,充分发挥气象综合保障作用,并提出了保障措施。

社会管理 加强气象探测环境和设施保护工作。在探测环境保护范围内设立固定宣传牌,进行相关法律法规的宣传,按时巡查上报周边建设动态。

履行防雷安全管理职责。1994 年县政府办公室下发《关于对全县避雷装置进行安全性能检测的通知》,1996 年下发《关于加强防雷安全管理工作的通知》,1997 年下发《关于避雷装置安全性能检测的通知》。1997 年 6 月 26 日利辛县机构编制委员会发文成立县防雷减灾局,与县气象局一套机构两个牌子,负责全县防雷减灾管理和技术服务工作。2008 年县安委会下发《关于进一步加强防雷安全的通知》。

升空物管理工作 负责施放气球审批材料的受理、初审,初审合格后上报亳州市气象局审批。

2007 年在县行政服务中心设立气象服务窗口,负责防雷装置设计核准与竣工验收及施放气球审批材料受理。

政务公开 在大院内设立对外政务公开栏,对气象服务内容、服务职责、办事程序、气象法规、收费依据和标准等进行公开。还通过利辛气象网、政府信息公开网进行公开。

单位财务收支、目标考核、基础设施建设、工程招投标等内容,采取对内公开栏、办公网或局务会等方式向职工公开。

党建与气象文化建设

1. 党建工作

支部组织建设 1987 年之前没有独立党支部。1987 年 9 月成立中共利辛气象局党支部,支部书记郑科斌。后因党员调出,人数不足撤销。1997 年,恢复利辛气象局党支部,支部书记李亚玲。2001 年改选孙登峰为支部书记。2008 年底,利辛县气象局有中共党员

9 名。

党风廉政建设　1998 年设立纪检员,由副局长兼任。2005 年设立兼职纪检员,建立由局长、副局长和兼职纪检员组成"三人决策"机制。2005 年成立党风廉政宣传教育活动领导小组,2006 年成立党风廉政建设和惩防体系建设领导小组,制订定期到县纪委汇报工作制度。

2. 气象文化建设

精神文明建设　利辛县气象局始终奉行以人为本,弘扬自力更生、艰苦创业精神,坚持"三个文明"建设一起抓。先后购置了文体活动器材,建起了室内外文体活动场所和职工阅览室,组织职工开展和参加各项文体活动。

文明单位创建　1990 年获地区气象系统"双文明建设先进单位";1991 年、1997 年、2002 年被中共利辛县委、县政府授予"文明单位";1998 年被授予"创建文明县城先进单位";1999 年被中共阜阳市委、市政府授予"文明单位";1999—2004 年 4 次被省气象局授予"精神文明建设先进单位";2000 年被阜阳市创建文明行业活动指导委员会和阜阳市总工会授予"阜阳市创建文明行业活动先进单位";2003 年获亳州市综合管理与文明创建量化考核评比第一名;2005 年被评为"亳州市首届'双十佳'文明机关";2004 年、2006 年、2008 年被中共安徽省委、安徽省人民政府授予第六届、第七届、第八届文明单位。

3. 荣誉

从 1965 年建站至 2008 年共获集体荣誉 68 项(县级 23 项、市级 9 项、省级 36 项)。

台站建设

1965 年建站时征地 2000 平方米,建平房 7 间;1978 年扩征土地 2468 平方米,到 1980 年建成二层业务楼。2001 年 1 月 1 日整体搬迁,征地 43.8 亩,建主体三层办公楼 1066 平方米,建车库门岗房 252 平方米。

1995—1997 年,职工自己动手清除杂草杂物、修建路面、装修了机房、值班室、会议室、局长室,办公楼安装了空调;办公楼前修建了约 400 平方米的水泥场。

2001 年 1 月 1 日,完成整体搬迁后即进行大院绿化设计,2003 年又制订了《利辛县气象局整体规划》。

1998 年,县政府送给气象局 1 辆吉普车,是气象局第一辆车。1999 年购买普桑轿车 1 辆。目前有伊兰特轿车 1 辆,江铃宝典皮卡 1 辆。

利辛县气象局 2001 年整体搬迁前局大院一角

利辛县气象局鸟瞰图（摄于 2008 年 6 月）　　　　利辛县气象局业务平面（摄于 2008 年 6 月）

宿州市气象台站概况

宿州市位于黄淮平原南端,安徽省最北部。东与江苏省淮安市接壤,南依蚌埠市,西与河南省商丘市、本省淮北市、亳州市为邻,北与山东省菏泽市、江苏省徐州市毗连。京沪、陇海两大铁路干线,连霍、合徐两条高速公路主干道及5条国防公路纵横穿过境内。全市总面积9787平方千米,人口617.17万。

宿州历史悠久,春秋时期现宿州市境内就置有宿国、萧国等小国附属于宋。唐元和四年(公元809年)建置宿州,距今已有1200年。

宿州市地处暖温带与北亚热带的过渡带,在气候区划中属于暖温带半湿润季风气候区,年平均气温14.5℃左右,年降雨量831毫米上下,年日照时数2214小时。气候多样,四季鲜明,雨热同季,光照充足,降雨适中,无霜期长,气候资源丰富,适宜多种作物、果树和林木的生长。但是冷暖空气交汇频繁,干旱、洪涝、大风、连阴雨、低温霜冻等自然灾害频繁出现,特别是龙卷风、冰雹、暴雨等强对流天气经常给工农业生产和人们的日常生活带来较大影响。

气象工作基本情况

台站概况 宿县专区设立于1961年3月,所辖宿县、砀山县、萧县、濉溪县、灵璧县、泗县、五河县和怀远县气象站。1964年,从宿县、灵璧、五河和怀远4县各划一部分设置固镇县。1977年,濉溪县划入淮北市。1983年7月,五河、怀远、固镇3县划归蚌埠市。1998年12月撤地建市,1999年5月宿县地区气象局更名为宿州市气象局。2008年12月,宿州市气象局下辖宿州站(座落在埇桥区)、砀山、萧县、灵璧、泗县5个气象站。全市有5个地面气象观测站,2个农业气象站,66个区域自动气象站。5个地面气象观测站中,砀山、宿州为国家基本气象站,其余3站为国家一般气象站。区域自动气象站中,单要素(雨量)站45个,四要素(雨量、温度、风向、风速)站15个,六要素(雨量、温度、湿度、风向、风速、气压)站6个。

1954年10月起,气象台站"三权"划归省气象局领导。1958年"人、财"权放给气象台站所在地政府领导。1964年1月,气象台站"人、财"权收归省气象局。1971年6月—1982年4月改为以地方领导为主;其中1967年7月—1975年1月因战备需要,建制划归地方,行政隶属人民武装部门管理,业务由省气象局管理。1975年2月起,台站行政管理划归地方政府。1975年1月成立宿县专区革命委员会气象局,建立了对全区气象部门行政、业务管理的领导体制。1983年3月—2008年12月"三权"收回,改为部门和地方双重领导,以气象部门领导为主的管理体制。

人员状况 截至 2008 年 12 月 31 日,全市气象部门在编人数 93 人,其中研究生 2 人,本科 35 人;高级职称 6 人,中级以上职称 54 人。

党建和文明创建 截至 2008 年底,全市气象部门有党支部 9 个,党员 96 人。全市气象部门共建成国家级文明单位 1 个,省级文明单位 4 个,市级文明单位 5 个。

主要业务范围

主要业务有地面气象观测、农业气象观测及研究、天气预报、气象服务等。

地面气象观测 3 个国家一般气象站承担全国统一观测任务,内容包括云、能见度、天气现象、气压、气温、湿度、风向、风速、降水、雪、日照、蒸发和地温等,每天 08、14、20 时 3 次定时观测,拍发天气加密电报。砀山、宿州国家基本气象站增加电线积冰厚度与重量和 E601 大型蒸发观测;每天 02、08、14、20 时 4 次定时观测,05、11、17、23 时 4 次补充定时观测,24 小时值守班;拍发天气报(绘图报)、补充天气报(辅助绘图报)、航空报、危险天气报、重要天气报、气象旬月报、台风加密报等。

农业气象 农业气象主要承担冬小麦、夏大豆、夏甘薯、砀山梨等主要农作物及自然物候观测、研究、服务等;卫星遥感估产地面监测开展冬小麦估产苗情监测;全市 5 个县区全部建立土壤水分观测点,每旬逢 3、8 测定土壤湿度,干旱期间及时加密加测土壤湿度。

气象服务 公众气象服务主要有旅游、交通气象、气象与农情等精细化服务产品;电视天气预报有气象小知识、气象与健康、气象与农业、上周天气回顾、下周天气展望、二十四节气、天气趋势分析、假日及节日天气等;24、48、72 小时风向风速、气温、降水预报,周、旬天气预测和月气候预报,汛期每日 1 或 3 小时短时预报,节日天气预报。

决策气象服务主要有重大灾害性天气预报预警、重要天气信息专报、重大活动气象服务专刊、重要农事季节天气专报、气象灾害监测评估报告等决策服务产品,提供给当地党政机关和有关部门以及专业用户。

专业气象服务主要有天气周报、五天滚动预报、上下班预报、旅游城市天气预报、各类气象指数预报(人体舒适度、紫外线、晨练、感冒、晾晒等指数预报)、城市及麦收期火险等级预报、"96121"天气预报等,天气预报、预警、降水实况等手机短信发布。气象科技服务主要为人工增雨防雹服务。

宿州市气象局

机构历史沿革

1. 始建及站址迁移情况

1952 年 8 月,华东军区司令部气象处调派赵之璧、邱振基 2 人到宿县建气象站,8 月 16 日气象站建成,地址在宿城南关万里桥,东经 117°03′,北纬 33°39′,海拔高度 28.0 米,观测场9米×6米,9月1日起正式进行观测、发报、报表编制3项业务。1955年8月1日,观测场迁到原址东南偏南方向1200米处(即现址),东经116°59′,北纬33°38′,海拔高度25.9米,观测场25米×25米。1974年6月1日,观测场向东南方向移动30米。1985年1月,再南移45米,经纬度未变。

2. 建制情况

领导体制与机构设置演变情况 始建时站名为安徽军区司令部宿县气象站;1954年1月1日更名安徽省宿县气象站(转建地方),设观测组,赵洪祥任组长。1959年9月1日更名为安徽省宿县农业气象试验站,1962年增设农业气象组,1963年3月1日改为安徽省宿县专区气象服务站。

1965年11月24日,宿县专区气象服务站扩建为宿县专区气象服务台,下设地面测报、报务、填图、预报、农气、检查6个组;1968年7月1日成立宿县专区气象台革命领导小组;1975年6月更名为宿县地区气象台,第一次成为局属二级机构;1999年5月改为宿州市气象台。

1975年1月宿县地区气象台扩建为宿县专区革命委员会气象局。1980年3月更名为安徽省宿县行政公署气象局。1999年5月更名为宿州市气象局。

人员状况 1952年建站时2人。2008年12月在职55人,其中硕士2人,大学本科23人,大专15人,中专12人;高级工程师5人,工程师31人,初级技术人员12人;56岁以上4人,50~55岁9人,40~49岁24人,36~39岁6人,35岁以下12人;女职工9人;回族1人;中共党员34人,九三学社2人,农工民主党1人。离休5人,退休34人。

单位名称及主要负责人更替情况

单位名称	负责人	职务	性别	任职时间
安徽军区司令部宿县气象站	赵之壁	业务负责人	男	1952.08—1953.05
宿县气象站	司瑞祥	站长	男	1953.06—1954.05
	赵洪祥	副站长(主持工作)	男	1954.06
	吴洪钧	站长	男	1954.07—1954.10
	赵洪祥	副站长(主持工作)	男	1954.11—1955.08
	吴洪钧	站长	男	1955.09—1956.05
	巫鸿韬	副站长(主持工作)	男	1956.06—1959.01
宿县农业气象试验站	胡允朋	站长	男	1959.02—1961.01
宿县专区气象服务站	李志众	站长	男	1961.02—1965.11
宿县专区气象服务台	李志众	副台长(主持工作)	男	1965.11—1968.07
宿县专区气象台革命领导小组	王开钱	组长	男	1968.07—1975.01
宿县专区革命委员会气象局	吴广树	局长	男	1975.01—1976.01
宿县行政公署气象局	崔振华	局长	男	1976.02—1983.11
	孟继方	副局长(主持工作)	男	1983.11—1986.12
	佘修平	局长	男	1986.12—1997.01
	王侠	局长	男	1997.01—1999.05
宿州市气象局	王侠	局长	男	1999.05—2001.12
	朱延文	局长	男	2001.12—

气象业务与服务

1. 气象业务

地面观测 1952年9月1日—1960年7月31日,采用地方平均太阳时01、07、13、19时每天4次观测。1960年8月1日起,改为北京时02、08、14、20时每天4次观测,05、17时2次补充绘图观测,24小时值守班。2007年1月1日,新增加23时、11时补充绘图观测。

建站时观测云、能见度、天气现象、气温、气压、湿度、风向、风速、降水、雪深雪压、蒸发(小型)、地面状态等项目。随后逐渐增加温度湿度自记、日照、虹吸自记降水、电线积冰及地面、5~20厘米浅层、40~320厘米深层地温、冻土、E601B型蒸发、GPS/MET大气水汽等观测。

2004年7月1日增加特种观测项目(裸露空气、水泥面、草面最高、最低气温),2007年7月1日取消特种观测任务。

1954年6月1日起发危险天气报,12月1日承担AV南京等多家航空报任务;1984年有AV南京、蚌埠、商丘、徐州、连云港、济南;MH上海、南京、合肥、徐州;PK北京等10多家。1987年后渐少,2008年底仅有AV南京和济南2家。发报的时间段从24小时到10多小时不等。

天气报(绘图报)、台风加密报的内容有云、能见度、天气现象、气压、气温、风向风速、降水、雪深、地温等;航空报有云、能见度、天气现象、风向风速等;当出现危险天气时,5分钟内及时向所有需要航空报的单位拍发危险报;重要天气报有大风、雨凇、积雪、冰雹、龙卷、雾、霾、沙尘暴、浮尘、雷暴等;气象旬月报有旬月平均气温、旬月平均温度距平、旬极端温度、旬月降水量、旬降水量≥25毫米和≥50毫米日数、旬月降水距平百分率、旬日照时数、旬内最大积雪深度、旬月大风日数和地温、农气段。

1986年4月,应用PC-1500计算机,停用手工编报。1994年11月,386微机进行数据采集、编发报和编制报表等。1995年4月,地面观测资料通过网络传到省气象局。1996年10月,天气报和重要天气报、旬月报通过网络传到省气象局。

1999年11月1日,安装ZQZ-CⅡ型自动气象站,观测要素有温度、湿度、气压、降水、风向、风速和地温;2001年1月1日投入业务运行。2003年10月—2007年,埇桥区在北杨寨、曹村、褚兰、大店、大营、符离、灰古、苗安、西寺坡、永安安装10个单雨量站,在示范园、朱仙庄、时村、栏杆安有4个四要素自动站,在祁县、夹沟布设了2个六要素自动站。

1975年8月,711测雨天气雷达投入业务使用,2008年9月停用。

气象信息网络 1977—1983年,先后配置3种类型的传真机,接收欧洲和日本传真资料,1996年停止使用。1991—1992年3月建成省地县三级高频电话网,实现预报远程会商。1993年11月—2002年10月,建立局域网,安装地面卫星云图处理系统;建成9210工程、气象资料数据库系统;完成各县单收站安装,地面观测天气报以卫星方式上传;地面分组网配备交换机和路由器、改造局域网、更换通信机、配置FTP服务器、网络接入10兆宽带互联网。

2003—2008年,安装视频会商系统、气象卫星中规模接收站、开通市—县预报会商系统、宽带网络升级为 100 兆;全市安装路由器,完成 VPN 网络升级;DVB-S 系统升级改造,实现双星资料接收;建成 GPS/MET、观测站安装实景监控系统,形成以卫星通信、宽带互联网的通信方式。

气象预报　20 世纪 60 年代中期以前,采用群众经验和天气谚语制作长期气象预报;20 世纪 70 年代开始应用相关法、相似法、周期分析法、韵律法等数理统计方法制作,产品有月、季、年预报。1982 年开始使用数值预报产品、完全预报法等方法进行制作,内容主要有降水过程、降水量、平均气温、极端气温等。20 世纪 90 年代初期开始,增加了周报和五天滚动预报等内容,并制作发布电视天气预报、天气周报、五天滚动预报、上下班预报、旅游城市天气预报、各类气象指数预报(人体舒适度、紫外线、晨练、感冒、晾晒等指数预报)、城市及麦收期火险等级预报、"96121"天气预报等,负责预报、预警、降水实况等手机短信发布。

农业气象　1955 年开始观测冬小麦、大豆、水稻等农作物的物候期和土壤湿度,1957—1961 年先后对土壤蒸发、农田小气候进行了观测。1965 年全部停止。1979 年 5月,宿县地区农业气象试验站恢复建立,编制国家二级农试站,承担国家农气基本观测、试验研究和气象服务工作,开展冬小麦、夏大豆、棉花、油菜、夏甘薯、自然物候及土壤湿度观测。1985 年 4 月,开展冬小麦卫星遥感估产地面监测工作。1994 年秋季开始,增加生长量测定。1993—1995 年,开展中子仪法测定 2 米深土壤湿度,1995 年底停测。2002 年 3 月开始测定土壤湿度;2005 年 12 月开始 1.8 米深土壤水分自动观测试验,2007 年测定 1 米。

20 世纪 50 年代开展小麦冻害及观测试验。1979 年开始,参加或主持全国、区域、省、市厅级农气试验研究 28 项,获省部级科技进步奖 8 项,市厅级科技进步奖 11 项。1980 年完成宿县农业气候资源分析及利用;1985 年 9 月完成宿县地区农业气候资源分析与区划。2004 年开始进行重大气象灾害调查评估服务。

2004 年 10 月与市农委合作,在示范园建设占地 8000 平方米的"设施农业小气候科研示范基地",自建日光温室大棚 1 栋,面积 500 平方米,配套六要素自动气象站的标准大气观测场 1 个;观测试验用房 1 套,面积 200 平方米。2005—2008 年,在基地开展多个项目研究,取得了大量观测资料和研究成果。

2. 气象服务

公众气象服务　20 世纪 80 年代前,在电台定时广播天气预报。之后,逐步由广播、报纸、电话、传真、信函等向甚高频无线气象警报网、微机终端、互联网、"121"声讯电话、电视天气预报、气象短信息、电子显示屏、DAB 卫星广播等媒体发展。1995 年开始,发布旅游、交通气象、气象与农情等服务产品。2000 年开始,发布本地 24、48、72 小时的风向风速、气温、降水预报,每周、每旬天气预测和月气候预报,节日、重大活动专题天气预报,以及紫外线强度、城市火险、人体舒适度、感冒气象指数等。

决策气象服务　20 世纪 80 年代前主要为党委政府做好重大灾害性天气预报警报服务。1995 年始,服务产品主要有重大灾害性天气预报预警、重要天气信息专报、重大活动气象服务专刊、重要农事季节天气专报、灾害监测评估报告等。

1995 年 6 月,投资 7.4 亿元的安徽省贝斯特公司从国外引进的 2 台 180 吨及 570 吨的大型设备运抵上海,因铁路和公路无法承运,宿县行署决定改走水路运回宿州。唯一一条河道水位太浅,行署决定,7月2日从下游洪泽湖向新汴河翻水1000万立方米,升高水位。行署要求市气象台提供未来半月气象预报。市气象台迅速组织会商,作出"7月7—9日有一次暴雨过程,建议不要翻水"的预报。行署采纳意见,停止翻水。7月7—26日,降雨280毫米,新汴河水深迅速升至6米。8月12日,装载2台巨型设备的货轮,通过新汴河航道顺利抵达宿州,节约翻水经费100多万元。20世纪80年代前,主要以书面形式向党政机关和有关部门定期提供每旬的天气预报或不定期提供重大转折性天气,农事季节关键性天气。

专业专项气象服务 1985年开始气象专业专项服务,为城区及附近的乡镇窑厂等少数单位,人工投送气象旬报、月报、年报。1988年,引进气象警报接收机服务,范围扩展到窑厂、轧花厂、村镇、煤矿、驻军部队、邻近县区等。

1975—1981年,开展人工防雹试验及人工增雨服务。1997年人影工作恢复,以人工增雨、防雹为主。2008年底全市有"三七"高炮16门(报停6门),火箭发射架1套;人影天气作业点23个;专业作业队伍5个,专、兼职人员37人。1998年起人工影响天气经费列入政府预算,每年支持专项资金从3万元逐步增加到15万元;1997—2008年,平均每年组织大范围人工增雨防雹作业16.7点次。2004年度,宿州市政府特发嘉奖令表彰人工消雹工作。

1989年始由雷达组进行防雷减灾服务,随后在综合服务中心、防雷中心有组织地对外服务,2006年防雷工作实行政、事、企分开,防雷中心开展常规防雷安全检测、防雷图纸技术审查、防雷工程跟踪检测服务。

气象科技服务与技术开发 1994年6月,宿县地区农村经济信息中心成立,办公室设在气象局,负责农业和农村信息化建设及农经信息服务,1999年10月改称安徽省农村综合经济信息网宿州市分中心。2000年3月在全市111个乡镇(管区)建立了农网信息站,并先后开办了农经信息报、农网信息联播节目;移动农信一键通、电信星火科技"110"咨询热线;致富信息机、宿州农网、淮海农资网、宿州星火科技网、宿州气象网、宿州先锋网等农经信息综合服务平台。2001年5月省政府在宿州召开农网工作现场会,推广宿州经验。2001年11月,中央电视台7套节目专程进行了采访报道。

1998年9月开通"121"气象信息电话自动答询服务系统;2005年改为"12121";2007年11月增开特服号码"96121",共有电信、移动、联通、铁通、网通等300条线路,内容扩充到18类大项300个分信箱。2004年7月,电视天气预报开始以气象主持人的形式呈现。2003年6月,开始气象手机短信息服务。2008年拥有21万多户服务对象。

气象科普宣传 1993年5月成立宿州市灾害防御协会(宿州市气象局为主办单位),理事长由分管农业的副市长担任,灾协和市气象学会合署办公。每年3月召开1次年会,10月开展防灾减灾宣传活动;每月出1期"灾防信息",发送到各级党政领导及灾协成员单位。2005—2007年编印《气象灾害防御手册》等2本,印81200册,全部免费发送到机关、农村、学校。2004年3月、2007年3月2次举办气象防灾减灾及气象灾害应急能力建设论坛。

2008年10—11月与市委组织部合作,为宿州市选派干部、选聘生及党政干部进修班举办培训班7期,450人听了讲课。

气象法规建设与管理

气象法规建设 1980 年 11 月,宿县行署下发《宿县地区关于保护和改善气象台站观测环境的通告》(行发〔1980〕第 163 号);2000 年 4 月—2008 年 7 月,宿州市政府先后下发《关于加强防雷安全管理工作的通知》、《关于加强防雷减灾管理工作的通知》、《关于加快气象事业发展的决定》、《关于开展防雷减灾督查工作的通知》、《关于加强雷电天气计算机信息系统安全防护的紧急通知》等文件。

社会管理 20 世纪 80 年代以来,在地方政府支持下,联合有关部门多次拆除、改变影响气象探测环境的建筑物。如对农科所、行署宿舍楼的建设规划进行了变更;联合市建委执法大队对周围居民的违章建筑进行拆除或终止,有效地保护了气象探测环境。2005 年 3 月对观测环境进行测量和调查,并在建设部门备案。

1996 年 8 月成立宿县地区防雷减灾局,2002 年初成立宿州市防雷减灾中心。2005 年 11 月,宿州市政府依据有关法律法规,保留新建、扩建、改建工程避免危害气象探测环境审批等 6 项行政许可项目。2006 年 9 月,防雷装置设计审核和竣工验收行政许可成为市规划局发放规划许可证的前置条件。2008 年 6 月,市政府清理行政审批项目,保留防雷装置设计审核和竣工验收等 4 项行政许可项目和 1 项非行政许可项目。

政务公开 2002 年下半年开始,气象行政审批工作进入市行政服务中心统一办理。气象行政审批办事程序、气象服务内容、服务承诺、气象行政执法依据、服务收费依据及标准等,采取通过户外公示栏、电视广告、发放宣传单等方式向社会公开。单位干部任用、财务收支、目标考核、基础设施建设、工程招投标等内容采取中层干部会、老干部会、职工大会和局公示栏张榜等方式向职工公开。

党建与气象文化建设

1. 党建工作

支部组织建设 1966 年成立临时党小组,归属宿县地区农业科学研究所党支部。1970 年气象局成立党支部。1987 年 3 月成立党总支。2006 年 4 月 8 日成立宿州市气象局机关党委。截至 2008 年年底,有中共党员 61 人(其中离退休党员 27 人)。

党风廉政建设 1997 年 1 月设立党组纪检组;1998 年成立监察审计室,各县气象局配备兼职纪检员,2003 年县气象局设立纪检组。2000 年制定下发了市气象局关于加强党风廉政建设的实施意见、县气象局兼职纪检员工作职责、财务制度、市气象局反腐败财务源头治理实施办法、局务公开制度等。每年与各县气象局一把手签定责任状。2007 年落实省气象局《关于在县(市)气象局建立"三人决策"制度的规定》。

每年开展党风廉政宣传教育月活动,组织干部职工接受警示教育。送"立铭励廉"廉政匾牌到科室台站。按时召开民主生活会,坚持进行各单位主要负责人年度述职述廉述学制度。加强对财务收支、重大工程项目的监督,对重点部门、重点资金审计和领导干部经济责任审计,加大对领导干部任中审计力度,对离任的干部做到离任必审。

2. 气象文化建设

精神文明建设　成立了精神文明建设领导小组及办事机构,建立了由一把手挂帅,纪检组具体抓的精神文明建设领导机制,制定了精神文明建设规划和实施计划,修订了涵盖市民公约、道德规范、工作制度和文明创建方案等项内容的职工手册。2002 年,修订了《宿州市气象部门文明创建实施方案》和《宿州市气象部门文明创建考核细则》,开展以职工道德、社会公德、家庭美德为重点的道德教育和实践活动,努力培育气象文化、弘扬气象人精神。

文明单位创建　1993 年 8 月,宿县行署授予"文明单位"称号。2000—2008 年,4 次被宿州市委、市政府评为市级"文明单位"。2001 年、2003 年,2 次被宿州市文明行业创建活动指导委员会评定为"树行业新风达标单位"和"文明行业"。2003 年 3 月宿州市委、市政府授予"文明单位标兵"。2006 年、2008 年,被安徽省委、省政府授予第七届、第八届"省级文明单位"。

文体活动　每年元旦、春节、国庆等重大节日举办职工联欢或文体活动。2008 年 9月,成立宿州市气象书画摄影协会,12 月首次举办了职工书画展。

3. 荣誉与人物

集体荣誉　1994 年以来,宿州市气象局先后 19 次获得先进集体。2003 年,被宿州市委、市政府授予"抗洪抢险先进集体"。

个人荣誉　朱延文,2003 年 9 月被安徽省委、省政府授予"安徽省抗洪抢险先进个人"。陈邦怀,2005 年 11 月被安徽省委、省政府授予"安徽省抗洪抢险先进个人"。王德育,2007 年被安徽省政府授予"安徽省抗洪抢险先进个人"。

获省部级以下综合表彰的先进个人

姓名	所获荣誉名称	表彰部门	获得时间
陈邦怀	先进工作者	宿县地区行署	1982 年
王承兴	先进工作者	宿县地区行署	1982 年
王德育	先进工作者	宿县地区行署	1982 年
李建平	先进工作者	宿县地区行署	1989 年
王德育	优秀公仆	宿县地委、行署	1998 年
王德育	先进工作者	宿州市委、市政府	2004 年

人物简介

佘修平,男,1938 年 8 月生,湖南邵东县人;中共党员,历任蒙城县气象站站长,阜阳市气象局、淮北市气象局副局长,宿州市气象局局长。1959 年被安徽省政府授予劳动模范。1978 年被评为全国气象系统"双学"先进工作者,其领导的蒙城县气象站被授予全国气象系统红旗单位。1979 年,被授予安徽省农业科技先进工作者。

周鸿庆,男,1934 年 11 月生,浙江鄞县人;中共党员,高级工程师;1965 年 12 月起一直在宿州市气象局工作,历任预报组长、副台长、台长、副局长、主任工程师职务。在预报业务及科研工作中做出突出贡献,曾 7 次获得地市级先进工作者、4 次获得省气象局先进工作者称号。1988年4月,被安徽省人民政府授予劳动模范,1993年起享受政府特殊津贴。

台站建设

台站综合改造　1952年建站时,仅有1间值班室和3间职工宿舍。1955年6月,气象站南迁至农科所界内,用地3055平方米,建二层观测小楼60平方米,5间草房宿舍。1974年底建起第一栋700平方米三层办公楼,1989年底建成第一栋16套920平方米职工宿舍楼。1994年10月建设了800平方米五层综合办公楼。1997—1999年,改建职工宿舍4栋50套4460平方米。1998—2007年,改造了行政办公室、车库、炮库、会议室、图书室800平方米,以及预报值班室、影视制作室、地面测报值班室等。

办公与生活条件改善　2006年,在宿州市政府和省气象局的支持下,在宿州经济技术开发区建设气象新区,购置土地15330平方米,投资近1000万元建起现代化气象防灾减灾综合大楼主楼、附楼计4000多平方米。2000—2008年,分期分批对原气象局院内进行美化改造,修建草坪、花坛和风景苗圃、凉亭、长廊,使气象局变成了风景秀丽的花园。

20世纪70年代前宿州气象局业务楼

20世纪50年代后期建设的观测小楼

2008年启用的宿州市气象大楼业务平面

2008年启用的宿州市气象大楼全貌

砀山县气象局

砀山县地处安徽省最北部,与本省萧县,河南省永城、夏邑、虞城,山东省单县,江苏省丰县、沛县接壤,俗称"四省七县"交界。砀山县现辖13个乡镇,1个省果园场,1个县园艺场,面积1193平方千米,人口96.4万。砀山酥梨享誉天下。

砀山县地处黄淮海平原南部,气候介于暖温带和北亚热带之间,属于季风半湿润气候区。灾害性天气频发,尤以暴雨、洪涝、干旱、大风、冰雹、龙卷为甚。

机构历史沿革

始建及站址变迁情况 1954年6月,成立江苏省砀山气象站,站址在砀山县老火车站北1千米处,北纬34°25′,东经116°20′,海拔高度43.2米。1983年9月观测场南迁21米。2001年1月1日,观测场迁至砀山县新火车站北3千米处,位于北纬34°26′,东经116°20′,海拔高度43.7米,2002年1月1日起正式启用;2004年5月19日观测场改造,海拔高度改为44.2米。

建制情况 1954年6月,成立江苏省砀山气象站,属江苏省气象局管理,国家基本气象站(2007年1月更名为砀山国家气象观测一级站,2009年1月改为砀山国家基本气象站)。1955年5月,更名安徽省砀山县气象站,转属安徽省气象局和砀山县政府双重领导,以省气象局为主。1959年1月,改属砀山县人民委员会建制,省气象局业务指导。1960年6月更名为砀山县气象服务站。1963年7月改属省气象局建制,党政领导属砀山县政府。1968年8月,更名为砀山县气象站。1970年11月,实行地方和军队双重领导,建制在砀山县人武部,省气象局负责业务指导。1973年1月,更名为砀山县革命委员会气象站。1973年7月,改属砀山县革命委员会建制,业务由安徽省气象局指导。1977年10月,更名为砀山县革命委员会气象局。1979年2月,归属省气象局建制。1982年2月更名为砀山县气象局。

人员状况 1954年建站时7人。2008年12月在职职工14人,其中大学学历4人、大专学历2人、中专学历7人;高级工程师1人,工程师7人,初级专业技术人员4人;50~60岁6人,40~49岁4人,40岁以下4人。

单位名称及主要负责人更替情况

单位名称	负责人	职务	性别	任职时间
江苏省砀山气象站	陈文忠	站长	男	1954.6—1954.10
安徽省砀山县气象站	黄在瑞	站长	男	1954.11—1957.8
安徽省砀山县气象站	吴洪钧	站长	男	1957.9—1965.5
砀山县气象服务站 砀山县革命委员会气象站	刘保绩	站长	男	1965.6—1973.6

单位名称	负责人	职务	性别	任职时间
砀山县革命委员会气象站 砀山县革命委员会气象局 砀山县气象局	陈声贵	局长	男	1973.7—1983.5
砀山县气象局	刘保绩	局长	男	1983.6—1989.2
砀山县气象局	张从银	局长	男	1989.3—1996.10
砀山县气象局	姜晓红	局长	男	1996.11—1998.1
砀山县气象局	薛光侠	局长	男	1998.2—2004.1
砀山县气象局	解文华	局长	男	2004.2—2008.11
砀山县气象局	常　松	局长	男	2008.12—

气象业务与服务

1. 气象业务

地面观测　1954 年 10 月开始地面观测业务,每天 02、08、14、20 时 4 次定时观测,05、17 时 2 次补充绘图观测,24 小时值(守)班。观测项目有云、能见度、天气现象、气压、气温、湿度、风向风速、降水、雪深、雪压、冻土、日照、蒸发、地温。1956 年增加电线积冰观测。1982 年 5 月—1986 年 12 月增加酸雨观测。1997 年增加大型蒸发器观测项目。2002 年 1 月 1 日停止观测小型蒸发皿和校对蒸发降水量。2004 年 7 月 1 日—2007 年 7 月 1 日,增加裸露空气、水泥面、草面最高、最低气温观测项目。2007 年 1 月 1 日新增加 23 时、11 时补充绘图观测。2008 年 1 月 26 日 14 时—2008 年 2 月 4 日 14 时加密观测降水量、雪深、电线积冰。

建站伊始向省气象局报送气表-1 和气表-21,向宿县地区气象局报送月简表。1988 年1 月 1 日起改向宿县地区气象局报送气表-1 和气表-21。1991 年使用《AHDM-BK》编制机制报表。2001 年 1 月通过分组网向安徽省气象局传输原始资料,停止报送纸质报表。

气象电报　1954 年 10 月 1 日开始发天气报,时次为 08、14、5、17 时。2001 年 4 月 1 日增发 02 时、20 时天气报。2007 年增发 23 时、11 时补充天气报。发报内容有云、能见度、天气现象、气压、气温、风向风速、降水、雪深、地温等。1981 年 1 月 1 日至 1994 年 1 月 1 日编发 AV 商丘 04—23 时固定航空报。1981 年 1 月 1 日至 2003 年 1 月 1 日 AV 徐州 03—22 时固定航空报,1993 年起 9 月 1 日至 12 月 31 日不发报。1987 年 1 月 1 日至 1989 年 1 月 1 日 MH 合肥 06—21 时固定航空报。

1982 年 4 月 1 日增加省内重要天气报。发报内容有暴雨、大风、雨凇、积雪、冰雹、龙卷风、霜等。2008 年 6 月 1 日增加雷暴、霾、浮尘、沙尘暴、雾的发报。1982 年增发 7315 合肥水情报。1989 年增加 4541 宿县、3112 蚌埠、3065 南京、0313 徐州、ER 宿县水情报,汛期四段 4 次,非汛期一段 1 次。1992 年 3112 蚌埠改为 7788。2002 年 1 月取消水情报。1983 年 3 月增发气象旬月报。2007 年 1 月 30 日增发地温段。

自动气象站　2000 年 1 月 1 日安装 ZQZ-CⅡ型自动气象站,观测项目有气压、气温、湿度、风向风速、降水、地温等,进行人工、遥测双轨对比观测。2001 年 1 月 1 日单轨遥测各种观测项目作为正式记录。2003 年安徽省中尺度观测网建设启动,2008 年 7 月,砀山县共建成 10 个乡镇自动雨量站、2 个四要素自动站、1 个六要素自动站。

气象信息网络 1985 年 7 月 1 日 0 时起正式使用 PC-1500A 微机观测发报;1986 年 4 月 1 日起正式使用《AHDM-B2》程序编发报,5 月 1 日起进行数据记带。1991 年 5 月 1 日使用新测报程序《AHDM-BK》,同时使用 PC-1500 外接存储卡进行数据存储和报表编制,原数据记带停用。1997 年使用 386 微机安装使用《AHDM4.0》,通讯采用 X.25 分组网传输报文,停止电报上传报文。2002 年测报软件更新为《AHDM5.0》。2003 年 6 月 X.25 改为宽带 ADSL-VPN 通讯。2006 年 3 月 14 日地面气象测报软件升级到 OSSMO 2004.3.04,计算机操作系统升级到 WindowsXP。2007 年 10 月 15 日地面气象测报软件升级到 OSSMO 2004.3.13。

气象预报 1958 年开始开展天气预报业务。主要方法是"土"、"洋"结合。"土"就是访问有经验的老农,搜集验证本地民间天气谚语,观察对天气变化有反应特征的动植物,如:蚂蚁、泥鳅、巴根草等。"洋"就是收听本省、临省天气形势广播,绘制简易天气图,预报时效和预报准确率均受到限制。

1979 年开始使用传真机,接收高空、地面实况图和预报图。数值预报产品的应用使得天气预报的时效由原 1~2 天延长至 7 天,预报准确率也有所提高。

1998 年 11 月 PC-VSAT 卫星单收站建成,开始使用 MICAPS 1.0 人机交互预报平台分析制作天气预报,预报员的分析、预报能力得到提高。卫星云图等丰富的实况资料和各种数值预报产品得到广泛使用,预报准确率稳步提高。

20 世纪 80 年代初,通过传真接收中央气象台、省气象台的旬、月天气预报,再结合分析本地气象资料,短期天气形势,天气过程的周期变化等制作一旬天气过程趋势预报。近年主要依据欧洲中心、日本、GFS 等中期数值预报产品及中央台、省台的中期指导产品和本站旬历史平均资料订正本地天气旬报。2000 年开始制作并发布 3~5 天滚动预报和天气周报。中期天气预报是专业气象服务的主要内容,服务需求大。上级业务部门对县站制作的中期预报不予考核。

20 世纪 70 年代中期开始制作长期天气预报,主要运用数理统计、常规气象资料图表、天气谚语、韵律关系、相关分析、阴阳历叠加等方法,作出具有本地特点的补充订正预报。预报产品主要是午收、月预报、6—8 月汛期预报,春、秋、冬季报。上级业务部门对县站长期预报业务不作考核,但因本地政府防汛抗旱和农业植保等部门决策服务的需要,这项工作仍在开展。

2004 年按照《安徽省短时、临近预报业务暂行规定》,利用卫星,雷达、遥测站、自动雨量站等实时资料和相应业务流程开展本县短时、临近预报业务。2005 年按照《突发气象灾害预警信号发布业务规范(试行)》和相应的业务流程开展本县灾害天气预警信号发布业务。

2005 年按照《安徽省气象灾情收集上报和调查评估业务流程》开展气象灾情收集上报和调查评估工作。当发生气象灾害后,县气象局按照相应业务流程进行实地调查、评估,对经过核实的气象灾情通过 Notes、电话、灾情直报系统直报中国气象局、安徽省气象局。较小型、小型气象灾情调查评估报告由砀山县气象局完成并报宿州市气象局业务科存档。

1979 年安装传真机,1989 年 7 月,架设开通甚高频无线对讲通讯电话,实现与宿州地区气象局直接业务会商,1999 年建成 9210 工程卫星单收站,MICAPS 1.0 人机交互系统预报平台开始业务运行。2003 年安徽省媒体会商系统开通运行。2004 年安徽省中尺度观测网络建成应用,自动站、雷达实时资料得到应用。2005 年人机交互系统预报平台升级为MICAPS 2.0。2006 年基于办公网的预警发布系统建成,业务实时管理系统得到应用。2008 年 5 月《灾情直报》系统投入业务运行。

农业气象 农业气象业务始于 1958 年,主要业务:冬小麦、棉花、大豆作物观测、物候观测(物候观测内容为:刺槐、楝树、枣树、青蛙、家燕、气象水文现象等)和土壤墒情测定并制作报表上报。1966—1978 年农业气象业务基本中断,1975 年由地面观测人员测定土壤墒情拍发农业气象旬月报。1979 年农业气象恢复,业务增加了农业气象旬月报,定位安徽省级农业气象观测点。1982 年 9 月参加安徽省淮北地区油菜安全越冬试验研究。1983 年10 月开展农业气象业务"四基本"建设。1985 年 12 月作为全国大网络冬小麦遥感综合测产点,观测并发报。1987—1988 年开展安徽省"短、平、快"项目——塑料大棚菜小气候观测研究。1994 年 3 月正式执行新的《农业气象观测规范》。1996 年 1 月调整冬小麦、棉花、大豆作物观测为冬小麦、梨树观测。2004 年 6 月开始土壤相对湿度(%)加测,定为每月 3日、13 日、23 日取土,5 日、15 日、25 日发报。

2. 气象服务

砀山县气象局坚持以经济社会需求为牵引,把决策气象服务、公众气象服务、专业气象服务和气象科技服务融入经济社会发展和人民群众生产生活。

公众气象服务 主要提供短期天气预报、节假日天气公告、灾害天气预警信号。1958年短期天气预报通过砀山县广播站对公众广播。1989 建成气象预警服务系统,通过无线发射机每天上、下午各广播 1 次,服务单位通过预警接收机定时接收气象服务。1992 年 9月电视台播放天气预报。1997 年 7 月开通"121"天气预报自动咨询电话。1998 年 7 月开通"121"天气预报信息语音自动答询系统,30 路终端模拟信号;内容有短期天气预报、3~5天滚动预报、全国主要城市预报、农业气象、生日天气查询等 8 个主信箱。2004 年 9 月,"121"电话升位为"12121"。2005 年 6 月"12121"更新设备为数字化系统。2007 年 12 月增开"96121"专业服务号码。

2004 年建立了基于短信平台的预警信息发布系统。把砀山县各级政府领导、相关部门责任人,按照防汛指挥、道路交通、地质灾害、果树科技、灾情信息、乡镇领导、中小学校长、村书记、气象灾害预警信息电子屏等分组管理,确保了信息发送的针对性和时效性。并在每年汛期前及时增补、调整人员信息库,保证主要责任人信息入库。

决策气象服务 对午收、汛期、春播、秋种等重要农时季节,采用呈阅材料等方式,为县委、县政府提供《砀山农业气象》、《土壤墒情报》、《气象与减灾》、《中长期天气气候预测》等服务产品。对关键性、突发性、灾害性天气采用《重要天气信息专报》、电话、口头汇报、短信等方式,为县委、县政府提供滚动、连续的针对性服务。对砀山县"两会"、梨花节、果蔬论坛等重大社会活动,采取成立专家小组提供精细化预报服务产品的专题服务。

2007 年 9 月 18—20 日,农业部在砀山召开中国果蔬加工论坛暨项目对接会。此次会议是展示砀山投资环境和改革开放成果的一个高位平台,砀山县委、县政府高度重视。为确保论坛对接会的成功举办,县气象局从 9 月 10 日开始,共为大会提供《砀山果蔬高层论坛气象服务专刊》11 期精细预报服务产品。9 月 19 日夜间,由于受 13 号"韦帕"强台风外围的影响,部分乡镇出现了弱降水,大会负责人很担心 20 日是否需要为大型露天活动准备雨具。县气象局通过天气形势分析,卫星云图、雷达图跟踪监测,作出明确答复:明天没有降水,不需准备雨具。实况是 20 日午后云系逐渐消散天气转晴,活动如期举行,项目对接论坛会议圆满成功。县气象局被县委、县政府授予"突出贡献奖"。

专业气象服务 1997 年开始定期参加砀山县果树病虫会商会,提供气候分析和中长期天气、气候预测产品。2000 年砀山县水果办特送锦旗一面表示感谢。2002 年 3 月砀山县气象局吴秀芝被聘为砀山县果树专家组成员。1996 年开始利用酥梨物候观测和花期预报模式,进行专题服务,连续 13 年提前半个月对酥梨花期作出较准确的预测预报,被砀山县政府采纳,使砀山梨花观赏活动和"砀山酥梨民俗文化旅游节"如期举办。

气象科技服务与技术开发 1997 年 7 月,砀山县人民政府人工影响天气办公室恢复成立,挂靠砀山县气象局。2002 年 1 月人影基地建成,有六五式双"三七"高炮 3 门。

1999 年,砀山县农村综合经济信息中心(农网中心)开通,依托安徽省农村综合经济信息网,向全县 19 个乡镇信息服务站及用户发布各类供求信息,培训信息员 100 多人次。2000 年 3 月创办《梨乡信息报》,每月 3 期,每期 500～2000 份,免费发行到砀山县党政机关、乡镇、行政村及专业户,2005 年 12 月停办。8 月开通《砀山农网信息港》,促进了砀山县农村产业化和信息化的发展。

气象科普宣传 每年在科技宣传周、法制宣传日、世界气象日、防雷宣传月等活动中,发放气象防灾减灾手册,开展气象法规、气象科普、科技知识等义务咨询。2008 年在砀山县开展气象灾害防御教育培训活动中,培训小学教师 500 人次,赠送安徽省小学生教育读本《气象灾害防御》10000 余册。

气象法规建设与管理

社会管理 1999 年 4 月,砀山县人民政府办公室发文,将防雷工程从设计、施工到竣工验收,全部纳入气象行政管理范围。2003 年 4 月,砀山县气象局被列为县安全生产委员会成员单位,负责全县防雷安全的管理,定期对液化气站、加油站、烟花炮竹、计算机信息系统、通信、广播电视等国家和技术规范规定的防雷建筑物及附属设施,进行检测,对不符合防雷技术规范的单位,责令进行整改。2005 年 5 月,砀山县人民政府法制办确认砀山县气象局具有独立的行政执法主体资格,3 名干部职工取得了行政执法证。

政务公开 2000 年 3 月统一制作局务公开栏、学习园地、法制宣传栏和文明创建标语等宣传用语牌。

党建与气象文化建设

1. 党建工作

支部组织建设 1954 年 4 月建站时只有中共党员 1 人,编入砀山县人民政府建设科党支部,1957 年编入砀山县农业局党支部。1973 年 7 月成立砀山县革命委员会气象站党支部。1998年2月,设离退休和在职两个党支部。2008年底,有中共党员15人(其中退休7人)。1986—2004年连续19年被砀山县机关党委评为先进党支部。

党风廉政建设　遵循标本兼治、综合治理、惩防并举、注重预防的方针,落实各项党风廉政建设的目标责任制。搭建宣传平台,进行气象廉政文化教育,建立教育、制度、监督三结合的防腐败预防体系,从源头上预防和治理腐败,提高气象干部职工的防腐能力。

2. 气象文化建设

按照"两手抓,两手都要硬"的方针,通过争创"文明单位"、"人民满意的气象行业单位"、"青年文明号"等活动。1997年12月被砀山县委县政府评为县级文明单位。1999年12月,被宿州市委市政府评为市级文明单位。

2006年4月建设图书阅览室,拥有图书1000余册。砀山县气象局工会在每年重要节假日,组织职工进行乒乓球、羽毛球、象棋等文体活动,丰富职工文化生活。2007年10月,砀山县气象局陈晓军作为安徽省气象局代表队球员,参加全国气象行业运动会,获得篮球比赛集体亚军。

3. 荣誉

1998年,姜晓红被安徽省人事厅、安徽省气象局评为"1997年度安徽省气象系统先进工作者"。

台站建设

台站综合改造　1997年8月装修砀山县气象局办公楼。1998年9月铺设红山路到砀山县气象局柏油路面1200平方米。2001年征地11468平方米(土地使用证正在办理中),建设新观测场;2003年征地1825平方米(土地使用证正在办理中),建设办公新区;2004年8月新建观测综合楼338平方米。

办公与生活条件改善　1954年6月建站时只有平房宿舍125平方米,1962年扩建平房100平方米,1972年4月建3层办公楼300平方米,1984年6月建2层12套职工宿舍楼720平方米,1988年10月新建办公楼300平方米,1990年11月增建3层6套职工宿舍楼300平方米。1999年扩建办公楼60余平方米。2008年7月新建办公楼1346平方米。

砀山气象站(1958年4月摄)

砀山基本气象站全景(2007年7月摄)

萧县气象局

萧县位于安徽省北部,苏、鲁、豫、皖四省交界处。萧县历史悠久,古为萧国,春秋时附属于宋,秦置萧县,隋唐至中华人民共和国初期属江苏省徐州;1955 年由江苏省划归安徽省,沿革至今。总面积 1885 平方千米,大部分为平原,东南部为海拔 100～300 米的低山残丘。人口 139 万,辖 18 镇 5 乡 257 行政村。

机构历史沿革

始建及站址迁移情况 1957 年 1 月 1 日,安徽省郝庄气候站成立。站址在陇海铁路杨庄车站东北郝庄(乡村)北纬 34°27′,东经 116°43′。1958 年 10 月 20 日迁至萧县火车站西北 500 米处,北纬 34°14′,东经 116°43′。1962 年 11 月 1 日迁站至萧城东南 2500 米处,即现址,北纬 34°11′,东经 116°58′,海拔高度 34.7 米。

建制情况 1957 年 1 月—1958 年 10 月,站名安徽省郝庄气候站;1958 年 10 月 20 日改为安徽省萧县气象站;1960 年 3 月改为安徽省萧县气象服务站;1969 年改为萧县革命委员会气象站;1979 年 3 月改为萧县革命委员会气象局;1981 年底改为萧县气象局;1984 年 4 月改为萧县气象站;1989 年 1 月改为萧县气象局。1957 年 1 月—2006 年 12 月 31 日改为国家一般气象站,2007 年 1 月 1 日改为国家气象观测二级站,2009 年 1 月 1 日改为国家一般气象站。

管理体制 1957 年 1 月 1 日—1958 年 10 月 19 日,行政上属郝庄棉场领导,业务上属省气象局领导;1958 年 10 月 20 日—1969 年军政双重领导,以军为主;1975 年 8 月双重领导改为单重领导,“三权”划归地方,业务上仍归上级业务部门领导。1979 年 3 月—2008 年 12 月,“三权”收回,实行业务部门和地方政府双重领导,以气象部门为主的管理体制。

人员状况 1957 年建站时 2 人。2008 年 12 月在编职工 9 人。其中,大学学历 2 人,大专学历 6 人,中专学历 1 人;工程师 3 人,助理工程师 4 人,技术员 1 人;40～49 岁 5 人,40 岁以下 4 人。

单位名称及主要负责人更替情况

单位名称	负责人	职务	性别	任职时间
安徽省郝庄气候站	郑炳官	观测副组长	男	1956.12—1958.9
安徽省萧县气象站	郑炳官	观测组长	男	1958.10—1960.3
安徽省萧县气象服务站	郑炳官	副站长(主持工作)	男	1960.3—1965.7
安徽省萧县气象服务站	李凡玲	站长	男	1965.8—1969.1
萧县革命委员会气象站	李元香	组长	男	1970.8—1973.4
萧县革命委员会气象站	李凡玲	站长	男	1973.4—1975.5
萧县革命委员会气象站	方 新	站长	男	1975.5—1979.1

单位名称	负责人	职务	性别	任职时间
萧县革命委员会气象局	刘建业	局长	男	1979.1—1980.3
萧县革命委员会气象局	孙亚坤	局长	男	1980.11—1981.12
萧县气象局	孙亚坤	局长	男	1981.12—1982.3
萧县气象局	姜远思	副局长（主持工作）	男	1982.3—1984.2
萧县气象站	姜远思	站长	男	1984.2—1989.1
萧县气象局	姜远思	局长	男	1989.1—1998.4
萧县气象局	王 淼	局长	男	1998.4—2001.12
萧县气象局	徐瑞侠	局长	女	2001.12—2005.4
萧县气象局	孙惠合	局长	男	2005.4—2006.5
萧县气象局	王 晶	局长	女	2006.7—

气象业务与服务

1. 气象业务

地面观测　1958 年 10 月 20 日设观测组。1957 年 1 月 1 日—1960 年 12 月 31 日,每日 01、07、13、19 时 4 次观测;1961 年 1 月 1 日—1961 年 3 月 31 日,每日 02、08、14、20 时 4 次观测。1961 年 4 月 1 日—2008 年 12 月 31 日,每日 08、14、20 时 3 次定时观测。观测项目有云、能见度、天气现象、风向风速、气温、湿度、气压、降水量、雪深、蒸发(小型)、日照、地温,冻土深度等。编制报表有 2 份气表-1、3 份气表-21、1 份月簡报。向省气象局报送 1 份,本站留底本 1 份,另外气表-21 报国家气象局 1 份。2006 年 6 月通过气象办公网向市气象局传输原始资料,不再抄录底本;2007 年 2 月起,自动站报表数据文件传至省局信息科审核,结束了市气象局业务科审核报表的历史。

2004 年 7 月 1 日进行裸露空气、水泥路面、草面温度的最高、最低温度定时观测,2007 年 6 月 30 日停止观测。

气象电报　1978 年开始向合肥、宿县、濉溪、砀山、淮办、南京、淮阴等水利部门发送雨情报,后逐渐取消淮阴、蚌埠、南京、宿县、濉溪、砀山、淮办等水利部门雨情报,到 2000 年 6 月只向合肥发报,2005 年停止水情报业务。天气加密报(原为小图报)的内容有云、能见度、天气现象、气温、气压、风向风速、降水、雪深、地温等;重要天气报的内容有暴雨(1991 年 1 月 1 日合并到天气加密报中编发)、大风、雨凇、积雪、霜、冰雹、龙卷风、雷电、雾等。

现代化观测系统　1991 年 1 月,PC-1500 计算机用于地面观测业务;1998 年 4 月 1 日报文通过网络上传,结束了电话发报的历史;2002 年 5 月 1 日—2003 年 12 月 31 日,人工观测和自动观测平行进行,2004 年 1 月 1 日自动站单轨运行,替代了人工观测。

2003 年 10 月,全县 10 个乡镇安装使用单雨量站,随后陆续安装 3 个四要素自动站和 1 个六要素自动站,为防灾减灾提供重要依据。

农业气象　1957 年 3 月—1958 年 12 月、1965 年 4 月 1 日—1984 年 11 月 4 日开展农业气象业务,观测作物有冬小麦、玉米、棉花、大豆等,并进行物候观测、土壤墒情测定等。

科学研究 2003 年 8 月 5 日安装多普勒声雷达,用于为期一年的中国气象局科教司与日本名古屋大学合作项目《淮河流域大气边界层对流降水观测研究》。

气象预报 1957 年 9 月开始进行单站霜冻预报工作;1958 年 9 月 1 日进行单站补充预报,但未正式对外发布;1958 年 11 月 13 日正式通过广播站对外发布单站补充天气预报。1982 年 4 月 1 日安装传真机,并正式使用;1995 年开展春播、汛期、秋种等中长期预报工作(以市气象局指导为主)。1999 年 7 月 19 日安装卫星接收天线,7 月 20 日正式接收气象资料。

2. 气象服务

公共气象服务 1958 年 11 月 13 日起通过县广播站发布补充天气预报,气象公益服务起步。1988 年 5 月开通甚高频无线电话,用于天气预报警报广播服务,每天早上、中午、傍晚各广播 1 次,用户通过气象警报接收机定时接收气象信息。1997 年 5 月 10 日开通"121"天气预报自动咨询电话,2007 年 11 月 1 日天气预报自动咨询系统整体切换至"96121"。1997 年 6 月 27 日萧县电视有线台天气预报栏目开播,1998 年 6 月 1 日萧县电视无线台天气预报栏目开播。2006 年 7 月开通移动通信网络气象短信平台,以手机短信方式向县、镇、村、学校领导发送气象预警预报信息。

专业气象服务 1983 年 3 月起开展专业气象服务,1987 年 6 月正式起步。专业有偿气象服务主要针对乡、镇、村(场、站)和机关企事业单位,提供短、中、长期天气预报和气象警报,以 24 小时、48 小时、天气周报预报服务为主。服务方法主要有电话、呈阅材料、气象警报接收机、传呼机、气象灾害预警信息电子显示屏 5 种。1998 年有各类用户 266 家,其中气象警报接收机用户 176 家。

人工影响天气 1997 年 4 月萧县人工影响天气办公室恢复成立。截至 2008 年 12 月,装备"三七"高炮 2 门,CF4-1A 型增雨火箭发射架 1 部,AH2000 车载雷达、人工影响天气指挥系统各 1 套,指挥用轿车 1 辆,专用库房 5 间。1997 年 6 月—2008 年 12 月共进行 57 次人工影响天气作业。萧县电视台先后采访报道 22 次,县主要领导先后 16 次慰问检查指导工作。1997—2003 年,先后 4 次被安徽省人工降雨领导小组授予全省人工增雨防雹先进单位。

气象科技服务 1992 年 5 月县安全生产委员会办公室和县气象局联合首次开展全县防雷安全检测。1994 年 4 月成立萧县避雷针检测所。1997 年 5 月县政府批准成立萧县防雷减灾局,在市气象局和县政府的双重领导下,负责全县的防雷安全管理工作,是当时 11 个县安全生产委员会成员之一,主要工作是防雷安全检测、防雷装置设计审查、防雷工程竣工验收等。

1999 年 8 月萧县农村综合经济信息中心(农网中心)成立,依托安徽省农村综合经济信息网,向各乡镇信息站及用户发布各类供求信息。1999 年 11 月,受县政府委托,承建萧县人民政府网站,坚持以"通过网络宣传萧县,将萧县推向世界",2008 年实现了"政府网"、"农网"、"一站通"、"党政信息网"、"先锋网"、"招商引资网"多网的统一管理。

气象科普宣传 每年"3·23"世界气象日、科技活动周、科普宣传日、气象防灾减灾宣传月、社会治安综合治理宣传月活动等开展气象科普知识宣传、送科技下乡、普法宣传、安全生产教育。

党建与气象文化建设

1. 党建工作

组织建设 1970 年 6 月调入 1 名党员,加入萧县人民防空办公室党支部;1975 年 8 月加入农林局党支部。1976 年 3 月萧县气象站成立党支部,党员 3 名。1979 年 9 月更名为萧县气象局党支部。截至 2008 年底,萧县气象局有中共党员 10 人(其中退休 1 人,聘用 2 人)。2006 年 6 月,萧县气象局党支部被中共宿州市委授予"全市先进基层党组织"称号。2003 年 12 月,徐瑞霞当选为中共宿州市第二次党员代表大会代表。

党风廉政建设 萧县气象局始终实行党风廉政建设目标责任制管理。1998—2008年,每年分别与市气象局党组和县委签订党风廉政建设目标责任书,开展各项学习教育活动、党风廉政建设文化竞赛,开展局务公开、目标管理、纪检监察和精神文明建设等工作。局财务账目每年接受上级财务部门年度审计,并将结果向职工公布。始终坚持每星期组织 1 次政治学习;每月组织 1 次党员干部、党组中心组学习;每两月组织 1 次党员干部观看反腐倡廉教育片活动;每年组织党员干部开展 1 次光荣传统教育活动和 4 次上街下乡义务宣传活动。每年春节前夕,向全体党员干部发出《春节期间党员干部廉洁自律倡议书》。全局干部职工及家属子女无一人违法违纪,无一例刑事民事案件。

2. 气象文化建设

精神文明建设 1995 年开始,先后成立了精神文明建设、文明创建工作、党风廉政建设、宣传思想政治工作、社会治安综合治理、安全生产、计划生育、局务公开等各项工作领导小组,局长任领导小组组长,加强各项工作的组织领导。1996 年起,每年组织开展观看优秀影片、革命节日光荣传统教育;1998 年以来,采取会议、课堂、网络、展板、简报、文明知识竞赛、文明市民学校等形式,进行精神文明宣传教育。制作局务公开栏、学习宣传栏和文明创建标语等宣传用语牌。

文明单位创建 文明创建工作起步于 20 世纪 90 年代初。1995 年 12 月获得萧县县委、县政府授予的"文明单位"称号;2000 年 4 月被安徽省委、省政府授予第四届"文明单位";2005 年 10 月、2009年 1 月分别被中央精神文明建设指导委员会授予第一届、第二届"全国文明单位"称号。

每年组织参加萧县职工运动会、登山旅游、集体文艺活动、职工文体比赛、"中国萧县伏羊文化节"等。

荣获第一批"全国文明单位"奖牌

3. 荣誉

集体荣誉 2008年4月被宿州市政府授予"宿州市先进集体"称号。

个人荣誉 2000年10月,徐瑞侠获得安徽省人事厅、省气象局授予的先进工作者称号;2002年10月,王晶获得萧县人民政府授予的劳动模范称号;2004年4月,徐瑞侠获得宿州市人民政府授予的先进工作者称号。

台站建设

台站综合改造 萧县气象局台站建设历经3次创业,实现3次飞跃。初建时仅有砖瓦结构房屋50.7平方米,仪器设备原始。1962年11月迁至现址,建设石墙房屋182.7平方米。1983年9月征地44445平方米,新一代气象人开始第二次创业,1985年4月27日建成主体2层局部3层面积386平方米办公楼,萧县气象局进入了快速发展时期;2004年5月,经过艰苦努力,征得土地8912平方米,开始第三次创业。1998年7月—1999年7月分别对大院、大门、观测场、院内小河、水井设施等不断进行改造,1999年7月建设新颖别致的水冲式厕所;2002年5—6月扩建车(炮)库达到160平方米。

办公与生活条件改善 1996年5月—2003年6月先后对办公楼、职工宿舍、综合活动室、图书阅览室、会议学习室、业务值班室,羽毛球场、运动场等进行装修、改造和重建。2004年7月—2005年11月建成别墅式职工住房5栋12户2800平方米。2007年3月13日建成4层面积1100平方米的办公楼。办公、生活环境得到极大改善。

园区建设 2002年3—10月和2006年6月—2007年7月2次对院内环境进行大规模改造,增添假山、石雕、路灯、草坪灯、欧式长廊、花草树木,新建改建大型花园3处、石桥2座、篮球场1个、健身场1个,小河全部安装青石工艺栏杆,规划整修硬化道路1100平方米,机关大院内风景秀美。

萧县气象局旧貌(为1964年前的建筑)

萧县气象局新貌(大门与办公大楼)

2005 年在萧县气象局院内建成的职工宿舍

泗县气象局

泗州最早建制于北周。时过境迁,清康熙十九年(1663 年)位于面长淮对盱山的泗州城沉入洪泽湖底。作为古泗州新治虹县后,虹县降为虹乡,虹城升为泗州。1912 年 4 月,泗州更名为泗县。

泗县位于安徽省东北部,地处淮北平原,主要气象灾害是旱涝、大风、雷击等。农作物广种薄收,20 世纪 50 年代粮食亩产徘徊在 50 千克左右,是著名的特困农业县。故旧有"土皮薄,砂礓窝,庄稼没有野草多;三日不雨苗枯黄,一场大雨似湖泊。"的歌谣。

机构历史沿革

始建情况 泗县气象站始建于 1956 年春,位于泗城镇西关"郊外",占地 5267 平方米,由安徽省气象局(简称省局,下同)联合原国营泗县西关农场筹建。同年 8 月 1 日 1 时开始地面气象观测工作。测站位于北纬 33°28′,东经 117°52′,海拔高度 19.5 米。观测场环境保持良好,站址无变迁。

管理体制 1956 年 8 月—1960 年 2 月,泗县气候站,以省局为主;1960 年 3 月—1970 年 8 月,泗县气象服务站,双重领导,以省局为主,蚌埠地区气象台业务管理;1970 年 9 月—1973 年 7 月,泗县革命委员会(简称革委会,下同)气象站,由县人武部军管,宿县行政公署气象局业务管理;1973 年 8 月—1979 年 8 月,泗县革委会气象局,双重领导,以省局为主;1979 年 9 月—2008 年 12 月,泗县气象局,双重领导,以省局为主。

人员状况 泗县气候站初建时有 4 人。2008 年 12 月在职职工 7 人。其中 40～48

岁 3 人,30~40 岁 4 人;大学本科 3 人、大专 3 人、中专 1 人;工程师 5 人、助工 2 人;中共党员 3 人。胡浪涛 2004 年被选为政协宿州市委员会常委、2007 年选为政协泗县委员会副主席。

单位名称及主要负责人更替情况

单位名称	负责人	职务	性别	任职时间
泗县气候站	王翠文	负责人	男	1956 春—1957 年秋
泗县气候站	贺正雲	副站长(主持工作)	男	1958.1—1968.5
泗县气象服务站	金家智	负责人	男	1968.6—1971.9
泗县革委会气象站	宋德林	副站长(主持工作)	男	1971.10—1975.1
泗县革委会气象局	杭俊华	副站长(主持工作)	男	1975.2—1976.5
泗县革委会气象局	周 佐	局长	男	1976.6—1980.11
泗县气象局	杭俊华	副局长(主持工作)	男	1980.12—1981.11
泗县气象局	王承兴	副局长(主持工作)	男	1981.12—1984.2
泗县气象局	张剑秋	副局长(主持工作)	男	1984.3—1985.9
泗县气象局	卢山刚	局长	男	1985.10—1993.3
泗县气象局	张剑秋	局长	男	1993.4—1995.5
泗县气象局	常 松	局长	男	1995.5—1998.5
泗县气象局	胡浪涛	局长	男	1998.5—2005.4
泗县气象局	胡浪涛	局长(市局挂职)	男	2005.4—2006.9
	祁 宣	副局长(主持工作)	男	
泗县气象局	胡浪涛	局长	男	2006.9—

气象业务与服务

1. 气象业务

地面气象观测 1956 年 8 月 1 日 01 时起采用地方时 01、07、13、19 时 4 次观测;1960 年 7 月改用北京时 02、08、14、20 时 4 次观测;1961 年 4 月改用 08、14、20 时 3 次观测。观测项目有温、压、湿、风、降水等 13 个气象要素。发小图、雨量、预约航危报等。

现代化观测系统 1992 年 7 月配备 PC-1500 计算机、1997—1998 年不断更新电脑在测报业务的应用,将报表手工制作改电脑制作、电话传报改为网络传报,减轻了测报员的劳动强度。2003 年 9 月建成多要素自动气象站,2005 年 1 月 1 日正式启用,开始业务运行;2003 年 10 月始建乡镇高密度自动站,到 2008 年 12 月建成单雨量站、四要素站、六要素自动气象站 10 个。2006 年建成探测环境实景观测系统。

气象信息网络 1997 年使用调制解调器拨号上网;1998 年以分组交换方式接收气象信息,1999 年上网方式改为 ISDN、2000 年改为 ADSL、2002 年改为光纤通信;2006 年使用 VPN 低端路由器;2007 年自动站资料传输使用独立 IP 地址。

气象预报 1958 年开始作单站补充短期天气预报,通过县广播站播出。

1965 年县站天气预报采用"土、洋"结合,以"土"为主的预报方法。为提高预报水平,全体职工深入农村,走访有看天经验的老农;收集天气谚语、农谚;召开老农座谈会等。这在当时的历史背景下对提高天气预报水平发挥了不小的作用。

20世纪80年代,利用本站气象资料,制作多种天气预报图表替代以"土"为主的预报方法。除制作短期预报外,还在省、地台的基础上开展了春播、午收、汛期等中长期天气预报。

1983年配气象传真机;1994年引进"286"微机(这在当时县直单位中仅有);1999年安装2台"联想586"微机,装备气象卫星地面接收系统,利用9210工程,通过卫星直接接收各种气象信息;2005年互联网的接入,可以直接通过气象办公网接收各种信息和处理办公业务等。

农业气象 1958—1984年开展农业气象观测试验;1958—2008年开展器测土壤墒情;1985—2008年设为全省冬小麦卫星遥感测产地面监测点。

2. 气象服务

公共气象服务 通过"96121"(年拨打量在百万次以上)气象信息自动答询系统、气象灾害预警信息电子显示屏、手机短信(年用户70000多户)、周报(年52期)等各种渠道发布气象信息;午收、汛期气象服务是气象服务的重中之重,每年发布5天滚动预报等,直接呈送到中国共产党泗县委员会(简称县委,下同)、泗县人民政府(简称县政府,下同)领导,同时向乡镇发传真气象预报。准确及时的气象信息保障了小麦丰产丰收,深受各级领导和群众的赞誉。在遇到突发性灾害性天气时,坚持以人为本做好防灾抗灾的气象服务工作。与移动、电信、广播电视、教育等有关单位通力协作,联手做好预警预报发布,确保人民生命财产的安全。1999年5月27日《拂晓报》刊登《泗县气象局迎午收工作扎实有序》的报道。

决策气象服务 1998年开始编写《决策气象服务周年方案》,成为县、乡两级政府利用气候规律指导农业生产的依据。2006年10月17日,中国(泗县)泗州戏文化艺术节在泗县隆重开幕(泗州戏是国家非物质文化遗产)。10月初县政府就咨询10月17日天气是否适合开幕式举行?县气象局利用各种预报手段,分析各种预报产品,在和宿州市气象台充分会商的基础上,果断作出"10月17日以多云天气为主,无明显降水,可按计划进行"的气象预报结论。结果实况与预报相符,30000多名观众观看了泗州戏艺术节的精彩演出,开幕式非常成功,气象服务受到县领导和组委会的高度好评。2008年12月12日,《安徽经济报》发表题为《敢与天公争高下》的报道:记安徽省文明单位泗县气象局"决策服务让领导满意、公益服务让群众满意、专业服务让用户满意"。

2007年7月3日大暴雨前,泗县气象局及时发布预警信息,通过手机短信、"96121"、电视天气预报等多种媒体对外发布。4日16时55分,刘圩、草沟、丁湖等乡镇在收到暴雨预警手机短信后,及时通过镇广播站广播,提醒农民群众做好防范,3个乡镇将危房户9779人安全转移到各个中心学校。结果7月5—6日出现两场暴雨,其中草沟镇房屋倒塌62间,损坏房屋210间。草沟镇赵代村任王庄农民赵正仁说:"收到天气预报手机短信后,俺全家4口人及时转移到赵代小学,结果家里房子塌了,这真是一条短信4条人命啊!"12月11日,安徽人民广播电台《江淮传真》报道了题为《救命的短信》新闻。

人工影响天气 1975—1980 年试验阶段,在每年 5 月上旬至 6 月中旬麦收前开展,主要任务是防雹。1997 年恢复人工影响天气工作,由县政府投资购买 4 门"三七"高炮,开展人工增雨和防雹工作。

专业专项气象服务 从 1992 年 7 月开始对全县避雷针进行安全测试,1996 年拓宽到避雷设施设计、安装业务。几年来对全县 562 个(次)单位进行常规年检,合格单位无雷击事故。

气象科普宣传 每年的世界气象日、科技宣传周、气象防灾减灾科普宣传月等,积极开展气象科普宣传,运用气象科学引导民众防灾减灾、科技致富。多年来共发放各类气象科普宣传资料 20000 多份、《气象灾害防御手册》5000 册、向泗县各小学赠送《小学生气象灾害防御教育读本》8000 册、防雷知识挂图 370 套。

气象法规建设与管理

气象法规建设 制定《泗县防御雷电灾害管理办法》,成立泗县雷电防护所。结合本县实际,依法组织管理和指导防雷安全工作,实行安全第一、预防为主、防治结合的原则。

社会管理 20 世纪 80 年代前后通过 2 次征地 3640 平方米,探测环境得到保护。《中华人民共和国气象法》实施后,有法可依,2005—2007 年 2 次关于探测环境保护方案在城建部门备案;发现问题及时解决。如 2008 年在测站东侧有一片树木的高度已影响探测环境,经县人大和泗城镇人大协调,很快依法将这片树木砍伐。

政务公开 制定了《政务公开实施办法》、《政务公开考核细则》,成立领导小组,细化分工,形成主要领导亲自抓、分管领导重点抓、纪检组长具体抓的工作机制。

党建与气象文化建设

1. 党建工作

支部组织建设 1982 年前没有党支部,党员活动在农口支部。1986 年,成立泗县气象局党支部。截至 2008 年底,有中共党员 4 名。2008 年 3 月张桂华获中共泗县机关工委"优秀共产党员"称号。

党风廉政建设 泗县气象局认真贯彻学习上级关于党风廉政建设的工作部署,每年制定年度党风廉政建设和反腐工作计划,自觉执行领导干部廉洁自律各项规定,重点抓好领导干部学习,提高防范意识,做到未雨绸缪,预防在先。加强反腐倡廉宣传活动,使气象局的党员、干部都能自觉遵守,规范其行为。如 2006 年 6 月 20 日县委纪律作风整顿暗访组抽查到泗县气象局,对单位的纪律作风等各方面做了深入细致的检查。认为泗县气象局优质的气象服务、规范的行政执法行为、严明的工作纪律、透明的政务公开等方面,业绩优秀。并在泗州电视台《纪律作风集中整顿》栏目上作了专题报道。

2. 气象文化建设

精神文明建设 30 年来,泗县气象局在精神文明建设工作方面做了大量工作,并取得长足进步。首先领导重视,建立各项精神文明建设的规划和制度,从思想上充分认识到文明建设的重要性,正确理顺抓精神文明建设与抓好气象业务工作的关系,坚持"两手抓"的工作思路。

努力改善工作生活环境,多年来先后兴建业务楼,改造职工宿舍,建园林式气象小区;室外有健身区,室内有图书室和文体活动室,给职工家属创造了一个良好的休闲环境。

鼓励职工的学历教育,先后4人参加大专、本科函授学习,提高了职工的文化素质。

文明单位创建 文明创建主抓职工爱岗敬业,诚实守信、服务群众,奉献社会和提高职工的法制意识。1989—2008年先后被评为县、市级文明单位;2001年7月获宿州市委、市政府授予的"创建文明先进单位";2008年4月被中共安徽省委员会、安徽省人民政府评定为省级文明单位。

3. 荣誉

集体荣誉 1987—2008年获先进集体23项。其中1990年,安徽省劳动竞赛委员会授予"全省创优质服务争一流水平竞赛先进单位"、2005年2月获宿州市委、市政府授予的"科技服务先进单位"。县委、县政府的表彰12项,其中1992年被县委、县政府授予"先进单位"、2003年被县委、县政府授予"抗洪抢险先进集体"。

个人荣誉 1987—2008年获得先进个人48人(次)。其中2004年胡浪涛被省人事厅、省气象局评为"全省气象系统先进工作者";2007年11月常松获宿州市委、市政府授予的"2007年抗洪抢险先进个人"。

台站建设

台站综合改造 泗县气象站初建时仅有砖瓦平房3间(59.4平方米)。其中1间值班室兼储藏室、1间办公室和1间集体宿舍。气象站的站界和观测场的围栏均用木桩和蒺藜围成。夜间煤油灯照明。除到观测场用青砖铺设长70米小路外,其余均为土路面。工作和生活条件十分简陋艰苦。1965—1985年先后2次征地3641平方米,建设办公楼、炮库、车库等。

办公与生活条件改善 1963—1977年,改造房屋280平方米;1986年建气象业务楼381平方米,打机井、建水塔解决职工用水;1991年建职工宿舍6套;2002年改造宿舍11套、建业务平台60平方米。2006年职工生活用水改用自来水。

园区建设 2007年投资近50万元(省气象局拨款26万元)建成园林式气象小区。小区绿化面积5000平方米,绿化率达45%;游园区近4000平方米,健身区400平方米,运动场地有篮球场、羽毛球场;科普园地等区域近2000平方米、建开放型不锈钢院墙200米和电动伸缩院门等。给职工创造了一个舒适、美观、有益身心健康的工作、人居生态环境,也成为开展全民健身运动,让群众享受健康,文明生活的乐园。

泗县气象局旧貌（1982 年 4 月拍摄）

泗县气象局新貌（2008 年 8 月拍摄）

灵璧县气象局

　　灵璧县位于安徽省东北部,东临泗县,西连宿州市埇桥区,南接蚌埠市固镇、五河两县,北与江苏省铜山、睢宁两县接壤,地处北纬 33°18′~34°02′,东经 117°17′~117°44′,总面积 2054 平方千米,辖 6 乡 13 镇和 1 个省级开发区,2008 年底总人口 118.3 万。

　　灵璧县是楚汉相争的古战场,传说人物钟馗的故里,中华奇石的主产区,素有"虞姬、奇石、钟馗画,灵璧三绝甲天下"之誉;灵璧石名冠古今中外,被誉为"中国四大名石"之首;灵璧石奇绝天下,堪称华夏瑰宝,2007 年被国家评为"中国观赏石之乡"。

　　灵璧县地处淮北平原,地势平坦,地形北高南低。属暖温带半湿润季风气候区,地处暖温带与北亚热带的过渡带,冷暖空气交汇频繁,灾害性天气频发,尤以暴雨、干旱、大风、冰雹、雷电、龙卷为甚。

机构历史沿革

　　始建及站址迁移情况　1956 年 11 月,灵璧县气候站成立,站址位于灵璧县西北郊河洼子乡村,国家一般气候站。1985 年 1 月迁至灵璧县城北关外十里乡庄陈村小李庄。观测场位于北纬 33°33′,东经 117°33′,海拔高度 23.9 米。

　　建制情况　建站初期,业务属于安徽省气象局管理,行政由国营灵璧县农场代管。1960 年 4 月更名为灵璧县农业气象服务站,1963 年行政改由县农林局管理。1965 年 12 月更名为灵璧县气象服务站。1969 年行政改为人武部和农林局共同管理。1971 年 1 月更名为灵璧县气象站。1973 年 8 月更名为灵璧县革命委员会气象站,行政属于县革委会管理。1978 年 5 月更名为灵璧县革命委员会气象局。1981 年 2 月行政属县政府领导。1983 年改为双重领导,以气象部门为主的管理体制。1985 年 1 月更名为灵璧县气象局。

　　人员状况　1956 年 11 月建站时 3 人。2008 年 12 月在职职工 8 人。其中大学学历 7 人,中专 1 人;工程师 5 人,初级专业技术人员 3 人;50~55 岁 2 人,40~49 岁 4 人,40 岁以下 2 人。

单位名称及主要负责人更替情况

单位名称	负责人	职务	性别	任职时间
灵璧县气候站	吕荣超	站长	男	1956.11—1960.4
灵璧县农业气象服务站	吕荣超	站长	男	1960.5—1965.9
灵璧县气象服务站	王文礼	站长	男	1965.10—1970.2
灵璧县气象服务站	吕荣超	站长	男	1970.3—1973.5
灵璧县气象站	潘佩琰	站长	男	1973.6—1975.8
灵璧县革命委员会气象局	李增文	局长	男	1975.9—1987.6
灵璧县气象局	江春铭	局长	男	1987.7—1994.9
灵璧县气象局	刘銮申	局长	男	1994.10—

气象业务与服务

1. 气象业务

地面观测 1956年11月开始进行有关地面气象观测记录。观测项目有云、能见度、天气现象、气压、气温、湿度、风向风速、降水、雪深、日照、蒸发、地温等。

天气报的内容有云、能见度、天气现象、气压、气温、风向风速、降水、雪深、地温等;航空报的内容有云、能见度、天气现象、风向风速等。当出现危险天气时,5分钟内及时向所有需要航空报的单位拍发危险报;重要天气报的内容有暴雨、大风、雨淞、积雪、冰雹、龙卷风等。

报表编制有4份气表-1,4份气表-21;向国家局、省局、地(市)局各报送1份,本站留底1份。2000年11月通过162分组网向省局转输原始资料,停止报送纸质报表。

2003年8月,灵璧县气象局AMS-Ⅰ型自动气象站建成,次年1月1日开始试运行,2006年1月1日正式投入业务运行;观测项目有气压、气温、湿度、风向风速、降水、地温等,全部数据自动采集、记录,替代了人工观测。2003年10月,朝阳、高楼、尤集、尹集、浍沟镇、杨疃乡、冯庙镇、娄庄镇、黄湾镇9地首先建成自动雨量观测点;2006年8月,禅堂乡、下楼、渔沟、韦集镇建成了四要素自动观测点,2008年8月渔沟单雨量点升级为六要素自动观测点。

气象预报 1958年6月,县站开始作补充天气预报。1981年5月开始天气图传真接收工作,主要接收中央气象台、东京的传真图表,利用传真图表独立地分析判断天气变化,作出预报。20世纪70—80年代,开始制作中、长期天气预报,运用数理统计方法和常规气象资料图表及天气谚语、韵律关系等方法,以及通过传真接收中央气象台,省气象台的旬、月天气预报,再结合分析本地气象资料,短期天气形势,天气过程的周期变化等制作一旬天气趋势预报;经组织力量、多次会战,建立一整套特征指标和方法,作出具有本地特点的补充订正预报。这套预报方法一直沿用。预报作为专业专项服务内容,上级业务部门对县站中、长期天气预报不予考核。

2. 气象服务

公众气象服务 提供短期天气预报、节假日天气公告、高考和中考天气服务、灾害性天气预警信息。1987年7月,开通甚高频无线对讲通讯电话;1989年9月开通预警系统对外开展服务,每天上、下午各广播1次,服务单位通过预警接收机定时接收气象服务。199

年电视台播放灵璧天气预报;1998 年 4 月建成多媒体电视天气预报制作系统;2006 年 7 月电视天气预报制作系统升级为非线性编辑系统。2007 年通过手机短信方式向全县各级党政领导、防汛部门、学校、村长等发送气象信息。

决策气象服务 对午收、汛期、春播、秋种等重要农时季节,采用呈阅材料等方式,为灵璧县委、县政府提供《农业气象》、《中长期天气气候预测》等服务产品。对关键性、突发性、灾害性天气采用《重要天气信息专报》、电话、口头汇报、短信等方式,为县委、县政府提供滚动、连续的有针对性的服务。对灵璧县“两会”、奇石节、钟馗文化节等重大社会活动,采取成立专家小组专题服务,提供精细化预报服务产品。

2007 年 7 月 1 日发布《重要天气专报》,预报“7 月上旬全县处在降水集中期,将维持一段阴雨天气,其中将出现强降水过程,局部地区可能出现内涝。7 月 3 日、5 日和 6 日,全县出现大范围强降水,7 日部分地区大到暴雨,县气象局均提前做出了准确预报。全县 36 个自然庄被水围困,但无一人伤亡,县气象局的准确预报和优质服务,使县委、县政府的应对措施及时得力,最大限度的减轻了因灾害造成的损失。

专业专项气象服务 1997 年 9 月,灵璧县人民政府人工降雨办公室恢复成立,挂靠灵璧县气象局。2002 年 1 月经县政府同意,建设人影基地（炮库）,有六五式双“三七”高炮 4 门。

气象科技服务与技术开发 1997 年 6 月开通“121”气象信息自动咨询电话;2005 年 1 月“121”电话升位为“12121”;2008 年升级为“96121”。在全县公共场所安装的气象灾害预警信息电子显示屏,开展了气象灾害信息发布工作。

4 门人工增雨“三七”高炮

1999 年 8 月灵璧县农村综合经济信息中心（农网中心）成立,作为安徽省农村综合经济信息中心的服务网,在全县各乡镇开通信息服务站,发布各类供求信息,促进了全县农村产业化和信息化的发展。

气象科普宣传 每年“3·23”世界气象日组织科技宣传,普及防雷知识。2008 年向全县小学生发放《安徽省小学生气象灾害防御教育读本》16494 本,给全县各小学的辅导员进行了宣讲辅导。

气象法规建设与管理

社会管理 2006 年 7 月 10 日,灵璧县政府召开《气象探测环境和设施保护》联席会议,县气象局、城建局及城建局的规划股、设计室,执法大队的负责人参加,从而加大了气象探测环境和设施的保护力度。

1997 年 6 月,灵璧县人民政府办公室发文,成立灵璧县防雷减灾局,将防雷工程设计、施工到竣工验收,全部纳入气象行政管理范围。2003 年 1 月,灵璧县气象局被列为县安全生产委员会成员单位,负责全县防雷安全的管理,定期对液化气站、加油站、烟花爆竹、计算机信息系统、通信和广播电视等国家和技术规范规定的防雷建筑物及附属设施,进行检测,对不符合防雷技术规范的单位,责令进行整改。

政务公开　对气象行政审批办事程序、气象服务内容、服务承诺、气象行政执法依据、服务收费依据及标准等,采取通过户外公示栏、电视广告、发放宣传单等方式向社会公开。干部任用、财务收支、目标考核、基础设施建设、工程招投标等内容则采取职工大会或公示栏张榜等方式向职工公开。财务一般每半年公示一次,年底对全年收支、职工奖金福利发放、领导干部待遇、劳保、住房公积金等向职工作详细说明。干部任用、职工晋职、晋级等及时向职工公示或说明。

党建与气象文化建设

1. 党建工作

支部组织建设　1956 年 10 月—1959 年 6 月,中共党员 1 人,编入灵璧县农场党支部参加活动。1959 年 7 月—1981 年 1 月,先后编入县农工部党支部、农林局党支部、革委会党支部参加活动。1981 年 2 月—1986 年 5 月,中共党员 6 人,成立灵璧县气象局党支部。2008 年 12 月,全局有中共党员 5 人。

党风廉政建设　制定了《灵璧县气象局领导班子关于加强自身建设的若干规定》、《议事规则》、《例会制度》、《学习制度》、《政务公开制度》等一系列党风廉政建设的规定和措施;加强廉洁自律教育,做到"有章可循、有据可依",科学管理,规范运作;在堵截腐败现象的源头上下大力气。领导干部努力做到自重、自省、自警、自励,以身作则、言行一致;自觉树立艰苦奋斗、勤俭节约的良好风气,较好执行廉洁自律规定。坚持走群众路线,深入实际、深入基层,了解情况,广泛征求群众意见。按照"实事办好、好事办实"的原则,想方设法解决与职工工作、生活密切的"热点、难点"问题。局财务每年接受上级财务部门年度审计,结果向职工公布。

2. 气象文化建设

精神文明建设　1996 年 4 月制定了《灵璧县气象局综合管理制度》,2001 年经重新修订后下发,主要内容包括计划生育,干部、职工脱产(函授)学习和申报职称等,干部、职工休假及奖励工资,医药费,业务值班室管理制度、会议制度,财务,福利制度等。坚持以人为本,弘扬自力更生、艰苦创业精神,深入持久地开展文明创建工作。制定政治学习制度、建设文体活动场所、购置电化教育设施,使职工生活丰富多彩,文明创建工作跻身于全省先进行列。积极支持干部职工学历教育工作,先后 4 人参加大专、本科函授学习,进一步提升了干部职工的基本素质。全局干部职工及家属子女无一人违法违纪,无一例刑事民事案件,无一人超生超育。

文明单位创建　20 世纪 90 年代中期开始文明单位创建工作,积极营造文明创建氛围,制定文明创建工作长远规划,强化创建活动。1999—2008 年连续 6 届被县委、县政府评定为县级文明单位;连续 5 届被宿州市委、市政府评定为市级文明单位。2003—2008 年连续 3 届被安徽省委、省政府评定为省级文明单位。

积极参加县政府、农口单位组织的文艺汇演和户外健身,丰富职工的业余生活。

3. 荣誉

1978—2008 年,共获集体荣誉 12 次,其中 2007 年被宿州市政府授予防洪抢险先进集体。

台站建设

台站综合改善　1985 年 1 月新建办公楼 230 平方米,职工宿舍 350 平方米。1997 年 10 月增建炮库 80 平方米,业务平面 80 平方米。1999 年 7 月新建职工宿舍 660 平方米。2001—2008 年历时 8 年重新修建装饰综合楼、改造业务值班室、完成业务系统的规范化建设;对大门、围墙、院内路面、下水道、水塔进行了改造,台站面貌焕然一新。

园区建设　1997—2008 年,分期分批购置健身器材、制作局务公开栏、学习园地、法制宣传栏和文明创建等宣传用标牌。建设"两室一场"(图书阅览室、职工学习室、小型健身活动场);对机关院内的环境进行了绿化改造,规化整修道路,修建草坪和花坛 2500 多平方米,栽种风景树,绿化率达到 50%,硬化 1000 平方米路面,院内变成了环境优美、风景秀丽的花园。

1985 年观测场全貌

1990 年冬季新建文化娱乐场所

2007 年修建后的灵璧县气象局办公楼

蚌埠市气象台站概况

蚌埠 1947 年正式建市,是安徽省第一个设市的城市。蚌埠市因古代盛产河蚌而得名,史籍称"采珠之地"。蚌埠辖龙子湖、蚌山、禹会、淮上 4 区和怀远、五河、固镇 3 县,总面积 5952 平方千米,人口 360 万。

蚌埠地处我国南北气候的分水岭上,《晏子春秋》有"桔生淮南则为桔,桔生淮北则为枳"的记载。蚌埠属温带季风气候,四季分明,湿润温和,年平均气温 15.4℃,年降雨量 919.6 毫米,年日照时数约 2036.5 小时。由于地处南北气候过渡带,干旱、洪水、雷雨、大风、冰雹等灾害性天气频繁发生。据气象资料统计,近 50 多年来,大涝年发生概率约 30%;大旱年发生概率约 25%。

气象工作基本情况

台站概况 蚌埠市气象局属正处级事业单位,辖怀远、五河、固镇 3 个县气象局。全市共有国家基本气象站 1 个,国家农业气象站 1 个,国家一般气象站 3 个。截至 2008 年底,全市建成 4 个地面气象站和遥测自动站、43 个乡镇自动雨量站、12 个四要素自动气象站、5 个六要素自动气象站。2007 年,建成新一代天气雷达站、FY-2C 卫星接收站、宽带和 VPN 技术的气象高速通信网。

人员状况 截至 2008 年 12 月 31 日,全市气象部门在编干部职工 91 人(市气象局 70 人,县气象局 21 人)。其中,本科以上 34 人,大专学历 16 人;中级职称 23 人,高级职称 3 人。

党建和文明创建 截至 2008 年底,全市气象部门有中共党支部 6 个,中共党员 52 人。共建成省级文明单位 2 个,市级文明单位 2 个。

主要业务范围

负责本行政区域内的气象监测、预报服务工作,及时提出气象灾害防御措施,并对重大气象灾害作出评估,运用气象预报、情报、气象资料、专题分析论证等,为政府规划经济建设,安排农业生产、公务活动,组织防灾抗灾等提供决策依据,当好气象参谋;管理本行政区域内公众气象预报,灾害性天气警报以及农业气象预报,城市环境气象预报,火险气象等级预报等专业气象预报的发布;负责电视天气预报节目制作,供市电视台播放。通过气象网站、气象短信服务平台、"96121"电话向市民提供多种气象信息服务。负责蚌埠、淮南两地气象装备保障和维护工作;管理本行政区域人工影响天气工作,指导和组织人工影响天气作业;组织管理雷电灾害防御工作,会同有关部门对可能遭受袭击的建筑物、构筑物和其他设施安装的雷电灾害防护装置的检测工作;负责向本级人民政府和同级有关部门提出利用、保护气候资源和推广应用气候资源区划,组织对气候资源开发利用项目进行气候可行性论证;负责组织实施全市农业信息网发展规划和计划、本市农网信息发布、信息下载及农网用户的管理,负责所属各县、乡镇信息服务站的业务指导工作;负责组织开展气象法制宣传教育和有关气象法规的实施,对违反《中华人民共和国气象法》有关规定的行为依法进行处罚,承担有关行政复议和行政诉讼。

蚌埠市气象局

机构历史沿革

1. 始建及沿革情况

1918 年,蚌埠水文站开始有降水资料。1923 年,意大利修士罗娣第一次在蚌埠设立测候所。1951 年 8 月,中国人民解放军华东军区司令部航空气象处蚌埠气象站正式建立,隶属中国人民解放军建制,为蚌埠市气象局前身,位于蚌埠市二马路慈航巷 14 号,东经117°22′,北纬32°56′,海拔高度 20.6 米。1953 年 1 月,气象站扩建为气象台,同年 8 月 1 日转属地方建制。蚌埠气象台是安徽省第一个气象台,1954 年 1 月 1 日对外发布天气预报,主要为治淮委员会、淮南电业局、蚌埠铁路局等 14 个单位进行天气预报服务。1956 年 11月,站址迁到蚌埠市二马路东岗外下曹村,东经117°23′,北纬32°57′,海拔高度 18.7 米。1990 年 11 月,站址名称变更为蚌埠市二钢路 20 号。2006 年 1 月 1 日,观测场迁到蚌埠市环湖西路,东经117°23′,北纬32°55′,海拔高度 21.9 米。2008 年 5 月,蚌埠市气象局迁到蚌埠市南湖路、兰凌路交叉处。

2. 建制情况

领导体制与机构设置演变情况 1951 年 8 月建立蚌埠气象站,隶属中国人民解放军华东军区司令部航空气象处。1952 年 8 月起隶属安徽省军区,1953 年 1 月更名为蚌埠气象台。1954 年 1 月起隶属安徽省农业厅,先后更名为蚌埠专区气象台、蚌埠专区气象服务台、蚌埠气象服务台。1959 年 8 月,蚌埠气象台改为蚌埠专区气象服务台,下辖砀山、宿县、濉溪、萧县、泗县、灵璧、怀远、五河、永康、嘉山、来安、全椒、定远、滁县、凤阳、天长等 16个县级气象(气候)站;并在同年 11 月建成公社气象哨 251 个,大队看天小组 2384 个,气象员达 2 万余人。1962 年,蚌埠气象服务台正式确定为国家气象测报站,资料参加全球交换。1973 年 10 月,更名为蚌埠市革命委员会气象局,隶属蚌埠市革命委员会。1979 年 8 月,更名为蚌埠市气象台,隶属安徽省气象局。1981 年 6 月,更名为蚌埠市气象局。1983 年 12 月,体制改革后属双重领导,地方归口市农委领导,下辖怀远、固镇、五河 3 县气象站。2000 年成立蚌埠市防雷减灾局,与市气象局一个机构两块牌子。2006 年 6 月机构调整后,辖怀远、五河、固镇 3 个县气象局。

人员状况 1951 年建站初期有 5 人。2008 年底市气象局在编职工 49 人。大学本科学历 24 人,大专学历 12 人;公务员 11 人,专业技术人员 34 人,职员 3 人,普工 1 人。年龄出生于 20 世纪 50 年代 12 人,占 24%;20 世纪 60 年代 15 人,占 31%;20 世纪 70 年代 5 人,占 10%;20 世纪 80 年代 17 人,占 35%。

单位名称及主要负责人更替情况

单位名称	负责人	职务	性别	任职时间
中国人民解放军华东军区司令部航空气象处蚌埠气象站	朱绍胜	站长	男	1951.8—1952.8
安徽省军区司令部蚌埠气象站	朱绍胜	站长	男	1952.8—1953.1
安徽省军区司令部蚌埠气象台	刘宝珠	台长	男	1953.1—1955.12
安徽省蚌埠气象台	庄随远	台长	男	1955.12—1958.9
安徽省蚌埠气象台	陈家业	台长	男	1958.9—1962.4
安徽省蚌埠气象服务台	刘宝珠	台长	男	1962.4—1966.6
安徽省蚌埠气象服务台	杨国珍	台长	男	1966.6—1973.10
蚌埠市革命委员会气象局	吴世周	负责人	男	1973.10—1975.3
蚌埠市革命委员会气象局	袁树培	局长	男	1975.3—1978.8
蚌埠市革命委员会气象局	张希尧	局长	男	1978.8—1979.8
蚌埠市气象台	孙群	台长	男	1979.8—1980.9
蚌埠市气象台	任笑英	台长	女	1980.9—1981.6
蚌埠市气象局	任笑英	副局长（主持工作）	女	1981.6—1983.12
蚌埠市气象局	贾毅	局长	男	1983.12—1987.7
蚌埠市气象局	李广春	局长	男	1987.7—2003.10
蚌埠市气象局	周述学	局长	男	2003.10—2008.5
蚌埠市气象局	周倍顺	局长	男	2008.5—

气象业务与服务

1. 气象业务

地面观测 1951—1953 年,气象观测进行每小时实测,即每天观测 24 次;1954 年~1960 年 6 月,每天 01、07、13、19 时 4 次观测,昼夜守班;1960 年 7 月 1 日起,每天 23、02、05、08、11、14、17、20 时 8 次观测,昼夜守班,承担地面天气报、旬月报和重要天气报任务。

刚建站时观测项目只有温度、气压、湿度、风向风速等不到 10 项,还进行过地面状况云向、云速、高空风向风速等项目的观测。现主要观测项目有云、能见度、天气现象、气压、空气温度和湿度、风向、风速、降水、雪深、雪压、电线积冰、日照、蒸发、地面温度、浅层和深层地温、冻土等近 20 项。2003 年根据省气象局统一部署增加酸雨观测业务,2007 年 1 月 1 日成为国家酸雨观测站。1997 年应中国科技大学试验建成闪电定位观测系统 1 套,2005 年根据省气象局布点正式建成并开展闪电定位观测。2004 年 7 月 1 日至 2007 年 6 月 30 日开展了裸露空气温度、水泥路面温度、草面温度观测(全为人工观测)。2004 年 8 月起开展土壤墒情普查观测业务,每旬逢 3、8 观测,人工钻土,微波炉烘土。2006 年 8 月起根据省气象局布点建成并开展地基 GPS/MET 水汽观测业务。

建站初期所用的仪器大都是国民党留下的杂牌仪器。自 1956 年开始陆续换用国产统一形式、统一规格的仪器。1997 年 7 月蒸发测量由小型蒸发器改为 E-01 大型蒸发器。1999 年 11 月建成 ZQZ-Ⅱ型有线遥测自动气象站,2001 年 1 月 1 日开始作为正式记录,2006 年 1 月 1 日换型为 CAWS600-SE 型遥测自动站。1985 年开始,使用测报 PC-1500 微机进行观测资料的查算和电报的编制,观测报表逐步实现微机打印;1994 年,测报用计算机升级为 386 微机;1995 年 9 月,报文由分组交换网实现网络自动传输;1998 年秋季,升级为 2 兆宽带。2001 年带宽增至 10 兆。2008 年实现 100 兆带宽。

1988 年安装了 711 气象雷达,主要用于对本地短时灾害性天气的监测和人工增雨作业的指挥;1988 年底对雷达进行了大修和数字化改造,实现了在微机上操作。2008 年底建成了由中国气象局统一布点的新一代 S 波段天气雷达,用于对气象灾害性天气监测和淮河流域防汛抗旱服务。2008 年 11 月,雷达投入试运行。2003—2008 年,建成六要素自动站 1 个(仁和集),四要素自动站 4 个,乡镇雨量站 12 个。

气象信息网络　1975 年前,唯一通信手段是"莫尔斯"无线收报机。20 世纪 80 年代,先后配备了 51 型和 59 型无线电传机、117 型、CZ-80 型传真接收机。1993 年,在全市率先开通了邮电分组交换网,实现计算机信息传输,通信速率可达 9600 比特/秒。同年建成了卫星云图接收处理系统。1997 年底,又建成卫星通讯综合应用系统(简称 9210 工程),通讯速率可达 512 千比特/秒。1998 年 10 月,接入 2 兆光缆;目前,带宽达到 100 兆。2002 年 6 月,利用互联网和宽带技术先后建立起省市预报可视会商系统、网络办公系统。2007 年建成地面实景监测系统。

气象预报　1953 年正式开展气象预报业务,主要为军事服务。1954 年开始对外发布 24 小时短期预报。1958 年起全面开展长、中、短天气预报业务。20 世纪 50—70 年代中期,主要利用天气图、单站资料并结合预报员经验,进行综合分析做预报,预报时限以短期为主。1966—1976 年,由于历史原因,气象业务受到较大影响。1976 年后,天气图预报方法得到恢复,气象传真图和各种数理统计方法也应用于预报分析。1985 年开始,预报业务逐步实现微机化。1990 年,随着微机通信技术的发展和预报应用软件水平的不断提高,预报业务流程实现微机"无纸化"操作,预报水平也显著提高。

2. 气象服务

公众气象服务　1954 年 1 月 1 日,通过有线广播正式向公众发布短期天气预报,直至 20 世纪 80 年代初期,公众主要通过报纸和广播获取天气预报信息。1992 年 2 月 1 日,开始在蚌埠电视台播出 24 小时天气预报;1996 年 1 月,建成多媒体电视天气预报制作系统,自制节目录像带送电视台播放;2004 年 9 月,实现了电视气象节目主持人走上荧屏播讲气象科普知识和天气预报。2006 年 8 月,在蚌埠《淮河晨刊》上开辟每周一期的"气象与服务"专版,为公众提供本市上周天气回顾和双休日天气预报以及省内主要旅游景点双休日的天气。

决策气象服务　1954 年开始,以书面传递的方式为治淮委员会等单位服务,后又拓展为农业、交通、林业、建筑、水利等行业提供服务,服务方式主要以电话和传真为主。2005年起,为政府部门提供的服务材料分为两大类,即《重要气象信息专报》和《重大活动气象保障服务材料》,对重要天气过程以及春播、午收、秋收秋种、节假日、中考、高考期间天气,气象台都会提前制作《重要气象信息专报》通过传真和电子邮件发送至市委、市政府及其他相关部门。

1977 年 7 月,淮河上游洪峰威胁着下游城市的安全。市气象台预报员经过认真分析,做出"淮河上游暴雨已停止,未来几天将无强降水"的预报。淮委领导根据这一预报,报请全国防总取消了分洪的决定,保住了王家坝蓄洪区 18 万亩农田和 10 余万人生命财产的安全。为此,气象局有 4 人次获得省气象局和市政府授予的奖旗和奖状。1994 年全市汛期降水量比常年偏少 40% 以上,出现严重的干旱。市气象局于 4 月份就预报汛期降水明显偏少,建议市有关部门提早做好抗旱准备,9 月份,还配合省气象局人降办实施了飞机人工增雨作业,市气象局被市政府评为"抗旱先进集体"。2007 年,蚌埠市汛期发生了 1954 年以来的最大洪水,自 6 月 19 日入梅至 7 月 26 日出梅,蚌埠市、固镇县、五河县的累计降水量分别达到 640.8 毫米、823.1 毫米、767.9 毫米,创历史同期降水量新高,固镇、五河降雨量分列我省沿淮台站第一、第二位。整个汛期,市气象台提供《重要气象信息专报》31 期,并多次通过手机短信平台发布预警信息、降水实况和淮河水位等。为此,市气象局获得市"抗洪抢险先进集体"称号,有 2 人分别获得省、市抗洪抢险先进个人称号。

专业专项气象服务　1997 年开始实施人工影响天气作业。1999 年成立蚌埠市人工影响天气办公室。2007 年,成立了蚌埠市人工影响天气领导小组。2005 年、2007 年,分别购车载和牵引火箭发射架各 1 套,建立作业点 2 个。2005—2008 年,共进行人工增雨作业 9次,2007 年人工增雨工作获市政府通报表彰。

1986 年开始防雷专项服务,主要针对全市工业厂房、易燃易爆设备等设施进行防雷装置检测。1999 年起,针对全市重要政事企业计算机机房开展防雷工程设计与施工服务项目。2003 年,气象行政审批正式进入蚌埠市行政服务大厅,将防雷工程从设计、施工到竣工验收,全部纳入气象行政管理范围,对防雷工程专业设计、施工许可、竣工验收制度等实行社会管理。

气象科技服务与技术开发　1986 年开始推行施放气球和专业气象有偿服务工作,1988 年建立气象警报系统,每天通过警报机定时向签约用户发布天气预报警报信息。1996 年开通了天气预报"121"(现改为"96121")电话语音查询系统,为公众提供各类天气预报和天气实况等信息服务。1999 年 6 月,在全省率先开通"蚌埠农网",在全市各乡镇设立了共 75 个"农网信息服务站",为农民提供农业种养植信息和市场行情等服务。2004 年汛期开始以手机短信方式向全市各级领导发送气象信息和气象灾害预警信息

2006年依托安徽省气象信息中心建立的"气象短信外呼业务平台"投入使用,开展手机天气预报短信预定和业务咨询服务,2008年底发展手机服务用户17.6万户。2005年5月开始在蚌埠市辖范围安装电子显示屏开展气象信息发布工作,截至2008年共安装了17部。

气象科普宣传 每年利用"3·23"世界气象日、全国法制宣传日等开展气象科普宣传活动,宣传气象法律法规、气象防灾减灾常识等。利用气象探测基地,为中小学生开展科普教育。2006年起在《蚌埠日报·淮河晨刊》上开辟了每周一期的"气象与服务"专版,刊登内容主要为天气信息、气象要闻和气象科普知识等。

气象法规建设与管理

气象法规建设 市政府先后出台《关于加强防雷减灾管理工作的通知》(蚌政〔2005〕101号)、《关于加强防雷装置管理工作的通知》(蚌政办〔2006〕52号)等规范性文件,为做好防雷减灾工作提供了法律保障。2006年5月,编印了《气象法律法规文件汇编》,内容涉及气象业务、人工影响天气、防雷、施放气球管理等各类法律法规。

社会管理 市气象局在1997年联合公安、工商、空管部门下发《关于贯彻安徽省施放气球和其他升空物暂行管理办法的通知》(蚌气字〔1997〕033号)。2003年,成立了蚌埠市气象行政执法大队,2005年调整、充实执法大队组成人员,执法大队人员全部通过省法制办培训考试,持证上岗。多年来,与公安、工商、安监、建设、消防等单位联合开展防雷、施放气球、气象探测环境保护等行政执法检查100余次。

党建与气象文化建设

1. 党建工作

支部组织建设情况 建站初期至1962年,党组织隶属于蚌埠市农业委员会,1962年起,党组织转入蚌埠市郊区党委。1971年2月22日,建立蚌埠气象服务台党支部,支部有党员4人。2007年12月24日经蚌埠市直机关工委批准成立蚌埠市气象局党总支,下属机关支部、事业支部和离退休支部3个支部。2008年底总支共有党员27人,其中在职党员20人。2000—2008年,多次被蚌埠市直机关工委评为"先进党支部"和"党建工作目标责任制考核先进单位"。

党风廉政建设情况 2000年以来,通过党风廉政宣传教育月活动、作风建设年活动、专题学习教育活动等开展党风廉政宣传教育;举行了领导干部"立铭励廉"、党风廉政知识竞赛、廉政歌曲大家唱、廉政书画摄影比赛等廉政文化活动;2005年起,每年举行科以上干部述职述廉报告和廉政党课教育活动,并和县局签订党风廉政目标责任书;2005年起建立健全科级干部廉政档案制度;2007年修订健全各项规章制度,收录整理了反腐倡廉制度汇编。

2. 气象文化建设

精神文明建设 2004年、2005年组织开展了气象文化征文活动,征集文章70余篇,编撰了《蚌埠气象》专刊。2005 年起每年开展"文明科室"、"文明职工"、"文明家庭"等各类评先评优活动。2006 年和黄山市气象局建成文明创建结对子单位并开展交流活动。多次开展送温暖献爱心活动,开展了共产党员送气象科技下乡、气象科技走进社区等主题实践活动,在每年中秋节、春节开展结对帮扶送温暖活动。2008 年向四川汶川地震灾区捐赠帐篷 8 顶,缴纳"特殊党费"5300 元,累计捐款 3 万多元。

文明单位创建 2000—2008 年连续 4 届获得"蚌埠市文明单位"称号,2008 年被安徽省委、省政府授予"安徽省第八届文明单位"、"蚌埠市创建文明行业先进单位"称号。在连续多年开展的气象服务社会问卷调查中,用户满意率均在 98% 以上。

文体活动 2004 年组织参加安徽省气象系统乒乓球比赛并获得团体第三名,2004 年组建蚌埠市气象局男子足球队,多次组织与地方单位开展比赛。2006 年参加蚌埠市纪念建党 85 周年廉政歌曲演唱会获优秀演唱奖,2007 年参加蚌埠市淮河杯女职工健身操大赛并获得优秀奖,2007 年参加蚌埠市"喜迎十七大·颂歌献给党"演唱会获得优秀演唱奖,2008 年获市直机关纪念改革开放 30 周年文艺汇演优秀组织奖,2005—2008 年举办了 4 届全市气象职工运动会,2007 年举办了蚌埠气象人精神演讲等活动。

3. 荣誉

建站以来,蚌埠市气象局共获地厅级以上集体荣誉近 100 项。其中,1994 年被市政府授予"抗旱先进集体"。2003 年、2007 年,分别被市委、市政府授予"防汛抗洪先进集体"。2005 年,人工增雨工作获蚌埠市政府通报表彰。

台站建设

台站综合改造 蚌埠市气象站 1951 年建站伊始,只有 10 来间平房,无自来水、无电,单身职工 7~8 个人挤住一间屋,观测场面积 20 平方米左右。1956 年,迁至东郊雪华乡下曹村,新址占地 25 亩,建成了近 600 平方米两层木板办公楼、100 多平方观测小楼及观测场、平房宿舍和食堂等基本生活工作设施。1984 年,新建四层办公楼,1987 年扩建后建筑面积达 1200 多平方米。

20 世纪 80 年代后,随着城市建设步伐的加快,气象局周围高层建筑日益增多,气象探测环境不断恶化。经市政府 2003 年 12 月 12 日第 15 次市长办公会议研究同意:气象探测和业务办公选址分别位于龙子湖风景区西岸,环湖西路与兰凌路交叉口。

2004 年 5 月,时任中国气象局党组书记、局长秦大河赴皖,先后与时任安徽省政府王金山省长,时任蚌埠市委方平书记、市政府花建慧市长等进行商谈,一致认为从淮河流域防汛抗旱需求出发,尽快启动组建淮河流域气象中心和建设新一代天气雷达项目。时任中国气象局副局长郑国光在北京先后 3 次主持召开关于淮河流域气象中心建设和雷达建设方案的专题协调会,正式同意在蚌埠增建新一代天气雷达,组建淮河流域气象中心。并将蚌埠新一代天气雷达纳入国家布点的 158 部雷达网中。最后确定蚌埠气象建设项目由大气探测基地、淮河流域气象中心综合楼、新一代天气雷达塔楼 3 大项目组成,总建设投资近5000 万元。2006 年 4 月 26 日,3 大项目举行奠基仪式。

办公与生活条件改善 2006 年 1 月 1 日,占地面积 46 亩的大气探测基地正式开始观测业务。观测业务楼于当年 4 月开工建设,2007 年 8 月投入使用。观测站新址与龙子湖公园融为一体,成为气象科技景点。

蚌埠新一代天气雷达站坐落于规划中的蚌埠锥子山森林公园东坡,因其雄伟壮观、挺拔耸立而成为蚌埠市标志性建筑,成为蚌埠市东大门最亮丽的景点之一。雷达塔楼于 2006 年 6 月 26 日开工建设,同年 12 月 11 日封顶,12 月 28 日设备吊装;2007 年开始调试,于 11 月正式投入业务试运行。塔楼总建筑面积 2417 平方米,建筑高度 66.6 米,顶端海拔高度为 149.6 米,是蚌埠海拔最高建筑物。

淮河流域中心综合楼位于南湖路和兰陵路交叉口,占地 15 亩,总建筑面积 7920 平方米,于 2006 年 6 月开工建设,2008 年 6 月投入使用,作为淮河流域气象中心和蚌埠市气象局行政办公和业务服务综合楼。

新一代天气雷达塔楼

市气象台新业务平面

淮河流域气象中心、蚌埠气象办公大楼

怀远县气象局

怀远县位于皖北、淮河中游,始建于公元 1291 年。现辖 19 个乡镇、365 个村委会,总面积 2396 平方千米,总人口 130.2 万。怀远历史悠久,文化底蕴深厚。早在唐虞时代,怀远就是涂山氏国的聚居地,为淮河文化、大禹文化的重要发源地之一。

县境地处北亚热带至暖温带的过渡带,兼有南北方气候特点,属暖温带半湿润季风气候区,四季分明,雨量适中,日照充足,霜期不长。根据历史资料(1971—2000 年)统计,年

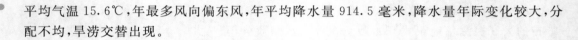

平均气温 15.6℃,年最多风向偏东风,年平均降水量 914.5 毫米,降水量年际变化较大,分配不均,旱涝交替出现。

机构历史沿革

1. 始建及站址迁移情况

怀远县气象站始建于 1958 年 11 月,并同时开展气象业务。站址位于县西郊东十里铺。1960 年 12 月,迁至县城关镇老城内郊外,占地面积 7.6 亩,其中办公建筑面积 400 平方米。观测场位于北纬 32°57′,东经 117°12′,海拔高度 18.6 米。2006 年 1 月 1 日,迁址怀远县涡北新区郊外,占地面积为 17.73 亩,其中办公建筑面积约为 1100 平方米。观测场位于北纬 32°59′,东经 117°12′,海拔高度 21.2 米。

2. 建制情况

领导体制与机构设置演变情况 1958 年 11 月,怀远县气候站隶属蚌埠市气象台和怀远县水利局双重领导。1960 年 3 月,更名为怀远县气象服务站。1961 年,隶属宿县气象台和怀远县农业局领导。1964 年 1 月,隶属安徽省气象部门管理,地方负责党政领导。1970 年 1 月更名为怀远县革命委员会气象站,同年 11 月纳入宿县地区怀远县人武部领导,业务由省气象局管理,建制属地方。1973 年 7 月 11 日,归革委会领导,属科局级单位。1979 年 8 月,更名为怀远县气象局,隶属安徽省气象部门和地方双重管理的领导体制,由部门垂直领导管理。1984 年 1 月,由宿县地区气象局所辖改属蚌埠市气象局所辖。

人员状况 1958 年建站初期有 6 人。2008 年年底,在编职工 7 人,其中党员 3 人,团员 1 人;大学以上学历 4 人,中专 2 人,中技 1 人,中级专业技术人员 5 人,初级专业技术人员 2 人;年龄 50 岁以上 2 人,40~49 岁 2 人,40 岁以下 3 人。

单位名称及主要负责人更替情况

单位名称	负责人	职务	性别	任职时间
怀远县气象服务站	沈德森	站长	男	1959.1—1960.3
怀远县气象站	不详			1960.4—1961.8
怀远县气象服务站	孙善开	站长	男	1961.9—1971.5
怀远县气象站	倪素萍	站长	女	1971.5—1978.2
怀远县气象站	邵亦炎	站长	男	1978.2—1980.1
怀远县气象站	刘兆东	站长	男	1980.1—1980.5
怀远县气象局	黄德宗	副局长(主持工作)	男	1980.5—1984.5
怀远县气象局	张永年	副局长(主持工作)	男	1984.5—1986.9
怀远县气象局	徐 进	局长	男	1986.9—1997.1
怀远县气象局	年里亮	局长	男	1997.1—2005.1
怀远县气象局	鲍海鹏	局长	男	2005.1—2007.11
怀远县气象局	年里亮	局长	男	2007.11—

气象业务与服务

1. 气象业务

地面观测 属于国家一般气象站,负责天气加密报、重要报和雨量报文的传输、制作和上报气象月报表和年报表。观测时间采用北京时,每天08、14、20时3次观测并发报,夜间不守班。2000年以前,08时和14时电信口传发报,观测项目有云、能见度、天气现象、空气温度和湿度、风向风速、降水、雪深、日照、蒸发(小型)、地温(地面、5~20厘米曲管)、地面状态、气压观测。

1961年1月增加冻土、5月增加雨量自记观测,1971年12月增加气压自记观测,1978年3月增加温度和湿度自记观测,1979年12月增加风向风速自记观测。1988年1月1日改为辅助站,取消一般观测站的观测、发报任务,只保留干球温度、最高最低温度、定时降水、自记降水、风向风速、积雪深度观测项目。2000年1月1日恢复一般站观测项目,每天3次观测并通过网络发报至省气象局通讯科,2006年建立地面自动观测站,同年和次年进行人工站和自动站平行观测,2008年自动站单独运行上传资料并发VP报,同时增加草温和深层地温观测项目。

2004年7月1日新增拓展观测项目有草面最高、最低温度,裸露空气最高、最低温度,水泥最高、最低温度,2007年7月1日取消拓展观测项目。2005年建立乡镇自动雨量站17个、四要素自动站3个,六要素自动站2个。

气象信息网络 2000年以前,气象站利用收音机收听南京、安徽省气象台以及周边气象台站播报的天气预报和天气形势。1983年配备ZSQ-1(123)天气传真接收机接收北京、欧洲气象中心以及东京的气象传真图。2000年以后逐步建立PC-VSAT气象资料单收站,通过MICAPS系统使用高分辨率卫星云图、气象网络应用平台和省、市、县气象视频会商系统,开通光缆,接收从地面到高空各类天气形势图和云图、雷达等数据,为气象信息的采集、传输处理、分发应用、会商分析提供支持,从而提高了基层台站订正预报的能力和准确性。

气象预报 2000年以前,县气象站通过收听天气形势,结合本站资料图表每日早、中、晚制作24小时天气预报及48和72小时趋势预报,制作旬、月、季中长期预报。2000年至今,开展常规24小时、48小时、72小时和未来3~5天预报、一周天气预报和旬报以及短时临近预报等。同时,开展灾害性天气预报预警业务和供领导决策的各类重要天气报告等。

农业气象 1978年10月,新增农气观测任务,观测项目有土壤墒情和农作物(小麦、大豆)生长发育期的观测、调查、发报并发布相关作物产量预报,制作发布《农业气象情报》。1987年12月取消农气测报任务。2004年7月恢复土壤墒情观测任务并发报。

2. 气象服务

公众气象服务 1995年前,主要通过广播、电话和邮、送旬报的方式向全县发布气象信息,1988年建立气象警报接收机收发系统,面向全县有关部门、乡(镇)、村、农业大户和企业等每天3次开展天气预报、警报信息服务。

1997年7月开通"121"(2005年改号为"12121",2008年改号为"96121")天气预报电话自动答询系统。1994年建立县级多媒体电视天气预报系统,2005年9月气象节目主持人走上荧屏播讲气象,开展日常预报、天气趋势、生活指数、灾害防御、科普知识、农业气象等服务,每天4次在县有线和无线电视台播放。2006—2008年,先后安装气象电子预警显示屏39块。2008年联合"怀远新闻网",每天2次定时发布24小时和48小时天气预报。

决策气象服务 20世纪90年代前,以口头、文字、电话等方式向县委、县政府提供决策服务。20世纪90年代后,以《怀远气象》、《呈阅材料》、《重要气象信息专报》、《汛期(6—8月)天气趋势分析》、《专题气象预报》等形式提供决策服务预报产品。2006年增加预警平台、手机短信方式开展决策气象服务,同时开展灾情收集、上报、评估。

专业与专项气象服务 1985年3月,遵照国务院办公厅《转发国家气象局关于气象部门开展有偿服务和综合经营的报告通知》(国办发〔1985〕25号)文件精神,专业气象有偿服务开始起步。1987年开始,为各单位建筑物避雷设施开展安全年检。1989年开展综合经营,建立气球厂、旗蓬厂,开展庆典气球施放服务并利用邮寄、警报系统、影视广告、电子屏等手段,面向各行业先后开展专业有偿服务。2004年起,开展各类新、旧建筑物避雷针、避雷器等防雷设施安装服务。

1974年开始开展人工影响天气作业,最早在梅桥、河溜、包集、刘圩等地设炮点,由高炮部队和民兵高炮连配合气象人员利用高射炮向云层发射含碘化银炮弹进行消雹、增雨作业,1980年停止。1998年恢复人工影响天气业务。1999年开始实施火箭人工增雨作业,先后在河溜镇、包集镇、古城乡、找郢乡等地点进行作业。现有人工增雨火箭发射装置3套,作业点4个。多次受到上级业务主管部门和怀远县委、县政府的表彰。1999年、2003年、2005年、2006年获安徽省"人工降雨防雹先进单位",1999年、2005年获怀远县委、县政府嘉奖和奖励;2003年被评为"怀远县抗洪抢险先进单位"称号。2007年获"蚌埠市抗洪抢险先进集体"称号。

气象科技服务与技术开发 2000年8月,开展安徽农网信息入乡工程建设,12月开通怀远农网乡镇综合信息服务站,收集和发布农业、气象、政务等各类信息。2006年开通手机短信免费用户1175余户,每天定时发布气象预报,不定时发布预警信息、雨情水情信息等。

气象科普宣传 每年"3·23"世界气象日,利用宣传栏、条幅、墙壁、照片、小册子、电视预报等多种渠道向社会宣传气象常识和防雷、人工增雨科普知识等。积极参加县内举办的防灾减灾科普活动,不定期开展气象科普下乡活动。

法规建设与管理

气象法规建设 2005年怀远县气象局进入县行政服务中心,开展防雷工程设计审核、施工监督和竣工验收的行政许可工作。2006年怀远县人民政府下发《关于加强防雷减灾管理工作的通知》(怀政办〔2006〕10号)和《关于加强防雷装置管理工作的通知》(怀政办〔2006〕69号)等文件。逐年修订了《怀远县气象局综合目标考核制度》、《气象局党员领导干部民主生活会制度》、《气象局业务考核奖惩制度》、《党风廉政建设制度》、《气象局三人决策制度》、《气象局学习考勤制度》等。

政务公开　对气象行政审批办事程序、气象服务内容、服务承诺、气象行政执法依据、服务收费依据及标准等,采取了通过户外公示栏、电视广告、发放宣传单等方式向社会公开。干部任用、财务收支、目标考核、基础设施建设、工程招投标等内容则采取职工大会或局公示栏张榜等方式向职工公开。

财务状况一般每半年公示 1 次,年底对全年收支、职工奖金福利发放、领导干部待遇、劳保、住房公积金等向职工作详细说明。干部任用、职工晋职、晋级等及时向职工公示或说明。

党建与气象文化建设

1. 党建工作

支部组织建设　1997 年之前,党组织关系属于县农委。1997 年,成立县气象局党支部。2008 年底,有党员 7 人,其中在职 3 人。曾获 2008 年度蚌埠市气象系统先进党支部。年里亮同志获蚌埠市直机关"2004—2005 年度优秀共产党员"、丁敬卫同志获蚌埠市气象局"2008 年优秀党员"称号。

党风廉政建设　2000—2008 年,参与气象部门和地方党委开展的党章、党规、法律法规知识竞赛。2002 年起,连续 7 年开展党风廉政教育月活动。2004 年开展作风建设年活动。2006 年起,单位重大事项执行"三人决策"制度,每年开展局领导党风廉政述职报告和党课教育活动,并签订党风廉政目标责任书,推进惩治和防腐败体系建设。2000—2008 年,为规范职工行为,制定和完善了工作、学习、服务、财务、党风廉政等方面规章制度。

2. 气象文化建设

把领导班子的自身建设和职工队伍的思想建设作为文明创建的重要内容,通过开展经常性的政治理论、法律法规学习,努力造就一支高素质的职工队伍。对政治上要求进步的年轻职工,党支部进行重点培养,条件成熟及时发展。文明创建阵地建设得到加强。开展文明创建规范化建设,改造观测场,装修业务值班室,统一制作局务公开栏、学习园地、法制宣传栏和文明创建标语等宣用语牌。

建设"两室一场"(图书阅览室、党员阅览室、篮球运动场)。现拥有 WNQ 跑步机、WN-QFITNESS 组合健身器材、举重床杠铃组合、乒乓球台、篮球架等一系列健身运动器材。每年,全局职工积极参加县总工会组织的登涂山比赛,多次开展义务献血和"结对联户"帮扶活动,并资助万福镇刘圩村学生刘美灵完成从初中到高中的学业。

2006 年,荣获怀远县第二届县级"文明单位";2006 年、2008 年连续获得蚌埠市第十二届、十三届"文明单位"。

3. 荣誉

集体荣誉　2000—2001 年度、2002—2003 年度获"怀远县文明单位";2006 年度获"怀远县目标管理工作先进单位";2006 年获"蚌埠市'为人民服务树行业新风'先进单位";

2007 年度获"全县党政信息工作先进单位";2007 年获"怀远县机关效能先进单位"称号。

个人荣誉 2005 年,年里亮同志被省委、省政府授予"安徽省防汛抗旱"先进个人。1981 年,张永年同志获宿县行政公署"先进工作者"。1991 年,丁敬芝同志被县委、县政府授予"怀远县抗洪救灾先进个人"。2003 年,年里亮同志被县委、县政府授予"抗洪抢险先进个人"。

原站址全景

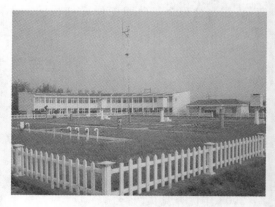

新站址全景

固镇县气象局

固镇县现隶属于安徽省蚌埠市,位于安徽省东北部,淮河中游北岸,地处东经 117°02′～117°36′和北纬 33°10′～33°30′之间,属亚热带和暖温带过渡带,兼有南北方气候特点,四季分明,光照充足,年平均气温 14.9℃,年平均降雨量 877.7 毫米,日照 2170 小时。全县面积 1371 平方千米,现辖 11 个乡镇,人口 59.8 万。固镇县历史悠久,文化遗产丰富,素有"东方滑铁卢战役"之称的楚汉相争的垓下之战的古战场便在今濠城镇境内,汉高祖刘邦在此设立谷阳县,遗迹尚存,北魏太和年间改设谷阳镇,后演变为固镇,1965 年划宿县、灵璧、五河、怀远边缘交界部分建立固镇县。

机构历史沿革

1. 始建情况

固镇县气象局始建于 1966 年 8 月,位于固镇县城关镇胜利北路 19 号,东经 117°18′,北纬 33°19′,观测场海拔高度 19.3 米,建站至今未迁移。

2. 建制情况

领导体制与机构设置演变情况 1966 年建站时,名称为固镇县气象服务站。1970 年

11月7日,更名为固镇县革命委员会气象站。1973年7月11日,更名为固镇县革命委员会气象局。1979年8月7日,更名为固镇县气象局。

自建站至1971年12月,隶属县水利局,业务受宿县地区气象台指导;1972年1月,纳入县人武部领导;1973年12月,划入县农林局领导;1981年7月起,实行由上级气象部门和地方政府双重领导,以气象部门为主的管理体制;1983年起,隶属蚌埠市气象局管理。

人员状况 1966年建站初期有3人,党员1人。2008年12月31日,在编职工7人,其中本科学历3人;工程师1人、助理工程师2人;年龄40岁以上3人;党员4人、预备党员1人。

单位名称及主要负责人更替情况

单位名称	负责人	职务	性别	任职时间
固镇县气象服务站	王承聪	副站长(主持工作)	男	1966.08—1973.08
固镇县革命委员会气象局	陈忠汉	副站长(主持工作)	男	1973.08—1974.11
固镇县革命委员会气象局	王碧兰	副站长(主持工作)	女	1974.11—1975.10
固镇县革命委员会气象局	徐家鑫	站长	男	1975.10—1977.08
固镇县革命委员会气象局	赵建荣	副局长(主持工作)	男	1977.08—1978.09
固镇县革命委员会气象局	姚金亮	副局长(主持工作)	男	1978.09—1979.05
固镇县气象局	李守荣	局长	男	1979.05—1983.07
固镇县气象局	孙凤仙	副局长(主持工作)	男	1983.08—1984.11
固镇县气象局	史 旭	局长	男	1984.12—1989.12
固镇县气象局	王承聪	副局长(主持工作)	男	1990.01—1992.12
固镇县气象局	贺 峰	局长	男	1993.01—2001.12
固镇县气象局	李桂花	局长	女	2001.12—

气象业务与服务

1. 气象业务

地面观测 固镇县气象局属于国家一般气象站,主要从事地面气象业务观测工作,负责天气加密报、重要报和雨量报文的传输,制作和上报气象月报表和年报表。每天进行08、14、20时地面观测,观测项目有风向、风速、气温、气压、云、能见度、天气现象、降水、日照、小型蒸发、地面及曲管地温、雪深等。4—9月向省台拍发定时小图报,时次为08、14时,期间有06—06时降水量大于等于0.5毫米时,06时向省台拍发雨量报。其他月份08—08时降水量大于0.5毫米时,08时向省台拍发雨量报。1987年4月1日,雨量报提前1小时拍发。1999年3月1日,小图报改为天气加密报。

1985年7月7日起,使用PC-1500袖珍计算机取代人工编报。2003年12月,建成CAWS600型自动气象站,开始自动观测与人工观测并行。2004年7月1日,增加拓展观测,裸露空气、水泥地面、草面的最高、最低温度(全为人工观测)。2004年8月,开展土壤墒情普查观测业务,并开始使用新的地面观测规范和 SSMO-2004 地面观测业务软件。2006 年 1 月 1 日,地面观测改为自动站单轨运行。云、能见度、天气现象、冻土、雪深、蒸发等要素仍由人工观测。自动站采集的资料与人工观测资料保存于计算机中互为备份,每月定时归档、保存、上报。

2003—2008 年,在全县安装了 12 个自动雨量观测系统,组成了自动雨量站网。通过自动雨量站网可以全天候自动观测各自动雨量站点降水情况,并通过互联网显示(其中六要素自动站 3 个[连站、种羊场、磨盘张])。

气象预报   20 世纪 80 年代起,固镇县农业气象预报服务逐步开展,天气预报主要为:短期天气预报、一周天气预报、天气旬报和月气候预测等。服务宗旨是为政府提供决策性服务,为用户提供专业性服务,为公众提供公益性服务。

气象信息网络   1999 年,固镇县气象局建设了 PC-VSAT 气象卫星接收站,通过 PC-VSAT 接收卫星数据后传输到微机处理系统,由 MICAPS 业务软件处理后可以得出预报相关资料。1999 年开始使用合肥多普勒雷达图,2005 年开始使用阜阳多普勒雷达图,这 2 台雷达的雷达图对提高短时天气预报和临近天气预警的准确率和及时率发挥了很大的作用。

气象科普宣传   每年利用"3·23"世界气象日、全国法制宣传日等开展气象科普宣传活动,宣传内容有气象法律法规、气象防灾减灾常识等。利用气象探测基地,为中小学生开展科普教育。

2. 气象服务

公众气象服务   1987 年前,主要通过广播和邮寄旬报方式向全县发布气象信息,1989 年 12 月,正式成立了气象专业服务组。2000 年购买了电视预报多媒体制作系统,由县电视台制作文字形式气象节目。2005 年 7 月开始制作有主持人播出的天气预报节目。气象信息自动答询系统。2001 年固镇县气象局购买了"121"气象信息自动答询系统,用户可以通过拨打电话了解短期天气预报、未来 3～5 天天气预报、气象科普知识等信息内容。2005 年 4 月"121"升级为"12121"。2007 年改为"96121"电话语音查询系统。

决策气象服务   20 世纪 80 年代前,以口头或打电话方式向县委、县政府提供决策服务。20 世纪 90 年代后,逐步开发《重要天气报》、《天气旬报》、《气象信息与动态》、《汛期(5—9 月)天气形势分析》等决策服务产品。2000 年,通过网络利用安徽农网政务办公系统能够及时向县委县政府提供短期、中长期预报,旬报、月报、灾情等气象资料。

在 1988 年 7 号强台风、1999 年"6·30"特大暴雨洪涝以及 2008 年初严重低温雨雪冰冻灾害中,准确预报灾害天气过程,及时向党委政府和有关部门提供了决策服务。之后,固镇县气象局承担了县突发公共事件预警信息的发布与管理,为县直及相关部门发布涉及交通安全、公共卫生、农业病虫害等突发公共事件预警若干次,相关服务信息千余条次。

专业专项气象服务   1995 年,固镇县人工影响天气办公室成立,负责制定全县人工降雨和防雹工作计划和实施人工影响天气作业,2002 年由安徽省气象局统一购置匹配人工影响天气作业车 1 辆。2007 年,单位自筹资金购置人工影响天气作业车 1 辆。1998—2001 年,每年进行人工影响天气作业在 3 次以上。2001 年是固镇县有气象资料以来最为干旱的年份,3 月 1 日—6 月 16 日,108 天降水仅 54.1 毫米。县气象局在上级气象部门的组织下,在长达 2 个月内实施人工增雨作业 20 余次,大部分乡镇的旱情得以缓解。

20 世纪 90 年代年起,开展建筑物避雷设施安全检测,庆典气球施放服务。2001 年固镇县防灾减灾局成立。防灾减灾局是集防雷检测、防雷图纸审核、工程竣工验收、防雷科技开发和教育培训为一体的多元化综合性技术机构,主要对境内新建、改建、扩建的一、二、三类建筑物进行防雷图纸设计、审核、防雷工程的竣工验收和发放避雷针性能安全合格证,并为县直各机关、企事业单位的防雷实施提供防雷检测技术服务。

气象科技服务与技术开发　2004 年 5 月,建立了气象信息手机短信发布平台,把县委、县政府和各职能单位、乡镇、村主要负责人手机号码录入短信平台,通过手机短信的形式免费发布。2007—2008 年,为县直机关各单位及各乡镇有偿提供气象预警电子显示屏,通过显示屏,发布短期天气预报、各类预警信息等。

气象法规建设与管理

2000 年以来,固镇气象局认真贯彻实施各种气象法规。2005 年 6 月,固镇县政府印发《固镇县灾害性天气预警信号发布试行规定的通知》(固政发〔2005〕32 号);2006 年 7 月,出台《固镇县突发公共事件总体应急预案》(固政发〔2006〕25 号);同年 9 月,出台《固镇县气象灾害应急预案》(固政发〔2006〕53 号);并纳入县政府公共事件应急体系。2005—2007 年,县政府成立了气象灾害应急、防雷减灾工作、人工影响天气 3 个领导小组。

党建与气象文化建设

1. 党建工作

支部组织建设　1980 年 10 月 2 日,建立固镇县气象站党支部,李守荣同志任支部书记。1986 年 7 月更名为固镇县气象局党支部。1987 年、1994 年、1996 年、2001 年、2003 年,被县直属机关党委评为"先进党支部"。1988 年,被蚌埠市评为"先进党支部"。2006 年、2007 年被固镇县县直机关工委评为"先进基层党组织"。

党风廉政建设　2000—2008 年,参与气象部门和地方党委开展的党章、党规、法律法规知识竞赛共十余次。2001 年起,连续 8 年开展党风廉政教育月活动。2003 年起,每年开展作风建设年活动。2006 年起,每年开展局领导党风廉政述职报告和党课教育活动,并层层签订党风廉政目标责任书,先后出台了《2007 年党风廉政建设责任状》、《政务公开实施意见》等,以推进惩治和防腐败体系建设。2000—2008 年,先后制定工作、学习、服务、财务、党风廉政、卫生安全等方面 28 项规章制度。2007 年 8 月成立了固镇县气象局"三人决策"领导小组。2006—2008 年先后修订完善了《双目标管理制度》、《党费交纳制度》、《党日活动制度》、《民主生活会制度》等一系列规章制度。

2. 气象文化建设

精神文明建设 1988 年起,开展争创文明单位活动,建设一流台站。1989 年起,每年 3 月份开展职业道德教育月活动。2000—2008 年,先后开展"三个代表"、"保持共产党员先进性"、"回头看"等教育活动,并与贫困村(户)、残疾人结对帮扶。加强"三基"教育,开展"三讲"教育,加强领导班子和队伍建设,认真贯彻执行省气象局党组中心组提出的"讲政治、议大计、出良策、办实事"的十二字方针,推动了思想解放,深化了部门改革,促进了事业发展,保证了单位的稳定。在创建中,成立了领导小组,建立了一把手负总责、分管领导具体抓、党政群团共同抓的领导机制和工作机制。签定目标责任书,形成了"一级抓一级,层层抓落实"的局面。同时,通过和兄弟单位文明结对,相互交流文明创建经验,邀请地方政府和文明委(办)领导一起商讨气象部门的创建工作,帮助解决基层创建中的实际问题。通过慰问离退休职工和遗属,形成全员参与、上下联动、横向联合的创建态势,使部门的创建从无序到有序,由应急到常规,逐步走向良性循环。

截至 2008 年,连续 13 年被评为蚌埠市文明单位。2004 年、2006 年、2008 年连续被省委、省政府授予"省级文明单位"。

政务公开 2001 年起对气象行政审批办事程序、气象服务、服务承诺、气象行政执法依据、服务收费依据及标准等内容向社会公开,通过上墙、网络、电子屏、黑板报、办事窗口等渠道开展局务公开工作,2005 年 10 月,荣获中国气象局授予的"局务公开先进单位"称号。

集体荣誉 1984—2008 年,固镇县气象局获地厅级以上集体荣誉 21 项。2000 年被省人事厅、省气象局联合授予"先进集体"。

台站建设

1966 年,在观测场西建立一座业务用平房,面积为 123 平方米。1977 年,在观测场北面新建 2 层综合业务办公楼,面积为 407 平方米,1978 年 3 月份投入使用。1997 年、1999 年,进行过 2 次装修。

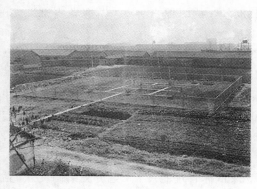

老观测场

新观测场

固镇县气象局办公楼

五河县气象局

五河县地处皖东北淮河中下游,因境内淮、浍、漴、潼、沱五水汇聚而得名。全县总面积1595 平方千米,人口 72 万,辖 15 个乡镇,1 个省级经济开发区、1 个省级自然保护区、1 个省级森林公园,237 个行政村(居)。五河县位于暖温带半湿润气候区与北亚热带湿润气候的过渡地带,气候温和,雨量适中,光照充足,较适宜农作物生长,但亦常有灾害天气发生,尤以雨涝干旱灾害为重。

五河县历史悠久,唐代名为古虹,宋朝始称五河,至今九百余载。境内曾出土全国最完整的十万年前淮河古菱齿象化石,有多处石器时代遗址,霸王城、皇墩庙、汉王台、严小姐墓、清盐卡古韵犹存。民歌《摘石榴》获南宁国际民歌节金奖,以其为代表的五河民歌被列入国家级非物质文化遗产名录。顺河街为安徽省历史文化名街。

机构历史沿革

始建及沿革情况 1956 年 11 月 1 日,始建安徽省五河气候站,站址位于安徽省五河县杨庵国营五河县农场,东经 117°57′,北纬 33°11′,海拔高度 16.0 米。1960 年 7 月 1 日,五河气候站更名为五河县气象服务站。1960 年 11 月 15 日,为便利开展服务工作,站址迁到位于原址东北方向约 10 千米的五河县城南旧县湾“郊外”。1970 年 7 月,五河县气象服务站更名为安徽省五河县革命委员会气象站。1979 年 10 月,五河县革命委员会气象站更名为革委会气象局五河县气象局。1981 年 7 月,革委会气象局五河县气象局更名为五河县气象局。1984 年 10 月 25 日,为了工作方便,将原观测场向东平移约 50 米。2006 年 12 月

31 日 20 时后,因为环境变动,站址迁到位于原址正西方向约 1.7 千米的五河县城南新区"郊外",东经 117°52′17″,北纬 33°08′10″,海拔高度 17.0 米。

建制情况 台站成立时,行政领导单位为国营五河县农场,业务领导单位为安徽省气象局。从 1960 年 11 月 15 日开始,由于站址的迁移,行政领导单位为县委农村工作部。1982 年,全国实行机构改革,气象部门改为部门和地方双重管理,由部门领导为主的领导体制,即垂直管理。这种管理体制一直延续至今。

人员状况 1956 年建站初期有 3 人,现有气象在编职工 6 人,聘用 3 人。其中,党员 4人;大学本科学历 3 人,大专学历 3 人;中级专业技术人员 3 人,初级专业技术人员 3 人;年龄 40～49 岁 4 人,40 岁以下 2 人。

单位名称及主要负责人更替情况

单位名称	负责人	性别	职务	任职时间
五河县气象站	杨启斌	男	站长	1956.11—1961.2
五河县气象服务站				
五河县气象服务站	江春铭	男	站长	1961.2—1973.5
五河县革命委员会气象站				
五河县革命委员会气象站	黄家胜	男	站长	1973.5—1976.10
五河县革命委员会气象站	杨昭然	男	站长	1976.10—1979.4
革委会气象局五河县气象局	韩修家	男	局长	1979.4—1984.6
五河县气象局				
五河县气象局	周茂林	男	局长	1984.6—1996.9
五河县气象局	黄宝杰	男	局长	1996.9—2004.4
五河县气象局	李 群	男	局长	2004.5—2007.8
五河县气象局	陈新忠	男	局长	2007.8—

气象业务与服务

1. 气象业务

地面观测 1956 年 11 月 1 日起,开始观测云、能见度、天气现象、气温、湿度、风向风速、降水、雪深、日照、蒸发、地面状况,观测时次采用地方平均太阳时 01、07、13、19 时每天 4次观测;1960 年 2 月 1 日起,地方时改为北京时,观测时间改为每天 02、08、14、20 时 4 次观测;1961 年 1 月 1 日起,增加冻土、日照观测,增加小图报;1961 年 4 月 1 日起,取消 02 时观测;1961 年 8 月 1 日起,增加气压观测;1962 年 3 月 15 日起停止小图报;1969 年起增加雨量计、温度计、湿度计和电接风向风速仪的观测,增加雨量报。同年增加航空(危险)报,每天 06—20 时向 OBSAV 南京拍发固定航空报(2005 年 1 月 1 日航危报变更为 08—20 时向 OBSAV 济南拍发)。1973 年 4 月 1 日起,恢复小图报。1982 年 4 月 1 日,增加重要天气报,内容有暴雨、大风、雨凇、积雪、冰雹、龙卷风等。1983 年 3 月 1 日,正式使用曲管地温表。1999 年 3 月 1 日起,开始发天气加密报。2004 年 1 月 1 日起,增加自动观测,使用自动观测仪器。2004 年 7 月 1 日起,增加拓展项目观测:草面最高、最低温度,水泥地面最高、最低温度,裸露空气最高、最低温度。2007 年 7 月 1 日,取消拓展项目观测。2006 年 12 月 31 日 20 时在新站按双轨模式运行,增加草温自动观测。

2004 年 2 月 14 日,在五河县城南旧县湾气象观测场完成自动气象站安装并开始试运行,2005 年 1 月 1 日起正式运行。2006 年 12 月 31 日 20 时后搬迁到五河县城南新区。2004 年 2 月,建成 12 个乡镇雨量站;2005 年 12 月 7 日,建成沱湖四要素站;2006 年 9 月 1 日,建成大新、刘集四要素站;2008 年 9 月 24 日,沱湖四要素站升级为六要素站,初步建立了地面中小尺度气象灾害自动监测网。2008 年 1 月 1 日开始自动站单轨运行。

农业气象 1978 年起开展农业气象工作,现为安徽省农气二级站,承担小麦、水稻等农作物的观测、土壤湿度观测、物候观测。农气业务质量近几年来较高,曾获安徽省最佳农气组 1 次。

气象信息网络 1991 年 5 月 1 日起,正式使用 PC-1500 计算机编发各类报及气压湿度查算;1997 年观测业务使用 286 兼容计算机;之后业务计算机不断更新为更先进的配置。1998 年引进卫星资料接收设备,并通过 MICAPS 系统接收使用卫星云图及其他预报资料。2004 年 4 月 15 日预报服务系统 MICAPS 1.0 升级为 MICAPS 2.0。2004 年 7 月 23 日上网方式由拨号上网(ADSL)改为宽带上网(光纤)。2005 年起业务软件改用华云 OSSMO 2004 版。

2. 气象服务

公众气象服务 服务内容有短时预报、短期预报、3~5 天滚动预报、周报等,并为县域内重大活动提供气象保障服务。2000 年以前由县电视台制作字幕形式气象节目;2000 年使用语音合成系统制作有声气象节目;2005 年,电视气象节目主持人走上荧屏播报天气,开展日常预报、天气趋势、生活指数、灾害防御、科普知识等电视天气服务;2000 年,县气象局与县电信局合作正式开通"12121"天气预报自动咨询电话系统,2008 年"12121"升级为"96121";2000 年开通网

在县委常委会议室举行电视天气预报上主持人开播仪式

络气象服务;2003 年开通手机气象短信服务;2006 年开始陆续在部分单位和乡镇安装气象电子显示屏,现已基本普及。

决策气象服务 以三夏、汛期、秋收秋种为重点,通过广播、电视、网络、手机短信、服务材料、电子显示屏等多种途径为有关部门和各级领导提供决策气象服务。定期制作《旬报》《农业生态气象服务》等服务材料,为农民进行农事活动提供指导性的意见。遇有灾害性、转折性天气,随时向有关领导汇报,及时制作《重要气象信息专报》报送相关部门。

在午收、汛期、秋收秋种关键时期,每天制作《重要信息专报》报送县委县政府和有关部门领导,在县电视台每天加密滚动播出天气预报信息;及时对"96121"系统预报信息内容进行更新;利用气象短信平台,每天为县有关领导、涉农部门及乡镇负责人发送未来 5 天天气预报和有关注意事项,遇有突发性短时灾害性天气随时增加发送。

　　专业专项气象服务　1992 年,成立五河县避雷装置检测中心,主要开展建筑物、易燃易爆场所、计算机信息系统的防雷装置和新建建(构)筑物防雷工程跟踪检测服务等工作,专业有偿服务开始起步;2005 年成立气象科技服务中心,积极开拓市场,2008 年更名为蚌埠市防雷中心五河县雷电防护所。加强对防雷安全的规范管理,预防减少雷电灾害造成的损失。

　　遇有旱情发生,及时开展人工增雨作业,为缓解旱情、抗旱保苗,为农业增产、农民增收做出积极贡献。

　　气象科技服务　2000 年成立五河县农村综合经济中心,开通五河农网。各乡镇按照"五个一"的标准建立了综合信息服务站:一个气象信息员,一间办公室,一台电脑,一根网线和一块气象预警信息显示屏,做好气象信息接收传达工作。

　　气象科普宣传　每年"3·23"世界气象日组织社会科普宣传活动。在县气象局建立了五河实验小学的科普教育基地。

气象法规建设与管理

　　2004 年 6 月 11 日,县政府下发了《关于开展防雷和施放气球安全执法检查的通知》(五政办〔2004〕39 号),强化防雷和施放气球安全工作。2004 年 6 月 17 日,县政府专门召开了全县防雷安全工作会议,对全县防雷和施放气球安全执法检查进行部署。2004 年 7 月 12 日,与县建设局联合下文,成立县新建建(构)筑物防雷管理工作领导小组,开展防雷工程图纸审核、防雷工程验收工作。2004 年底,防雷装置设计审核和竣工验收工作进入县行政服务中心,为预约窗口,由县建设局协同把关。2005 年 3 月 4 日,县政府下发了《关于进一步加强防雷安全工作的通知》(五政办〔2005〕10 号),要求进一步增强防雷安全意识,切实履行防雷法律法规。同年 6 月 9 日,县政府印发了《五河县防雷减灾工作实施意见》,加强防雷减灾工作的管理和监督以及雷电监测和预警系统建设等工作。在县政府下发的《五河县 2007 年度安全工作意见》中,将做好防雷设施的安全检测工作列为本年度安全生产大检查十项内容之一,明确要求相关单位和部门积极配合气象部门做好年度检测工作。2008 年县安委会将防雷安全管理工作纳入各单位年度安全工作目标考核内容。

党建与气象文化建设

1. 党建工作

　　支部组织建设　1982 年,成立五河县气象局党支部,齐兴华任支部书记。2008 年县气象局党支部被评为县级"先进党支部",连续多年被县直工委评为"五好党支部"。

　　党风廉政建设　认真落实党风廉政建设目标责任制,参与气象部门和地方党委开展的党建活动。连续多年开展党风廉政教育月活动、局领导党风廉政述职报告和党课教育活动,并层层签订党风廉政目标责任书,推进惩治防腐败体系建设。严格执行"三人决策"制度和局务公开制度,局财务账目每年接受上级财务部门年度审计,并将结果向职工公布。

2. 气象文化建设

在干部职工中弘扬"自力更生、艰苦创业"精神,多年坚持开展文明创建工作。单位内设置了局务公开栏、学习园地、法制宣传栏和文明创建栏等宣传园地。建设职工图书阅览室、乒乓球室等文体活动场所。积极参加县政府和市气象局组织的文艺汇演及体育健身活动。做到了"政治学习有制度、文体活动有场所、电化教育有设施",职工生活丰富多彩。2003 年,被评为市级文明单位。

台站建设

2006 年 10 月,省气象局下拨建设资金 156 万元,地方政府划拨土地 30 亩和 25 万元建设资金,开工建设五河县气象局新业务大楼。2007 年 1 月 1 日,建设项目顺利完成,县气象局实行整体搬迁。2008 年 6 月 11 日,面积 1450 平方米的气象新业务大楼正式启用,五河县气象局办公环境得到了根本改善。

老办公楼   新办公楼

阜阳市气象台站概况

阜阳市位于黄淮海平原南端,安徽省西北部,东临淮南,南靠淮河,西邻河南,北接亳州,是淮北平原的一部分;淮河支流颍河、泉河、茨河从西北向东南流入淮河。全市面积9775平方千米,人口987.8万。

阜阳地处北暖温带南缘,属暖温带半湿润季风气候,四季分明。特殊的地理位置使阜阳气候具有南北气候过渡带的特征,兼有南北方气候的利与害。阜阳自然资源十分丰富,地势平坦,雨量适中,光照充足,适宜各类农作物和动植物的生长繁育,盛产小麦、水稻、红薯、棉花、玉米、大豆和水果、蔬菜、薄荷、中药材等,是国家重要的农副产品基地。

气象工作基本情况

台站概况　阜阳市气象局下辖界首市、阜南县、颍上县、太和县、临泉县5个县级气象局。有地面气象观测站6个、高空气象探测站1个、天气雷达观测站1个、农业气象观测站1个;其中界首、阜南、颍上、太和、临泉5个县观测站是国家二级站;阜阳地面气象观测站是国家一级站(即阜阳国家基本气象站),也是酸雨观测站。阜阳市气象局区域自动气象站中,单要素(雨量)站62个,四要素(雨量、温度、风向、风速)站7个,六要素(雨量、温度、风向、风速、气压)站1个。

人员状况　截至2008年底,阜阳市气象部门在编人数95人。其中,县气象局(站)人员40人,市气象局人员55人。其中本科学历36人;高级职称4人,中级以上职称45人。

党建和文明创建　截至2008年底,全市气象部门有党支部8个,党员76人。全市气象部门共建成省级文明单位1个,市级文明单位5个。

主要业务范围

阜阳市气象局下属的界首、阜南、颍上、太和、临泉5个县级局(站)主要承担地面气象观测、土壤旱涝监测等任务;同时承担向安徽省气象台编发各类天气绘图报、雨量报、水情报的任务;各站均建成了地面气象要素综合有线遥测系统(也称自动站)。

阜阳地面气象观测站开展中国气象局《地面气象观测规范》规定的项目中除辐射、地面状态以外的所有项目的观测;承担酸雨观测任务;承担向国家气象中心和省气象台编发各类天气报、酸雨观测报、航危报的任务。阜阳地面气象观测站建设了地面气象要素综合有线遥测系统(也称自动站)和 GPS/MET 水汽自动观测系统,承担向省气象台传送实时自动气象观测数据的任务。

阜阳天气雷达观测站进行全年定时和非定时开机观测,为省、市气象台提供云雨观测数据;向中国气象局、水利部淮河委员会传输实时观测数据;承担全省、华东区域、全国的天气雷达联防组网观测,通过传输雷达报文、图像数据文件等方式实现资料共享。

阜阳农业气象观测站向国家气象中心和省气象局编发农业气象旬(月)报;开展冬小麦、夏大豆、甘薯、油菜等作物生育状况的观测;作物地段的土壤水分观测、旱涝监测等;物候观测;农业气象灾害的观测与调查;生态质量气象调查评估。

阜阳高空气象探测站配有 L 波段探空雷达,承担每天 07 时和 19 时 2 次高空探测任务;承担 01 时和 13 时临时预约探测任务。探测项目有从地面到高空各个高度的风向、风速、气压、温度、湿度等。

阜阳气象台主要为政府决策部门指挥防灾减灾、管理社会经济活动随时提供各种方式的决策气象服务;能够用广播电视、固定电话、移动通讯、互联网等媒体向社会公众随时提供长期、中期、短期、短时天气预报预警和其他公众天气气象服务;能够承担国家级、省级气象科研项目和技术开发项目的大型现代化综合性气象系统;为重点工程和重大社会活动提供气象保障;对所属市、县气象台站提供业务技术指导。

全市还依法开展气象行业管理工作;依法开展防雷技术行业管理工作;依法开展升空气球行业管理工作。

阜阳市气象局

机构历史沿革

1. 始建及沿革情况

阜阳气象局前身为安徽省军区司令部阜阳气象站,1952 年 11 月筹建。1953 年 1 月 1 日正式开始地面气象观测,站址在阜阳县城关镇民主中大街 17 号(现阜阳军分区院内)。1954 年 1 月 1 日,转制改称阜阳专区气象站,迁至阜阳县城关镇小东门外,即阜阳市气象局现址(青颍路 107 号)。1958 年 5 月,改为阜阳中心气象站。1958 年 7 月,改为阜阳专区气象台。1973 年 7 月,改为阜阳地区革命委员会气象局,1979 年 8 月,改为阜阳地区行署气象局,下辖亳县、蒙城、涡阳、颍上、界首、临泉、阜南、太和、利辛 9 个县气象局。1996 年 1 月,阜阳行署气象局改称阜阳市气象局。2000 年 5 月,县级亳州市划出阜阳市,改建为地级市,涡阳、蒙城、利辛 3 县划归亳州市管辖,气象业务仍由阜阳市气象局代管。2001 年 12 月,3 个县局转归亳州市气象局管辖。

自 1952 年底始建,阜阳市地面气象观测站历经 4 次迁移。

观测场搬迁情况

时间	地址	海拔高度	经纬度
1952.11	阜阳县城关镇民主西大街 17 号(现军分区)	33.3 米	北纬 32°56′,东经 115°50′
1954.1.1	阜阳城小东门外(现青颍路 107 号)	32.0 米	北纬 32°55′,东经 115°49′
1959.1.1	阜阳城西南二里岗老机场东侧(现西湖路南端)	31.2 米	北纬 32°53′,东经 115°47′
1972.5.1	阜阳城小东门外(现青颍路 107 号)	32.0 米	北纬 32°55′,东经 115°49′
1999.1.1	阜阳市西南郊外阜阳民航机场	32.7 米	北纬 32°52′,东经 115°44′

2. 建制情况

领导体制与机构设置演变情况 1953 年 1 月 1 日正式建站时,属安徽省军区司令部气象科建制,业务由华东军区司令部气象处领导。1954 年 1 月 1 日建制及业务均转归安徽省政府气象科领导。1954 年 1 月 26 日建制转属阜阳专区财委领导;同年 10 月 1 日建制及业务转归安徽省气象局领导。1958 年 12 月建制改属地方,业务仍属安徽省气象局领导。1964 年 1 月改变体制,"三权"收归安徽省气象局,地方负责党务领导。1970 年 11 月归军队领导,建制改属地方,安徽省气象局领导业务。1979 年 2 月 27 日实行由上级气象部门和地方政府双重领导,以气象部门为主的管理体制。1980 年全国气象系统进行机构改革,建立部门和地方双重管理领导体制(以部门领导为主),1983 年开始实行上述管理体制至今。

人员状况 1952 年 11 月筹建时有 3 人。1953 年 1 月 1 日正式观测时增至 6 人。2008 年底,在编职工 55 人(其中参照公务员 14 人),大学学历 17 人,大专学历 13 人、中专学历 9 人;50 岁以上 15 人、40～49 岁 17 人、40 岁以下 23 人;副高职称 6 人、中级职称 24 人、初级职称 23 人。

单位名称及主要负责人更替情况

单位名称	时间	负责人	职务	性别
安徽省军区司令部阜阳气象站	1952.11		站长	
阜阳气象站	1954.01—1957.10			
阜阳中心气象站	1958.05			
阜阳专区气象台	1958.10			
阜阳专区气象服务台	1961.01	李 凯	台(组)长	男
阜阳专区气象服务台革命领导小组	1968.07			
阜阳专区革命委员会气象台	1971.01			
阜阳地区革命委员会气象局	1973.07		局长	
阜阳行署气象局	1979.08			
阜阳行署气象局	1983.11	李从军	局长	男
阜阳行署气象局	1984.春	汤飞鸿	副局长(主持工作)	女
阜阳行署气象局	1988.01	汤飞鸿	局长	女
阜阳行署气象局	1991.12	陈宜敬	副局长(主持工作)	男

续表

单位名称	时间	负责人	职务	性别
阜阳行署气象局	1993.03	刘兴华	局长	女
阜阳市气象局	1996.01			
阜阳市气象局	1999.08—	鲁家永	局长	男

气象业务与服务

1. 气象业务

①地面气象观测

观测项目　1953 年 1 月 1 日开始观测时,每日 06—21 时(北京时)每小时观测 1 次。观测项目有气温、湿度、风向、风速、降水、能见度、云状、云量、天气现象、蒸发、雪深、地面状况、最低草温等。

1954 年 1 月 1 日起每日地方平均太阳时 01、07、13、19 时 4 次定时气候观测。

1980 年 1 月起改为国家基本站。

2004 年 7 月 1 日起增加酸雨观测业务。

2007 年 1 月 1 日由国家基本站变为国家气候观象台,运行基准站业务。

2008 年 12 月 31 日 20 时起恢复国家基本站业务。

气象电报　自 1953 年起编发绘图报,现在承担的报类有天气报、补充天气报、气象旬月报、气候月报、重要天气报、酸雨观测报、航空天气报、危险天气报。

从建站至 1986 年观测、编发报和报表均手工完成;1986 年 4 月起使用 PC-1500 微机编发报、制作报表;1993 年 11 月起改用台式微机。

2001 年 1 月 1 日正式启用自动站观测记录。

2003—2006 年先后在市辖 3 区 10 个乡镇建成自动雨量站。

2005 年建成闪电定位仪。

2006 年 9 月起运行 GPS/MET 水汽自动观测。

②高空气象观测

阜阳探空站始建于 1957 年 10 月 1 日。建站之初使用 58 式经纬仪、莫式绘图板、24 MHz 接收机、P3-049 型探空仪进行高空观测。1972 年 1 月 1 日起使用 701 测风二次雷达,059 型探空仪,GNZ-1 型记录器,手抄电码,手工整理探空记录。1987 年 4 月 1 日起改为 PC-1500 计算机处理探空、测风记录;同年 5 月 1 日,改为单板机自动接收探空信号。1994 年 1 月 1 日起使用本站研发的高空探测自动处理系统。2003 年 1 月 1 日起使用全国统一的高空探测自动处理系统。

2004 年 10 月 1 日,电解水制氢改为买氢。2006 年 8 月底,701 测风雷达改造为自动跟踪 701-X 雷达。2006 年 9 月 1 日起使用电子探空仪。

③天气雷达

1974 年开始使用 711 型车载式天气雷达,主要用于人工降雨试验。1977 年该雷达改装为固定式,为监测天气、开展短时天气预报服务。1988 年 3 月,713 型天气雷达建成并开始运行,该雷达先后承担了全省、华东区域、全国的天气雷达联防组网观测,并实现了淮河水利委员会对该雷达实时资料的共享。2004 年 12 月建成多普勒天气雷达,联防责任区为阜阳、亳州、淮南。

多普勒天气雷达站

④气象预报

气象预报始于 1954 年初开展的单站霜冻预报。1958 年起人工绘制天气图做预报。1986 年在 APPLE-Ⅱ型微机上建立地区暴雨预报专家系统。1988 年 7 月起运用长城-0520 微机,实现了自动填图。1998 年启用 MICAPS 气象信息综合分析处理系统;1999 年停止人工绘制天气图。

气象预报业务　目前气象预报业务包括:制作和发布中短期、短时、灾害性天气预警预报,数十种气象指数预报,农作物产量预报;决策气象服务;为重点工程和重大社会活动提供气象保障;开展气象科学研究及成果推广等。

预报发布方式　常规天气预报和生活指数预报通过电视、广播电台、互联网、手机短信、"12121"、"96121"电话等媒体发布;灾害性天气预报通过电话、传真等及时传递到政府和相关部门。

⑤农业气象

阜阳农业气象观测始于 1959 年;1985 年升级为国家级农业气象观测站,开展农业气象及物候观测并提供服务。主要任务:冬小麦、夏大豆、甘薯、油菜等作物生育状况的观测、作物产量预报;作物地段的土壤水分观测;物候观测;农业气象灾害的观测与调查。

⑥气象信息网络

建站初期至 1974 年抄收莫尔斯广播;1974 年起用无线电传;1975 年起用传真机。1988 年以前气象电报等通讯依靠当地邮电局线路设备。1988 年后改为甚高频电话小网和邮电线路双轨运行。1992 年 5 月,气象电报采用专线接收,无线电作为备份。1994 年 5 月建立市局局域网,以同步分组交换网与省局通讯,传真图和气象电报从网上传输。1997 年 5 月气象电报除航危报外全部实现由省市县气象网络传输。1997 年安装卫星云图地面接收站;1998 年 10 月建成 9210 气象卫星综合应用系统工程;2007 年,建设基于 DVBS 系统的卫星接收处理系统。1999 年 4 月市局局域网接入国际互联网。2007 年建立市局—省局 SDH 专线。

2. 气象服务

公众气象服务　1995 年之前,利用有线广播电台每天 3 次播报气象信息。1995 年起增加电视天气预报。2000 年 3 月 17 日起开展"121"天气预报电话自动答询系统。2003 年 6 月开通"安徽省气象防灾减灾短信息服务系统"。2005 年 5 月建成阜阳气象台网站 2005 年 4 月,开始通过电视、广播等媒体发布灾害性天气预警信号。

决策气象服务 从 20 世纪 50—80 年代,以电话、传真或书面方式向地方政府提供决策气象服务;20 世纪 90 年代以后逐步开发了《气象送阅》、《决策气象服务特报》、《汛期气象服务专报》、《午收、秋收秋种气象服务专报》、《高考、中考气象服务专报》等决策服务产品。1983 年、1991 年、2003 年汛期,在淮河流域王家坝闸分洪与否的关键时刻,提供了准确及时的决策气象服务。

2007 年 7 月 12 日温家宝总理、2008 年 1 月 12 日胡锦涛总书记来阜视察灾情期间,阜阳市气象局都提供了一线气象服务。

专业与专项气象服务 1974 年起设阜阳市场人工降雨办公室,开展人工降雨及消雹试验。1996 年起市气象局陆续购置 5 套火箭发射架,2003 年成立阜阳市人工影响天气工作领导小组。

1987 年初起开始开展建筑物防雷设施检测。1997 年底起开展防雷装置设计技术审查。2005 年 7 月起开展防雷装置跟踪检测、雷电风险评估、雷电灾情调查。

气象科技服务与技术开发 完成多项省、市级科研课题,主要有《皖西北近五十年旱涝研究》、《日光温室小气候规律及其调控》、《应用天气雷达测定淮河流域降水量系统》、《市、县级气象科技综合服务系统》、《地面有线遥测站Ⅱ型业务软件》、《59-701 高空气象探测自动处理系统》等。其中有 1 个项目在全国气象部门推广,3 个项目在全省气象部门推广。

1987 年起逐步开发了气象影视服务、气象信息服务、防雷技术和工程服务、气球施放等服务项目。1996 年起开展"121"电话天气预报自动答询服务。

2000 年 6 月,成立阜阳市农村综合经济信息中心,全市各乡镇成立信息站,各信息站拨号上网获取信息,并通过发送信息到"安徽省农村综合经济信息网致富信息机(BP 机)"为种养植大户服务。2004 年与中共阜阳市委组织部联合创办"阜阳先锋网",创建"农民网吧",把信息服务扩展到行政村。2005 年,安徽省委组织部向全省全面推广这一模式,创办"先锋在线"工作站点。

法规建设与管理

气象法规建设 阜阳市政府办公室于 2001 年 4 月印发《关于进一步加强气象工作的通知》、2005 年 4 月印发《关于加强灾害性天气预警信息服务工作的通知》、2005 年 5 月印发《关于加强防雷安全工作的通知》、2006 年 10 月印发《关于加强气象探测环境保护工作的通知》、2007 年 1 月印发《关于加快气象事业发展的意见》。2007 年 3 月,阜阳市发展与改革委员会办公室印发《关于印发〈阜阳市气象事业"十一五"发展规划〉的通知》。2008 年 4 月阜阳市政府法制办公室、市气象局联合编印《气象法律法规汇编》。

政务公开 2002 年开始,阜阳市气象局设立了对社会公开和对内公开 3 块公开栏,将本单位办事制度、依据、职责范围、干部人事、财务、基建、物资采购等重点工作事项以及热点、难点问题予以公开。2004 年制定了《阜阳市气象局局务公开实施细则》,将公开重点放在了对本部门、本单位的办事公开上,包括单位业务和事业发展等方面的重要事项和重大决策,涉及群众切身利益和群众关心的热点难点事项。

党建与气象文化建设

1. 党建工作

支部组织建设　1953年1月建站至1971年,阜阳气象站(台)只有2名党员,党内生活接受阜阳农业局领导。1971年成立中共阜阳市气象支部。2008年底,设党总支1个,下设3个支部(机关支部、事业支部和离退休支部),在职党员20人、离退休党员31人。

党风廉政建设　1996年9月成立阜阳市气象局党组纪律检查组,协助党组管好党风,加强廉政建设,纠正不正之风。2002年3月,在所辖县气象局设立兼职纪检(监察)员。

2. 气象文化建设

1997年初阜阳市气象局成立文明创建办公室,负责文明创建相关事宜。2002年建成阜阳市气象文明系统。2004—2008年被安徽省委、省政府授予安徽省第六届、第七届、第八届"文明单位"。

3. 荣誉

集体荣誉　2004年,被安徽省人事厅、安徽省气象局授予"安徽省气象系统先进集体";2007年,被中共阜阳市委、阜阳市人民政府授予"2007年抗洪抢险先进集体"。

个人荣誉

姓名	荣誉称号	授奖机关	获奖时间
刘兴华	安徽省气象系统先进工作者	省人事厅、省气象局	1998年
鲁家永	减轻农民负担工作先进个人	安徽省政府	1995年
王新泉	安徽省气象系统先进工作者	省人事厅、省气象局	2004年
刘恒才	三等功	兰州军区空军	1984年
	安徽省气象系统先进工作者	省人事厅、省气象局	2001年
吴峰峰	全国农林水利产(行)业劳动奖章	中国农林水利工会全国委员会	2008年
张思超	安徽省防汛抗旱先进个人	安徽省政府	2005年
吴浩华	"七五"建功奖章	共青团安徽省委	1987年
项阳	安徽省抗洪抢险先进个人	安徽省委、省政府	2003年
	安徽省抗洪抢险先进个人	安徽省委、省政府	2007年
姚鹏义	安徽省气象系统十大杰出青年	共青团安徽省委、省气象局	2008年
郭新才	抗洪抢险先进个人	安徽省委、省政府	2007年

台站建设

基本建设　1953年12月在阜阳城小东门外建新站(即现青颍路107号),建办公室、宿舍148.7平方米。1971年10月14日在青颍路107号扩征土地6000平方米。1972年月,在青颍路107号气象局院内建办公楼一栋,面积445平方米。1978年下半年,在气象局院内增建办公楼 260 平方米。1986 年,在青颍路 107 号气象局院内建 713 雷达楼 9 层,总面积 578 平方米。2004 年,在阜阳飞机场东侧建气象雷达站,占地面积 3263.1 平方米,塔楼总面积 751 平方米。

2007 年,在人民西路 106 号建设新一代天气雷达信息楼"新气象大厦";占地近 7000 平方米,楼高 20 层,2008 年底建成。其中 10000 平方米用于市气象局新一代天气雷达信息处理、气象预报与服务、气象业务与行政管理等。

园区建设 1997 年起数次投资在气象局大院平整土地、种植草坪和花卉树木、修建园区小径、设置休闲座椅,安装健身器械、建设篮球场。建成园林景观和休闲健身场地。如今,阜阳市气象局大院成为集办公与生活于一体的绿色园区。

老业务办公楼

新气象大厦

阜南县气象局

阜南县位于安徽省西北部,全县总面积 1768 平方千米,辖 29 个乡镇,人口 155.3 万。属亚热带与暖温带之间的气候过渡带,季风明显,无霜期较长。气候的过渡性使降水年际变化大,最多年降雨量 1649 毫米(2003 年),最少的只有 503.7 毫米(1966 年)。每年的 5—9 月是旱、涝灾害的多发期,天气、气候变化对阜南经济和社会发展具有十分重要的意义。

机构历史沿革

1. 始建及沿革情况

阜南县气候站筹建于 1956 年 10 月,1957 年 1 月 1 日开始工作。站址在阜南县冷寺农场"乡村",东经 115°36′,北纬 32°42′。1959 年 8 月因服务需要从冷寺农场迁至原县农科所(县城东北角)"郊区",即东经 115°35′,北纬 32°38′。海拔高度 32.7 米,1960 年 3 月原阜南县气候站改为阜南县气候服务站。1965 年 12 月,阜南县气候服务站改为阜南县气象服务站。1971 年阜南县气象服务站更名为安徽省阜南县革命委员会气象站。1979 年更名为阜南县气象局。

1998 年 5 月 1 日因观测环境不符合要求,迁到城郊乡阜东村,经纬度不变,办公仍在原址。2003 年下半年开始在城关镇骆寨村征地 9.67 亩,新建办公楼和观测场,2004 年 7 月 1 日正式在新址办公和观测,距原观测场距离向西 120 米,经纬度仍不变。

2. 建制情况

领导体制与机构设置演变情况　1957 年 1 月—1963 年 6 月,领导体制归地方,分别属农场、农科所、县农林局领导,业务属省气象局;1963 年 7 月—1968 年,领导体制为安徽省气象局和地方双重领导,以气象部门为主;1968—1970 年,领导体制下放归地方,属县农林局领导;1970 年 11 月—1973 年 7 月气象部门由军事部门领导,业务属省气象局,建制仍属地方;1973 年 7 月调整气象部门体制,县气象站归县革命委员会生产组领导,业务属省气象局,科(局)级单位;1980 年 8 月,改为部门和地方双重领导管理体制,以部门领导为主。1983 年起实行这种管理体制一直延续至今。

人员状况　1957 年建站时有职工 2 人,学历均为一年制干部培训班。阜南县气象局现有在职职工 8 人,其中中级职称 5 人,初级职称 3 人;本科学历 1 人,大专学历 2 人,中专学历 4 人;年龄结构为 50 岁以上 5 人,30～40 岁 2 人,30 岁以下 1 人。

单位名称及主要负责人更替情况

单位名称	负责人	职务	性别	任职时间
阜南气候站	黄光宏	业务负责	男	1957.1—1958.9
阜南气候站	刘典昱	业务负责	男	1958.10—1960.2
阜南气候服务站	刘典昱	业务负责	男	1960.3—1962.6
阜南气候服务站	陈有为	业务负责	男	1962.7—1965.8
阜南气候服务站	韩国安	副站长(主持工作)	男	1965.8—1965.12
阜南县气象服务站	韩国安	副站长(主持工作)	男	1965.12—1971
阜南县革命委员会气象站	韩国安	副站长(主持工作)	男	1971—1972.3
阜南县革命委员会气象站	程桂珍	行政负责人	女	1972.3—1972.12
阜南县革命委员会气象站	藏守俊	站长	男	1972.12—1979.6
阜南县革命委员会气象站	孙聘卿	站长	男	1979.6—1979.8
阜南县气象局	孙聘卿	副局长(主持工作)	男	1979.8—1980
阜南县气象局	程桂珍	副局长(主持工作)	女	1980—1982.12
阜南县气象局	韩国安	副局长(主持工作)	男	1982.12—1986
阜南县气象局	韩国安	局长	男	1986—1989.11
阜南县气象局	杨　静	副局长(主持工作)	女	1989.5—1991.7
阜南县气象局	杨　静	局长	女	1989.11—2008.6
阜南县气象局	宋文军	副局长(主持工作)	男	2008.6—

气象业务与服务

1. 气象观测

地面观测 1957 年建站时观测时次采用地方时 01、07、13、19 时每天 4 次观测;1960 年 1 月 1 日起,改为每天 07、13、19 时 3 次观测;1960 年 8 月 1 日起,观测时次采用北京时每天 08、14、20 时 3 次观测。观测项目有云、能见度、天气现象、风向、风速、温度、湿度、降水、地面状态、地温、蒸发、积雪深度、日照。1963 年增加气压观测。

编制报表有:气表-1、气表-21。

发报项目有:省内小图报、雨量报、水情报、重要天气报、地面天气加密报。

1972 年 3 月 1 日开始每天 05—11 时拍发固定航危报,1973 年 1 月取消固定航危报,改为 06—18 时预约航危报任务。

发报方式:通过邮局报房传输,1999 年以后逐步发展为拨号上网发报、自动发报。

1988 年配置 PC-1500 微型计算机用于地面观测自动编报业务,1997 年开始使用计算机存储气象数据、打印报表。

特种观测 2004 年 7 月 1 日开展拓展项目观测,内容有:裸露空气温度、水泥地面温度、草面温度。2007 年 7 月 1 日取消。2004 年 7 月 28 日开始 0~50 厘米土壤墒情观测。

自动气象站 2004 年 7 月 1 日迁到新建观测场,开始进行自动站数据和人工站数据平行观测,以人工站为主。2006 年 1 月 1 日进入自动站和人工站平行观测第二阶段,以自动站为主。2007 年 1 月 1 日地面观测进入自动站单轨运行阶段。2004 年 11 月在全县 10 个乡镇安装了自动雨量站。2007 年在王家坝镇、王店孜乡建立四要素自动气象站。

信息网络 1982 年配备无线气象传真接收机接收北京、东京的气象传真图。1987 年开通甚高频无线对讲通讯电话,实现与地区气象局直接业务会商,1999 年,建立卫星单收站,2003 年开通 100 兆光缆,设专用服务器,接收从地面到高空各类天气图和云图等,并开通省、市、县气象视频会商系统,为气象信息的采集、传输、处理、会商分析提供支持。

气象预报 日常开展的有 24 小时、48 小时短期预报,未来 3~5 天、旬、月、午收、汛期等中、长期天气预报。同时,开展灾害性天气预报预警业务和供领导决策的各类重要天气报告等。

建站初期的天气预报是在抄收安徽、河南等大台天气形势和预报基础上,结合单站要素资料、作出的本县境内短期补充预报。1963 年后,运用单站气象要素时间变化曲线图、剖面图和定时抄收合肥、武汉等台播发的天气形势,进行简易天气图的绘制和分析。1982 年配备了传真接收机接收北京、东京等地的气象传真图表,分析判断天气变化。1996 年通过微机终端与省市台的联网,接收各种天气图、实况图等,使气象资料在时间和空间上更好地结合起来,卫星单收站的建立和省市县气象视频会商系统的开通使天气预报更加准确、及时。

2. 气象服务

公众气象服务 改革开放以前,天气预报是通过县广播电台向全县每天 3 次播报。

1996年开始利用"电视天气预报制作系统"自制节目,在电视台播放。1998年5月与电信局合作,开通"121"天气预报自动答询系统。2003年又利用安徽农网的短信群发平台用手机短信为各级领导和用户提供天气预报警报服务。

决策气象服务　王家坝闸位于两省三县的交界处,是淮河干流蒙洼蓄洪区的控制进洪闸,被称为"淮河第一闸",由于上游落差大、支流多、河道窄、暴雨频,洪水集中,特殊的地理位置,是各级党政领导关注的焦点,每年汛期(5—9月)或重大灾害性、转折性天气来临前,阜南气象局都及时地向阜南县委、县政府开展决策气象服务。据王家坝历史蓄洪年份记载,自1954—2008年,王家坝共开闸蓄洪15次。2003年汛期淮河出现特大洪水,王家坝2次开闸蓄洪,县气象局在汛期一个多月的日子里,每天坚持向县委、县政府、防汛指挥部电话汇报天气,把汛期天气专报、各乡镇雨量图、淮河上游雨量图通过传真机传给王家坝前线指挥部和方集(洪河)前线指挥部。2007年6—7月,淮河又遇特大洪涝灾害,县气象局技术人员冒着狂风暴雨,在王家坝前线指挥部夜以继日地提供现场服务,利用手机短信息向全县各级领导提供天气信息、各地雨情,为领导指挥防汛抗灾提供决策依据。

农业气象服务　阜南是农业大县,又处于气候过渡带,易旱易涝气象灾害多发,阜南县气象局按照服务需要,为县委、县政府和涉农部门提供天气趋势预报和农事建议、作物的气候分析,并结合阜南县的气候特点和规律编写了《阜南县气候资源分析及其利用》、《阜南县气象灾害分析》、《阜南县气候志》等书籍,为防灾减灾、农业的趋利避害提供科学依据。

2000年初成立了阜南县农村综合经济信息中心,县政府办公室下发《关于建立农村综合信息网,实施"信息入乡"工程的通知》,由农经委牵头,阜南县气象局具体实施。到2000年底,全县31个乡镇全部建成农村综合信息站。

人工增雨服务　1997年7月成立阜南县人工降雨领导小组,办公室设在县气象局,2001年县政府拨专项经费购置了新型的WR-98型人工增雨火箭发射架1台;2005年4月市政府拨款购置猎豹CFA6470越野车1辆,用于人工增雨牵引车和指挥车。2001—2008年干旱季节,阜南县气象局多次在全县范围内实施人工增雨作业。

气象科技服务　1985年专业气象有偿服务开始起步,利用邮寄、警报系统、声讯、电视、手机短信等手段,面向各行业开展气象科技服务。1990年为各乡镇安装天气预报警报接收机。1994年开展庆典气球施放服务,1996年开始制作电视天气预报背景画面广告节目。1998年5月与电信局合作,开通"121"天气预报自动答询系统,1990—2008年的每年4—6月份对全县避雷设施进行安全检测,并逐步开展了计算机信息系统、加油站、液化气站,中小学教学楼等防雷安全检测。从2007年起开展了新建建(构)筑物防雷工程图纸审核、竣工验收工作。

法规建设与管理

气象法规建设　从1994年落实双重计划财务体制以来,县政府加大了对气象工作的支持,把地方气象事业经费列入财政预算,气象工作纳入了县政府目标责任制考核体系。

2004年气象局迁到新址后,县政府下发了《关于保护气象观测环境的通知》(南政秘〔2004〕108号),并绘制了观测环境控制图,在城建规划部门进行了备案。2006年县政府办公室下发了《关于认真贯彻落实〈安徽省防雷减灾管理办法〉的通知》(南政办秘〔2006〕94号),进一步强调了防雷减灾工作的重要性,并把防雷装置设计审核和竣工验收列为行政许可项目。

社会管理 为履行雷电灾害防御工作的管理职责,2001 年成立阜南县防雷减灾办公室,通过科普宣传、送科技下乡等形式,向广大群众宣传气象法律法规和防雷减灾知识,引起社会各界的高度重视。阜南县气象局每年配合县安全生产管理委员会对全县的加油站进行防雷安全检查,2007 年起对全县新建建(构)筑物防雷工程图纸进行审核和竣工验收。2008 年配合县教育局对全县 340 多所学校、533 栋教学楼进行了防雷装置安全检查。

党建与气象文化建设

1. 党建工作

支部组织建设 1972—1982 年由于党员人数少与阜南县人民防空办公室编为一个支部;1982 年成立了中共阜南县气象局支部,程桂珍任支部书记。至 2008 年 12 月,共有党员 6 人。2004 年、2007 年、2008 年被阜南县委评为"先进基层党支部"。

党风廉政建设 2002 年阜阳市气象局为阜南县气象局配备了兼职纪检人员。从此,每年开展党风廉政教育月活动。向县纪委汇报工作,层层签订党风廉政目标责任书,推进惩治和预防腐败体系建设。2007 年开始按照省气象局要求,实行"三人决策"管理,并先后制定了工作、学习、服务、财务、党风廉政、政务公开、安全等多项规章制度。

2. 气象文化建设

精神文明建设 长期以来,阜南县气象局加强气象文化建设,通过开展政治理论、法律法规学习,锻炼出一支高素质的职工队伍。2004 年起,开展争创文明单位活动,建设一流台站,进一步形成和发扬了"以人为本、发展气象、服务社会、争创一流"的阜南气象人精神。2006 年被安徽省委、省政府授予安徽省第七届"文明单位"。

文体活动 建立了职工图书阅览室和老干部活动室,购置了近万元的图书,每年都订阅几千元的报纸杂志,努力为职工创造多种学习机会,提高业务素质和服务能力。坚持开展知识竞赛、歌舞晚会、体育比赛、老干部茶话会等群众性文化活动。2005 年投资建设了室内健身房,购置了健身器材和乒乓球桌;修建凉亭、路灯、地灯。整洁优美的室内、外环境进一步陶冶了职工的思想情操,同时也推动了文明创建工作。

政务公开 2002 年开始制定了局务公开实施细则,成立了群众监督小组,设置了政务公开栏和财务公开栏。每季度向全局职工通报财务收支状况,增加透明度。

3. 荣誉

2007 年被阜南县委、县政府授予"抗洪抢险先进集体"。

台站建设

1957 年建站时借住外单位的几间草房;1980 年建起了 378 平方米的业务楼;工作区占地面积近 9000 平方米;1997 年利用有利地形进行房地产开发建成职工宿舍楼;2004 年新

征地近 6500 平方米,投资 96 万元新建了办公大楼,建筑面积为 1023 平方米。观测场按 25米×25 米标准建设,院内绿化面积约 4000 平方米。建成了气象业务平台、图书阅览室、党员活动室、职工活动室等硬件设施。

阜南县气象局大院环境

阜南县气象局观测场实景

阜南县气象局业务平面

临泉县气象局

临泉县地处安徽省的西北边陲。南与河南省淮滨、新蔡县毗邻,北与界首市及河南省沈丘县相连,西与河南平舆县、项城市交界,东与阜阳市区及阜南县接壤。全县总面积1818 平方千米。

临泉,古称沈地。公元前 1042 年,周文王十子聃季载封于沈,境内建立沈子国。民国二十三年(1934 年)9 月,析阜阳县西乡设立新县,因县城滨临泉河,故名临泉县。

临泉县属大陆性暖温带半湿润季风气候区,气候温和,雨量适中,日照充足,四季分明。春寒而多雨,冬干而少雪,夏热而雨水充,秋爽天气晴朗。年平均气温 15.0℃,年平均降雨量 880.1 毫米。

机构历史沿革

1. 始建及沿革情况

临泉县气象站始建于 1958 年 10 月 1 日,位于临泉县城临鮦路东关外(国营农场),即东经 115°23′,北纬 33°04′,海拔高度 35.9 米,为国家气候站。1959 年 7 月 1 日更名为临泉水文气象服务中心站。1963 年 1 月 1 日由国家气候站变更为国家一般气象站。1963 年 2 月 1 日更名为临泉县气象服务站。1972 年 1 月 1 日更名为临泉县气象站。1979 年 8 月 1 日更名为临泉县气象局。1988 年 9 月 25 日迁至临泉县城城中路 105 号(即现址),即东经 115°15′,北纬 33°04′,海拔高度 36.3 米。

2. 建制情况

领导体制与机构设置演变情况 建站初期的 1958 年—1963 年 7 月归临泉县人民委员会水电局领导;1964—1970 年归安徽省气象局领导;1971 年 2 月—1973 年 9 月纳入临泉县人民武装部领导;1973 年 10 月划入临泉县政府农林办公室领导;1979 年省革委会以(79)革发字第 19 号文件确定,气象部门由上级气象部门和地方政府双重领导,以气象部门为主、地方负责党政的管理体制;1980 年,全国气象系统实施改革,气象部门"三权"收回,改为部门和地方双重管理的领导体制,部门领导为主,即垂直管理。1983 年这种管理体制正式实施并延续至今。

人员状况 1959 年建站初期有 3 人,现有气象在编职工 9 人。其中,大学以上学历 3 人,大专学历 3 人;中级专业技术人员 3 人,初级专业技术人员 6 人;年龄 50 岁以上 2 人,40～49 岁 2 人,40 岁以下 5 人。

单位名称及主要负责人更替情况

单位名称	负责人	性别	职务	任职时间
临泉县气象站(气候站)	时仓林	男	副站长(主持工作)	1959.4—1959.6
临泉县水文气象中心站	时仓林	男	站长	1959.7—1963.1
临泉县气象服务站	时仓林	男	站长	1963.2—1971.1
临泉县气象站	时仓林	男	站长	1971.2—1973.9
临泉县气象站	周庆长	男	站长	1973.5—1979.2
临泉县气象局	戴兰藻	男	局长	1979.8—1984.4
临泉县气象局	陈国良	男	局长	1984.4—1988.8
临泉县气象局	张 彪	男	副局长(主持工作)	1988.8—1990.9
临泉县气象局	王继友	男	局长	1990.9—2006.8
临泉县气象局	黄 震	男	局长	2006.8—

气象业务与服务

1. 气象业务

地面观测　1958 年 10 月开始建站，1959 年 4 月 1 日起开始观测。观测时次采用地方时 01、07、13、19 时每天 4 次观测；1962 年 1 月 1 日起，改为每天 08、14、20 时（北京时）3 次观测。观测项目和自记仪器逐年增加，观测项目有云、能见度、天气现象、气压、气温、湿度、风向风速、降水、雪深、日照、蒸发、地温等，夜间不守班。

发报项目：有省内小图报、雨量报、水情报、重要天气报、不定时的台风加强观测（台风预约报）、地面天气报和地面天气加密报。

发报方式：电话传给邮局报房转发、拨号上网发报、VPN 宽带网自动发报。

2004 年观测业务扩展到裸露空气温度、草面温度、水泥地面温度和土壤旱涝监测以及承担全县 11 个乡镇自动气象站数据汇集等业务。

2003 年 9 月 1 日在现址开展 SAWS-1 自动气象站的观测试验。2004 年 1 月 1 日起开始自动站和人工站的平行观测；2006 年 1 月 1 日起改为以自动站为主的单轨运行。2003—2006 年先后在 10 个乡镇和张新镇安装了雨量自动站和四要素自动气象站。

1995 年 7 月安装卫星云图接收设备，以 APT 接收低分辨率日本气象同步卫星云图；2000 年 1 月通过 MICAPS 系统使用高分辨率卫星云图。

气象信息网络　1982 年以前，气象站利用收音机收听武汉区域中心气象台和上级以及周边气象台站播发的天气预报和天气形势。1982 年配备 ZSQ-1（123）天气传真接收机接收北京、欧洲气象中心以及东京的气象传真图。2000—2005 年，建立 VSAT 站、气象网络应用平台、专用服务器和省市县气象视频会商系统，开通 100 兆光缆，接收从地面到高空各类天气形势图和云图、雷达等数据，为气象信息的采集、传输处理、分发应用、会商分析提供支持。

气象预报　建站初期主要担负补充订正天气预报工作。1964 年开始，县气象站通过收听天气形势，结合本站资料图表每日早晚制作 24 小时内日常天气预报。20 世纪 80 年代初起，每日 06、11、17 时 3 次制作预报。2000 年至今，开展常规 24 小时、未来 3～5 天和旬月报等短、中、长期天气预报以及临近预报。同时，开展灾害性天气预报预警业务和供领导决策的各类重要天气报告等。

农业气象　1959 年按照上级指导思想实现了全县气象化，社社有气象哨的目标。但由于诸如气象哨人员编制、报酬等不能有效解决，使气象哨队伍很快解散。1973 年起，在县气象站的帮助下，老集区的于楼生产队、杨桥公社牛庄小学、吕寨中学等地相继建立了气象哨并逐步开展农业气象观测和气象科普活动。1980 年 5 月利

安装自动雨量站

用省气象局下拨的有限经费在本县的庞营、宋集、艾亭、吕寨、长官、迎仙、谭棚等 7 个公社设立了气象哨,1984 年 4 月气象事业经费不足而改为县政府"自建自用"。1991 年又重新在宋集、艾亭、滑集、老集、长官、韦寨、谭棚、杨桥、鲖城、张新设立气象哨。2003 年 9 月乡镇自动雨量站建立,气象哨被撤销。

建站以来,临泉站始终把农业气象服务放在重要工作位置,先后向县政府、涉农部门、乡镇开展了"农业气象月报"、"农业产量预报"、"春播、午收和秋播天气趋势预报"等农业气象专项服务;1984—1985 年,完成了《临泉县农业气候资源和区划》编制。1984 年,对县域内的邢塘、高塘等传统西瓜种植基地开展了《西瓜种植期气象服务》工作。1989 年始,编写全年气候影响评价。2000 年 1 月起,开通气象资料查询系统。

2. 气象服务

公众气象服务　建站初期,遇有雨天则在风向杆上挂一黑旗,预计未来晴天则挂红旗,大风天挂黄旗。1960 年起,利用农村有线广播站播报气象消息。1995 年利用气象警报机向专业用户发布专题气象服务。1998 年 10 月由县气象局应用非线性编辑系统制作电视天气预报节目。1996 年开通了"121"天气预报咨询电话自动答询系统。2000 年 1 月 1 日起依托信息入乡工程通过临泉农村经济信息网开展网络气象服务。2002 年 1 月手机短信平台开通。2007 年 2 月 5 日起开展灾害性天气预警信号发布工作。

决策气象服务　20 世纪 80 年代以前,以口头或电话汇报方式向县委县政府提供决策服务。20 世纪 90 年代逐步开发《重要天气报告》、《气象内参》、《气象呈阅材料》、《汛期(5—9月)天气形势分析》等决策服务产品。

专业专项服务　1985 年,遵照国务院办公厅《转发国家气象局关于气象部门开展有偿服务和综合经营的报告的通知》(国办发〔1985〕25 号)文件精神,专业气象有偿服务开始起步,利用邮寄、警报系统、声讯、影视、手机短信等手段,面向各行业开展气象科技服务。1992 年 1 月起,开展庆典气球施放服务。1995 年 4 月起,为各单位建筑物避雷设施开展安全检测。1998 年 10 月 1 日起开展了电视天气预报广告服务。2005 年 10 月起开展对新建建筑物防雷装置图纸审核和竣工验收工作。

临泉县气象局的人工增雨工作始于 1974 年。1974 年 9 月成立了临泉县人工降雨办公室,人员是从气象站、公安局、交通局、电信局等单位抽调,增雨用的"三七"高炮和炮手都是从阜阳地区和淮南市调配来的。1998 年 5 月购置了"三七"高炮 1 门,2002 年阜阳市气象局下拨给临泉县气象局 WR-1 火箭发射架 1 套。2007 年 3 月阜阳市气象局下拨给临泉县气象局人工增雨牵引车 1 辆。

人工增雨整装待发

气象科技服务　1995 年建立气象警报系统,使用气象警报机面向有关部门、乡(镇)、村、农业大户和企业等开展天气预报警报信息发布服务。1998 年 10 月 1 日建立电视气象影视制作系统。2000年6月依托气象系统网络,成立了临泉县农村经济信息中心。2002年1月利用手机短信发布平台向政府决策部门、防汛责任人和中小学校长发布气象预警及决策信息。2007年8月1日启用农村气象信息乡情网,向全县发布农业、气象、水情、政务等各类信息。

法规建设与管理

气象法规建设 2007年4月18日阜阳市人大执法调研组到临泉县开展《中华人民共和国气象法》、《人工影响天气管理条例》、《安徽省气象管理条例》、《安徽省气象灾害防御条例》"一法三条例"贯彻实施情况调研。2007年11月6日临泉县发改委印发了《临泉县气象事业"十一五"发展规划》(发改综合〔2007〕179号),把气象工作纳入临泉县的发展规划中。2007年12月31日编制了《临泉县气象局台站专业规划》。

社会管理 2006—2008年,临泉县气象局先后制定下发了《临泉县气象局气象灾害应急预案》、《灾害性天气预警信号发布试行规定的通知》、《汛期气象服务应急预案》,完善了天气预警信号发布流程。在2007年抗击特大洪涝灾害和2008年初的严重低温雨雪冰冻灾害气象服务中,临泉气象局迅速启动"气象灾害应急预案",为全县的防灾减灾提供决策服务。

1996年5月成立临泉县防雷减灾局,逐步开展建筑物防雷装置、新建建(构)筑物防雷工程图纸审核、竣工验收、计算机信息系统等防雷安全检测。2005年10月,开展防雷工程图纸审核。

政务公开 按照《安徽省气象部门局务公开考核细则(暂行)》(皖气办发〔2005〕16号)要求,结合临泉县气象局工作实际,制定了局务公开实施细则。将党务、政务、财务定期通过公告栏向职工公开。

2002年1月起对气象行政审批办事程序、气象服务、服务承诺、气象行政执法依据、服务收费依据及标准等内容向社会公开。

党建与气象文化建设

1. 党建工作

支部组织建设 1974年8月,中共临泉县气象站党支部成立,时任站长周庆长同志任支部书记。1978年后由于人员变动,党员人数少而撤销气象站党支部。1985年1月重新成立中共临泉县气象党支部。2008年底,有中共党员5人。

党风廉政建设 2002年3月阜阳市气象局为临泉县气象局配备了兼职纪检(监察)员。2002年起,连续7年开展党风廉政宣传教育月活动。2003年3月参照安徽省气象局文件精神制定了《临泉县气象局党风廉政建设工作体系》(简称"三不工作体系"),2007年4月按照安徽省气象局下发的《安徽省县(市)气象局"三人决策"制度》(皖气办发〔2007〕23号)精神,成立临泉县气象局"三人决策小组"。

2. 气象文化建设

精神文明建设 1997 年安徽省气象局印发了《做文明职工、建文明单位、创文明系统手册》《创建安徽省文明气象系统实施意见》，临泉气象局积极开展争创文明单位，建设一流台站的文明创建活动。2003—2008 年期间临泉县气象局被阜阳市委、市政府授予第四届、第五届、第六届市级"文明单位"。

3. 荣誉

1977—1978 年，连续 2 年获安徽省革委会气象局、阜阳地区革委会气象局"双学"（工业学大庆、农业学大寨）先进集体。

台站建设

临泉县气象站 1958 年 10 月开始建设，占地 7000 平方米，建筑 5 间平房。1988 年 9 月 25 日搬迁至现址，占地面积 6000 平方米，办公楼建筑面积 300 平方米。职工宿舍面积 600 平方米。2008 年，受城市规划和周边建筑影响，临泉县气象局开始搬迁筹备工作。

气象业务楼

太和县气象局

太和县位于安徽省西北部，地处黄淮平原腹地，全县总面积 1822 平方千米，辖 31 个乡镇，人口 167 万。

太和县属北温带半湿润季风气候区，境内多灾害性天气，常有暴雨、干旱、大风、冰雹、雷电、大雪等灾害性天气发生。年平均气温 14.9℃,年平均降雨量 839.4 毫米,年平均无霜期 214 天。

机构历史沿革

1. 始建及沿革情况

太和县气象站始建于 1958 年 10 月,1959 年 1 月 1 日正式开展气象观测,站址为县城北门外西张庄村。观测场位于北纬 33°11′,东经 115°37′,海拔高度 33.0 米。1959 年 1 月名为太和县气候站。1960 年 3 月更名为太和县气象服务站。1968 年 9 月更名为太和县革命委员会气象站。1978 年 10 月更名为太和县气象站。1981 年 3 月更名为太和县气象局。1988 年 1 月业务精简为辅助站。2000 年 1 月业务恢复为一般站。观测场曾于 1983 年 12 月由原地南移 25 米,经纬度没有变化。

2. 建制情况

领导体制与机构设置演变情况　1958 年 10 月—1959 年属安徽省气象局和太和县政府双重领导,以省气象局领导为主;1959 年 7 月转交由太和县人民委员会水电局领导;1964 年 1 月—1971 年 1 月属安徽省气象局领导;1971 年 2 月—1973 年 9 月纳入太和县人武部领导;1973 年 10 月划入太和县政府农林办公室领导;1979 年,实行由上级气象部门和地方政府双重领导,以气象部门为主的管理体制;1980 年全国气象部门改为部门和地方双重领导,以部门领导为主,即垂直管理。1983 年这种管理体制正式实施并延续至今。

人员状况　1958 年建站时共有 2 人。2008 年 12 月在编职工 7 人,其中,中级专业技术人员 1 人、初级专业技术人员 6 人。

单位名称及主要负责人更替情况

单位名称	负责人	性别	职务	任职时间
太和县气候站	杜绍兴	男	副站长(主持工作)	1958.12—1960.2
太和县气象服务站	杜绍兴	男	副站长(主持工作)	1960.3—1968.8
太和县革命委员会气象站	杜绍兴	男	副站长(主持工作)	1968.9—1970.6
太和县革命委员会气象站	杨其林	男	站长	1970.7—1973.9
太和县气象站	刘贵礼	男	站长	1973.10—1980.12
太和县气象局	李家祥	男	局长	1981.1—1989.12
太和县气象局	杜绍兴	男	局长	1990.1—1993.3
太和县气象局	董斌	男	局长	1993.4—2004.4
太和县气象局	王海东	男	局长	2004.5—2006.9
太和县气象局	杜方	男	局长	2006.10—

气象业务与服务

1. 气象业务

地面观测 1959年1月起正式进行业务观测,观测采用北京时间01、07、13、19时每天4次观测;1960年1月起改为每天07、13、19时3次观测。观测项目有云、能见度、天气现象、气压、气温、湿度、风向风速、降水、雪深、日照、蒸发、地温等。1972年7月开始向阜阳、合肥两地气象台和防汛、水文部门拍发绘图报、重要天气报和雨量报,临时短期向蚌埠机场拍发航危报。

2004年7月—2007年6月,新增大气探测拓展项目:最高、最低裸露气温,最高、最低水泥地温,最高最低草面温度。

2004年5月本站安装SAWS-1自动气象站。2005年1月1日起开始自动站和人工站的平行观测。2008年1月1日起以自动气象站观测资料为主,自动站采集的资料与人工观测资料存于计算机中互为备份,每月定时复制光盘归档、保存、上报。2005年在大新、五星、税镇、李兴、赵庙、桑营、阮桥、苗集、关集、原墙10个乡镇安装了单雨量观测站。2006年在坟台镇安装了四要素自动气象观测站。

气象信息网络 1980年前利用收音机接收安徽气象台、江苏气象台、河南气象台、湖北气象台天气预报和天气形势。1980年配备了无线传真机,接收北京气象中心和东京气象中心气象信息。1989年安装卫星气象接收机,接收日常气象同步卫星云图,天气形势图。2000—2005年,建立VSAT站、气象网络应用平台、专用服务器和省市县气象视频会商系统,开通100兆光缆,接收从地面到高空各类天气形势图和云图、雷达图等资料,为气象信息的采集、传输处理、分发应用、会商分析提供支持,初步建成太和县气象灾害自动监测网。

气象预报 1964年5月开始,县气象站通过接收天气形势和预报广播,结合本站资料、图表等,每日按早、晚制作24小时和48小时天气预报;1997年6月开始至今,开展常规24小时、48小时、未来3~5天和旬、月预报服务,临时开展适时天气预报和气象决策服务。

2. 气象服务

公共气象服务 1964年起,利用县广播站播报天气预报。1992年6月建成使用气象警报发射机,向党政机关、乡镇和社会发送气象信息。1997年6月开通"121"天气预报自动答询系统为社会提供气象信息服务。1998年7月利用县电视台开播多媒体天气预报节目,开展日常天气预报、气象小知识、农业气象、实施防御等服务。2004年开通手机短信气象服务,2006年开通网络气象服务。

决策气象服务 1962年起以口头或简报形式向县委、政府提供决策服务。1975年开始以《天气旬月报》、专题气象汇报开展决策服务。1992年增加气象警报接收机定时或不定时为党委、政府提供决策服务。2005年开通手机短信气象信息发布系统,向政府决策部门、防汛责任人和中小学校长发布气象预警及气象决策信息。

专业专项服务 1985年3月,遵照国务院办公厅《转发国家气象局关于气象部门有偿服务和综合经营的报告的通知》(国办发〔1985〕25号)文件精神,专业气象有偿服务开始运转,利用邮递和专人递送、警报系统、声讯、影视、电子显示屏、手机短信等手段,面向社会各行业开展气象科技服务。1990年起为各单位建筑物避雷设施开展防雷安全检测。1992年起开展庆典气球施放服务。1997年起相继开展农网信息入乡、气象综合服务、气象灾害预警、气象影视技术制作等服务。2005年起开展对高层建筑物进行防雷工程设计图纸审核和竣工验收工作。

1974年首次开展高炮人工增雨工作,先后在旧县镇、原墙镇、倪邱镇开展高炮人工增雨试验作业。1997年太和县人工影响天气办公室成立,购置人工增雨双管"三七"高射炮2门,2001年购置WR-1型人工增雨火箭发射系统1套,初步建成人工增雨现代化系统。2009年2月县政府投入27万元购置人工增雨指挥车和发射系统,促进了人工增雨事业健康发展。

县气象局积极开展为农服务。图为气象局技术人员在现场指导农民进行大棚蔬菜生产

气象科技服务 1992年前,主要通过广播、邮递旬月报的方式向社会发布气象信息;1992年通过气象警报系统向有关单位、乡镇、农业大户、企业等发布天气预报和警报信息。1997年6月开通"121"(2007年1月改为"96121")天气预报电话自动答询系统,1998年7月建成多媒体电视天气预报制作系统,将自制的电视天气节目录像带送县电视台播放。2000年6月依托"安徽农网"系统建立太和县农村经济信息中心。2007年在全县部分乡镇安装气象灾害预警信息电子显示屏。

法规建设与管理

气象法规建设 1998年9月《安徽省气象管理条例》、2000年《中华人民共和国气象法》等法律法规颁布实施后,太和县气象局每年在县人大和法制部门的支持下开展执法检查和调研。重点加强雷电灾害防御工作的依法管理和探测环境保护等工作。同时将《气象探测环境和设施保护管理办法》向社会张贴。

政务公开 太和县气象局对气象行政审批办事程序、气象服务内容、服务承诺、气象行政执法依据、服务收费依据及标准等,通过局户外公示栏向社会公开。干部任用、财务收支、目标考核、基础设施建设、工程招投标等内容则采取职工大会或局务公示栏张榜公示等方式向职工公开。财务状况一般每季度公示1次,年底对全年收支、职工奖金福利发放、领导干部待遇、劳保、住房公积金等向职工详细说明。干部任用、职工晋职、晋级等及时向职工公示或说明。

建立健全内部规章管理制度。2002年太和县气象局制定了《太和县气象局工作管理制度》,主要内容包括业务值班室管理制度、会议制度、财务、福利制度等。

党建与气象文化建设

1. 党建工作

支部组织建设 1973 年 10 月前,太和县气象局党员参加中共太和县农机二厂党支部活动;1973 年 10 月成立中共太和县气象站支部,刘贵礼同志任支部副书记。1981 年 1 月支部更名为太和县气象局党支部。2008 年底,有中共党员 6 人(其中退休人员 1 人)。2004—2008 年,连续 4 届被太和县直机关工委员会评为"先进基层党组织"。

党风廉政建设 按照安徽省气象局和地方党委关于认真落实党风廉政建设目标责任制的要求,太和县气象局签订党风廉政建设目标责任书,推进惩治和防腐败体系建设。积极开展廉政教育和廉政文化建设活动,努力建设文明单位、和谐单位、廉洁单位。2002 年起每年开展党风廉政宣传月活动,组织职工观看警示录和反腐倡廉教育片,并积极向县纪委汇报党风廉政工作。

2. 气象文化建设

精神文明建设 在单位内部开展了创文明科室、文明家庭、文明职工等评选活动;2000 年以来设立了图书室,建立了室内外文体活动场所,购置了健身器材,积极组织职工开展体育运动,举办廉政文化诗歌会。深入贯彻落实《公民道德建设实施纲要》和《实施细则》,大力弘扬和培育民族精神,结合单位实际,制定规划和实施方案。捐资助教、捐资助学、捐资助困。近几年累计捐款近万元。加强职业道德建设和气象诚信建设,认真落实社会治安综合治理措施,单位内部无违法违纪事件,无重大安全责任事故。

文明创建阵地建设得到加强。开展文明创建规范化建设,统一制作局务公开栏、学习园地、法制宣传栏和文明创建标语等宣传用语牌。建设"两室一场"(图书阅览室、职工学习室、小型运动场),拥有图书 3000 册。

经过上下共同努力,太和气象局建成一个集科研、业务、科普为一体,具有时代特征、部门特色、区域特点的台站。2003—2008 年,连续获得阜阳市第四届、第五届、第六届市级"文明单位"。

3. 荣誉

1990—2008 年,县气象局获地市级以上集体荣誉 7 项。其中 2003 年 1 月,太和县气象局因为人工增雨作业做出突出贡献,被太和县人民政府记集体三等功。

台站建设

建站初期,太和站被称为"三千块钱、三间草房、道路泥泞无围墙",通过历代气象人的努力,台站面貌发生了很大变化。2006 年,投资 3 万元对办公楼进行综合改造,重新修建装饰了综合楼,改造了业务值班室,完成了业务系统的规范化建设。2008 年投资 4 万元对气象局大院进行美化、绿化,修建了草坪、花坛,硬化地面 500 平方米,绿化 1000 平方米,按标准设置了业务平面、会议室、阅览室、文体活动室、精神文明活动室等,以满足会议、远程教育、电视电话会议以及职工工作、学习、生活的需要。

1980 年太和县气象局全貌

县气象局现业务办公楼

县气象局职工宿舍楼

界首市气象局

界首市位于安徽省西北部,地处淮北平原,与河南省沈丘、郸城接壤,总面积 667.3 平方千米,人口 74 万,是皖西北重要商埠和门户。

界首市气候温和,四季分明,日照充足,雨量适中。年平均气温 14.7℃,历年最低极端气温−22.5℃(1969 年),历年最高极端气温 41.5℃;年平均降水量 817.5 毫米;年日照总时数 2251.5 小时;年平均无霜期 215 天。

机构历史沿革

1. 始建及站址迁移情况

1956 年底,在界首县东门建成界首县气象站,北纬 33°16′,东经 115°21′,海拔高度为 37.0 米。1957 年 1 月 1 日正式开展气象业务。1960 年 4 月,由于气象站被界首机械厂、细粉厂、淀粉厂等所包围,迁至界首县城北汪庄"乡村"。1964 年 11 月,由于站址地势低洼、树木影响且离城较远,服务不便等因素影响,迁至界首城北邢庄"乡村"。2008 年 1 月,因为探测环境的恶化,迁至界首市南环路路北。即北纬 33°14′,东经 115°20′,海拔高度为 34.0 米。

2. 建制情况

领导体制与机构设置演变情况 界首县气象站从 1956 年建站至 1963 年 6 月归界首县农林局领导,1963 年 7 月至 1968 年 7 月领导体制为安徽省气象局和地方双重领导,1968 年 8 月体制改为地方领导,1970 年 11 月归界首县武装部领导,1971 年 2 月归界首县革命委员会领导,1978 年 8 月改为气象部门和地方政府双重领导,以气象部门为主、地方负责党政的管理体制;1980 年,全国气象系统实施改革,气象部门"三权"收回,改为部门和地方双重管理的领导体制,部门领导为主,即垂直管理。1983 年这种管理体制正式实施并延续至今。

人员状况 界首县气象站成立时有工作人员 3 人。现有在编职工 8 人,其中研究生 1 人,本科学历 2 人,大专学历 4 人;中级专业技术人员 3 人,初级专业技术 3 人。

单位名称及主要负责人更替情况

单位名称	负责人	性别	职务	任职时间
界首县气候站	时仓林	男	负责人	1957.1—1958.12
界首县气候站	杜绍兴	男	站长	1959.1—1959.5
界首县气候站	陈璧光	男	组长	1959.5—1963.8
界首县气候服务站	胡锡超	男	站长	1963.9—1971.10
界首县气候服务站	李佰通	男	副站长(临时负责)	1971.11—1973.10
界首县革命委员会气象站	王守义	男	局长	1973.10—1978.4
界首县气象站	张守训	男	局长	1978.4—1979.9
界首县气象局	孙仙灵	男	局长	1979.9—1984.4
界首县气象局	任大亚	男	局长	1984.4—1986.5
界首县气象局	李佰通	男	局长	1986.5—1988.10
界首市气象局	陈思政	男	局长	1988.10—1995.5
界首市气象局	张建军	男	局长	1995.5—2004.2
界首市气象局	胡 颖	女	局长	2004.2—

气象业务与服务

1. 气象业务

气象观测　界首县气象站 1957 年 1 月 1 日至 1960 年 7 月每天进行 01、07、13、19 时 4 个时次地面观测；1960 年 8 月至 1961 年 3 月改为 02、08、14、20 时 4 个时次地面观测；1961 年 4 月改为 08、14、20 时 3 个时次地面观测。每天编发 08、14、20 时 3 个时次的地面绘图报。观测项目有风向、风速、气温、气压、湿度、云、能见度、天气现象、降水、日照、蒸发（小型）、地面温度、浅层地温、冻土、雪深等。2004 年 7 月 1 日开展拓展项目观测，内容有：裸露空气温度、水泥地面温度、草面温度，2007 年 7 月 1 日取消。2004 年 7 月 28 日开始 0～50 厘米土壤墒情观测。

1992 年 2 月 6 日使用 PC-1500 袖珍计算机，取代人工编报。2003 年、2004 年为自动气象站平行观测，2005 年正式实行自动气象站单轨运行。2006 年 3 月 20 日开始在邴集、芦村、新马集、光武、靳寨、陶庙、任寨、砖集、泉阳、代桥 10 个乡镇安装了自动雨量站，2007 年 6 月 23 日王集镇安装 1 台四要素自动气象站。

气象信息网络　1980 年以前，天气预报与天气形势是利用收音机收听上级和周边气象台天气节目。每天 3 次的地面绘图报是使用手摇电话机发报。1984 年 5 月添置气象传真机，接收传真图。1988 年 6 月使用了高频电话，实现高频电话与地区气象台进行天气会商。2003 年建成宽带网。

气象预报　建站初期的天气预报是在抄收安徽、河南、江苏大台天气形势和预报基础上，结合单站要素资料、做出短期补充订正预报。1963 年后，运用单站气象要素时间变化曲线图、剖面图和定时抄收合肥、武汉等市广播电台播发的天气形势，进行简易天气图的绘制和分析。1984 年 5 月配备了传真接收机接收北京、东京等地的天气实况图和天气形势分析、省台综合预报指导信息等。1997 年 1 月安装了微机终端，通过与省市气象台的联网，接收各种天气图、雷达图、卫星云图、数值预报等，使气象资料在时间和空间上更好地结合起来，增加了信息量、开阔了县站预报的视野。日常开展的有 24 小时、48 小时短期预报，未来 3～5 天、午收、汛期等短、中期天气预报。同时，开展灾害性天气预报预警业务和供领导决策的各类重要天气报告等。

农业气象　1958 年到 1960 年开展农业气象观测。

2. 气象服务

公众气象服务　1980 年以前，天气预报是通过市广播电台向全市每天 3 次播报。1998 年开始利用"电视天气预报制作系统"自制节目，在市电视台播出。1997 年 5 月与界首市电信局合作，开通"121"天气预报自动答询系统。2003 年又利用安徽农网的短信群发平台以手机短信的形式为各级领导和用户提供天气预报、警报服务，使得气象信息以更加方便快捷的方式服务于广大用户。

决策气象服务　每年汛期或重大灾害性、转折性天气来临前，界首市气象局都及时地向市委、市政府开展决策气象服务。界首气象局在汛期 4 个月的日子里，每天坚持向市委、市政府、防汛指挥部电话汇报天气形势、各乡镇雨量图等。

农业气象服务 界首市以农业为主，又处于气候过渡带，气象灾害多发，界首气象局按照服务需要为市委、市政府和涉农部门提供天气趋势预报和农事建议，并结合界首市的气候特点和规律及主要农作物的气候条件，编写了《界首市气候资源分析及其利用》《界首市气候志》等书籍，为防灾抗灾、农业生产趋利避害提供科学依据。

2002年，依托"安徽农村综合经济信息网"，建立界首市农网信息中心。同时，界首市政府办公室下发《关于建立农村综合信息网，实施"信息入乡"工程的通知》，由市农委牵头，气象局具体实施。到2002年底，全市18个乡、镇、办事处全部建成农村综合信息站，使基层干部和农民了解到先进的农业技术信息，掌握市场所需的农产品产销及价格，开展网上交易。

人工影响天气 1997年7月成立界首市人工降雨领导小组，办公室设在市气象局。1997年8—9月各乡镇按地亩数集资29万元用于开展人工增雨作业。1998年1月购置北京吉普越野牵引车、WR-98型人工增雨火箭发射架及WR-98型人工增雨火箭弹。2001—2008年每逢干旱时期，界首气象局都要在全市范围内实施人工增雨作业。

气象科技服务 1985年专业气象有偿服务开始起步，利用邮寄、警报系统、电视、手机短信等手段，面向各行业开展气象科技服务。1990年为各乡镇安装天气预报警报接收机。1994年开展庆典气球施放服务，1998年开始制作电视天气预报背景画面广告节目，在市电视台播出。1990—2008年的每年4—6月份对全市避雷设施进行安全检测，并逐步开展了计算机信息系统、加油站、液化气站，中小学教学楼等防雷安全检测。2001年成立界首市气象科技服务公司，后改为界首市气象局华云科技服务中心。2006年夏季起开展新建建（构）筑物防雷工程图纸审核和竣工验收工作。

法规建设与管理

气象法规建设 2004年3月2日界首市人民政府下发了《关于加强防雷安全管理工作的通知》（界政办发〔2004〕39号）。2005年4月10日下发了《关于加强界首市建设项目防雷装置防雷设计、跟踪检测、竣工验收工作的通知》（界政办〔2005〕65号）、2007年3月10日《关于做好防雷减灾工作的通知》（界政办发〔2007〕）、2007年1月20日《关于开展2007年度防雷设施年检的通知》（界气监〔2007〕8号）等有关文件。

社会管理 对防雷工程、施放气球单位资质认定、施放气球活动许可制度等实行社会管理。为履行雷电灾害防御工作的管理职责，2001年成立了界首市防雷减灾办公室，通过科普宣传、送科技下乡等形式，向广大群众宣传气象法律法规和防雷减灾知识。界首市气象局每年配合市安委会对全市的加油站进行防雷安全检查。2006年起对全市新建建（构）筑物防雷工程图纸进行审核和竣工验收。2008年配合市教育局对全市220多所学校、进行了防雷装置安全检查。

政务公开 对气象行政审批办事程序、气象服务内容、服务承诺、气象行政执法依据、服务收费依据及标准等，采取了通过户外公示栏、电视公告、发放宣传单等方式向社会公开。

干部任用、财务收支、目标考核、基础设施建设、工程招投标等内容则采取职工大会或上公示栏张榜等方式向职工公开。

党建与气象文化建设

支部建设　从 1956 建站至 1994 年,界首市气象站的党建工作归属界首市农业委员会。1994 年 8 月成立中共界首市气象局支部,陈思政任党支部书记。2006 年界首市气象局党支部被评选为界首市"优秀党支部"。2008 年底,全局有中共党员 6 人。

党风廉政建设　2001 年起,层层签订党风廉政目标责任书,每年开展党风廉政教育月活动,并向界首市纪委汇报工作,推进惩治和预防腐败体系建设。并先后制定了界首市气象局党风廉政、政务公开、安全等多项规章制度。2002 年 3 月阜阳市气象局为界首市气象局配备了兼职纪检(监察)员。2002 年起,连续 7 年开展党风廉政宣传教育月活动。2007年 4 月按照安徽省气象局下发的《安徽省县(市)气象局"三人决策"制度》(皖气办发〔2007〕23 号)成立了"三人决策小组"。

精神文明建设　建立了室内外文体活动场所,购置了文体活动器材,组织职工开展各项文体活动。界首气象局以崭新的形象成为宣传界首气象的窗口。2002 年 3 月获得阜阳市第三届"文明单位"。

台站建设

2003 年通过项目资金,新修 90 多米水泥路,400 多米下水道。同时对观测场进行了加高改造。2007 年初界首市气象局置换征用土地 20000 平方米,用于新气象局的建设。2007 年 8 月份新办公楼开始建设,建筑面积 1130 平方米,11 月份主体工程完工,12 月 24日完成业务切换工作。

旧业务办公楼

新业务办公楼

原职工住房

职工新住房

颍上县气象局

颍上县,地处安徽省淮河与颍河交汇处、黄淮平原最南端。全县国土面积 1859 平方千米,人口 166 万。这里地处南北气候过渡带,四季分明,气候温和,水资源尤为丰富,素有"五河三湾七十二湖"之称。

机构历史沿革

1. 始建及沿革情况

1958 年 9 月 1 日,成立颍上县气候站,位于颍上县花园农场,北纬 32°39′,东经116°13′,海拔高度 25.6 米。1959 年 7 月,站名变更为颍上气象站。

1960 年 4 月,站名变更为颍上县气象服务站。1960 年 10 月,搬迁至城西四里湾。

1962 年 7 月,搬迁至城东轮窑厂。1970 年 7 月,搬迁至颍上县城东面粉厂。1971 年 2 月,站名变更为颍上县革委会气象站。1975 年 9 月,搬迁至颍上县颍河乡颍河大队。1979 年 8 月,站名变更为颍上县气象局。1984 年 9 月,站名变更为颍上县气象站。1988 年 8 月,站名变更为颍上县气象局。2007 年 1 月 1 日,搬迁至颍上县管仲大道西段。位于北纬 32°39′,东经 116°14′,海拔高度 25.2 米。

2. 建制情况

领导体制与机构设置演变情况　1958 年 9 月至 1963 年 6 月隶属于颍上县花园农场;1963 年 7 月至 1968 年由安徽省气象局和颍上县人民委员会双重领导,以气象部门为主;1968 年至 1971 年 1 月由地方领导;1971 年 2 月至 1973 年 6 月由颍上县人民武装部和颍上县革命委员会双重领导,业务属于省气象局,建制属地方,以人武部领导为主;1979 年,隶属上级气象部门和地方政府双重领导,以气象部门为主、地方负责党政的管理体制;1980 年,改为部门和地方双重领导,以部门领导为主。

人员状况　1958 年建站初期有 3 人。2008 年 12 月 31 日,在编职工 6 人,其中工程师 3 人,助理工程师 2 人,工人 1 人。退休人员 5 人。

单位名称及主要负责人更替情况

单位名称	负责人	性别	职务	任职时间
颍上县气候站	蔡长林	男	站长	1958.9—1961.12
颍上县气象服务站	蒋千里	男	站长	1961.1—1962.1
颍上县气象服务站	朱连然	男	站长	1962.2—1964.7
颍上县革委会气象站	秦惟堃	男	站长	1964.7—1975.3
颍上县革委会气象站	杨树云	男	站长	1975.4—1978.8

单位名称	负责人	性别	职务	任职时间
颍上县气象局	王广印	男	局长	1978.9—1980.12
颍上县气象局	王守成	男	局长	1981.1—1982.6
颍上县气象站	邢振刚	男	副局长（主持工作）	1982.7—1986.12
颍上县气象局	王传华	男	局长	1987.1—1996.12
颍上县气象局	胡 颖	女	局长	1997.1—2004.3
颍上县气象局	张 彪	男	局长	2004.4—

气象业务与服务

1. 气象业务

气象观测　1958 年 11 月 1 日起，观测时次采用地方时 08、14、20 时每天 3 次观测，夜间不守班。观测项目有云、能见度、天气现象、气温、湿度、风向风速、降水、雪深、蒸发（小型）、地温（地面和浅层 5～20 厘米）。1960 年新增日照观测、拍发雨量报、灾害性天气报；1961 年 10 月改汛期雨量报为常年雨量报；1969 年 9 月增加预约航空报；1971 年 9 月编发补充天气报；1973 年 1 月起拍发航空报；1982 年向省气象台发布重要天气报。

2004 年 7 月 1 日至 2007 年 7 月 1 日新增大气探测拓展项目：最高、最低裸露气温，最高、最低水泥路面地温以及最高、最低草面温度观测。2004 年 7 月 28 日开始 0～50 厘米土壤墒情观测。

2005 年 10 月 1 日，CAWS600 型自动气象站和人工站双轨运行。2006 年 12 月 31 日 20 时起自动气象站单轨运行。2004—2006 年，全县 13 个乡镇分别建立了单要素雨量站。2005 年在谢桥镇、古城乡建立了 2 个四要素自动气象站。

气象信息网络　1984 年前，气象站利用收音机收听武汉区域中心气象台和上级以及周边气象台站播发的天气预报和天气形势。1984 年 1 月 1 日起，配备 ZSQ-1（123）天气传真接收机接收北京、欧洲气象中心以及东京的气象传真图。1998 年开始使用地面卫星接收站接收卫星云图。2000 年后通过光纤网络接收省、市地面到高空各类天气形势图和云图、雷达等数据，为气象信息的采集、传输处理、分发应用、会商分析提供支持。

气象预报　1984 年前通过收听天气形势，结合本站资料制作天气预报。2000 年春至今，开展常规 24 小时、未来 3～5 天和旬月报等短、中、长期天气预报以及临近预报。并针对不同部门的需要制作出不同的专业气象预报。

2. 气象服务

公众气象服务　1960 年起，利用农村有线广播站播报气象消息，后来通过邮寄旬报、向电视台打电话的方式播报气象信息。1987 年 7 月 7 日应用了高频电话机向全县发布天气信息。1997 年建立电视气象影视制作系统，采取制作电视录像带送往电视台播放天气预报。2004 年起增加了采用手机短信发布气象信息。

决策气象服务 20 世纪 80 年代以口头或电话汇报方式向县委县政府提供决策服务。20 世纪 90 年代逐步开发《重要天气报告》、《气象内参》、《气象呈阅材料》、《汛期天气形势分析》、《午收天气预报》、《天气周报》等决策服务产品。

专业专项气象服务 1985 年春,遵照国务院办公厅《转发国家气象局关于气象部门开展有偿服务和综合经营的报告的通知》(国办发〔1985〕25 号)文件精神,专业气象有偿服务开始起步,利用邮寄、警报系统、声讯、影视、手机短信等手段,面向各行业开展气象科技服务。1992年 1 月起,开展庆典气球施放服务。1995 年 4 月起,为各单位建筑物避雷设施开展安全检测。1997 年 7 月起开展了电视天气预报广告服务。2007 年 9 月起开展对新建建筑物防雷装置图纸审核和竣工验收工作。

深夜实施人工增雨作业

1974 年 9 月成立了颍上县人工降雨办公室。1998 年 5 月颍上县气象局购置了"三七"高炮 1 门。1999 年阜阳市气象局下拨给颍上县气象局 WR-1 火箭发射架 1 套,2007 年 5 月颍上县气象局再购 1 套人工增雨火箭发射器。

气象科技服务 1995 年,利用气象警报机向专业用户发布专题气象服务信息。1997年 7 月由县气象局应用非线性编辑系统制作电视天气预报节目。1996 年 4 月开通了"121"天气预报自动答询系统。2000 年 1 月 1 日起建立颍上农村经济信息网开展网络气象服务。2002 年 1 月手机短信气象服务信息平台开通。2007 年 2 月起通过气象灾害预警信息电子显示屏发布灾害性天气预警信息。

科普宣传 每年 3 月和 6 月开展气象法律法规、气象科普和安全生产宣传教育活动。

法规建设与管理

法制建设 2000 年以来,颍上县政府先后出台《关于加强气象探测环境和设施保护的意见》(颍政办发〔2004〕178 号)、《颍上县气象事业发展"十一五"规划》(颍发改综〔2007〕1089 号)等 9 个规范性文件,气象工作纳入颍上县政府目标责任制考核体系。

社会管理 2001 年 12 月,县政府审批办证中心设立气象窗口,承担气象行政审批职能,规范天气预报发布和传播,实行低空飘浮物施放审批和建筑物防雷图审批制度。2002—2004 年,2 次参与行政审批制度改革,规范行政审批手续。2000 年 8 月,成立颍上县气象行政执法小组。5 名兼职执法人员持证上岗;2001—2008 年,与消防、安监、公安等部门联合开展气象行政执法检查 40 余次。

2000 年 5 月,颍上县政府印发《关于做好防雷减灾工作的通知》(颍政办〔2007〕85 号)。2000—2009 年,颍上县政府成立了气象灾害应急、防雷减灾、人工影响天气 3 个工作领导小组,在气象局设立办公室,负责日常工作。

党建与气象文化建设

1. 党建工作

支部组织建设　1981 年以前由于党员人数少和县农业局编为一个支部，1981 年 11 月成立中共颍上县气象站党支部，王广印同志任支部书记。2008 年底，有中共党员 8 名，其中离退休党员 3 名。

党风廉政建设　2001 年 3 月成立了颍上县气象局党风廉政建设工作领导小组。2001 年以来，颍上县气象局逐步做到政务公开、党务公开。并开展各种形式的主题教育活动。2007 年 4 月，按照安徽省气象局下发的《安徽省县（市）气象局"三人决策"制度》（皖气办发〔2007〕23 号）文件精神，成立了颍上县气象局三人决策小组。三人决策小组负责对单位发展中长期发展规划、人事、重大事项、大额开支等事项进行决策。

2. 气象文化建设

精神文明建设　2000 年以来，颍上气象局组织职工学习黄山松精神，把黄山松精神凝注到职工工作中去，开展爱国主义教育活动，坚持开展"争先创优"活动。

文明单位创建　颍上县气象局在硬件和软件上加大投入，2007 年 1 月 1 日搬迁到新建办公楼，对办公楼和大院投入资金进行装饰和绿化，并制定文明创建学习制度。颍上县气象局 2002—2008 年期间连续被中共阜阳市委、市政府授予阜阳市第四届、第五届、第六届"文明单位"。

台站建设

2007 年前，颍上县气象局一直处于低洼地带。1989 年前颍上县气象局办公面积最大为 60 平方米，1991 年 3 月建成了 220 平方米的两层办公楼。2003 年 6 月 29 日，淮河流域洪水导致观测场严重积水而实施搬迁。现址于 2007 年 1 月 1 日正式开始运行，办公楼建筑面积 1200 平方米，有党员活动室、阅览室、体育活动室。并投入数十万元对大院环境进行规划、绿化，安装健身器材等。

老业务办公楼

新业务办公楼

淮南市气象台站概况

淮南市位于安徽省中北部,地处东经 $116°21'\sim117°11'$,北纬 $32°32'\sim33°0'$,现辖 5 区 1 县,分别为田家庵区、大通区、谢家集区、八公山区、潘集区和凤台县(含毛集实验区)。全市总面积 2596.4 平方千米,全市总人口数 239 万。

淮南市属大陆性暖温带半湿润季风气候区,主要气候特征是:春温多变,夏雨集中,秋高气爽,冬季干冷,四季比较分明。灾害性天气频发,尤以暴雨、干旱、大风、雷电、大雪为甚。

气象工作基本情况

台站概况 淮南市气象局下辖 1 个县级气象局:凤台县气象局。全市有 2 个地面气象观测站,均为国家一般气象站;有 32 个区域自动气象站,其中,单要素(雨量)站 23 个,四要素(雨量、温度、风向、风速)站 8 个,六要素(雨量、温度、风向、风速、气压)站 1 个。

人员状况 截至 2008 年 12 月 31 日,全市气象部门在编人数 38 人,其中研究生 1 人,本科生 20 人;高级职称 1 人,中级职称 16 人。

党建和文明创建 截至 2008 年底,全市气象部门有党支部 2 个,党员 29 人。全市气象部门共建成市级文明单位 1 个,县级文明单位 1 个。

主要业务范围

主要开展地面测报、天气预报与服务、人工影响天气、安徽农网淮南"信息入乡"工程建设、气象科普宣传、气象法规建设以及相关社会管理业务。其中天气预报业务包括短时临近、短期、中期及长期预报,气象服务包括公众气象服务、决策服务、专业专项气象服务;气象科普主要依托电视气象预报栏目、手机短信、电话咨询、电子显示屏、网站等渠道,通过气象志愿者集中上街宣传、气象台开放日活动等,接待全市各界人士参观咨询,气象专家到中小学校开展气象科学及防灾减灾知识讲座等方式,实施气象科普入村、入企、入校、入社区活动;社会管理业务工作主要通过淮南市政务服务中心气象窗口,承担气象行政审批职能,规范气象信息传播,并对无人驾驶自由气球和系留气球施放、防雷装置设计审核和竣工验收等开展"一站式"行政审批服务;全市兼职执法人员依法开展气象行政执法工作,推进气象法制建设。

淮南市气象局

机构历史沿革

1. 始建及沿革情况

淮南市气象局前身为淮南市气候站,于1954年12月筹建,1955年1月1日,正式开展地面气象观测业务。站址位于九龙岗矿工医院附近,东经117°01′,北纬32°30′,观测场海拔高度35.2米。1958年9月1日迁至淮南农场,位于东经117°01′,北纬32°30′,观测场海拔高度24.3米。1964年1月1日,站址迁到田家庵区公园路农林局大院,位于东经117°01′,北纬32°30′,观测场海拔高度22.0米。1984年1月1日,站址迁到田家庵区人民南路222号,位于东经117°01′,北纬32°39′,观测场海拔高度32.6米。1996年1月由于观测场周边环境变化,观测场向北挪移约30米,位于东经117°01′,北纬32°39′,观测场海拔高度22.0米。

2002年底,由中央财政、淮南市政府共同投资在淮南市农业科学研究所内(位于淮南市经济技术开发区)建设淮南市气象雷达中心,该中心于2005年11月正式投入使用,拥有711-B数字化气象警戒雷达1部。淮南市气象台预报与服务、人工影响天气作业指挥等业务由气象局业务大楼(淮南市田家庵区人民南路)迁入雷达中心。

2. 建制情况

领导体制与机构设置演变 1954年12月筹建时,名为淮南市气候站;1960年4月改称淮南市气象服务站;1971年2月改称淮南市气象站;1979年8月改称淮南市气象局;1981年5月升格为县级事业单位;1983年11月改称淮南市气象台;1986年6月,再次更名为淮南市气象局至今。

1955年1月1日至1958年8月,建制属省气象局;1958年9月隶属关系转归淮南农场,业务由省气象局管理;1960年4月,业务接受六安专区气象服务台指导;1964年1月"三权"收回省气象局管理,党政转归市农林水利局领导;1970年11月纳入淮南市人民武装部领导,省气象局负责业务管理,建制仍属地方;1973年7月,划归市农林水利局革命委员会领导,属正科级单位;1979年5月,实行由省气象局和地方政府双重领导,以省气象局为主的管理体制至今;1981年5月升格为县级事业单位(淮编字〔1981〕053号)。

人员状况 1955年建站初期仅有在职职工2人。1978年有在职职工8人。截至2008年底,有气象在职职工30人,其中中共党员15人,团员6人,民盟1人;大学以上学历16人,大专学历7人;中级专业技术人员6人,初级专业技术人员8人;年龄50岁以上9人,40~49岁13人,40岁以下8人;汉族29人,回族1人。

单位名称及主要负责人更替情况

单位名称	负责人	职务	性别	任职时间
淮南气候站	潘子云	组长	男	1955.01—1955.05
	杨启斌	负责人	男	1955.05—1956.10
	张鼎生	负责人	男	1956.10—1957.03
	李允栋	负责人	男	1957.03—1960.04
淮南市气象服务站	李允栋	负责人	男	1960.04—1962.02
	周中良	站长	男	1962.02—1963.04
	李允栋	负责人	男	1963.04—1963.08
	刘开珣	负责人	男	1963.08—1964.10
	姚大勇	副站长（主持工作）	男	1964.10—1968.07
	严如峰	负责人	男	1968.07—1971.02
淮南市气象站	严如峰	负责人	男	1971.02—1972.06
	黄玉秀	站长	男	1972.06—1973.12
	李纯芝	站长	男	1973.12—1979.08
淮南市气象局	李纯芝	负责人	男	1979.08—1981.08
	李振金	局长	男	1981.08—1983.11
	周维义	台长	男	1983.11—1986.05
	张念禹	负责人	男	1986.05—1986.07
	余仁国	副局长（主持工作）	男	1986.07—1988.12
	胡鸣	局长	男	1988.12—1993.03
	杨枫	局长	男	1993.03—1994.11
	余仁国	副局长（主持工作）	男	1994.11—1999.12
	於克满	局长	男	1999.12—2004.05
	李红卫	副局长、局长	男	2004.05—

气象业务与服务

1. 气象业务

地面观测　1955 年 1 月 1 日起,观测时次采用地方时 01、07、13、19 时每天 4 次观测;1960 年 7 月 31 日起,改为每天 07、13、19 时 3 次观测;1961 年 4 月 1 日起,每天 08、14、20 时 3 次观测。观测项目有云、能见度、天气现象、气压、气温、湿度、风向风速、降水、雪深、日照、蒸发、地温等。

1996 年 1 月 1 日至 1999 年 12 月 31 日,观测级别由一般站改为气候观测站(五类站),观测项目仅保留气温、降水和风,取消发报项目。2000 年恢复国家一般站业务。2004 年 7

月23日,开始土壤墒情观测。2005年12月建成CAWS600型自动气象站,2006年1月1日开始实行人工、自动双轨地面观测运行至2007年12月。2008年1月1日自动气象站正式投入单轨业务运行。自动气象站采用仪器自动采集、记录替代了人工观测的项目有气压、气温、湿度、风向、风速、降水、地温等,其余的观测项目:云、能见度、天气现象、雪深、日照、蒸发等仍由人工观测。每年4月到8月每日05时拍发雨量报。加密天气报的内容有云、能见度、天气现象、气压、气温、风向风速、降水、雪深、地温等。重要天气报的内容有暴雨(预约)、大风、雨凇、积雪、冰雹、龙卷风等,2008年6月1日起增加雷暴、霾、浮尘、沙尘暴、雾。雨量报发送过去24小时雨量,2008年4月起改为VP报发送(不正常时由人工发送)。2004年7月1日至2007年6月30日开展裸露空气日最高和最低温度、水泥地面日最高和最低温度、草面日最高和最低温度观测。

2003—2008年,在孔店、曹庵、史院、孤堆、李郢孜、三和、安成、上窑、平圩、泥河、古沟、夹沟、芦集、贺疃、焦岗、夏集等16个乡镇建立了16个单雨量自动监测站,在杨公、毛集、八公山、九龙岗、高皇等区及乡镇建立5个四要素自动气象站,在潘集区建立1个六要素自动气象站。

气象信息网络 1980年前,利用收音机收听武汉区域中心气象台和安徽省气象台播发的天气形势和天气预报。1981开始利用ZSQ-1天气传真接收机接收北京、东京、欧洲气象中心的气象传真图。1996年10月开始通过VSAT卫星气象资料接收系统接收从地面到高空各类天气形势图和云图、雷达等数据,停收传真图。2007年建成DVB-S卫星接收系统。

1981开始使用ZSQ-1气象传真接收机,接收传真图;1985年开通甚高频无线电话,实现与安徽省气象台直接业务会商;1992年引进卫星云图接收设备,接收卫星云图;1996年建成"121"电话自动答询系统;1996年10月,9210工程建成,卫星双向通信VSAT站和MICAPS系统投入使用,停用甚高频无线电话;1998年组建X.25分组数据交换网,作为气象预报辅助通信设备和测报数据主通信设备;2001年开通10兆光纤宽带替代X.25分组数据交换网;2005年底完成711-B数字化气象警戒雷达、雷达楼及机房建设,主要用于人工增雨作业指挥和强对流突发天气监测;2005年建成省—市视频会商系统;2007年建成观测场视频监控系统。

气象预报 1958年9月始,通过收听武汉和安徽的天气形势和预报广播,绘制简易天气分析图,结合本站资料图表每日早晚制作24小时单站补充天气预报,通过市广播电台和矿区电台广播发布。20世纪80年代初起,每日6时30分、10时、17时3次制作预报,通过市广播电台和矿区电台广播。1985年开始每天16时通过甚高频电话向省气象台传24小时电视天气预报。1996年10月,通过MICAPS系统(气象信息人机交互系统)分析天气形势,停止手工绘制天气分析图。

2002年开始制作一周天气预报供市领导和有关部门参考决策。长期预报主要运用数理统计方法和常规气象资料图表及天气谚语、韵律关系、相似等方法,根据"大中小、图资群、长中短相结合"技术原则,制作长期天气趋势预报。长期预报产品种类主要有:春播预报、午收、汛期(6—8月)预报、秋季预报。

2. 气象服务

公众气象服务 1986年前,主要通过广播和邮寄旬报方式发布气象信息。1996年月开始制作通过电视发布的气象预报信息,2003年1月1日开播地市级有主持人演播的气象预报电视节目。2004年开通手机气象短信服务,2005年开通了小灵通气象短信服务。2006年起,在全市安装气象预警信息显示屏发布气象预报、预警信息。2007年起,利用"淮南气象与服务"网站发布气象预报。2008年开通手机"掌上气象台"。截至2008年底,通过淮南市4个电视频道、《淮南日报》等3种报纸及2个广播频道发布气象信息。2008年,为北京奥运会火炬途经淮南传递、国家重点项目"两淮"煤电基地建设竣工投产仪式等重大活动开展现场气象保障服务。

决策气象服务 2001年之前,制作旬、月报、春播预报、午收、汛期(6—8月)预报、秋季预报等气象服务产品,并于20世纪80年代后期开始,在每年6—8月份向市及区党政领导和有关部门、单位报送淮河淮南上游安徽境内雨量实况,为防汛抗旱、工农业生产提供参考决策。2002年后,逐步开展《一周天气》、《天气情况汇报》、《重要气象信息专报》、《专项气象服务汇报》和灾害性天气预警等预报服务。

1992年开始,为第二届以后历届中国豆腐文化节开展气象信息保障服务。2005年起,通过手机短信向市及区党政领导、防汛抗旱责任人、农村中小学校长、行政村支书等约2000人发布各类预警信息。2007年起利用手机短信平台发布短时临近预报预警信息,并以此为依托为全市重大活动开展气象服务保障。2008年7月8日印发《淮南市决策气象服务实施细则》,明确规定了决策服务领导机制与岗位责任、服务方式、对象、范围、流程、内容等,决策气象服务工作得到进一步规范和加强。

专业与专项气象服务 1985年3月,遵照国务院办公厅《转发国家气象局关于气象部门开展有偿服务和综合经营的报告的通知》(国发办〔1985〕25号)文件精神,专业气象有偿服务开始起步,1986年建立气象警报系统,面向有关部门、乡(镇)、村、农业大户和企业等每天4次发布天气预报警报信息服务。1992年起,开展庆典气球施放服务。1996年开通"121"(2007年10月改为"96121")天气预报电话自动答询系统。2004年起通过手机、小灵通发布气象信息,2008年开通手机"掌上气象台"。2006—2008年在全市范围内安装使用气象防灾减灾预警电子显示屏30块。

1987年起开展建(构)筑物、计算机信息系统防雷装置安全检测。2004年开展新建建(构)筑物防雷装置图纸设计审核、工程竣工验收等工作。2006年8月,成立淮南市防雷中心。

1986年建立天气预报警报信息发布系统。针对淮南市重点发展能源经济的特点,开展煤炭火力发电场建设项目气候可行性论证。1976—1979年,每年在淮南煤矿机械厂、化工机械厂、肉类加工厂抽调基干民兵利用"三七"高炮,开展人工增雨作业。2000年后,配备人工增雨火箭发射架和火箭架牵引车,适时开展人工增雨作业。

气象科技服务 2001年4月,成立淮南市农村综合经济信息中心,开展安徽农网"信息入乡"工程建设。至2002年底完成全市乡镇信息站的建设任务,实现了每个县区和每个乡镇都按照"一间房子、一块牌子、一台机子、一根网线、一个人、一套制度""六个一"的标准,建立县区分中心和乡镇信息服务站,实现了农网信息入乡的阶段性建设目标。全市农民利用网络信息调整产业结构、学习生产技术、了解市场行情、销售农副产品。

气象科普宣传 2001年5月恢复成立淮南市气象科学技术学会,负责开展全市气象科普活动。2007年6月,由淮南市科学技术协会授牌为淮南市科普教育基地;在淮南电视台《生活风》栏目、《淮南日报》等刊播防雷科普专题内容。2007 年 9 月,参与全省气象防灾减灾科普接力活动,并向全市中小学赠送防雷知识挂图和光盘。2008 年 9 月,开展向全市农村小学赠送《安徽省小学生气象灾害防御教育读本》活动。

2007 年起,每年定期开展气象台开放日活动,接待全市各界人士参观咨询;不定期举办气象专家到中小学校讲授气象科学及防灾减灾知识讲座活动。应用电视气象、手机短信、电话答询、电子显示屏、网站等渠道,实施气象科普入村、入企、入校、入社区活动,全市科普教育受众面达 200 余万人次。

法规建设与社会管理

气象法规建设 1991 年 5 月 30 日,淮南市人民政府发布实施《淮南市气象观测环境及设施保护暂行规定》(淮府秘〔1991〕46 号),此规定 2008 年 6 月废止。

2004 年 10 月 19 日,《淮南市防御雷电灾害条例》经安徽省人大常委会第十二次会议批准,2004 年 11 月 8 日,经淮南市人大常委会正式颁布,2005 年 1 月 1 日起施行。2006 年 12 月,淮南市政府印发《关于加快气象事业发展的决定》(淮府〔2006〕84 号),此决定明确了发展淮南气象事业的指导思想和到 2020 年的发展目标,对加强气象监测能力建设,提高气象预报预测和公共气象服务水平,加快"一流台站"建设等提出具体要求,并就加快事业发展提出保障措施。

社会管理 2002 年初,淮南市政务服务中心设立气象窗口,承担气象行政审批职能,规范气象信息传播,并对无人驾驶自由气球和系留气球施放、防雷装置设计审核和竣工验收等开展"一站式"行政审批服务。因业务量较少,气象窗口审批业务曾一度撤回气象局办理,后于 2006 年 4 月恢复。2005 年 6 月 8 号,5 名兼职执法人员均通过安徽省政府法制办培训考核,持证上岗,开展气象行政执法工作。

政务公开 2002 年起,就气象行政审批办事程序、气象服务、气象行政执法依据、服务收费依据及标准等内容向社会公开,并实行一次性告知制。2006 年 6 月,向社会公开首问负责制、限时办结制、责任追究制三项制度;2007 年 6 月,制定《淮南市气象局主动公开和依法申请公开制度》、《淮南市气象局政务公开评议制度》、《淮南市气象局政务公开责任追究制度》三项制度。2004 年开始通过局务公开栏、全局职工会议、安徽气象及淮南气象网站等就财务预算与支出、政府采购、基建维修、重大决策等对内进行局务公开。2008 年开始通过"中国淮南"网站公开政府淮南气象信息及目录。

党建与气象文化建设

1. 党建工作

支部组织建设 1986 年秋,成立中共淮南市气象局支部,支部书记为胡鸣。1991-2008 年,淮南市气象局党支部连续获得由市直机关工委表彰的"先进党支部"、"五好基层党组织"荣誉,有 10 人次获得"优秀共产党员"、"优秀党务工作者"表彰。

党风廉政建设 2001 年开始,市气象局党组纪检组逐步开展对规章制度和重大决部署执行情况的监督检查,并组织开展审计工作。2007 年 1 月 1 日,实行凤台县气象局财务由市气象局管理审核制度(即"县财市管");2007 年 4 月在县局聘用兼职纪检(监察)员,实行县局"三人决策"制度。2007 年 8 月印制完成《淮南市气象局党风廉政建设制度汇编》,收录修订完善工作制度 34 条。

2. 气象文化建设

精神文明建设　建立局精神文明建设领导小组常设机构,2000—2008 年,开展与贫困村结对帮扶活动。1996 年建成"淮南市文明单位"、"花园式单位",2004 年建成"淮南市文明标兵"单位。

文化建设和文体活动　发掘《淮南子》"二十四"节气农业气象文化,制成巨幅科普宣传展板挂在办公楼醒目位置,将气象服务理念、和谐廉政理念、文化励志格言等制成精美挂件,镶嵌在办公楼各层走廊及会议室,营造富有行业和地方特色的气象文化氛围。建立职工图书阅览室、乒乓球室、修建篮球场等,自 1994 年开始,每年举办多种形式的文体活动,如职工运动会、拔河比赛、演唱比赛、红歌会、扑克比赛、书法比赛、计算机操作比赛及离退休人员茶话会等;开展爱国主义教育活动,组织职工参观革命传统教育基地等。

3. 荣誉

1987 年、1989 年、1992 年,分获安徽省劳动竞赛委员会表彰的"创优质服务、争一流水平"先进单位;1991 年获中国气象局表彰的"全国防汛减灾气象服务先进集体";2007 年获安徽省委、省政府表彰的"防汛抗洪先进集体"。

台站建设

1982 年建业务楼 1 栋,建筑面积为 811 平方米。1998 年和 2008 年对业务楼进行 2 次装修。1998 年 8—12 月,对局大院环境进行综合治理、绿化美化。1997 年 1 月,在局大院南端建成淮南市气象局科技楼,建筑面积为 2587 平方米。2005 年 11 月建成淮南市气象雷达中心,雷达业务楼建筑面积 1096 平方米。1983 年、1990 年和 1996 年先后建成职工住宅楼 3 幢,共 52 套,职工生活住宿条件得到改善。

1983 年的淮南市气象局

淮南气象局（2009 年拍摄）

2005 年建成的雷达楼

凤台县气象局

　　凤台县地处安徽省西北部，位于淮河中游，全县总面积 894 平方千米，有"淮上明珠"之誉。年平均气温 15.2℃，年平均降水量 914.8 毫米，亚热带季风气候，四季分明，气候温和，降水充沛，日照充足，无霜期长。地势北高南低，沟渠密布，水利条件较好。春季多阴雨，春夏之交局部时有大风、冰雹，夏季多雨，常出现洪涝，夏秋之交，常出现秋旱，冬季雨水偏少。

机构历史沿革

1. 始建情况

　　凤台县气候站始建于 1958 年 11 月，位于凤台县城西郊（水稻原种场附近）。1963 年迁移至凤台县城关镇八里塘"郊外"，位于北纬 32°43′，东经 116°44′，观测场海拔高度 22.0 米。

2. 建制情况

　　领导体制与机构设置演变　1958 年 11 月，由省气象局和县农林局双重领导，以省气象局领导为主。1959 年 4 月，以县农林局领导为主，省气象局负责业务指导。1964 年 1 月，以省气象局领导为主，1970 年 2 月实行军管，以县人武部领导为主，省气象局负责业务指导。1973 年 7 月，以县革委会领导为主，属局科级单位。1979 年 7 月，撤站建局，改由省气象局和地方政府双重领导，以气象局领导为主的管理体制。

　　人员状况　1958 年 11 月，仅有气象职工 1 人。截至 2008 年底，有在职职工 8 人，其中中共党员 5 人，预备党员 1 人；大学本科学历 4 人，大专学历 2 人，大专以下学历 2 人；工程师 5 人，助理工程师 2 人，技术员 1 人；30 岁以下 2 人，30～40 之间 4 人，40 以上 2 人。

单位名称及主要负责人更替情况

单位名称	负责人	职务	性别	任职时间
凤台县气候站	周国香	负责人	男	1958—1959（月份不详）
阜阳专区凤台县气候站	周国香	负责人	男	1959—1960.10
凤台县气象服务站	周国香	负责人	男	1960.11—1965
	刘国明	临时负责人	男	1965—1966.11
	黄时程	指导员	男	1966.11—1970
	岳恒杰	副站长（主持工作）	男	1970—1973.6
凤台县气象站	岳恒杰	副站长（主持工作）	男	1973.7—1978
	张继高	指导员	男	1978—1979（月份不详）
凤台县气象局	张继高	指导员	男	1979—1980（月份不详）
	候纯美	局长	女	1980—1988（月份不详）
	王德恩	局长	男	1988—2001.03
	丁言杰	局长	男	2001.03—2004.07
	吴家贤	副局长、局长	男	2004.8—

气象业务与服务

1. 气象业务

地面观测 承担业务类别的变动：1958 年 12 月—1962 年 12 月，气候观测站；1963 年 1 月—1987 年 12 月，国家一般气象站；1988 年 1 月—1995 年 8 月，国家辅助气象站；1995 年 9 月—2006 年 12 月，国家一般气象站；2007 年 1 月—2008 年 12 月，国家气象观测二级站。观测方法的变动：1959 年 1 月—1960 年 7 月，在 01、07、13、19 时 4 个时次定时观测，使用地方平均太阳时。1960 年 8 月—1961 年 3 月，采用北京时 02、08、14、20 时 4 次定时观测。1976 年改为 08、14、20 时 3 次观测。观测方式的变动：2004 年 5 月前，只有人工观测。2004 年 5 月，使用七要素自动气象站，经过 2 年对比观测，于 2007 年 1 月 1 日起正式单轨运行，以自动气象站数据为正式观测记录。观测项目的变动：1958 年建站时观测项目为云、能见度、天气现象、风向、风速、气温、湿度、降水、蒸发、日照、雪深、地面状态。1959 年 5 月，增加气压观测。1960 年 1 月，增加地面 0 厘米和最高最低温度观测。1961 年 3 月，停止温度自记观测。1961 年 11 月，增加冻土观测。1961 年 12 月，停止湿度计观测。1962 年 1 月，停止能见度观测。1970 年增加雪压观测。1975 年 1 月 1 日，恢复使用温湿自记。1976 年 10 月 20 日，增加直管地温（80 厘米）。1980 年取消雪压观测。1986 年 4 月 1 日，增加 40 厘米地温观测。1988 年，改为试点站，观测项目减少为气温、降水、天气现象、雪深和自记降水。1995 年 9 月恢复一般站观测任务。2004 年 7 月 1 日，增加裸露气温、水泥板温度、草面温度"三温"观测。2007 年 6 月 30 日，取消"三温"观测。2008 年 12 月，增加电线积冰观测。发报项目的变动：1960 年 8 月 1 日，取消省区域绘图报。1960 年 6 月 24

日,改变为省区域 4 次定时绘图报。1961 年 3 月 24 日,调整全省拍发区域绘图报,时次为 08 和 14 时。1961 年 10 月 9 日,拍发雨量报。1971 年,增加补充天气报。1974 年 5 月 25 日—6 月 31 日,增发预约航空报。1978 年 4—8 月,增发预约航空报。1982 年 4 月 1 日,增加重要天气报。1987 年 4 月 10 日,停止拍发绘图报。1988 年—1995 年 8 月,只发雨量报和重要天气报。1995 年 9 月,恢复小图报,增发雨量报。2001 年 1 月,增发加密报,取消小图报。汛期增发 05 时雨量报。

1981 年 6—7 月,承担梅雨期暴雨试验的观测任务。1998 年 6 月和 1999 年 6 月,2 次承担由中国气象局、日本名古屋大学联合组织的"淮河流域水分与能量循环试验"的 24 小时加密观测任务。

气象信息网络 自 1958 年 12 月到 1996 年 4 月,气象电文发报一直使用邮政局专线电话转发。1996 年 5 月,使用 162 拨号上网进行发报,之后随着时代的发展,升级为 ADSL 和光纤。

气象预报 1982 年,凤台县气象局设立预报组。以收听广播、接收传真图、手绘天气图等方式进行天气预报的制作。1986 年后,使用高频电话、气象警报接收机和 386 计算机及配套设施,用于与上级进行天气会商和预报产品发布。1998 年,建立县级计算机气象服务远程终端。2001 年 8 月,建立 PCVSAT 单收站建立并投入业务使用。2008 年,应用短时临近预报系统。2008 年 4 月,气象预警信息显示屏安装于各级党政机关和重点防汛地段。

农业气象 2004 年 7 月 28 日,开始承担土壤墒情观测发报任务。

2. 气象服务

公共气象服务 天气预报早期是通过无线、有线广播网向公众发布。1998 年 11 月,多媒体天气预报系统正式启用,每天在凤台一套、二套及有线台播出电视天气预报节目。2000 年 7 月 26 日,凤台气象语音电话自动答询系统"121"开通,公众可以通过拨打语音电话自动查询到短期、中期、城市预报及气象小知识等相关内容。

决策气象服务 早期决策服务材料主要为旬月报。截至 2008 年底,决策服务产品有天气周报、重大气象灾害天气专报以及春播、夏收、秋收等专报。

1991 年夏季,凤台县遭遇特大洪水,因在气象决策服务工作方面准确、及时、主动,县委、县政府对气象局进行通报嘉奖。2008 年 12 月的 3 场暴雪,提前 1~2 天做出准确预报,并送呈书面材料,凤台县委县政府随之启动暴雪应急响应,组织人员转移安置村民数百人,并 2 次下发文件要求各职能部门各司其职、重点防范,安排交警在各个危险路段执勤。由于组织得力,应对及时,在这次罕见的雪灾面前,凤台县未出现一起人员伤亡事故。

专项气象服务 连续 15 年为淮南市"豆腐文化节"凤台县分会场提供多期专业天气预报服务。2008 年 8 月份,制作多期奥运期间天气专报服务材料。

防雷技术服务 1989 年,开展建(构)筑物避雷设施安全检测。2004 年开展新建建(构)筑物防雷装置图纸设计审核、工程竣工验收等工作。2007 年 3 月,成立淮南市防雷中心凤台县雷电防护所。

人工影响天气 2001 年夏季,凤台县遭受了有气象观测数据以来的最严重的旱灾,全年降水量仅有 475 毫米。凤台县气象局克服了没有人工影响天气设备及专用车等困难,和市气象局联合作业 3 次。2006 年,人工影响天气项目正式列入县政府财政预算,2007 年购买了专用作业车辆和人工影响天气设备。

为新农村建设服务　1999 年 8 月,凤台县气象局创建安徽凤台农网中心,成立了 17 个乡镇农网信息站。自成立以来,完善乡镇农网信息站硬件设施建设和乡镇农网信息员工作机制;建立乡镇信息服务系统,让农户能及时、准确地了解最新农副产品市场动态,帮助农民按照市场需求安排生产、经营农产品,同时通过各乡镇农村综合经济信息站为农民上网发布各类信息,拓宽凤台县农产品的销售渠道,凤台县蔬菜办通过该网络为专业户、养殖户及乡镇企业发布信息。

技术开发　2003 年凤台县防灾减灾气象服务系统建设、2004 年凤台县灾害性面降水量监测网项目、2005 年凤台县灾害性面降水量监测网二期项目、2006 年凤台县灾害性天气监测网建设、2007 年凤台县灾害性天气监测网二期项目(续建)等。

法规建设与管理

社会管理　2004 年,开始并逐步加强对气球施放,防雷设施设计图纸审核及竣工验收的管理工作。

2005 年 4 月份,开展探测环境保护工作,将《中华人民共和国气象法》、《安徽省气象管理条例》、《气象探测环境和设施保护办法》和《关于进一步做好气象探测环境保护工作的通知》在凤台县建设委员会、国土资源局、规划局备案。

政务公开　2004 年开始通过局务公开栏、全局职工会议、安徽气象及淮南气象网站等就财务预算与支出、政府采购、基建维修、重大决策等进行局务公开。

党建与气象文化建设

党支部建设　1982 年,成立中共凤台县气象局支部,有中共党员 3 人,侯纯美任党支部书记。1988 年,王德恩同志任党支部书记。1997 年,因党员人数不足 3 人,党员组织关系转入县农村经济委员会党支部。2001 年,有中共党员 3 人,重新成立中共凤台县气象局支部,丁言杰同志任党支部书记。2004 年,王德恩同志党支部书记。截至 2008 年底,有中共党员 5 人,预备党员 1 人。自 2003 年以来,多次被评为"党的基层组织先进单位"。

气象文化健设　1986 年,凤台县气象局被评为"凤台县甲级文明单位"。2008 年,被评为"凤台县文明单位标兵"。2007 年,建立专门的图书阅览室,藏书 2000 余册。建立文体活动室,内设乒乓球桌等体育设施。

荣誉　1978 年,省气象局授予"双学"先进集体。1991 年,被县政府通报嘉奖。1996—2007 年,4 次被县政府授予"抗洪抢险先进集体"。

台站建设

1963 年,凤台县气象局迁到县城西郊,当时房屋用的是县卫生局的 3 间工棚。1967 年,建宿舍和办公室共 7 间。1979 年购买病虫测报站房屋 4 间。1981 年,建观测站四周围墙,建平房 5 套(职工住房),办公楼 1 幢三层 11 间。2003 年,完成自来水改造,结束了长达 44 年之久的饮用地下硬水的历史。2004 年 6 月,建成职工住房 5 套。2008 年底,完成局大院环境综合治理工程,对办公室进行了装修,院内进行绿化。

凤台县气象局老站貌　　　　　　　　　　凤台县气象局新貌

滁州市气象台站概况

滁州市位于安徽省东部，习惯称之为皖东，1992 年 12 月，经国务院批准设立省辖地级市。现辖琅琊、南谯 2 区，天长、明光 2 市和全椒、来安、定远、凤阳 4 县，总面积 13398 平方千米，全市人口 445.2 万。

滁州市域跨长江、淮河两大流域，为北亚热带湿润季风气候，四季分明，季风明显，气候湿润，雨热同季。年平均气温 15.4℃，年平均降水量 1035.5 毫米，年日照总时数 2073.4 小时，年无霜期 210 天。

气象工作基本情况

台站概况 滁州市气象局下辖来安、全椒、天长、凤阳、明光、定远 6 个县气象局。全市共有地面气象观测站 7 个，其中，滁州、定远为国家气象观测基本站。滁州气象站始建于 1951 年 6 月，为全市最早，其他 6 个气象站于 1956 年至 1959 年 9 月相继建立。来安、全椒、天长、凤阳、明光 5 个为国家气象观测一般站。承担全国统一观测项目任务，内容包括云、能见度、天气现象、气压、气温、湿度、风向风速、降水、雪深、日照、蒸发（小型）和地温（距地面 0、5、10、15、20 厘米），每天 08、14、20 时 3 次定时观测、发报及每小时数据传输、不定时发重要天气报。滁州、定远还承担向 4 家军航发航危报任务。

1999—2004 年，各台站陆续开始建设地面自动观测站，至 2008 年底，全市共建成了 78 个乡镇自动雨量站、21 个四要素自动站和 6 个六要素自动站。全市基层台站的气象资料全部上交到省气象局档案馆保存。

滁州、凤阳、定远 3 单位于 1956 年开始开展农业气象业务，1980 年全市各县气象局均开展农气观测业务，1984 年大部分被撤销。2008 年底滁州、凤阳为国家农气一级观测站，天长为二级观测站。

1993 年滁州市气象局建成高分辨气象卫星地面接收站；1994—1995 年开通了省—地—县计算机远程终端；1997—1999 年，完成气象卫星综合应用业务系统（即 9210 工程）次硬件建设，市、县两级卫星单收站全部建成并投入业务运行。2002—2005 年，滁州市气象局先后开通了宽带数据通信网，建成了省—市—县交互视频会商会议系统、气象信息传输系统、以 MICAPS 系统为统一平台的人机天气预报交互系统，建立了以市气象台为中心、各县(市)局及省台综合数据相结合的预报业务技术体系。

人员状况 20世纪50年代建站时,全市气象部门只有十几人,到2008年底共有职工162人,其中在职职工98人,离休6人,退休58人。在职职工中,研究生1人,本科38人,大专及其以下学历59人;高级职称3人,中级职称44人,初级及其以下51人。

党建和文明创建 20世纪70年代以前,全市气象部门基本没有建立党组织。滁州市气象局于1973年成立了党支部,是全市气象部门最早的党支部。其他各单位党支部均于20世纪70年代后期相继建立。截至2008年底,全市气象部门建立党总支1个,党支部8个,党员74人。1996年市气象局设立了党组纪检组;1999年各县(市)气象局配备兼职纪检(监察)员;2002年全市全面开展局务公开工作;2007年8月根据省气象局要求对各县(市)气象局兼职纪检(监察)员进行重新考核聘用,各县(市)气象局开始执行"三人决策制度"。

自1996年开始,各单位高度重视文明创建工作,截至2008年底,全市气象部门已建成省级文明单位2个,市级文明单位标兵2个,市级文明单位2个,县级文明单位1个。2007年被滁州市创建文明行业指导委员会授予"滁州市文明行业"称号。全市有3人荣获省劳动模范,2人当选为市人大代表,1人当选为市党代表。

主要业务范围

滁州、定远国家基本站02、08、14、20时进行4次定时气候观测,夜间守班,观测项目包括云、能见度、天气现象、空气温度、湿度、风、降水、气压(空盒)、地面状态、蒸发等。编发天气报和航空报。来安、全椒、天长、明光、凤阳国家一般站08、14、20时进行3次定时气候观测,夜间不守班,观测项目包括云、能见度、天气现象、空气温度、湿度、风、降水、气压(空盒)、蒸发等。编发天气报。

目前,滁州、凤阳2个国家一级站和天长1个二级站,主要观测项目:天长是小麦、油菜、水稻、物候、土壤湿度,凤阳是小麦、大豆、物候、土壤湿度,滁州是小麦、油菜、水稻、物候、土壤湿度。

20世纪50年代后期,各台站开始制作天气预报,由单纯的看天气图加经验分析的定性预报,逐步发展到利用气象雷达、卫星云图、并用计算机系统等先进工具制作的客观定量数值预报。预报内容也由原来的单一降水预报发展为降水、气温、风、雷电、旱涝趋势预报等。负责制作和发布全市范围内中短期天气预报、空气质量预报、森林火险等级预报和突发性灾害天气预警信号的对外发布工作;向市委、市政府及有关部门提供决策所需的气象服务;为重点工程和重大社会活动提供气象保障;对县气象台站提供业务技术指导;开展气象科学研究及成果推广等工作。依托省级业务指导产品,开展对农作物生长状况,光、热、水等关键农事农业气象条件分析,以及关键农事未来天气预报和对策建议。提供农作物产量气象评价和预报服务;根据气象条件与特色农业的关系,提供发展特色农业的气象条件利弊分析、对策与建议等。开展面向电力、海事、交通、水利、能源、旅游等个性化需求有针对性的专业专项气象服务产品。

1995年起全市先后开通"121"天气预报电话自动答询服务系统,2005年改号为"12121",2008年9月改号为"96121"。2003年起,各单位先后与移动、联通、电信和铁通家公司联合开展手机气象短信服务。2005 年开始建立天气预警信息发布平台。

承担新建、扩建、改建建筑物防雷装置设计图纸技术审查,施工监督和竣工检测,承担各类防雷装置安全性能定期检测。同时,还承担防雷技术咨询、雷电定位及监测、重大雷电灾害调查鉴定、雷电防护产品性能测试、雷击风险评估、防雷基础理论研究、应用技术研究和推广工作。

依托安徽农网,全市及下属县(市)成立农网分站,提供当地名特产品、业内信息、实用科技、农业论坛、分析预测、供求热线、市场行情、政策法规等农业有关信息服务。开展包括人工增雨抗旱、防雹以及人工增雨、森林防火、水库蓄水、农田增湿保墒和人工消雨试验等方面的人工影响天气工作。

滁州市气象局

机构历史沿革

1. 始建情况

滁州市气象局始建于 1951 年 6 月,时称滁县专区农场测候所,位于滁县南门外石家滩,北纬 32°19′,东经 118°20′。1954 年 1 月迁至滁县南门外盛家老庄,位于北纬 32°18′,东经 118°19′,海拔高度 27.5 米,此处后改名为卫校巷 6 号。

2. 建制情况

领导体制　1951 年气象测候所属滁县专区农场领导,业务属华东气象处领导。1954 年 2 月,由华东气象处交由安徽省气象局气象科领导。1958 年 12 月,交由地方管理,业务管理归安徽省气象局负责。1963 年 7 月,全省气象台站领导体制进行调整,人、财、物"三权"收归属安徽省气象局管理,地方负责党的领导,并于 1964 年 6 月改名滁县专区气象服务台。1967 年改名为安徽省滁县专区农业科学研究所、气象服务台革命委员会。1970 年 11 月,归属滁县军分区领导,业务属省气象局领导,建制属地方政府。1973 年 7 月,改名为安徽省滁县地区革命委员会气象台,业务归属省气象部门管理,其他权力均归属地方政府管理。1974 年 6 月,改为安徽省滁县地区革命委员会气象局。1978 年改名为安徽省滁县地区行政公署气象局。1979 年起调整为以省气象局和地方政府双重领导、以省气象局为主的管理体制。1993 年因滁县地区改建滁州市,更名为滁州市气象局,规格正处级。

人员状况　市气象局 1951 年建站时仅有 2 名工作人员,至 2008 年底共有 76 人。其中在职 42 人(机关工作人员 10 人,直属事业单位 30 人),离退休 34 人。

在职人员中研究生 1 人,大学学历 19 人,大专学历以下 22 人;副高级技术职称 2 人,中级专业技术职称 22 名,中级专业技术职称以下 18 人。

单位名称及主要负责人变更情况

单位名称	主要负责人	职务	性别	任职时间
滁县专区农场测候所	左严平	农场场长	男	1951.6—1953
滁县专区农场气象站	左严平	农场场长	男	1953—1954
国营滁县专区农场气象站	孙万顺	农场场长	男	1954—1955
安徽省滁县气象站	杨志平	农场场长	男	1955—1956
安徽省滁县气象站	严汉平	副站长	男	1956—1960
滁县气象服务站	严汉平	副站长	男	1960—1961
滁县气象站	严汉平	副站长	男	1962—1963
滁县专区气象服务台	陈家业	副台长	男	1964.9—1967
滁县专区农业科学研究所、气象服务台革命委员会	陈家业	副台长	男	1967—1973
滁县地区革命委员会气象台	陈家业	副台长	男	1973.11—1974.1
滁县地区革命委员会气象局	周 风	局长	男	1974.1—1978
滁县地区行政公署气象局	周 风	局长	男	1978—1981.7
	张友海	副局长	男	1981.7—1982.12
	丁家荣	副局长	男	1982.12—1983.11
	李俊生	副局长	男	1983.11—1992.4
	李俊生	局长	男	1992.5—1999.12
滁州市气象局	李俊生	局长	男	1992.12—1999.10
	戴建国	局长	男	1999.10—

气象业务与服务

1. 气象业务

地面观测 1951 年 6 月 1 日开始,每天 07、13、19 时进行 3 次观测,观测项目为云、气压、温度、湿度、风向、风力(目测)、日照(估计)、降水、能见度、杂项(天空现象、地面现象、平视现象)、地温。1954 年 12 月 10 日开始编发天气报。观测时次也改为每天 02、08、14、20 时 4 次。1954 年开始为附近机场编发航危报。2008 年底观测项目有云、能见度、天气现象、气压、温度、湿度、风向、风速、降水、地温、冻土、日照、蒸发、雪深雪压、电线积冰等要素。

1975 年,安装了我国自行研制的 711 型(3 厘米波长)测雨雷达。1999 年开始建立了地面自动观测站,2001 年 1 月 1 日自动气象站进行单轨运行。20 世纪 90 年代初开始建设乡镇雨量点,2005 年升级为太阳能单雨量站,2005 年底共建成乡镇单雨量点 4 个,四要素自动站 5 个,2008 年建六要素站点 1 个。

1998 年 7 月安装了闪电定位仪,2000 年利用闪电定位仪开展雷电监测业务,2005 年被列为全省 10 个雷电探测子站之一,安装了 LD-Ⅱ雷电定位系统。

气象信息网络 建站开始,气象信息传输主要依靠电信部门。1979 年开始使用气象传真接收机接收各类天气图表及数值预报产品。1990 年 11 月开始应用计算机填图业务,1999 年 11 月建成了气象卫星综合应用业务系统(即 9210 工程),停止使用 X.25 分组数据交换网,2000 年 1 月使用互联网,2001 年底建成 10 兆宽带业务。

气象预报与气象现代化建设 滁州天气预报始于 1958 年,早期的预报方法主要采用的是图、资、群结合的方法。预报员通过点绘天气图、查阅历史资料、查询相关因子、收听邻近地区天气广播、总结群众看天经验和旱涝规律等方法制作天气预报。

1964 年增设报务、人工填图业务,为预报员提供地面、高空天气图。1975 年安装 711型(3 厘米波长)测雨雷达,主要探测局地强对流灾害性天气,为短时、临近天气预报和人工影响天气提供依据。1979 年增加气象传真接收机,接收各类天气图表,内容由地面到高空500 百帕形势图增加到雷达回波、水汽通量、涡度、MOS 预报等相关资料。1980 年开始,增加了六线图、Te 图、九五剖面图等预报方法。1990 年 11 月开展计算机填图业务,取代气象报务、人工填图业务,1999 年 11 月撤销。

20 世纪 90 年代开始气象现代化建设快速发展,天气预报制作逐步转为以数值天气预报为基础,结合高空、地面天气图和气象雷达、卫星云图、高密度自动站等探测资料等先进工具进行综合分析。预报内容也由原来的单一降水预报发展为至今的降水、气温、风、雷电、旱涝趋势预报等。

20 世纪 80 年代初天气会商　　　2008 年建成现代化业务平面和天气会商系统

农业气象 滁州农业气象业务始于 1956 年,观测项目主要有小麦、水稻等作物和土壤湿度等。1967—1978 年中断,1979 年恢复。至 2008 年底,主要观测种类有农作物(水稻、小麦、油菜)、物候(苦楝、刺槐、燕子、青蛙)、天气现象(雷、闪电、虹、霜等)、水文(每年结冰、冻土起始和终止日)等,还有全年土壤墒情观测、农业气象灾情监测等工作。服务产品类型包括定期农业气象情报、不定期农业气象专题分析、农业气候评价、农业气象产量预报、病虫害发生趋势预报及相关农事建议。

2. 气象服务

公众气象服务 从 1958 年起,天气预报在本地广播电台(站)向社会公众发布。1993年 6 月 1 日起,滁州市天气预报首次在中央电视台早间新闻联播后的天气预报节目中播出。1994年开始,自己编辑、制作的电视天气预报节目在电视台播出。2004年8月,有气象主持解说的电视天气预报节目走上各县(市)电视荧屏并增加了生活气象生活指数预报内容。

决策气象服务 20世纪80年代前,气象服务仅以简单的书面文字或电话向市委、市政府和防汛抗旱指挥部等部门提供气象服务。进入20世纪90年代以来,不断推出《旬报》《月报》《重要天气专报》《汛期天气专报》《午收天气预报》《高考天气专报》《气象与农情》和《重大活动气象专报》等决策服务产品。1998年通过与市电信局友好协商,正式开通了"121"天气预报自动答询系统。2006年开始通过气象短信决策服务平台向全市各级领导、行政村防汛责任人、中小学校长等有关负责人及时提供灾害性天气预警信息。如滁州1991年特大洪涝灾害,1994年连续严重旱灾,以及2008年初发生的历史罕见的低温雨雪冰冻灾害和7月31日—8月2日出现的历史罕见的暴雨洪涝灾害,市气象局都积极开展有针对性的跟踪气象服务,通过《天气专报》、电话、手机短信、电子显示屏等渠道把气象信息及时、迅速、准确地传送到抗灾第一线,为党委政府和有关部门及时有效地组织开展防汛抗旱提供科学的决策依据,减少气象灾害造成的损失。

专业与专项气象服务 1986年开始陆续为辖区内水库、窑厂、建筑等部门提供有针对性的有偿专业气象服务,主要通过电话、信函为专业用户提供气象资料和预报服务。1989年3月,成立服务科。

20世纪80年代初,滁州市气象局率先对避雷装置进行安全检测,开创了全省乃至全国气象部门防雷检测工作之先河。1997年滁州市防雷减灾局正式挂牌成立。

1975年开展"三七"高炮人工增雨试验工作,1年后撤销。1997年人工增雨工作全面恢复,成立人工降雨防雹领导小组,办公室设在市气象局。2001年9月市财政投资配备了1套人工影响天气火箭发射系统,包括1辆扬子皮卡运载车,以便开展流动作业。2002年8月购置GPS定位仪1台,为人工影响天气作业定点提供了方便。

2003年,为确保首届"中国滁州·醉翁亭文化旅游节"开幕式暨大型文艺演出,滁州市气象局首次实施人工消雨作业,并获得成功。2008年11月,首届中国农民歌会在滁州举办。按照筹委会的部署,滁州市气象局会同省气象局人工影响天气办公室制定消雨方案,并于11月7日适时进行了人工消雨作业,此次人工消雨作业,共出动装备15台(套),参加作业人员30余人,发射火箭弹202枚。为本市人工影响天气规模最大、效果最好的一次。

1988年开始开展庆典气球施放,并对辖区升空物实施管理职能。2008年11月,首届中国农民歌会在滁州举办,为烘托活动气氛,共施放飞艇、气球200只。

为新农村建设服务 1991年初筹建农村天气警报网,先后建立60余部农村天气警报机服务网络。1999年安徽农网滁州农村综合经济信息服务中心成立。市气象局先后与市科技局合作,开通滁州科技星火网;与市委组织部合作,先后开通了滁州市先锋网、南谯区和琅琊区先锋网、市直工委先锋网及琅琊区下属的东门街道先锋党建网、琅琊街道党建网并开通了滁州茶网等。

气象科普宣传 1978年4月,滁县地区气象学会成立。2004年3月,滁县地区气象学会改名为滁州市气象学会,选举产生了滁州市气象学会新的一届理事会。气象学会积极开展气象科普工作,坚持利用"3·23"世界气象日、科技宣传周等节日开展各种科普活动。

2007年6月,开展气象科普进校园、进社区活动,有1000余人接受气象科普宣传教育。2008年9月与教育局联合开展气象科技进校园活动,市区有3002名小学高年级学生免费领到气象科普书籍——《安徽省小学生气象灾害防御教育读本》。

法规建设与管理

气象法制建设 2002年以来,滁州市政府先后下发《关于进一步加强人工增雨防雹工作的通知》(滁政办〔2002〕11号)、《关于进一步加强农业信息化工作的意见》(滁政办〔2004〕53号)、《关于加快气象事业发展的意见》(滁政〔2006〕90号)、《关于印发滁州市重大气象灾害预警应急预案的通知》(滁政办〔2006〕13号)、《关于进一步做好防雷减灾工作的通知》(滁政办〔2007〕46号)、《关于进一步加强农业信息化工作的意见》等规范性文件,为加速滁州气象事业发展发挥了积极作用。

社会管理 2002年市气象局成立政策法规科与市气象局办公室合署办公(后调整与业务科技科合署办公)。2003年成立气象行政执法大队,全市有20余兼职执法人员均通过省政府法制办的培训考核,持证上岗。近来来,不断加强行政执法工作,依法保护气象探测环境,规范了天气预报发布和传播渠道。

2006年1月,市气象局正式进入市行政服务中心大厅,建立气象行政服务窗口,承担气象行政审批职能,依法对防雷、升空物施放(无人驾驶自由气艇或者系留气球)等气象行政许可项目进行行政审批。2008年进一步加强行政服务中心气象窗口建设,完成气象窗口与建委窗口就基本建设项目进行合并,完全实现并联审批。

2008年度,为加大气象探测环境的保护力度,市气象局与市城乡规划主管部门共同组织编制了"气象台站探测环境保护专项规划";为进一步规范气象行政处罚自由裁量权的行使,促进依法行政,制定《滁州市气象局行使行政处罚自由裁量权规则》和《滁州市气象行政处罚自由裁量权量化标准》。

党建与气象文化建设

1. 党建工作

党支部建设 1964年,仅有中共党员1人,编入县农科所党支部参加组织生活。1973年成立气象台党支部,1975年4月,成立党的核心小组,周风同志任组长;1977年5月,气象局党组成立,周风同志任党组书记。2005年7月,成立气象局首届党总支委员会,党总支下设机关党支部、离退休党支部。2008年底共有中共党员38人,其中在职党员26人,离退休党员12人。1999—2008年连续9年被滁州市直机关工委授予"先进党支部"或"先进党总支"荣誉称号。

党风廉政建设 1984年设置了专职纪检员,1996年成立了党组纪检组。2002年以来市气象局建立并逐步完善政务公开工作,依法向社会公开气象服务内容、服务承诺、办事程序、气象行政执法依据等内容。制作局务公开栏,设立了群众评议意见箱和公开监督电话。

为进一步加强党风廉政建设,多年来开展了形式多样的廉政文化活动,2005年开展廉

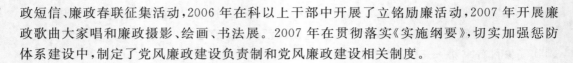

政短信、廉政春联征集活动,2006 年在科以上干部中开展了立铭励廉活动,2007 年开展廉政歌曲大家唱和廉政摄影、绘画、书法展。2007 年在贯彻落实《实施纲要》,切实加强惩防体系建设中,制定了党风廉政建设负责制和党风廉政建设相关制度。

2. 气象文化建设

1992 年成立精神文明创建机构,保证文明创建工作正常开展。市气象局始终把领导班子的自身建设和职工队伍的思想建设作为文明创建的重要内容,做到政治学习有制度、文体活动有场所、电化教育有设施。20 世纪 90 年代末精神文明创建工作得到进一步加强,积极开展文明单位、文明行业、文明家庭创建活动。对大院环境不断进行绿化、美化、亮化。加强文明创建阵地建设,对办公楼进行全面装修,改造了观测场,统一制作局务公开栏、建设了图书阅览室、职工健身室、小型运动场。1998 年开始对大院环境不断进行绿化、美化、亮化。2001 年被滁州市委市政府授予"滁州市文明单位"、"创建文明行业先进单位";2003 年、2005 年、2007 年被滁州市委市政府授予"滁州市文明单位标兵";2007 年被滁州市评为"滁州市文明行业";2008 年被滁州市政府授予"园林式单位"。

3. 荣誉与人物

集体荣誉　1998—2008 年共获集体荣誉 40 余项。2002 年人工影响天气工作受到了省政府的通令嘉奖;2005 年被中国气象局授予"防雷减灾先进集体"。2008 年被省政府办公厅授予首届"农歌会先进集体"。

个人荣誉

姓名	获奖名称	授奖单位	授奖时间
李雪清	先进工作者	省气象局	1985.04
李雪清	先进工作者	省气象局	1986.05
王生龙	先进工作者	省气象局	1991.04
叶森林	先进工作者	省气象局	1991.04
张 杰	先进工作者	省气象局	1991.04
张 杰	先进工作者	省人事厅、气象局	2004.12
邓先琪	三等功	省气象局	2008.06

人物简介　严汉平同志于 1933 年 5 月出生于上海市南汇区,1951 年 6 月参加华东军区司令部气象干训大队学习,1952 年 10 月,分配至芜湖军区气象站工作,1954 年调至正阳关气象站,1955 年 3 月调至滁县气象站,历任检查员、副站长、科长,1993 年 5 月退休。

在正阳关工作期间,积极参加组织建站工作,在一无所有的情况下,带领十几个农工挑土平整观测场地,每天强体力劳动达十几个小时,经过 3 个多月的艰苦努力,填土 1600 多方,完成观测场的平整任务。

1954 年夏天,逢历史罕见的江淮区域特大洪水,短短的 4 天时间降雨 560 多毫米,造成淮河决堤，新站很快变成一片"泽国"。严汉平同志积极投入抗洪救灾工作，及时抢救仪器，寻找被洪水冲走的百叶箱、办公桌、柜等公物。洪水退去后，立即组织人员重建，仅用一个多月时间，重新恢复了工作。

在滁工作期间，在做好本站工作的同时，还先后参与明光、天长、定远、肥东、凤阳等地的站址勘察及初建工作，亲自帮助观测场安装仪器与各种简表的制作等，使测站很快投入工作。

1956年3月被安徽省政府授予"社会主义建设积极分子"、1958年2月被安徽省政府授予"农业劳动模范"称号。

台站建设

环境建设　1951年始建时仅有1间办公室；1954年建3间砖瓦结构办公室，1964—1973年，陆续建砖瓦平房40余间，用于办公和职工生活，1976—1977年夏季，建造三层（顶四层）业务办公大楼1栋，计34间办公室；1992年将原有业务办公大楼向东延伸，共增加15间办公室。1981—1998年共建5幢职工宿舍楼，至此，全局职工全部拥有了套房。

观测场始建之初周围设铁丝网围栏，场地为自然草坪。1995年将观测场内铺设了马尼拉草坪，2003年将铁丝网栏更换为铸铁围杆，观测场小路用大理石板铺就，百叶箱更换为玻璃钢材料。

2007年9月25日，安徽省气象局与滁州市政府共同投资建设的"十一五"重点项目"江淮分水岭人工增雨基地雷达搂"开工建设，2008年底竣工。该楼建筑面积4210平方米，楼内设立了气象预警中心业务平台、气象影视演播厅、气象科普馆、学术报告厅、图书阅览室（党员活动室）、职工活动室等。

交通工具　1990年前，滁州市气象局一直没有现代交通工具。1990年春，省局配备北京吉普车1辆；1994年夏，购灰色切诺基工作用车1辆；1998年夏，购2000型桑塔纳轿车1辆；2003年夏，地方政府配置1辆火箭运载车；2005年夏，经上级批准，购买了上海大众帕萨特轿车1辆。

20世纪60年代的办公用房

2008年新建成的办公楼

天长市气象局

天长历史悠久。唐天宝元年(公元742年),唐玄宗李隆基为纪念自己的生日千秋节,划地特设千秋县,唐天宝七年改为天长县。1946年和1948年为纪念新四军名将罗炳辉,曾两度改称炳辉县。1960年复称天长县。1993年经国务院批准撤县设市,称天长市。天长市四季分明、雨量适中、光照充足。年平均气温14.9℃,极端最高气温40℃(1966年8月8日),极端最低气温零下17.1℃(1969年2月5日)。多年平均降雨量为1048毫米,日最大降雨量258.4毫米(1985年7月26日)。

机构历史沿革

1. 始建及沿革情况

1956年10月,由县农场提供土地,省气象局提供器材和业务技术人员,建起了炳辉气候站,站址位于天长县冲塘生产队,观测场位于北纬32°42′,东经119°01′,海拔高度19.4米。1959年1月1日更名为天长气候站,1960年4月1日又更改为天长县气象服务站。1964年11月22日,站址迁至天长县东门小农场的东侧,1970年12月27日更名天长县革命委员会气象站,1979年8月7日,更名为天长县气象局。1980年1月1日,站址迁至天长县炳东生产队小陈庄,1993年9月18日更名为天长市气象局。1999年10月31日,观测场向西平移8米,抬高0.5米。2002年5月此地址更名为天长市仁和南路279号。现观测场位于北纬32°41′,东经119°01′,海拔高度21.3米。站名先后经历了炳辉气候站、天长气候站、天长县气象服务站、天长县革命委员会气象站、天长县气象局、天长市气象局等变化。

2. 建制情况

领导体制与机构设置演变情况 1956—1963年,建制属地方政府,省气象局负责业务指导;1964年1月"人、财"收归省气象局领导;1970年11月实行军管,由县人武部领导,省气象局负责业务指导,建制属地方;1973年,县气象站归县革命委员会领导,属科局级,省气象局负责业务指导,建制属地方;1982年,改为部门和地方双重领导体制,以部门领导为主,一直延续至今。

人员状况 1956年建站时只有2人。2008年底,有在职职工9人,离退休职工7人。在职职工中,党员5人;大学本科学历5人,大专学历3人,中专学历1人;中级专业技术人员5人,初级专业技术人员4人;40~49岁3人,30~39岁1人,30岁以下5人。

单位名称及主要负责人变更情况

单位名称	负责人	职务	性别	任职时间
炳辉气候站、天长气候站、天长县气象服务站	匡正清	负责人	男	1956.8—1963.3
天长县气象服务站	朱善芝	负责人	男	1963.3—1965.7
天长县气象服务站	王克义	负责人	男	1965.7—1970.12
天长县革命委员会气象站	钱怀仁	站长	男	1970.12—1977.4
天长县革命委员会气象站	刘汉卿	副站长	男	1977.4—1978.5
天长县革命委员会气象站 天长县气象局	周 德	站长	男	1978.5—1982.9
天长县气象局	贾兆平	局长	男	1982.9—1984.2
天长县气象局	李允栋	副局长(主持工作)	男	1984.2—1985.2
天长县气象局	季爱霞	副局长(主持工作)	女	1985.2—1991.5
		局长		1991.5—1993.8
天长县气象局	魏德斌	副局长(主持工作)	男	1993.8—1996.5
天长市气象局		局长		1996.5—2001.12
天长市气象局	陈 青	副局长(主持工作)	女	2001.12—2004.5
		局长		2004.5—

气象业务与服务

1. 气象业务

地面观测 1956 年始建时气象观测项目主要有温度、湿度、风向风速、降水、积雪、云、天气现象、能见度、日照时数、蒸发、地面状态等,每天 01、07、13、19 时进行 4 次定时观测,夜间不守班。1960 年 8 月 1 日至 1961 年 3 月 31 日,定时观测时次为每天 02、08、14、20 时 4 次观测。1961 年 4 月 1 日起改为每天 08、14、20 时 3 次定时观测至今。2008 年底观测项目有云、能见度、天气现象、气压、温度、湿度、风向、风速、降水、地温、冻土、日照、蒸发、雪深雪压、电线积冰等要素。1969 年 9 月开始承担 06—18 时 AV 南京预约航危报。1972 年 5 月起每天 06—18 时固定编发 AV 南京航空(危险)报。1982 年 11 月,因业务变动停发航危报。1984 年 10 月使用 PC-1500 袖珍计算机编报、查算。2003 年 11 月,自动气象站开始了试运行,2004 年开始进行自动气象站与人工气象站平行对比观测,2005 年开始以自动站数据进行编发电报,2006 年自动气象站进入单轨运行。2005—2008 年,建设并投入使用乡镇雨量站 16 个、测风塔 1 个。

气象信息网络 1956—1996 年气象电报都是通过电话传报给邮电局转发,1996 年开始启用分组交换网,传递气象电报和各种信息。1983 年,配备传真机,开始接收气象传真图。1987 年 7 月,架设开通甚高频无线对讲通讯电话,实现与周边县市直接业务会商。

1998 年安装了气象信息综合分析处理系统(卫星单收站),通过卫星直接接收云图和各种天气图。2003 年 11 月,自动气象站数据通过宽带网络定时向省气象网络中心上传。1956 年以来,坚持对本站的原始报表、自记记录纸、气簿以及上级业务部门下发的有关整编资料、气象科技成果进行整编和管理。2008 年 8 月将 1956—2006 年的气象记录档案资料整理归入安徽省气象局档案馆。

气象预报 1956—1982 年,天气预报主要收听安徽省气象台的天气形势、天气要素、天气预报广播后,传达公布或作简单的补充订正。预报方法主要以看本地天气实况、历史资料、群众经验(天象、物象、农谚等)相结合为主。1983 年,数值预报产品开始应用。1996 年计算机在预报业务中得到广泛应用,预报方法转变为以数值预报、经典天气学、动力分析方法、数理统计、综合预报等方法为主。预报服务产品在原先的短期预报、旬月报基础上,陆续增加了一周滚动预报、周边城市天气预报、旅游城市天气预报、节假日专题天气预报、中考高考天气预报、重要天气公报、气候影响评价、重大社会活动专题预报等多个种类。2002 年开始利用雷达资料制作发布未来 0~6 小时的短时临近预报和灾害性天气预警,预报服务进一步精细化。

农业气象 农业气象观测始于 1956 年,1961 年业务中断,1980 年恢复农气工作。农气业务主要观测粮食作物(如冬小麦、中稻)、经济作物(如油菜)、物候(如青蛙、苦楝、刺槐)等,并制作发布农作物产量预报、病虫害发生趋势预报及相关农事建议。2004 年 7 月 22 日起开展土壤墒情观测。

2. 气象服务

公众气象服务 1956 年开始发布天气预报,通过县有线广播站向公众广播,服务于百姓生活。1997 年 8 月与电信部门合作开通"121"天气预报自动查询电话,2005 年"121"电话升位为"12121",2008 年又改号为"96121"。1997 年 9 月通过电视台播报 24 小时天气预报,使气象信息迅速及时地传送到千家万户,2004 年 9 月,新版主持人电视预报正式开播,进一步提高了服务效果。2006 年开始通过安装气象灾害预警信息电子显示屏,扩大服务覆盖面。

决策气象服务 天长市境内发生的气象灾害主要有暴雨、干旱、大风、暴雪、寒潮、霜冻等,气象部门积极有效地开展气象服务。如 1991 年特大暴雨洪涝、1994 年严重干旱、2008 年暴雪等灾害性天气的预报,由于及时向政府领导提供了气象条件分析、防灾减灾措施及灾后补救建议等决策服务产品,避免了重大损失。2006 年开始通过气象短信决策服务平台向全市各级领导、行政村防汛责任人、中小学校长等有关负责人及时提供灾害性天气预警信息。

专业与专项气象服务 1976 年 8 月起开展人工影响天气工作。2002 年购置车载火箭发射架 1 部,设立 5 个作业点。2004 年 6 月建成天长市人影指挥中心。1990 年开展防雷设施检测和气球庆典服务。2003 年起承办防雷设施图纸审核,竣工验收,工程施工等防雷相关服务。

气象科技服务与技术开发 1984 年起开始推行专业气象有偿服务,主要是向各乡镇或相关企事业单位提供中、长期天气预报和气象资料,一般以旬天气预报为主。1998 年开始在电视天气预报上插播广告。2007 年成立科技服务部,承担施放气球等科技服务项目的编制、实施和管理工作。

2000 年,经天长市政府批准,成立天长市农村综合经济信息服务中心,与市气象局一个机构两块牌子,依托安徽农网开展信息入乡、进村入户等工作,在全市各乡镇设立信息站,免费为广大群众提供农业生产服务。2004 年,与天长市组织部联合组建《先锋网·天长分站》,利用互联网对广大农村党员干部进行现代远程教育工作。

气象科普宣传 2000 年以来每年利用"3·23"世界气象日、科技活动周、市直工委组织的党员便民服务等契机,邀请中小学生进行参观,组织职工在市区、部分乡镇主干街道设立宣传台,发放气象法律法规、《中国气象报》专刊、气象科普读物、防雷减灾知识等宣传材料,现场解答市民咨询。

法规建设与管理

1. 气象法规建设

2005 年 7 月,天长市人民政府办公室下发《关于印发天长市基本建设项目行政性和服务性收费减免实施细则的通知》,气象部门办理的防雷工程设计图纸审查、质量跟踪服务、竣工验收 3 个项目纳入基建项目"一表制"管理。2006 年 6 月,天长市人民政府下发《关于印发天长市重大气象灾害预警应急预案的通知》,进一步加强全市气象灾害预警防御能力。

2. 社会管理

社会管理 2005 年,天长市气象局将气象探测环境保护标准到建设、规划、土地等部门进行了备案,取得主管部门对探测环境保护的支持。1999 年成立行政执法队伍,截至 2008 年底,执法队伍发展至 5 人。2006 年起聘请 1 名律师指导气象执法,每年针对探测环境保护、施放氢气球和防雷安全等开展专项执法检查。2007 年被列为市安全生产委员会成员单位,负责全市防雷安全的管理,定期对液化气站、加油站、易燃易爆仓库等高危行业以及中小学校舍的防雷设施进行检查。

政务公开 2002 年以来天长市气象局建立并完善了政务公开栏、政务公开网站、政务公开档案,创新了电子显示屏公开和简报公开新举措,依法向社会公开气象服务内容、服务承诺、办

政务公开栏(2008 年)

事程序、服务收费依据及标准、气象行政执法依据等内容。市气象局内设立了群众评议意见箱和公开监督电话,人事、财务、年度计划、职工福利、重大事项和 1000 元以上的大额资金使用等均实行"阳光操作"。

党建与气象文化建设

1. 党建工作

支部组织建设 1956—1987 年间,党员人数只有 1~3 人,无独立党支部。1987 年成立党支部,当时有 3 名党员,截至 2008 年 12 月 31 日,共有中共党员 5 人。2004 年被天长市市直工委授予"先进党支部",2007 年、2008 年分别被天长市市直工委授予"先进基层党组织"称号。

党风廉政建设 2002 年起天长气象局逐步制定了党风廉政建设责任制、党员民主评议、党建目标管理、政治学习、发展党员规划等一系列制度,并结合机关效能与行风建设,不定期地组织职工观看廉政音像,学习廉政规定,开展"述廉、评廉"活动,将干群廉洁、落实制度、履行职责的情况纳入岗位目标考核范围。2007 年选聘兼职纪检员,认真贯彻落实"三人决策"制度,加强领导班子勤政廉政建设。2005 年 10 月和 2007 年 8 月连续 2 届被中国气象局授予"全国气象系统局务公开先进单位";2008 年被中国气象局评为"全国气象部门局务公开示范点"。

2. 气象文化建设

1999 年成立精神文明创建领导小组,分设绿化美化、综合治理、卫生、计划生育等单项领导组,保证创建工作正常开展。2008 年,对各项管理规章制度进行了认真的梳理、补充和完善,并集中汇编成《天长市气象局职工制度手册》,下发至每一位职工手中。每年举办职工运动会和趣味竞赛,丰富职工文化生活。2000—2004 年,实现了从县级文明单位到市级文明单位标兵再到省级文明单位的三级跨越。2005 年被滁州市委市政府授予"十佳文明窗口"称号。2004 年、2006 年、2008 年被安徽省委省政府授予第六届、第七届、第八届"安徽省级文明单位"荣誉称号。

3. 荣誉

集体荣誉 建站以来,获市级以上表彰奖励 50 余次。其中,2000 年被安徽省人事厅、省气象局授予"全省气象系统先进集体"称号。

个人荣誉 魏德斌 2000 年获安徽省人事厅、省气象局授予的"全省十佳个人"称号;陈青 2008 年获安徽省人事厅、省气象局授予的"先进工作者"称号。

台站建设

1956 年建站时仅有 3 间茅屋,2 名职工。1980 年迁站以来,天长市气象局多方筹集资金,重点用于新办公大楼和综合业务平面的改造、基本业务系统建设、大院环境的绿化美化。兴建了职工宿舍楼、活动室、休息室、阅览室、会议室、篮球场,办起了职工食堂。投资购买了激光打印机、笔记本电脑、投影仪和数码相机等硬件设施。院内设有假山、竹园、庭院灯、草坪灯、文明行业橱窗等设施,观测场采用不锈钢围栏,观测场外围铺设彩色地砖。

截至 2008 年 12 月 31 日,局大院绿化面积达 7000 多平方米。

天长气象局旧貌(1994 年)

天长气象局新颜(2008 年)

凤阳县气象局

凤阳古为淮夷之地,春秋时名为钟离子国,隋称濠州,明洪武七年(公元 1374 年)朱元璋为家乡赐名"凤阳"沿用至今。

凤阳县地处安徽省东北部,淮河中游南岸,北纬 32°37′～33°03′,东经 117°19′～117°57′。北濒淮河与五河县相望,东、南部与嘉山县、定远县毗连,西部和西北部与淮南市、蚌埠市接壤。现辖 15 个乡镇、198 个行政村,人口 73.5 万,面积 1949.5 平方千米,耕地 108 万亩。凤阳气候属北亚热带江北区亚湿润季风气候,年平均气温 14.8℃,年平均降水量 912.5 毫米,无霜期 204 天。

机构历史沿革

始建及沿革情况 凤阳县气象局成立于 1956 年 8 月 21 日,业务工作同时开始,名称为凤阳县气候站,位于老县城东北隅安徽省农科院凤阳烟草研究所内,北纬 32°52′,东经 117°33′,海拔高度 36.8 米,占地面积 1503.6 平方米;1959 年 1 月 1 日更名为凤阳县农业气候站;1960 年 4 月 1 日更名为凤阳县气象服务站;1970 年 12 月 27 日更名为安徽省凤阳县革命委员会气象站;1973 年 1 月 1 日迁至县城南门外老人桥路西侧;1979 年 12 月 1 日起改用现名凤阳县气象局。2007 年 1 月 1 日迁入新站址——明陵路 166 号,北纬 32°51′,东经 117°33′,海拔高度 24.6 米,占地面积 13547.1 平方米。

领导体制与机构设置演变情况 1956 年 8 月—1958 年 12 月,属省气象局建制,由凤阳烟草研究所代管;1959 年 1 月—1963 年 12 月,属地方建制,省气象局负责业务领导;1964 年 1 月—1970 年 10 月,"三权"收回省气象局管理,地方负责党务领导;1970 年 11月—1973 年 6 月,由地方人武部领导,省气象局负责业务领导;1973 年 7 月—1979 年 7 月,归县革命委员会领导,属科局级,省气象局负责业务领导;1979 年 8 月"三权"收回省气象局管理,地方负责党务领导。

人员状况　建站时只有职工 3 人。2008 年在编在职 8 人,离休 1 人,退休 4 人。在职人员中,高级专业技术人员 1 人,中级专业技术人员 3 人,初级专业技术人员 4 人;大学学历 4 人,大专学历 4 人;40～49 岁 3 人,30～39 岁 2 人,30 岁以下 3 人。

参政议政　周爱珍,女,1998 年 11 月加入民革,1998—2003 年连任凤阳县政协第六届、第七届常委,向县政协会议提交的《关于加强我县电脑网吧管理的建议》等 2 项提案被评为优秀提案。2003 年当选滁州市三届人大代表后,她的《建设全市天气雷达探测网和人工降雨指挥中心》以及《加强滁州市农村综合经济信息网建设》的议案,均被列为大会第 1 号议案。

单位名称及主要负责人更替情况

单位名称	负责人	职务	性别	任职时间
凤阳县气候站	解吕泰	站长	男	1956.8—1958.12
凤阳县农业气候站	解吕泰	站长	男	1959.1—1960.3
凤阳县气象服务站	毕建文	副站长(主持工作)	男	1960.4—1963.6
	解吕泰	站长	男	1963.7—1964.1
	虞琨	负责人	女	1964.2—1964.8
	杜爱祖	副站长(主持工作)	男	1964.9—1970.11
凤阳县革命委员会气象站	杜爱祖	副站长(主持工作)	男	1970.12—1971.7
	孙家萧	站长	男	1971.8—1972.8
	刘明	站长	男	1972.9—1973.7
	杜爱祖	副站长(主持工作)	男	1973.8—1974.9
	郝永廉	副站长(主持工作)	男	1974.10—1979.11
凤阳县气象局	郝永廉	副局长(主持工作)	男	1979.12—1984.1
	郭隆先	副局长(主持工作)	男	1984.2—1990.3
	郭隆先	局长	男	1990.4—2000.1
	孙波	副局长(主持工作)	男	2000.1—2001.5
	孙波	局长	男	2001.6—2005.2
	陈怀	副局长(主持工作)	男	2005.3—2007.11
	陈怀	局长	男	2007.12—

气象业务与服务

1. 气象业务

地面观测　属国家气象观测一般站。1956 年 8 月 21 日起正式进行气象观测,夜间不守班。其中,1956 年 8 月 21 日—1960 年 7 月 31 日,每天 01、07、13、19 时 4 次定时观测;1960 年 8 月 1 日—1961 年 3 月 31 日,每天 02、08、14、20 时观测 4 次;1961 年 4 月 1 日起改为每天 08、14、20 时观测 3 次。1989 年 5 月启用 PC-1500 袖珍计算机编报和数据处理,1996 年配备微机取代袖珍机。2003 年 12 月配备自动气象观测站设备 1 套,使气温、气压、湿度、风、雨量、地温等气象要素实现自动观测。2004 年 5 月县乡财政筹措 12 万元经费,在各乡镇建成自动雨量站 25 个,构成高时空密度雨量监测网。2007 年在门台、韭山各布设 1 套四要素自动气象站(门台为单雨站升级),撤销西泉单雨站(太阳板易受粉尘玷污)。2008 年 6 月在小岗村布设六要素自动气象站 1 个。2008 年底全县有各类气象监测站点 27 个(含凤阳国家气象观测一般站)。

2008 年 6 月 11 日,工程技术人员在小岗村建设六要素自动气象站

气象信息网络 1996 年 8 月首次配备台式微机,同年 10 月建成气象远程终端。1997 年 7 月安装卫星气象信息接收处理系统。2004 年 5 月建成远程雷达资料显示系统,可获取合肥等地多普勒雷达图像。2005 年 4 月正式开通凤阳县气象局网站(http://www.ahfyqx.ccoo.cn/),并与凤阳县政府网挂接。2006 年 10 月省气象局统一配发路由器,实现部门联网。

气象预报 1996 年 9 月前主要使用气象传真机接收天气图和收听天气广播等开展短期天气预报。1996 年 10 月,传真机被微机远程终端取代。1997 年 7 月建成卫星单收站,安装、运行 MICAPS 软件。2004 年 5 月利用网上雷达等资料增加了短时临近预报业务。至 2008 年,预报产品主要有 24～48 小时短期预报、5 天滚动预报、天气周报、突发气象灾害预警信号和高考、节假日、农业生产关键期等专题预报等。

农业气象 1957 年起开展农业气象观测。1966—1978 年中断。1979 年以后全面恢复。现为国家一级农气观测站。观测项目主要有冬小麦、夏大豆、烟草等农作物的生育状况、自然物候、农田土壤湿度等。同时开展相关农业气象服务,服务产品类型包括定期农业气象情报、不定期农业气象专题分析、农业气候评价、农业气象产量预报、发育期预报等。

2. 气象服务

公众气象服务 1997 年 12 月安装了"121"天气预报自动应答系统,为公众提供气象语音服务。1998 年以前,天气预报发布主要通过全县的有线广播;1997 年 12 月购置天气预报影视制作系统,实现了在县电视台上发布图文配音形式的天气预报;2004 年 9 月 10 日升级为有气象主持人的气象影视节目,由滁州市气象局统一制作,县气象局提供素材和预报结论。2004 年汛期起,增加了手机短信服务方式。2007 年开始,通过安装气象灾害预警信息电子显示屏,扩大气象服务覆盖面。1991 年被滁县地区行署授予"抗洪抢险先进单位"称号,1998 年、2001 年、2003 年被省气象局授予"防汛抗旱气象服务先进单位"称号。

决策气象服务 2004 年开始,综合运用气象卫星、新一代天气雷达、自动雨量站等装备开展决策气象服务。2005 年 6 月为县委、县政府领导开通气象服务终端。2007 年起使用统一模板制作《重要天气信息专报》、《汛期天气专报》、《天气情况汇报》等决策服务材料,并开展气象灾情调查和评估业务。2008年8月1—2日,受第8号台风"凤凰"影响,凤阳县大部出现100毫米以上大暴雨。县气象局7月29日在《第8号台风"凤凰"影响凤阳预评估》中指出:受"凤凰"减弱后的低压环流影响,近日可能有较明显降水过程。7月29—30日县气象局联合县广电局通过电视游走字幕发布"近3天本县多阵雨或雷雨"的天气预报,并提请有关部门密切关注天气演变,做好防灾减灾工作。此后,通过手机短信等有效途径发布跟踪预报服务产品。

专业与专项气象服务 1998年1月以后,开展防雷、庆典气球、彩虹门、气象影视和气象声讯(121、12121、96121)等专业有偿气象服务。为满足规范化管理和适应新形势的需要,2004年7月成立凤阳县气象科技服务部,隶属县气象局,机构类型为"企业非法人"。原有服务项目全部归其经营,开具地方税务局服务业统一发票,实行企业会计制度。

2001年前使用"三七"高炮适时开展人工影响天气作业,2001年9月县财政投资配备了1套人工影响天气火箭发射系统,包括一辆扬子皮卡运载车,以便开展流动作业。2003年人工影响天气经费列入县财政预算。2004年县财政拨款5万元建设人影指挥中心。1997年、1999年、2001—2004年被安徽省人工影响天气领导小组、人工降雨防雹联席会授予"人工增雨防雹先进单位"称号。1999年10月以后,根据《中华人民共和国气象法》和省政府《关于加强防雷安全管理工作的通知》要求,负责管理全县防雷装置定期检测,对新建(构)筑物防雷设施实行图纸审核和竣工验收等服务项目。2005年3月防雷图审业务纳入县政务中心服务项目。

气象科技服务 1996年以来,先后参与并完成了多项技术开发项目。如"常用农业气象资料查询系统"、"小麦苗情自动分析软件"、"农业气象旬(月)报人机交互编报系统"、"江淮分水岭人工增雨业务系统"等。1985年以来,专业技术人员发表或会议交流论文20多篇。其中,《凤阳县花生产量与气象条件关系的分析》在《中国油料》1985年第2期发表;《明光绿豆生产的气候生态条件》在《中国农业气象》1988年第3期发表;《安徽省小麦干热风灾害预评估流程》在《安徽农学通报》2006年第7期发表。

1999年8月起实施安徽农村综合经济信息网入乡工程,由县政府主管,县农网中心主办。农网中心设在气象局,具体负责会员管理、技术指导、人员培训、信息服务。2008年10月在小岗村开展气象信息服务站建设试点,在当年冬季寒潮、干旱等灾害性天气过程的服务中发挥了作用。

科普宣传 2005年4月在县气象局网站开辟"气象科普"专栏。2007年以来在气象短信中将气象情报预报信息和气象防灾减灾、农业气象、应对气候变化科普宣传等有机结合。2008年4月安

2008年4月7日安徽科技学院在凤阳县气象局设立教学实习基地

徽科技学院在气象局设立教学实习基地。2008 年 9 月与教育局联合开展气象科技进校园活动,全县 12354 名小学五年级学生免费领到了一本新书——《安徽省小学生气象灾害防御教育读本》。每年结合纪念"3·23"世界气象日等活动开展气象科普宣传。

法规建设与管理

2005 年 4 月 26 日,县政府办下发《关于加强气象探测环境保护工作的通知》(政办〔2005〕28 号)。2005 年 5 月制定并实行《凤阳县气象局基本业务质量奖计奖办法》《凤阳县气象局基本业务计分管理办法》。2008 年 4 月组织完成监测网络、预报服务、人工影响天气、内部突发事件等应急预案的编写。

党建与气象文化建设

1. 党建工作

支部组织建设 1956—1988 年,中共党员人数最多 3 人,无独立党支部,与农委部门联合成立基层党组织。1988 年 10 月 6 日成立凤阳县气象局党支部,党员 4 人,郭隆先任书记。2008 年实有党员 5 人,其中离、退休各 1 人。1991 年、2001—2003 年相继被中共凤阳县直机关工委授予"先进党支部"称号。2005 年被中共凤阳县委授予"先进党支部"称号。

党风廉政建设 2007 年 8 月,滁州市气象局纪检组在县局选聘 1 名兼职纪检员,与局长、副局长组成"三人决策"小组。2005 年、2007 年被中国气象局授予"局务公开先进单位"称号。2007 年、2008 年在全县党风廉政建设责任制年度考核中,县气象局连续获得优秀等并受到通报表扬。

2. 气象文化建设

精神文明创建 1996 年开始成立精神文明建设领导小组,以后随人员的变动而不断调整充实。

文明单位创建 1996 年起坚持抓好文明单位创建。1998 年被凤阳县委、县政府授予"县文明单位"称号;2003 年被滁州市委、市政委授予"市文明单位"称号;2006 年、2008 年被安徽省委、省政府授予第七届、第八届"安徽省文明单位"称号。

文化设施 新办公楼建有荣誉室、文明市民学校、职工活动之家、阅览室。大院内有篮球场,安装有部分健身器材。办公楼门前、走廊等处设置了做工精致优美的宣传牌、指示牌、展版、专栏橱窗,内容包括单位主要职责、发展理念、办事指南、服务承诺、励廉警句、文明创建组织、文明行业五好标准以及"八荣八耻"等。

3. 荣誉

集体荣誉 2004 年度被省气象局、省人事厅授予"先进集体";2007 年被凤阳县委、县政府授予"抗洪救灾先进集体";2007 年、2008 年被凤阳县委、县政府授予"机关效能建设暨优化经济发展环境工作'十佳部门'"。

个人荣誉 周爱珍,女,2002 年 9 月 26 日被安徽省气象局、省人事厅授予"先进工作者"称号。

台站建设

2006 年 9 月启动凤阳明都气象科技园建设,2007 年 1 月 1 日启用新观测场,4 月科技园竣工,集仿古建筑、小品雕塑、气象观测场、健身场、大面积绿化为一体,体现了明代历史文化与气象新文化的有机联系。

1956 年建站时的凤阳县气候站　　　　　2007 年建成使用的凤阳县气象局新址

定远县气象局

定远,南北朝梁武帝普通 5 年(公元 524 年)置定远县,地处安徽省中东部,江淮分水岭北侧,现隶属滁州市,是皖东地区第一大县,面积 2998 平方千米,人口 93.8 万,辖 22 个乡镇,253 个行政村。季风明显、四季分明、气候温和、无霜期长、日照充足、雨量偏少,年平均气温 15.0℃,年平均降水量 931.5 毫米。由于季风影响,四季雨量分布不均,时有旱、涝灾害。

机构历史沿革

1. 始建及沿革情况

定远气象站始建于 1956 年,名称为定远县气候站,站址在县城北关外蓖麻蚕场,位于北纬 32°32′,东经 117°40′,海拔高度 68.8 米。1957 年 1 月 1 日正式开始工作;1960 年 3 月更名为定远县气象服务站;1971 年 1 月 1 日更名为定远县气象站;1973 年 1 月 7 日,因城市扩建向北迁 300 米,至现曲阳路与幸福路交叉口东北角,观测场海拔高度 71.7 米;1978

年12月7日,因城市规划向东北偏北迁150米,至定城镇城北村汤巷生产队,观测场海拔高度72.3米;1979年8月7日更名为定远县气象局;2007年12月31日,因观测环境达不到要求,向西北迁400米,迁到现址:定城镇友谊村小园村民组,海拔高度69.6米。历经3次搬迁,经纬度一直保持不变。1956年至1960年2月为国家气候观测站,1960年3月—2006年12月为国家气象观测一般站,2007年1月1日升为国家气象观测一级站,2008年12月31日后改为国家气象观测基本站。

2. 建制情况

领导体制与机构更替情况 1957年1月1日—1958年12月5日归安徽省气象局领导,由定远县莨麻蚕场代管理;1958年12月6日建制属地方,归地方农业局领导,省气象局负责业务领导;1964年1月1日开始"人、财、业务"三权收回省气象局管理,地方负责党务领导;1970年1月1日开始由县人武部领导,省气象局负责业务指导,建制属地方;1973年1月1日开始归县革命委员会领导,更名为定远县革命委员会气象局,属科局级,省气象局负责业务指导;1979年8月1日"三权"收回省气象局,实行以部门领导为主的双重领导体制,地方负责党务领导。1961年3月前业务隶属原蚌埠地区气象台管理,1961年4月开始隶属现滁州市气象局管理。

人员状况 始建时只有3人,1960年底将撤销的永康农场气候站人员并入,职工增加到5人。2008年底共有职工17人,其中在职12人、离休1人、退休4人。在职人员中工程师5人、初级职称7人;大学学历3人、专科学历2人、中专及以下7人;50~55岁2人、40~49岁4人、40岁以下6人。

单位名称及主要负责人更替情况

单位名称	负责人	职务	性别	任职时间
定远县气候站	林立亮	负责人	男	1957.1—1957.8
定远县气候站	江聪明	负责人	男	1957.8—1960.3
定远县气象服务站	江聪明	负责人	男	1960.3—1960.11
定远县气象服务站	刘用梅	副站长(主持工作)	男	1960.11—1965.5
定远县气象服务站	林家寿	副站长(主持工作)	男	1965.5—1969.6
定远县气象服务站	牛文德	副站长(主持工作)	男	1969.6—1971.1
定远县气象站	牛文德	副站长(主持工作)	男	1971.1—1972.5
定远县气象站	刘用梅	副站长(主持工作)	男	1972.5—1973.1
定远县革命委员会气象局	刘用梅	副局长(主持工作)	男	1973.1—1976.6
定远县革命委员会气象局	徐鸿飞	站长	男	1976.6—1978.9
定远县革命委员会气象局	宋祖杰	副局长(主持工作)	男	1978.9—1979.9
定远县气象局	刘用梅	副局长(主持工作)	男	1979.9—1980.6
定远县气象局	宋祖杰	站长	男	1980.6—1983.1

续表

单位名称	负责人	职务	性别	任职时间
定远县气象局	刘用梅	副站长（主持工作）	男	1983.1—1984.2
定远县气象局	任家好	副局长（主持工作）	男	1984.2—1985.7
定远县气象局	陈玉坤	副局长（主持工作）	男	1985.7—1987.4
定远县气象局	陈玉坤	站长	男	1987.4—1988.5
定远县气象局	任家好	副局长（主持工作）	男	1988.5—1991.5
定远县气象局	任家好	局长	男	1991.5—1993.8
定远县气象局	叶 明	副局长（主持工作）	男	1993.8—1996.5
定远县气象局	叶 明	局长	男	1996.5—2004.12
定远县气象局	张新民	副局长（主持工作）	男	2004.12—2007.12
定远县气象局	张新民	局长	男	2007.12—

气象业务与服务

1. 气象业务

气象观测 1957 年 1 月观测任务为云、水平能见度、天气现象、定时风向风速、气温（含最高、最低气温）、湿球温度、绝对湿度、相对湿度、饱和差、降水量、小型蒸发、雪深、地面最低温度、地面状态。1957 年 3 月后根据安徽省气象局的要求，任务不断增加或变动，具体变动见观测任务变动情况表。1980、1981 两年的 6 月 1 日—7 月 15 日增加安徽省暴雨试验加密观测；1981—1982 年台风业务试验加密观测；2001—2004 年"973"中国暴雨外场加密观测。1957 年 1 月 1 日—1960 年 7 月 31 日采用地方平均太阳时，每天 01、07、13、19 时 4 次观测；1960 年 8 月 1 日开始采用北京时，1960 年 8 月 1 日—1961 年 3 月 31 日每天 02、08、14、20 时 4 次观测；1961 年 4 月 1 日—2006 年 12 月 31 日每天 08、14、20 时 3 次观测；2006 年底之前夜间一直不守班，2007 年 1 月 1 日开始每天 8 次观测，夜间守班。

观测任务变动情况表

日期	业务变动内容	变动方式
1957 年 3 月 10 日	地面最高温度	增加
1957 年 12 月 2 日	地面温度	增加
1958 年 4 月 1 日	5、10、15、20 厘米地温	增加
1958 年 5 月 31 日	降水自记	增加
1959 年 4 月 1 日	气压定时	增加
1959 年 7 月 1 日	气压自记	增加
1960 年 1 月 1 日	冻土、日照	增加
1960 年 1 月 1 日	地面状态	取消
1961 年 4 月 1 日	温度、湿度自记	增加
1975 年 2 月 1 日	EL 风自记	增加

日期	业务变动内容	变动方式
1980 年 1 月 1 日	水汽压、露点温度	增加
1980 年 1 月 1 日	绝对湿度、饱和差	取消
2004 年 7 月 1 日	裸露空气最高、最低温度	增加
2004 年 7 月 1 日	草面最高、最低温度	增加
2004 年 7 月 1 日	水泥地面最高、最低温度	增加
2005 年 1 月 1 日	40、80、160、320 厘米地温（自动）	增加
2006 年 7 月 1 日	裸露空气最高、最低温度	取消
2006 年 7 月 1 日	草面最高、最低温度	取消
2006 年 7 月 1 日	水泥地面最高、最低温度	取消

编发的气象电报有：天气报（开始于 1958 年 9 月 28 日）、绘图报（开始于 1960 年 7 月）、重要天气报、雨量报（开始于 1962 年 5 月 5 日）、水利部门的雨情报（开始于 1958 年 5 月 26 日）、气象旬月报（开始于 1957 年 3 月）、气候旬报（开始于 1957 年 8）、灾害性天气通报（开始于 1960 年 4 月 15 日）、航危报（开始于 1969 年 9 月 17 日）。

现在还在编发的气象电报有：8 次天气报、气象旬月报、重要天气报、军队部门的航危报。编制地面气象观测月报表、年报表。报表 1995 年开始用计算机编制，之前用手工制作。2007 年开始不再报送纸质报表。

1991 年 5 月前为手工编报、查算，1991 年 5 月开始用 PC-1500 袖珍计算机编报、查算，1995 年用计算机编报、查算，测报程序为 AHDM，2004 年开始用 OSSMO 2004 程序。2005 年前资料采集为目测和人工器测，2004 年 4 月 23 日自动气象站建成并进行试运行，2005 年 1 月 1 日开始自动观测与人工观测并轨运行，观测记录以人工观测为主；2006 年 1 月 1 日开始以自动观测为主。2007 年 1 月 1 日自动观测站单轨运行。

气象信息网络　1995 年前气象电报的传输方法为电话传到电信部门，由电信部门拍发到用报单位，1995 年开始气象部门内部气象电报改用网络传输，军队部门的航危报仍用老办法。1984 年 4 月开始采用传真机接收各种天气图。1987 年开始使用甚高频电话与全市气象部门会商。2000 年建成地面卫星单收站，1995 年用"163"拨号上网，2003 年用"ADSL"，2005 年改用 10 兆光纤。

气象预报　1957 年建站之初天气预报主要每天收听大台预报，结合地面资料和群众天气谚语制作中、短期天气预报；预报项目为天气现象预报、风向风速预报、温度和霜冻灾害预报。1960 年增加对未来 10 天范围内降雨量和温度预测。1971 年 1 月对外发布长期预报，即 1 月至全年的降水趋势、旱涝趋势和其他灾害天气趋势的估计。1978 年采用天气图、"六五"图、"九五"图和收听有关实况图，结合站内气象资料制作天气预报。1984 年 1 月开始利用传真机接收的各种天气实况图、分析图、预报图，相结合制作天气预报。2000 年后用地面卫星单收站和网络接收各种数值预报产品和云图、雷达图等，制作天气预报产品，主要做订正预报和短时临近预报。

农业气象　1957 年始建就有农业气象观测预报，观测项目有小麦、水稻等农作物的生长期、高度、密度。同时对作物生育期进行预报,对作物产量进行分析预测,1959年底停止农气业务。1979年恢复农业气象观测,并增加土壤墒情观测。1984年底停止农业气象观测;2004年7月恢复土壤墒情观测。

2. 气象服务

公众气象服务 2003年前每天早、中、晚3次将制作好的天气预报通过电话传到县广播站,由广播站向全县播出。2003年开始建成多媒体电视天气预报制作系统,将自制节目录像带送县电视台通过电视播放天气预报。2004年10月改由滁州市气象局统一制作,文件传回后由定远县气象局制成光盘送电视台播放。1997年6月,定远县气象局同县电信局合作开通"121"天气预报自动咨询电话,2005年改号为"12121",2008年改号为"96121"。

决策气象服务 2007年,为了更及时地为各级领导服务,通过移动通信网络开通了气象短信平台,以手机短信方式向全县各级领导发送气象信息。并利用县政府网站和电视发布气象灾害预警信息,提高气象灾害预警信号的发布速度。在主要农事季节和关键性、转折性、灾害性天气及重大活动时,认真做好预报服务工作,有针对性的制作天气情况汇报、重要天气信息专报、专题气象服务材料等书面材料,送到有关领导和单位。为县委、政府作出重大防汛、抗旱决策等提供科学依据。

专业和专项气象服务 1989年开展气象有偿专业服务,主要是为全县各乡镇、相关企事业单位提供中、长期天气预报和气象资料,一般以旬天气预报为主。1992年开展施放庆典气球服务,2003年在电视天气预报中制作画面广告。

1975—1979年,开始使用人武部的高炮,开展人工影响天气试验工作,在高塘、西卅店、吴圩3处设固定作业炮点。1998年气象局购买了2门"三七"双管高炮,炮点增加到6处。2002年为增加作业的机动性,购买了1台4管火箭发射架,县政府配备了1辆专用车。自2000年开始,每年都适时进行人工影响天气作业,此工作得到县委县政府的多次表彰。2004—2008年连续5年被安徽省人工降雨防雹联席会议评为"人工增雨防雹先进单位"。1989年开展建筑物避雷针检测服务,2003年增加防雷工程设计、施工、防雷图纸审核、竣工验收等项目。

气象科技服务 2000年,经县政府批准,定远县农村综合经济信息中心成立,与气象局一个机构两块牌子。2001年,完成全县55个乡镇农村信息站建设和人员培训任务。2004年,依托安徽农网,为政府开通了定远县先锋网。

气象科普宣传 定远县气象局每年都在世界气象日、安全生产宣传月、科技三下乡等活动中,设置展台、展板、接受咨询。发放气象减灾宣传材料和科普读物。2007年、2008年分别向定城镇斋朗小学、池河镇中心小学、张桥镇中心小学赠送防雷知识读本6000本,并为小学生上防灾减灾课。

法规建设与管理

法规建设 定远县气象局先后与县安全生产监督局、公安局、城建局、教育局联合下发了《在全县开展防雷安全检测的通知》、《关于对全县计算机网络实施防雷安全检测的通知》、《关于建筑物防雷图纸审核的通知》、《加强中小学校防雷工作的通知》等文件。

定远县气象局 2002 年开始执行政务公开制度。公开的主要内容包括财务、重大基建项目、人事安排等。

社会管理 2005 年,定远县气象局被列为县安全生产委员会成员单位,根据《中华人民共和国气象法》和省政府《关于加强防雷安全管理工作的通知》精神,负责全县防雷安全的管理,定期对液化气站、加油站、民爆仓库等高危行业和非煤矿山、学校的防雷设施进行检查。开始对防雷工程专业设计或施工资质管理、施放气球单位资质认定、施放气球活动许可制度等实行社会管理。

政务公开 2002 年开始实行政务公开制度,对气象行政审批办事程序、气象服务内容、服务承诺、气象行政执法依据、服务收费依据及标准等,采取了通过户外公示栏、上网、发放宣传单等方式向社会公开。

党建与文明创建

1. 党建工作

支部组织建设 1977 年以前由于党员人数少于 3 人,一直没有成立党小组或党支部,职工党员在农业局党支部参加组织生活。1978 年成立气象局党支部,当时在职党员有 3 人。到 2008 年底支部共有 9 名党员,其中在职党员 6 人。

党风廉政建设 2002 年开始执行政务公开制度。公开的主要内容包括财务、重大基建项目、人事安排等。2007 年按干部选拔制度聘纪检监察员一人,开始实行"三人决策"制度。

2. 文明创建

2000 年被安徽省气象局确认为"安徽省气象行业创建文明行业活动达标单位";2002 年起一直保持"定远县文明单位"称号;2009 年 4 月被命名为"滁州市 2007—2008 年度文明单位"。

台站建设

1956 年建站时只有 4 间平房,建筑面积不到 80 平方米,没有自来水和道路,职工生活十分不便。1972 年 11 月经定远县委批准,征用城西公社友谊大队新大生产队土地 3000 平方米,建平房 2 幢 10 间,建筑面积 250 平方米。1978 年 12 月搬迁到定城镇城北村汤巷生产队时,占地面积为 4300 平方米,建有平房 8 间,二层楼房 2 栋,总建筑面积 284 平方米,其中办公用房 81.1 平方米。改革开放以后,加大了投入,办公环境和职工住宿条件在不断改善,1982 年、1983 年、1988 年又分别征用观测场附近土地 3200 平方米、3800 平方米、1500 平方米,1979 年、1983 年又分别新建 10 间、8 间平房,1988 年 4 月 15 日 240 平方米的办公大楼建成交付使用。

1999 年 12 月,3 层 12 套建筑面积 1150 平方米的职工住宿楼建成,彻底改善了职工的住房条件。2006 年,经县政府协调,在现址征用土地 16700 平方米。2007 年 10 月建筑面积 980 平方米的办公楼和建筑面积 300 平方米的青年公寓开始动工,2008 年底基本完工。

1991 年前没有现代化交通工具,1991 年秋季购买 1 辆二手北京吉普车,1992 年 6 月购买1辆二手山鹿牌警用车,1997年购买了1辆新的桑塔纳(2004年出售),2006年购买1辆北京现代新车。

1978年时的办公环境

正在建设中的新办公楼

现在使用面积140平方米的现代化业务平面

明光市气象局

明光市原为嘉山县,汉代始置县,1994年5月31日,经国务院批准撤县设市。明光市地处江淮分水岭,属亚热带湿润季风气候,年平均气温为15.0℃,年平均无霜期约220天,年平均降水量为951.9毫米。明光灾害性天气频发,主要以暴雨、干旱、大风、冰雹、雷电、大雪为主。

机构历史沿革

1. 始建及沿革情况

1959 年 9 月 8 日在嘉山县韩山郊外建站,名称为嘉山县气象服务站。站址位于北纬 32°46′,东经 117°58′,海拔高度 28.6 米,1959 年 10 月 1 日开始开展观测业务。1961 年 4 月 11 日搬迁至嘉山县新加师西南角处,1964 年 5 月 1 日,再次搬迁至嘉山县三马路高地,观测场位于北纬 32°47′,东经 117°59′,海拔高度 34.9 米。1972 年更名为嘉山县革命委员会气象站。1979 年 11 月更名为嘉山县气象局。1994 年嘉山撤县设市,改名为明光市气象局,站址更名为明光市池河大道 155 号。1980 年被确定为气象观测国家一般站,2007 年 1 月 1 日改为国家气象观测站二级站,2008 年 12 月 31 日改为国家气象观测一般站。

2. 建制情况

领导体制与机构设置演变情况　1959 年 9 月到 1963 年 12 月,建制属地方政府,归县农林局领导,省气象局负责业务指导。1964 年 1 月"人、财"收归省气象局领导,党务工作归地方领导。1970 年 11 月实行军管,由县人武部领导,省气象局负责业务指导,建制属地方。1972 年底归县革命委员会领导,属科局级,省气象局负责业务指导。1982 年,改为部门和地方双重管理的领导体制,以部门领导为主。

人员状况　1959 年 9 月建站时,只有 3 人。现有职工 13 人,其中退休 4 人,离休 1 人,在职 8 人。在职职工中大学学历 2 人,大专学历 2 人,中专学历 4 人;中级专业技术人员 2 人,初级及其以下专业技术人员 6 人;50 岁以上 1 人,40～49 岁 3 人,40 岁以下有 4 人。

单位名称及主要负责人变更情况

单位名称	负责人	职务	性别	任职时间
嘉山县气象服务站	徐立志	站长	男	1959.9—1961.4
嘉山县气象服务站	崔云飞	负责人	男	1961.5—1972.11
嘉山县革命委员会气象站	崔云飞	负责人	男	1972.11—1973.12
嘉山县革命委员会气象站	章广汉	局长	男	1974.1—1979.7
嘉山县革命委员会气象站	崔机	局长	男	1979.8—1979.11
嘉山县气象站	崔机	局长	男	1979.11—1984.2
嘉山县气象局	李长瑚	副局长(主持工作)	女	1984.3—1989.10
嘉山县气象局	吴建平	副局长(主持工作)	男	1986.1—1991.5
嘉山县气象局	吴建平	局长	男	1991.5—1992.8
嘉山县气象局	詹友旺	副局长(主持工作)	男	1992.8—1994.5
明光市气象局	詹友旺	副局长(主持工作)	男	1994.5—1996.5
明光市气象局	詹友旺	局长	男	1996.5—1998.6
明光市气象局	彭玉章	副局长(主持工作)	男	1998.6—2000.2
明光市气象局	徐飞	局长	男	2000.2—2001.9
明光市气象局	李皖兵	副局长(主持工作)	男	2001.9—2007.12
明光市气象局	李皖兵	局长	男	2007.12—

气象业务与服务

1. 气象业务

地面观测 1959 年 10 月 1 日开始,每天有 08、14、20 时 3 次观测,夜间不守班。观测项目有云、能见度、天气现象、气压、气温、湿度、风向风速、降水、雪深、日照、蒸发、地温等。每天 08、14、20 时编发加密天气报(以前称作小图报),同时承担重要天气报、雨量报的编发任务。1973—1974 年和 1983 年台站有预约航危报任务。编制地面气象观测记录月报表、年报表。2006 年停止报送纸质报表。2003 年 12 月底建立 CAWS600-I 型自动气象站,2004 年 1 月正式运行。2005 年 12 月 31 日 20 时,自动气象站进行单轨运行。2003 年初,乡镇雨量站开始建设,2005 年升级为太阳能单雨量站点,2005 年底共建成乡镇单雨量点 9个,2008 年 5 月增建六要素站点 1 个。

气象预报 1959 年开始开展补充天气预报业务。1982 年开始利用接收北京的气象传真和东京的传真图表,分析判断天气变化。1998 年以后主要开展补充订正预报和短时临近预报。1984 年开始,通过传真接收中央气象台、省气象台的旬、月天气预报,再结合分析本地气象资料,制作每旬天气过程趋势预报。1974 年开始制作长期天气预报,1982 年为贯彻执行中央气象局提出的"大中小、图资群、长中短相结合"技术原则,组织力量,建立一整套长期预报的特征指标和方法,一直延续使用。

气象信息网络 1982 年开始了气象传真图的接收工作。1991 年 8 月,开始使用 PC-1500 计算机进行数据记录、编报业务。1993 年 9 月开始使用 386 微机处理业务有关工作。1995 年应用计算机进行预审、打印报表,结束了人工制作报表的历史。2000 年 3 月 20 日,地面卫星接收小站建成并正式启用,年底停止传真图的接收工作,预报所需资料全部通过单收站进行接收。2002 年 12 月开始采用宽带传报。2005 年网络传输由宽带改为光纤。1985 年,开始建立气象业务技术档案,主要对建站后有气象资料以来的各种灾害性天气个例进行建档,对气候分析材料、预报服务调查与灾害性天气调查材料、预报方法使用效果检验、预报质量月报表、预报技术材料,中央台及省、地台各类预报业务会议材料等建立档案。

农业气象 1982 年开始有农业气象观测预报,观测项目有小麦、水稻等农作物的生长期、高度、密度等。同时对作物生育期进行预报,对作物产量进行分析预测。1986 年农业气象业务停止。

2. 气象服务

公众气象服务 1959—1976 年,气象服务方式主要是制作农业气象简报,通过嘉山广播电台进行对外发布。1974—1976 年,每逢午收、夏种等关键农事季节,除通过有线广播电台播报天气预报外,气象业务人员开始走到群众中去,在现场进行服务。1997 年 3 月,与县电信局合作正式开通"121"天气预报自动答询电话。2003 年对"121"系统进行了升级改造,实现以 24 小时不间断的服务,主要提供早、中、晚短期天气预报、未来 3～5 天天气趋势预报、邻近城市天气预报等。2005 年 1 月,"121"改号为"12121"。2008 年"12121"换号为"96121"。1995 年开始开展电视天气预报,1995—1996 年,电视天气预报主要是由气象局提供天气预报结论,电视台以字幕形式播出。1998年,实现了在明光市电视台上发布图文配音形式的天气预报;2004年9月10日升级为有气象主持人的气象影视节目,由滁州市气象局统一制作,明光市气象局提供素材和预报结论。2007年,在市政府、部分乡镇、农场等单位安装气象灾害预警信息电子显示屏10块,适时开展各项气象服务。

决策气象服务　每年汛期、主要农业生产时段以及关键性、转折性、突发性、灾害性天气过程,都积极主动地开展决策气象服务,为市(县)委市(县)政府领导统筹安排工作和指挥防灾减灾提供决策依据。服务方式和内容主要有,报送短期天气预报、3～5天天气预报、一周天气预报、旬天气预报等天气预报材料;发重要天气报告、气象灾情报告、重大活动气象服务专报等气象信息专报,以及针对防汛、抗旱、防火制作的专题气象服务材料。2006年,开通了气象预警短信服务平台,以手机短信方式向市政府机关主要领导、各乡镇负责人、农村中小学校长等近千人提供决策服务信息和灾害性天气短时临近预报服务。2006年底为明光市委市政府开通气象服务终端。

专业与专项气象服务　1986年开始推行气象有偿专业服务,主要是为全县各乡镇或相关企事业单位提供中、长期天气预报和气象资料,一般以旬天气预报为主。1988年6月,嘉山县人民政府办公室发文,对气象有偿专业服务的对象、范围、收费原则和标准等内容进行规范。

1998年3月,明光市编委下发明编字〔1998〕05号文,批准成立明光市防灾减灾局,与气象局属一个机构两个牌子。1999年开始开展防雷工程设计、施工、竣工验收等服务工作,2004年依据明光市气象局与安全生产监察管理局联合下发的《关于开展防雷安全检测和检查的通知》文件,负责定期对液化气站、加油站、民爆仓库等高危行业和非煤矿山的防雷设施进行检测、检查。2001年,购置了1门"三七"高炮用于开展人工影响天气作业,并在桥头、管店等8个乡镇设立了作业点,适时开展人工影响天气作业。2005年市政府投入15万元购置了火箭发射架1部,使明光市人工增雨、防雹工作更加及时、便捷。

气象科技服务　2000年5月,明光市编委下发明编字〔2000〕03号文,批准明光市气象局成立市农村综合信息服务中心,是安徽省农村综合经济信息中心在明光的分中心。2001年1月建立明光农网服务平台。依托安徽农网,2001—2008年,通过省、市农网周刊、农网电视广播节目和明光农网信息服务电话、短信平台等信息媒介及形式,推进农业信息"进村、入户、到企",截至2008年12月全市17个乡镇、街道和1个村、3个企业建立了综合信息服务站,开展了各类农产品信息的上传、下达和网上交易,为"三农"服务增添了手段。

气象科普宣传　20世纪60—90年代,科普宣传主要以广播、电视、报纸等媒体为主。2000年以后,气象科普宣传活动开展的形式更加丰富,主要有科技活动周宣传、送科技下乡、悬挂条幅、印发气象科普知识小册子、科普宣传进校园、科普网站宣传等,科普宣传由市到乡镇到村到个人。

法规建设与管理

法规建设　2003年明光市气象局在贯彻落实市人民政府下发的《关于加强防雷安全管理的通知》精神中,制定了《明光市防雷工程设计审核、施工监督和竣工验收管理办法》,

并在全市范围内实施,防雷行政许可和防雷技术服务正逐步规范化。

社会管理 1999年明光市人民政府办公室下发《明光市建设工程防雷项目管理办法》(明办字〔1999〕14号),将防雷工程从设计、施工到竣工验收,全部纳入气象行政管理范围。2000年8月建立了行政执法队伍,2008年底共有3人具有行政执法资格。2003年,市气象局被列为明光市安全生产委员会成员单位,负责全市防雷安全的管理。

明光市气象局加强政务公开工作。对气象行政审批办事程序、气象服务内容、服务承诺、气象行政执法依据、服务收费依据及标准等,采取了通过户外公示栏、电视广告、发放宣传单等方式向社会公开。干部任用、财务收支、目标考核、基础设施建设、工程招投标等内容则采取职工会议或上局公示栏张榜等方式向职工公开。

党建与气象文化建设

1. 党建工作

党支部建设 1959—1968年无党员。1969年12月有中共党员1人。1989年之前,明光市气象局无党支部。1989年5月,经中共嘉山县直属机关委员会批准成立气象局党支部。至2008年12月31日,明光市气象局有中共党员8人(其中在职4人,离退休4人)。

党风廉政建设 明光市气象局加强党风廉政建设,每年开展党风廉政宣传教育月活动,并组织党员干部观看警示教育片,学习机关案例,参观警示教育基地。2007年选聘兼职纪检监察员1人,开始实施"三人决策制度"。

2001年开始,明光市气象局开始开展了局务公开工作,制定了明光市气象局局务公开实施细则,并成立局务公开领导小组、监督小组,还制作了规范的局务公开栏。局务公开的内容主要以"人、财、物"为重点,并将财务项目作为局务公开的重中之重,定期召开全体干部职工大会或张榜公布。

2. 气象文化建设

每年"3·23"世界气象日,明光市气象局积极组织气象科技宣传,普及防雷知识。1999年成立明光市气象局精神文明建设领导小组,分设绿化美化、综合治理、卫生、计划生育等单项领导组。组织职工参加市政府组织的文艺汇演和户外健身,节假日进行娱乐活动比赛,每年进行1次职工运动会,丰富职工的业余文化生活。2001—2008年连续被明光市委市政府和滁州市委市政府授予"明光市文明单位"和"滁州市文明单位"或"滁州市文明单位标兵"称号。2001年被明光市创建文明行业指导委员会授予"文明行业先进单位"。

3. 荣誉与人物

人物简介 李长瑜,女,1934年10月出生于安徽省嘉山县(现明光市)。1951年7月参军,1953年10月到山西省气象台任预报组长,1956年12月入党,1969年调至嘉山县气象局,历任预报组长、副局长、局长等职,1989年12月退休。

李长瑜同志在本职岗位上刻苦学习,一心扎在气象事业上。担任领导职务后,仍然坚持业务值班,带领全局人员积极工作,在预报的"四基本建设"、预报服务、农业气象、气候区划等工作中作出了突出贡献,获得了省、地主管部门的奖励。

李长瑚同志主持明光市气象局工作期间,哪里需要就顶到哪个岗位,当农气业务缺少人手时,她不顾自己体弱多病,经常徒步4千多米到大田里取土。由于长期带病坚持工作,1982年她的体重下降到只有33千克时才住进医院。身体还没有完全康复,就主动出院又参加工作。她主持编写的《嘉山县气候区划》为当地农业发展提供了科学依据。

李长瑚同志1984年3月被授予安徽省劳动模范,1987年国家气象局授予她"双文明建设先进个人"称号。

台站建设

1987—1992年完成宿舍楼和办公楼的建设。1992年2月,进行观测场改造工程,因探测环境不符合要求,经省气象局批准,进行了垫高,且面积缩为16米×16米。1996年4月对观测值班室进行了装修。2000—2007年,逐步对单位院内的环境进行了绿化改造,规划整修了道路,修建了草坪和花坛,栽种了风景树,院内绿化率达到了70%;并重新修建大门,改善了业务值班室环境,完成了业务系统的规范化建设。

明光气象局建于1973年的老业务楼

明光市气象站观测场(2007年)

来安县气象局

来安县历史悠久,西汉武帝元狩元年(公元前122年)开始建县,称建阳县。之后几易县名,至南唐昇元二年(公元938年)定名来安县。

来安县位于安徽省东部,属于江淮丘陵区,地处东经118°20′~118°40′,北纬32°10′~32°45′之间。全县总面积1481平方千米,辖12个乡镇,130个村,人口49万。来安气候温和,四季分明,雨量适中,雨热同季,年平均气温14.9℃,年平均降水量997.3毫米,无霜期

217 天。但降水不均匀,日照多,湿度大,无霜期较长,为季风气候显著的副热带(北亚热带)向暖温带过渡的湿润与半湿润型气候。

机构历史沿革

1. 始建及沿革情况

来安县气象站始建于 1958 年 12 月,地址位于来安县城东门外顿丘山,北纬 32°27′,东经 118°25′,观测场海拔高度 29.5 米。1959 年 1 月 1 日正式开始气象观测。1978 年 10 月台站搬迁至来安县双塘乡魏郢队,北纬 32°28′,东经 118°25′,占地面积 11667 平方米,观测场海拔高度 40.4 米。1958 年建站时名称为来安县气候站,1960 年 3 月更名为来安县气象服务站。1970 年 11 月更名为来安县革命委员会气象站。1973 年 7 月更名为来安县气象站。1979 年 8 月更名为来安县气象局。

2. 建制情况

领导体制与机构设置演变情况 1958 年建站时归属来安县政府领导,业务由安徽省气象局管理。1964 年"人、财"收归省气象局领导。1970 年划归来安县人民武装部领导,省气象局负责业务管理。1973 年划归来安县革命委员会领导,升格为科级单位。1979 年开始,改为部门和地方双重领导体制,以部门领导为主。

人员状况 1958 年正式建成后,实际工作人员为 3 人。截至 2008 年 12 月 31 日有职工 10 人,均为汉族,其中具有本科学历 3 人、专科学历 2 人。有中级职称 8 人。50～55 岁 3 人,40～49 岁 4 人,40 岁以下的有 3 人。

单位名称及主要负责人变更情况

单位名称	负责人	职务	性别	任职时间
来安县气候站	空 缺			1958.12—1959.12
来安县气象服务站	胡必贵	站 长	男	1960—1962(月份不详)
来安县气象服务站	程 禹	副站长(主持工作)	女	1963—1964(月份不详)
来安县气象服务站	王翠文	副站长(主持工作)	男	1965—1970(月份不详)
来安县革命委员会气象站	胡佩珍	站 长	女	1970—1972(月份不详)
来安县气象站	袁中祥	站 长	男	1973—1975(月份不详)
来安县气象站	杨 春	站 长	男	1975—1977(月份不详)
来安县气象站	苏昭和	站 长	男	1977—1978(月份不详)
来安县气象站	付在荣	站 长	男	1978—1979.4
来安县气象局	付在荣	副局长(主持工作)	男	1979.4—1984.2
来安县气象局	王翠文	局 长	男	1984.2—1990.7
来安县气象局	夏书权	副局长(主持工作)	男	1990.7—1996.5
来安县气象局	夏书权	局 长	男	1996.5—2004.12
来安县气象局	孙 怡	局 长	女	2004.12—

气象业务与服务

1. 气象业务

气象观测　1959年1月1日正式开始气象观测,每天08、14、20时3次定时观测,夜间不守班。观测项目有云、能见度、天气现象、气压、气温、湿度、风向风速、降水、雪深、日照、蒸发、地面温度、曲管地温、冻土等。2004年增加深层地温自动观测。1960年1月15日开始向安徽省气象台、滁州市气象台编发天气小图报。1982年4月1日开始常年向OBSER合肥、滁州发重要天气报。2008年6月1日增加雷暴、视程障碍现象(霾、浮尘、沙尘暴、雾)等项目。1979年开始,每年4月1日至9月30日05时向合肥、滁州发日雨量报,其他时间08时拍发日雨量报。常年每日08时向合肥、滁州、来安发雨情报,2005年5月1日停止雨情报发报任务。编制地面气象记录月报表、年报表。2007年1月停止报送纸质报表。

1986年1月1日,PC-1500袖珍型计算机开始在气象观测业务中使用,主要用于处理观测数据、存储信息和编制气象电报。1997年微机取代PC-1500机,并将数据、报文传输途径由拍发电报方式改为分组网络传输方式。2004年2月,"CAWS600B(S)-NEW(I)型"自动气象站建成并开始试运行。2005年1月1日—2006年12月31日自动气象站和人工站并轨运行。2007年1月1日正式投入业务运行。自动观测项目有气压、气温、湿度、风向风速、降水、地温等。2004年11月,县政府投资10万元建成20个乡镇自动雨量观测站。2005—2008年先后在杨郢、相官、张山等乡镇建成3个四要素自动观测站。2008年10月杨郢四要素升级为六要素自动观测站。

气象信息网络　1980年4月引进123型传真机,接收各类气象传真图。1984年开始使用甚高频电话,用于天气会商和其他信息交流。1999年7月1日建成地面气象卫星接收小站(简称单收站)。1998年以前,气象报文由观测员通过固定电话传至电信部门,再转发至有关用户,1999年后改为"163"拨号上网传输,2003年3月改为通过ADSL上网传输,2004年9月改为10兆宽带传输,2006年11月实现虚拟专用网络传输,即"VPN"传输。

气象预报　1962年开始制作县站补充天气预报,每天早、中、晚分3次在县有线广播站播出。1965年开始制作中期(1旬)和长期(月、季、年)预报,但不公开发布,仅通过邮寄等方式送达有关部门,供参考。2000年后应用地面卫星单收站和网络接收各种数值预报产品和云图、雷达图等适时资料,制作天气预报产品,主要做订正预报和短时临近预报。

农业气象　1983年,经省气象局批准开展农业气象观测业务,开展小麦和水稻生育期观测。1985年省气象局业务调整,来安县农业气象观测业务停止。

2. 气象服务

公众气象服务　1992年以前主要通过县广播站发布本县天气预报,天气预报主要内容为未来24小时、48小时内降水、气温、风向风速等。1993年来安县广播电台建成后,天气预报则通过县广播电台发布。1995年6月引进多媒体制作系统,开始在来安县电视台播出天气预报节目。2004年7月,电视天气预报制作系统进行升级,开始制作有气象节目主持人的天气预报节目。2005年8月开始发布气象指数预报。1997年,与电信部门合作开通"121"天气预报电话咨询业务,2007年11月改号为"96121"。2005年开始在有关单位安装并开展安装气象灾害预警信息电子显示屏业务。到2006年6月底,共安装电子显示屏21块,丰富了气象信息发布形式。2005年6月,开始通过气象短信服务平台为县委、政府领导以及县直机关和乡镇负责人免费提供手机气象短信服务功能。截至2008年底,发布天气预报、灾害性天气警报、天气公告的途径和方法有:县广播电台、电视台、政府网等媒体以及电话咨询、手机短信、气象灾害预警信息电子显示屏等。2005年开始,向社会发布多种灾害性天气预警信号。

决策气象服务 1959—2008年间,来安县共发生严重干旱灾害4年(分别为1966年、1967年、1978年和1994年),严重洪涝灾害3年(分别是1975年、1991年和2003年),其中尤以1975年洪涝和1978年大旱损失最为严重。县气象局及时、主动地为地方政府和有关部门提供防灾减灾、趋利避害气象决策服务。

1991年,来安县遭受特大洪涝灾害。县气象局成功预报了6月11—14日强降水过程,为县委县政府组织抗洪抢险,战胜第一次洪水提供了准确、及时的决策服务。6月29日,县气象局再次作出7月初开始,本县将再次出现强降水过程的预报。县防汛抗旱指挥部果断决策,下令全县将所有水库和圩沟水位降低1米,腾出库容,滞留洪水,并做好迎战第二次洪水的人力、物力准备。7月1—11日的第二轮强降水如期而至,强度更大,最高洪水位超过历史记录0.49米。由于县委县政府科学决策,全县人民奋起抗洪抢险。圩区14个乡镇,没有破1个圩,没有因洪涝死1个人,把经济损失降到最低。县气象局准确的决策预报服务,受到县委、县政府领导的高度赞扬。是年,来安县气象局分别被县委县政府和省气象局授予"抗洪救灾先进集体"、"安徽省气象系统抗洪抢险先进集体"称号。

专业与专项气象服务 1982年开始有偿专业气象服务,与来安县砖瓦厂签订了第一份专业有偿气象服务合同。之后逐步向其他行业和单位推广。1987年开始使用气象警报接收机,对合同单位开展服务。截至1991年底,全县共安装气象警报接收机48台。2000年以后气象警报机不再使用。1995年开展施放气球业务,业务量逐年有所增加。1995年6月开展电视广告业务,2008年有16个画面广告在来安电视台一、二套节目播出。2007年6月成立来安县气象科技服务部,统一管理气象科技服务工作。

1976年,来安气象局在县武装部支持下,使用高炮进行人工降雨作业。2002年8月,经来安县人民政府批准成立来安县人工影响天气办公室,挂靠县气象局。县政府拨付专项资金10万元,购置人工增雨防雹工具车1辆、火箭发射架1套、火箭弹10枚。2003年和2005年荣获"安徽省人工降雨防雹联席会议先进单位"称号。1993年开始对防雷实施安全性能进行检测。2004年开始对全县新建建筑物防雷图纸设计进行审核,并跟踪检测。2004年3月19日全县防雷工作会议之后,来安县气象局先后与县安全生产监督局、公安局、城建局、教育局联合发文全面开展防雷安全检测工作。截至2008年底,受检测的单位已经超过100家。

气象科技服务 2000年,经来安县政府批准,来安县农村综合经济信息中心成立,与县气象局一个机构两块牌子。2001年,完成全县乡镇农村信息站建设任务,建站24个。2004年,依托安徽农网,开通了来安县县乡政务办公系统,并与县委组织部合作,建成来安县先锋网,为全县党员接受教育提供了一条便捷途径。

气象科普宣传 每年都在世界气象日、安全生产宣传月、科技"三下乡"等活动中,设置展台、展板、接受咨询。发放气象防灾减灾宣传材料和科普读物。2007年、2008年分别向汊河镇小李庄村、舜山镇林桥村赠送气象科技图书共350本。向有关乡镇和企事业单位赠送气象科普光盘60张。2008年向全县小学生赠送气象防灾减灾读本6000本,为340名小学生上防灾减灾课。

法规建设与管理

来安县气象局与县安全生产监督局联合下发了《在全县开展防雷安全检测的通知》、与公安局联合下发了《关于对全县计算机网络实施防雷安全检测的通知》、与城建局联合下发了《关于建筑物防雷图纸审核的通知》、与教育局联合下发了《加强中小学校防雷工作的通知》等文件,促进了本县防雷工作的开展。

党建与气象文化建设

1. 党建情况

支部组织建设 1978年以前,县气象局和县农业局成立一个联合党支部。1979年,经上级党委批准成立来安县气象局党支部,付在荣同志为支部书记。2008年有正式党员3人。来安县气象局党支部1984年度和1989年度2次被来安县委授予"先进党支部"。金家智同志1996年被来安县委授予"优秀共产党员"称号。

党风廉政建设 来安县气象局历届领导班子重视加强党风廉政建设。2002年开始执行政务公开制度,公开的主要内容包括财务、重大基建项目、人事安排等。2007选聘兼职监察员1名,并认真贯彻落实省气象局有关"三人决策"制度。

2. 气象文化建设

1996年成立来安县气象局文明创建工作领导小组,具体负责文明创建工作。县气象局重视气象文化建设,把理论学习、法律法规学习和业务学习制度化,经常组织职工参加各种形式的知识竞赛。支持职工参加再教育,2000年以来,分别有5人通过函授取得专科、本科学历。

自1996年以来,积极开展文明单位创建活动,1996—2008年保持来安县文明单位荣誉,2001—2002年度、2005—2006年度2次被滁州市委市政府授予"滁州市文明单位"称号。

2003年新建篮球场1个,购置乒乓球桌1台,健身器材9套,为开展群众文化体育活动创造条件。2000年以来,每年组织群众性文件活动1~2项,组织职工参加上级部门组织的活动1~2次。2005年参与组织"来安县风云杯"乒乓球赛,获最佳组织奖。

3. 荣誉

集体荣誉 来安县气象局1989年被省气象局授予"安徽省气象部门双文明建设先进集体"称号;1991被省气象局授予"安徽省气象系统抗洪抢险先进集体"。

个人荣誉 1993年以来有4人获县委、县政府"先进工作者"奖励。

台站建设

1975年特大洪水,造成气象站大部分房屋损毁。1978年10月台站搬迁后,新建办公楼1栋,砖瓦结构宿舍16间,水泥路300平方米。1998年通过争取省气象局投资和职工集资的方式,新建宿舍楼3栋10套,共1100平方米。2000年对办公楼进行内外装修。2003年对观测场进行标准化改造。2004年和2005年对县气象局大院环境进一步整治、绿化。到2008年底,来安县气象局道路硬化面积1000平方米,绿化面积2600平方米。绿化率达到70%以上。

来安县气象局旧貌(1983年)

来安县气象局新颜(2008年)

全椒县气象局

全椒县历史悠久,初建于西汉,现隶属安徽省滁州市,位于北纬31°51′~32°15′,东经117°49′~118°25′,总面积153平方千米,属于北亚热带季风气候,并具有一定的向暖温带过渡性质。气候总的特点是:属北亚热带向暖温带过渡性气候,春季温和多变,夏季炎热多雨,秋天天高气爽,冬天寒冷干燥,常年风向多为东北风,气候温和,雨量适中,阳光充足,四季分明,雨热同季,易旱易涝。四季特点是:春季温和多变,夏季炎热多雨,秋季天高气爽,冬季寒冷干燥。年平均气温15.4℃,年降水量1000.9毫米左右。目前所辖10个乡镇,县城驻襄河镇。

机构历史沿革

1. 始建及沿革情况

1956年,安徽省气象局在全椒县斩龙岗农场建立县气候站,北纬32°04′,东经118°12′,

海拔高度 32.2 米,同年 11 月 1 日开始正式观测记录,1958 年 1 月站名改为全椒县气候服务站。1963 年 10 月,气候服务站迁至县城小南门外,南屏山西侧小山头上。1971 年 1 月全椒县气候服务站改名为全椒县革命委员会气象站。1980 年 1 月全椒县革命委员会气象站更名为全椒县气象局,同年被确定为气象观测国家一般站,占地 7300 平方米,观测场位于北纬 32°05′,东经 118°16′,海拔高度 31.5 米。

2. 建制情况

领导体制与机构设置演变情况 1956—1963 年,归地方领导,委托县农场管理,业务归省气象局领导。1964 年至 1970 年春,"人、财、业务"3 权归省气象局领导,改由县农业局代管。1970 年夏至 1973 年夏,建制改为以军队为主的双重领导体制,县气候服务站正式移交给县人民武装部领导。1973 年秋,由军队转交给地方政府领导。1980 年改为部门和地方双重管理的领导体制,由部门领导为主,即垂直管理,并一直延续至今。

人员状况 1956 年建站时只有 2 人。现有在职职工 9 人,离退休 5 人。在职职工中,本科学历 2 人,大专学历 6 人,中专学历 1 人;中级专业技术人员 5 名,初级专业技术人员 4 人;50～55 岁 3 人,40～49 岁 4 人,40 岁以下 2 人。

单位名称及主要负责人变更情况

单位名称	负责人	职务	性别	任职时间
全椒县气候站	刘义成	站长	男	1956.8—1958.10
全椒县气候服务站	刘义成	站长	男	1958.11—1962.10
全椒县气候服务站	林立亮	站长	男	1963.1—1965.7
全椒县气候服务站	邓展春	站长	男	1965.7—1973.10
全椒县革命委员会气象站	张玉锦	站长	男	1973.10—1976.12
全椒县气象局	邰毓林	局长	男	1977.1—1985.6
全椒县气象局	邓展春	局长	男	1985.7—1988.5
全椒县气象局	陈玉坤	局长	男	1988.5—1996.5
全椒县气象局	周理清	局长	男	1996.5—2000.5
全椒县气象局	汪丽明	副局长(主持工作)	女	2000.5—2003.1
全椒县气象局	汪丽明	局长	女	2003.1—

气象业务与服务

1. 气象业务

地面观测 1956 年建站时每天 02、08、14、20 时 4 次定时观测,观测项目有云、能见度、天气现象、气压、气温、湿度、风向风速、降水、雪深、日照、蒸发、地温等。1961 年气象观测改为每日 08、14、20 点 3 个时次。1989 年 5 月启用 PC-1500 袖珍计算机编报和数据处理,1996 年配备微机取代 PC-1500 机。2003 年 10 月,县气象局建成自动气象站,气压、气温、湿度、风向风速、降水、地温等观测项目全部采用仪器自动采集、记录。2005年县乡财政筹措8万元经费,在各乡镇建成自动雨量站5个,还相继建立四要素自动气象站3个,六要素自动站1个。2008年底全县共有各类气象监测站点9个(包括全椒国家气象观测一般站),对全县雨情、大风等进行实时监控。

气象信息网络 1980年4月引进123型传真机,接收各类气象传真图。1984年开始使用甚高频电话,用于天气会商和其他信息交流。1999年7月1日建成地面气象卫星接收小站(简称单收站)。1998年以前,气象报文由观测员通过固定电话传至电信部门,再转发至有关用户,1999年后改为"163"拨号上网传输,2003年3月改为通过ADSL上网传输,2004年9月改为10兆宽带传输,2006年11月实现虚拟专用网络传输,即"VPN"传输。

气象预报 1958年开始试作单站补充天气预报,主要是每天收听大台预报,结合地面资料

2008年1月25—28日暴雪观测

和群众天气谚语作中、短期天气预报。预报项目为天气现象预报、风向风速预报、温度和霜冻灾害预报。1960年增加对未来10天范围内降雨量和温度预测。1971年1月对外发布长期预报,即1月至1年的降水趋势、旱涝趋势和其他灾害天气趋势的估计。1978年采用天气图、六五图、九五图和收听有关实况图,结合站内气象资料制作天气预报。20世纪80年代初开始利用传真接收机接收中央气象台、省气象台的天气预报,再结合分析本地气象资料,制作1旬天气过程趋势预报,开始应用数值预报产品。1987年7月,通过甚高频无线对讲通讯电话实现与周边县市直接业务会商。随着信息网络的建设,预报方法逐步向数值预报、经典天气学、动力分析方法转变。1998年以后,地面卫星接收站启用,使预报可以充分使用气象卫星、天气雷达、自动气象站、闪电定位系统等现代化设施获取的信息资料。

农业气象 1956年建站时农业气象观测主要包括水稻、小麦、棉花、油菜等主要农作物的生育期观测。1961年秋撤销农气观测,1980年又恢复农气观测,于1985年6月再次撤销。2004年开始进行土壤墒情观测。

2. 气象服务

公众气象服务 1958年开始,将短期预报通过县广播站向社会播发。1997年与县电信部门合作安装"121"天气预报自动应答系统,随时为社会公众提供24小时、48小时和一周天气预报等气象信息服务,2005年"121"电话升位为"12121",2006年年底又改号为"96121"。1998年县气象局建成多媒体电视天气预报制作系统,将自制节目录像带送电视台播放;2004年10月预报节目改由滁州市气象局统一制作,由县气象局提供预报资料,录像制作完成传回后由县气象局送县电视台播放。

决策气象服务 1958年开始,将中长期预报印寄到公社以上各级领导单位。2006年,为了更及时准确地为县、镇、村领导服务,通过与县移动通信公司合作,依托安徽气象信息中心"天天气象"网,开通了手机气象短信发布平台,通过向全县各级领导手机发送气象信

息,提供常规天气预报、短期气候趋势预报、各种气象情报(雨情、水情、墒情、温情、灾情等)、短时临近预报、突发气象灾害预警信号、森林火险等级、生活气象指数、节假日专题预报、重要社会活动天气公报等气象信息。2008年7月31日夜间,受台风"凤凰"残留云系影响,全椒县出现了历史罕见的强降水,7月31日20时至8月2日20时,降水量达523.3毫米,其中24小时降水量423.4毫米,为有记录以来的历史极值。县气象局在29日即通过手机短信平台发布了7月31日至8月2日全县有一次较明显的降水过程,全县将普降大到暴雨,局部地区大暴雨的信息。同时向县委、县政府领导汇报了天气情况,并通过"121"、电台、电视台向全县发布。8月1日向县委、县政府主要领导汇报了台风"凤凰"的演变过程,同时发布了暴雨黄色预警信号,下午根据降水持续的情况变更了暴雨红色预警信号,不定时地向县委县政府领导汇报降水情况及未来趋势。截至8月3日17时共发布短信500余条,制作、报送政府专题服务材料5期。向县防汛指挥部和县领导提供雨量站图表资料20份。及时的气象信息和服务,使政府领导早准备、早部署,靠前指挥,大大降低了灾情和经济损失。

专业与专项气象服务 1976年,在县人武部配合下,首次使用"三七"高炮进行人工降雨作业。2002年县财政投资配备了1套人工影响天气火箭发射系统,还包括1辆扬子皮卡运载车。2008年11月,首届中国农民歌会在滁州举办,全椒县气象局配合滁州市气象局等单位,在全椒县古河、马厂等地区进行了人工消雨作业,共发射火箭弹202枚,确保了歌会的顺利进行。1999年10月开展防雷装置定期检测,对新建(构)筑物防雷设施实行图纸审核和竣工验收等服务。

1998年1月以后,根据用户需求,对外承揽庆典气球、气象影视广告和"121"电话冠名等有偿服务项目。

气象科技服务 1999年建立全椒县农村综合经济信息网,此网衔接于安徽农网。由县政府主管,县农网中心主办,农网中心设在气象局,属气象局下属机构,具体负责全县农村综合经济信息网的会员管理、技术指导、人员培训、信息服务,更好地为服务"三农"提供有效的网络平台。

气象科普宣传 每年在"3·23"世界气象日组织科技宣传,普及防雷知识。2008年6月赠送给农村中小学生由气象出版社和安徽省气象局共同编写的《安徽省农村小学气象防灾减灾科普教育读本》,使学生能够系统地学习气象防灾减灾有关知识,并通过他们,将防御知识辐射到每一个农村家庭,最大限度地扩大气象灾害防御知识的普及范围。

法规建设与管理

1. 法规建设

遵照《中华人民共和国气象法》、《安徽省气象设施和气象探测环境保护办法》等相关法律,保护探测环境。

2. 社会管理

社会管理 1999年10月根据《中华人民共和国气象法》和省政府《关于加强防雷安全

管理工作的通知》精神,开始对防雷工程专业设计或施工资质管理、施放气球单位资质认定、施放气球活动许可制度等实行社会管理。

政务公开 2002 年开始实行政务公开制度,对气象行政审批办事程序、气象服务内容、服务承诺、气象行政执法依据、服务收费依据及标准等,采取了通过户外公示栏、上网、发放宣传单等方式向社会公开。

党建与气象文化建设

1. 党建工作

支部组织建设 1956—1977 年,全局(站)中共党员人数始终在 3 人以下,党员被编入县农委等部门的下属基层组织,无独立党支部。1977 年 3 月经县直机关党委批准成立了全椒县气象站党支部,当时共有 3 名中共党员,邱毓林同志任支部书记。逐步建立了"三会一课"制度、党员民主评议制度、党员联系群众制度、党建目标管理制度、政治学习制度、发展党员规划制度,以及保持共产党员先进性长效机制。截至 2008 年底支部实有党员 5 人,其中在职 4 人,汪丽明任支部书记。

党风廉政建设 县气象局坚持标本兼治、综合治理、惩防并举、注重预防的方针,将贯彻落实党风廉政建设责任制和反腐倡廉工作纳入综合目标管理,明确领导班子的一把手是党风廉政建设第一责任人,建立了党风廉政建设责任制,政务公开制度以及领导廉政承诺制度,积极开展廉政教育和廉政文化建设活动。2007 年选聘 1 名兼职纪检员,开始实行"三人决策"制度。深入局务公开,每年干部任用、财务收支、目标考核、基础设施建设、工程招投标等内容则采取职工大会宣讲或上局公示栏张榜等方式向职工公开。财务一般每年公示 1 次,年底对全年收支、职工奖金福利发放、领导干部待遇、劳保、住房公积金等向职工作详细说明。干部任用、职工晋职、晋级等及时向职工公示或说明。

2. 气象文化建设

精神文明创建 始终坚持以人为本,弘扬自力更生、艰苦创业精神,深入持久地开展文明创建工作,政治学习有制度、文体活动有场所、电化教育有设施,职工生活丰富多彩。办公区建设有专门的荣誉室、文明市民学校、报刊杂志阅览室等。在办公楼门前和走廊里设置了精美的气象文化宣传牌、展板、专栏橱窗等,公示办事指南、服务承诺、主要职责、法律依据,宣传发展理念、服务理念、励廉警句以及各种创建组织、文明行业"五好"标准及"八荣八耻"等。

文明创建 每年积极组织职工参加上级部门举办的文体活动,丰富职工的业余生活。1991 年获省气象局"创优质服务先进单位"称号;2002 年被县委县政府授予"全椒县文明单位"称号;1997—1998 年度、2003—2004 年度、2005—2006 年度、2007—2008 年度 4 次被滁州市委市政府授予"滁州市文明单位"称号;1996 年、1997 年、1998 年、2004 年 4 次荣获"全椒县社会治安综合治理工作先进单位";2000 年获"全椒县优质服务十佳先进单位";2005 年获"全椒县创建文明行业先进单位"。

3. 荣誉

集体荣誉 1983 年,被省气象局授予"先进集体"称号。
个人荣誉 1992 年,邰明同志被县委、县政府授予"先进工作者"称号。

台站建设

台站综合改善 1980 年,县气象局重新建设了办公楼和 1 栋职工宿舍楼,改善了职工的生活条件。1996 年 11 月对业务平台进行了重新装修,建立了县级地面气象卫星接收小站、"121"自动答询终端等现代化设施。2002 年对观测场进行了重新装修,加固了四周有坍塌危险的护坡,并重新进行了绿化。现有办公楼 1 栋 800 平方米,车库 1 栋 50 平方米。

园区建设 2004—2005 年,县气象局分期分批对院内环境进行了绿化改造,修建了草坪和花坛,修建了 800 多平方米草坪、花坛,栽种了风景树,使气象局大院变成了风景秀丽的花园。

全椒县气象局综合业务楼

六安市气象台站概况

　　六安市位于安徽西部,大别山北麓,界于东经 115°20′～117°14′,北纬 31°01′～32°40′之间,俗称"皖西",是大别山区域中心城市。现辖金安、裕安 2 区和寿县、霍邱、金寨、霍山、舒城 5 县,以及省级六安经济技术开发区和叶集改革发展试验区。全市总面积 17976 平方千米,总人口 701.64 万。有 29 个民族,以汉族人口为主。

　　六安是全国著名的革命老区。1947 年 6 月,刘伯承、邓小平率晋冀鲁豫野战军主力,千里跃进大别山,成为中国革命战争中的重大转折。在 20 世纪 50 年代授衔的中国人民解放军将军中,皖西籍就有 108 名,被誉为"将军之乡"。

　　六安境内有高山平川,也有岗丘起伏的丘陵,地形复杂。六安市属于北亚热带向暖温带转换的过渡带,季风显著,四季分明,气候温和,雨量充沛,光照充足,无霜期长。全年日照 1876～2003.5 小时,各县区年总降水量 1008.5～1545.7 毫米,平均气温 16.7℃～17.9℃,梅雨季节一般在 6—7 月间。

　　六安水源充沛,水质优良。全市地表水资源总量 99.9 亿立方米,境内有淠河、史河、杭埠河等 7 条主要河流。新中国建立后,先后建成了佛子岭、梅山、磨子潭、响洪甸、龙河口五大水库。以五大水库为依托兴建的淠史杭综合利用工程,是我国最大的人工灌区,也是世界七大人工灌区之一。

气象工作基本情况

　　台站概况　　六安市气象局下辖寿县、霍邱、金寨、霍山、舒城 5 个县气象局。全市共有 6 个地面气象观测站(2007 年 1 月,霍山站搬迁后,另外保留了 1 个自动观测站),5 个农业气象观测站,其中,寿县为国家气候观象台(试点),六安、霍山为国家气象观测一级站,霍邱、金寨、舒城为国家气象观测二级站。截至 2008 年底,全市已建成区域自动气象站 124 个,其中,单要素(雨量)站 91 个,四要素(雨量、温度、风向、风速)站 25 个,六要素(雨量、温度、湿度、风向、风速、气压)站 8 个。

　　1954 年,在霍山县梁家滩建立了佛子岭气象站,为六安地区第一个气象站。1955 年,在寿县正阳关农场和六安专区农场先后建成正阳关气象站和六安气候站。1956 年下半年,在舒城县农场、霍山县柳林河农业试验站、霍邱县三元店区先后建成舒城气候站、霍山气候站(1960 年撤销)、三元气候站(1960 年撤销)。1957 年末,在金寨县南溪区建立南溪气候站(1997 年 7 月撤销)。1958 年,在寿县农场和霍邱县城关先后建立寿县农业气象试验站和霍邱县气候站。1960 年,在金寨县梅山镇建立金寨气候站。1962 年,正阳关气象站与寿县农业气象试验站合并成立寿县气象站。1962 年,佛子岭气象站迁到霍山县城关,更名为霍山气象站。1997 年 4 月前,肥西县气象局归六安地区气象局管辖,后划归合肥市气象局管辖。

人员状况 1954 年,六安地区气象职工只有 4 人。截至 2008 年底,全市气象部门共有在职职工 110 人,其中硕士研究生 1 名,大学本科学历 38 人,大学专科学历 34 人;具有专业技术职务任职资格人员 103 人,其中高级职称 1 人,中级职称 42 人。

党建和文明创建 截至 2008 年底,全市气象部门有党支部 6 个,党员 89 人。全市气象部门共建成省级文明单位 2 个,市级文明单位 4 个。

主要业务范围

负责本行政区域内气象事业发展规划、计划的制定及气象业务建设的组织实施;负责本行政区域内气象设施建设项目的审查;对本行政区域内的气象活动进行指导、监督和行业管理。

组织管理本行政区域内气象探测资料的汇总、传输;依法保护气象探测环境。

负责本行政区域内的气象监测、预报管理工作,及时提出气象灾害防御措施,并对重大气象灾害作出评估,为本级人民政府组织防御气象灾害提供决策依据;管理本行政区域内公众气象预报、灾害性天气警报以及农业气象预报、城市环境气象预报、火险气象等级预报等专业气象预报的发布。

管理本行政区域人工影响天气工作,指导和组织人工影响天气作业;组织管理雷电灾害防御工作,会同有关部门指导对可能遭受袭击的建筑物、构筑物和其他设施安装的雷电灾害防护装置的检测工作。

负责向本级人民政府和同级有关部门提出利用、保护气候资源和推广应用气候资源区划等成果的建议;组织对气候资源开发利用项目进行气候可行性论证。

组织开展气象法制宣传教育,负责监督有关气象法规的实施,对违反《中华人民共和国气象法》有关规定的行为依法进行处罚,承担有关行政复议和行政诉讼。

统一领导和管理本行政区域内气象部门的计划财务、人事劳动、科研和培训以及业务建设等工作;会同县(市)人民政府对县(市)气象机构实施以部门为主的双重管理;协助地方党委和人民政府做好当地气象部门的精神文明建设和思想政治工作。

承担上级气象主管机构和本级人民政府交办的其他事项。

六安市气象局

机构历史沿革

1. 始建及沿革情况

1955年11月1日,六安气候站成立,站址在六安城北蔡市湾村(六安专区农场内),东经116°29′,北纬31°46′,观测场海拔高度39.5米。1962年3月1日,六安气候站迁到六安城关镇(后改称六安市大别山路83号),东经116°30′,北纬31°45′,观测场海拔高度60.5米。1980年,六安观测站被定为国家基本气象站。2007年1月1日,观测站迁至六安市长安南路苗圃内,更名为六安国家气象观测一级站,东经116°30′,北纬31°44′,观测场海拔高度74.1米。

2. 建制情况

领导体制与机构设置演变 1955年11月六安气候站建站伊始,人、财、业务"三权"隶属安徽省气象局。1958年12月,人、财划归六安地委农工部领导,业务归省气象局领导。1959年2月,六安气候站改称为六安专区气象台。1960年4月,改称为六安专区气象服务台。1964年1月,省气象局收回"三权"。1970年11月,六安专区气象服务台改称安徽省六安地区革命委员会气象台,划归六安地区革命委员会和六安军分区双重领导,以军分区领导为主。1973年7月,六安地区革命委员会气象台改称为六安地区革命委员会气象局,划归六安地区革命委员会领导,省气象局负责业务指导。1979年2月开始,六安地区革命委员会气象局归省气象局和地方双重领导,以省气象局为主。1980年4月,六安地区革命委员会气象局更名为六安地区气象局。2000年3月,六安地区气象局更名为六安市气象局。

人员状况 1955年建站初期有10人,现有在编职工54人。其中机关17人,事业单位37人;党员25人;大学及其以上学历26人,大专学历12人;高级专业技术职称人员2人,中级专业技术职称人员23人,初级专业技术职称人员25人;汉族53人,土家族1人;50岁以上17人,40~49岁19人,40岁以下18人。

单位名称及主要负责人更替情况

单位名称	负责人	职务	性别	任职时间
六安气候站	王帮前	站长	男	1955.11—1959.2
六安专区气象台	周世敏	副台长(主持工作)	女	1959.2—1959.7
六安专区气象台	武大伦	台长	男	1959.7—1973.7
六安地区气象局	周振华	局长	男	1973.7—1983.11
六安地区气象局	张菊生	局长	男	1983.11—1985.2

续表

单位名称	负责人	职务	性别	任职时间
六安地区气象局	盛家荣	局长	男	1985.2—1987.11
六安地区气象局	王允财	局长	男	1987.11—1991.1
六安地区气象局	李从林	局长	男	1991.1—2001.12
六安市气象局	钱霞荣	副局长(主持工作)	女	2001.12—2008.12
六安市气象局	王　淼	局长	男	2008.12—

气象业务与服务

1. 气象业务

地面观测　1959 年 11 月 1 日至 1960 年 6 月 30 日,六安气候站采用地方时 07、13、19 时每天 3 次观测。1960 年 7 月 1 日起,改为北京时 02、08、14、20 时每天 4 次观测。1960 年 8 月 1 日起,取消 02 时观测。1980 年定为国家基本站后恢复每日 4 次定时观测,并昼夜守班。观测项目有空气温度、最高气温、最低气温、湿度、气压、降水、蒸发(E-601B)、日照、云、能见度、天气现象、风向风速、雪深、雪压、冻土、地面温度、地面最高温度、地面最低温度、草面温度、曲管和直管温度。

1956 年 7 月 10 日开始,向 ER 汉口等地拍发气候旬月报。1959 年 9 月 15 日开始,承担 MH 武昌等地的航危报业务。1958 年 9 月 28 日开始,向 ER 合肥拍发天气报,1960 年 1 月 15 日开始,改发省区域绘图报。1982 年 4 月 1 日开始,增发省内重要天气报。2007 年 1 月 1 日开始,承担编发天气报和补充天气报任务。

2001 年 1 月 1 日起,CAWS600BS-N 自动气象站正式运行,每天进行 24 次定时观测,人工每天进行 4 次定时观测,4 次辅助观测。2003 开始,在市区 21 个乡镇建成单雨量自动站,4 个乡镇建成四要素自动站,2 个乡镇建成了六要素自动站,组成地面中小尺度气象灾害自动监测网。

1979 年 4 月,建设 711 型测雨雷达,设于六安市气象局办公楼 5 楼楼顶,每天 6 次定时观测。2000 年,雷达进行了数字化改造,2003 年秋季停用。2004 年 10 月开始,安装 1 部闪电定位仪,进行雷电观测。

气象信息网络　1983 年以前,气象站利用收音机收听天气信息。1983—2000 年,利用超短波双边带电台接收信息,配备 ZSQ-1(123)天气传真接收机,接收北京、欧洲气象中心以及东京的气象传真图。1994 年开始,使用 X.25 数据专线。2000 年开始,建立 VSAT 站、气象网络应用平台、专用服务器和省、市气象视频会商系统,开通 10 兆光缆,接收从地面到高空各类天气形势图、云图、雷达等数据,为气象信息的采集、传输处理、分发应用、会商分析提供支持。

天气预报　建站初期,开展单站霜冻补充预报。1958 年年底,气象预报成为常规工作。1983 年前,气象站利用收音机收听武汉区域中心气象台、上级及周边气象台站播发的天气形势及预报。1976—1982 年,各站配备传真机,进行气象数据接收。1985—1986 年,开始利用甚高频电话进行省—市、市—县天气预报会商。2003年开始开展森林火险等级、地质灾害预警等预报服务。2004年夏季,开展灾害性天气预警信号发布业务。天气预报包括短时预报、短期预报、周报、旬报、季报,逐步从单纯的天气图加经验的主观定性预报,发展成为采用气象雷达、卫星云图、计算机系统等先进工具制作的定时、定点、定量预报。

农业气象 六安站为国家基本农业气象站,从1980年起逐步开展农业气象业务,进行农业气象周年服务,针对农业需求编发农业气象情报,进行作物播种期预报、农业气象灾害预报。1980年开始进行水稻生育状况观测。1980—1985年,进行大麻生育状况观测。1982年开始自然物候观测。1983年11月开始油菜的生育状况观测。1984年开始作物产量预报。2004年设立为安徽省土壤湿度监测站点,开始非作物观测地段0～50厘米土壤湿度观测。1981年9月—1984年10月,历时3年完成了《六安地区农业气候资源分析与区划》编制工作,并获得安徽省气象局科技成果三等奖和地区区划委员会科技成果一等奖。1986年起,配合省气象局大别山区科技扶贫工作,开展了山区低产茶园改造、高山蔬菜反季节栽培等课题研究。

2. 气象服务

公众气象服务 建站之初,通过地方广播电台播报天气预报。1993年,组建了农村气象科技信息网,利用乡镇有线广播站播报气象消息。1994年,六安有线电视台制作文字形式气象节目。1996年冬季,开始制作和发布电视天气预报。2002年,开展网络气象服务。2003年9月,开始制作有主持人的电视天气预报节目。每年均开展重要社会活动、节假日、高考等特殊时段的气象保障服务。

决策气象服务 决策服务的重点是淮河及佛子岭、梅山、响洪甸、磨子潭和龙河口五大水库的防汛、强降水可能带来的山区地质灾害和城市内涝等次生灾害以及大风、雷电等气象灾害。20世纪80年代以前,以书面送达及电话传真的方式向地方政府提供决策服务材料。20世纪90年代以后,逐步通过《天气情况汇报》、《重要气象信息专报》、《雨情与趋势》、《汛期天气汇报》等决策服务产品进行服务。

1991年夏季,六安遭受特大洪涝灾害,气象部门准确预报出了全区13场40多个站点的暴雨以及入梅、二段梅雨及出梅等天气过程。特别是7月上旬的一次准确暴雨预报服务,为地方政府防汛抗洪提供了科学依据,地方政府及时组织淠河两岸人、畜、物品、粮食安全转移,同时对境内五大水库进行科学调度,确保了人民生命财产和水库大堤的安全。

在2005年13号台风"泰利"、2006年"格美"台风、2007年7月淮河流域特大洪水、2008年初冬严重低温雨雪冰冻灾害天气服务中,六安气象台准确预报灾害天气过程,及时向地方政府和有关部门提供了准确的气象服务,为地方政府防灾减灾赢得主动权。

新农村建设服务 1999年,经六安地区机构编制委员会批准成立安徽省农村综合经济信息中心六安地区分中心(简称农网中心),农网中心按时进行信息发布、下载和网上交易工作,并通过《农村天地》电视节目和农网信息快讯,及时将气象和农业经济信息传播到千家万户。

专业与专项气象服务 1985年3月,遵照国务院办公厅《转发国家气象局关于气象部门开展有偿服务和综合经营的报告的通知》(国办发〔1985〕25号)文件精神,专业气象有偿服务起步。1990年起,开展防雷常规安全检测工作。1996年起,开展防雷工程工作。1997年逐步开展防雷图纸审核、竣工验收等工作。2001年起,与市建设局联合开展防雷工程图纸审核,并推行防雷跟踪检测业务。1995年起,开展升空物施放服务工作。

1997年起,开展人工影响天气工作。现有人工影响天气火箭发射装置2套、火箭发射架牵引车1辆,1997—2008年,每年均根据情况进行作业,为地方防灾减灾服务。

气象科技服务与技术开发　1998年起,建立"121"气象声讯服务系统,并逐步完成与中国电信、中国移动、中国联通、铁路通信等4大电信运营公司的直连通信服务工作。2000年,成立六安气象影视中心,开发气象影视技术制作系统,根据各个电视台不同需求制作相应的天气预报节目。2005年起,与地方通讯公司联合开展气象信息手机短信定制业务。2006年,建立气象灾害预警平台,开发气象预警信息电子显示屏并投入业务使用。

气象科普宣传　1992年,在六安县徐集镇设立气象现场服务点,通过广播、公告、咨询和为重点农户连续服务等方式传播气象信息。1999年,响应六安地委、行署提出的"不能把老区贫困人口带入21世纪"的号召,在六安市三十铺镇四十铺村安装气象科技综合信息接收系统。2001—2005年在六安有线电视台《农村天地》中设立《农网信息》栏目,介绍农业科技、市场行情、气象知识等信息1200多条。2002年以后,每年定期深入偏远山区农村中小学开展科普宣传,同时利用电视、广播、报纸、网站、展板宣传等多种方式宣传灾害性天气防御知识。

法规建设与管理

1. 气象法规建设

1998年以来,六安市认真贯彻落实《中华人民共和国气象法》、《安徽省气象条例》等法律法规。市人大领导和市法制办领导每年均听取气象工作汇报。2006年市政府先后下发了《六安市人民政府关于贯彻落实安徽省人民政府加快气象事业发展决定的意见》(六政办〔2006〕34号)、《六安市人民政府办公室转发安徽省人民政府办公厅关于加强施放气球安全管理工作的通知》(六政办〔2006〕5号);2007年下发了《六安市人民政府办公室关于进一步做好防雷减灾工作的通知》(六政办秘〔2007〕年66号);2008年下发了《六安市人民政府办公室关于加强防雷安全工作的通知》(六政办〔2008〕38号)等文件。从2006年起,气象工作纳入市政府目标责任制考核体系。

2003年8月,成立气象行政执法大队,执法人员持证上岗。2000—2008年,与安监、建设、教育等部门联合开展气象行政执法检查40余次。

2. 社会管理

气象信息发布管理　2000年以来,制止了20余起媒体、企业非法发布天气预报的行为。2005年5月,与市电视台、广播电台等媒体建立了气象灾害预警信号发布体系,与市广播电视局联合下发了《关于做好气象灾害预警信号联合发布的通知》,作为气象灾害预警责任单位被列入《六安市自然灾害应急预案》之中。

升空物施放管理　1999年开始,成立升空物管理部,开展施放气球管理工作。2003年以来,多次同市容部门开展联合执法。2006 年初,与市公安局联合开展了气象应急服务和气象行政执法参加社会服务联合行动,进一步加大了施放气球活动的管理力度。

防雷减灾管理　1990 年,成立市避雷设施检测中心,开展易燃、易爆、计算机信息系统等防雷安全检测。2001 年起,逐步开展防雷图纸审核、竣工验收等工作。2000 年以来,每年均参加市政府组织的年度安全生产检查活动,防雷安全为检查活动中的一项重要内容。

行政许可和审批　2004 年 10 月,市政府政务服务中心设立气象窗口,承担 8 项气象行政许可、审批职责,包括防雷装置设计审核、防雷装置竣工验收、城市规划区内避雷装置检测发证、升放无人驾驶自由气球或者系留气球活动审批、升放无人驾驶自由气球或者系留气球单位资质审批、人工影响天气作业组织资格初审、气象台站的迁建初审以及新建、扩建、改建建设工程避免危害气象探测环境初审。

3. 政务公开

2002 年,成立政务公开工作领导小组和监督小组,开始对工作职责、气象服务、气象行政执法职责及依据、气象行政审批办事机构及办事程序和期限、服务承诺、违诺处理办法等内容向社会公开。2004 年,在六安市行政服务中心设立气象窗口,为群众提供"一站式"服务。2008 年开始,增设了六安市气象局信息公开网,进一步公开与人民群众生产生活、企业生产经营密切相关的重要事项。

党建与气象文化建设

1. 党建工作

党支部建设　气象局党支部成立于 1971 年 5 月 11 日。2008 年 12 月 31 日,党支部共有党员 41 人(预备党员 2 人),其中在职党员 24 人,离退休党员 14 人,挂靠支部党员 3 人。支部委员会由 5 人组成,下辖 3 个党小组。

党风廉政建设　2002 年起,连续 7 年开展党风廉政教育月活动,参与气象部门和地方党委开展的党章、党规、法律法规知识竞赛共 18 次。2006 年起,每年开展局领导党风廉政述职报告和党课教育活动,并层层签订党风廉政目标责任书。2005 年制定下发《六安市气象局局务公开考核细则》,建立领导接访日制度,落实首问责任制、限时办结制等一系列规章制度。2007 年 9 月,按照省气象局的要求,将 2003—2007 年度有关党风廉政建设方面的文件材料进行了整理,印发了《六安市气象局党风廉政建设资料汇编》。

2. 气象文化建设

精神文明建设　2000 年以来,建立健全了一整套文明创建工作实施方案、管理办法、考核方案,使创建工作制度化、经常化。认真贯彻落实《公民道德建设实施纲要》,开办了文明市民学校,运用图片展、橱窗、板报等多种形式,开展"三观"、"三德"教育。加强局大院环境的绿化和美化工作。每年开展干部职工喜闻乐见的文体活动,主要有棋类、球类、操类、登山、演讲和歌咏比赛。

文明单位建设　2000 年被六安市精神文明建设指导委员会授予"创建文明行业先进

单位"。2001 年被市委、市政府授予"气象服务文明系统"。2002 年被市委、市政府授予"气象文明行业"。1986—2000 年,被六安地委、行署授予"地级文明单位"。2002—2008 年,被六安市委、市政府授予第一、第二、第三、第四届市级文明单位。2000—2008 年,获第四届、第五届、第六届、第七届、第八届"安徽省文明单位"称号。

3. 荣誉与人物

集体荣誉　截至 2008 年 12 月 31 日,获地厅级以上集体荣誉 28 项。主要有:1958—1959 年,2 次被省政府授予"农业先进单位"。1997 年被国家人事部、中国气象局授予"1996 年度先进单位"。1999 年获安徽省人民政府"气象科技进步二等奖"。

个人荣誉　仇多春,2004 年被省人事厅和省气象局授予"先进个人"称号。

人物简介　李从林,男,1942 年 8 月出生于安徽舒城县,中共党员,大专学历,先后任六安市气象局副局长、铜陵市气象局筹备组组长、六安市气象局局长、党组书记。1992 年,被安徽省人民政府授予"劳动模范"称号。2002 年 8 月退休。

台站建设

台站综合改造　2006 年年底,建成六安国家气象观测一级站,位于六安市长安南路北苗圃内,占地 3200 平方米,建筑面积 184 平方米,观测场按 25 米×25 米标准建设,成为集气象科普、气象观测为一体的科学试验基地。

办公与生活条件改善　原办公楼建于 1979 年,建筑面积 1254 平方米。2006—2008 年,投资 1600 万元建设新气象科技大楼,建筑面积 4465 平方米,绿化面积 560 平方米,内有气象预警中心业务平台、气象影视演播厅、气象灾害培训基地以及图书阅览室、党员活动室、职工活动室、健身中心等设施。

早期的六安市气象局观测场(1980 年)

六安市气象局观测站旧址(2004 年)

六安市气象局观测站新址(2008 年)

2008 年建成的六安市气象局气象科技大楼

寿县气象局

　　寿县,是国家历史文化名城,是豆腐的发祥地。寿县位于安徽省中部,淮河南岸,八公山南麓,国土面积 2986 平方千米。寿县地势自东南向西北倾斜,南部多丘陵,中部为平原,西、北为淠河、淮河流域湖洼滩地,岗湾分明。寿县年平均气温 15.0℃,平均降水量 905.4 毫米,气温适宜,四季分明,属亚热带半湿润季风气候。寿县地处江淮分水岭,是南北气候过渡带,是气候敏感区和脆弱区,灾害性天气频发,主要气象灾害有干旱、大风、雷电、冻害、暴雨、洪涝灾害。历史上重大气象灾害有 1954 年淮河流域大洪水、1991 年淮河流域大洪水、1978 年大旱等。

机构历史沿革

1. 始建及沿革情况

　　1955 年 1 月 1 日,寿县正阳关气象站成立,站址为寿县正阳关北门外玄帝庙"郊外",北纬 32°32′,东经 116°35′,观测场海拔高度 23.3 米。1958 年 9 月 1 日,由省气象局、县水电局、县农业局共同筹建成立寿县农业气象试验站,站址为寿县城南郊外,北纬 32°33′,东经 116°46′。1960 年 4 月,根据县委指示,寿县农业气象试验站更名为寿县农业气象试验服务站。1960 年 8 月 1 日根据县委指示,寿县农业气象试验服务站更名为寿县气象水文服务站。1962 年 1 月 1 日,寿县正阳关气象站与寿县气象水文服务站合并(寿县正阳关气象站改为正阳关农场专业气象站),观测场海拔高度 22.7 米。1968 年更名为寿县气象服务站,1973 年 7 月,根据省革命委员会(73)64 号文件,寿县气象服务站更名为寿县气象站。1979 年 3 月,寿县气象站更名为寿县气象局。1955—1988 年,寿县气象站为国家基本气象站,1989—2008 年为国家基准气候站。

2006 年,寿县被中国气象局确定为国家气候观象台建设试点站。寿县国家气候观象台试点站为一站双址,现址(寿春站)面积 11683.9 平方米。2006 年 10 月新增九龙站,面积 12227.8 平方米,位于城区中心以南 9 千米,北距寿春站 6 千米,不在县城总体规划之内。

2. 建制情况

领导体制与机构设置演变情况 寿县正阳关气象站自建站至 1962 年 12 月 31 日,由省气象局和县政府双重领导,以省气象局领导为主。寿县农业气象试验站自建站到 1962 年 12 月 31 日隶属地方政府领导,业务由省气象局领导。1963 年 1 月—1970 年 10 月,人、财、业务"三权"由省气象局管理,地方政府负责党政领导。1970 年 11 月—1973 年 7 月 10 日,由军队和地方政府双重领导,以军队领导为主。1973 年 7 月 11 日—1979 年 2 月 16 日,由县革委会领导。1979 年 2 月 17 日起,实行省气象局和寿县人民政府双重领导,以省气象局领导为主。

人员状况 1955 年建站时有 8 人。现有在职职工 16 人,其中大学学历 5 人,大专学历 8 人,中专学历 3 人;中级专业技术人员 7 名,初级专业技术人员 9 人;35 岁以下的有 5 人,35～45 岁 7 人,45～55 岁 3 人,55 岁以上 1 人。

单位名称及主要负责人更替情况

单位名称	负责人	职务	性别	任职时间
寿县正阳关气象站	陆国璋	站长	男	1955.1—1961.12
寿县农业气象试验站	解友芳	站长	男	1958.1—1960.3
寿县农业气象试验服务站	解友芳	站长	男	1960.4—1960.7
寿县气象水文服务站	解友芳	站长	男	1960.8—1961.12
寿县气象水文服务站	陆国璋	站长	男	1962.1—1967.12
寿县气象服务站	马元汉	站长	男	1968.1—1973.6
寿县气象站	马元汉	站长	男	1973.7—1979.2
寿县气象局	葛维榜	局长	男	1979.3.—1984.5
寿县气象站(正科)	葛维榜	站长	男	1984.5—1986.3
寿县气象局	葛维榜	局长	男	1986.4—1987.1
寿县气象局	陶传裕	局长	男	1987.2—1992.5
寿县气象局	李扬云	局长	男	1992.5—1995.9
寿县气象局	柴 平	局长	女	1995.9—2001.1
寿县气象局	李扬云	局长	男	2001.1—

气象业务与服务

1. 气象业务

地面观测 1955 年 1 月 1 日成立寿县正阳关气象站,为国家基本站。观测项目为云向、云速、云状、云量、能见度、天气现象、风向、风速、气温、湿度、降水、地面状态、气压、蒸发、雪深、日照、积雪密度。定时观测时次为02、08、14、20时4次,夜间守班;天气报发报时次为05、08、14、17时4次。1989年1月1日起升格为国家基准气候站,24时次定时观测。2001年1月1日起天气报发报时次为05、08、14、17、20时5次。2007年1月1日起,天气报发报时次为02、05、08、11、14、17、20、23时8次,24小时守班。

2008年观测项目为气温、湿度、气压、云状、云量、云高、能见度、天气现象、风向、风速、降水、蒸发、雪深、雪压、日照、电线积冰、冻土、地表温度和浅、深层地温。

1955年1月1日—2003年12月31日,每天03—22时20次固定航危报,23—02时预约航危报。2004年1月1日—2008年12月31日,OBSAV南京全年06—20时固定、OBSAV济南全年00—24时固定和OBSNY宁波全年07—18时固定。建站以来,一直拍发气象旬月报、重要报。2008年1月增发气候月报。2008年5月31日20时后增发雷暴、沙尘暴、雾、霾的重要天气报。

从建站之日起至1992年3月,手工制作地面气象记录月、年报表。1992年4月开始,使用计算机制作地面气象记录月、年报表,原始底本和打印本寄往省气象局气候中心审核,月(年)报表数据文件以磁盘方式寄往省气象局气候中心。

1993年以前,气象电报用专线直拨电话,传至县邮电局报房,由报房将气象电报传到用报单位。1996年10月18日起,通过公众数据分组交换网向省气象局传输天气报、重要报、气象旬月报和地面气象记录月年报表数据文件,停止报送纸质报表。

2004年7月1日开始,在每日15时增加水泥路面温度、裸露空气温度和草面温度的最高和最低温度(20时补测)。2007年10月1日,停止裸露空气温度观测。

2002年12月底,建成CAWS-Ⅰ型自动气象站,观测项目有气压、气温、湿度、风向风速、降水、地温、蒸发等。2003年1月1日起,自动站与人工站并行观测,2003年以人工站观测为主。2004年以自动站观测为主,2005年1月1日起,自动站与人工站双轨运行。

2005年以来先后建成三觉、炎刘、小甸、陶店、安丰、安丰塘、窑口、涧沟、正阳、迎河10个自动雨量站和双桥、张李、双庙、保义4个四要素自动气象站;2008年7月建成堰口、众兴2个六要素自动气象站。

农业气象 1959年开展农业气象观测工作,1961年停止观测。1981年恢复农业气象观测项目。1983年定为农业气象基本观测站,观测项目有小麦(非固定地段)、棉花、水稻并观测土壤湿度;同年,增物候观测项目有家燕、悬铃木、水井水位。

国家气候观象台试点站 2007年7月建成近地层通量观测系统并运行。试点站主要任务是为开展气候与气候变化的分析、预测、评估、服务提供相关基础数据,为研究制定各类气象、大气成分、生态环境等反映气候与气候变化的观测规范提供依据。

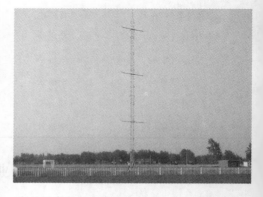

寿县国家气候观象台九龙站通量观测系统

气象预报 1959 年通过收音机收听省台天气预报,结合本站天气特征和观测员预报经验作出 24 小时单站订正预报,送广播站播出;1960 年 5 月改为电话口传;1971 年开始,手工填绘天气图制作 1～2 天短期天气预报;1972 年初,增加中长期天气预报业务;1984 年配备了无线传真收片机,接收东京、欧洲气象中心、北京、合肥等地的天气图,以传真图和本站预报模式指标综合分析制作天气预报,并建立了专业天气警报服务系统;1985 年安装了甚高频无线电话;1996 年 11 月建成电视天气预报制作系统。

2. 气象服务

公众气象服务 1958 年 9 月开始,通过寿县广播站播出寿县天气预报。1993 年 9 月,在县电视台播放寿县地区天气预报,由气象局提供,电视节目由电视台制作。1996 年 10 月,县气象局建成多媒体电视天气预报制作系统,将自制节目录像带送电视台播放。2006 年 7 月,电视天气预报由六安市气象局统一制作,成为有主持人播报的电视天气预报节目。

决策气象服务 2000 年以前,主要是以口头、电话、书面材料方式向县委县政府提供决策服务。2000 年以后,预报服务内容有春播预报、午收预报、秋种预报、重大灾害性天气预报、一周滚动预报、重大活动气象保障预报、区域雨量信息等,手机短信和气象预警信息发布电子显示屏成为决策服务的主要手段。

2007 年 7 月 8 日,寿县出现特大暴雨,安丰塘以北大部分乡镇降水量超过 150 毫米,城关降水量达 259.6 毫米,超过 1991 年 6 月 14 日 218.5 毫米的寿县历史日极值。强降水造成城区部分地区积水深达 1 米以上,城关居民有 2700 余户家里进水。此次大暴雨天气过程,全体职工按照《寿县气象局汛期服务预案》要求,各负其责,24 小时坚守岗位,密切监视天气演变,通过手机短信、电视台滚动字幕、广播等方式及时向社会发布灾害性天气预警信息,向县各级领导提供未来天气趋势预测预报、雨量和水情等资料。06 时发布暴雨黄色预警信号,06 时 30 分改发为暴雨红色预警信号。8 日 06 时左右,局主要负责人第一时间向县领导汇报雨情、灾情,同省、市气象台进行紧急会商;中午接受县电视台采访,局主要负责人根据会商结果表示:未来几天不会有强降水天气,另外提醒大家为防止后期干旱做好蓄水、保水工作;县委书记孟祥新、县长涂红松在下午和夜里先后来到气象局,听取天气汇报,看望、慰问气象工作者,充分肯定气象服务工作:工作卓有成效,为县委县政府防汛抗旱决策提供科学依据。

专业和专项气象服务 1985 年开始推行气象有偿专业服务。1988 年 6 月,寿县人民政府办公室转发《县气象局关于开展气象有偿专业服务报告的通知》,对气象有偿专业服务的对象、范围、收费原则和标准等内容进行规范。气象有偿专业服务主要是为全县各乡镇(场)或相关企事业单位提供中、长期天气预报和气象资料。

1992 年开始,开展防雷设施安全性能检测工作,并在同年开展气象资料法律出证服务工作。2003 年寿县气象局和县安全生产监督管理局合作,对全县加油站和供变电所进行检测。2004 年寿县气象局与县建设局共同发文,由县气象局防雷技术检测所负责对防雷装置图纸进行审查,对工程进行跟踪监督,对工程进行竣工验收并出具验收报告。

1997 年 5 月,寿县人民政府人工降雨办公室成立,挂靠县气象局。县政府分别于 1997 年购置人工降雨设备"三七"高炮 1 台、2001 年购置人工降雨设备火箭发射设备 1 套,六安市政府于 2002 年赠给寿县人工降雨办公室人工降雨设备火箭发射设备 1 套和人工降雨专用卡车 1 辆,人工降雨设备由县气象局保管和使用。

气象科技服务与技术开发 1997 年 8 月,开通"121"天气预报自动咨询电话。2005 年 1 月,"121"电话升位为"12121"。2007 年 10 月 1 日,又改为"96121"。2005 年,开通了气象短信服务平台,以手机短信方式向全县各级领导发送气象信息,在公共场所安装的电子显示屏发布气象灾害信息。

气象科普宣传 每年在"3·23"世界气象日、6 月 12 日的全国安全生产日、12 月 4 日的全国法制宣传日组织开展科技宣传、送科技下乡活动,普及防雷知识。积极参加县里组织的文艺汇演和户外健身活动,丰富职工的业余生活。

气象法规建设与管理

气象法规建设 1992 年,依据《中华人民共和国气象法》《安徽省防雷减灾管理办法》等法律法规,对全县避雷设施的安全性能进行检测。1997 年 10 月成立寿县防雷减灾局,与县气象局两个牌子一个机构。

社会管理 1998 年,县气象局成立行政执法队伍,开始履行气象行政执法职责。2003 年 1 月,将防雷工程从设计、施工到竣工验收,全部纳入气象行政管理范围,防雷行政许可和防雷技术服务逐步规范化。2005 年县气象局在县行政服务大厅设立"气象窗口",履行行政许可职责,对气象观测环境保护、防雷、低空升空物施放等事项实行审批。2006 年县气象局被列为县安全生产委员会成员单位,负责全县防雷安全生产管理,对液化气站、加油站、民爆仓库等高危行业和非煤矿山的防雷设施进行定期检查。

政务公开 2000 年起对气象行政审批办事程序、气象服务内容、服务承诺、气象行政执法依据、服务收费依据及标准等,通过户外公示栏、电视广告、发放宣传单等方式向社会公开。干部任用、财务收支、目标考核、基础设施建设、工程招投标等内容则采取职工大会或上局务公开栏张榜等方式向职工公开。财务每半年在局内公开 1 次,主要是财务收支、职工奖金福利发放、劳保、住房公积金等。

党建与气象文化建设

1. 党建工作

支部组织建设 1958—1973 年,因党员人数少,县气象局党员归县农科所党支部管理。1974 年初,建立县气象局党支部。截至 2008 年 12 月 31 日,有中共党员 10 人。

党风廉政建设 2007 年,根据省气象局《关于在县(市)气象局建立"三人决策"制度的规定》,建立了由局长、副局长和兼职纪检员组成的"三人决策"机构,对局里的重大事项进行决策部署。局领导班子每年主动向县纪委汇报党风廉政建设工作,接受纪委监督和检查。

2. 气象文化建设

精神文明建设 开展文明创建规范化建设,大力实施大院绿化、夜晚亮化、卫生净化、环境美化、道路硬化工程,按高标准改造观测场,装修业务值班室,统一制作局务公开栏、学习园地、法制宣传栏和文明创建标语等宣传标牌。建设"两室一场"(图书阅览室、职工学习室、小型运动场),拥有图书1500册。

文明单位创建 1994年以来,寿县气象局保持市(地区)级文明单位。2003—2004年度,获第六届安徽省"安徽省文明单位"。2005—2006年度、2007—2008年度又连续2次被评为第七届、第八届"安徽省文明单位"。2004年获"全省气象系统精神文明建设先进单位";2008年9月获中国气象局"全国气象部门文明台站标兵"。

3. 荣誉

1991年,寿县气象局被中华全国总工会授予"抗洪救灾'五一'劳动奖状",国家气象局授予"抗灾抢险先进集体"。2007年,寿县气象局被中共安徽省委、安徽省人民政府授予"抗洪抢险先进集体"。

台站建设

台站综合改造 1958年建站时,仅有6间草房。1976年翻盖为8间瓦房。1983年建370平方米的2层观测小楼。1987年8月19日,新建90平方米的观测楼。1988年10月,新建1幢2层宿舍楼和3间平房,建筑面积300平方米。2005年拆除旧办公楼,新建办公楼1150平方米,2006年11月1日正式使用;同年,在寿春镇寿滨村征地12228平方米,用于寿县国家气候观象台试点站基准气候观测及近地层通量系统观测等。

办公和生活条件改善 2001—2006年,分期分批对院内的环境进行了绿化改造,规划整修了道路。建设绿地6300多平方米,绿化率达到了75%。建设道路和硬化路面1800平方米。建设雨水排下水道450米。建职工宿舍16套1728平方米,建17个床位的专家公寓。

1981年以前寿县气象站观测场   2005年以前的气象观测小楼

2005 年以前的办公楼

2006 年新建成的办公楼

霍邱县气象局

霍邱县地处淮河南岸,江淮分水岭北侧,辖 32 个乡镇。全县总面积 3493.16 平方千米。人口 160 万。霍邱县属亚热带半湿润季风气候,气候条件较为优越。温度、雨量等气象要素年际差异较大,时空分布不均,洪涝、干旱、暴雨、雷电等气象灾害也比较严重。

机构历史沿革

1. 始建及站址迁移情况

1956 年 12 月在三元店南门外始建三元气候站。1956 年 12 月 1 日开展气象业务。1959 年 2 月改为霍邱县气候站,站址迁至霍邱县东五里牌坊。1962 年 3 月,迁址于霍邱县城东"郊外"。气象观测场位于北纬 32°20′,东经 116°17′,海拔高度 32.9 米。

2. 建制情况

领导体制与机构设置演变情况 1956 年 12 月成立的三元气候站,隶属省气象局领导。1959 年 2 月,更名为霍邱县气候站。1960 年 5 月,隶属县委农工部领导,省气象局负责业务指导。1965 年 6 月更名为霍邱县气象服务站。1971 年 4 月,人、财、业务"三权"收回省气象局领导。1971 年 5 月,更名为霍邱县革命委员会气象局(站),隶属霍邱县革命委员会领导。1981 年 12 月至 2000 年 7 月,更名为霍邱县人民政府气象局。2000 年 8 月更名为霍邱县气象局,实行由上级气象部门和地方政府双重领导,以气象部门为主的管理体制。

人员状况 1959 年建站初期有 3 人。现有气象在编职工 11 人,其中,中共党员 9 人;大学本科学历 3 人,大专学历 2 人;中级专业技术人员 5 人,初级专业技术人员 6 人;年龄 50 岁以上 4 人,40～49 岁 6 人,40 岁以下 1 人。

单位名称及主要负责人更替情况

单位名称	负责人	职务	性别	任职时间
三元气候站	王远志	负责人	男	1956.12—1959.1
霍邱县气候站	张志华	站长	男	1959.2—1960.5
霍邱县气象服务站	王远志	站长	男	1960.6—1971.4
霍邱县革命委员会气象站	徐友华	站长	男	1971.5—1976.8
霍邱县革命委员会气象局	伏文斗	局长	男	1976.9—1986.6
霍邱县人民政府气象局	王远志	局长	男	1986.7—1993.4
霍邱县人民政府气象局	邓繁珠	局长	男	1993.3—1997.3
霍邱县人民政府气象局	钱霞荣	局长	女	19977.4—2001.6
霍邱县气象局	张恩霞	局长	男	2001.12—2004.9
霍邱县气象局	夏卫宏	局长	男	2004.10—2005.12
霍邱县气象局	刘如良	局长	男	2006.1—

气象业务与服务

1. 气象业务

地面观测　1956 年 12 月 1 日起,观测时次采用地方时 01、07、13、19 时每天 4 次观测。1961 年 4 月 1 日起,改为每天 08、14、20 时 3 次观测。观测项目有云、能见度、天气现象、气压、气温、湿度、风向风速、降水、雪深、日照、蒸发、地温等。1964 年 5 月增加航危报业务(1995 年起取消)、省内小图报(1999 年 3 月改为天气加密报)、雨量报;1972 年 12 月增加气象旬(月)报;1982 年 4 月增加重要天气报。

2003 年 12 月底,建成 CAWS-Ⅰ型自动气象站,观测项目有气压、气温、湿度、风向风速、降水、地温等。2004 年 1 月 1 日起自动站与人工站并行观测,2004 年以人工站观测为主,用人工站观测记录发报,2005 年以自动站观测为主,用自动站观测记录发报。

2003 年以来,先后在姚李、孟集、长集、王截流等乡镇建立了 29 个自动雨量站。2005 年先后将姚李、孟集、长集、王截流升级为四要素自动气象站。2008 年将龙潭升级为六要素自动气象站。

气象信息网络　1994 年前,利用收音机收听武汉区域中心气象台与上级以及周边气象台站播发的天气预报和天气形势。1994 年配备 ZSQ-1(123)传真接收机接收北京、欧洲气象中心以及东京的气象传真图。1998 年,建立 VSAT 站、气象网络应用平台、专用服务器和省市县气象视频会商系统,开通 10 兆光缆,接收从地面到高空各类天气形势图和云图、雷达等数据,为气象信息的采集、传输处理、分发应用、会商分析提供支持。

气象预报　建站始期,县气象站通过收听天气形势,结合本站资料图表每日早晚制作 24 小时内日常天气预报。20 世纪 80 年代初起,通过传真接收中央气象台,省气象台的旬、月天气预报,再结合分析本地气象资料,短期天气形势,天气过程的周期变化等制作一旬天气过程趋势预报。2000 年至今,开展常规 24 小时、未来 3～5 天和旬月报等短、中、长期天气预报以及临近预报。同时,开展灾害性天气预报预警业务和供领导决策的各类重要天气报告等。

农业气象 1982年开展农业气象业务。观测项目有作物生育状况观测（冬小麦）、物候观测（青蛙、气象水文）和土壤水分测定。农业气象服务有：编发"农业气象旬（月）报"、"作物生育期气候分析"、"'双抢'天气趋势"、"农业产量预报"、"灾害性天气分析"及"全年气候影响评价"。

2. 气象服务

公众气象服务 1986年前，主要通过广播和邮寄方式向全县发布气象信息。1986年建立气象警报系统，面向有关部门、乡（镇）、村、农业大户和企业等每天3次开展天气预报警报信息发布服务。20世纪90年代后，随着气象科技水平提高，逐步开展了日常预报、天气趋势、生活指数、灾害防御、科普知识、农业气象等服务。

决策气象服务 20世纪80年代主要用口头、电话和书面形式向县委县政府提供决策服务。20世纪90年代逐步开发《重要天气报告》、《霍邱气象》、《气象与农业》《汛期（5—9月）天气形势分析》等决策服务产品，及时向县委县政府和有关部门提供决策服务。

专业与专项气象服务 1985年3月，遵照国务院办公厅《转发国家气象局关于气象部门开展有偿服务和综合经营的报告的通知》（国办发〔1985〕25号）文件精神，专业气象有偿服务开始起步。1985年霍邱县气象局与城西湖军垦农场签订第一份专业有偿服务合同，标志着霍邱县气象局的专业气象有偿服务开始。1992年起与县劳动局共同下文，对全县避雷设施的安全性能进行检测。1993年起，开展庆典气球施放服务。

1997年5月，成立了霍邱县人民政府人工降雨办公室，挂靠县气象局。县政府分别于1997年购置人工降雨设备"三七"高炮1台，2001年3月购置人工降雨设备火箭发射架1台，同时配备人工增雨专用汽车1辆，2001年8月，六安市政府赠霍邱县气象局人工降雨设备火箭发射架1台和人工降雨专用卡车1辆。

气象科技服务与技术开发 1996年10月建立电视气象影视制作系统。2006年7月，电视天气预报由六安市气象局统一制作成有主持人播报的电视天气预报节目。1997年开通"121"天气预报电话自动答询系统。2005年1月，"121"电话升位为"12121"。2007年1月改号为"96121"。2004—2008年，在全县安装气象灾害预警信息电子显示屏15块。1999年10月，成立安徽省农村综合经济信息中心霍邱县分中心，建成"霍邱农村综合经济信息网"）。

气象科普宣传 每年在"3·23"世界气象日走上街头，广泛宣传气象知识，印发气象知识宣传资料，并走进中、小学校开展气象科普知识和防灾减灾知识专题讲座。同时利用各种传媒向群众宣传气象科普知识。

法规建设与管理

气象法规建设 1997年以来，霍邱县认真贯彻落实《中华人民共和国气象法》、《安徽省气象条例》等法律法规，县人大领导和法制办每年视察或听取气象工作汇报，依法进行观测环境保护，规范天气预报发布和传播，实行升空物施放审批制度，重点加强雷电灾害防御工作的依法管理工作，防雷行政许可和防雷技术服务正逐步规范化。1997年12月，县气象局开始行政执法,并先后为 8 名干部办理了行政执法证。成立了气象行政执法队伍。执法人员均通过省政府法制办培训考核,持证上岗。

社会管理 1997 年 10 月县政府成立霍邱县防雷减灾局,与县气象局两个牌子一个机构。1999 年起,全县各类新建建(构)筑物按照规范要求安装避雷装置,2003 年 1 月,将防雷工程从设计、施工到竣工验收,全部纳入气象行政管理范围。2005 年开展对重大工程建设项目雷击灾害风险评估。

政务公开 2002 年起对气象行政审批办事程序、气象服务内容、服务承诺、气象行政执法依据、服务收费依据及标准等,采取了通过户外公示栏、电视广告、发放宣传单等方式向社会公开。健全内部规章管理制度,1996 年 4 月制定了《霍邱县气象局综合管理制度》。

党建与气象文化建设

1. 党建工作

支部组织建设 1956—1973 年,因党员人数少,县气象局党员归县农科所党支部管理,1974 年成立霍邱县气象站党支部,伏文斗同志任支部书记。1979 年更名为霍邱县气象局党支部。截至 2008 年 12 月 31 日,共有中共党员 11 人。历年来多次被县直属机关党委评为"先进党支部"。

党风廉政建设 2000—2008 年,参与气象部门和地方党委开展的党章、党规、法律法规知识竞赛、党风廉政教育活动。狠抓党风廉政建设,每年和市气象局签订党风廉政建设责任状。2006 年制定《局务公开工作操作细则》。2007 年,根据省气象局《关于在县(市)气象局建立"三人决策"制度的规定》文件精神,建立"三人决策"机制,加大对关键环节和重要部位的监督,自觉接受群众和纪检部门的监督。

2. 气象文化建设

1987 年起,开展争创文明单位活动,建设一流台站,教育职工爱岗敬业、团结奋进、开拓创新。获得第二届、第三届、第四届"六安市文明单位"。先后开展和参加了"职业道德教育"、"三个代表"、"保持共产党员先进性"。积极参与县政府的扶贫,并与贫困村(户)结对帮扶。在全县"行风万人评"活动中,连续多年获"先进单位"称号。

3. 荣誉

1997 年,钱霞荣同志被安徽省气象局和省人事厅授予"先进工作者"称号。

台站建设

霍邱县气象观测站,占地 3730 平方米,办公楼建筑面积 365 平方米。2000—2006 年,分期分批对院内的环境进行了绿化改造,规划整修了道路,建设绿地 600 平方米,绿化率达到了 60%。

霍邱县气象局全貌（2008 年）

霍邱县气象局观测场（2008 年）

霍邱县气象局办公楼（2008 年）

金寨县气象局

金寨县位于皖西边陲，是著名的革命老区，全国闻名的将军县。1932 年底，第四次反围剿后，国民党从鄂豫皖三省结合部划出 19 个保设立立煌县。1947 年刘邓大军千里挺进大别山，解放全境，更名为金寨县。金寨县地处大别山腹地，亚热带湿润性季风气候，四季分明。灾害性天气频发，主要气象灾害有干旱、大风、雷电、冻害、暴雨及由暴雨引发的山洪、泥石流、塌方等次生地质灾害。

机构历史沿革

1. 始建及沿革情况

金寨县气象局于 1960 年 1 月成立，时称金寨县气候站，位于金寨县梅山镇史河路"

山顶"。1960 年 4 月,更名为金寨县气候服务站。1962 年 4 月更名为金寨县气象服务站。1963 年被确定为气象观测国家一般站,开展一般站常规观测项目。1968 年 12 月更名为金寨县农业科学技术服务站。1969 年 11 月更名为金寨县农水服务站。1970 年 10 月更名为金寨县气象服务站。1971 年 4 月,更名为金寨县革命委员会气象站。1977 年 6 月更名为金寨县革命委员会气象局,明确为正科级单位。1981 年 4 月金寨县革命委员会气象局更名为金寨县气象局。1983 年 1 月迁址到金寨县梅山镇双河路中段南侧"小山顶",观测场位于北纬 31°41′,东经 115°53′,海拔高度 98.4 米。

2. 建制情况

领导体制与机构设置演变情况 自建站至 1963 年 12 月,由金寨县委农工部领导。1964 年 1 月至 1970 年 12 月改为以安徽省气象局领导为主、地方负责党政领导,挂靠金寨县农水局。1971 年 1 月至 1973 年 6 月改为以军管为主的双重领导,省气象局负责业务指导。1973 年 7 月至 1979 年 5 月改归金寨县革命委员会领导,省气象局负责业务指导。1979 年 6 月起改为气象部门和地方双重管理的领导体制,以气象部门领导为主,并延续至今。

1959 年 1 月成立南溪气象站,由六安市气象局直接管理,1960 年 1 月金寨县气候站成立后,该站由金寨县气候站管理。1993 年 12 月 31 日南溪气象站撤销。

人员状况 1960 年建站时只有 2 人。2008 年 12 月 31 日,在编职工 9 人。其中,研究生学历 1 人,本科学历 3 人,专科学历 3 人,中专学历 2 人;中级专业技术人员 6 人,初级专业技术人员 3 人;35 岁以下 3 人,35～45 岁 4 人,45 岁以上 2 人。

单位名称及主要负责人更替情况

单位名称	负责人	职务	性别	任职时间
金寨县气候站	李世贵	站长	男	1960.1—1960.3
金寨县气候服务站	李世贵	站长	男	1960.4—1962.3
金寨县气象服务站	施继柄	站长	男	1962.4—1968.11
金寨县农业科学技术服务站	王玉堂	站长	男	1968.12—1969.10
金寨县农水服务站	王玉堂	站长	男	1969.11—1970.9
金寨县气象服务站	王玉堂	站长	男	1970.10—1971.3
金寨县革命委员会气象站	王玉堂	站长	男	1971.4—1977.5
金寨县革命委员会气象局	张启亮	局长	男	1977.6—1979.6
金寨县气象局	李丛林	局长	男	1979.7—1984.3
金寨县气象局	王太平	局长	男	1984.4—1995.3
金寨县气象局	钱霞荣	局长	女	1995.3.—1997.4
金寨县气象局	王 刚	局长	男	1997.5.—1997.11
金寨县气象局	李扬云	局长	男	1997.12—1999.1
金寨县气象局	王 刚	局长	男	1999.2—2005.1
金寨县气象局	史林斌	局长	男	2005.1.—2006.8
金寨县气象局	杨咸贵	局长	男	2006.8—

气象业务与服务

1. 气象业务

地面观测 1963年1月1日,正式开展定时观测,观测时次为08、14、、20时,夜间不守班。观测项目有云、天气现象、能见度、气压、气温、湿度、风向风速、降水、日照、蒸发、雪深等。1963年1月21日,增加地面温度观测,观测项目包括地面0厘米、地面最高、地面最低3项。1973年4月1日,增加5~20厘米地温观测。1980年1月1日,增加冻土观测。2008年增加电线积冰观测。

1964年6月10日—8月30日,向南京拍发航危报,1965年1月1日起,改为固定向南京拍发每小时1次的航危报。1980年8月起,停止固定航危报,改发预约航危报。1984年11月1日—1992年1月1日,拍发OBSAV六安航危报,每日06—20时,每小时拍发1次。1987年3月15日至5月31日,拍发OBSAV信阳固定航危报,每天06—16时,每小时拍发1次,1992年全面停发航危报。

1962年5月起,向安徽省气象台拍发常年雨量报,1964年6月取消,1966年5月恢复。1968—1979年,向南京拍发雨量报。1985年4月1日—9月30日,向合肥、六安拍发雨量报。

1964年5月1日开始编发省内小图报,1965年5月25日取消,1971年4月20日恢复。内容有云、能见度、天气现象、气压、气温、风向风速、降水、雪深、地温。1962年6月15日开始编报重要天气报,主要项目有暴雨、大风、雨凇、积雪、冰雹、龙卷风等。2008年5月31日20时,增加雷暴、沙尘暴、雾、霾等重要天气报。

编制的报表有:气表-1、气表-21、农气表-1、农气表-3、农气表-2。

1986年10月1日起,使用PC-1500计算机查算编报,1988年1月起使用机制报表。2006年起全部使用计算机打印报表。

自动气象站 2004年12月底,建成CAWS-I型自动气象站,观测项目有气压、气温、湿度、风向风速、降水、地温、蒸发等。2005年1月1日起自动站开始第一阶段平行观测,仍以人工站观测为主,用人工站观测记录发报;2006年1月1日开始自动站第二阶段平行观测,以自动站观测、发报为主,人工站平行观测。2007年1月1日起,自动站正式代替人工站投入单轨运行,人工站每日20时进行补充观测。

2005年开始,先后建成汤家汇、双河、关庙、沙河、吴家店、水竹坪、油坊店、青山、张冲、张畈、天堂寨共11个自动雨量站和古碑、南溪、斑竹园、天堂寨景区4个四要素自动气象站;2008年7月建成燕子河六要素自动气象站。

农业气象 1981年开展农业气象工作,作物观测项目为茶树发育期观测;物候观测项目有家燕、青蛙、桑树、杜鹃;土壤湿度。1987年根据省气象局统一部署,完成《金寨县农业气候区划》编制。2006年7月,新增土壤墒情观测及发报任务。

气象信息网络 1993年以前,气象电报用专线直拨电话,传至县邮电局报房,由报房将气象电报传到用报单位。1996年10月18日通过公众数据分组交换网向省气象局传输天气报、重要报、气象旬月报和地面气象记录月年报表数据文件,停止报送纸质报表。2007年1月起通过互联网实时传输气象资料。

气象预报　1960年1月开始,开展单站补充天气预报(24小时预报)。1981年以前,主要利用收音机收听安徽省气象台、武汉区域中心气象台播发的天气形势和预报,制作预报开展服务。1981年开始用气象传真机接收北京、欧洲气象中心以及东京的气象传真图,预报产品主要是24小时预报。1999年5月建成了地面卫星接收站(PC-VSAT)。2004年1月开始,通过互联网,在省台实时资料网站上调阅天气形势分析、雷达回波、卫星云图、数值预报等资料。常规预报业务有24小时、48小时天气预报,旬月报和春播、汛期、"三秋"等短、中、长期天气预报;2004年开始,发布一周滚动天气预报;2007年开始增加短时临近天气预报。

2. 气象服务

公众气象服务　1973年起,利用农村有线广播站播报气象消息。1995年5月1日,多媒体电视天气预报制作系统建成并投入使用,制作电视天气预报节目录像带,由电视台安排播出。2005年,电视天气预报由市气象局统一制作,主持人走上荧屏播讲气象,并实现了硬盘播出,提高了电视预报节目的质量。1997年6月,建设天气预报电话自动答询系统,开展天气预报电话自动答询服务。

决策气象服务　2000年以前,主要是以口头、电话、书面材料方式向县委县政府提供决策服务。2000年以后,随着传输技术及预报水平的提高,互联网和手机短信成为决策服务的重要手段,预报服务内容有灾害性天气预报、一周滚动预报、重大活动气象保障预报、区域雨量信息、地质灾害气象等级、森林火险等级预报等。2002—2008年连续被县委县政府授予"支持地方经济发展先进单位"称号。2008年被县委县政府授予"防雪抗灾先进集体"。

专业专项气象服务　1985年3月,遵照国务院办公厅《转发国家气象局关于气象部门开展有偿服务和综合经营的报告的通知》(国办发〔1985〕25号)文件精神,气象有偿服务开始起步,逐步利用传真邮寄、警报系统、声讯、影视、电子显示屏、手机短信等手段,面向社会开展气象科技服务。1991年起,为各单位建筑物避雷设施开展安全检测,1993年为部分乡镇、砖瓦厂组建无线通讯组网(天气预报警报机),开展天气预报服务;2006年6月完成全县198个村远程教育工程进行防雷设计与安装工作;2006年8月,开展新、扩(改)建建筑物防雷设计文件技术审查服务。

1997年5月,金寨县人民政府人工降雨办公室成立,挂靠县气象局。2001年购置人工增雨火箭发射架1台,人工增雨火箭弹每年根据需要购置。人工增雨作业点有江店、双河、南溪、青山、古碑、天堂寨等,开展以抗旱、水库蓄水、森林防火为目的的人影作业。

气象科技服务与技术开发　1988—1993年,根据鄂、豫、皖三省气象科技扶贫协作组安排,金寨县作为安徽省气象科技扶贫协作示范基地,先后开展了高山蔬菜种植、名优茶开发、魔芋种植及农业气象实用技术培训工作,高山蔬菜种植成功,经验介绍材料被县政府批转全县,进行推广,扶贫组开发的"抱儿云峰"茶,被农业部评为部优名茶。

2000年开始加强部门合作,开展水文、交通、地质灾害、森林火险等专业气象服务;为沪汉蓉快速铁路、高速公路等重大项目以及新城区城市规划等重点工程提供气候可行性论证;开展雷电监测、预警预报服务,进行雷电灾害风险评估。

气象科普宣传　1988年至今,分别在《中国气象报》、《气象》、《新气象》、《安徽日报》、

《安徽气象》《安徽消防》《江淮晨报》等报刊上发表文章和宣传报道 20 余篇,其中一篇《古谚看梅雨》获安徽省首届气象科普征文三等奖。2005 年开始,对乡镇气象协理员、村主任、种养大户、企事业单位开展气象灾害防御培训,并应用电视气象、手机短信、报刊专版、网站等渠道,实施气象科普入村、入企、入校、入社区。

2008 年 9 月,向全县中小学学生赠发《安徽省中小学气象灾害防御读本》。

法规建设与管理

依据《中华人民共和国气象法》《安徽省防雷减灾管理办法》,2005 年县气象局在县行政服务大厅设立"气象窗口",履行行政许可职责,对气象观测环境保护、防雷、低空升空物施放等事项实行审批。

2006 年绘制了《金寨县气象探测环境保护控制图》,在县建设局备案,为气象观测环境保护提供了依据。

党建与气象文化建设

1. 支部组织建设

1960—1978 年,党员归县农科所党支部管理。1979 年初,成立县气象局党支部。截至 2008 年 12 月 31 日,有中共党员 7 人。

2. 气象文化建设

精神文明建设　开展文明服务创建活动,加强职工教育,每年开展"文明职工"、"五好家庭"评选活动。每年组织开展歌吟、球赛、健身操、扑克牌赛等文体活动,丰富职工的文化生活。

文明单位创建　1999 年以来,金寨县气象局连续 5 届被县委县政府授予"县级文明单位";2003 年至今,连续 3 届被评为"六安市文明单位"。1989 年被国家气象局和省气象局分别授予"双文明建设先进集体"。

3. 荣誉

集体荣誉　1983 年被安徽省政府授予"先进集体"称号;1984 年、1985 年连续 2 年被省政府评为"最佳服务先进单位";1981 年、1984 年、1987 年 3 次被省气象局授予"全省气象系统年度最佳服务先进单位"。2005 年被中国气象局授予"局务公开先进单位"。

个人荣誉　1985 年,陆星华同志到北京出席全国边陲英雄儿女挂奖章大会,获铜质奖章。

台站建设

1996 年建设职工住宅楼,住房条件得到改善。2000 年起,金寨县气象局分期分批对台站环境进行了规划改造,整修大局,拓宽道路,修建草坪花坛,栽种了花草树木。2003 年,建起了气象地面卫星接收站、自动观测站、决策气象服务短信平台等业务系统工程。2006年对办公楼进行了装修改造。

金寨县气象局观测场(2008年)

2008年雪灾时的金寨县气象局观测场

金寨县气象局业务楼(2008年)

霍山县气象局

霍山县位于安徽省西部边缘,地处大别山脉东段北坡,属淮河流域。全县总面积2041.31平方千米。属北亚热带季风气候区,受季风影响,冬季干凉,夏季湿热,四季分明,冷热适中。年平均温度15.3℃,无霜期220天,雨量充沛,年平均降水量1356.7毫米。

机构历史沿革

1. 始建及沿革情况

霍山县气象站前身安徽省佛子岭气象站,始建于1954年1月1日,位于霍山县佛子岭镇梁家滩,东经116°22′,北纬31°19′,观测场海拔高度91.7米,属国家基本站,气象资料参加全球交换。1960年3月1日更名为安徽省佛子岭气象服务站。1962年1月1日,迁往霍山县城南门外石八塔,更名为霍山县气象服务站,东经116°20′,北纬31°24′,观测场海拔高度91.7米。1967年9月22日,经省气象局、中央气象局批准,迁往霍山县城南一里岗郊外,经纬度不变,海拔高度68.1米。1968年5月,更名为霍山县气象站革命领导小组。1969年8月,更名为霍山县农林水服务站革命委员会气象组。1970年9月,更名为霍山县革命委员会气象站。1979年10月19日,根据省气象局(79)办字27号文件,更名为霍山县革命委员会气象局。1981年8月,更名为霍山县气象局。1982年1月1日,六安地区气象局复测经纬度和海拔高度,经度变更为东经116°19′,纬度和观测场海拔高度不变。2007年1月1日,搬迁到霍山县文峰塔边,经纬度未变,观测场海拔高度86.4米。

2. 建制情况

领导体制与机构设置演变情况 1954年1月1日建站,隶属安徽省军区领导。1954年12月6日,省水利厅下发《关于安徽省军区气象科及所属各级气象站转移建制领导关系问题》(皖水字〔54〕00058号),霍山县气象站改归省水利厅领导。1958年,人事、财政属地方政府,业务归省、地气象局领导。1964年1月,人、财、业务"三权"归省、地气象局,地方政府负责党政领导。1970年11月7日,按照国务院、中央军委〔70〕国发75号文件,霍山县气象站由县人武部和地方政府双重领导,以县人武部为主。1973年7月,按照省革委会、省军区革生字〔1973〕64号文件,霍山气象站由县革委会领导,属科局级单位。1979年,按照省革委发〔1979〕19号文件:"三权"收回省、地气象局,党政归霍山县人民政府领导。

人员状况 1954年建站初期有3人。现有在编职工13人,其中大学以上学历3人,大专学历4人;中级专业技术人员3人,初级专业技术人员10人;年龄50岁以上4人,40~50岁5人,40岁以下4人。

单位名称及主要负责人更替情况

单位名称	负责人	职务	性别	任职时间
佛子岭气象站	夏友仓	站长	男	1954.1—1954.11
佛子岭气象服务站	忻庚良	站长	男	1954.12—1966.3
霍山县气象服务站	唐春雨	站长	男	1966.4—1969.5
霍山县革命委员会气象站	王永华	站长	男	1970.10—1972.3
霍山县革命委员会气象站	戴宗德	站长	男	1972.4—1975.3
霍山县革命委员会气象站	袁德山	站长	男	1975.4—1977.11
霍山县革命委员会气象局	杨占玲	站长	男	1977.12—1978.10
霍山县革命委员会气象局	赵文杰	站长	男	1978.12—1979.12
霍山县气象局	赵文杰	局长	男	1980.1—1982.10
霍山县气象局	余仁国	局长	男	1982.11—1986.7
霍山县气象局	秦长春	副局长	男	1986.8—1987.11

单位名称	负责人	职务	性别	任职时间
霍山县气象局	朱先柱	副局长	男	1987.11—1988.10
霍山县气象局	庄文华	副局长	男	1988.11—1989.11
霍山县气象局	王良朝	局长	男	1989.12—1992.7
霍山县气象局	庄文华	局长	男	1992.8—1999.11
霍山县气象局	朱先柱	局长	男	1999.2—2005.11
霍山县气象局	张恩霞	局长	女	2005.12—

气象业务与服务

1. 气象业务

地面观测 1954 年 1 月 1 日起,采用地方平均太阳时 01、07、13、19 时每天 4 次气候观测,除 01 时观测外,夜间不值班。1954 年 5 月 19 日开始夜间值班。1954 年 12 月开始,除日照以日落为日界,其余观测项目均以北京时 20 时为日界。

观测项目有能见度、云、天气现象、气温和湿度、气压、降水、风向风速、地面状态、日照、蒸发、电线积冰、雪深、雪压。1957 年 8 月增加地温观测。1979 年 11 月增加冻土观测。1993 年 10 月 1 日,增加 EN 数据测风仪。1997 年 1 月 1 日,增加大型蒸发观测。2001 年 12 月 31 日,小型蒸发观测停用。2004 年 7 月 1 日—2006 年 12 月 31 日,增加水泥路面、裸露空气和草面最高、最低温度拓展观测(20 时补测)。2004 年 7 月增加土壤墒情观测。

1954 年 3 月 1 日开始,拍发绘图、辅助绘图、旬报和重要天气报、航危报。1954 年 12 月 1 日,天气报改为 02、05、08、11、14、17、20、23 共 8 个时次。1954 年 3 月 11 日开始,担任上海、南京、武昌、北京空军、合肥、芜湖等地航空报和危险报拍发任务。1999 年 1 月 15 日,停发航危报,改发地面天气报、重要天气报和气候旬月报。2008 年 7 月 1 日,增加雷暴、雾、沙尘暴、霾等重要天气报的编发。

1999 年 11 月,ZQZ-Ⅱ型自动气象站建成使用,观测项目有气压、气温、湿度、风向风速、降水、地温。2001 年 12 月 31 日,使用遥测和人工对比观测(2002 年停止人工观测,2007 年 1 月 1 日恢复 20 时人工对比观测)。2001 年 1 月 1 日,正式使用 ZQZ-Ⅱ型自动气象站遥测资料发报;同年 7 月,开始每小时实时遥测数据的自动传输。2004 年 1 月 1 日开始,每分钟采集数据。

2003 年以来,建成下符桥、但家庙、与儿街、单龙寺、东西溪、黑石渡、石家河、落儿岭、上土市、太阳、太平、大化坪等 12 个自动雨量站,以及诸佛庵、佛子岭、漫水河、磨子潭、百莲岩等 5 个四要素自动气象站。2008 年,建成道士冲六要素自动气象站。

1984 年 1 月 1 日,正式使用 PC-1500 计算机进行测报编报。1994 年 9 月,省气象局配备霍山县气象站第一台 386 计算机,开始计算机编报。2005 年,停止手抄和报送纸质报表,开始报送电子文档,报送单位有:安徽省军区气象科、省气象局档案科、中央气象局资料室、上海市气象台。现报送省气象局档案科。

气象信息网络　1993 年以前,气象电报用专线直拨电话传至县邮电局报房,由报房传到用报单位。1996 年 8 月,通过公众数据分组交换网向省气象局传输天气报、重要报、气象旬月报和地面气象记录月年报表数据文件。2000 年,使用 2 兆 ADSL 传输数据。2003 年 6 月,使用 10 兆光纤传输。

气象预报　1981 年 5 月,开始天气图传真接收,接收北京和东京的气象传真图表。1982 年,绘制三线图、六线图等简易基本天气图表,用于日常天气预报业务。1987 年,开通甚高频无线对讲通讯电话。1999 年 10 月,建成地面卫星接收整套仪器(VSAT 小站),开始使用天气预报人机交互系统(MICAPS 系统),接收天气图、云图、雷达图和数值预报资料,实现了中央、省、市、县流媒体天气会商和网上视频会议。常规预报业务为 24 小时、48 小时、未来 3～5 天、旬月周报和春播、汛期、"三秋"等短、中、长期天气预报以及临近预报,同时开展灾害性天气预报预警业务和各类重要天气服务等。

2. 气象服务

公众气象服务　1958 年 5 月开始,通过广播站向全县播出霍山县天气预报。1958 年 9 月,开始作补充天气预报、中期天气预报。1981 年,通过传真接收中央气象台,省气象台的旬、月天气预报,结合本地气象资料。分析天气形势、天气过程的周期变化,制作一旬天气过程趋势预报,并对地方各部门作服务。长期天气预报主要有:春播预报、汛期(5—9 月)预报、年度预报、秋季预报。1987 年,开通甚高频无线对讲通讯电话。1987 年 9 月,使用天气警报系统每天上、下午各广播 1 次天气预报,遇到突发性、灾害性天气随时广播。服务单位通过警报接收机接收气象服务。

1996 年 5 月,县政府投资 4 万元,新购 486 微机、天气预报制作系统、录像机,彩电各 1 台,制作电视天气预报节目,送电视台播放。1997 年 8 月,霍山县气象局同县电信局合作,开通"121"天气预报自动咨询电话。2006 年 7 月,电视天气预报由六安市气象局统一制作,电视天气预报节目开始有主持人实景播报。

决策气象服务　20 世纪 80 年代后以口头或传真方式向县委县政府提供决策服务。20 世纪 90 年代后逐步以《领导参阅》、《重要气象信息专报》、《天气情况汇报》、《汛期气象信息专报》、《气象旬月报》、《气象周报》等形式,为地方政府领导防灾减灾提供气象决策依据。

1991 年 7 月霍山县遭受了自 1969 年以来的特大暴雨袭击。根据县委、县政府统一部署,霍山县气象局启动了紧急预案,为县委、县政府抗灾决策提供雨量情报和天气预报服务。

2008 年初,最大雪深 50 厘米,创下了建站以来的历史极值,霍山县气象局将雪深、雪压、未来天气趋势等大量资料送县委、县政府,为抗击百年不遇的冰雪灾害提供了及时气象服务。

专业专项气象服务　近年来大力拓展气象服务领域,与部门合作,开展水文、交通、地质灾害、森林火险等专业气象服务;为重大项目、重点工程、城市规划等提供气候可行性论证;开展以抗旱、水库蓄水、森林防火为目的的人工影响天气作业;开展雷电监测、预警预报服务,进行雷电灾害风险评估。

　　1997 年成立了以分管县长任组长,人武部、政府办、气象局领导任副组长、相关单位领导为成员的霍山县人工降雨防雹领导小组,县财政拨款 10 万元,购置了"三七"高炮 1 门和通信设备及其他配套部件,开始开展人工降雨作业。

　　气象科技服务与技术及开发　　1995—2006 年霍山县气象局在落儿岭镇小庵子村先后开展了"低产茶园改造技术推广"、"三寒"田改造、"代料袋装天麻实验推广"等项目。其中"三寒"田改造项目获中国气象学会科技进步二等奖、省科委科学技术进步四等奖。2008 年霍山县气象局被县政府授予"支农优秀服务单位"称号。

　　2005 年 1 月,"121"电话升位为"12121",2007 年 10 月 1 日,又改为"96121"。2005 年,通过移动通信网络开通了气象短信服务平台,以手机短信方式向县、镇、村及中小学各级领导发送气象信息。2006 年在全县各乡镇和部分县直单位安装了气象灾害预警电子显示屏,开展气象灾害预警信息发布工作。

　　2000 年 7 月,霍山县农村综合经济信息服务中心成立揭牌,各乡镇成立农村信息服务站,负责发布农业、气象等信息,农民通过霍山农网平台发布供求、查询农业、气象等信息。

法规建设与管理

　　气象法规建设　　2005 年 12 月 23 日,霍山县人民政府批复并下发《关于霍山县气象局新址探测环境保护的承诺函》(霍政秘〔2005〕89 号)。同年 12 月 20 日,县规划局下发《关于霍山县气象局新址探测环境保护承诺函》(〔2005〕13 号文件)。

　　社会管理　　1992 年起,与县劳动局共同下文,对全县避雷设施的安全性能进行检测。1997 年 12 月,先后有 8 名干部办理了行政执法证。2003 年,霍山县气象局被列为霍山县安全生产委员会成员单位。2004 年 8 月 24 日,根据霍编〔2004〕15 号文件精神成立了霍山县防雷减灾局,与县气象局两个牌子一个机构。开展建筑物防雷装置、新建建(构)筑物防雷工程图纸审核、竣工验收、计算机信息系统等防雷安全检测,并纳入气象行政管理范围。

　　2007 年,霍山县人民政府办公室转发《关于安徽省人民政府办公厅关于进一步做好防雷减灾工作的通知》(霍政办秘〔2007〕69 号);同年,县气象局与城建局联合发文《关于加强建筑物防雷设计图纸审核的通知》(霍建〔2007〕70 号)。2008 年县政府再次发文《关于加强建筑物工程防雷设计及防雷设施工程质量管理的通知》(霍政办秘〔2008〕31 号)。

党建与气象文化建设

　　1. 党建工作

　　支部组织建设　　1954 年建站初有 2 名党员。1976 年 10 月成立党支部,支部书记由历任局长兼任。2008 年年底,霍山县气象局有 14 人中共党员,其中在职 8 人、退休 4 人。2008 年党支部被县委授予"先进基层党组织"称号。

　　2. 气象文化建设

　　文明创建　　霍山县气象局是霍山县第一届、第二届文明单位,六安市第四届文明单位。

2004—2008年,连续获得六安市气象系统"综合目标优秀达标单位"和地方气象事业发展"先进单位"。

文体活动 2007年、2008年,结合学习科学发展观活动,组织党员干部送气象科技下乡、送书进校园活动;2008年开展人人争当"文明职工";2007年组织开展"知荣明辱,树新风"迎新春演唱会。2008自编自演快板《气象工作很重要》,参加了霍山县改革开放30周年文艺节目汇演,获得三等奖;2008年还参加了迎奥运全局干部职工健身、迎新春廉政书画联谊等文体活动。

3. 荣誉

集体荣誉 1983年,霍山县气象局被霍山县委、县政府评为"汛期灾害性天气预报先进集体",记集体"三等功"嘉奖。

个人荣誉 1983年,秦长春被霍山县委、县政府评为"汛期灾害性天气预报先进个人";2008年,张恩霞被安徽省人事厅、安徽省气象局授予"先进工作者"称号。

台站建设

台站综合改造 1954年安徽省佛子岭气象站建站时,有草房5间。1967年6月,新建宿舍245平方米。1975年,新建宿舍140平方米,观测楼49平方米,办公室98平方米。1982年,新建观测楼420平方米。1982年12月,征地3133平方米。1994年与霍山县第一建筑劳动服务公司协议,由对方出资新建二层综合楼1050平方米,产权双方各一半。

2004年,县政府常务会议第32次会议决定,霍山县气象局整体搬迁到文峰广场。原址由县政府组织拍卖,新址基础设施,由县城建等相关部门规划、建设后交县气象局使用。2007年1月1日,观测场搬迁新址,总占地面积9906平方米。2008年5月23日,县气象局整体搬迁新址,新建业务大楼共4层2094平方米。

位于城南门外石八塔的霍山县气象站(拍摄于1964年12月)

迁址到中兴路后的霍山县气象局(拍摄于2004年)

霍山县气象局大楼(拍摄于 2008 年)

霍山县气象局全貌(位于文峰塔边的小山顶,拍摄于 2008 年)

舒城县气象局

舒城县地处安徽省中部、大别山东麓、巢湖之滨、江淮分水岭。全县总面积 2100 平方千米,辖 21 个乡镇,1 个经济技术开发区,人口 98 万。舒城县属亚热带半湿润季风气候,年平均气温 15.0℃,年平均降水量 905.4 毫米,年平均日照时数 2134.3 小时,日最大降水量 259.6 毫米(2007 年),极端最高气温 40.4℃(1959 年),极端最低气温零下 24.1℃(1955 年)。

机构历史沿革

1. 始建及沿革情况

舒城县气象局始建于 1956 年 7 月 6 日,站址位于舒城县小东门外"郊区农场",经纬度为北纬 31°27′,东经 116°38′,观测场海拔高度为 20.0 米。1960 年 3 月 7 日,变更为舒城县气候服务站。1962 年 1 月 1 日,变更为舒城县气象服务站。1963 年 12 月 1 日,又变更为舒城县气候服务站。1964 年 12 月,站址迁至舒城县城关镇小东门外"郊区",经纬度为北纬 31°28′,东经 116°57′,观测场海拔高度 23.3 米,1982 年 4 月复测校正为 22.0 米(黄海)。1966 年 1 月 1 日,重新变更为舒城县气象服务站。1971 年 9 月 1 日,更名为舒城县革命委员会气象站。1981 年 4 月,改为舒城县气象局。2007 年 1 月更名为舒城县国家气象观测站二级站。

2. 建制情况

领导体制与机构设置演变情况　自建站至 1959 年 3 月,由省气象局和县农场双重领导,以省气象局为主;1959 年 4 月至 1963 年 12 月隶属县农业局,由县农场代管,省气象局业务指导;1964 年 1 月至 1970 年 11 月,"三权"收回省气象局管理,党、团建设归地方;1970

年 11 月至 1973 年 7 月,舒城县气象局由县人武部、县革委会领导,省气象局业务指导;1973 年 7 月至 1979 年 3 月转交地方政府领导,属科局单位;1979 年 3 月起,实行由上级气象部门和地方政府双重领导,以气象部门为主的管理体制。

人员状况　1956 年建站初期有 3 人。截至 2008 年 12 月 31 日,在编职工 8 人,其中本科以上学历 2 人,大专学历 5 人,中专学历 1 人;年龄 50 岁以上 2 人,40~49 岁 2 人,40 岁以下 4 人。

单位名称及主要负责人更替情况

单位名称	负责人	职务	性别	任职时间
舒城县气候站	程景亮	负责人	男	1956.7—1957.7
舒城县气象服务站	陶舒翘	负责人	男	1957.8—1965.11
舒城县气象服务站	蔡士朝	负责人	男	1965.12—1972.12
舒城县革命委员会气象站	张崇信	站长	男	1973.1—1978.12
舒城县气象局	岳振德	局长	男	1979.1—1982.9
舒城县气象局	张启亮	局长	男	1982.10—1984.3
舒城县气象站	高　亮	站长	男	1984.4—1985.8
舒城县气象站	陶舒翘	站长	男	1985.9—1990.12
舒城县气象站	桑贤鹤	站长	男	1991.1—1999.2
舒城县气象局	李瑞福	局长	男	1999.3—2004.4
舒城县气象局	刘如良	局长	男	2004.5—2005.12
舒城县气象局	郭德增	局长	男	2006.1—2007.11
舒城县气象局	夏元昌	局长	男	2007.12—

气象业务与服务

1. 气象业务

地面观测　1956 年 7 月 6 日起,每天 08、14、20 时 3 次气候(定时)观测,夜间不守班。观测项目有气温、湿度、风向风速、降水、日照、蒸发、地温、云、地面状态、积雪深度等。

地面观测业务变动情况

变动时间	增减业务情况	变动时间	增减业务情况
1956.8.1	增加雨量自记观测	1965.5.25	取消省内区域绘图报
1956.9.8	增加地面和地面最低温度观测	1966.5	向省台拍发常年雨量报
1956.9.10	增加能见度观测	1968—1979	向南京拍发雨量报
1956.10.1	增加气压表观测	1971.5	恢复省内小图报
1956.12	增加气候旬月报	1973.6	向防汛指挥部拍发 06 时雨量报
1957.10.2	增加地面最高温度观测	1978.11	拍发固定航危报

续表

变动时间	增减业务情况	变动时间	增减业务情况
1958.6	停发气候旬月报	1982.4	增加向省内拍发重要天气报
1958.10	增加向省台拍发天气报	1987.3.17	省内雨量报由06时更改为05时
1959.6.1	停止编发气压气表-2	1988.5.1	使用微机编发
1959.9.15	拍发预约航危报	1999年	取消小图报,改发天气加密报
1959.11.1	增加冻土观测	2004.1.1	增加遥测站(CAWS600BS-NⅠ型)观测。并以人工站为主,平行观测第一阶段
1960.8.1	气象观测时间改为02、08、14、20时	2004.7.1	增加拓展观测项目:草面、水泥路面、裸露空气日极端最高最低温度
1961.1.1	增加40、80厘米地温观测	2005.1.1	以遥测站为主,平行观测第二阶段
1961.4.1	减少02时观测	2005.5.1	停发水情报
1961.5	向合肥拍发雨量报	2006.1.1	遥测站单轨运行,保留人工观测
1962.2.1	取消能见度观测	2007.7.31	取消拓展观测项目
1963.1.1	不上报温湿气表-2	2008.6.1	修改重要天气报内容,增发雷暴、视程障碍现象等发报任务
1963.5.1	向水利部门拍发水利报	2005.5.1	停发水情报
1964.4	取消雨量报	2006.1.1	遥测站单轨运行,保留人工观测
1964.6.10	增加中尺度天气系统观测	2008.6.1	修改重要天气报内容,增发雷暴、视程障碍现象等发报任务

2003年11月,安装了CAWS-Ⅰ型自动气象站,2004年1月1日开始试运行(以人工站为主),2005年起正式运行。2004—2006年,先后在五显、春秋、杭埠、百神庙、舒茶、张母桥、晓天、万佛湖、庐镇、山七、汤池、南港、平田等乡镇建立了9个单雨量站、4个四要素站。2008年7月,万佛湖四要素站升级为六要素站。初步建成10千米格距地面中小尺度气象灾害自动监测网。

气象信息网络 1985年省气象局配备了PC-1500计算机,用于测报业务。1994年省气象局又配备了386微机替代PC-1500计算机。1995年7月由县政府投资购置了486微机1台,用于地县之间远程终端建设,使气象电报由原来的电话、电传传输转为网上传输。2006年开通10兆光纤网,省气象局配备了路由器,并申请了10段地址。

气象预报 1958年开始开展单站补充天气预报。1981年以前主要利用收音机收听安徽省台、武汉区域中心气象台以及江苏省台播发的天气形势和预报。1981年配备了ZSQ-1(123)天气传真接收机接收北京、欧洲气象中心以及东京的气象传真图。1996年8月,自筹资金购置了1套微机软件,取代了原来的滚筒式接收机,提高了传真图的接收时效和效果。1999年10月,县政府投资建成了地面卫星接收站(PC-VSAT),彻底淘汰了原来的无线传真机,不仅可以接收天气图、云图、雷达图和数值预报资料,还实现了中央、省、市、县流媒体天气会商和网上视频会议。主要开展的常规预报业务:24小时、48小时、未来3~5

天、旬月报和春播、汛期、"三秋"等短、中、长期天气预报以及临近预报,同时开展灾害性天气预报预警业务和供领导决策的各类重要天气服务等。

农业气象 1956年建站时即开始农业气象观测业务,1962—1963年、1967—1979年期间停止观测,1980年恢复。观测内容及时段分别为:双季早稻生育状况(1980年4月—1995年)、双季晚稻生育状况(1980年6月—1995年)。

油菜生育状况(1980年10月—1995年)、大白菜生育状况(1996年试验,1997年正式观测至今)、番茄生育状况(1996年试验,1997年正式观测至今)、物候(1996年开始至今观测青蛙、泡桐)、土壤墒情观测(2004年7月23日至今)。主要农气服务材料有:农气旬月报、水稻产量预报(趋势、产量、订正预报)等。

2. 气象服务

公众气象服务 1971年起,利用农村有线广播站播报气象消息。1993年由县电视台制作文字形式气象节目;1996年7月安装多媒体设备。1997年5月开通"121"(后来相继改号为"12121"、"96121")天气预报电话自动答询系统。1997年4月15日,多媒体电视天气预报制作系统建成并投入使用。2002年9月,购置了北京豪佳视通多媒体电视天气预报非线性编辑制作系统,更新了电视天气预报制作的设备。2005年在市气象局支持下,开播有主持人的电视预报节目。

1997年后,相继利用天气预报电话自动答询系统以及手机短信平台开展日常预报、天气趋势、生活指数、灾害防御、科普知识、农业气象等服务。2005年开始利用手机短信发布气象信息。每年还开展节日气象服务以及为重大活动提供气象保障,如:1998年亚洲铁人三项赛、2004年六安市首运会、2007年中国舒城·万佛湖中外大力士公开赛在舒城举行,县气象局全力为之做好气象服务,均被县委县政府授予"优质服务单位"称号。

决策气象服务 20世纪80年代以口头或传真方式,向县委、县政府提供决策服务。20世纪90年代逐步开发《领导参阅》、《重要气象信息专报》、《天气情况汇报》、《汛期气象信息专报》、《气象旬月报》等决策服务产品。

专业专项气象服务 1985年3月,遵照国务院办公厅《转发国家气象局关于气象部门开展有偿服务和综合经营的报告的通知》(国办发〔1985〕25号)文件精神,气象有偿服务开始起步。1989年起,为各单位建筑物避雷设施开展安全检测,并引进K-4102B新型测试仪器和雷电浪涌保护器测试仪器;1994年为部分乡镇组建无线通讯组网(对讲机);1999年起,开展对全县各类新建建(构)筑物按照规范要求进行设计安装避雷装置,2006年完成对全县300所学校远程教育工程进行防雷设计安装;1996年起,开展庆典气球施放服务。

1975年开展由县革命委员会领导,县人武部、气象局具体负责作业,由解放军和合肥市高炮民兵承担的人工影响天气工作,到1977年告一段落。1997年4月4日,成立了以分管县长任组长,人武部、政府办、气象局领导任副组长,相关单位领导为成员的舒城县人工降雨防雹领导小组(舒政办〔1997〕36号)。1997年7月,县政府投资购置了"三七"高炮1门和通信设备,建立人工增雨作业点4个,恢复了中断20多年的人工影响天气工作。2002年、2004年被省人工降雨防雹联席会议授予"人工增雨防雹先进单位"。

1997年成立舒城县防雷分中心。2003年3月12日正式成立舒城气象科技服务部。

气象科技服务与技术开发　2000 年以后，大力拓展气象服务领域，与部门合作，开展水文、交通、地质灾害、森林火险等专业气象服务；为重大项目、重点工程、城市规划等提供气候可行性论证；开展以抗旱、水库蓄水、森林防火为目的的人影作业；开展雷电监测、预警预报服务，进行雷电灾害风险评估。

2000 年成立安徽省农村综合经济信息中心舒城分中心，在"安徽农网"上链接"舒城信息站"，及时发布农业、气象等信息。

气象科普宣传　1988 年至今，分别在《中国气象报》、《气象》、《新气象》、《安徽日报》、《安徽气象》、《安徽消防》、《江淮晨报》等报刊上发表文章和宣传报道 20 余篇，其中一篇《古谚看梅雨》获安徽省首届气象科普征文三等奖。2004 年以来，还对乡镇气象协理员、村主任、种养大户、企事业单位开展气象灾害防御培训，并应用电视气象、手机短信、报刊专版、网站等渠道，实施气象科普入村、入企、入校、入社区。

法规建设与管理

气象法制建设　2000 年以来，县法制局每年指导和督查县气象局气象行政执法工作。2002 年 11 月，县政府出台了《舒城县防雷安全管理工作实施办法》(舒政〔2002〕79 号文)。2008 年 4 月，县政府出台《关于加强建筑工程防雷设计及防雷设施工程质量管理的通知》(舒政办〔2008〕4 号文)。2005 年，县气象局被列入县安委会成员单位，每年 3 月和 6 月开展气象法律法规和安全生产宣传教育活动；同年，县行政服务大厅设立"气象窗口"，履行行政许可职责，规范防雷、低空升空物施放审批制度。2005 年 12 月，5 名兼职执法人员均通过省法律法规培训考核，持证上岗，与安监、建设、教育等部门联合开展气象行政执法，及时查处违法(大气探测环境保护、社会防雷活动、气球升空物施放、天气预报发布等)案件。

2004 年，县气象局绘制了《舒城气象探测环境保护控制图》，在县建设局规划室备案，为气象观测环境保护提供重要依据。2007 年 11 月对备案材料进行修订，分别到县政府、建设局、国土局、环保局等单位重新备案。

2007 年 11 月，县气象局制定《舒城县重大气象灾害应急预案》(舒气发〔2007〕32 号)，在舒城县政府办公室备案，建立健全气象灾害应急响应体系。

气象社会管理　1989 年起，逐步开展防雷设施检测以及建筑物防雷装置、新建建(构)筑物防雷工程图纸审核、设计评价、竣工验收、计算机信息系统防雷安全检测等工作。2005 年 5 月为落实《安徽省防雷减灾管理办法》(安徽省人民政府 182 号令)正式实施，舒城"气象窗口"进入县行政服务大厅，2006—2008 年，实行"窗口"与机关"一体联动机制"，简化、优化办事程序。

政务公开　2000 年起对气象行政审批办事程序、气象服务、服务承诺、气象行政执法依据、服务收费依据及标准等内容向社会公开。落实首问责任制、气象服务限时办结、气象电话投诉、气象服务义务监督、领导接待日、财务管理等一系列规章制度，坚持上墙、网络、电子屏、黑板报、办事窗口及媒体等 5 个渠道开展局务公开工作。2005 年被安徽省气象局评为"局务公开先进单位"。2008 年被县政府授予"行政服务工作先进单位"。2008 年制定了《舒城县气象局信息公开指南》，为政府信息公开提供服务。

党建与气象文化建设

1. 党建工作

支部组织建设　1973 年 1 月 20 日,建立舒城县气象站党支部,张崇信同志任支部书记。2008 年底,舒城县气象局党支部共有在职党员 7 人。2006 年,被县委评为"先进基层党组织"。

党风廉政建设　2001 年起,连续 8 年开展党风廉政宣传教育月活动。每年和市气象局签订党风廉政建设责任状,向市气象局党组、县纪委汇报党风廉政情况。2007 年,根据省局《关于在县(市)气象局建立"三人决策"制度的规定》文件精神,建立"三人决策"机制,加大对关键环节和重要部位的监督,自觉接受群众和纪检部门的监督。2008 年结合解放思想大讨论,深入开展制度推进年活动,为规范职工行为,从学习、服务、财务、党风廉政、卫生安全等 6 个方面系统整理出 10 余项内部管理制度,并装订成册。

2. 气象文化建设

精神文明建设　2005—2008 年,先后开展"三个代表"、"保持共产党员先进性"、"解放思想大讨论"等教育活动。2006 年开展了"月度之星"评选活动。1998 年起,每年与贫困村(户)结对帮扶。2006 年与全国文明单位安徽省萧县气象局结对交流。

文明单位创建　1996 年起,开展争创文明单位活动,逐步建设一流台站。1996 年以来,舒城县气象局连续 6 届被县委县政府授予"县级文明单位";2005、2007 年,被六安市委、市政府连续 2 届授予"六安市级文明单位"称号。

文体活动　每年组织开展歌咏比赛、球赛、健身操和扑克牌比赛等文体活动,丰富职工的文化生活。

3. 荣誉与人物

集体荣誉　2005—2007 年,舒城县气象局连续 3 年被县政府授予"支持地方经济发展先进单位"称号。2005—2008 年,连续 4 年被县政府授予"优化经济环境先进集体"称号。

个人荣誉　1987 年 5 月,陶舒翘同志荣获省"五一"劳动奖章。

台站建设

台站综合改造　1956 年舒城县气候站成立时,仅有 3 间低矮瓦房。1964 年 12 月迁址。1973 年建平房 11 间。1978 年建 2 层砖混结构业务楼。1986 年安装自来水。2000 年 7 月业务楼维修扩建,新建综合业务平面。

办公与生活条件改善　2001 年 9 月建成水冲式公厕,12 月观测场更换围栏。2005 年对局大院进行综合改造,重建了大门(伸缩门)、门卫室、自行车棚、地面硬化 600 平方米,并对大院环境进行了绿化改造,实现办公区与职工生活区分离。

2008 年,占地 4556 平方米的舒城县气象局绿化率 60％,道路硬化 1000 平方米。2008

年 12 月 9 日,市发改委下发了《关于舒城县气象局气象观测站整体搬迁工程项目书的批复》(发改投资〔2008〕489 号),舒城气象观测站整体搬迁项目得以正式立项。新址确定在县城西郊,搬迁工作正在筹备中。

新旧站容站貌对比

马鞍山市气象台站概况

马鞍山市位于长江下游南岸、安徽省东部,地处北纬 31°46′42″～31°17′26″与东经 118°21′38″～118°52′44″之间,具有临江近海,紧靠经济发达的长江三角洲的优越地理位置。全市总面积 1686 平方千米,其中市区 354 平方千米。境内辖 1 县 3 区、19 个乡镇、12 个街道办事处。总人口 128.1 万。

马鞍山是 20 世纪 50 年代后期崛起的新兴钢铁工业城市,不仅以钢铁工业闻名遐迩,而且市容整洁,古迹众多,环境优美。唐代大诗人李白晚年在此流连忘返,留下跳江捉月之美谈。马鞍山城市建设和环境保护曾受到国家有关部委的多次表彰,先后荣获"国家卫生城市"、"国家园林城市"、"中国优秀旅游城市"、"中国人居环境范例奖"、"联合国迪拜国际改善居住环境良好范例奖"等荣誉称号。是扬子江畔一颗璀璨的明珠。

马鞍山属北亚热带湿润季风气候,四季分明,气候温暖湿润,雨热同季。雨量充沛,梅雨集中,年平均温度 15.7℃,年平均降水量 1100 毫米,年际变化大。长江流经市区西部,境内长江水面达 21 平方千米左右。

气象工作基本情况

台站概况 马鞍山市气象局为省气象局和马鞍山市委、市政府双重领导,以部门为主的正处级事业单位,除管辖市气象局本部外,仅辖 1 个当涂县气象局。

马鞍山市有 2 个地面气象观测站,16 个区域自动气象站。地面气象观测站中,有 1 个国家基本气象观测站,1 个国家一般气象观测站。区域自动气象站中,单要素(雨量)站 16 个。

人员状况 截至 2008 年 12 月 31 日,全市气象部门在编人数 40 人,其中研究生 6 人,本科 21 人;高级职称 3 人,中级职称 20 人。

党建和文明创建 截至 2008 年底,全市气象部门有党支部 2 个,党员 23 人。全市气象部门共建成省级文明单位 2 个。

主要业务范围

为政府决策服务 运用气象预报、情报、气象资料、专题分析论证等,为政府规划经济建设,安排农业生产、公务活动,组织防灾抗灾等提供决策依据,当好气象参谋。

为"三农"服务　一是围绕农事关键季节开展气象服务;二是利用农村气象综合信息网络,为种植业和养殖业生产、销售提供服务;三是把气象信息传递到农村千家万户;四是开展人工增雨和防雹试验,减轻干旱和冰雹灾害。

城市气象服务　一是围绕城市防汛、城市环境、旅游等开展气象服务;二是针对城市各行各业(如工业、交通、电力、建筑、商贸等)的需求,为它们趋利避害,提高经济效益,开展专业气象服务。

重点工程和重大社会活动气象保障服务　为"中国李白诗歌节暨马鞍山国际吟诗节"、当涂县螃蟹节等盛会,大型集会、体育比赛等社会活动,马鞍山长江搭桥建设等重点基础设施建设做好气象保障服务。

防雷减灾服务　管理全市防雷减灾工作,开展防雷设施检测并组织整改,减轻雷电灾害。

公众气象服务　通过中央、省和马鞍山市的新闻媒体,向社会发布气象预报。负责制作马鞍山市的电视天气预报节目,供电视台播放。通过气象网站、气象短信服务平台、"96121"电话向市民提供多种气象信息服务。利用马鞍山市气象科技馆及其他气象设施,向市民开展气象科普宣传。

马鞍山市气象局

机构历史沿革

1. 始建及站址迁移情况

1959年3月1日,马鞍山市气候站建立,站址在马鞍山市郊区霍里镇。1959年12月25日,迁址马鞍山市霍罗公社店门口,位于北纬31°41′,东经118°31′,观测场海拔高度23.4米,气压表海拔高度18.9米。1985年9月23日,值班室调整,气压表海拔高度为20.8米。1997年11月1日,又调整为24.0米。1997年7月,因市政建设,观测场向东、向南平移8米、10米,所在地址名称改为马鞍山市湖北东路东苑小区。

2. 建制情况

领导体制与机构设置演变情况　1959年3月1日,马鞍山市气候站建立,建制属市农林水利局,气象业务由省气象局领导。1960年5月,改称马鞍山市气候服务站。1963年7月1日,"人、财、业务"三权收归省气象局。1966年1月,改称马鞍山市气象服务站。1969年1月1日,归属市郊区革命委员会领导。1971年1月19日,归属市人民武装部、市革命委员会生产指挥组领导;同年4月改称马鞍山市革命委员会气象站,归属市革命委员会领导,由郊区革命委员会代管。1979年2月,"人、财、业务"三权回归省气象局,由芜湖地区行署(1980年改为宣城地区行政公署)气象局领导。1981年10月,升格为马鞍山市气象台(县处级),受省气象局直接领导。1983年12月,当涂县气象局划归管辖。1988年9月起,改称马鞍山市气象局。1996年,成立马鞍山市防雷减灾局,与市气象局两块牌子一套班子。

人员状况 1959年建站初期有2人。2008年12月31日,在编职工34人。其中:参照公务员管理9人、事业人员25人;50岁以上6人,40~49岁15人,30~39岁8人,30岁以下5人;研究生、硕士学历6人,本科21人,大专5人,中专、高中2人;高工资格3人,工程师、会计师资格20人,助工资格10人,中级技工1人;中共党员20人,共青团员3人,群众11人;无少数民族。

单位名称及主要负责人更替情况

单位名称	负责人	职务	性别	任职时间
马鞍山市气候站	陈清心	不详	男	1959.3—1960.5
马鞍山市气候服务站	陈清心	不详	男	1960.5—1960.12
马鞍山市气候服务站	张兆祥	不详	男	1960.12—1963.4
马鞍山市气候服务站	王 年	不详	男	1963.4—1966.1
马鞍山市气象服务站	王 年	不详	男	1966.1—1971.2
马鞍山市气象服务站	刘炳狱	站长	男	1971.2—1971.4
马鞍山市革命委员会气象站	刘炳狱	站长	男	1971.4—1978.11
马鞍山市革命委员会气象站	夏多泉	站长	男	1978.11—1981.10
马鞍山市气象台	夏多泉	副台长(主持工作)	男	1981.10—1983.11
马鞍山市气象台	孙鑑庭	副台长(主持工作)	男	1983.11—1988.9
马鞍山市气象局	孙鑑庭	副局长(主持工作)	男	1988.9—1989.2
马鞍山市气象局	王良友	副局长(主持工作)	男	1989.2—1992.7
马鞍山市气象局	许泽均	局长	男	1992.7—1997.4
马鞍山市气象局	刘月成	局长	男	1997.4—2001.11
马鞍山市气象局	杨 宏	副局长(主持工作)	男	2001.11—2004.5
马鞍山市气象局	於克满	局长	男	2004.5—

气象业务与服务

1. 气象业务

地面观测 马鞍山市气象观测站1959年3月1日为国家气候站;1962年1月1日为国家一般站;2007年1月1日改为国家基本站。1959年3月1日—2001年12月31日为人工观测。2001年4月1日建成ZQZ-CⅡ型自动(遥测)气象站,开展人工、自动对比观测。2002 年 1 月 1 日起使用自动气象站观测(单轨)。

1959 年 3 月 1 日开始,采用地方时 01、07、13、19 时每天 4 次观测;1960 年 8 月 1 日开始,改为北京时 02、08、14、20 每天 4 次观测;1961 年 4 月 1 日开始,为 08、14、20 时每天 3 次观测。2007 年 1 月 1 日开始,每天 02、05、08、11、14、17、20、23 时 8 次观测。

观测项目有云、能见度、天气现象、气温、气压、湿度、风向风速、降水量、日照、蒸发、0 厘米地面温度、5、10、15、20 厘米浅层地温、雪深、冻土。1962 年 3 月 1 日增加水情报拍发,1962 年 5 月 1 日至 2006 年 12 月 31 日改为拍发雨量报。1970 年 1 月 1 日至 1972 年 3 月 6 日,承担 OBSAV 合肥预约报。1972 年 4 月 1 日至 10 月 31 日,承担 OBSAV 芜湖预约报。1982 年 4 月 1 日开始,增发重要天气报。2004 年 7 月 1 日至 2007 年 6 月 30 日,增加裸露空气最高、最低温度,水泥地面最高、最低温度,草面最高、最低温度观测项目。2004 年 8 月 1 日,增加土壤墒情观测。2007 年 1 月 1 日后,发地面天气报和重要天气报。

2001 年 9 月 1 日,与上海市地震局合作,设立中国地壳运动观测站,开展 GPS 大气水汽通量等项目观测。2007 年 1 月 1 日开始,增加酸雨观测。

2001 年,中国气象局、马鞍山市政府共同投资建成马鞍山 C 波段多普勒天气雷达站,当年 6 月 10 日投入中日两国"973"暴雨试验。2004 年,马鞍山 C 波段多普勒天气雷达纳入国家新一代天气雷达站网。雷达天线塔楼海拔高度 58.5 米,相对高度 35.5 米,为长江中下游地区第一部 C 波段多普勒天气雷达站。2005 年,对多普勒天气雷达进行了相关软件升级改造,每 6 分钟 1 次体积扫描并上传资料。

气象信息网络 1981 年,装备气象资料传真接收系统。1985 年 5 月,建立气象专业服务广播电台。1986 年 5 月,建成甚高频无线电话全省灾害性天气联网业务系统并投入业务应用。1991 年 6 月,建立静止卫星地面接收自动处理系统。1995 年 6 月,建立 X.25 拨号上网远程终端气象信息系统。1996 年 6 月,自主研发 MT 型多媒体电视天气预报制作系统,投入业务应用并在全国气象部门推广。1996 年 7 月,投资近 80 万元建立马鞍山市气象局 VSAT 工作站,即 9210 工程——气象资料信息卫星通讯系统。1999 年 12 月,建成气象卫星单收站(PC-VSAT)。2002 年,安装省—市气象台流媒体预报会商系统。2002 年,安装了自动气象站,以 VPN 虚拟专用数据网进行传输。在全市设立 16 个乡镇自动雨量站(市区 3 个,当涂县 13 个),以 GPRS 方式传输。2007 年 5 月,DVB-S 接收系统和风云二号卫星资料接收利用终端等一批气象现代化设备投入业务应用。2007 年 11 月,建成 HDS 专用数据传输线,上传的自动气象站观测数据、天气雷达观测数据、GPS 观测站数据等各类业务资料均通过该专线传输。

气象预报 1979 年 3 月,市气象站预报组成立,每天利用收音机听省气象台和武汉区域中心气象台播发的天气形势及气象填图资料,绘制简易天气图,结合本站资料进行天气分析,制作 24 小时日常天气预报。20 世纪 80 年代初,气象站每天 06、10、15 时制作天气预报,通过市广播电台发布。2000 年开始,市气象台利用天气图、数值预报产品、卫星云图和新一代天气雷达图等资料,通过 MICAPS 人机交换平台制作天气预报,开展常规 24 小时、48 小时以及未来一周天气预报和旬月报等短、中、长期天气预报以及临近预报。

2. 气象服务

公众气象服务 20 世纪 70 年代,市气象站主要依靠市广播电台每天 3 次播出天气预报。20 世纪 80 年代,每天在《马鞍山日报》上刊登天气预报。1996 年开始,市气象局自主研发 MT 型多媒体电视天气预报制作系统,在马鞍山市电视台播出电视天气预报。2004年 10 月 1 日,电视天气预报制作系统升级,以主持人形式正式与观众见面,并实现市县同步开播。

决策气象服务 20 世纪 80 年代前,主要以口头或传真方式向市委市政府提供决策服务。20 世纪 90 年代后,逐步开发《天气周报》、《重要天气报告》、《气象防灾减灾参考》、《汛期(5—9 月)天气形势分析》以及气象灾害预警短信等决策服务产品。随着天气预报准确率逐步提高,气象决策服务能力不断加强。2004 年,准确预报出汛期的 2 场暴雨和出梅后的高温干旱天气过程;2005 年,准确预报了春夏连旱转雨天气过程和 4 次台风影响;2006年,准确预报了 4 场暴雨和 3 次台风影响等天气过程;2007 年,准确预报了汛期梅雨偏多的趋势。1991 年、1998 年、1999 年、2000 年、2008 年,相继被中共马鞍山市委、马鞍山市人民政府授予"防汛抗旱先进集体"和"抗雪防冻救灾工作先进集体"称号。

同时,为马鞍山市各重点项目建设和活动提供各种气象保障服务,如马鞍山长江大桥建设工程、城市改造工程、建市 50 周年、李白诗歌节等。

新农村建设服务 2000 年,安徽省政府在全省实施农村综合经济信息网"信息入乡"工程,马鞍山市气象局作为试点,在全省率先完成了任务。2001 年又率先完成了"信息入村"工程建设,在农业增产、农民增收和农业产业结构调整中发挥了积极作用,受到省、市领导的高度赞扬和广大农民的好评,时任安徽省委书记王太华专门到当涂县塘南乡农村综合经济信息服务站视察,称赞乡镇信息站是"小网通向大市场,荧屏连着千万家,气象局为农民办了一件大好事"。

专业与专项气象服务 马鞍山专业气象服务起步于 1985 年,开始时只能为部分企业提供气象旬报预报服务,逐步发展到气象专用警报接收机。1999 年 5 月,开始向马鞍山市政府网提供天气预报网络服务。2000 年,开通"121"天气预报语音自动答询热线。2003 年底,"121"升级为"12121"。2007 年 11 月,升级改造为"96121"。2004 年,开展手机气象短信服务。2005 年,开始气象灾害预警信息电子显示屏服务。

1997 年 3 月,马鞍山市政府成立人工降雨防雹领导小组办公室,挂靠市气象局。2001年 8 月,购置了人工增雨防雹火箭,从当年起,每年盛夏根据农业生产和防暑降温需要,适时开展火箭人工增雨作业。

20 世纪 90 年代,马鞍山市气象局开始防雷业务,从避雷针检测逐步发展到对全市建(构)筑物特别是化学、易燃易爆、危险品生产等场所和设施的防雷安全检测,并根据用户要求为计算机机房等弱电场所安装防雷器,开展雷击灾害调查。2005 年,开展了新建建(构)筑物防雷安全设计图纸审核业务。

气象科技服务与技术开发 1978 年以后,为满足社会和自身发展需求,马鞍山市气象局加大科技创新力度,自主研发多项成果,其中《MT 型多媒体天气预报制作系统》获 1996年省气象科技进步二等奖和马鞍山市科技进步三等奖,在全国 11 个省、市、自治区推广应用。

气象科普宣传 2002 年,由市政府投资建设了全省第一家气象科技馆,2003 年落成并完成首期布展,每年接待人数 4000 人次左右。2003 年 11 月,被市委宣传部、市教育局、市科技局、市科协联合授予马鞍山市青少年科普教育基地。2006年7月,被省科协授予安徽省科普教育基地。

2005年开始,马鞍山市气象局先后与3个区、2所中小学签订《气象科普教育共建协议》,经常选派专业人员到社区、学校授课。2007年10月10日,市气象局举行了2000多名学生参加的气象防灾减灾及气候变化科普宣传活动,市政府分管科技的副市长参加科普活动并讲话。气象科普共建活动,得到社会各界的好评和媒体关注。2007年,安徽省创建文明城市检查团专程前来调研,中央电视台焦点访谈记者也对气象科普活动进行采访,并在7月9日的节目中播出。2008年3月23日世界气象日,市气象局深入社区开展防雷减灾咨询活动,在央视新闻频道正点新闻播出。

法制建设与管理

气象法规建设 2005年,马鞍山市政府办公室下发了《关于加强防雷减灾管理工作的通知》(马政办〔2005〕45号)。2006年,马鞍山市人大常委会组织开展了《中华人民共和国气象法》贯彻实施情况检查;同年,下发《马鞍山市突发气象灾害预警信号发布规定》(马政办〔2006〕36号)。2007年,马鞍山市政府出台《关于加快气象事业发展的意见》(马政〔2007〕28号)。市气象局于当年制定《马鞍山市气象局规章制度汇编》(白皮书),下发全体职工遵照执行。

社会管理 2004年,马鞍山市行政服务中心挂牌,市气象局防雷设施图纸审核竣工验收、庆典气球施放资质管理、施放审批管理等三项行政审批事项第一批进入中心办理,面向各行各业开展服务。2005年3月,成立了马鞍山市气象行政执法大队,10名兼职执法人员均通过了省政府法制办培训考核,持证上岗。2005—2008年,省气象局与安监、消防、建设、教育等部门联合开展气象行政执法检查50余次。

2002年4月,制定《马鞍山市气象局局务公开实施办法》,建立对外公开公示栏,公布信息查询电话和办事程序。2003年8月,全国气象部门局务公开现场观摩会在马鞍山市气象局召开。2008年3月,在马鞍山市政府网站上建立政务公开网页,接受社会和公众的监督。

党建与气象文化建设

1. 党建工作

支部组织建设 1983年12月19日,马鞍山市委组织部下发文件,同意成立中国共产党马鞍山市气象台党支部(后改为气象局党支部)。截至2008年底,马鞍山市气象局有中共党员28名,其中在职党员20名,退休党员8名。2002—2004年,市气象局党支部相继被市直机关工委授予"先进基层党组织";1984—2008年,先后有5人次被市直机关工委评为"优秀共产党员",2人次被评为市直机关"优秀党务工作者"。

党风廉政建设 1998年,设立了马鞍山市气象局党组纪检组。2002—2008年,连续7年开展党风廉政教育月活动。2004年以来,每年开展作风建设年活动。2005年开始,市气象局党组书记与各科、台、站主要负责人签订党风廉政目标责任书,落实一岗双责。2007年2月制定实施行政效能建设工作规定。2007年9月,制作《马鞍山市气象局党风廉政建设制度汇编》(蓝皮书)。2008年12月,制作《马鞍山市气象局2008年新建与修订完善反腐倡廉制度汇编》。2005年、2007年,连续2次参加马鞍山市政风行风及效能评议,分别荣获全市第九名、第十名,均在垂直管理部门中位列第一,受到市委、市政府表彰。

2. 气象文化建设

精神文明建设 1998年4月成立了由党组书记、局长负总责,分管领导具体负责的精神文明建设领导小组,下设办公室,领导市气象局及县气象局的精神文明建设。2005年开始,大力开展向社会提供"优质气象服务"为内容的精神文明建设,提高干部职工队伍的思想素质和业务素质,促事业发展。

文明单位创建 每年制定年度文明创建工作计划,并且作为目标任务分解到县气象局和各科室,与气象业务工作同部署、同检查、同考核、同奖惩。1998年,被花山区委、区政府授予"区文明单位"(县级)。2000年,被市委、市政府授予第十届"市文明单位"。2002—2008年,连续被安徽省委、省政府授予第五届、第六届、第七届、第八届"省文明单位"称号。2006年,获马鞍山市创建文明行业活动指导委员会授予的第三届"文明行业"称号。

文体活动 党支部、团支部、工会齐抓共管,在每年的节庆日前后组织拔河、篮球、乒乓球、广播体操、唱红歌、联欢会活动。2004年,在全省气象部门乒乓球比赛中获男子个人第二名。同时,不定期召开气象文化建设研讨会。

3. 荣誉

集体荣誉 1998年、2001年,被安徽省人事厅、安徽省气象局授予"安徽省气象系统先进集体"。2006年,被马鞍山市科协评为"2002—2006年度科协系统先进集体"。2005—2008年,连续4年荣获市政府"突出贡献奖"。2007年,在市政府目标考核中获得优秀等次。

个人荣誉 梁崇高,1983年被马鞍山市政府授予"1982年先进工作者"称号。何光煜,1989年被马鞍山市政府授予"1987—1988年度先进工作者"称号。王小舟,2004年被安徽省人事厅、安徽省气象局授予"安徽省气象系统先进工作者"称号。王剑平,2008年被安徽省人事厅、安徽省气象局授予"安徽省气象系统先进工作者"称号。

台站建设

台站综合改造 2001年,马鞍山市气象局抓住多普勒天气雷达站、气象科技馆建设的机遇,多方筹资,对业务平面和观测场、市气象局大院进行了综合改造,整修拓宽道路,修建通透围墙、亭阁长廊,栽种花草树木,把市气象局妆扮成风景宜人的花园式单位。

2007年,马鞍山市气象观测站升级为国家基本站。在市政府和省气象局支持下,市气象局在花山区霍里镇大秀山征地16675平方米,建设观测场和1100平方米的观测业务楼,预计2009年底全面建成并投入使用。

办公与生活条件改善 2003年,在气象科技馆内专设约200平方米的健身大厅,筹措

2 万余元购置乒乓球台、跑步机、臂力器等 10 余套健身器材。在办公楼设立 40 平方米的图书阅览室,购置了约 6000 册的图书,订阅 20 余种报纸、杂志。设立 25 平方米的老干部活动室,配置了电脑、会议桌、棋牌桌等设施。

1982 年的马鞍山市气象观测场,前排平房为建于 1964 年 8 月的办公室

1999 年的马鞍山市气象局业务楼(1984 年建)

2008 年的马鞍山市气象局业务楼与观测场,雷达塔楼部分建于 2001 年

马鞍山市气象局气象科技馆(2003 年建)

当涂县气象局

当涂县位于安徽省东沿,长江下游东岸,介于南京、芜湖之间,隶属马鞍山市。全县总面积 1346 平方千米,辖 12 镇 2 乡,人口 64 万。属亚热带湿润性季风气候,雨量充沛,气候宜人。境内河网密布,沟渠纵横,素称"江南鱼米之乡"。

机构历史沿革

1. 始建及沿革情况

1956 年 8 月 1 日,建站于当涂县宝庆乡卸甲巷,位于东经 118°29′,北纬 31°38′,海拔高度 8.8 米,气压表水银槽海拔高度 11.4 米。1958 年 11 月 1 日,迁站于上河南,位于东经 118°26′,北纬 31°33′,海拔高度 8.8 米,气压表水银槽海拔高度 9.3 米。1960 年 8 月 1 日,迁回于宝庆乡卸甲巷。1964 年 12 月 1 日,迁至城关东门外胡家村,位于东经 118°30′,北纬 31°34′,海拔高度 9.3 米,气压表水银槽海拔高度 13.6 米。2007 年 1 月 1 日,迁站于姑孰镇梅塘路,位于东经 118°29′,北纬 31°33′,海拔高度 8.3 米,气压表水银槽海拔高度 9.5 米。

当涂县气象局自建站时至 1987 年 12 月 31 日,为国家一般站;1988 年 1 月 1 日—1997 年 12 月 31 日,改为辅助气象站;1998 年 1 月 1 日起恢复为国家一般站。

2. 建制情况

领导体制与机构设置演变情况 1956 年 8 月,当涂县气候站成立。1960 年 3 月更名为当涂县气象服务站。1958 年之前,当涂县气候站"人、财、业务"三权为省气象局领导。1958—1963 年,"人、财"权归地方政府领导,业务由芜湖地区行署气象局领导。1964 年 1 月,省气象局收回"人、财、业务"三权。1969 年 1 月更名为当涂县气象服务点。1970 年,由当地人武部领导,业务由省气象局管理。1972 年 1 月更名为当涂县革命委员会气象站。1973 年 7 月 11 日—1979 年 2 月 16 日,归当涂县革命委员会领导。1979 年 1 月更名为当涂县气象站。1979 年 2 月 17 日,经安徽省革命委员会批准,"人、财、业务"三权收归省气象局,由芜湖地区行署气象局领导。1979 年 8 月 7 日,当涂县气象站改称为当涂县气象局(局站合一)。1983 年,根据国务院文件,实行上级气象部门和地方政府双重领导,气象部门领导为主的管理体制。1983 年 12 月,划归马鞍山市气象台管辖。1988 年 9 月,马鞍山市气象台改称马鞍山市气象局,当涂县气象局隶属关系不变。

人员状况 1956 年建站初期有 2 人。2008 年 12 月 31 日,在编职工 6 人,其中中共党员 2 人,共青团员 3 人;大学学历 2 人,大专 3 人,中专 1 人;初级专业技术人员 5 人;年龄 50 岁以上 1 人,40~49 岁 1 人,30~40 岁 1 人,30 岁以下 3 人。

单位名称及主要负责人更替情况

单位名称	负责人	职务	性别	时间
当涂县气候站	何光煜	业务副组长(负责)	男	1956.8—1958.8
当涂县气候站	宗寿仁	站长	男	1958.8—1960.3
当涂县气象服务站	宗寿仁	站长	男	1960.3—1972.1
当涂县革命委员会气象站	宗寿仁	站长	男	1972.1—1979.1
当涂县气象站	宗寿仁	站长	男	1979.1—1979.8

单位名称	负责人	职务	性别	时间
当涂县气象局	宗寿仁	局长	男	1979.8—1983.5
当涂县气象局	李子芳	局长	女	1983.5—1983.10
当涂县气象局	葛良保	副局长(主持工作)	男	1983.10—1989.5
当涂县气象局	葛良保	局长	男	1989.5—1997.12
当涂县气象局	胡敬喜	局长	男	1997.12—2001.6
当涂县气象局	孙国庆	局长	男	2001.6—2004.2
当涂县气象局	刘军	副局长(主持工作)	男	2004.2—2004.6
当涂县气象局	童桐	局长	男	2004.6—2007.6
当涂县气象局	刘军	副局长(主持工作)	男	2007.6—

气象业务与服务

1. 气象业务

地面观测 当涂县气象站属国家气象观测一般站。1956年8月1日开始,采用地方时01、07、13、19时每天4次观测。1960年8月1日开始,采用北京时02、08、14、20每天4次观测,1961年4月1日开始,采用北京时08、14、20时每天3次观测。观测项目有云、能见度、天气现象、气压、温度、相对湿度、风、降水、雪深、日照、蒸发(小型)、地温(含地面、曲管和直管)。1958年10月开始,增加每日10、16时天气电报。1960年1月15日开始,增加每日04、06、16、20时省内绘图报。1960年8月1日开始,省内绘图报时间改为每日02、08、14、20时。1961年5月20日开始,增加省内雨量报。1962年3月15日开始,省内绘图报时间改为每日14时1次。1965年4月1日开始,省内绘图报时间每日增加06时。1971年开始,增加台风联防报。1973年4月1日—1986年12月31日,增加省内小图报。1980年6月到1982年,增加梅雨量加密观测试验。1981年7月15日—1983年10月15日,参加台风业务加密观测试验。1982年4月1日开始,增加重要天气报业务。1988年1月1日—1997年12月31日,取消云、能见度、气压、湿度、地温、蒸发的观测,简化天气现象记录,停用压、温、湿和日照记录。2004年7月1日—2007年6月30日,根据地方政府和公众需求,按照省气象局统一部署,增加裸露空气最高、最低温度,水泥地面最高、最低温度,草面最高、最低温度等观测项目。2004年7月23日开始,增加土壤墒情观测。

2003年,在全县10个乡镇建立了自动单雨量站。2005年扩展为13个自动单雨量站。2004年10月开始,开展CAWS600B(S)-I型自动站试运行。2005年1月1日开始,自动站进行第一阶段平行观测阶段,即以人工观测为主,自动观测为辅。2006年1月1日开始,自动站进行第二阶段平行观测阶段,即以自动观测为主,人工观测为辅。2007年1月1日开始,自动站进行单轨运行阶段。

气象预报 1958年建站开始,通过收听天气形势,制作简易天气图,结合本站资料图表每日早晚制作24小时内日常天气预报。20世纪80年代开始,通过接收北京和东京的传真图表,分析制作当地24小时、48小时天气预报。20世纪90年代开始,根据市气象台指导预报,制作本县订正预报。

气象信息网络 1987 年之前,县气象站主要通信工具是电话。1987 年,架设开通了甚高频无线对讲通讯电话,实现与地区气象局直接业务会商。1995 年,购置 486 台式计算机,经中国公用分组数据交换网与省、市气象台联网,接收卫星云图、雨量图、传真图等资料。1998 年 12 月,建成卫星气象单收站(PC-VSAT)及天气预报人机交互系统(MI-CAPS),接收全球共享的气象资料,从而实现了天气预报分析无纸化操作。1998 年起开通了电话拨号上网,2002 年实现光纤上网。

2. 气象服务

公众气象服务 1998 年 4 月 20 日,建成多媒体电视天气预报制作系统,自制电视天气预报节目带,在当涂有线电视台、无线电视台每晚 19 时 45 分、20 时定时播出。1998 年 7 月 1 日,在安徽卫视播出当涂气象预报。2005 年 10 月 1 日,当涂县有主持人的电视天气预报节目面世。

决策气象服务 20 世纪 80 年代前,以口头、电话汇报或传真方式向县委、县政府提供决策服务。20 世纪 90 年代开始,逐步开发了《气象防灾减灾参考》、《汛期气象服务专刊》、《重要天气公告》等决策服务产品。同时,为地方举办的重大社会活动提供气象保障服务产品,如《桃花节气象专题服务》、《螃蟹节气象专题服务》《新春焰火晚会专题气象服务》等。

新农村建设服务 1998 年 8 月 10 日,按照省气象局统一部署,当涂县农村综合经济信息网建成开通,2001 年完成农网"信息入乡"工程。2002 年,县气象局承担了当涂县政府2002 年度经济建设和农村重点工作——农网"信息入村",在全县 25 个乡镇 304 个行政村逐步建立信息站。2004 年被省气象局授予"全省农业信息化建设先进集体"。

2007 年 10 月,当涂县气象局参与并完成了省气象局在当涂县江心乡蔬菜生产基地进行的安徽第一"风力提水、节约灌溉"试验,《中国气象报》、《安徽商报》、《马鞍山日报》等媒体都进行了报道。

专业与专项气象服务 1989 年起,开展建筑物防雷检测及防雷设施设计施工。1998年 12 月 10 日,当涂县防雷减灾局成立(与气象局一个机构两块牌子)。每年汛期来临之前,均对全县的较高建筑物及重要设施和计算机房进行防雷检测。2007 年 6 月,当涂县雷电防护所成立。

1978 年,当涂县人民政府人工增雨办公室成立,挂靠在当涂县气象局。2005 年,省财政厅农财处拨款 5 万元,为当涂县购置防雹增雨火箭弹发射架及炮弹。2001—2007 年期间,在市气象局支持下,先后在丹阳镇、新市镇成功实施了多次人工增雨抗旱作业。

气象科技服务与技术开发 1998 年 10 月,开通"121"天气预报电话自动答询系统,县内用户可通过电话了解本地、周边城市及省内旅游景点等天气预报。2003 年底,完成"121"系统升级改造,改为"12121"。2007 年 6 月,再次升级改造为"96121"。

气象科普宣传 每年在"3·23"世界气象日、科技减灾日期间,订购气象科普宣传材料,通过街头宣传、科技下乡、新闻媒体报道等形式,进行气象科普宣传。

气象法规建设与管理

2002 年 4 月,当涂县政府审批办证中心设立气象窗口,承担气象行政审批职能,规范防雷图纸审核与防雷竣工验收等审批制度;同时,依法加强气象行政执法监督检查。全面履行气象设施和气象探测环境保护、气象灾害防御管理、防雷安全管理、施放气球活动管理、气象信息发布与刊播管理等各项社会管理职能。

政务公开　2001年,建立了当涂县气象局局务及政务公开制度,设立固定的局务、政务公开栏,县气象局重大事项、重大决策、大额资金开支、与职工利益相关的问题,都定期或不定期地通过会议或局务公开栏向职工公开,建立了政务公开档案。

党建与气象文化建设

1. 党建工作

支部组织建设　建站初期,党员组织关系挂靠县农业局。1979年2月,成立当涂县气象局党支部,有党员4人。截至2008年12月31日,当涂县气象局党支部书记(或副书记)先后有5人相继任职,共发展党员6人,现有党员7人。党支部组织生活制度健全,定期召开支部委员会,上党课,参与气象部门和地方党委开展的各种党务活动,2006年被县委组织部授予"先进基层党组织"。

党风廉政建设　2007年,按照省气象局《关于进一步健全县(市)气象局科学民主决策的通知》(皖气办发〔2007〕23号),建立了当涂县气象局"三人决策"制度,进一步完善和规范了县气象局的管理、监督、考核等工作制度。

2. 气象文化建设

精神文明建设　1998年成立了当涂县气象局精神文明建设领导小组,主要负责同志任组长,分管领导具体抓,坚持用安徽气象人"艰苦奋斗、无私奉献的创业精神;科学严谨、忠于职守的敬业精神;与时俱进、开拓创新的兴业精神;献身气象、终身无悔的爱业精神"塑造每位职工,开展以"优质服务"为核心内容的精神文明创建活动。

文明单位创建　1998年被县委、县政府授予"县文明单位";1999年被市委、市政府授予"市文明单位";2003年被县委、县政府授予"县城创建先进集体";2002—2008年,连续被安徽省委、省政府授予第五届、第六届、第七届、第八届"省文明单位"。

文体活动　积极倡导和发展气象文化,建立了职工活动室,阅览室、老干部活动室等职工活动场所。经常举办老干部座谈会及各种职工喜闻乐见、寓教于乐的活动,营造积极健康、奋发向上的文化氛围和生活方式。

3. 荣誉

集体荣誉　20世纪90年代以来,当涂县气象局多次受到上级气象部门和地方党委政府的表彰。1997年被省气象局授予"全省十佳台站";1998年被当涂县委、县政府授予"98年抗洪抢险先进集体"和"98年度先进集体";1999年被省气象局授予"气象优质服务单位";2000年被省气象局授予"2000年抗洪抢险先进集体";2003年被县委、县政府授予2002年度"当涂县双十佳先进集体";2003年被省气象局授予"防汛抗旱先进集体";2006年被县委、县政府授予"当涂县2003—2005年度先进集体"。

个人荣誉　宗寿仁,1984 年被马鞍山市政府授予"市先进生产(工作)者"称号。余美芬,2000 年度被马鞍山市委、市政府记三等功。胡敬喜,2001 年被安徽省人事厅、安徽省气象局授予"安徽省气象系统先进工作者"称号。胡雅娉,2008 年被当涂县委、县政府授予"2006—2008 年度先进工作者"称号。

台站建设

台站综合改造　1956 年建站初期仅有 3 间瓦房。1980 年,新建 1 栋三层办公楼,建筑面积 380 平方米。2004 年当涂县政府无偿划拨 13333 平方米土地,建设面积 1500 平方米的当涂县气象防灾减灾大楼,2005 年 9 月,大楼开工建设,2007 年 1 月 1 日建成,完成气象基础业务切换。2007 年 2 月 6 日,正式启用。

办公与生活条件改善　当涂县气象防灾减灾大楼启用后,当涂县气象局积极筹措资金,增添了气象业务和办公用电脑,进行院内绿化,建立了室外羽毛球场、室内乒乓球室、阅览室和老干部活动室等文化活动场所。

20 世纪 80 年代的当涂县气象观测场

20 世纪 80 年代的当涂县气象局办公楼

2008 年的当涂县气象观测场

2008 年的当涂县气象局全貌

巢湖市气象台站概况

巢湖市位于安徽省中部,地理坐标为东经117°00′~118°29′,北纬30°56′~32°02′。南滨长江,怀抱巢湖,因湖得名,有文字记载的历史约4000年,古称"居巢"、"南巢"等。巢湖市总面积9319平方千米。辖庐江、无为、和县、含山4县和居巢区。巢湖半汤、和县香泉、庐江汤池等温泉均为疗养胜地。名胜古迹有唐代刘禹锡在和县为官时居住的陋室,宋朝王安石在含山游过的褒禅山。

巢湖市地处江淮丘陵和沿江平原结合地带。地势由北而南渐低,地貌类型复杂多样,全市山丘、岗台、圩畈三者之比为12.3:48.9:38.8,其中河湖水域1266.7平方千米。巢湖为中国五大淡水湖之一,东南经裕溪口与长江相通。长江由西南向东北流经边境。江岸高度不及10米,无为长江大堤长达124千米,为沿江重要堤段之一。

属北亚热带湿润季风气候区,年均温度15.7℃~16.1℃,年降水量1006~1188毫米。降水时空变化大,旱涝灾害较频繁,气象灾害多发区有连阴雨、暴雨(雪)、低温冷害、高温、大风、雷电、冰雹等气象灾害。

气象工作基本情况

台站概况　巢湖市气象局下辖庐江、无为、和县、含山4个县气象局。全市有5个地面气象观测站,其中巢湖站为国家基本气象站,无为、含山、庐江、和县为国家一般气象站。有74个区域自动气象站,其中单要素(雨量)站54个,四要素(雨量、温度、风向、风速)站17个,六要素(雨量、温度、湿度、风向、风速、气压)站3个。

人员状况　巢湖市气象部门2006年8月定编为89人,其中参照公务员管理编制17人,事业编制72人。现有在编参照公务员管理15人,事业编制67人,聘用12人。截至2008年12月31日,全市气象部门在编人数81人,其中本科以上学历34人,大专学历27人,中专学历16人;高级职称5人,中级专业技术人员43人,初级专业技术人员23人。

党建和精神文明建设　截至2008年底,全市气象部门有党支部5个,党员39人。建成省级文明单位2个(巢湖市气象局、和县气象局);市级文明单位5个。

主要业务范围

气象探测 承担巢湖四县一市基本气象资料的观测采集、存储和上传;为军民航提供飞行气象保障服务。

天气预测预报 制作发布巢湖四县一市天气预报。发布突发性、灾害性天气预警信号和组织联防。为政府决策制作提供有针对性的决策气象服务产品;开展气候诊断以及气候资源利用研究和服务。

人工影响天气 开展人工增雨、防雹、消雾以及森林防火等作业任务,开发空中水资源和减轻自然灾害产生的影响。

气象科技服务 开展气象信息服务;开展防止雷电灾害服务;开展农村综合经济信息服务;为巢湖市重点工程建设、重大社会活动提供气象保障。

巢湖市气象局

机构历史沿革

1. 始建及沿革情况

1956 年 7 月 19 日巢湖气象站建立,地址位于巢县忠庙巢湖边,经纬度分别为北纬 31°34′,东经 117°30′,观测场海拔高度 20.5 米。1961 年定为国家基本站。1965 年 11 月 5 日,撤销忠庙巢湖气象站。1966 年 5 月 1 日正式迁至巢湖城北门三八林山岗,经纬度分别为北纬 31°37′,东经 117°52′,观测场海拔高度为 22.4 米。

2. 建制情况

领导体制与机构设置演变情况 1956 年 7 月—1963 年 2 月巢湖气象站建制属安徽省气象局,由省气象局和巢县农村工作部双重领导,以省气象局为主;1961 年 3 月 29 日业务划归芜湖专区气象台指导。1963 年 4 月 1 日"三权"收回省气象局管理,地方负责党政领导。1965 年 11 月 5 日成立巢湖专区气象台,为科级建制,党政归巢湖专区农办领导。1970 年 12 月 12 日成立巢湖专区气象台革命领导小组,建制划归地方,实行双重领导,以军事部门为主。1973 年 7 月 21 日气象台升格为县处级气象局,发布天气预报仍称气象台,由巢湖专区革委会领导。1979 年 12 月体制改革,从 1 月份起实行以气象部门为主、气象部门和地方政府双重领导的管理体制。2000 年 1 月 1 日更名为巢湖市气象局。

人员状况 巢湖市气象局 1956 年建站初期有 3 人,2006 年 8 月定编为 56 人。现有在编职工 47 人,聘用 6 人。其中,中共党员 21 人;大学学历以上 31 人,大专学历 11 人;高级职称 5 人,中级专业技术人员 26 人。

单位名称及主要负责人更替情况

单位名称	负责人	职务	性别	任职时间
巢湖气象站	董仁发	站长	男	1956.6—1965.11
巢湖专区气象台	卞克勤	副台长（主持工作）	女	1965.11—1967.2
巢湖专区气象台革命领导小组	卞克勤	副组长（主持工作）	女	1967.7—1969.9
巢湖专区气象台革命领导小组	李连成	组长	男	1969.9—1971.6
巢湖专区气象台革命领导小组	戴 震	组长	男	1971.6—1972.12
巢湖专区气象台革命领导小组	王 贤	组长	男	1972.12—1975.6
巢湖地区革命委员会气象局	王经国	局长	男	1975.10—1978.4
巢湖地区行署气象局	晏道玉	局长	男	1978.8—1983.12
巢湖地区行署气象局	杜德才	副局长（主持工作）	男	1983.11—1987.12
巢湖地区行署气象局	杜德才	局长	男	1988.1—1989.12
巢湖地区行署气象局	吴英厚	副局长（主持工作）	男	1990.1—1991.3
巢湖地区行署气象局	吴英厚	局长	男	1991.3—1999.12
巢湖市气象局	吴英厚	局长	男	2000.1—2003.10
巢湖市气象局	汪克付	副局长（主持工作）	男	2003.10—2005.4
巢湖市气象局	汪克付	局长	男	2005.5—2007.2
巢湖市气象局	叶祥玉	局长	男	2007.2—

气象业务与服务

1. 气象业务

地面观测 1956 年 10 月 1 日起,观测时次采用地方平均太阳时 01、07、13、19 时每天 4 次观测,夜间守班。开始时观测项目有云、能见度、天气现象、风向风速、气温、湿度、气压、降水、日照、蒸发（小型）、地面状态、雪深、地面温度。1960 年 8 月 1 日起,改为北京时 02、08、14、20 时每天 4 次观测;1966 年 1 月 1 日,夜间开始不守班。1967 年 11 月 1 日起,改为北京时 08、14、20 时每天 3 次观测;1968 年 3 月 1 日恢复为北京时 02、08、14、20 时每天 4 次观测;1969 年 11 月 1 日,夜间恢复守班。1980 年 1 月 1 日增加了雪压观测;1998 年 7 月 1 日增加 E-601 型蒸发观测;2002 年 1 月 1 日取消蒸发（小型）观测;2004 年 7 月 28 日开始土壤墒情观测。

1983 年 1 月 1 日开始拍发重要天气报、气象旬月报;2000 年 6 月 1 日开始每日拍发 08、14、20 时地面加密报;2001 年 4 月 02 时增发天气报;2007 年增加拍发气候月报的任务。现在担负的发报任务有发往 OBSAV 南京的 24 小时的航危报。

1985 年前,地面观测为人工观测、手工查算编发报、人工编制报表,1985 年 6 月 1 日使用 PC-1500 计算机查算编发小图报、航危报、重要天气报等各种气象电报,1986 年 5 月 1 日使用 PC-1500 计算机数据记录磁带编制月报表,1997 年 4 月使用 586 微型计算机。1960

年 9 月前是通过电台发报,后改为电话传递,2003 年实现网络自动传输。

2000 年 1 月 1 日安装 ZQZ-CⅡ型自动站,2002 年 1 月 1 日自动站单轨运行。

1983 年春,省气象局调拨 1 部 711 型天气雷达,并参加华东地区雷达联防。1998 年春对 711 雷达进行了数字化改造。2003 年,711 型天气雷达停用。

农业气象 1979 年成立省级农业气象一般观测站,进行双季早稻和物候观测,并开展农业气象服务,主要是根据旬、月天气预测提出农事建议,编写服务材料提供给农业和政府部门。1987 年撤销农业气象一般观测站。

气象信息网络 1957—1974 年,使用莫尔斯电报的耳听手抄天气报。1975 年,配备无线电传接收设备,接收汉口、北京无线电传气象广播台编发的 08 时、14 时地面和高空天气报。1977 年,配置 117 型化学湿纸传真收片机,接收北京和日本东京气象传真广播台播发的天气图。1981—1992 年,配置使用 123 型传真机和 CZ-80 型普通纸传真机。1985—1999 年,安装并使用甚高频无线电话,实现省、地、县无线通信。1986 年配置了 APPLE 微机,主要应用于中、长期预报的数理统计分析。1989 年由单片机自动填图而淘汰电传打字机。

1992 年建成地(市)与省的远程通信系统,1994 年,建成了市、县公用分组交换数据网。1997 年 10 月,建立气象卫星综合应用业务系统(9210 工程),实现了气象数据资料卫星接收和上传,停止电传接收。1998 年增加 PC-VSAT 卫星单收站,地台实现气象数据接收双轨运行。1999 年各县建成 PC-VSAT 卫星单收站。2003 年,建成市、县 Internet VPN 宽带网,建立了省、市、县双向可视视频会商系统。

2007 年建成 DVB-S 卫星广播接收系统,停止 VSAT 双向站的使用。

气象预报 1965 年初,通过收音机收听省气象台预报,结合本站要素进行订正制作 24 小时短期天气预报。1971 年开始,手工填绘天气图制作 1～2 天短期天气预报。1972 年初,采用数理统计方法增加了中长期天气预报业务,20 世纪 70 年代末成为常规业务,并有专职中、长期预报人员,中期预报有旬、月预报,长期预报有年度、春季、汛期(5～9 月)、秋季预报。2000 年,根据上级业务部门要求,撤销中、长期预报专职人员,但由预报人员兼职开展。

1993 年,安装高分辨卫星云图接收系统,每小时 1 次接收日本 GMS-5 静止卫星云图(2005 年停止使用该系统)。1997 年,停止手工填绘天气图,通过气象信息综合分析处理系统(MICAPS)制作天气预报。

2000 年至今,预报业务有 1～2 天、3～5 天,旬、月报,季报等短、中、长期天气预报以及 6 小时内短时临近预报。

2. 气象服务

公众气象服务 1965 年起主要通过有线广播每天 1 次向公众发布 24 小时天气预报,20 世纪 70 年代起每天 3 次通过有线广播发布 1～2 天短期天气预报,1991 年 6 月起通过广播电台发布短期天气预报。1995 年 10 月,建成多媒体电视天气预报制作系统;1997—1999 年,在《巢湖日报》上发布短期天气预报;1998 年 3 月,开通"121"天气信息自动答询系统,2004 年 7 月 1 日"121"升级为"12121",同时开通"96121";2004 年开展手机短信气象信息服务,并通过巢湖气象网站发布天气预报。

2005 年 8 月,电视天气预报制作系统升级为非线性编辑系统,制作有主持人的天气预报节目。2006 年开始在电视台用滚动字幕发布灾害性天气预警信息,并在重要公共场所设立气象灾害预警信息电子显示屏发布未来 2 天天气预报。

决策气象服务 决策气象服务起源于 20 世纪 70 年代初,主要采用书面或口头的方式向地方党政领导汇报中、长期天气趋势预测。20 世纪 90 年代起,专题制作《重要气象信息专报》《天气情况汇报》《汛期天气专报》等书面材料。同时,对关键性、灾害性、转折性天气通过书面材料、电话、传真、电子邮件、手机短信等方式向政府及有关部门提供决策气象服务。

市气象台对 1979 年的"丰梅"、1980 年和 1982 年洪涝、1988 年大旱以及 1990 年、2000 年、2002 年、2005 年的干旱都做出了较准确的年景趋势预测,为政府防汛抗旱提供了正确的决策依据。

1984 年 1 月中旬巢湖出现暴雪灾害性天气,气象部门提前预测了这次大雪天气过程,并向地委、行署进行了汇报。为此,《安徽日报》专题报道了此次暴雪预报和服务情况。

1991 年长江流域出现特大洪涝,主动及时的气象服务,获得了"全国防汛减灾气象服务先进集体",吴英厚同志被国家防汛抗旱总指挥部、水利部、人事部授予"防汛抗灾模范"。2001 年 5 月巢湖持续干旱,市气象局建议市政府"引江济巢",市政府相继打开凤凰颈等通江闸,引江水入巢湖,解决了抗旱水源。2008 年 1 月,巢湖市出现了历史罕见的低温雨雪冰冻天气,巢湖市气象台给市委、市政府共发布《重要天气信息专报》8 期,为政府抗雪防冻救灾提供准确的短期预报服务,为此,巢湖市气象局荣获全市防雪抗冻救灾工作先进单位,县气象局有 3 人荣获全市防雪抗冻救灾工作先进个人。

专业与专项气象服务 1986 年起开展专业气象服务,主要是对建筑行业、供电部门提供旬、月预报和短时临近降雨预报。1988 年开始,通过甚高频电话向巢湖区域内的散兵航管站、裕溪闸和巢湖闸管理处提供大风、大雾等预报,开展水上航运气象保障服务,1998 年中止。1999 年 4 月,成立专业气象台,利用电话、传真及网络等方式开展专业气象服务。20 世纪 80 年代起制作专题气象预报服务产品。为农业部门制作《春播气象预报服务专题》《午收气象预报服务专题》《秋收秋种气象预报服务专题》,为交通运输部门制作《春运气象预报服务专题》等,20 世纪 90 年代开始制作《中高考气象预报服务专题》,为林业部门制作《森林防火气象预报服务专题》。对重要会议和重大活动进行专门气象保障服务,如《两会气象预报服务专题》《旅游节气象预报服务专题》等服务。

人工影响天气 1958—1978 年,利用自制炸药、黑色煤灰、粗盐、稀释沥青等原料制作人工影响天气土火箭(土炮),进行防雹、增雨和人工融冰化雪的作业。

1976 年,成立了巢湖人工增雨火箭厂,征地 6700 多平方米,盖了车间、办公室和宿舍。并与有关厂家合作制成可单发、双发、四发有线摇控可调式轨道发射架,向有关单位提供人工影响天气作业装备和弹药。

1997 年 6 月,巢湖行署下发了《关于加强人工增雨防雹工作的通知》,成立相应组织机构,购置人工降雨"三七"高炮 2 门,同年 8 月,第一次使用"三七"高炮在含山县城北进行大规模人工影响天气作业。

2000年,全市统一购置了陕西中天火箭有限公司生产的人工影响天气作业火箭发射装置5架,2000年和2001年连续2年开展人影作业,从此,人工影响天气作业在我市进入常规化。

气象科技服务 气象科技服务工作始于1986年。1987年4月11日,地区局正式成立气象科技服务科,从事避雷设施的检测、庆典气球施放和专业气象服务等工作。

1999年,成立巢湖地区防雷中心,进行建筑物、构筑物防雷设施的检测、图纸审核和竣工验收。2003年5月23日,成立安徽华云新技术开发公司巢湖分公司,承接防雷工程项目。

1991年3月成立巢湖地区实用技术开发研究所,生产"圣火"牌CHC合成燃料。至2001年10月该所撤销。

截至2008年,全市气象部门已形成以防雷减灾、气象信息电话("96121")、气象影视、手机短信、气象庆典四大气象科技服务项目。

新农村建设服务 1999年8月,成立巢湖地区农村综合经济信息服务中心。实施"信息入乡"工程,为农民掌握信息、增收致富服务。

气象科普宣传 1984年成立巢湖地区气象学会,会员人数50人。

2004年12月16日,巢湖市气象学会召开第一次代表大会,选举产生了新一届理事会和领导机构,理事会由气象、水利、农业、环保、国土资源、城市规划、科技等领域的专家或领导组成,会员90人。

市气象学会每年在"3·23"世界气象日、防灾减灾日、安全生产月等深入中小学校、农村、社区、街道进行气象防灾减灾科普宣传。

法规建设与管理

依法做好探测环境保护。1997年9月,巢湖地区气象局依据《中华人民共和国气象条例》,对原县级巢湖市土产日杂公司就建设商住楼影响探测环境提起诉讼,地区中院判决土产公司拆除影响探测环境的已建楼房。2004年市人民政府批转了《巢湖县区台站建设三年规划》,含山县气象局2006年1月1日、无为县气象局2008年10月完成迁址重建,实现整体搬迁;和县气象局建设1084平方米的业务楼,于2008年8月投入使用。

2002年12月,成立巢湖市气象局气象行政执法大队,开展探测环境保护、防雷安全管理、庆典气球施放、气象信息发布等执法检查和行政执法。

2003年5月,进驻行政服务中心,开展防雷装置设计、竣工验收和升放无人驾驶自由气球或者系留气球活动气象行政审批。

2006年9月,巢湖市人民政府出台《关于加快气象事业发展的决定》(巢政〔2006〕59号)。2006年10月,巢湖市政府出台《巢湖市人民政府突发公共事件总体应急预案》(巢政办〔2006〕41号),将市气象局编制的《巢湖市突发公共事件气象保障应急预案》和《巢湖市气象局重大气象灾害预警应急预案》纳入政府总体应急体系。

党建与气象文化建设

1. 党建工作

支部组织建设 建站初期,巢湖气象站党的组织关系归巢县忠庙林管处党支部;1965

年,属于地区农办党支部;1971 年 9 月成立气象局党支部,有党员 3 人。2008 年有党员 32 人。市局党支部 2001 年被市直机关工委授予"优秀党支部",2003 年荣获"党建工作目标管理先进单位",2005 年、2007 年、2009 年荣获"先进基层党支部";4 名党员先后荣获"巢湖市市直机关优秀共产党员"和"优秀党务工作者"称号。

党风廉政建设　全市气象部门扎实推进以预防和惩治腐败体系为重点的反腐倡廉建设,严格落实党风廉政建设责任制,每年都与各单位负责人签订党风廉政责任书。大力开展反腐倡廉宣传教育,从 2002 年起,每年 4 月开展党风廉政宣传教育月活动。加强反腐倡廉制度建设,2007 年 4 月编印了《党风廉政制度汇编》;建立县气象局"三人决策"机制;以"三重一大"为重点,加大对关键环节和重要部位的监督;2002 年起实施局务公开工作,2006 年起,印发《巢湖市气象局局务公开实施细则(暂行)》,使局务公开工作规范化、制度化。从 2002 年起开展对县气象局的财务收支情况进行审计,2005 年起开展经济责任审计、基建项目审计、科技服务单位的经济效益审计,并对审计结果整改情况进行跟踪检查。

2. 气象文化建设

精神文明建设　全市气象部门认真贯彻落实安徽省气象局《精神文明建设工程实施方案》和《关于创建安徽省文明气象系统的实施意见》,积极开展文明单位和"文明行业"创建活动。2004 年建成了图书阅览室。每年组织开展 1～2 次文化体育活动。2007 年全市气象部门举办了首届职工运动会;2008 年,为纪念改革开放 30 周年,举行了全市气象系统文艺汇演。

文明单位创建　市气象局 2002 年、2004 年、2006 年、2008 年连续获第五届、第六届、第七届、第八届"安徽省文明单位"称号;2002 年获得首届"巢湖市文明行业"称号;2004 年获首届"安徽省创建文明行业工作先进单位",2006 年重新确认为"安徽省创建文明行业工作先进单位";2001 年和 2005 年度省团委两次授予市气象台安徽省"青年文明号"称号。

3. 荣誉

集体荣誉　1990 年,获巢湖行署防汛抗旱指挥部颁发的"同心协力抗大旱,战天斗地夺丰收"奖状;1991 年,获国家气象局授予的"全国防汛减灾气象服务先进集体"、获中共巢湖地委和地区行署授予的"无私奉献,情满巢湖"奖状;1994 年,获巢湖地区行署授予的"抗旱工作先进集体";1998 年,获安徽省人工增雨防雹领导小组授予的"全省人工增雨工作组织优秀奖"、获安徽省人事厅和省气象局授予的"安徽省气象系统先进集体"、获中共巢湖地委和地区行署授予的"防洪抢险先进集体"。

个人荣誉　1991 年,吴英厚被国家防汛抗旱总指挥部、水利部、人事部联合授予"全国防汛抗灾模范";2003 年,严小华被安徽省委、省政府授予"安徽省抗洪抢险先进个人";2005 年,张晓明被安徽省委、省政府授予"安徽省抗洪抢险先进个人"。

台站建设

1965 年 11 月 5 日,专区气象台址由忠庙迁往巢县城关镇北门三八林山岗(20 世纪 80 年代末该地点标称为向阳路 229 号,延用至今)。划拨土地 11400 平方米,建设面积 700 平方米的业务办公室和职工宿舍,三合土路,没有自来水。1971年,在原业务办公平房的基础上增盖一层,1985年在原业务办公楼西侧接三层面积约300平方米的业务用房,1996年在原业务办公楼西侧接五层面积约500平方米的业务用房。

从1999年至2001年自筹资金对大院环境进行了综合整治,整修了道路,种植了草坪,栽植了景观树和花,修建了景观长廊,成为市园林绿化先进单位。2004年,对供水、供电设施进行了扩容,改善了职工的生活条件。

2004年11月,市政府和省气象局同意建设巢湖流域气象监测预警中心,无偿划拨土地15941平方米,位于巢庐路,建设4000平方米的3幢业务用房,至2008年底,业务用房、附属设施已建设完工,于2009年5月份搬迁。

1984年时的巢湖城北向阳路的观测场和二层办公楼

2008年10月建成的巢湖气象新区

巢湖市气象局大院和办公楼(2008年)

庐江县气象局

庐江县地处皖中,北濒巢湖,南近长江,西依大别山脉,紧邻省会合肥。汉武帝元狩二年(公元前121年)建县,是全国商品粮油基地县和粮油生产百强县。

机构历史沿革

1. 始建情况

1956 年 12 月 24 日,庐江县气候站正式建成,站址位于庐江县城关镇西门外棋盘地至今,北纬 31°15′,东经 117°17′,海拔高度 20.2 米。

2. 建制情况

领导体制与机构设置演变情况 1956 年 12 月—1969 年 12 月,建制归安徽省气象局;1970 年 1 月—1979 年 11 月建制归地方;1979 年 12 月,"三权"收回至省气象局。1958 年底以前,行政上受县农业局领导;1959 年 1 月—1963 年 3 月受县委农工部领导;1963 年 4 月,受县农业局领导;1970 年 1 月—1973 年 6 月,受县人武部领导;1973 年 7 月起,受县革委会领导,属县科局级单位;1979 年 12 月,实行部门和地方双重领导,以部门领导为主,管理体制延续至今。

人员状况 建站初期有 2 人,现有在编职工 9 人。其中,中共党员 5 人;大学学历 5 人,大专学历 3 人,中专学历 2 人;中级专业技术人员 5 人,初级专业技术人员 4 人。

单位名称及主要负责人更替情况

单位名称	负责人	职务	性别	任职时间
庐江县气候站	陈才亮	站长	男	1956.12—1960.1
庐江县气象服务站	陈才亮	站长	男	1960.2—1962.2
庐江县气象服务站	朱以旺	站长	男	1962.3—1971.2
庐江县革委会气象站	朱以旺	站长	男	1971.3—1974.6
庐江县革委会气象站	汪选华	站长	男	1974.7—1978.3
庐江县革委会气象站	丁成科	站长	男	1978.4—1979.11
庐江县气象局	曾宪明	局长	男	1979.12—1982.3
庐江县气象局	姚鸿儒	局长	男	1982.4—1984.1
庐江县气象站	徐清华	局长	男	1984.2—1986.2
庐江县气象局	徐清华	局长	男	1986.2—1996.1
庐江县气象局	吕跃存	副局长(主持工作)	男	1996.2—2002.12
庐江县气象局	张海清	局长	男	2003.1—

气象业务与服务

1. 气象业务

地面观测 1957 年 1 月 1 日正式地面气象观测。每天地方平均太阳时 01、07、13、19

时定时观测 4 次。观测项目有气温、湿度、云、能见度、天气现象、蒸发、降水、日照、风向、风速、地面温度、地面状态、电线积冰、积雪深度等。1960 年 8 月 1 日,改为北京时 02、08、14、20 时 4 次观测;1961 年 4 月 1 日,改为每天 08、14、20 时 3 次观测,夜间不守班。1960 年 3 月 1 日—1962 年 1 月 1 日,增加湿度计观测。1964 年 6 月 11 日,增加 5、10、15、20 厘米曲管地温表观测。1965 年 1 月 1 日,增加气压观测。1965 年 4 月 1 日,使用虹吸式雨量计。1970 年 6 月 9 日,增加温度计观测,恢复湿度计观测。1975 年 1 月,使用电接风向风速计指示器。1976 年 7 月 1 日,使用电接风向风速计记录器。1969 年 10 月 1 日,承担向南京、芜湖、合肥等航空部门拍发每天 06—18 时的固定航危报业务。1983 年 1 月 1 日,拍发重要天气报和气象旬月报。2008 年 1 月 1 日,增加电线积冰观测。

1992 年 7 月前,为人工观测、手工查算编发报、手工编制报表。1992 年 7 月,配备了 PC-1500 袖珍型计算机,按月将磁带数据报送上级气象部门进行报表编制。1995 年 10 月使用 IBM486 微机查算、编报、制作报表。2002 年,省内小图报、雨量报、旬月报改为网络传报,电话传报只发航危报。2004 年 3 月,安装 CAWS600 型自动气象站。2004 年 4 月—2006 年 12 月,采用人工观测与自动观测双轨运行。2007 年 1 月 1 日,自动气象站单轨运行。2004—2008 年,在全县安装了 13 个自动雨量站、4 个四要素和 1 个六要素自动气象站。

2004 年 7 月—2007 年 7 月,开展裸露空气、水泥地面、草面特种温度观测和土壤墒情观测。

气象信息网络　建站初期,采取人工送达方式发布预报;20 世纪 60 年代初安装了磁石式手摇电话;1982 年配置 123 型气象传真收片机;1985 年安装了甚高频无线电话;1990 年底安装程控电话;1999 年安装气象卫星地面单收站;1999 年通过拨号方式上网;2000 年通过 ADSL 上网;2005 年使用光纤通信。

气象预报　1958 年 9 月 3 日,通过收音机收听安徽省气象台预报,订正单站 24 小时短期天气预报,每天由县广播站播出 1 次;1959 年 12 月 7 日,改为每天 3 次。1959 年制作中、长期天气预报。1971 年开始通过手工填绘小天气图制作 1 至 2 天短期预报。1972 年初,采用数理统计方法制作中长期天气预报。1999 年建成气象卫星单收站,通过 MICAPS 系统制作天气预报。2000 年至今,常规业务包括短、中、长期天气预报以及 6 小时内短时临近预报。2003 年,建成市、县视频会商系统。2008 年,建成省、市、县视频会商系统。

2. 气象服务

公众气象服务　1958 年 9 月,通过有线广播网播报天气预报;1996 年 5 月 8 日,开播县级电视天气预报。2005 年 8 月,由市气象局统一制作,电视天气预报主持人走上荧屏。1999 年 10 月,开通"121"天气预报电话自动答询系统,2006 年,升级为"12121",同时开通"96121"。2003 年 1 月,通过安徽省气象信息发布平台,以手机短信的方式为各级政府、工矿企事业单位、中小学校和村(社区)负责人以及社会大众提供天气预警信息。2006 年,开始在县电视台以滚动字幕方式发布灾害性天气预警信号,在重要公共场所设立电子显示屏发布短期天气预报和预警信息。

决策气象服务　1990 年以前,主要以电话、口头和书面汇报方式开展决策气象服务;1990 年后,逐步形成了《天气情况汇报》、《天气公告》、《重大气象信息专报》、《汛期天气信息专报》、《气象旬报》、《天气周报》以及《灾害性天气预警快报》等预报产品。2005年"泰利"台风、2008年1月的低温雨雪冰冻灾害等,均作出了准确预报,及时为党委、政府决策提供服务。

专业专项服务 1985年,开展气象专业有偿服务,通过寄送旬月报、提供气象资料、天气警报接收机、对讲机、电话服务等方式,为轮窑厂、水泥厂、建筑公司、水泥预制厂以及涉农单位提供服务。1989年开展避雷装置安全检测;1994年开始施放庆典气球;1996年5月与广电部门合作开展电视天气预报背景画面广告业务;2001年11月成立巢湖市避雷装置安全检测站庐江县分站,开展防雷工程、图纸审核、检测验收;2006年8月更名为巢湖市防雷中心庐江县雷电防护所。

1976年7月30日—9月10日,县气象站在桂元公社进行"三七"高炮人工降雨作业,历时43天,作业7次。2000年,县政府成立人工影响天气领导小组,申报了马厂、盛桥和戴桥3个人工增雨作业点。2000年8月,开展了2次增雨作业。2001年,购置了1台人工增雨火箭发射架,自6月8日—8月10日,共进行增雨作业5次。2000年10月和2001年10月2次被省人工增雨防雹联席会议授予"全省人工增雨先进单位"。

气象科技服务 1999年,成立了庐江县农村综合经济信息中心。2000年4月至10月,在全县实施安徽农网"信息入乡"工程,全县32个乡镇信息站全部建成,同大葡萄、金坝芹芽、杨柳荸荠、万乐大米实现网上销售。

气象法规建设与管理

1. 气象法规建设

自2000年1月1日《中华人民共和国气象法》颁布实施以来,地方气象法规建设得到明显加强。省、市、县人大领导多次视察调研气象工作,2000年11月,省人大副主任季昆森来庐江进行气象执法检查。县人大将《中华人民共和国气象法》纳入"四五"普法学习范围。2003年县安全生产委员会增补县气象局为成员单位,每年开展气象法律法规和安全生产宣传教育活动。2005年将防雷设施的设计、施工监督、竣工验收纳入气象行政管理。

2. 气象社会管理

2001年,成立巢湖市避雷装置安全检测站庐江县分站,逐步开展防雷工程、图纸审核、检测验收等工作。2004年3月,成立庐江县防雷中心。2006年8月成立庐江县雷电防护所。2001年2月,与县建设局联合办公开展防雷工程图纸审核。2009年3月,庐江县防雷行政审批工作纳入县政府行政服务中心运行。2009年县政府发文将防雷装置设计审核和竣工验收定为行政许可项目,列入"一表制"集中收费范围。2008年完成对全县农村学校防雷情况的调查工作。

党建与气象文化建设

1. 党建工作

支部组织建设 1973年成立党小组,党员2名,属县革委会生产指挥组党支部;1975

年4月29日,成立庐江县革委会气象站党支部,汪选华任党支部书记;1978年9月,丁成科任党支部书记;1979年12月更名为庐江县气象局党支部;1980年10月,何宏贞任党支部副书记;1983年3月,徐清华任党支部书记;1999年9月,吕跃存任党支部书记;2003年1月,张海清任党支部书记。气象站(局)党支部多次被县直属机关党委评为"先进党支部"。2008年12月,庐江局有5名中共党员,张海清被庐江县委授予"优秀共产党员"。

党风廉政建设 大力开展反腐倡廉宣传教育,认真开展党风廉政宣传教育月活动。加强反腐倡廉制度建设,将党风廉政制度汇编成册;从2002年起接受市气象局财务收支情况审计。成立党风廉政和局务公开领导组,落实"三人决策"和"县气象局科技服务九项制度",加大对关键环节和重要部位监督,自觉接受群众和纪检部门监督,每年向市气象局党组、县纪委汇报党风廉政建设执行情况。对于计划财务、定员定岗、干部人事、职工福利、支部建设等热点问题,征求群众意见,公开办事程序。2008年,先后制定了工作、学习、服务、财务、党风廉政、卫生安全等六个方面规章制度。

2. 气象文化建设

精神文明建设 1996年出台了《庐江县气象局精神文明建设工作实施方案》,成立了精神文明建设领导小组。建立精神文明建设长效机制,每年制定具体实施计划。2007年起,与庐城镇岗湾社区开展结对共建,对新农村建设示范点万山镇水关村进行帮扶,与郭河镇、庐城镇贫困村(户)、残疾人开展结对帮扶。2000—2008年,先后获得庐江县第一届、第二届文明单位,巢湖市第二届、第三届文明单位,巢湖市卫生先进单位和巢湖市园林式单位。

政务公开 2002年起开展局务(政务)公开工作。2004年起,对气象行政审批办事程序、气象服务、服务承诺、气象行政执法依据、服务收费依据及标准等内容向社会公开。2006年,制定下发了《庐江县气象局局务公开工作细则》,落实首问负责制、气象服务限时办结、气象电话投诉、气象服务义务监督、财务管理等规章制度。2007年10月进入县行政服务中心履行气象行政审批职能。自2000年以来,在县人大政风评议中一直位于先进行列。

3. 荣誉

1958年、1959年、1964年,3次被省人民委员会评为"省农业社会主义建设先进单位";1974年1月,被省革命委员会评为"省支援农业先进单位";1983年1月,被省革命委员会评为"省农业气候区划工作先进集体";1983年11月,被省气象局评为全省气象系统"防汛气象服务先进集体";1984年、1991年和1996年,3次被庐江县委、县政府授予"防汛抗洪先进集体"。

台站建设

庐江县气象局(站)初建时有砖瓦平房3间。气象站的站界和观测场的围栏均用木桩和蒺藜围成。夜间煤油灯照明,除到观测场用青砖铺设长40米小路外,其余均为土路面。

1957年至1982年,新建平房450平方米,1981年建371平方米气象业务楼1栋,办公和住房有所改善。1991年,建职工平房宿舍4套220平方米;1996年,建职工宿舍4套280平方米,装修了影视制作室和业务值班室;2002年完成了观测场综合改造;2003年重新装修了业务平面和会议室,新建了炮库,实施水电改造工程。

20 世纪 80 年代的观测场

2002 年改造后的新观测场

庐江县气象局原入口(无大门)

2002 年新建的县气象局大门

无为县气象局

无为县地处皖中,南濒长江,北依巢湖,全县总面积为 2413 平方千米,属北亚热带湿润型季风气候。气候温和,雨量充沛,光照充足,四季分明。但降水时空变化大,灾害性天气频发。影响较大的灾害性天气有干旱、暴雨、雷电、高温、大风、冰雹、龙卷风、积雪、大雾等。

机构历史沿革

1. 始建及沿革情况

无为县气象局 1957 年 1 月 1 日始建于无为县西门外花家渡(东经 117°53′,北纬 31°17′),当时叫无为县气候站。1966 年 1 月 1 日,无为县气候服务站更名为无为县气象服务站,1971 年 1 月更名为无为县革命委员会气象站。1975 年 1 月 1 日,迁至无为县西门外原檀树乡董庄(东经 117°54′,北纬 31°18′,海拔高度 25.0 米),1980 年 1 月 1 日,更名为无为县革命委员会气象局,1982年1月4日更名为无为县气象局。2008年1月1日,整体搬迁至无为县无城镇黄汰村赵东自然村(东经117°52′,北纬31°20′,海拔高度13.6米),为国家一般气象站。

2. 机构建制情况

领导体制与机构设置演变情况　自建站至1970年12月,先隶属县水利局,后转受县农工部和农林局领导,业务受安徽省气象局指导。1971年1月,受县人武部和县革命委员会双重领导,并以军事部门为主。1973年8月,归县革命委员会领导,属县科(局)级单位,业务受巢湖行政公署气象局指导。1979年2月,实行由上级气象部门和地方政府双重领导并以部门领导为主的垂直管理体制,并延续至今。1980年1月,隶属巢湖行政公署气象局(2000年以后改称为巢湖市气象局)。

人员状况　1957年建站时职工只有2人。截至2008年底,在编职工有12人,其中,党员7人;本科学历6人,大专学历3人;中级专业技术人员5人,初级专业技术人员7人。

单位名称及主要负责人更替情况

单位名称	负责人	职务	性别	任职时间
无为县气候站	邵金福	站长	男	1957.1—1959.8
无为县气候站	高立志	站长	男	1959.9—1960.2
无为县气候服务站	高立志	站长	男	1960.3—1963.1
无为县气候服务站	邵金福	站长	男	1963.2—1965.12
无为县气象服务站	邵金福	站长	男	1966.1—1970.12
无为县革命委员会气象站	邵金福	站长	男	1971.1—1971.3
无为县革命委员会气象站	俞能普	副站长	男	1971.4—1974.12
无为县革命委员会气象站	曾桂山	站长	男	1975.1—1979.7
无为县革命委员会气象局	曾桂山	局长	男	1979.8—1980.12
无为县革命委员会气象局	俞能普	副局长(主持工作)	男	1981.1—1981.12
无为县气象局	俞能普	副局长(主持工作)	男	1982.1—1983.6
无为县气象局	曾宪明	局长	男	1983.7—1983.12
无为县气象局	撒忠铭	局长	男	1984.1—1984.12
无为县气象局	汤高林	局长	男	1985.1—1986.3
无为县气象局	曾宪明	局长	男	1986.4—1989.7
无为县气象局	寿伟岳	局长	男	1989.8—2004.4
无为县气象局	吴　冰	局长	男	2004.5—

气象业务与服务

1. 气象业务

地面观测　1957年1月1日,开始地面气象观测,采用地方平均太阳时每天01、07、13、19时4次观测;1960年8月1日起,观测时间改为北京时02、08、14、20时;1961年4月

1日起,改为08、14、20时3次观测,夜间不观测。观测项目有云、能见度、天气现象、气压、气温、湿度、风向风速、降水、雪深、日照、蒸发、地温、冻土等。自1971年1月22日开始承担芜湖、合肥、南京等地的航危报业务。现承担南京的航危报业务,并拍发地面加密气象观测报和重要天气报等。

2004年7月1日,增加裸露空气、水泥路面和草面温度的拓展观测项目。2004年7月下旬,增加土壤墒情观测,参加安徽省墒情普查系统建设。2007年6月停止了大气拓展温度项目的人工观测。2008年开始电线积冰观测。

2003年10月11日,无为县自动气象站CAWS600建成并开始试运行。2004年1月1日,人工站和自动站进行2年的对比观测,2006年1月1日自动站单轨运行。

2004年7月起,乡镇自动雨量站陆续建设,在二坝、昆山、蜀山、严桥、开城、土桥、石涧、刘渡、泥汊、凤凰桥、白茆、牌楼水库共建立了12个自动雨量观测站。2005年12月28日,在姚沟镇首先安装了四要素自动气象站;2006年9月,又在汤沟镇、襄安镇、陡沟镇和鹤毛乡4地建成了四要素自动气象站。

气象信息网络 建站初期,通过电话专线口传报文拍发天气报。1985年6月,安装了CZ-80型气象传真收片机;1992年4月,配备了PC-1500袖珍型计算机查算编发小图报、航危报、重要天气报等各种气象电报;1994年组建分组数据交换网,与市气象台微机联网,并在汛期中投入使用;1996年,配备386微机编发各类报文和报表处理;1999年5月,购置1台586微机,建立了气象卫星数据单向接收站;2000年完成了宽带网的建设,并开通35个乡镇农村经济信息网,建立信息站,完成了"信息入乡"工程;2005年组建局域网;2008年建成气象远程可视天气预报会商与服务系统。

气象预报 1959年通过收音机收听省台天气预报,结合本站天气特征和观测员预报经验作出24小时单站订正预报,送广播站播出;1960年5月改为电话口传;1971年开始,手工填绘天气图制作1~2天短期天气预报;1972年初,增加中长期天气预报业务;1984年配备了无线传真收片机,接收东京、欧洲气象中心、北京、合肥等地的天气图,以传真图和本站预报模式指标综合分析制作天气预报,并建立了专业天气警报服务系统;1985年安装了甚高频无线电话;1998年11月建成电视天气预报制作系统。

2. 气象服务

公众气象服务 1959年开始通过有线广播网发布天气预报;1988年6月安装气象警报发射机,全县区、镇、乡及有关单位共安装80余台气象警报接收机;1998年11月电视天气预报在县电视台播出;1999年6月,开通了"121"电话天气预报自动答询系统;2007年"121"升级为"12121"。

决策气象服务 1990年以前,主要以电话、口头和书面汇报方式向地方党政领导汇报短期灾害性天气预报和中、长期天气趋势预测;1990年后开始以电话、手机短信、传真、网络等方式提供决策气象服务,逐步形成了《天气情况汇报》、《天气公告》、《重大气象信息专报》、《汛期天气信息专报》、《气象旬报》、《天气周报》以及《灾害性天气预警快报》等预报产品。在1991年、1998年特大洪水、2005年台风"泰利"、2008年台风"凤凰"及2008年初的暴雪等灾害性天气过程中,都作出了较为准确的预报,为地方政府提供了及时的决策气象服务,受到省、市气象局和地方政府的表彰。

专业和专项气象服务　1985年开展专业气象有偿服务;2000年通过农业经济信息网为广大农民和涉农企业提供及时有效的农产品供求信息,促进农民增收。此外,为县里的重点工程、招商项目提供气象可行性论证;开展节假日,中、高考天气预报服务;为重大的社会活动提供气象保障等。

2000年,首次借用涡阳县气象局人工增雨设备成功地开展人工增雨作业;2001年购置了人工增雨设备。2000年和2001年,无为县西部山区乡镇干旱十分严重,有些地方人畜饮水发生困难,县气象局先后在严桥、百胜、尚礼、六店、蜀山等乡镇不失时机地实施人工增雨,及时解决了部分地区的饮水难,使旱情得到了缓解。无为县气象局被评为2000年和2001年度全省人工增雨先进单位。

气象科技服务　1985年3月,开展新建建(构)筑物的防雷装置检测;1989年7月开始对建筑物安装的避雷装置进行年度安全检测;2002年4月2日,成立无为县气象科技服务中心,开展防雷装置图纸审查、施工监督和竣工验收、短信服务、庆典气球等项目。

气象科普宣传　每年的"3·23"世界气象日、防灾减灾日、安全生产月,都积极组织气象科技人员赴中小学校、农村、社区进行气象防灾减灾科普宣传,赠送《气象灾害防御教育读本》、《防御雷电灾害》光盘等宣传材料。在"12121"系统的"气象知识"信箱中设立"气象灾害防御"、"远离雷电灾害"等内容,常年进行气象科普宣传。

气象法规建设与管理

1996年5月,县政府印发《关于加强防雷安全管理工作的通知》(无政〔1996〕83号),成立由公安、消防、县技术监督局、县气象局组成的无为县防雷安全工作领导小组,办公室设在县气象局,负责处理日常工作;2005年5月13日,县政府召开气象局、建设局等单位协调会,研究贯彻落实《安徽省防雷减灾管理办法》,对无为县建筑物防雷减灾工作进行审核管理;2006年,气象行政审批进驻无为县行政服务中心;2007年成立法规股,负责庆典气球施放管理和气象探测环境保护工作;2008年将气象探测环境在县规划局备案。

党建与气象文化建设

1. 党建工作

支部组织建设　1975年1月,正式成立气象局党支部,曾桂山任党支部书记(在此之前,党员组织关系隶属农林局支部)。2008年12月,有中共党员11人。2001年、2003年、2006年、2008年,无为县气象局党支部被县直机关工委授予"先进党支部"称号。

党风廉政建设　大力开展反腐倡廉宣传教育,认真开展党风廉政宣传教育月活动。加强反腐倡廉制度建设,将党风廉政制度汇编成册,做到有章可循;建立"三人决策"机制,加大对关键环节和重要部位的监督,自觉接受群众和纪检部门的监督,每年和市气象局、县委签订党风廉政建设责任状,每年向市气象局党组、县纪委汇报党风廉政建设执行情况。

2. 气象文化建设

精神文明建设　认真贯彻落实省气象局《精神文明建设工程实施方案》和《关于创建安徽省文明气象系统的实施意见》,积极组织开展对职工的政治思想、气象专业科学知识等学习教育活动,提升全体职工的业务能力和政治、文化素养。组织职工认真学习《公民道德建设实施纲要》,文明服务,树立良好行业形象。1997 年成立了文明创建领导小组,制定了文明创建工作责任制,创办了包括职工家属在内的市民文明学校,先后投入近 100 万元对环境进行园林绿化,建立宣传标牌和宣传栏,绿化面积达 5000 平方米,职工义务维护。2000 年被评为县"花园式单位",2004 年被评为市"花园式单位",2007 年被市、县爱国卫生运动委员会评为"卫生先进单位"。1999 年、2001 年、2003 年、2007 年均被评为县文明单位。2005 年荣获"安徽省第七届文明单位"称号。

文体活动　积极参加省、市、县举办的各种文体活动。2007 年 10 月参加了第一届无为县县直机关运动会;2007 年 12 月参加巢湖市气象系统首届运动会;2008 年 12 月参加了巢湖市气象系统纪念改革开放 30 周年歌咏比赛。县气象局每年都积极组织职工开展乒乓球、篮球、象棋等文体比赛活动。为满足广大职工的业余文化生活,2008 年筹资建成党员活动室、图书阅览室、健身房等。

3. 荣誉

2004 年无为县气象局被省人事厅、省气象局授予"安徽省气象系统先进集体"。

台站建设

1957 年初,建站于无城花家渡,占地 3960 平方米,有 6 间平房,共 106.4 平方米。1975 年迁到无城月牙山,占地 6666 平方米,办公楼 500 平方米,平房 2 幢。2006 年 3 月,无为县气象局启动台站整体搬迁项目,项目总投资 540 万元,在无城赵家墩征地 15238 平方米,建办公楼 1 栋,面积达 1720 平方米;值班公寓 1 座,面积 740 平方米,职工的工作生活环境得到了改善。

1982 年无为县气象局观测场

2003 年无为县气象局观测场

2003 年无为县气象局办公楼

2008 年无为县气象局办公楼

含山县气象局

  含山县位于长江中下游北岸,面积 1036 平方千米,现隶属安徽省巢湖市。唐武德六年(公元 623 年)设县,已有 1380 多年历史。境内的凌家滩古文化遗址,距今 5300 多年,为中华玉文化的发祥地。含山属北亚热带湿润季风气候,雨量适中,但时空分布不均,多暴雨、干旱、大风、雷电、大雪等灾害性天气。

机构历史沿革

  始建及站址变迁情况 1957 年 1 月始建于含山县横龙铺丁山头,观测场位于北纬 31°41′,东经 118°02′,海拔高度 17.7 米;1959 年 4 月 1 日迁至和县城南乡张莊村,观测场位于北纬 31°41′,东经 118°22′;1959 年 7 月 1 日迁至含山县环峰镇王鲍大队,观测场位于北纬 31°43′,东经 118°07′,海拔高度 18.0 米;2006 年 1 月迁至含山县环峰镇城北行政村,观测场位于北纬 31°45′,东经 118°05′,海拔高度 26.0 米。

  建制情况 1957 年 1 月至 1959 年 3 月,含山气候站隶属安徽省气象局,由省气象局和含山县农场双重领导,以省气象局为主。1959 年 4 月含山、和县气候站合并为和含气候站。1959 年 7 月和含县划开,恢复含山气候站,行政上归属含山县农林局领导,省气象局负责业务指导。1963 年 4 月 1 日"三权"收回省气象局管理,党组织归属地方领导。1965 年 12 月 10 日更名为含山县气象服务站。1970 年 11 月划归地方,行政上受县人武部领导。1971 年 12 月更名为含山县气象站。1973 年 3 月由县革委会领导,1973 年 7 月 11 日,县气象站被确定为县革委会领导下的科局级单位。1979 年 2 月 17 日起行政上改为气象部门和地方双重领导,以气象部门领导为主。1979 年 8 月正式更名为含山县气象局。

  人员状况 1957 年建站时有 2 人。2006 年 9 月定编为 7 人。现有在编职工 8 人。在编职工中,本科学历 3 人,大专学历 4 人,中专学历 1 人;中级专业技术职称 4 人,初级专业技术职称 4 人。

单位名称及主要负责人更替情况

单位名称	负责人	职务	性别	时间
含山气候站	陈希燊	副站长（主持工作）	男	1957.1—1959.3
和含气候站	陈金权	副站长（主持工作）	男	1959.4—1959.6
含山气候站	陈希燊	副站长（主持工作）	男	1959.7—1960.12
含山气候站	程孔朝	副站长（主持工作）	男	1961.1—1965.11
含山县气象服务站	程孔朝	副站长（主持工作）	男	1965.12—1971.9
含山县气象服务站	不详			1971.9—1971.11
含山县气象站	不详			1971.12—1973.4
含山县气象站	程光喜	副站长（主持工作）	男	1973.5—1974.3
含山县气象站	王懋瑚	站长	男	1974.4—1978.9
含山县气象站	何世民	副站长（主持工作）	男	1978.9—1979.8
含山县气象局	施开信	局长	男	1979.8—1982.8
含山县气象局	何世民	局长	男	1982.9—1984.1
含山县气象局	梅家祥	局长	男	1984.2—1995.2
含山县气象局	严永红	局长	男	1995.3—2004.5
含山县气象局	柯红兵	局长	男	2004.5—2006.2
含山县气象局	严永红	局长	男	2006.2—

气象业务与服务

1. 气象业务

地面观测　1957 年 1 月 1 日开始地面气象观测,采用地方平均太阳时 01、07、13、19 时 4 次观测,观测的项目有云、能见度、天气现象、气温、湿度、降水、蒸发、日照、风向风速、地面状况、积雪深度和密度。1960 年 8 月 1 日观测时间改为北京时 02、08、14、20 时;1961 年 4 月 1 日取消 02 时观测。1957 年 9 月 1 日增加地面温度观测;1958 年 4 月 1 日增加 5～20 厘米曲管地温观测;1960 年取消"地面状况"的观测;1960 年 10 月 1 日增加气压和冻土观测;1961 年 2 月 11 日增加温、湿度计的观测,1962 年 1 月 1 日取消观测,1975 年 1 月 1 日恢复观测;1961 年 4 月 1 日增加雨量计和气压计观测;1962 年 1 月 1 日取消能见度的观测,1980 年 1 月 1 日恢复;1978 年 1 月 1 日开始使用电接风向风速计;1980 年取消积雪密度的观测。

1969 年 9 月 30 日开始担负南京、合肥、芜湖等地的固定和预约航危报,1997 年 6 月 1 日取消航危报;现主要承担拍发地面加密观测报和重要天气报任务。

2004 年 7 月开展大气拓展温度项目(裸露空气温度、水泥地面温度、草面温度)和土壤墒情的观测。2007 年停止大气拓展温度项目观测。

2004 年 6 月安装 CAWS600 型自动气象站,2007 年 1 月 1 日经过为期 2 年的平行观测,自动气象站开始单轨业务运行;2004—2008 年在部分乡镇和重点水库安装了 8 个自动雨量站、2 个四要素和 1 个六要素自动气象站,实现了 24 小时实时气象资料的自动观测、存储和共享。

气象信息网络 1957 年 1 月建站时,气候旬(月)报表通过邮寄方式报送省气象局;1960 年 5 月 20 日开始通过与邮局报房的电话专线口传报文。1992 年配备了 PC-1500 袖珍计算机,初步实现观测数据人工输入计算机编报。1985 年安装了甚高频电话,实现县与市无线通讯。1994 年建成县、市公用分组交换数据网。1999 年建成 PC-VSAT 卫星单收站。2003 年,建成县、市 VPN 宽带网;2007 年开始观测报表直接通过网络上报到省气候中心信息科。

气象预报 1959 年 7 月开始通过收音机收听省台天气形势预报,结合本站要素变化和观测员看天经验制作 24 小时单站订正预报;1971 年开始使用手工填绘简易天气图制作 1~2 天短期天气预报。1981 年开始使用 123 型传真收片机,每天接收东京、欧洲气象中心、北京、合肥等地的传真天气图。1997 年建立多媒体天气预报制作系统,通过电视发布天气预报。1999 年建成气象卫星综合应用业务系统(9210 工程),通过 MICAPS 制作天气预报。2000 年起县局主要是使用省、市长、中、短期天气预报以及短时临近预报产品开展气象服务。2005 年开通安徽省气象信息服务平台。2007 年建成省、市、县视频会商系统,可视化信息交流方便快捷。

2. 气象服务

公众气象服务 1959 年下半年开始通过有线广播网每天 1 次播报 24 小时天气预报。20 世纪 70 年代起每天 3 次发布 1~2 天的短期天气预报。1997 年建成多媒体天气预报制作系统,制成录像带送电视台播放;2005 年 8 月市气象局统一制作有气象节目主持人的电视预报。1999 年与电信局合作建成"121"天气预报电话自动答询系统;2006 年开始通过手机短信和县电视台滚动字幕发布灾害性天气预警信号。另外,还利用网络、电视、广播、短信、"12121"电话、气象灾害预警信息电子显示屏等开展节日、高考、中考天气预报服务,并为当地重大社会活动提供气象保障服务。

决策气象服务 20 世纪 80 年代主要以电话、口头汇报或书面方式开展决策气象服务;20 世纪 90 年代后期增加《天气公告》、《重要天气情况汇报》、《汛期天气趋势预测》、《天气周报》、《天气预警快报》等预报产品。在 1991 年特大洪涝、2005 年 13 号台风"泰利"和 2008 年 8 号台风"凤凰"造成特大暴雨,2008 年 1 月的冰雪冻害气象服务中,为政府提供准确、及时的气象预测信息。

专业专项气象服务 20 世纪 80 年代起,开始对乡镇政府及相关部门发布春播、夏收、汛期、秋收、秋种等农事季节以及森林防火专题气象预报。

1997 年县政府成立人工影响天气办公室,配备"三七"高炮 1 门,建立了陶厂、仙踪、含城 3 个人工增雨作业点。1997 年 8 月巢湖市在含城首次进行了高炮人工增雨作业;2000 年购置人工增雨火箭发射装置 1 套,2000 年、2001 年、2005 年进行了人工增雨作业。

1985 年 3 月国务院办公厅转发了国家气象局《关于气象部门开展有偿服务和综合经营的报告的通知》,县气象局开始气象专业有偿服务。利用旬月报、天气警报接收机、对讲机、电视预报背景画面、施放庆典气球、手机短信、"96121"电话等方式开展气象科技服务。1989 年起每年对建筑物安装的避雷设施进行安全检测;1994 年开始庆典气球施放服务;1999 年与电信部门合作建立了"121"电话自动答询系统;2001 年成立巢湖市避雷装置安全检测站含山分站,开始防雷工程、图纸审核工作;2004 年 4 月成立县防雷中心并进入县行政服务中心履行气象行政审批职能,对全县各类新建建(构)筑物安装的避雷装置按照规范要求进行综合管理。

气象科技服务　1999 年 8 月成立含山县农村综合经济信息服务中心,建立乡镇农村综合经济信息服务站,并对全县的乡镇长和信息员进行了业务培训,昭关翠须、褒禅山麻油、好再来卤制品等一批名优产品实现网上交易。

气象科普宣传　围绕每年的世界气象日、科普宣传日、安全生产月咨询日、国际减灾日以及科技下乡活动主题,通过报纸、电台和电视宣传气象知识,利用咨询活动散发宣传单、设立展板为群众服务,组织技术人员去企业、学校开展防雷安全宣传;利用气象设施给来访的学生和各行业的人员进行科普宣传,向中小学校赠送《气象灾害防御教育读本》、《防雷避险常识》挂图以及《防御雷电灾害》光盘等宣传材料。1997 年开始利用电视天气预报背景画面常年传播气象知识。2003 年在"12121"电话答询系统中设置气象科普信箱。2005 年起每年与电视台周播专栏《吴楚广角》、《为您服务》合办 2～3 期的专题气象节目。2006 年至 2008 年间与农委、教育、安全等部门开展气象科普进农家、进校园、进社区活动,主题活动丰富多彩、形式多样、受众面广,引起社会广泛关注,《中国气象报》、《光明日报》、《巢湖日报》中央政府网、新浪网、省市电视台等多家媒体进行了宣传报道。

法规建设与管理

气象法规建设　自 2000 年 1 月 1 日《中华人民共和国气象法》颁布实施以来,县气象局认真贯彻落实《中华人民共和国气象法》、《安徽省气象管理条例》等法律法规,地方气象法规建设得到明显加强,依法行政力度不断加大。市、县人大领导多次视察调研气象工作,县人大将《中华人民共和国气象法》纳入"四五"普法学习范围。2000 年县安全生产委员会增补县气象局为成员单位,每年开展气象法律法规和安全生产宣传教育活动。2004 年底县气象局为保护探测环境与县土地、建设规划部门共同绘制了《含山县气象探测环境保护控制图》。2005 年将防雷设施的设计、施工监督、竣工验收纳入气象行政管理。2006 年 9 月 25 日市政府出台《巢湖市关于加快气象事业发展的决定》(巢政〔2006〕59 号),将气象工作作为县级政府目标责任制考核内容。

社会管理　2004 年 4 月开始,县气象局在县行政服务中心设立窗口,对天气预报的发布与刊播、系留升空物施放、气象探测环境保护以及防雷设施的设计安装等进行规范化管理。行政执法人员通过省政府法制办培训考核持证上岗。2002 年起县气象局结合本地区实际,依法制定了一批有关防雷管理、施放气球管理、人工影响天气、气象资料共享、气象灾害预警与应急等方面的规范性文件。

党建与气象文化建设

1. 党建工作

支部组织建设 1985年4月建立含山县气象局党支部,有党员3人,梅家祥同志任支部书记;2001年9月由严永红同志任支部书记。2008年有党员6人。

党风廉政建设 2002年起每年制定党风廉政建设工作计划,签订党风廉政目标责任状,完善管理制度,积极开展党风廉政主题教育活动。2002年推行局务公开,主要采取设立固定的局务公开栏和会议通报的形式进行,公开的内容有财务收支、领导干部廉洁自律、重大事项、福利分配、规章制度以及人事任免等。2007年4月4日省气象局印发了《关于在县(市)气象局建立"三人决策"制度的规定》,根据文件精神,成立含山县气象局"三人决策"领导小组。"三人决策"制度的建立对促进气象事业的健康发展起到了较好的保障作用。2008年县气象局获得"全县行风评议群众满意单位"称号。

2. 气象文化建设

精神文明建设 始终把精神文明建设工作作为"一把手工程",把创建工作纳入目标任务考核,制定文明创建长期规划和年度实施方案,做到与业务建设相结合,围绕做好气象服务搞创建,广泛开展群众性创建活动。在巢湖市第二届、第三届文明单位评比中连续获得巢湖市委、市政府授予的市级"文明单位"称号。2008年获得安徽省爱国卫生运动委员会授予的"安徽省卫生先进单位"、巢湖市爱国卫生运动委员会授予的"巢湖市卫生先进单位"。

文体活动 2000年后,随着文明创建工作的深入开展,每年组织开展乒乓球、卡拉OK、象棋等文体活动比赛,并3次参加了含山县文化艺术节活动。2004年11月参加了安徽省首届气象系统乒乓球比赛。2007年12月参加市气象系统首届运动会。2008年9月参加市气象系统纪念改革开放三十周年文艺汇演。

3. 荣誉

集体荣誉 1982年获安徽省气象系统先进集体。1998年获安徽省气象系统劳动竞赛最佳单位。

个人荣誉 1998年,葛曲被安徽省人事厅、安徽省气象局授予"先进个人"荣誉称号。

台站建设

1964年10月,在观测场北面首次兴建7间平房,1989年8月由省气象局拨款修建1座二层200平方米办公楼。

2004年底含山县气象监测预警分中心项目开始建设,在政务新区附近征地8300平方米,投入资金220多万元,2006年8月建成1座三层1000平方米办公楼和3间100平方米的车库库房。

2006—2008年,县气象局又分批投入资金60多万元对院内环境和楼内设施进行了升级改造,硬化道路1100多平方米,绿化草坪面积5100平方米,在院内种植了风景树,建起了花坛;建成了业务平台、视频会商系统、图书阅览室、职工活动室、乒乓球室、运动场等硬件设施。购置了办公设备、运动器材和防汛抗旱专用车辆,并对大楼主体进行了亮化建设。2008年在全省气象探测环境综合评估中获总分第一。

1982年的观测场及院落

2004年的办公楼及院落

2008年的办公楼

2008年的大院全景

和县气象局

和县古名历阳,位于安徽省东部,长江下游西北岸。境内龙潭洞有35万年前和县猿人遗存,是传统的农业大县、国家商品粮油基地县和无公害蔬菜生产示范先进县。和县属北亚热带湿润型季风气候,气候资源丰富,台风、暴雨、雷电等灾害性天气频发。

机构历史沿革

1. 始建及站址迁移情况

1959年4月,和县气候站始建于城南公社张庄,观测场处于北纬31°41′,东经118°22′。1963年10月1日,迁至城北公社新建生产队(现和县文昌北路59号),观测场处于北纬31°44′,东经118°21′,海拔高度为22.7米。1975年4月观测场南移,观测场处于北纬31°44′,东经118°22′,海拔高度为22.5米。

2. 建制情况

领导体制与机构设置演变情况　1959年4月—1959年12月,隶属和县县委农村工作部。1961年1月—1963年5月,隶属和县农林局。1963年6月6日,"三权"归安徽省气象局,党政领导归地方。1970年11月,建制划归和县革命委员会,行政上受和县人武部领导。1973年7月13日,以部队领导为主的双重领导改为和县革命委员会领导,属科局级单位。1979年2月,实行由安徽省气象局和地方政府双重领导,以安徽气象部门为主的管理体制。1979年8月正式更名为和县气象局。自建站以来,业务领导单位为安徽省气象局。

人员状况　建站初期有职工3人。2006年9月定编7人。现有在编职工8人,其中党员7人;本科学历4人,大专学历2人,中专学历1人,中级专业技术人员3人,初级专业技术人员4人。

单位名称及主要负责人更替情况

单位名称	负责人	职务	性别	时间
和县气候站	陈金权	副站长(主持工作)	男	1959.4—1959.5
和含气候站	陈金权	同上	男	1959.6—1959.7
和县气候站	陈金权	同上	男	1959.8—1960.3
和县气候服务站	陈金权	同上	男	1960.4—1962.9
(撤站并留守观测)	无负责人			1962.10—1963.3
和县气候站	何光煜	同上	男	1963.4—1971.5
和县革命委员会气象站	何光煜	同上	男	1971.6—1973.10
和县革命委员会气象站	葛家友	同上	男	1973.11—1974.2
和县革命委员会气象站	王保富	同上	男	1974.3—1978.11
和县革命委员会气象站	徐宏才	站长	男	1978.12—1979.8
和县气象局	徐宏才	局长	男	1979.9—1981.7
和县气象局	卜广勤	局长	男	1981.8—1984.1
和县气象局	何光煜	副局长(主持工作)	男	1984.2—1985.1
和县气象局	撒忠铭	局长	男	1985.2—1996.1
和县气象局	成梅	局长	女	1996.2—2005.4
和县气象局	王跃宁	副局长(主持工作)	男	2005.5—2006.7
和县气象局	靳青春	副局长(主持工作)	男	2006.8—

气象业务与服务

1. 气象业务

地面观测 1959 年 4 月 1 日起,观测时次采用地方平均太阳时 01、07、13、19 时 4 次观测,项目为气温、湿度、风向、风速、降水、蒸发、日照、地温、云、能见度、天气现象、雪深和冻土。1960 年 1 月 15 日,开始拍发地面加密观测报;8 月 1 日调整观测时间为北京时 02、08、14、20 时;同年增加水银气压表、温度计、湿度计、气压计观测任务。1961 年 4 月 1 日,取消 02 时观测任务。

1969 年 9 月 30 日,开始向南京、合肥、芜湖等地拍发固定航危报和预约航危报。1987 年 4 月 1 日,取消地面加密观测报。1992 年 7 月,配备了 PC-1500 袖珍计算机。1997 年 6 月 1 日,取消航危报。1988 年 1 月 1 日调整为国家辅助气象站,观测项目为降水、雪深、风、气温和天气现象,拍发重要天气报、台风加密观测报。2000 年 1 月 1 日,恢复为一般气象站,承担调整前所有地面气象测报任务。2001 年开始,省内小图报、雨量报、旬月报由电话传报改为网络传报。2008 年 10 月,历史气象资料移交安徽省气象局气候中心信息科。

2004 年 7 月,开展大气拓展温度项目观测(裸露空气温度、水泥地面温度、草面温度)和土壤墒情观测,2007 年停止大气拓展温度项目观测。2006 年建成实景观测与视频监控系统。

2004 年 5 月,完成 CAWS600 型自动气象站建设。2005 年 1 月 1 日,开始自动气象站、人工气象站平行观测。2007 年 1 月 1 日,实行自动站单轨业务运行。

2004 年在重点水库和部分乡镇建成 11 个自动雨量站;2006 年 6 月,在绰庙、沈巷、香泉、姥桥镇建成 4 个四要素自动气象站;2007 年 9 月,将姥桥镇四要素自动气象站迁移至功桥镇并升级为六要素自动气象站。

气象预报 1959 年 7 月开始,利用收音机收听安徽省气象台预报,结合站点气象要素和预报员经验制作 24 小时单站订正预报,并通过广播和邮寄方式发布。1984 年,通过无线传真收片机接收东京、欧洲气象中心、北京、合肥等地的传真天气图,结合气象站建立的预报模式综合分析制作天气预报。1994 年建成县、市共用分组交换数据网。1997 年建立多媒体天气预报制作系统,通过和县电视台发布天气预报。1998 年安装甚高频电话,实现县、市无线通信。1999 年建成 PC-VSAT 卫星单收站,与电信局合作建成"121"天气预报电话自动答询系统。2003 年,建成县、市 Internet-VPN 宽带网。2008 年 8 月,升级县、市、省多向可视天气预报会商系统。

2. 气象服务

公众气象服务 建站初期,每天 1 次通过有线广播网向公众发布 24 小时天气预报。20 世纪 70 年代起,增加至每天 3 次发布 1~2 天短期天气预报。1997 年,利用多媒体天气预报制作系统,制作天气预报录像带送电视台播放。2005 年 8 月,气象影视制作系统升级为有主持人的气象节目,通过网络传送。2006 年,通过安徽省气象信息服务平台,以手机短信方式为各级政府、企事业单位、学校等负责人提供天气预警信息;"121"天气预报电话自动答询系统升级为"12121",设置本地预报、全省预报、周边城市预报、生日天气查询、天气实况以及气象知识等信箱。另外,通过安装电子显示屏和利用政府网站发布天气预报与预警信息,以滚动字幕的方式在电视台发布灾害性天气预警信息。

决策气象服务 20 世纪 70 年代初,主要采用书面材料、电话、传真等方式向地方党政领导提供天气实况和预报。20 世纪 90 年代增加《汛期天气信息专报》《气象旬月报》《天气周报》《重要天气汇报》《汛期天气形势分析》和《天气情况汇报》等预报服务产品,对连阴雨、暴雨(雪)、台风、寒潮、低温冻害、雷雨大风和短时强降水等突发性、灾害性天气,通过电子邮件、手机短信、政府网站等服务方式向地方党政部门提供决策气象服务。在 1991 年特大暴雨洪涝、1998 年长江流域特大洪水、2001 年持续干旱、2008 年初雨雪冰冻等天气过程中,成功地为地方政府指挥防汛抗旱提供气象决策服务。1998 年,安徽省气象系统授予"防汛抗洪先进集体"称号,巢湖地区行政公署授予"抗洪先进集体"称号;在各类决策气象服务中,安徽省、巢湖市气象部门和巢湖市委、市政府与和县县委、县政府先后授予先进集体和先进个人奖励 21 人次。

专项气象服务 20 世纪 80 年代起,制作春播、夏收、汛期、秋收、秋种等农事季节以及农作物生长关键期专题气象预报服务产品。20 世纪 90 年代开始制作中考、高考、森林防火、春运等气象专题预报,专为地方人大、政协"两会"进行气象保障服务。1999 年,成立和县农村综合经济信息中心。2000 年 4 月,通过安徽农网实施"信息入乡"工程,和县农副产品(如辣椒、黄金瓜、黄瓜等)实现网上销售。为 2004 年安徽·和县首届蔬菜博览会和 2005 年第二届、2007 年第三届中国·和县蔬菜博览会提供气象保障服务。

1997 年,和县政府成立人工影响天气办公室。2001 年,购置了 WR-1B 型火箭作业装备 1 套,在绰庙、香泉、南义布设 3 个人工增雨作业点。2000 年、2001 年和 2005 年夏旱,在作业点开展人工增雨作业。2004 年、2008 年相继被安徽省人工影响天气办公室授予"人工增雨防雹先进单位"。

气象科技服务 1985 年 3 月,根据国务院办公厅转发的国家气象局《关于气象部门开展有偿服务和综合经营的报告的通知》,开展专业气象有偿服务,主要为水泥厂、砖窑厂、建筑和供电部门提供旬、月预报和短时临近降水预报;1990 年起,开展全县建筑物避雷设施安全检测;1994 年起,开展施放庆典气球服务;1996 年 5 月与和县广播电视局合作开展电视广告业务;2001 年,成立巢湖市避雷装置安全检测站和县分站,增加防雷工程、图纸审核技术服务;2004 年 3 月,成立和县防雷中心;2006 年 8 月成立巢湖市防雷中心和县雷电防护所。

气象科普宣传 1984 年成立和县气象学会,常年与科协、地震局、民政局、安委会等部门联合组织科技、防灾减灾、安全宣传等活动。围绕"3·23"世界气象日活动主题,组织专业技术人员到街头、农村、校园和社区开展气象科普知识、防御雷电灾害、气象法律法规等宣传活动。接待中小学生和气象爱好者参观气象局并了解气象观测、监测、预报和预警服务流程。1982 年,北京气象杂志编辑部、上海市气象局、南京大学等学者教授 30 余人,对和县高关公社生长 400 多年的古朴树(当地群众称"气象树")进行为期 3 天的考察和学术研讨,此后每年 4 月份观察记录。

法规建设与管理

2000 年以来,贯彻落实《中华人民共和国气象法》《安徽省气象管理条例》《安徽省防雷减灾管理办法》(省长令 182 号)、《安徽省探测环境保护法》等有关法律法规赋予的职责。2005 年,根据《行政许可法》和《安徽省防雷减灾管理办法》,进行防雷装置设计审核和竣工验收行政审批。对气象行政审批办事程序、气象服务内容、服务承诺、气象行政执法依据、服务收费依据及标准等,采取了通过对外公示栏、电视广告、网络、发放宣传单等方式向社会公开。2002 年起根据上级要求,结合本地区实际,依法制定了一批有关防雷管理、施放气球管理、人工影响天气、气象资料共享、气象灾害预警与应急等方面的规范性文件。2006 年 8 月,成立气象行政执法中队,重点加强探测环境保护、防雷安全管理、庆典气球施放、气象信息发布等行政执法。2008 年底,和县气象局 5 名人员通过法制培训考核,取得行政执法证。2005 年探测环境保护在县规划局备案,2008 年县建设局予以了探测环境保护承诺。

党建与气象文化建设

1. 党建工作

支部组织建设　1974 年 4 月,成立党支部,王保富同志任党支部书记(在此之前,党员组织关系隶属县农林局支部),徐宏才、卜广勤、撒忠铭和成梅分别于 1979 年 3 月、1981 年 7 月、1985 年 4 月、1996 年 1 月担任党支部书记。2000 年、2004 年成梅同志分别当选中共巢湖市第一次、第二次党代会代表。局党支部和多名党员先后 10 次荣获县直机关工委授予的"先进党支部"和"优秀共产党员"称号。2007 年,和县气象局党支部荣获中共和县县委授予的先进基层党组织。截至 2008 年 12 月,和县气象局有中共党员 11 名。

党风廉政建设　2002 年起,连续开展党风廉政主题教育宣传月活动,推进廉政文化建设,开展局务公开工作。2004 年开始对气象行政审批办事程序、气象服务、服务承诺、气象行政执法依据、服务收费依据及标准等内容向社会公开。2006 年起,制定《和县气象局局务公开工作细则》,落实首问负责制、气象服务限时办结、气象电话投诉、气象服务义务监督、财务管理等规章制度。开展局领导党风廉政述职报告和党课教育活动,并签订党风廉政目标责任状。2007 年 4 月 4 日,按照省气象局印发的《关于在县(市)气象局建立"三人决策"制度的规定》,建立"三人决策"制度。2008 年制定工作、学习、服务、财务和党风廉政等规章制度共 24 项,并汇编成册。

2. 气象文化建设

精神文明建设　1996 年,制定《和县气象局精神文明建设工作实施方案》,成立精神文明建设领导小组。有计划地组织开展对职工政治思想、现代气象科学知识和公民道德建设学习教育活动。参加气象系统和地方组织的精神文明建设交流、研讨和培训班等活动。开展建设文明服务窗口活动。积极开展普法宣传教育活动。

文明单位创建　1996 年开始,每年制定文明创建规划和年度实施方案,把创建工作纳入目标任务考核。开展为下岗困难职工送温暖、献爱心、贫困女童捐资助学活动;对姥桥、西埠、乌江 3 个乡镇的贫困村进行新农村建设结对帮扶;为汶川地震灾区捐款捐物,并交纳特殊党费。1999 年、2002 年、2004 年获得县委、县政府授予的文明单位;2001 年、2002 年连续获得和县县委、县政府授予的两个文明建设先进集体;2004 年、2006 年、2008 年分别获得第一届、第二届、第三届巢湖市文明单位;2004 年获得和县总工会授予的文明窗口;2008 年首次荣获安徽省第八届文明单位,并荣获安徽省卫生先进单位和巢湖市卫生先进单位。

2000 年以来,在省、市、县举办各类比赛中,共获得集体和个人奖项 12 次。2007 年获得巢湖市气象系统首届运动会团体总分第一名和最佳组织奖。2008 年荣获巢湖市气象系统纪念改革开放 30 周年歌咏比赛最佳组织奖。

3. 荣誉

2004 年,成梅被安徽省人事厅、安徽省气象局评为"先进工作者";2008 年,靳青春被安徽省人事厅、安徽省气象局评为"先进工作者。

台站建设

建站初期办公用房为 3 间茅草房;1963 年建成 3 间平房;1976 年扩建至 5 间平房;1985 年,建成 381 平方米 2 层办公楼;2007 年 6 月,面积为 1084 平方米三层业务办公楼开工,并于 2008 年 8 月正式投入运行,建成 136 平方米的气象业务平台、科技服务中心、图书阅览室、党员活动室和职工活动室等,对水电和道路等进行了综合改造;安装了气象标识霓虹灯、电动大门、景观路灯,修建了停车场,种植了草坪、景观树等,总投资达 210 万元。2007 年 6 月,和县政府划拨专款 12.6 万元购置气象应急指挥车 1 辆。

1984 年和县观测场全景

1984 年和县气象局大门

2008 年和县气象局大门

2008 年气象局大院环境

芜湖市气象台站概况

芜湖市位于安徽省东南部,地处长江中下游南岸,中心地理坐标为东经119°1′,北纬31°20′。现下属3县(芜湖、繁昌、南陵)、4区(镜湖、弋江、鸠江、三山)。全市土地面积3317平方千米。截至2008年末,全市户籍人口230.79万。

芜湖市地势南高北低,南倚皖南山系,北望江淮平原。河湖水网密布,青弋江、水阳江、漳河贯穿境内,黑沙湖、龙窝湖、奎湖散布其间。芜湖市属北亚热带湿润季风气候区,主要气候特点是:四季分明、气候温和、雨量丰沛、梅雨显著、光照充足、无霜期长。历年平均气温为16.3℃,历年平均无霜期有245天,历年平均日照时数为1941.6小时,历年平均降水量为1175.2毫米。

气象工作基本情况

台站概况　芜湖气象历史悠久。早在1886年,法国人金式玉就在芜湖鹤儿山(今吉和街天主教堂)内建立测候站,开始降雨量观测。1937年12月,抗日战争爆发后,芜湖沦陷,气象观测被迫中断。新中国成立以后,1952年1月11日,在芜湖市下长街38号建立芜湖气象站。1954年4月1日迁至现址芜湖市张家山西四号。1958年10月1日,更名为芜湖气象台。1960年3月1日更名为芜湖地区气象服务台。1971年8月1日更名为芜湖地区革命委员会气象台。1973年10月成立芜湖地区革命委员会气象局,下辖芜湖县、当涂县、宣城县、郎溪县、泾县、南陵县、广德县、繁昌县8个气象站,并对马鞍山市气象台实行业务指导。1977年1月1日更名为芜湖地区气象局。1980年9月12日更名为宣城行署气象局,下辖宣城县、芜湖县、郎溪县、广德县、南陵县、繁昌县、当涂县、泾县、宁国县、青阳县10个气象站。1983年12月8日,更名为芜湖市气象局,下辖芜湖县、繁昌县、南陵县、青阳县和九华山5个气象站。1985年3月30日,铜陵县气象站划归芜湖市气象局,1989年,铜陵县气象站管理权划归铜陵市气象局筹备组,芜湖市气象局下辖芜湖县、繁昌县、南陵县、青阳县、九华山5个气象站。

1992年开始,芜湖市气象局下辖芜湖县、繁昌县、南陵县3个气象站。其中,1958年,建立繁昌县气象站。1963年,建立南陵县气象站。1973年,建立芜湖县气象站。2008年,全市有地面气象观测站4个,其中芜湖县为国家一级气象站,其他为国家二级气象站。

2004 年,开始建设区域自动气象站,至 2008 年底全市共建成自动气象站 65 个,其中单雨量站 49 个,四要素自动气象站 11 个,六要素自动气象站 5 个。

人员状况 1952 年建站初,芜湖市共有气象职工 7 人。2008 年底,全市共有在职气象职工 72 人,其中党员 43 人;本科 27 人,研究生 1 人;中级以上职称有 31 人,其中高级职称 4 人。

党建和文明创建 截至 2008 年底,全市气象部门有党支部 4 个,党员 43 人。全市气象部门共建成省级文明单位 1 个,市级文明单位 3 个。

主要业务范围

所属台站均开展气象预报、预警服务工作。主要业务范围是负责本行政区域内气象事业发展规划、规划的制定及气象业务建设的组织实施;负责本行政区域内气象设施建设项目的审查;对本行政区域内的气象活动进行指导、监督和行业管理。组织管理本行政区域内气象探测资料的汇总、传输;依法保护气象探测环境。负责本行政区域内的气象监测、预报管理工作,及时提出气象灾害防御措施,并对重大气象灾害作出评估,为本级人民政府组织防御气象灾害提供决策依据;管理本行政区域内公众气象预报,灾害性天气警报以及农业气象预报,城市环境气象预报,火险气象等级预报等专业气象预报的发布。管理本行政区域人工影响天气工作,指导和组织人工影响天气作业;组织管理雷电灾害防御工作,会同有关部门指导对可能遭受袭击的建筑物、构筑物和其他设施安装的雷电灾害防护装置的检测工作;负责向本级人民政府和同级有关部门提出利用、保护气候资源和推广应用气候资源区划等成果的建设;组织对气候资源开发利用项目进行气候可行性论证。组织开展气象法制宣传教育,负责监督有关气象法规的实施,对违反《中华人民共和国气象法》有关规定的行为依法进行处罚,承担有关行政复议和行政诉讼。统一领导和管理本行政区域内气象部门的计划财务、人事劳动、科研和培训以及业务建设等工作;会同县(市)人民政府对县(市)气象机构实施的部门为主的双重管理;协助地方党委和人民政府做好当地气象部门的精神文明建设和思想政治工作。承担上级气象主管机构和本级人民政府交办的其他事项。

芜湖市气象局

机构历史沿革

1. 始建及站址迁移情况

芜湖气象站始建于 1952 年 1 月。1952 年 1 月 11 日,芜湖气象站站址位于芜湖市下长街 38 号,东经 118°21′,北纬 31°20′,观测场海拔高度 19.2 米。1952 年 5 月 1 日,芜湖气象站搬迁至芜湖市六度巷 86 号,东经 118°21′,北纬 31°20′,观测场海拔高度为 12.8 米。195

年 2 月 1 日,迁址到芜湖市杨家巷 67 号,东经 118°21′,北纬 31°20′,观测场海拔高度为 11.8 米。1954 年 4 月 1 日,迁址到芜湖市张家山西 4 号,东经 118°20′,北纬 31°20′,观测场海拔高度为 14.8 米。2005 年 12 月 31 日,迁到芜湖长江大桥经济开发区,东经 118°22′,北纬 31°23′,观测场海拔高度为 9.5 米。

1952 年 1 月 11 日至 1952 年 5 月 31 日,芜湖气象站为甲种站,1952 年 6 月 1 日至 1953 年 12 月 31 日为特种站,1954 年 1 月 1 日至 1962 年 12 月 31 日为气象站,1963 年 1 月 1 日至 1985 年 12 月 31 日为国家基本气象站。1986 年 1 月 1 日起为国家一般气象站。

2. 建制情况

领导体制与机构设置演变情况   1952 年建站时称为芜湖气象站。1958 年 10 月 1 日,更名为芜湖气象台。1960 年 3 月 1 日更名为芜湖地区气象服务台。1971 年 8 月 1 日更名为芜湖地区革命委员会气象台。1973 年 7 月 1 日更名为芜湖地区革命委员会气象局。1977 年 1 月 1 日,更名为芜湖地区气象局。1980 年 4 月,更名为宣城行署气象局。1983 年 12 月 8 日,更名为芜湖市气象局。

1952—1953 年,实行军队领导的管理体制。1954—1957 年属安徽省气象局领导。1958—1970 年由地方政府领导。1970—1973 年实行军队和地方政府双重领导,以军队领导为主。1973—1979 年,气象部门转归地方革命委员会领导,业务受上级气象部门指导。1980 年起由气象部门和地方双重领导,以气象部门为主。

人员状况   1952 年芜湖气象站建站之初,共有职工 7 人,其中站长 1 人,气象员 6 人。2008 年 12 月 31 日,芜湖市气象局共有职工 46 人,其中本科学历 17 人,研究生 1 人;工程师以上职称 15 人,高级工程师职称 4 人。内设 3 个管理科室,4 个直属事业单位。

单位名称及主要负责人更替情况

单位名称	主要领导	性别	职务	任职时间
芜湖气象站	庄随远	男	站长	1952—1954
芜湖气象站	杨劲霖	男	站长	1954—1956
芜湖气象站	芮德根	男	站长	1956—1958.10
芜湖气象台	芮德根	男	台长	1958.10—1959
芜湖气象台	陆百庭	男	台长	1959—1960
芜湖地区气象服务台	李世昌	男	台长	1960—1968
芜湖地区气象服务台	邢兴仁	男	教导员	1968—1971.8
芜湖地区革命委员会气象台	李世昌	男	台长	1971.8—1973.7
芜湖地区革命委员会气象局	李世昌	男	局长	1973.7—1975.11
芜湖地区气象局	张 建	男	党组书记	1975.11—1982.5
宣城地区气象局	杜士歧	男	副局长(主持工作)	1982.5—1983.3
宣城地区气象局	周贤鲁	男	副局长(主持工作)	1983.3—1983.11
芜湖市气象局	王本富	男	副局长(主持工作)	1983.11—1985.2
芜湖市气象局	王本富	男	局长	1985.02—1992.3
芜湖市气象局	贾 毅	男	局长	1992.03—1993.12
芜湖市气象局	张 军	男	副局长(主持工作)	1993.12.4—1994.1
芜湖市气象局	张 军	男	局长	1994.11—1997.1

续表

单位名称	主要领导	性别	职务	任职时间
芜湖市气象局	张 军	男	局长	1997.1—2001.12
芜湖市气象局	张 竝	男	局长	2001.12—2003.10
芜湖市气象局	吴可军	男	局长	2003.10—2007.2
芜湖市气象局	汪克付	男	局长	2007.2—

气象业务与服务

1. 气象业务

地面观测 1952 年,芜湖气象站每天进行 02、08、14、20 时 4 次定时观测,05、11、17 时 3 次补充观测。观测项目有气压、气温、湿度(水汽压、相对湿度、露点温度)、降水、日照、蒸发、天气现象、云、能见度、冻土、雪压、地温(0~320 厘米)。

1986 年月 1 日 1 日,改为国家一般气象站后,每天进行 08、14、20 时 3 次观测。2004 年 7 月 28 日增加土壤墒情观测项目。

1986 年起,正式使用 PC-1500A 袖珍计算机运行地面气象测报程序取代人工编报。2005 年 1 月 1 日开始使用 OSSMO 地面测报软件。2006 年 1 月 1 日 20 时正式启用自动气象观测站。2006 年 1 月 1 日 20 时至 12 月 31 日 20 时实行人工观测和自动观测双轨运行,气象记录以人工观测为主。2007 年 1 月 1 日 20 时至 12 月 31 日 20 双轨运行,气象记录以自动观测为主。2008 年 1 月 1 日 20 时开始自动站单轨运行。

气象信息网络 1958 年,芜湖市气象台开展译报和填图工作。1974 年,接收移频电传报。1979 年,接收传真天气图。1984 年,建成甚高频电话通信系统和天气警报广播系统。1989 年,实现计算机自动填制天气图。1991 年 10 月,微机远程话路终端投入业务使用。1992 年,通过计算机拨号方式直接获取天气实况资料,取代了无线接收方式。1994 年,实现了 X.25 专线通讯。

1993 年 4 月 1 日安装了安徽省第一台卫星云图接收机,建立日本 GMS 卫星地面站,实现了卫星云图的实时接收和气象资料的"一机多屏"显示。1994 年,建成以 NET-WARE3.11 为操作系统的局域网,实现了资料共享。1996 年,建设气象卫星综合应用业务系统 VSAT 小站(代号 9210 工程)。1999 年,建成 PC-VSAT 单收站。2005 年,建成 FY-2C 中规模卫星云图接收站。

1974 年 6 月,711 天气雷达投入使用,并于 1998 年完成数字化改造。2000 年建成视频会商系统,实现远程天气会商的可视化。2005 年 7 月建成芜湖市防洪减灾预警预报系统,通过手机短信发布预警信息。

气象预报 芜湖天气预报业务始于 20 世纪 50 年代。预报产品为短期 24 小时、48 小时天气预报,初期通过收听天气形势广播制作,1958 年增加自绘天气图分析方法。

1974 年,开始制作、发布短时天气预报。1999 年气象信息综合分析处理系统(MI-CAPS)投入应用,实现天气分析无纸化。

芜湖市气象局制作发布的天气预报产品,主要包括短时临近天气预报、短期天气预报、中期天气预报和短期气候趋势预测。短期天气预报主要包括 24、48 小时的降水、温度、风向、风力预报。中期天气预报主要包括 5 天天气趋势预报、天气周报、旬预报。短期气候趋势预测主要是以省气象局指导产品为参考,结合区域实际,制作每月气候趋势预测、汛期气候趋势预测和年度气候趋势预测产品等。

2000 年后,新一代天气预报业务、精细化要素客观预报等预报业务系统软件投入应用,森林火险气象等级指数、生活气象指数、地质灾害气象等级预报等产品得到开发。雷达资料综合应用、短时强对流天气监测预警等业务系统相继投入业务使用。

2. 气象服务

公众气象服务　1989 年 10 月前主要通过电台广播和报纸对外发布公众天气预报。1989 年 10 月起增加电视发布方式。1993 年,在电信"168"信息平台上开通气象服务子平台。1997 年 6 月 18 日,开通"121"天气预报电话自动答询系统。1996 年 4 月,芜湖市气象局自行制作的电视天气预报节目对外播出。2005 年 12 月 28 日起,制作有主持人的电视天气预报节目。2002 年,在芜湖市政府网上开通专业气象服务栏目。2005 年 1 月开通芜湖市气象局门户网站。2007 年,在全市主要党政机关、宾馆、车站、码头和社区布设气象灾害预警信息电子显示屏。

决策气象服务　20 世纪 90 年代前以书面材料为主。20 世纪 90 年代至今,增加传真、互联网、手机短信等手段。

1999 年芜湖市遭遇严重洪涝灾害,芜湖市气象局准确预报、优质服务。

2008 年初,芜湖市遭受 50 年不遇的雨雪冰冻灾害,最大积雪深度达到 36 厘米。芜湖市气象局作出了准确预报。2008 年还为党和国家领导人视察芜湖、北京奥运火炬传递、"奇瑞"百万辆车下线、中国(芜湖)国际旅游商品交易博览会、CCTV"倾国倾城"主题晚会、安徽省第九届运动会、安徽省第五届农民运动会等重大经济社会活动提供气象保障服务。

专业与专项气象服务　1986 年起,建立芜湖市气象警报发射系统,为用户提供专业气象服务。服务对象涉及供电、供水、煤气、环保、烟草、建材、建筑、造船、窑业、工矿、商贸、邮电、医药卫生、粮食加工、铁路运输、航运码头、乡镇企业、汽车生产等行业。为芜湖市发电厂扩建、芜湖造船厂远洋货轮制造、长江三峡高压直流电跨江输电塔架设、高速公路建设、芜湖港朱家桥外贸码头建设、芜湖长江大桥建设、长江大堤加固等重点工程提供气象服务。

芜湖市气象局与农委、交通、旅游、教育、国土、林业、海事等相关部门签订合作协议,开展有针对性的专业专项气象服务。

1985 年开展专业气象有偿服务。1988 年起开展防雷安全装置检测服务。1996 年开展电视天气预报广告服务。2004 年起,开展防雷图纸审核、竣工验收工作。1992 年起开展施放升空系留气球庆典服务。

气象科技服务与技术开发　2007 年 7 月,建成"96121"、人工外呼设备与应急管理融于一体的公共气象服务平台。2004 年 5 月 30 日,联合芜湖市市委组织部开发了芜湖先锋网。2004 年 6 月,联合芜湖市科技局开发了芜湖星火计划网。

气象科普宣传　芜湖市气象局开展多种形式的科普宣传活动。每年"3·23"世界气象日、全国科普日、科普宣传周、法制宣传月、防灾减灾日等,气象台对公众开放,设立专家咨询热线,气象职工上街头、进机关、入社区、到学校进行科普宣传,通过广播、电视、报纸、互联网等方式宣传气象科普知识。

法规建设与管理

1. 气象法规建设

1996 年 5 月 12 日,芜湖市人民政府办公室发布了《关于加强防雷安全管理工作的通知》(市府办字〔1996〕47 号)。2003 年 12 月 3 日,芜湖市人民政府办公室发布《转发市气象局和市安全生产委员会办公室关于进一步加强我市防雷安全管理工作的实施意见的通知》(芜政办〔2003〕46 号)。2006 年 10 月 25 日芜湖市政府办公室下发了《芜湖市人民政府办公室关于进一步加强防雷安全管理工作的通知》(芜政办〔2006〕39 号)。2006 年 11 月 20 日芜湖市政府发布了《芜湖市人民政府关于加快气象事业发展的决定》(芜政〔2006〕88 号)。

2007 年,芜湖市气象局对涉及全局行政管理、气象基本业务、气象科技服务的各项规章制度进行了清理和修改完善,出台了一批符合实际、操作性强的新制度。2008 年 3 月,编制完成《芜湖市气象局制度汇编》。

2. 社会管理

社会管理　对防雷装置检测、防雷工程专业设计、施工单位资质许可、防雷装置设计审核和竣工验收许可、施放气球单位资质认定、施放气球活动许可制度、气象探测环境保护等实行社会管理。2004 年 7 月 18 日,芜湖市气象局行政审批项目进入行政服务中心集中办理。芜湖市气象局分别与芜湖市建委、安监局、公安局、教育局、开发区管委会等部门就防雷安全管理联合发文。芜湖市气象局分别与芜湖市公安局、工商局、城市管理行政管理执法局、驻芜空军某部就气球施放安全管理联合发文。2007 年根据省气象局文件要求,将探测环境保护在市规划局进行了探测环境现状备案。

政务公开　对气象行政审批办事程序、气象服务内容、服务承诺、气象行政执法依据、服务收费依据及标准等,通过户外公示栏、电视广告、发放宣传单、芜湖市气象局门户网站等方式向社会公开。

党建与气象文化建设

1. 党建工作

支部组织建设　1975 年 11 月,成立芜湖地区气象局党的核心小组,后改为党组。1986 年 11 月,成立中共芜湖市气象局党组;1988 年 7 月 14 日,撤销芜湖市气象局党组。1997 年 1 月 9 日,恢复中共芜湖市气象局党组。1998 年 3 月,芜湖市气象局党组纪检组成立。

芜湖市气象局机关党支部从成立之日起就在单位各项工作中始终发挥了战斗堡垒作用。2008 年 12 月 31 日,芜湖市气象局机关党支部共有党员 29 人,其中在职党员 20 人,离退休党员 9 人。

1996 年芜湖市直机关工委授予"先进基层党组织";2003 年 6 月 18 日,芜湖市委组织部授予"先进基层党组织";2006 年 7 月,芜湖市委组织部授予 2004—2005 年度芜湖市"先进基层党组织"称号。

党风廉政建设 芜湖市气象局大力加强党风廉政建设工作,以加强制度建设为抓手,加大从源头上预防腐败的工作力度。通过加强学习提高认识,不断增强做好反腐倡廉建设的责任意识。严格落实党风廉政建设责任制,不断提高做好反腐倡廉建设的能力。建立健全各项规章制度,用制度管权、管人、管事等方式,努力营造了党风廉政建设的良好局面。

开展形式多样的局务公开工作,建立了"六牌一栏",实施"两公开一监督"制度,设立了文明创建、廉政建设意见箱和举报电话,成立老干部督查组,完善干部的考察、考核工作等。

组织开展形式多样的廉政文化活动。通过组织开展党风廉政宣传教育月、"廉政短信周末提醒"、组织收看警示教育片、开展立铭励廉、廉政歌曲大家唱和网络廉政书签等一系列活动较好地推动了全市气象部门的党风廉政建设。

2. 气象文化建设

精神文明建设 芜湖市气象局精神文明建设起步于 1997 年。1999 年 4 月 10 日成立局文明办。制定了《芜湖市气象局文明楼院管理办法》《芜湖市气象局文明创建管理办法》《芜湖市气象局卫生管理办法》《芜湖市气象局文明创建工作责任制》等规章制度。

1998 年,芜湖市气象局就获得区级"文明单位",2000 年获得中共芜湖市委、市政府授予的芜湖市"文明单位",2003 年初获得中共芜湖市委、市政府授予的芜湖市"文明单位标兵",2004—2008 年获得中共安徽省委、省政府授予的安徽省第六届、第七届、第八届"文明单位"。

2001 年获得芜湖市文明行业创建活动指导委员会授予的"文明行业"称号。2005 年获得中共安徽省委、省政府授予的安徽省第二届"创建文明行业工作先进单位"。2008 年再次获得芜湖市文明行业创建活动指导委员会授予的芜湖市"文明行业"称号。

文体活动 芜湖市气象局组织职工开展形式多样的文体活动。2004 年,为职工设立了室外健身场地、室内乒乓球室、棋牌室和健身房。组织职工参加芜湖市和省气象局组织的各项文体竞赛活动。

3. 荣誉

集体荣誉 1995 年 11 月,中共芜湖市委、市人民政府授予"抗洪抢险先进集体"称号。1996 年 10 月,中共芜湖市委、市政府授予"1991—1995 年期间法制宣传先进集体"称号。1996 年 11 月,芜湖市委、市政府分别授予抗洪救灾"先进集体"称号。2000 年,安徽省政府授予"信息入乡"工程建设先进单位。2008 年,中共芜湖市委、市政府授予"抗雪救灾"先进集体。

个人荣誉 1998 年,邓晓喜获安徽省气象局、安徽省人事厅联合授予的全省气象系统"先进工作者"。2004 年,赵庭龙获安徽省气象局、安徽省人事厅联合授予的全省气象系统"先进工作者"。

台站建设

1978 年底,建成雷达办公楼 800 平方米。1985 年 12 月,建成 10 套职工住宅楼。1986

年11月,建成20套职工住宅。1998年10月建成21套职工住宅。

　　1993年底,建成芜湖市气象局综合楼1200平方米,2003年4月完成综合楼整体改造和装修。2004年12月31日,建成芜湖长江大桥气象科技园,占地5800平方米,建筑面积1680平方米。2007年,根据芜湖市城市发展总体规划,并经上级主管部门批准,启动了台站整体搬迁计划,完成了立项、选址等前期准备工作。

芜湖气象的发源地——芜湖市吉和街天主教堂

2004年建成的芜湖长江大桥气象科技园

芜湖市气象局现貌

芜湖县气象局

　　芜湖县位于安徽省东南部,长江中下游南岸。芜湖县历史悠久,人文荟萃。当代考古证明,早在四五千年前,这里就居住着皋夷人、山越人,春秋时作为邑地见于史册,名为"鸠兹"。汉武帝元丰二年(公元前109年)正式置县,现隶属安徽省芜湖市管辖。

机构历史沿革

1. 始建及沿革情况

1973年9月15日,安徽省芜湖县革命委员会气象站成立,站址在芜湖县城东郊汤山头上,即北纬31°09′,东经118°35′,海拔高度21.1米。1979年11月16日,安徽省芜湖县革命委员会气象站更名为芜湖县气象局。1984年4月,芜湖县气象局更名为芜湖县气象站。1986年3月26日,芜湖县气象站更名为芜湖县气象局。1986年1月1日为国家基本气象观测站,2007年1月1日改称为国家气象观测一级站。

2. 建制情况

领导体制与机构设置演变情况 1973年至1979年2月,由芜湖县政府领导。1979年3月至1982年4月,转为气象部门垂直领导。1983年4月,全国实行机构改革,改为气象部门和地方政府双重领导,由部门领导为主的管理体制。

人员状况 1973年建站时3人。2006年8月定编为11人。2008年12月31日,在编职工11人。其中大学本科学历4人,大专学历5人,中专以下学历2人;中级专业技术人员8人,初级专业技术人员3人;50~59岁1人,40~49岁6人,40岁以下4人。

单位名称及主要负责人更替情况

单位名称	负责人	性别	职务	任职时间
芜湖县革命委员会气象站	丁步青	男	站长	1973.9—1977.12
芜湖县革命委员会气象站	俞世安	男	站长	1977.12—1979.11
芜湖县气象局	俞世安	男	局长	1979.11—1984.4
芜湖县气象站	奚邦忠	男	副局长(主持工作)	1984.4—1986.3
芜湖县气象局	奚邦忠	男	副局长(主持工作)	1986.3—1987.6
芜湖县气象局	翟光亚	男	副局长(主持工作)	1987.6—1988.6
芜湖县气象局	翟光亚	男	局长	1988.6—1991.1
芜湖县气象局	周先春	男	副局长(主持工作)	1991.1—1993.4
芜湖县气象局	王荣生	男	副局长(主持工作)	1993.4—1994.4
芜湖县气象局	王荣生	男	局长	1994.4—1999.7
芜湖县气象局	吕才华	男	副局长(主持工作)	1999.7—2001.3
芜湖县气象局	吕才华	男	局长	2001.3—2004.9
芜湖县气象局	汪开斌	男	副局长(主持工作)	2004.9—2005.7
芜湖县气象局	汪开斌	男	局长	2005.7—2008.3
芜湖县气象局	刘建军	男	副局长(主持工作)	2008.3—

气象业务与服务

1. 气象业务

地面观测　1975 年 1 月 1 日芜湖县气象站正式开始地面观测。观测时次：1975 年 1 月 1 日至 1985 年 12 月 31 日，每天 08、14、20 时 3 次；1986 年 1 月 1 日起，每天 02、05、08、11、14、17、20、23 时 8 次，昼夜守班。观测项目有云、能见度、天气现象、气压、气温、湿度、风向风速、降水、雪深雪压、冻土、日照、蒸发（1997 年 7 月起改为大型蒸发）、地温（包括深层地温）等，2004 年 7 月 28 日起增加土壤墒情观测。

1986 年 1 月 1 日起拍发天气报。2007 年 1 月 1 日起增发 23 时天气报，1990 年 1 月 1 日至 1993 年 12 月 31 日拍发固定航空（危险）报。2008 年 6 月起增加雷暴、视程障碍现象（霾、浮尘、沙尘暴、雾）等发报项目。全年拍发气象旬、月报，预约拍发台风加密报。

芜湖县气象站编制的报表有：气表-1、气表-21、月气象要素简表。

2004 年，在花桥、六郎、方村、陶辛、红杨、火龙岗、清水 7 个乡镇建成单雨量自动观测站，2006 年至 2008 年又先后建成 2 个四要素和 1 个六要素自动气象站。2008 年底，芜湖县乡镇自动气象站有：10 个单雨量站；2 个四要素站（花桥、陶辛）；1 个六要素站（和平）。

气象预报　1975 年 1 月，县气象站根据本站的观测资料并参考省、市气象局和有关县的预报资料与信息，开始制作 12、24、48 小时天气预报，每天早中晚 3 次由县广播站（后为县广播电台）对外发布。

20 世纪 80 年代初，通过传真接收中央气象台、省气象台的旬、月天气预报，再结合分析本地气象资料、短期天气形势、天气过程的周期变化等制作旬天气过程趋势预报。

县气象站主要运用数理统计方法和常规气象资料图表及上级台的预报结论等，分别作出具有本地特点的补充订正预报。

长期预报主要有：春播预报、汛期（5—9 月）预报、冬修预报。

气象信息网络　1981 年正式开始天气图传真接收工作，主要接收北京、欧洲中心、东京的传真图表。1987 年，开通甚高频电话，实现与市气象台业务会商。1997 年 2 月报文改从数据分组交换网（X.25）上传，2000 年原始资料也通过数据分组交换网向省局传输。1999 年 11 月底，地面卫星接收小站（9210 单收站）建成并正式启用，MICAPS 气象信息综合分析处理系统得到应用。2003 年 4 月 15 日上传报文改由宽带 VPN 传输方式传输，原 X.25 传输方式停用。

2. 气象服务

公众、决策服务　1989 年建成气象预警服务系统。1990 年正式使用预警系统对外开展服务，每天早、中、晚各广播 1 次，服务单位通过预警接收机定时接收气象服务。

1975 年 1 月 1 日，县广播站开始播报芜湖县天气预报。1986 年 9 月，在县电视台播放芜湖县天气预报，天气预报信息由县气象局通过电话传输至广播局，电视节目由电视台制作。1998 年 10 月，县气象局建成多媒体电视天气预报制作系统，将自制电视天气预报节目送芜湖电视台播放。

1997 年 8 月,县气象局同电信局合作,正式开通天龙公司的"121"天气预报自动咨询电话。1999 年 8 月 2 日改用了天通公司的多功能"121"天气预报自动咨询系统。2004 年 4 月根据芜湖市气象局的要求,全市"121"答询电话实行集约经营,主服务器由芜湖市气象局建设维护。2005 年 1 月,"121"电话升位为"12121",此后不久更名为"96121"。

2000 年上半年,为更好地为农业生产服务,芜湖县政府开展"信息入乡"工程,以县气象局为主体建立芜湖县农村综合经济信息中心,依托安徽农网,在全县 24 个乡镇开通了信息站,促进了全县农村产业化和信息化的发展。

2002 年,为了更及时准确地为县、乡党政领导服务,芜湖县气象局通过移动通信网络开通了气象短信平台,以手机短信方式向全县各级领导发送气象信息,之后逐渐扩大到县直单位、行政村和中小学校、幼儿园。为有效应对突发气象灾害,提高气象灾害预警信号的发布速度,避免和减轻气象灾害造成的损失,2008 年 7 月,芜湖县气象局利用全县公共场所安装气象灾害预警信息电子显示屏,气象灾害预警信息得到更广泛的传播。

专业专项气象服务 1985 年开始推行气象有偿专业服务。1988 年 6 月,芜湖县人民政府办公室转发《县气象局关于开展气象有偿专业服务报告的通知》,对芜湖县气象有偿专业服务的对象、范围、收费原则和标准等内容进行规范。气象有偿专业服务主要是为相关企事业单位提供中、长期天气预报和气象资料,一般以旬(后期以周)天气预报为主。

2000 年上半年,芜湖县政府投入专项资金 9 万元,购置 2 门"三七"高炮用于人工增雨作业。并在三元、新丰、赵桥三乡各设 1 处人工增雨作业点。2000 年、2001 年芜湖县气象局多次进行了人工增雨作业。2005 年底购置人工增雨火箭发射架 1 台,使人工影响天气作业的灵活机动和安全保证得到大幅提高。

气象科普 每年在"3·23"世界气象日组织科技宣传,普及防雷等气象知识。同时积极参加县政府及相关部门组织的安全生产检查和宣传活动。

法规建设与管理

社会管理 2000 年初,成立芜湖县防雷减灾中心,负责芜湖县防雷安全的管理。2005 年 6 月 1 日,芜湖县气象局派员进入芜湖县行政服务中心大厅,设立气象窗口,依法进行防雷装置设计审核和竣工验收的行政许可。

政务公开 对气象行政审批办事程序、服务内容、服务承诺、气象行政执法依据、服务收费依据及标准等,采取了通过户外公示栏、发放宣传单等方式向社会公开。单位内部岗位调整、财务收支、目标考核、基础设施建设、工程招投标等内容则采取职工大会、公示栏张榜、上气象办公网等方式向职工公开。财务一般每季公开 1 次,年底对全年收支、职工奖金、福利发放、领导干部待遇、劳保、住房公积金等向职工作详细说明。干部任用、职工晋职、晋级,发展党员,评先评优等及时向职工公示或说明。

1996 年 4 月出台了《芜湖县气象局综合管理制度》,2005 年再次修订后下发,主要内容包括计划生育、职工脱产(函授)学习和申报职称、职工休假及奖励工资、医药费、值班管理制度、会议制度、财务福利制度等。2008 年在制度建设推进年活动中,又将上述制度加以认真整理、修订、规范(废、改、立),并装订成册,下发执行。

党建与气象文化建设

1. 党建情况

支部组织建设 1973年建站时,仅有中共党员2人,编入中共芜湖县委农工部支部。1985年下半年,有党员3人,成立中共芜湖县气象站支部(1986年5月改名为芜湖县气象局党支部)。1999年7月后,因气象局仅有党员2人,县直机关党委同意芜湖县气象局保留党支部,2名党员参加芜湖县农委党支部过组织生活。2002年底,恢复芜湖县气象局党支部。至2008年底,有中共正式党员4人,预备党员1人。

党风廉政建设 芜湖县气象局党支部始终紧抓党风廉政建设,认真落实党风廉政建设目标责任制,积极开展廉政教育和廉政文化建设活动,努力建设廉洁的领导班子。开展了以"情系民生,勤政廉政"为主题的廉政教育,组织观看多部警示教育片,参加党风廉政建设知识测试,参加编写党风廉政建设短信竞赛。局财务账目每年接受上级部门年度审计,并将结果向职工公布。

2. 气象文化建设

始终坚持以人为本,弘扬自力更生、艰苦创业精神,深入持久地开展文明创建工作。统一制作局务公开栏、学习园地、法制宣传栏和文明创建标语等宣传用语牌。建设两室(图书阅览室、职工活动室),拥有图书近千册。

历年来主动参与"送温暖,献爱心"活动。2008年"5·12"汶川特大地震后,县气象局多次开展捐款活动,党员缴纳"特殊党费"。

1999年,芜湖县气象局被县委、县政府授予"文明单位"。2002年、2004年、2006年、2008年,芜湖县气象局4次被中共芜湖市委、市政府授予芜湖市"文明单位"。

台站建设

芜湖县气象局始建于1973年9月。初创时房屋简陋,设备原始,人手少、任务重。1985年,国家基本气象观测站落户芜湖县,陆续建成办公楼1幢、职工住宅平房3幢、重新扩建观测场,修建围墙、道路,工作生活条件大大改善。

1993年自筹资金修建大院门口水泥路100米。1997年利用省气象局综合改造资金和自筹部分资金,在全省率先装修改造了业务值班室,使业务平台实现了"通、透、明"。2005年购置普通桑塔纳轿车1辆。

1987年到2003年,芜湖县气象局分期分批对大院内的环境进行了绿化改造,全局绿化率达到了70%,规划整修了道路。使大院变成了风景秀丽的花园。

2007年,根据县城发展规划和保护气象探测环境,经上级主管部门批准,决定县气象局实行整体搬迁,2007年6月大院内所有住户搬迁完毕,3幢住宅平房被拆除,由县政府统一安置在一住宅小区内,职工居住环境和条件得到根本改善。县气象局新址建设开始启动,新址落户在芜湖县湾沚镇丰和村,总面积13300平方米,新建1050平方米办公楼1幢,

2008 年 10 月主体封顶,于 2009 年底竣工。

芜湖县气象局老气象办公楼

芜湖县气象局办公环境现貌

繁昌县气象局

繁昌县位于皖南北部,长江南岸,介于北纬 30°37′至 31°17′,东经 117°58′至 118°22′之间,面积 630 平方千米。2008 年,全县人口 31.7 万,辖 6 镇 81 个村委会、20 个居委会。

机构历史沿革

1. 始建及站址迁移情况

1958 年 10 月,安徽省气象局派员来繁昌县建站,站址选定在县城东门外烈马山"小山顶",即北纬 31°05′,东经 118°12′,海拔高度 33.0 米,观测场 12 米×13 米。1959 年 1 月 1 日开展工作。1969 年 6 月 24 日,繁昌县科学试验站革命委员会行文至安徽省气象局革命委员会,要求迁址;安徽省农业厅气象局批示,同意迁址;同年 9 月 1 日新站启用。站址为繁昌县城郊北门外"闵家山头"。即:北纬 31°05′,东经 118°11′,海拔高度 26.8 米、观测场 25 米×25 米。2002 年,由于山体滑坡影响,在原址进行了观测场综合改造,改造后观测场为 20 米×20 米。2005 年 11 月,繁昌县气象局取得土地证,土地面积 5040.5 平方米。

2. 建制情况

领导体制与机构设置演变情况 1958 年始建名称为繁昌县气候站,建制属地方政府领导,业务管理归口为安徽省气象局。1964 年 1 月按安徽省人民委员会和安徽省气象局文件,决定繁昌气候服务站体制"三权"(人、财、业务)收归省气象局,地方负责党政领导;1966 年 2 月,更名为繁昌县气象服务站;1970 年 11 月,根据国务院、中央军委文件,气象部门交由军队领导,省气象局负责气象业务,建制仍属地方,归口在繁昌县水电局(后转为县农业局),为股(站)级单位;1971 年 5 月,更名为繁昌县革命委员会气象站;1973 年 7 月,根据安徽省革命委员会、省军区文件,气象部门体制由军队转为地方,繁昌县革命委员会气象站由繁昌县革命委员会领导,升格为科局级;1975 年 6 月,更名为繁昌县气象局;1979 年,体制调整由省气象局和地方双重领导,以省气象局为主。1980 年,气象部门改为部门和地方双重领导,以部门领导为主。

人员状况 筹建时工作人员 1 人。2008 年事业单位改革,繁昌县气象局定编 7 人,其中工程师 4 人、助理工程师 3 人,本科学历 4 人。年龄结构:35 岁以下 3 人、36～45 岁 2 人、46～55 岁 2 人。

单位名称及主要负责人更替情况

单位名称	负责人	性别	职务	任职年月
繁昌县气候站	张益岗	男	站长	1959.1—1960.2
繁昌气候服务站	翟贵发	男	站长	1960.2—1960. 下半年
繁昌气候服务站	夏明哲	男	站长	1960. 下半年—1966.2
繁昌县气象服务站	夏明哲	男	站长	1966.2—1971.5
繁昌县革命委员会气象站	夏明哲	男	站长	1971.5—1975.6
繁昌县气象局	夏明哲	男	副主任(主持工作)	1975.6—1975.9
繁昌县气象局	李 俊	男	副主任(主持工作)	1975.9—1978.1
繁昌县气象局	夏明哲	男	副局长(主持工作)	1978.1—1979.1
繁昌县气象局	王俊华	男	局长	1979.1—1983.11
繁昌县气象局	夏明哲	男	局长	1983.11—1990.5
繁昌县气象局	沈毓忠	男	局长	1990.5—1992.8
繁昌县气象局	罗建民	男	局长	1992.8—2003.8
繁昌县气象局	李庆根	男	副局长(主持工作)	2003.8—2004.9
繁昌县气象局	罗少平	男	局长	2004.9—

气象业务与服务

1. 气象业务

气象观测 建站初期,每日,01、07、13 和 19 时(北京时)观测 4 次,1964 年改为每日 08、14、20 时 3 次。观测项目有空气温度、湿度、雨量、风向风速、天气现象、能见度、雪深等。1980 年后,地面观测的常规项目有云、能见度、天气现象、气压、空气温度、湿度、风向风速、降水、日照、蒸发、地面温度和雪深。

2002 年,进行观测场室改造。2003 年 10 月使用自动气象站设备。2004 年、2005 年实行人工观测、自动气象站观测并行。2006 年 1 月自动气象站观测单轨运行。

2004 年 4 月,建乡镇自动雨量站网,第一批 7 个站,分布在峨桥、三山、螃蟹矶、孙村、荻港、平铺、赤沙。2007 年 3 月,进行升级改造,实行太阳能供电。2008 年 12 月,全县四要素自动气象站 3 个,分布在平铺、新港、孙村;单雨量站 10 个,分布在赤沙、荻港、高安、芦南、马坝、茅王水库、钳口水库、石垅冲、童坝、五联圩。

2004 年 1 月,开展特种观测和土壤墒情观测。特种观测项目 3 个,分别是水泥地面、草面、裸露空气温度;2007 年 12 月特种观测停止。土壤墒情,观测 0～50 厘米深度。

2006 年 9 月,建成气象站实景观测系统。2008 年冬,增加冻土和电线积冰 2 个观测项目。

1992年12月,档案管理升级为省二级。2005年11月,重新认定为省二级。

2008年8月,气象业务档案送交安徽省气象档案馆保管。

气象信息网络　1991年前,手工处理地面观测资料。1992年2月使用微型计算机(PC-1500)进行气象观测资料加工处理。1994年6月,购买486电脑1台,加入公用分组数据交换网。1998年7月,利用互联网实时传输气象观测资料。

2000年12月,建气象卫星资料地面接收系统(单收站),时称9210工程。

2000年下半年,接入中国电信"一线通",开始包月不限时连接互联网;2001年12月,开通ADSL宽带传输;2004年1月,改为光纤传输,带宽100兆。

气象预报　1960年开始制作天气预报。20世纪70年代,设立预报组;1992年,观测组和预报组再次合并,设气象台。预报工作任务是做补充订正预报。

2. 气象服务

公众气象服务　1960年开始发布天气预报,发布媒体是繁昌县广播站,每天播3次。1997年9月,开始制作多媒体电视天气预报,电脑合成语音。2005年12月,在县政府网站开辟天气预报栏目,发布2天内短期天气预报。

1997年6月,开通"121"天气预报电话自动答询系统。

1988年8月,购置1台气象警报发射两用机和25台气象警报接收机,建立气象预报警报网络,每日定时3次开机,灾害性天气信息随时开机。1997年6月停用。

2006年1月,开始制作有主持人的电视天气预报,委托芜湖市气象局影视中心代办。

2003年9月,开始通过手机短信,发布灾害性天气预警信号。

2005年3月,开始使用气象灾害预警信息电子显示屏向公众发布天气预报和预警信息。

决策气象服务　定期服务产品有旬、月、季预报。20世纪90年代,月、春播、三秋、冬季预报停做。2000年后,旬预报改为周预报。汛期(5—9月)长期预报每年4月做出,仅送县、乡领导参阅,不公开发布。

2007年6月,完成繁昌县气象灾害灾情普查,建立档案。

2008年12月,决策服务产品有天气周报、天气情况汇报、汛期气象服务专报、重大气象信息专报、气象灾情评估报告。

气象科技服务　1982年繁昌县暴雨预报方法获安徽省气象局"气象科技成果"四等奖。1981年5月,完成《繁昌县农业气候资源及区划》课题。2005—2007年,完成繁昌县人工增雨(高炮、火箭)、森林火险等级预报3个县级科研课题。

2000年11月,繁昌县机构编制委员会批准成立繁昌县农村综合经济信息服务中心,在繁昌县气象局挂牌。

专业专项气象服务　1985年始开展此业务。2006年11月,建芜湖核电专用气象站,承担核电站一期工程的前期气象观测资料收集任务。2007年3月11日开始观测,2008年4月30日终止。

2001年7月,繁昌县防汛抗旱指挥部批准成立繁昌县人工增雨办公室,挂靠在繁昌县气象局;同月,购置 1 门"三七"双管高炮。2006 年,购置车载式人工增雨火箭发射系统 1 套。

1990 年起,开始防雷检测业务。2007 年 7 月,参加全县建筑物竣工综合验收,防雷装置验收合格证列为备案材料之一。

2004 年 5 月,在繁昌县工商行政管理局注册成立芜湖市气象技术应用研究所繁昌分所,主营业务:气象技术应用研究。2006 年 8 月,芜湖市气象局批准成立繁昌县防雷中心,主营业务:防雷技术服务。

法规建设与管理

部门管理 2004 年 10 月,在繁昌县行政服务中心设立气象窗口,行使施放升空气球管理、防雷安全管理二项气象行政审批职责。

政务公开 2002 年 5 月,成立局务公开领导组和监督组,公开内容:财务收支、评先评优、基本建设、重大决策。公开方式:宣传栏,半年 1 次;职工大会通报,每季度 1 次。

党建与气象文化建设

1. 党建工作

支部组织建设 1960 年下半年,中共党员 3 人,设中共繁昌县气象党支部。2008 年 12 月,县气象局有中共党员 5 人。

党风廉政建设 1998 年 4 月,芜湖市气象局文件通知,繁昌县气象局配备兼职纪检监察员 1 名,职责是党风廉政建设和精神文明建设。2007 年 3 月,安徽省气象局发文,推行"三人决策"制度,纪检监察员列为决策人之一。

2. 气象文化建设

精神文明建设 1998 年初,成立繁昌县气象局精神文明建设办公室,开展精神文明建设工作。2005 年 7 月、2007 年 2 月分别被中共芜湖市委、市政府授予芜湖市第十一届、十二届"文明单位"称号。

文体活动 2005 年 11 月,建立职工图书馆,2008 年 12 月,有藏书约 1500 册。2005 年 12 月,购买 4 套健身器材,安装在气象局大院。

3. 荣誉

1995 年,魏仁和被安徽省委、省政府授予"安徽省抗洪救灾先进个人"称号。

台站建设

1983 年 12 月,修建院内道路,长 120 米、宽 3.5 米。

2000 年,进行业务楼改造。2002 年,进行观测场综合改造,另建 20 平方米门卫室。

2007 年 6 月,进行观测场值班室防雷升级改造。

1971—1972年，建4间办公平房。1973年建4间砖木结构职工住房，80平方米。1980年，在此房基础上扩建加层，建成业务楼，6月因与繁昌县第二中学土地权属纠纷停工。1984年复建，1985年竣工。1986年，建8间砖木结构职工宿舍，面积220平方米，另建简易结构厨房，当年竣工。1991年，建4套2层职工宿舍楼，1992年6月竣工。

2005年6月，购买公务用车1辆。2006年4月，购买双排座货运汽车1辆。

1971年前，气象局职工生活用水到站外人工挑。1972年，在气象局院内打水井1口。1986年，接通自来水。2002年，建成水冲式厕所。

2003年6月，繁昌县气象局进行台站建设总体规划。2004年1月，安徽省气象局对规划进行了批复。2005年春，进行大院绿化美化，铺设了草坪。

繁昌县气象局老业务楼

繁昌县气象局观测场、业务楼新貌

南陵县气象局

南陵县历史悠久，是中国青铜文化的发祥地之一，西汉时期开始设县施政，名为春谷，南朝梁帝（公元525年）时置南陵县，现隶属安徽省芜湖市。

南陵县地处长江中游，属亚热带季风性湿润气候。灾害性天气频发，尤以暴雨、干旱、大风、冰雹、雷电、大雪为甚。

机构历史沿革

1. 始建及沿革情况

1956年7月23日，南陵县气候站成立，站址在南陵县弋江区浦桥乡县农场，位于北纬30°54′，东经118°25′，海拔高度14.4米。1960年4月，更名为南陵县气象服务站。1963年9月1日，迁址南陵县城关镇西门外蚂蝗涝，位于北纬30°55′，东经118°17′。1968年9月，更名为南陵县科学试验站革委会气象站。1969年1月，更名为南陵县科学试验站科研组。

1971 年 3 月,更名为南陵县革命委员会气象站。1980 年 1 月 1 日,迁址南陵县籍山镇城西村藕塘埂潘家屋(现址),位于北纬 30°55′,东经 118°19′,海拔高度 12.8 米。1979 年 4 月,更名为南陵县气象站。1980 年 12 月,更名为南陵县气象局。

2. 建制情况

领导体制与机构设置演变情况 自建站至 1958 年,由气象部门和南陵县政府双重领导,以部门领导为主;1959 年至 1963 年,由以部门领导为主改为以地方领导为主;1964 年至 1966 年,由以地方政府领导为主改为以部门领导为主;1967 年至 1979 年由以部门领导为主改为以地方领导为主;1979 年以后"三权"收回,双重领导,以气象部门为主,即垂直管理,这种管理体制一直延续至今。

人员状况 1956 年建站时只有 1 人,同年 8 月新增 2 人。2008 年定编为 7 人,是年底,有在编职工 8 人,其中大学学历 2 人,大专学历 4 人,中专学历 1 人;中级专业技术人员4 人,初级专业技术人员 3 人;50～55 岁 2 人,40～49 岁 2 人,40 岁以下的有 4 人。

单位名称及主要负责人更替情况

单位名称	负责人	性别	职务	时间
南陵县气候站	肖 琴	男	负责人	1956.7—1960.3
南陵县气象服务站	肖 琴	男	负责人	1960.4—1965.10
南陵县气象服务站	邹谦益	男	负责人	1965.10—1967.1
南陵县气象服务站	范顺龙	男	负责人	1967.1—1968.8
南陵县科学试验站革委会气象站	范顺龙	男	负责人	1968.9—1968.12
南陵县科学试验站科研组	范顺龙	男	负责人	1969.1—1971.2
南陵县革委会气象站	范顺龙	男	负责人	1971.3—1971.8
南陵县革委会气象站	徐致荣	男	负责人	1971.8—1978.4
南陵县革委会气象站	徐宏保	男	负责人	1978.4—1979.3
南陵县气象站	徐宏保	男	副站长	1979.4—1980.11
南陵县气象局	徐宏保	男	副局长	1980.12—1984.2
南陵县气象局	徐宏保	男	副局长	1984.2—1993.2
南陵县气象局	范顺龙	男	副局长	1993.2—1994.4
南陵县气象局	范顺龙	男	局长	1994.4—1998.3
南陵县气象局	罗少平	男	副局长	1998.3—1999.10
南陵县气象局	罗少平	男	局长	1999.10—2004.9
南陵县气象局	吕才华	男	局长	2004.9—

气象业务与服务

1. 气象业务

地面观测 本站为国家一般气象观测站,全县建有区域自动气象站 19 个,其中四要素站 3 个,六要素站 1 个,其余为单雨量站。

国家一般气象观测站承担全国统一观测项目任务,内容包括云、能见度、天气现象、气压、气温、湿度、风、降水、雪深、日照、蒸发(小型)和地温(距地面 0、5、10、15、20 厘米),每天

08、14、20 时 3 次定时观测,向省气象台拍发省区域天气加密电报。

1956 年 8 月开始对云、能见度、温度、湿度、风、降水等气象要素进行地面观测记录,并向中央气象局气科所拍发气候旬报。1956 年 10 月下旬开始,有农业气象观测,内容有冬小麦、冬大麦生育期的观测记录。1958 年 1 月,农业气象观测项目增加水稻、油菜和目测土壤湿度。2004 年 7 月 1 日起,增加水泥面、裸露空气、草面 3 种下垫面最高最低温度观测;7 月 28 日起,增加土壤墒情观测任务。2007 年 7 月起,停止水泥面、裸露空气、草面 3 种下垫面最高最低温度观测项目。

1966 年 11 月,芜湖专区气象台拨款 130 元在弋江和县病虫测报站建立气象哨,县气象站供应仪器并负责业务指导。1976 年 6 月 1 日起,全站分观测、预报 2 组值班。1977 年春,在弋江、浦桥、烟墩、黄墓建立气象哨。1984 年 9 月,省气象局下文撤销气象哨。

1958 年 10 月,每日 10、16 时向省气象台拍发定时绘图天气报;1960 年 1 月向省台拍发 04、10、16、20 时 4 次绘图报,并执行修改后的《地面观测规范》;8 月 1 日起,观测时间一律改用北京时,并进行 02、08、14、20 时 4 次观测,取消区域绘图报;9 月 1 日起增加气压表的观测。1961 年 4 月 1 日起,每日 08、14、20 时进行地面气象观测,夜间不守班,电码格式由 GD-01 改用 AH-01,定时绘图报改为 08、14 时拍发。1961 年 12 月,本站设置气压、气温、湿度自记仪器。1962 年 2 月,取消绘图报拍发,10 月 4 日停止拍发农业气象旬(月)报。1965 年 4 月 1 日起,每日 06、14 时向省、地区台拍发雨量报。1969 年 10 月 1 日起,每日 06、18 时向芜湖拍发航危报。1972 年 1 月 15 日起,向长兴机场发航危报。

1986 年,开展气象科技资料编目整理工作。2000 年开始航空报、水情报改由传真传至芜湖机房,5 月 24 日起增发 14 时、20 时加密天气报;6 月 1 日起,水情报改由计算机传至省气象台;1989 年 3 月,开始使用 PC-1500 计算机,对观测记录进行数字统计自动编报。1993 年 1 月,开始使用 386 微机代替 PC-1500 计算机,实现观测数据采集、发报、气象报表编制的微机自动化,结束传统的手工编制月、年报表。

2003 年 12 月 10 日,自动气象站安装调试成功;2004 年 1 月 1 日起,正式执行新观测规范,正式启用自动气象站进入平行观测期,改变了地面气象要素人工观测的历史,实现地面气压、气温、湿度、风向风速、降水、地温(包括地表、浅层和深层)自动记录。2005 年 1 月 1 日起,停发航空报。2006 年 1 月 1 日起,自动气象站开始单轨运行,10 月 9 日观测场安装摄像头监控系统,实现了本地、全省全天候实时监控。2008 年 12 月 3 日,自动气象站升级,增加了草面温度观测项目。

气象预报 1959 年 3 月开始,对全县天气预报广播。1963 年,推广气象观测和群众经验相结合,根据动植物对气候的反应预报天气。1975 年,开展"01"法数值统计预报方法(0 为晴,1 为雨)。1975 年夏,县气象站派气象员参加飞机灭松毛虫安全飞行保障任务。1982 年 4 月,县气象站使用 ZSQ-IA 气象传真接收机,开始接收中央台、上海台 MOS(模式)预报及日本卫星云图,6 月高频电话开通,和省、市及邻近气象台联防大范围内的天气情况。1988 年 7 月,气象预警机开始进入用户,用户可以随时收听到县气象站的天气预报。

气象信息网络 1993 年 4 月使用数据通信业务,通过 CHINAPAC(中国公用分组数据网)与省、市气象局联网,本地气象资料的上传、省市气象中心卫星云图、各种数据预报产品的调阅,实现气象资料的网络传输,达到了资料共享。1999 年 1 月开始,使用 EN-1 型测风数据处理仪,各时次定时风、日极值的挑选实现了计算机自动处理;6月,9210工程卫星单收站开通使用。

2. 气象服务

南陵县气象局坚持以经济社会需求为牵引,把决策气象服务、公众气象服务、专业气象服务和气象科技服务融入经济社会发展和人民群众生产生活。

公共气象服务 1959年3月开始,对全县天气预报广播。1996年6月,全县天气预报先后在县教育台、县电视台、县有线电视台开辟专栏播出。

决策气象服务 宗旨是为政府提供决策性服务。1991年、1999年的特大洪涝灾害,1997年的夏伏旱,2000—2009年的连年主汛期降水偏少,县气象局都提前作出了准确预报。主汛期则每天将全省雨量图送达县领导和防汛指挥部,重大天气过程随时汇报。

专业与专项服务 1985年开始开展气象专业有偿服务,开始时仅限气象资料证明、历史资料服务等。1989年开始,逐渐延伸到专业气象预报、防雷检测、气象预警警报、系留气球施放、LED显示屏、防雷图纸审查、防雷工程施工。

1997年6月,本县少雨,旱情严重,30日15时10分在三里镇孔村中学实施人工增雨作业,使县内三里、峨岭、戴镇、工山、家发、籍山、葛林、石铺等8个乡镇降雨25~55毫米,66.66平方千米农田和13.33平方千米旱地的旱情得到有效缓解。2000年6—7月持续高温少雨,2个月降水总量只有历年平均值的35%,气象局先后7次在三里、绿岭2个炮点实施人工增雨,降水量达110毫米。其后,每遇干旱年度,县气象局均有效组织开展人工影响天气作业。

自1998年起,每年汛期为英格瓷(芜湖)有限公司提供南陵县及芜湖、常州、无锡等地24~48小时的天气预报。

气象科技服务与技术开发 1997年11月开通"121"电话语音系统,通过电话为全县提供实时气象信息。1999年11月5日,成立南陵县农村综合经济信息网领导小组,同年年底经县编委批准,成立南陵县农村综合经济信息中心。2000年5月,全县农村综合经济"信息入乡"工程全面启动,市、县、乡镇3级政府共同投资建成各乡镇信息服务站,组建一支由25人组成的农网信息采集、服务队伍,为乡镇信息站建设和维护提供及时技术服务。

法规建设与管理

1993年以前,全县雷击灾害的预防工作仅限于对高层建筑、工业烟囱、水塔、重要物资仓库、易燃易爆仓库、油库、电子通讯、电视广播设施、计算机工作站等设备,防雷击的接地性能安全检测,且检测覆盖面较小。1994年2月后,逐步加强防雷安全的管理工作。1996年县政府成立"南陵县防雷安全工作领导小组"。1998年9月1日《安徽气象管理条例》颁布实施,根据该条例,县气象局成立防雷减灾中心,对境内新建、改建、扩建的一、二、三类建(构)筑物进行防雷图纸设计、审核,防雷工程的竣工验收和发放避雷性能安全合格证;尤其是《中华人民共和国气象法》、中国气象局及安徽省政府防雷相关法律、规章颁布实施后,县气象局不断加强防雷法规宣传、强化依法管理,从此本县的雷电灾害防御工作走上法制化、常规化轨道。

《中华人民共和国气象法》、《安徽省气象管理条例》、《气象探测环境和设施保护办法》

等法律、法规颁布实施后,县气象局加大相关法规的宣传力度,联合城市建设、规划等部门强化气象探测环境保护工作,并采取积极有效措施改善探测环境。

党建与气象文化建设

支部组织建设 1985 年前,县气象局无独立党支部,党员组织管理归县农业委员会支部。1985 年 10 月 3 日,中共南陵县气象局支部成立,徐宏保任支部书记。2008 年底,县气象局有中共党员 4 人,吕才华任支部书记。

精神文明创建 积极创造条件争创市级文明单位。职工道德风尚良好,历年没有出现违法违纪现象。健全各项规章制度,领导班子率先垂范,做到了勤政廉洁,切实转变工作作风,提高文明单位的内在质量,坚持"诚信进万家",气象服务效果显著,2002—2008 年,连续 3 届被评为芜湖市文明单位。

荣誉 1991 年,南陵县气象局被中国气象局授予"全国防汛减灾气象服务先进集体"。1983 年,周建群被安徽省共青团委、安徽省气象局联合授予"五四青年奖章"。

台站建设

南陵县气象局始建于原南陵县弋江区浦桥乡县农场,经 2 次搬迁后建于现址。1984 年 10 月建平房 5 间 168.3 平方米,安装了 398 米供水管道;1988 年新建业务楼 340 平方米,围墙 120 米,硬化道路 100 米;1991 年、1999 年 2 次拨款新建 2 幢职工宿舍楼;2000 年对业务值班室进行了改造;2005 年投资架设专供电力变压器等等。通过多年的建设,台站的办公、生活等各项基础设施得到了较大改观。2008 年,为进一步保护气象探测环境,改善工作条件,经上级主管部门批准,正式启动了台站整体搬迁工程。

20 世纪 70 年代的站貌　　　　　　南陵县气象局现貌

宣城市气象台站概况

宣城市位于安徽省东南部,东经 117°58′~119°40′,北纬 29°57′~31°19′。宣城公元前 109 年设郡,历代为郡、州、府城,相沿二千多年。宣城历史悠久,人文昌盛,名人辈出,是"徽文化"的核心区域之一,以宣纸、宣笔、徽墨为代表的中国文房四宝之乡,境内保存着大量历史文化遗存,拥有绩溪龙川胡氏宗祠、宣州敬亭山广教寺双塔、泾县新四军军部旧址纪念馆等 8 处国家级文物保护单位和 100 多处省市级重点文物保护单位,涌现出宋诗开山祖梅尧臣、十七世纪世界三大数学家之一的梅文鼎、抗倭名臣胡宗宪、徽墨名家胡开文、红顶商人胡雪岩、新文化旗手胡适、书法家吴玉如、书画家吴作人、数学家江泽涵、中国共产党早期领导人之一的王稼祥、"两弹"元勋之一的任新民等历代名人。

宣城市辖宣州、宁国、郎溪、广德、泾县、绩溪、旌德 5 县 1 市 1 区,面积 12340 平方千米。宣城市气候属亚热带湿润季风气候类型,光温同步,雨热同季。年均气温 15℃~16℃,年降水量 1300~1600 毫米。主要气象灾害有山洪、旱涝、大风、暴雨、雾等。

气象工作基本情况

台站概况 宣城市气象局辖 6 个县(市)气象局:郎溪县气象局、广德县气象局、宁国市(县级)气象局、泾县气象局、旌德县气象局、绩溪县气象局。全市有 7 个地面气象观测站(其中,宁国为国家基本站,其他为一般站,郎溪、广德和宁国编发航危报),1 个农业气象站,99 个区域自动气象站。区域自动气象站中,单要素(雨量)站 66 个,四要素(雨量、温度、风向、风速)站 25 个,六要素(雨量、温度、湿度、风向、风速、气压)站 8 个。

人员状况 截至 2008 年 12 月 31 日,全市气象部门在编人数 96 人,其中研究生 1 人,本科 45 人;高级职称 6 人,中级以上职称 42 人。

党建和文明创建 截至 2008 年底,全市气象部门有党支部 9 个,党员 46 人。全市气象部门共建成省级文明单位 3 个,市级文明单位 4 个。

主要业务范围

地面观测 全市 6 个国家一般气象观测站,1960 年 8 月 1 日起,采用北京时 08、14、20 时每天 3 次观测(广德县气象局为 02、08、14、20 时每天 4 次观测),观测项目有云、能见度、天气现象、气压、气温、湿度、风向风速、降水、雪深、日照、蒸发、地温等；其中1个国家基本气象观测站，另增加观测冻土、电线积冰、雪压等项目。

2004年观测业务扩展到土壤旱涝监测、酸雨观测、特种地温观测等，2007年1月取消酸雨和特种地温观测及发报。

2003—2004年，全市7个自动气象站陆续建设完成，2007年建成全市气象站实景观测系统。

气象信息网络 1980年前，利用收音机收听武汉区域中心气象台和上级台播发的天气预报和天气形势。1981—1997年利用天气传真接收机接收北京、欧洲气象中心以及东京的气象传真图。1986年7月，甚高频无线对讲通讯系统建成并投入使用。1995年安装卫星云图接收设备。1997年建成9210系统。1998年建成VSAT单收站。1995年建成X.25分组交换网，2000年升级为10兆宽带网。2003年建成省—市视频会议系统。2008年建成市—县视频会议系统。

气象预报 1991年以前每天17时发布1次短期预报，1991年后，改每天06、11、16时发布3次短期天气预报。2002年使用"新一代市、县级预报业务系统"发布预报。2003年起，每周一发布一周预报；天气复杂时随时发布短时、临近预报。2006年开始发布预警信号，同年开展灾情直报工作。2008年使用安徽省气象局推广的短时临近预报系统。

农业气象 1976年成立宣城国家二级农业气象试验站，观测项目有双季早稻、双季晚稻、油菜、物候（青蛙、家燕、刺槐、侧柏、楝树）、土壤墒情等，承担农气旬月报任务。

宣城市气象局

机构历史沿革

1. 始建及站址迁移情况

宣城县气候站始建于1956年12月29日，1957年1月1日开始正式观测记录。站址位于宣城县乌溪埠，北纬30°59′，东经118°50′。1959年8月31日迁至现址：宣城市南门外"葫芦山"（宣城市响山路118号），位于北纬30°56′，东经118°45′，观测场海拔高度31.2米，国家一般气象站。

2. 建制情况

领导体制与机构设置演变 1956年，宣城县隶属于芜湖专区（1971年改称芜湖地区），同年12月始建宣城县气候站。1980年2月，成立宣城地区，同年开始筹建宣城行署气象局，1982年12月31日，宣城行署气象局正式成立。2000年6月，国务院批准撤销宣城地区、设立宣城市。2001年2月，随宣城行署撤地建市改名为宣城市气象局。

1956 年 12 月—1959 年 7 月,由国营宣城县农场代管,业务受安徽省气象局指导;1959 年 8 月,划入宣城县农业局领导,实行"双重领导、以块为主"的管理体制,业务受安徽省气象局指导;1964 年 1 月,建制收归安徽省气象局,行政财务委托县农业局管理;1970 年 11 月,宣城气候站纳入军事部门建制,业务受安徽省气象局指导;1971 年 6 月,改称宣城县革命委员会气象站,1973 年 7 月升格为科级单位。1979 年 2 月,宣城气候站由军事部门建制移交宣城县人民政府领导,实行"双重领导、以条为主"的管理体制,宣城气候站改为宣城县气象站。1979 年 10 月,宣城县气象站改为宣城县气象局。1982 年 12 月,宣城行署气象局下辖郎溪、广德、宁国、泾县 4 个县局。1987 年,因区划调整,旌德、绩溪县划入宣城行署,下辖县局增至 6 个。

人员状况 1956 年 12 月建站时 3 人。2008 年 12 月 31 日,市气象局在职职工 49 人;其中研究生学历 4 人,占 8%;大学本科以上学历 22 人,占 45%;工程师以上技术人员 23 人,占 47%。参照公务员管理的 14 人,退休职工 8 人;中共党员 32 人。

单位名称及主要负责人更替情况

单位名称	负责人	职务	性别	任职时间
宣城气候站	韩 勇	负责人	男	1956.12—1959.2
	戴正强	站长	男	1959.3—1960.3
宣城县气候站	周贤鲁	副站长(主持工作)	男	1960.4—1977.9
	刘洪昇	站长	男	1977.10—1979.1
宣城县气象局	周贤鲁	局长	男	1979.2—1982.12
宣城行署气象局	周贤鲁	局长	男	1983.1—1994.6
	恽魁文	局长	男	1994.7—1997.5
	唐守顺	局长	男	1997.6—2000.12
宣城市气象局	唐守顺	局长	男	2001.1—2001.9
	王克强	局长	男	2001.10—

气象业务与服务

1. 气象业务

地面观测 1957 年 1 月 1 日起,采用地方时 01、07、13、19 时每天 4 次观测;1960 年 8 月 1 日起,采用北京时 08、14、20 时每天 3 次观测。观测项目有云、能见度、天气现象、气压、气温、湿度、风向风速、降水、雪深、日照、蒸发、地温等。1981 年 10 月 28 日起分别承担了合肥、常州、芜湖、长兴等地的航危报业务,1993 年 11 月 16 日起取消航危报,继续发地面天气报和重要天气报。1986 年 10 月 1 日起正式使用 PC-1500 计算机编报和查算原始数据,以计算机为准;1997 年开始使用台式电脑(微机 486)。

2004 年观测业务扩展到土壤旱涝监测、酸雨观测、特种地温观测等,2007 年 1 月取消酸雨和特种地温观测及发报,在旬月报中新增了地温段编发内容。

2002 年上海市气象局在宣城市气象局院内建成 GPS 水汽观测系统。1995 年 4 月安装使用 711 天气雷达,2004 年完成 711B 数字化气象雷达的改造,主要用于人工增雨和强对流突发天气监测。2005年9月建成安徽省闪电定位系统宣城子站。2007年建成全市气象站实景观测系统。

2003年9月安装CAWS600-B(S)型自动气象站，2004年1月1日运行，按规定进行实时资料的上传。2003年开始布设自动雨量站，2005年开始布设四要素自动气象站，2007年开始布设六要素自动气象站。截至2008年12月建设各类区域自动气象站22套(台)，其中六要素站2套、四要素站7套、单雨量站13台。

气象信息网络 1980年前，利用收音机收听武汉区域中心气象台和上级台播发的天气预报和天气形势。1981—1997年利用天气传真接收机接收北京、欧洲气象中心以及东京的气象传真图。1986年7月，甚高频无线对讲通讯系统建成并投入使用，开展市、县局语音天气会商。1995年安装卫星云图接收设备，接收北京、欧洲气象中心、东京天气形势图和预报图及日本同步气象卫星云图。1997年建成9210系统。1998年建成VSAT单收站。1995年建成X.25分组交换网，2000年升级为10兆宽带网。2003年建成省—市视频会商系统。2008年建成市—县视频会商系统。

气象预报 1989年以前每天17时对外发布1次短期预报，主要通过电台发布；汛前发布汛期气候趋势预测，每旬末、月末发布旬、月趋势预报。1991年以后，短期天气预报改为每天发布3次，分别是06、11、16时。1996年使用MICAPS 1.0分析气象资料，2003年升级为2.0版，2009年升级为3.0版。2002年使用"新一代市、县级预报业务系统"发布预报，预报业务开始实现自动化、电子化、网络化。2003年开始，每周一发布1周预报；天气复杂时随时发布短时、临近预报。2006年开始发布预警信号，同年开展灾情直报工作。2008年使用安徽省气象局推广的短时临近预报系统。

农业气象 1958年春季开展农业气象工作，主要是早稻、油菜、小麦的物候观测，发布农业气象旬报。1976年成立宣城国家二级农业气象试验站，观测项目有双季早稻、双季晚稻、油菜、物候(青蛙、家燕、刺槐、侧柏、楝树)、土壤墒情等，承担农气旬月报任务。2004年开始使用计算机制作报表。

2. 气象服务

公众气象服务 1989年前，主要通过广播和邮寄旬月报方式发布气象信息。1989年建立气象警报系统，面向有关部门、乡(镇)、村和企业等每天3次开展天气预报警报信息发布服务。1997年开通"121"(2005年改号为"12121"、2007年增开"96121"专项服务号码)天气预报电话自动答询系统。2008年5月，在全省率先建成了"12121"气象灾害预警信息反拨系统，解决了气象灾害预警信息传递到偏远山区、农村"最后一公里"问题，在遇有重大灾害性天气时，可通过该系统主动外呼，用语音的方式发布预警预报。

1997年前向公众发布的天气预报主要为未来24小时、48小时内的天气趋势，最高气温、最低气温、风向、风速。1997—2008年向公众发布的天气预报时效逐渐延伸至7天，预报内容增加了穿衣指数、紫外线指数、旅游指数、中暑指数、空气污染指数、森林火险等级、地质灾害等级等内容。服务手段从单一的电台逐渐扩展至报纸、电视、电话、传真、网络、手机短信、气象灾害预警信息电子显示屏。截至2008年通过手机短信获取天气预报的用户达到20万户，全市电视天气预报节目有9套，与电信公司、移动公司、联通公司合作开展了

"96121"业务。

决策气象服务　20世纪80年代前以口头或电话方式向宣城县委、县政府提供决策服务。20世纪90年代后逐步开发《重要天气专报》、《一周天气预报》、《汛期天气专报》、《汛期(5—9月)气候趋势预测》、旬月报、黄金周天气专报等决策服务产品。每年开展春播、午收、秋收、水利冬修、高考、中考、冬季煤气中毒等专项气象服务。决策服务对象从市委、市政府、市人大、市政协逐渐扩展至水务、农业、国土、林业、民政、交通、电力、水产、安监、粮食、教育、卫生、通信等部门。截至2008年底通过手机短信为各级防汛责任人进行决策服务的用户达到1440余人。

在1983年、1991年、1999年汛期的特大暴雨洪涝和2008年初严重低温雨雪冰冻灾害中,准确预报灾害天气过程,及时向党委政府和有关部门提供决策服务。

专业与专项服务　1981年7月开始气象专业有偿服务。1985年2月,有偿服务逐步向与气象关系密切的砖瓦等行业拓展。2002年2月,成立宣城市防雷减灾局,与宣城市气象局合署办公。1987年底与劳动部门联合在工矿企业开展避雷针检测。1988年起,开展各类建筑物避雷装置年度安全检测工作;1991年6月,和无线电管理委员会办公室合作为无线通信系统安装浪涌保护装置;1998年与宣城行署建委合作开展防雷图纸审查和防雷装置竣工验收工作;2001年7月与宣城市建委合作开展防雷图纸联审联办工作;2004年起对各类新建建(构)筑物安装浪涌保护装置;2007年7月起开展对重大工程、大型建筑、易燃易爆场所开展雷击灾害风险评估。

1976年3月,开展烟雾防霜冻;1978年使用"三七"高炮、土火箭和飞机开展人工影响天气,年底停止人影作业。1998年恢复人工影响天气工作,成立了人工影响天气领导组,1999年全市共配置单管"三七"高炮11门、双管"三七"高炮4门;其中宣州区配置单管"三七"高炮3门、双管"三七"高炮1门。2005年装备了火箭发射架1套和专用交通工具,根据地方政府的需要,适时开展人工影响天气作业。2006年12月,为森林防火和水库蓄水开展专项人工增雨服务。

气象科技服务　1991年底开展庆典气球服务;1994年底与广电部门联合开展电视天气预报服务;1995年初依托电信部门168语音平台联合开展天气预报电话自动答询服务,1998年底建成自行制作的"121"天气预报自动答询服务系统;1995年底建成电视天气预报制作系统,2004年推出有主持人的电视天气预报节目,2005年12月开始为县(市)气象局制作天气预报影视节目。

气象科普宣传　2000年建成的宣城市青少年科技教育基地,依托宣城市气象台的业务平台,接待中小学校学生参观学习。2007年6月开始,市青少年科教基地科技人员到新田镇初中、洪林桥镇中心小学等学校举办气象安全知识讲座,发放宣传材料1000余份;利用"送科技下乡"、"科技宣传周"、"3·23"世界气象日、"国际减灾日"开展科普宣传活动。在宣城气象网、宣城农网、宣城先锋网、宣城农民工就业网网页上开辟科普宣传栏目。

气象法规建设与管理

气象法规建设　2000年以来,宣城市气象局认真贯彻落实《中华人民共和国气象法》、《安徽省气象条例》等法律法规,市人大领导每年视察或听取气象工作汇报和气象执法调研等工作。2000 年成立法规科,挂靠办公室,2005 年 4 月调整挂靠在业务科技科,兼职人员 3 人,配发有数码相机和录音笔等设备。2003 年成立宣城市气象行政执法大队,拥有执法资格证 24 人,到 2008 年 12 月,具备执法资格证的人员达 46 人。同时在气象法律和法规基础上,完善相关配套制度建设,为气象行政执法提供法制支持。

社会管理 宣城市气象局履行法律法规赋予气象部门的社会管理职能,开展防雷装置设计审核、竣工验收、施放气球活动许可等行政许可工作。利用电视、网络和报纸开展气象法律法规的宣传,规范气象依法行政行为。2000 年以来,气象行政执法 16 次,其中,查处违法施放气球 2 起;查处非法发布或擅自转载天气预报 5 起(sp 运行商 1 起,报纸媒体 1 起,宾馆、银行营业部 3 起);查处影响大气探测环境 1 起;查处拒绝防雷装置检测和伪造县防雷检测所签发的防雷设施安全性能检测表共 9 起;下达责令停止违法行为通知书 5 份、书面处理意见 5 份、处罚决定书 2 份,处罚金额 0.5 万元。

政务公开 2003 年 1 月起,采取公开栏、会议、网站(局域网)、个人信箱等多种形式公开规定内容,特别加强财务、科技服务经营管理和重点工程款项支付、工程变动等事项的公开。2004 年,制定了《局务公开实施细则》,规范了局务公开工作。2001 年起做好对社会公开工作,对气象行政审批办事程序、气象服务、服务承诺、气象行政执法依据、服务收费依据及标准等内容通过网络公开。2005 年 8 月,通过宣城市人民政府网站向社会实行申请公开,公民、法人和其他组织需要气象行政管理信息,可以向宣城市人民政府信息公开网站申请获取。

党建与气象文化建设

1. 党建工作

支部组织建设 1979 年 6 月成立中共宣城县气象局党支部,刘洪昇任第一任党支部书记;1983 年成立中共宣城行署气象局党支部委员会,胡铨任党支部书记;1986—1994 年,周贤鲁任党支部书记;1994—2001 年,唐守顺任党支部书记;2001—2004 年 11 月,王克强任党支部书记。2004 年 12 月成立中共宣城市气象局党总支部委员会,王克强任党总支部书记。

党风廉政建设 始终坚持"一岗双责"和"一把手"负责制,任务层层分解,签订目标责任状,把责任落实到单位和责任人。2007 年起每年组织 4 次由科以上干部参加的党组中心组(扩大)集中学习,党风廉政建设工作是必学内容之一。加强廉政文化建设,大力营造气象部门"以廉为荣、以贪为耻"的道德风尚。加强效能建设,2003 年 1 月,创新开展了"3K"考评体系,就是岗位责任系数考核、岗位职责履行率考核、工作日志考核。加强制度建设,重点把制度落实到工作中的每一个环节,发挥反腐倡廉作用,2007 年制定的《宣城市县(市)局气象科技服务与财务监管九项制度》得到安徽省气象局的肯定,并转发到全省气象部门;制定实施了《宣城市气象局开展反腐倡廉制度执行情况检查和问责的实施细则》、《宣城市气象局跟踪问效督查督办制度》和《宣城市气象部门科级干部效能考评实施细则》,强化监督检查,努力构建惩治和预防腐败体系。

2. 气象文化建设

精神文明建设　1997年2月,成立宣城地区气象局精神文明建设领导小组,建立了一把手任组长负总责、分管领导抓具体和工青妇群团组织合力抓的工作机制;同年7月,制定下发《宣城地区气象局创建文明单位规划》(宣气发〔1997〕32号)。2000年5月,印制《宣城地区气象局职工文明手册》。2005年1月,制定《宣城市气象局文明创建工作管理细则》,不断完善创新文明创建制度。

文明单位创建　1997年2月,以争创"五好"台站为抓手,开展了争创文明单位活动,大力弘扬"创业、敬业、兴业、爱业"的事业精神,把加强精神文明建设作为提高职工整体素质,提升单位整体形象的重要途径,以此统一思想,凝聚力量,使创建活动真正成为全体干部职工的自觉行动。1998年3月,宣城地直工委授予县级文明单位称号;2000年8月,宣城地委行署授予地级文明单位称号;2002年3月起连续第五届、第六届、第七届、第八届被省委省政府授予"安徽省文明单位"称号。

2000年以来,先后投资200多万元进行观测场改造,室外建设了篮球场、羽毛球场和网球场,室内新添了健身房、台球室、棋牌室和阅览室。积极开展丰富多彩的群众性文化娱乐活动。除开展演讲比赛、登山比赛等常规活动外,还积极举办全市气象系统职工运动会等大型活动。随着干部职工精神文化生活的不断丰富,逐步形成了团结和谐、开拓进取、奋发向上的良好氛围,进一步凝炼了新时期气象人的团队精神。

3. 荣誉

集体荣誉　2002年3月起连续第五届、第六届、第七届、第八届被省委省政府授予"安徽省文明单位"称号。2003年、2004年、2005年、2008年获安徽省气象部门综合目标考核特别优秀达标单位。2004年、2005年、2008年获宣城市人民政府目标考核优秀达标先进集体。

个人荣誉　2001年,王周青被安徽省人事厅、省气象局评为先进个人;2005年胡文运被安徽省委、省政府评为防汛抗旱先进个人。

台站建设

台站综合改造　1956年12月只有砖木结构的平房4间,建筑面积70平方米;1959年8月31日迁至现址,建设了砖木瓦顶的平房4间;建筑面积90平方米;1979年9月1日,财政投资5万元,建成主体二层局部三层的砖混结构的办公楼,建筑面积420平方米;1983年10月1日,气象部门投资10.5万元,建成使用主体三层局部四层砖混结构的办公楼1栋,建筑面积741平方米;2000年8月投资20万元,进行了装饰改造。2006—2008年,对办公区进行了重新规划,总投资近700万元(含仪器设备等),建筑面积2798.26平方米。主体三层、局部八层的宣城市气象防灾减灾中心于2008年8月8日建成并交付使用。

园区建设　新办公区除了1栋现代气息浓厚的新办公楼外,还建有职工户外活动区、绿化区和气象文化展示区。特别是新近落成的气象文化广场,充分体现了时代气息和行业特色,规范整齐的气象观测场、寓意深刻的小广场、内容丰富的气象文化长廊、庄严开阔的观景台、升旗台等等。如今进入宣城市气象局大院,气象标识旗伴随着国旗迎风招展、鸟语花香,职工健身园依势而建错落有致,水泥小径阡陌纵横,其间镶嵌着草坪、盆花和罗马式地灯,整个布局看似浑然天成实则匠心独运,令人心旷神怡。

1959 年的宣城气候站

1979 年的宣城气象站

2000 年的宣城气象局业务楼

2008 年的宣城气象局业务楼

郎溪县气象局

　　郎溪古称建平,建县于北宋端拱元年(公元 988 年)。地处安徽省东南边陲,长江三角洲西缘,皖、苏、浙三省交界处,素有"三省通衢"之称。邻近苏州、无锡、常州、南京、合肥、上海、杭州等大中城市。现辖 8 个镇、4 个乡,全县总人口 33.39 万,面积 1104.8 平方千米,耕地面积 24390 公顷。

　　郎溪,风光秀丽,景色秀美,丘陵此起彼伏,河湖星罗棋布,青山绿水交相辉映,石佛山、龙须湖、高井庙森林公园等旅游景点异彩纷呈,历史文化底蕴丰厚。郎溪属亚热带湿润性季风气候。主要灾害性有暴雨、干旱、大风、冰雹、雷电。

机构历史沿革

1. 始建及站址迁移情况

1960 年 1 月 1 日,安徽省郎溪气候站成立,站址在郎溪县东门外横大路,观测场位于东经 119°12′,北纬 31°10′,海拔高度 23.3 米。1974 年 1 月 1 日,迁到现址郎溪县城东北门"郊外",观测场位于东经 119°11′,北纬 31°08′,海拔高度 12.0 米,属国家一般气象站。

2. 建制情况

领导机制与机构设置演变 1963 年 12 月前,建制归地方,县农业局代管。1960 年 2 月 17 日,更名为郎溪县气象服务站。1964 年 1 月,建制收归省气象局,党政由地方代管。1970 年 2 月 9 日,更名为郎溪县革命委员会气象站。1970 年 2 月—1979 年 7 月,建制改为以地方领导为主,安徽省气象局指导业务,其中 1970 年 11 月,因战备需要由县人武部管理。1979 年 8 月 7 日,更名为郎溪县气象局,8 月建制由地方划归省气象局管理,行政隶属芜湖地区气象局。1982 年 4 月,改为部门和地方双重领导体制,以部门为主,隶属宣城市气象局。

人员状况 1960 年建站时只有 3 人。2008 年 12 月 31 日在职职工 9 人:其中大学学历 3 人,大专学历 1 人,中专学历 5 人;工程师 4 人,初级专业技术人员 5 人;55 岁以上 2 人,50～55 岁 1 人,40～49 岁 4 人,40 岁以下 2 人。

单位名称及主要负责人更替情况

单位名称	负责人	职务	性别	任职时间
安徽省郎溪气候站	赵大复	站长	男	1960.1—1960.2
安徽省郎溪县气象服务站	赵大复	站长	男	1960.3—1967.6
郎溪县气象站	赵大复	站长	男	1967.7—1969.6
	应玉才	站长	男	1969.7—1970.1
郎溪县革命委员会气象站	应玉才	站长	男	1970.2—1973.12
	吴祖志	站长	男	1974.1—1974.12
	宋明远	站长	男	1975.1—1976.12
	应玉才	站长	男	1977.1—1979.7
郎溪县气象局	应玉才	局长	男	1979.8—1982.12
	史发祥	副局长(主持工作)	男	1983.1—1990.7
	汪金福	局长	男	1990.8—1996.5
	刘家平	副局长(主持工作)	男	1996.6—2000.1
	刘家平	局长	男	2000.2—2003.12
	王文奎	副局长(主持工作)	男	2004.1—2007.1
	戴全兵	副局长(主持工作)	男	2007.2—2007.3
	史金保	副局长(主持工作)	男	2007.4—2008.2
	黄德顺	局长	男	2008.3—

气象业务与服务

1. 气象业务

地面观测 1960 年 1 月 1 日开始观测,每天 01、07、13、19 时(地方平均太阳时)4 次观测;8 月 1 日改为北京时 02、08、14、20 时 4 次观测;1961 年 4 月 1 日调整为 08、14、20 时 3 次观测。观测项目有云、能见度、天气现象、气压、气温、湿度、风向风速、降水、雪深、日照、蒸发、地温(地面和曲管)等。编制报表 2 份气表-1、2 份月简表、3 份气表-21。除本站留底本 1 份外,其余向地(市)气象局报送。

2004 年 7 月 2 日起每天 15 时开展裸露空气、水泥地面、草面最低、最高温度的拓展观测,2007 年 6 月 30 日停止观测。2004 年 7 月 28 日起开展土壤墒情观测。

1965 年 3 月 11 日开始每日 08—12 时、14—17 时及预约 21—01 时向 OBSAV(MH)南京发航危报,8 月 3 日增加 13 时航危报。1969 年 9 月 30 日—2005 年期间先后为 OBSAV 光福、OBSMH 合肥、常州拍发预约航危报,为 OBSAV 芜湖、长兴、江宁拍发定时和预约航危报。2006 年 1 月 1 日调整为全年只为 OBSAV 南京一家拍发固定时次航危报。

天气报的内容有云、能见度、天气现象、气压、气温、风向风速、降水、雪深、地温等;航空报的内容只有云、能见度、天气现象、风向风速等。当出现危险天气时,5 分钟内及时向所有需要航空报的单位拍发危险报;重要天气报的内容有暴雨、大风、雨凇、积雪、初霜、冰雹、龙卷风等。2007 年 1 月,在旬报中新增地温段编发内容。

1990 年 PC-1500 小型计算机开始在测报上投入使用,编报和查算原始数据以计算机为准。1997 年,测报用计算机升级为 386 微机。2004 年 4 月 1 日,CAWS600-B(S)型自动站开始试运行;5 月,由 10 兆光缆代替原来使用的 ADSL 拨号。2005 年 1 月 1 日,启用自动站进行为期 2 年的平行观测;2007 年 1 月 1 日,自动气象站正式投入业务运行。自动气象站观测项目有气压、气温、湿度、风向风速、降水、地温等,观测项目全部采用仪器自动采集、记录,替代了人工观测。2007 年建成气象站实景观测系统。

2008 年 12 月,共建设各类自动气象站 13 套(台),其中六要素站 2 套、四要素站 2 套、单雨量站 9 台。

气象信息网络 建站初收听苏、皖气象广播信息及天气形势分析;1976—1985 年通过天气传真接收机接收北京、欧洲气象中心以及东京的气象传真图;1987 年 3 月 8 日,架设开通甚高频无线对讲通讯系统,实现与地区气象局预报会商;1995 年建成 X.25 分组交换网;1998 年建立 VSAT 单收站、安装 MICAPS 系统;2002 年后建立气象网络应用平台、专用服务器和省市县气象视频会商系统,开通 10 兆光缆,接收从地面到高空各类天气形势图和云图、雷达等数据,为气象信息的采集、传输处理、分发应用、会商分析提供支持。

气象预报 1960 年 1 月开始发布短、中、长期预报。1985 年初,中长期天气预报改为转发地区气象台预报。建站初,采用绘制简易天气图,收听苏、皖气象广播,收听天气形势,结合本站资料图表每日早晚制作 24 小时天气预报。1976—1985 年每天 3 次接收气象传真图,制作预报。1996 年使用 MICAPS 1.0 分析气象资料,2003 年升级为 2.0 版,2009 年升级为 3.0 版。2002 年使用"新一代市、县级预报业务系统"发布预报,预报业务开始实现自动化、电子化、网络化。天气复杂时随时发布短时、临近预报。2006 年开始发布预警信号，同年开展灾情直报工作。2008 年使用省气象局推广的短时临近预报系统。

2. 气象服务

公众气象服务 1973 年至 1986 年，主要通过广播和邮寄旬报方式向全县发布气象信息。1987 年建立气象警报系统，面向有关部门、乡（镇）、村、农业大户和企业等每天 3 次开展天气预报警报信息发布服务。1996 年与县有线电视台合作制作文字形式气象节目。1998 年 5 月 31 日，郎溪县气象局应用多媒体编辑系统制作电视天气预报节目，晚间在郎溪新闻节目前播出。2005 年 11 月，宣城市电视天气预报制作系统升级为非线性编辑系统，并将全市天气预报制作实行集约化管理，各县气象局天气预报由市气象局统一制作发布，开展日常预报、天气趋势、生活指数、灾害防御、科普知识、农业气象等服务。1998 年 10 月开通"121"（2005 年改号为"12121"、2007 年增开"96121"专项服务号码）天气预报电话自动答询系统。2000 年建立郎溪农网网站，全县各乡镇成立农网信息服务站，发布各类供求信息。2007 开始在部分乡镇及公共场所安装电子显示屏开展了气象灾害信息发布工作，2008 年 5 月利用"12121"气象灾害预警反拨系统对特定用户群发布预警信息。

决策气象服务 20 世纪 70—80 年代，以旬报和电话方式向县委县政府提供决策服务。20 世纪 90 年代后逐步发布《重要天气报告》、《汛期（5—9 月）天气形势分析》、《天气公告》、旬月报、黄金周天气专报等决策服务产品。决策服务对象从县委、县政府、县人大、县政协逐渐扩展至水务、农业、国土、林业、民政、交通、电力、水产、安监、粮食、教育、卫生、通信等部门。在 1983 年、1984 年强降水，1999 年 7 月特大暴雨洪涝和 2008 年 1 月严重低温雨雪冰冻灾害中，

1999 年郎溪大水受灾图

确预报灾害天气过程，及时向县委、县政府和有关部门提供决策服务。特别是在 1983 年 7 月和 1999 年 7 月郎溪分别遭受新中国成立以来 2 次特大洪涝灾害，县城均被 2 米多深的洪水浸泡长达一个月，郎溪气象人舍小家顾大家，坚守各自工作岗位，认真做好各项服务。

专业与专项服务 1985 年 4 月开始推行气象有偿专业服务。主要是为全县各乡镇（场）或相关企事业单位提供中、长期天气预报和气象资料。每年开展春播、午收、秋收、水利冬修、高考、中考、重大活动、重要会议等专项气象服务。1986 年开始利用旬报为全县轮窑厂、部分单位提供有偿服务；1987 年开始利用气象警报机开展气象科技服务；1997 年开展庆典气球施放服务；1998 年与县电视台合作开展多媒体电视天气预报广告服务。

1990 年起，为各单位建筑物避雷设施开展安全检测。2001 年成立县防雷安全管理领导小组办公室，负责全县的防雷安全管理工作。2003 年开展防雷图审、工程技术服务；2004 年开始对各类新建建（构）筑物按照规范要求安装浪涌保护装置。

1976 年夏，郎溪县气象局组织实施了首次人工增雨作业；1978 年郎溪县遭遇大旱，7—

9月再次组织实施了人工增雨作业,年底停止作业。2000年5月,郎溪县人民政府人工降雨办公室成立,挂靠县气象局;同年6月购置2门"三七"高炮用于人工影响天气作业。2004年8月,郎溪的旱情严重,县气象局适时进行了8次增雨作业。2005年7月县政府又拨专款购置1台BL火箭发射架和1辆增雨火箭发射专用车。

气象科普宣传　每年"3·23"世界气象日组织科技宣传,普及防雷知识。利用发放气象避灾手册、宣传挂图、科普宣传周、电视气象、手机短信、报刊专版、气象灾害预警信息电子显示屏、网站等渠道,实施气象科普入村、入企、入校、入社区、入机关,全县科普教育受众面逐年提高。

气象法规建设与管理

气象法规建设　重点加强雷电灾害防御工作的依法管理工作。郎溪县气象局会同县安委会、县消防大队、县安监局、县建委等部门多次联合下发关于加强郎溪县建设项目防雷装置防雷设计审核、跟踪检测、竣工验收等有关文件。同时在气象法律和法规基础上,完善相关配套制度建设,为气象行政执法提供法制支持。

社会管理　每年进行多次防雷安全监督检查。通过多年来的不断努力,郎溪县防雷行政许可和防雷技术服务正逐步规范化。2003年成立了郎溪县气象行政执法大队,3人拥有执法资格证,持证上岗。

政务公开　通过户外公示栏、电视广告、发放宣传单等方式向社会公开行政审批办事程序、气象服务内容、服务承诺、气象行政执法依据、服务收费依据及标准等。干部任用、财务收支、目标考核、基础设施建设、工程招投标等内容采取会议、公示栏、网络等方式向职工公开。

党建与气象文化建设

1. 党建工作

支部组织建设　1981年10月前,中共党员2人编入县农业局党支部。1981年11月,郎溪县气象局成立党支部,应玉才任书记。1983年1月—2006年12月,赵大复、刘家平、王文奎先后担任党支部书记。2008年4月以后,由黄德顺任支部书记,截至2008年12月,有中共党员8人。2005年6月被郎溪县委授予"先进基层党支部"称号。

党风廉政建设　认真落实党风廉政建设目标责任制,积极开展廉政教育和廉政文化建设活动,努力建设文明机关、和谐机关和廉洁机关。2007年起落实"三人决策"机制。

2. 气象文化建设

精神文明建设　1997年,成立郎溪县气象局精神文明建设领导小组,把加强精神文明建设作为提高职工素质、提升单位形象的重要途径,以此统一思想,凝聚力量,使创建活动真正成为全体干部职工的自觉行动。

文明单位创建　开展文明创建规范化建设,改造观测场,装修业务值班室,统一制作局务公开栏、学习园地、法制宣传栏和文明创建标语等宣传用语牌。2000年、2004年分别被郎溪县委、县政府授予"文明单位"称号；2002被市文行委评为创建文明行业达标单位；2005年、2007年分别被市文行委授予创建文明行业"先进单位"；2006年8月、2008年5月分别被宣城市委、市政府授予第四届、第五届市级"文明单位"称号。

建设图书阅览室、职工学习室、小型运动场。积极参加省气象局、市气象局和县直单位组织的文体活动，积极组织职工开展户外健身运动，丰富职工的业余生活。

3. 荣誉

1983年，被安徽省气象局授予"抗洪抢险集体"二等功；1999年12月，获中国气象局重大气象服务"先进集体"光荣称号。

台站建设

台站综合改造 1960年建站至2000年期间对台站基础设施进行了3次较大改造。1963年将建站时办公用3间茅草房改建为1幢5间100平方米的砖木结构瓦房；因迁站需要，1973年7月在现址动工建设，1974年1月1日启用二层砖混结构（建筑面积294平方米）办公楼；1999年洪涝灾害过后，办公设施损毁严重，2000年重建办公楼，单位自筹资金添置了电脑、办公桌椅等办公设施。2004年后每个办公室安装了空调，改造了业务值班室。

园区建设 重点对大院内办公楼的外部环境进行了绿化改造，规划整修了道路，在院内和观测场种植草坪250平方米，栽种了风景树，有序地摆放了20多盆花、木盆景，全局绿化率达到了70%，硬化了300平方米路面，使县气象局院内环境面貌焕然一新。

1963年的郎溪县气象服务站　　　　　　　　现今的郎溪县气象局业务楼

广德县气象局

广德县位于安徽省东南部，苏、浙、皖3省8县（市）交界处，面积2165平方千米。辖9个乡镇127个行政村，人口50.5万。广德建县已有1800年的历史，春秋战国时先后属吴国、越国、楚国。广德县素有"中国板栗之乡"、"中国竹子之乡"的美誉。广德县属北亚热带季风气候,气候温和,四季分明,雨量充沛,无霜期长,日照充足。主要气象灾害有干旱、大风、暴雨、雷电等。

机构历史沿革

1. 始建及站址迁移情况

1959 年初筹建广德县气候服务站,站址位于卫星公社清溪大队(县城南门外"城郊");1959 年 4 月 1 日正式开展气象观测,工作人员暂住社员家。1962 年 11 月暂迁到南门站址西北方、距离原址约 3100 米的横山农校内,因农校内不符合观测规范,1964 年 12 月底迁回并于 1965 年 1 月 1 日观测至今。广德县气象局为国家一般气象站,位于北纬 30°53′,东经 119°25′,海拔高度 48.5 米。

2. 建制情况

领导体制与机构设置演变 1963 年 12 月前,由县农业局代管;1964 年 1 月,业务由省气象局管理,党政由县政府代管;1970 年 11 月,由县人武部领导,省气象局负责业务;1973 年 7 月,归县革命委员会领导,属科级单位;1979 年 2 月 17 日,划归气象部门管理,业务隶属芜湖地区气象局,党政建制属地方;1979 年 8 月,成立广德县气象局,实行双重领导、以条为主的管理体制;1980 年 12 月,业务隶属宣城地区气象局(2001 年 2 月改称宣城市气象局)管理。

人员状况 1959 年建站时有 3 人。2008 年 12 月在编职工 8 人;其中大学学历 5 人,大专 1 人,中专 1 人;中高级专业技术人员 2 人,初级专业技术人员 5 人;40～49 岁 2 人,40 岁以下 6 人。

单位名称及主要负责人更替情况

单位名称	负责人	职务	性别	任职时间
广德县气候服务站	韩 勇	负责人	男	1959.4—1962.2
	胡 铨	站长	女	1962.3—1965.12
	胡 铨	站长	女	1966.1—1969.12
广德县气象站革命领导小组	胡 铨	组长	女	1970.1—1971.12
广德县革命委员会气象站	胡 铨	站长	女	1972.1—1973.6
广德县革命委员会气象局	胡 铨	副局长(主持工作)	女	1973.7—1975.3
	王可春	局长	男	1975.4—1976.3
	黄有清	负责人	男	1976.4—1977.4
广德县气象站	黄有清	负责人	男	1977.5—1978.1
	芮德根	站长	男	1978.2—1979.7

续表

单位名称	负责人	职务	性别	任职时间
广德县气象局	芮德根	局长	男	1979.8—1982.12
	倪志勤	局长	男	1983.1—1987.6
	刘家平	局长	男	1987.7—1990.11
	黄有清	局长	男	1990.12—1997.3
	余品忠	局长	男	1997.4—2001.1
	黄德顺	局长	男	2001.2—2008.2
	汪小逸	局长	男	2008.3—

气象业务与服务

1. 气象业务

地面观测 1959 年 4 月 1 日起,采用地方平均太阳时每天 01、07、13、19 时 4 次观测;1960 年 1 月 1 日起,改为北京时每天 07、13、19 时 3 次观测;1960 年 8 月 1 日起,每天 02、08、14、20 时 4 次观测;1962 年 10 月起每天 08、14、20 时 3 次观测。观测项目有云、能见度、天气现象、气压、气温、湿度、风向风速、降水、雪深、日照、蒸发、地温等。县气象站编制的报表有气表-1、月简表、气表-21。

2004 年 7 月开展裸露空气、水泥面及草面最高、最低温度等拓展观测,2007 年 6 月停止观测。2004 年 7 月增加土壤墒情观测。2007 年建成气象站实景观测系统。

1965 年 3 月开始每日 08—12 时、14—17 时及预约 21—01 时向 OBSAV 南京拍发航危报;8 月增加 13 时航危报。1969 年 9 月—2005 年期间先后为 OBSAV 光福、嘉兴、长兴、南京、上海、常州拍发固定航危报,为 OBSMH 杭州发定时航危报。2006 年 1 月 1 日调整为全年只向 OBSAV 南京一家拍发固定时次航危报。

天气加密报内容有云、能见度、天气现象、气压、气温、风向风速、降水、雪深等;航空报内容有云、能见度、天气现象、风向风速等,当出现危险天气时,5 分钟内拍发危险报;水情报内容为每日及旬、月、年的雨量情况;重要天气报内容有暴雨、大风、雨凇、积雪、初霜、冰雹、龙卷风等。

1990 年 PC-1500 小型计算机开始在测报上投入使用。1994 年 6 月,测报用计算机升级为 286 微机,报表制作由微机进行。2002 年 5 月正式使用《地面气象测报数据处理系统》;2004 年 4 月安装 CAWS600 型自动气象站,5 月 1 日开始试运行;2005 年 1 月 1 日自动站进行平行观测第一阶段,即以人工站记录为正式记录,自动站记录作为辅助;2006 年 1 月 1 日自动站进行平行观测第二阶段,即以自动站记录为正式记录,人工站记录作为辅助;2007 年 1 月 1 日自动气象站正式投入业务运行。自动气象站观测项目有气压、气温、湿度、风向风速、降水、地温等。

2008 年底,全县建设自动站 13 台。其中 1 个六要素自动气象站、4 个四要素自动气象站,8 个单雨量站。

气象信息网络 建站初收听苏、浙、皖气象广播信息及天气形势分析;1976—1986 年通过天气传真接收机接收北京、欧洲气象中心以及东京的气象传真图;1987—1997 年,利用甚高频无线对讲通讯电话进行市—县会商;1995 年建成 X.25 分组交换网,2002 年升级为 10 兆宽带网,接收从地面到高空各类天气形势图和云图、雷达等资料;1998 年建成 VSAT 单收站,安装 MICAPS 系统;2008 年建成市—县视频会商系统。

气象预报 1959 年 4 月开始发布短期预报,1959 年 6 月开始发布中期天气预报,1960 年开始发布长期天气预报,1985 年中长期天气预报改为转发地区气象台预报。2000—2008 年,开展常规 24 小时、48 小时、未来 3～5 天和旬月报等短、中、长期天气预报以及短时临近预报。开展灾害性天气预报预警业务和领导决策的各类重要天气报告等。

2. 气象服务

公众气象服务 1973 年起利用农村有线广播站播报气象消息。1987 年利用气象警报机,每天 3 次向有关部门、乡(镇)、村、农业大户和企业发布天气预报及警报信息。1996 年由县电视台制作文字形式气象节目播出,1998 年 6 月 15 日由县气象局制作电视天气预报节目在县电视台播出,2005 年 11 月由宣城市气象局统一制作有主持人的电视天气预报节目。

决策气象服务 20 世纪 60—70 年代以口头和电话方式向县委、县政府提供决策服务。随后逐步开发《天气专报》、《汛期(5—9 月)天气形势分析》、《重要天气公告》等决策服务产品。2005 年通过安徽省气象信息服务平台向县领导、防汛部门、地质灾害防御及农村中、小学校长以手机短信的方式发布灾害性天气预报、警报。在 1983 年、1984 年强降水和 1999 年 6 月特大暴雨、洪涝和 2008 年初严重雨雪冰冻灾害中,及时向县委、县政府和有关部门提供决策服务。1999 年为第四届中国竹乡联谊会提供准确及时的预报和气球服务。

专业与专项服务 1985 年 3 月,专业气象有偿服务开始起步;1986 年开始利用旬报为全县的轮窑厂、建筑企业提供有偿服务;1987 年开始利用气象警报机开展专业气象服务,2003 年 11 月,恢复气象警报机服务;1997 年开展庆典气球施放服务以及电视天气预报广告服务。

1990 年起开展建筑物避雷设施安全检测工作;1999 年起开展防雷图纸审查工作;2004 年按照规范要求对各类新建建(构)筑物安装浪涌保护装置;2008 年 4 月起开展重大建设工程项目雷击灾害风险评估工作。

1976 年广德大旱,广德县科委和广德县气象局组织实施了首次人工增雨作业;1978 年遭受百年不遇大旱,再次开展人工增雨作业,年底停止作业。1998 年成立县人工影响天气领导小组办公室,挂靠广德县气象局,当年从定远县借"三七"高炮 1 门,开展人工增雨作业。2000 年县政府购置 3 门单管"三七"高炮;2005 年 6 月购置 1 台 BL 型火箭发射架和 1 辆火箭发射专用车,开展多次火箭人工增雨作业。

气象科技服务 1998 年 10 月开通"121"天气预报电话自动答询系统(2005 年改号为"12121"、2007 年增开"96121"专项服务号码)。1998 年建立广德农网网站,全县各乡镇成立农网信息服务站,发布各类供求信息,1999 年 9 月创办《广德农网信息报》,刊登农民、农业、农村、企业需求的各类信息。2003 年在广德气象网站上发布气象信息,2005 年 3 月开始发布气象灾害预警信号,2006 年在部分乡镇及公共场所安装电子显示屏并发布气象信息,2008 年 5 月建成"12121"气象灾害预警反拨系统。

气象科普宣传 2000 年被县科委、县委宣传部确定为全县科普教育基地,多次接待全县中小学生参观;实施气象科普进村、进企、进校、进社区、进机关、进单位活动;发放气象避

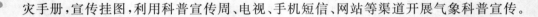

灾手册,宣传挂图,利用科普宣传周、电视、手机短信、网站等渠道开展气象科普宣传。

气象法规建设与管理

气象法规建设　2003年起规范施放气球、防雷安全管理工作,行政审批进入县行政服务中心大厅办理。2004年绘制《广德县气象探测环境保护控制图》,为气象观测环境保护提供重要依据。县人大和法制办领导每年视察或听取气象工作汇报,重点加强探测环境保护、雷电灾害防御工作的依法管理。2003年12月成立广德县气象行政执法分队,3名执法人员均通过省政府法制办培训考核,持证上岗。

社会管理　2008年12月,广德县成立防雷安全管理、人工影响天气、气象灾害应急3个领导小组,办公室设在广德县气象局,负责日常工作。1990年成立广德县防雷检测所,逐步开展建筑物防雷装置检测、图纸设计审核、竣工验收、计算机信息系统防雷等工作。与安监、建设、教育、公安等部门联合开展气象行政执法检查,对违法施放氢气球及防雷违法活动进行查处,2005年3月对5家防雷违法企业进行了罚款的行政处罚。

政务公开　2004年起对气象行政审批办事程序、气象服务、服务承诺、气象行政执法依据、服务收费依据及标准等内容向社会公开。落实首问责任制、限时办结制等一系列规章制度,采取公开栏、网站(局域网)、办事窗口及媒体等渠道开展政务公开工作。2007年起落实"三人决策"制度,在人员任用、财务收支、目标考核、基础设施建设、工程招投标等内容采取职工大会或公示栏张榜等方式向职工公开。

党建与气象文化建设

1. 党建工作

支部组织建设　1972年前中共党员参加农业局党支部活动;1975—1976年广德县气象局有中共党员3人,成立广德县气象局党支部,书记王可春;1977—1982年参加农业局支部;1982年恢复党支部,书记黄有清;1997年后支部书记分别为余品忠、李玉泉、黄德顺、倪养辉。2008年,有中共党员6人(其中退休党员4人),支部书记胡启学。2000—2001年,被县直工委评为"先进党支部"。

党风廉政建设　始终坚持"一岗双责"和"一把手"负责制,每年与地方政府和市气象局签订党风廉政建设目标责任书,推进惩治和防腐败体系建设。开展党风廉政教育月、机关作风建设、效能建设、"三个代表"、"保持共产党员先进性"教育活动。2007年4月起落实"三人决策"制度,积极推进政务公开,将党建和文明创建、气象文化、廉政文化建设紧密结合,大力营造气象部门"以廉为荣、以贪为耻"的道德风尚。

2. 气象文化建设

精神文明建设　1998年3月成立广德县气象局精神文明建设领导小组,建立了由一把手负总责的工作机制,不断完善创新工作制度,开展规范化建设,改造大院环境和观测场,装修业务值班室,统一制作局务公开栏、学习园地和文明创建标语等,建设职工之家和图书阅览室。

文明单位创建 1998 年开始争创文明单位活动,以建设一流台站为目标,凝炼了广德气象人精神——"四业精神"(创业、敬业、爱业、兴业),积极申报文明单位、文明行业活动,切实加强职工道德素质教育,大力弘扬气象人精神。2000 年被广德县委、县政府授予"文明单位",2002 年被宣城市委、市政府授予"文明单位";2004 年、2006 年、2008 年被省委、省政府授予第六届、第七届、第八届省级"文明单位"称号。

2003 年起,每年在五一、十一期间组织职工开展群众性文体活动,派员参加宣城市气象局组织的全市气象系统职工运动会,2007 年参加县直机关单位运动会。

3. 荣誉

1983 年,获广德县政府防洪救灾先进单位。

台站建设

台站综合改造 1959 年建站之初,工作人员暂住社员家;1959 年 7 月建 5 间草房;1962 年 11 月因草房失修,漏雨、破裂有倒塌的危险,经县农业局批准,暂迁横山农校内;1964 年底迁回并新建 5 间砖木结构房屋;1986 年建砖混结构办公楼 1 栋,建筑面积 340 平方米。2002 年修建了对外交通道路,装修了办公楼、改造了业务平面,完成了业务系统的规范化建设。2008 年占地面积 6600 平方米。

2007 年广德县政府在政务新区东南侧划拨12500 平方米土地,用于县气象局台站建设。2008 年 5 月气象防灾减灾中心和气象科技中心

1987 年广德县气象局观测场

开工建设,2 幢楼均为框架结构、二层,共 2004 平方米;2008 年底完成土建工程和观测场建设(25 米×35 米)。

园区建设 1998 年起分期分批对大院的环境进行了绿化、硬化、美化,改造了观测场,修建了花坛,全局绿化率达到了 75%。

1987 年的广德县气象局办公楼

2008 年的广德县气象局办公楼

宁国市气象局

宁国市地处安徽省东南部,东邻苏杭,西靠黄山,连接皖浙 2 省 7 个县市,市域面积 2487 平方千米,辖 16 个乡镇和 3 个街道办事处,总人口 38.09 万。境内土特名产荟萃,山核桃、元竹、青梅、银杏面积和产量居安徽省首位,享有"中国山核桃之乡"和"中国元竹之乡"称号。

宁国属北亚热带湿润季风气候,主要气候特点是:季风明显、四季分明、气候温和、雨量充沛、光照较足。

机构历史沿革

1. 始建情况

宁国县气象站始建于 1956 年 2 月,国家基本气象站,位于宁国县城南门外山岗,东经 118°59′,北纬 30°37′,观测场海拔高度 87.3 米。

2. 建制情况

领导体制与机构设置演变　1963 年 12 月前,隶属地方政府,业务由安徽省气象局领导;1960 年 3 月,更名为宁国县气象服务站。1964 年 1 月,纳入地方政府领导;1968 年 9 月 1 日,更名为宁国县气象站。1971 年 7 月 1 日,更名为宁国县革命委员会气象站。1970 年 11 月,行政隶属县人民武装部管理;1973 年 7 月,归县革命委员会领导;1979 年 2 月起,实行气象部门和地方政府双重领导,以气象部门为主的管理体制。1981 年 2 月 1 日,成立宁国县气象局。1997 年 5 月 1 日,宁国撤县设市,更名为宁国市气象局。1956—1998 年,气象局内设机构为测报组与预报组;1999 年测报组与预报组合并为气象台,同时成立专业气象服务组;2002 年专业气象服务组改为气象科技服务中心。

人员状况　1956 年建站初期有 6 人。2008 年 12 月在编职工 13 人,其中大学以上学历 5 人,大专学历 4 人、中专学历 4 人;工程师 5 人,助理工程师 5 人,技术员 3 人;年龄 50 岁以上 4 人,40～49 岁 2 人,40 岁以下 7 人。

单位名称及主要负责人更替情况

单位名称	负责人	职务	性别	任职时间
宁国县气象站	汪金水	站长	男	1956.2—1960.2
宁国县气象服务站	叶再凰	副站长(主持工作)	女	1960.3—1968.8
宁国县气象站	杨克善	站长	男	1968.9—1971.6

续表

单位名称	负责人	职务	性别	任职时间
宁国县革命委员会气象站	杨克善	站长	男	1971.7—1972.5
	谢凤洲	站长	男	1972.6—1978.6
	黎振玉	副站长(主持工作)	男	1978.7—1981.1
宁国县气象局	黎振玉	副局长(主持工作)	男	1981.2—1983.5
宁国县气象局	宋　阳	局长	男	1983.6—1997.4
宁国市气象局	宋　阳	局长	男	1997.5—2002.2
宁国市气象局	杨　萍	局长	女	2002.3—2005.2
宁国市气象局	束长汉	局长	男	2005.3—

气象业务与服务

1. 气象业务

地面观测　1956 年 2 月 1 日—1960 年 7 月 31 采用地方平均太阳时 01、07、13、19 时每天 4 次观测;1960 年 8 月 1 日起改为北京时 02、08、14、20 时每天 4 次观测。观测项目有云、能见度、天气现象、气压、空气的温度和湿度、风向风速、降水量、日照、蒸发量、地面温度、浅层和深层地温、冻土、电线积冰、雪深和雪压等。承担 4 次基本天气报和 4 次补充天气报、重要天气报、旬月报和 24 小时航危报等发报任务。

1987 年 8 月使用 PC-1500A 计算机进行测报编码、日数据整理和录入,1995 年 1 月改用 386 微机进行测报编码、日数据整理、数据录入和月、年报表制作。2000 年 1 月 1 日建立 CAWS600-Ⅰ型自动气象站,开始实现气压、气温、空气湿度、风、降水量、地面温度、浅层和深层地温等气象要素的 24 小时连续自动观测,2002 年 1 月 1 日起自动站正式投入单轨运行。2007 年建成气象站实景观测系统。

2003 年 6 月建成 16 个乡镇自动雨量站,2006 年 7 月建成 4 个四要素(雨量、温度、风向、风速)自动气象站,同时调整部分自动雨量站到村;2007 年 12 月在港口湾水库建成六要素自动气象站。

2004 年 7 月 28 日开始进行土壤墒情的观测和发报;2004 年 7 月 2 日承担裸露空气温度、水泥地面温度、草面温度的最高最低值等特种项目的观测,2008 年 6 月 30 日停止观测。

气象信息网络　1980 年前,利用收音机收听武汉区域中心气象台和上级台播发的天气预报和天气形势。1981—1997 年利用天气传真接收机接收北京、欧洲气象中心以及东京的气象传真图。1986 年 7 月,利用甚高频无线对讲通讯电话接收天气预报。1995 年引进卫星云图接收设备,接收日本同步气象卫星云图。1997 年建成 9210 工程。1998 年建成 VSAT 单收站。1995 年建成 X.25 分组交换网,2000 年升级为 10 兆宽带网。1999 年 5 月开通地面卫星接收站,使用 MICAPS 系统接收中国气象局下发的各类云图、物理量诊断图等预报产品进行预报制作。

气象预报　1958 年 5 月起,通过县广播站向全县发布"宁国县天气预报",年底开展中长期天气预报业务。20 世纪 50 年代末到 60 年代初,预报制作主要是在收听省气象台大范围天气形势预报和区域天气预报的基础上,综合考虑本站的气压、温度、湿度、风 4 种气象要素时间变化的曲线图,气象要素之间前后相关的点聚图和散布图,气象要素空间分布的简易天气图,相似过程、预报指标等,进行综合判断制作预报。20 世纪 70—90 年代,在预报中,先后引用了统计学方法、北京和东京等天气分析图,制作预报;数值天气预报产品、物理量诊断计算和省气象台综合预报指导等信息制作天气预报。

2. 气象服务

公众气象服务 1989 年前,主要利用农村有线广播发布气象信息。1989 年建立气象警报系统,面向有关部门、乡(镇)、村和企业等每天 1 次开展天气预报警报信息发布服务。1995 年 8 月 21 日创办电视台天气预报节目,用字幕发布未来天气预报;1999 年 3 月 23 日开通多媒体电视天气预报,对本市 10 个乡镇的天气进行预报;2003 年起利用手机短信每天定时或不定时发布气象信息;2005 年 10 月 31 日电视天气预报改为有主持人讲解的天气预报节目;2006 年起在政府机关布设气象灾害预警信息电子显示屏。强对流天气出现时,通过"12121"、气象灾害预警信息电子显示屏、手机短信、气象网站和电视天气预报、办公网气象预警平台等对外发布灾害性天气的预警信息。

决策气象服务 20 世纪 90 年代中期之前以口头或电话方式向市委市政府提供决策服务。随后逐步开发《重要天气专报》、《气象信息与动态》、《汛期(5—9 月)天气形势分析》、《天气公告》等决策服务产品。在"1996.6.30"和"2007.7.10"特大暴雨洪涝和 2008 年初低温雨雪冰冻灾害中,向市委、市政府和有关部门提供决策服务。

专业与专项服务 1985 年 3 月,利用电话、邮寄、影视、电子屏、手机短信等手段,面向各行业开展气象科技服务。1996 年起,开展庆典气球施放服务;2004 年开办宁国市气象技术开发服务部。1990 年起,为各单位建筑物避雷设施开展安全检测,2001 年成立市防雷安全管理领导小组办公室,负责全市的防雷安全管理工作。2004 年起,防雷安全管理进入市行政服务中心,规范防雷设计、审核、验收等工作;2008 年 4 月起开展重大工程建设项目雷击灾害风险评估工作。

1976 年起利用部队"三七"高炮开展人工降雨工作,由于条件限制年底取消该项工作。2000 年 7 月又从省军区军械所购置单管"三七"高炮、9 月从巢湖市气象局购置双管"三七"高炮,开展人工增雨作业。2005 年 6 月 29 日,购置 BL 型火箭发射架开展人工增雨作业。

气象科技服务 1998 年 6 月 18 日开通了 24 小时不间断的"121"天气预报自动答询电话,2005 年 1 月"121"电话升位为"12121",2007 年增开"96121"专项服务号码。2008 年 5 月,建成了"12121"气象灾害预警信息反拨系统,解决了气象灾害预警信息传递在偏远山区、农村"最后一公里"问题。

气象科普宣传 每年"3·23"世界气象日、"防灾减灾活动周"开展气象科技宣传,宣传普及防雷减灾科普知识。

气象法规建设与管理

气象法规建设 2002 年 8 月,宁国市政府行政服务中心设立气象窗口,承担气象行政审批职能,规范天气预报发布和传播,实行低空飘浮物施放审批制度;成立气象行政执法大队,兼职执法人员均通过省政府法制办培训考核,持证上岗。

2007 年 5 月,宁国市政府出台《关于加快气象事业发展的意见》(宁政〔2007〕38 号)政策文件。市气象局编制《宁国市气象局制度汇编》,作为日常管理和办事的依据;制定《人工增雨预案》《监测网络业务工作预案》《宁国市地质灾害(气象)应急预案》《宁国市应对森林火灾、污染等突发事件的人影作业预案》《宁国市重大灾害天气应急预案》等预案,以应对突发性事件或灾害性天气的发生。

社会管理　利用当地媒体、自编宣传单、气象门户网站等多种形式宣传气象探测环境和设施保护的法律法规。悬挂《宁国观测环境现状证书公示牌》,签署《市县气象台站观测环境保护责任书》,实行“一票否决制”。

每年在全市开展建筑物防雷装置、新建建(构)筑物防雷工程图纸审核、竣工验收、计算机信息系统等防雷安全检测。大力宣传《施放气球管理办法》等有关法律法规,制定和完善相应工作程序和应急预案,加强对施放气球单位和人员以及施放气球活动的审批许可与监督管理工作。

政务公开　制作了宁国市气象局政务公开栏,对外公开领导机构、机构设置等内容。内部有关规章制度、年度目标考核细则、目标考核结果、固定资产购置、廉政建设情况、各项费用开支情况和群众关心的热点问题等,都通过网络、公开栏、会议等形式进行公开公示。

党建与气象文化建设

1. 党建工作

支部组织建设　1956 年 2 月至 1981 年,党员不足 3 人,组织生活先后归属县农工部、县农业局、县农委党支部。1982 年,成立中共宁国县气象局支部,黎振玉任书记;1983 年 6 月—2002 年 2 月,宋阳任党支部书记;2002 年 3 月—2008 年 12 月,杨萍同志任党支部书记。2008 年,有中共党员 3 人,团员 3 人。

党风廉政建设　2007 年 4 月成立了“三人决策”小组,对重大决策、干部任免、重大项目安排和大额度资金的使用等进行行政决策。建立了领导班子与群众谈心谈话制度,听取被谈心人对局领导班子建设、业务工作、各项管理工作和职工生活上的困难等方面的意见与建议。接受宣城市气象局党组纪检组的廉政谈话和警示教育,观看廉政教育宣传片,增强党员干部的廉政意识,提高廉洁自律能力。连续多年开展党风廉政教育月、机关作风建设、效能建设活动。

2. 气象文化建设

坚持开展读书学习活动,每周进行 1 次集中理论学习,每月开展 1 次业务学习交流活动,发动全局干部职工撰写学习心得体会,并进行交流探讨。组织开展了“我为气象添光彩”主题演讲活动。组织职工积极参加省气象局、宣城市气象局举办的各类文化、体育活动。安装健身运动器械,提供给职工锻炼,开展户外健身活动。

3. 荣誉

2003—2008 年,连续 3 届被省委、省政府授予“省级文明单位”;2008 年,被宁国市委、市政府评为全市抗雪防冻救灾"先进集体"。

台站建设

　　台站综合改造　1956年建站时,总占地面积达16000平方米,观测场按25米×25米标准建设,被安徽省气象局评为地面气象观测一类站,当时仅有3间办公平房。1981年8月,建造1幢建筑面积为455.7平方米的办公楼,主体二层局部三层、砖混结构。1998年10月,建设职工宿舍楼1幢,建筑面积996平方米,三层12户、砖混结构。

　　园区建设　宁国市气象局对大院内的环境进行了绿化改造,规划整修了道路,在院内和观测场修建了草坪,在院内西侧长廊两旁栽种了风景树,使气象局院内变得风景秀丽。2002年,在气象局办公楼前建造了以体现气象科技蓬勃发展的主题雕塑。此外在单位园区安装健身运动器械,便于职工平时锻炼。

20世纪60年代的宁国县气象站　　　　　现今的宁国市气象局办公楼

泾县气象局

　　泾县位于安徽省南部,隶属宣城市。《汉书·地理志》丹扬郡有泾县;"泾水出芜湖",泾县由此而得名。全县总面积2059平方千米,辖9镇2乡,人口36万。境内山多地少,素有"七山一水一分田,一分道路和庄园"之说。泾县属北亚热带季风湿润气候区,年平均气温15.7℃,年降雨量为1503.4毫米;主要气象灾害有暴雨、干旱、大风、春季低温阴雨、寒潮、冰雹、雷电等,其中以暴雨洪涝灾害最为严重。

机构历史沿革

1. 始建及站址迁移情况

　　1956年9月泾县气候站筹建,11月1日开始正式气象观测;站址位于泾县马头镇"山头",北纬30°46′,东经118°29′。1959年1月1日迁址到泾县城南门外(泾县气象路6号),

北纬 30°41′,东经 118°24′,海拔高度 36.3 米。

2. 建制情况

领导体制与机构设置演变 泾县气象局的前身是泾县气候站,隶属县马头林场;1958年 12 月,划归地方,隶属县农业局管理;1960 年 2 月改称泾县气象服务站。1963 年 6 月收归安徽省气象局,行政财务委托农水局管理;1970 年 11 月因战备需要划归地方,行政隶属县人民武装部管理;1971 年 6 月改称泾县革命委员会气象站;1973 年 7 月升格为科局级单位,隶属县革命委员会直接管理;1979 年 2 月由地方划归省气象局管理,行政隶属芜湖地区气象局;1979 年 10 月成立泾县气象局;1980 年 2 月后行政隶属宣城行署气象局(2001 年 2 月改称宣城市气象局);1991 年起,县气象局实行国家气象事业、地方气象事业双重计划财务体制。

人员状况 1956 年建站初期有 2 人。2008 年 12 月在编职工 7 人,其中大学以上学历 3 人、大专 4 人;工程师 2 人、初级专业技术人员 4 人;40～49 岁 3 人、40 岁以下 4 人。退休 7 人。

单位名称及主要负责人更替情况

单位名称	负责人	职务	性别	任职时间
安徽省泾县气候站	罗金堂	筹建负责人	男	1956.9—1958.10
安徽省泾县气象服务站	周孝章	临时负责人	男	1958.10—1962.10
	陈金权	代负责人	男	1962.10—1963.10
泾县气象站	陈金权	副站长(主持工作)	男	1963.10—1971.4
泾县气象局	熊丛德	站长	男	1971.5—1981.12
	黄国民	临时负责人	男	1982.1—1983.10
	杨保桂	局长	男	1983.11—1986.1
	查汝军	副局长(主持工作)	男	1986.2—1992.7
	黄国民	局长	男	1992.7—1997.12
	李 龙	副局长(主持工作)	男	1998.1—2000.2
	李 龙	局长	男	2000.2—2004.1
	张从贵	局长	男	2004.2—2006.12
	李 龙	局长	男	2007.1—

气象业务与服务

1. 气象业务

地面观测 1956 年 11 月 1 日开始正式气象观测,采用地方时 01、07、13、19 时每天 4 次观测;观测项目有云、能见度、天气现象、气压、气温、湿度、风向风速、降水、蒸发。补充天气绘图报通过邮电局发到省气象台。1961 年 1 月 1 日起,改为北京时 02、08、14、20 时每天 4 次观测,观测项目增加雪深、日照、浅层地温、深层地温。1961 年 4 月 1 日调整为 08、14、

20 时每天 3 次观测。

1962 年,白天增加 1 小时 1 次的航空天气观测并加发航空危险天气电报。1965 年,承担中尺度气象研究气象观测任务。1972 年以后,为开展台风联防,增加每小时 1 次的定时气象加密观测。1992 年开始使用 PC-1500 袖珍计算机用于观测查算、气象电码自动编报;1994 年 6 月升级为 286 微机,报表制作由微机进行;1997 年 7 月 1 日开始通过 162 分组网实行电码上传;2001 年 1 月起地面分组交换网发报正式启用;2002 年使用测报软件,利用微型计算机观测发报。1999—2002 年汛期,承担 973"中国暴雨"项目外场加密观测任务。

2004 年 7 月增设水泥路面温度、草面温度、裸露空气温度观测以及土壤旱涝监测。2007 年 1 月取消特种地温观测及发报,在旬月报中新增了地温段编发内容。2007 年建成全市气象站实景观测系统。

2004 年 4 月安装 CAWS600-I 型自动气象站,5 月 1 日开始试运行;2005 年 1 月 1 日起,自动站进行平行观测期第一阶段;2006 年 1 月 1 日,自动站进行平行观测期第二阶段;2007 年 1 月 1 日,自动气象站正式投入业务运行。

2006—2008 年,在全县 11 个乡镇建立了 1 个六要素气象自动监测站、3 个四要素气象自动监测站和 9 个自动雨量站。

气象信息网络　1980 年前利用收音机收听武汉台和省台播发的天气预报和天气形势。1984 年 4 月配备 CZ-80 型无线传真机 1 台,接收北京、欧洲气象中心以及东京的气象传真图。1999 年 3 月建立 VSAT 小站,安装 MICAPS 系统。2005 年起利用专用服务器和省市县气象视频会商系统,开通 10 兆光缆,接收从地面到高空各类天气形势图和云图、雷达等数据。2008 年建成市—县视频会商系统。

气象预报　1958 年开始发布短期预报;1984 年以前每天早、晚 2 次通过电台对外发布短期预报;1991 年以后改为每天发布 3 次,分别是 06、11、16 时。1999 年使用 MICAPS 1.0 分析气象资料;2003 年升级为 2.0 版;2009 年升级为 3.0 版。2002 年使用"新一代市、县级预报业务系统"。2000 年开始每周日发布下一周天气预报;天气复杂时随时发布短时、临近预报。2006 年开始发布预警信号,同年开展灾情直报工作。2008 年使用短时临近预报系统,开展灾害性天气预报预警业务和领导决策的各类重要天气报告等。

农业气象　1979 年开始进行农业气象观测,观测油菜、双季稻的生育期状况,发布农业气象旬报;1985 年停止。

2. 气象服务

公众气象服务　1984 年前通过广播向公众发布短期天气预报,主要是未来 24、48 小时内的天气趋势、气温、风向、风速等。中长期天气预报通过邮寄旬月报方式发布气象信息。其后向公众发布的天气预报时效、内容有所增加,服务手段也从单一的电台广播逐渐扩展至电视、电话、传真、网络、手机短信、电子显示屏等。1997 年 5 月 28 日购建多媒体电视天气预报制作系统,制作《天气预报》节目带,送县电视台播放。2004 年 7 月电视天气预报制作系统升级为非线性编辑系统,有模拟主持人。1998 年 3 月 23 日开通了"121"天气预报自动电话答询系统;2005 年 1 月,"121"电话升位为"12121";2007 年增开"96121"专项服务号码。2007 年利用气象短信平台和电子显示屏发布气象信息。2005 年开通了 5 条

"12121"电话反拨线路,2008年建成"12121"反拨系统。

决策气象服务 20世纪80年代前以口头或电话方式向县委、县政府提供决策服务。随后逐步开发《重要天气专报》、《专题预报》、《气象信息》、《汛期(5—9月)天气形势分析》、旬月报等决策服务产品。另外每年开展春播、午收、秋收、水利冬修、高考、中考、森林防火气象服务和重大活动的气象服务工作。2005年开通泾县防洪保安气象服务系统,24小时在线服务县委、县政府、防办、大唐陈村水电站及青弋江灌区等。

专业与专项服务 1983年首次为陈村水电站提供气象科技有偿服务。1985年气象有偿服务逐步向与气象关系密切的砖瓦等行业拓展。1993年10月为"93泾县国际宣纸艺术节"提供专题预报和庆典气球服务。1997年,开展影视广告、庆典气球和防雷技术服务。1998年,增加"121"声讯气象信息服务。1991年6月开展首次防雷装置安全检测工作;1997年县政府成立防雷安全工作领导小组,办公室设在县气象局。

1975年夏,南京军区派出高炮连到泾县帮助实施人工增雨作业,这是泾县第一次实施人工增雨作业。1976年夏,在白华、云岭、茂林、包合、董村实施人工增雨作业,年底停止作业。1998年县政府出资购置"三七"人工增雨高炮1门;成立泾县人工增雨防雹领导组,办公室设在县气象局;8月25—27日在云岭、昌桥实施人工增雨作业。2000年夏,青弋江出现首次断流,7月20日—8月8日在全县范围内开展人工增雨作业。2005年7月县政府配购1台BL型火箭发射架和1部火箭发射专用车。

气象科技服务 1999年8月泾县政府编委批准成立泾县农村综合经济信息服务中心。2000年开展安徽农网信息入乡工程建设,建成"安徽农网'泾县之窗'"(简称泾县农网)网站;同年农网"信息入乡"获省政府表彰。2001年开展了"信息入乡"工程,开展进村入户到企延伸活动;同年7月12—14日举办全县首届"乡镇书记、镇长农网技术培训班";县政府从2001年起把农网建设纳入县气象局常规工作,每年固定投入经费。

气象科普宣传 每年世界气象日进行科普宣传活动,举办全县防雷技术培训班;2005—2008年实施气象科普进校园活动,在全县中小学开展气象灾害预警知识和防雷知识宣传活动。

气象法规建设与管理

气象法规建设 1998年12月成立气象行政执法分队,同时在气象法律和法规基础上,完善相关配套制度建设,为气象行政执法提供法制支持。1997年县政府出台了《泾县防雷工程管理办法》;2001年,制定了《泾县人工增雨预案》、出台了《泾县防雷安全管理工作实施细则》。

社会管理 1980年首次对在气象观测场外围100米内的建筑和有碍气象观测的活动进行限制管理;1991年开展防雷安全设施检查和整治工作;1992年起对天气预报统一发布实施管理;1997年起对防雷工程设计、施工资质和工程质量实施监督管理;1998年9月1日起对气球升空物实施许可管理;2000年1月1日《中华人民共和国气象法》开始实施,县气象局会同县人大到有关单位和乡镇开展执法工作大检查。

政务公开 2005年建立由局长、副局长和股室负责人组成的局务会;2007年成立政务公开领导小组和政务公开监督小组,对外公开监督电话,设置意见箱。先后制定党风廉政制度、财务制度、服务制度、信访制度和效能建设七项制度等十个方面的规章制度。

党建与气象文化建设

1. 党建工作

支部组织建设 1971年12月,熊丛德站长成为气象站的第一位党员。1973年组建第一届党支部;1985年3月后并入县水电局党支部。1991年8月经县直机关工委批准,恢复设立气象局党支部,1999年11月起设立正、副书记各1人。党支部认真执行"三会一课"制度,1999—2007年,先后组织党员参观革命历史纪念地、举办重温入党誓词和纪念建党八十周年征文、开展争创"五好"基层党组织等多种活动。2001年局党支部被县委评为"四优"机关,2005年被县委评为"五好"基层党组织,2001年和2008年被县直机关工委评为"优秀党支部"称号。2008年,有中共党员3人。

党风廉政建设 始终坚持"一岗双责"和"一把手"负责制,严格执行《廉政准则》、省政府的各项禁令、县政府《十不准》和《宣城市气象局九项制度》等党风廉政纪律。

2. 气象文化建设

精神文明建设 1999年开展文明创建规范化建设,改造气象局大院环境、统一制作局务公开栏、学习园地、法制宣传栏和文明创建标语等宣传用语牌,建设图书阅览室,拥有图书2000册。2000年、2008年先后开展"三个代表"、"保持共产党员先进性"等教育活动,并与云岭镇结对共建,与贫困村(户)、残疾人结对帮扶。2008年8月8日举办"奥运在我心中"文体活动。每年组织开展向县困难职工"送温暖、献爱心"捐款活动。

文明单位创建 1997年起以争创"五好"台站为抓手,开展争创文明单位活动,大力弘扬"创业、敬业、兴业、爱业"的事业精神,把加强精神文明建设作为提高职工整体素质,提升单位整体形象的重要途径;同年,被县委、县政府授予"文明单位"称号。2000年气象台被共青团泾县委员会授予"青年文明号"称号。2001年被宣城市文行委授予"创建文明行业先进集体"称号。

3. 荣誉与人物

集体荣誉 2000年,被省政府授予"人工增雨防雹工作先进单位"。

人物简介 黄国民,1937年11月5日出生于福建省南安市罗东镇罗溪村鸟踏尾厝。1957年毕业于成都气象学校,1960年春调到泾县直到退休。1983年起当选泾县政协第一届、第二届、第三届政协委员,第四届、第五届政协常委。1992年任泾县气象局局长。1996年被国家防总和国家人事劳动部授予"全国抗洪抗旱模范"称号。

台站建设

台站综合改造 1956年初建时,平房3间(60平方米);1962年建平房3间(50平方米)。2008年,根据《1996—2010年泾县县城总体规划》,经上级批准,泾县气象局整体搬迁。在距原址(气象路6号)西南方500米处的泾川镇百园社区王村征地5580平方米,建观测场和380平方米的业务用房、25米×25米观测场。同时,在距原址正南方100米处,县政府划拨土地3333.5平方米,建1400平方米的青弋江上游气象灾害预警中心。

办公生活条件改善 1984年5月,征地2840平方米,建办公楼381平方米。1990年10月建职工宿舍4套,共270平方米;2000年集资建职工宿舍楼1栋6套,建筑面积528平方米。办公生活条件得到较大改善。

1983年泾县气象局观测场 　　　　　　2008年建成的泾县气象观测站

旌德县气象局

旌德县建制于唐宝应二年(公元763年),隶属于宣城市。位于皖南山区,地处黄山北麓。县境自东向西分别与宁国市、绩溪县、黄山区、泾县接壤。面积904.8平方千米,目前全县5镇5乡,66个行政村,人口15.1万。2008年3月获中国"中国灵芝之乡"称号。旌德县是国家级生态示范区建设试点县。境内重峦迭翠,山水相间,自然生态环境优美。旌德属亚热带季风气候,全年四季分明。

机构历史沿革

1. 始建及沿革情况

旌德县气候站筹建于1958年10月,1959年2月1日正式开展气象观测业务,站址位于北纬30°18′,东经118°32′,海拔220.2米。地名为旌阳镇黄家岗"小山头";1998年1月地名改为旌阳镇西门老路36-5号。属国家一般气象站。

2. 机构建制情况

领导体制与机构设置演变情况 1959年2月前,隶属旌德县农业局。1959年3月,更名为绩溪县旌阳气候站,至 1961 年 3 月,隶属绩溪县农业局;1960 年 4 月,更名绩溪县旌阳气候服务站。1961 年 4 月,更名旌德县气象服务站,至 1962 年 12 月,隶属旌德县农业局。以上时期业务均由省气象局指导。1963 年 1 月—1970 年 10 月,隶属安徽省气象局。1970 年 11 月,更名为旌德县气象站,至 1972 年 1 月,纳入县人民武装部领导。1972 年 2 月—1979 年 11 月,归旌德县革命委员会,属科局级单位。1970 年 11 月—1979 年 11 月,业务由省气象局指导。1979 年 12 月,更名为旌德县气象局,由徽州地区气象局和县政府双重领导,以气象部门管理为主。1987 年 10 月—2001 年 1 月,隶属宣城行署气象局和县政府双重领导。2001 年 2 月—至今,隶属宣城市气象局和县政府双重领导。

人员状况 1959 年建站初期 2 人。2008 年 12 月在编职工 7 人,其中大学本科 1 人、大专学历 6 人;工程师 4 人、初级专业技术人员 3 人。

单位名称及主要负责人更替情况

单位名称	负责人	职务	性别	任职时间
旌德县气候站	宋桂生	负责人	男	1958.10—1959.2
绩溪县旌阳气候站	宋桂生	负责人	男	1959.3—1959.8
	陈宗玉	负责人	男	1959.9—1960.3
绩溪县旌阳气候服务站	陈宗玉	负责人	男	1960.4—1961.3
旌德县气象服务站	陈宗玉	负责人	男	1961.4—1963.6
	朱正清	副站长(主持工作)	男	1963.7—1966.3
	朱丛爱	负责人	男	1966.4—1967.3
	朱正清	副站长(主持工作)	男	1967.4—1968.8
	吴炳康	副站长(主持工作)	男	1968.9—1970.10
旌德县气象站	吴炳康	副站长(主持工作)	男	1970.11—1972.2
	朱正清	副站长(主持工作)	男	1972.3—1972.10
	汪子辉	站长	男	1972.11—1979.11
旌德县气象局	李望春	局长	男	1979.12—1984.3
	朱正清	副局长(主持工作)	男	1984.4—1986.11
		局长	男	1986.12—1994.5
	方亚平	副局长(主持工作)	女	1994.6—1996.6
	朱正清	督导员	男	1996.7
	陶曙华	副局长(主持工作)	男	1996.8—1998.3
		局长	男	1998.4—1998.10
	章爱国	副局长(主持工作)	男	1998.11—2000.11
		局长	男	2000.12—

气象业务与服务

1. 气象业务

地面观测 1959 年 2 月 1 日—1960 年 7 月 31 日采用地方平均太阳时,每天 01、07、

13、19 时 4 次观测。1960 年 8 月 1 日—1961 年 3 月 31 日采用北京时,每天 02、08、14、20 时 4 次观测。1961 年 4 月 1 日始观测时次采用北京时,每天 08、14、20 时 3 次观测。观测项目有云、能见度、天气现象、气压、气温、湿度、风向风速、降水、雪深、日照、蒸发、地温等。另有台风业务加密观测及省、市气象局临时指定的各类气象加密观测。

1959 年 2 月—2002 年 4 月向水文部门编发水情报。1964—2008 年 12 月向省台及地区台编发绘图报或天气加密报(1988 年起停止向地区台编发)。1966 年 3 月开始承担航空天气报和航空危险天气报业务,后改为预约航空天气报;保留航空危险天气报业务。1980 年 1 月起停止预约航空天气报。1982 年 4 月—2008 年 12 月向省台编发重要天气报。1987 年 7 月停止航空危险天气报业务。1982 年起每年的 4 月 1 日—8 月 31 日 05 时向省台编发 05—05 时的 24 小时雨量报(标准≥1.0 毫米)。2007 年 6 月 6 日停止雨量报业务,改为当自动气象站数据传输缺测或迟到,向省台编发 05—05 时的 24 小时雨量报。

1995 年配备了 PC-1500 袖珍计算机,1995 年 7 月 1 日起使用 PC-1500 袖珍计算机取代人工编报;1997 年开始使用台式电脑,程序 AHDM4.0,2003 年升级为 AHDM5.0;2005 年 1 月 1 日统一使用中国气象局的地面测报软件 OSSMO-2004;提高了测报质量和工作效率,减轻了观测员的劳动强度。

2004 年 7 月开展裸露最高、最低气温和水泥面最高、最低温度及草面最高、最低温度的观测,2007 年 6 月停止观测。2007 年建成气象站实景观测系统。

2004 年 1 月 SAWS-1 自动气象站安装成功并试运行,2005 年和 2006 年自动站与人工平行观测,2007 年自动站开始单轨运行。2003 年、2005 年及 2006 年及先后在云乐、兴隆、孙村、俞村、三溪乡镇以及白沙水库、江村风景区建成雨量自动监测站和四要素及六要素自动气象站。截至 2008 年 12 月建设各类区域自动气象站 8 个,其中六要素站 2 个、四要素站 2 个、单雨量站 4 个。

气象信息网络 1982 年前,利用收音机收听武汉区域中心气象台和上级以及周边气象台站播发的天气预报和天气形势。1983—1996 年,配备 ZC-80 型无线传真接收机接收北京、欧洲气象中心以及东京的气象传真图。1995 年建成 X.25 分组交换网。1999 年 3 月开通建成 VSAT 单收站。2006 年升级为 10 兆宽带网。2008 年建成市—县视频会议系统。接收地面、高空各类天气形势图和云图、雷达等数据,为气象信息的采集、传输处理、分发应用、会商分析提供支持。

气象预报 1959 年 10 月始,通过收听省台预报结论,根据预报员自身经验,制作补充天气预报。1962—1982 年结合本站资料图表,每日 07 时和 17 时 2 次制作预报和旬月报。1983 年起,气象信息接收手段不断更新,开展 24、48 小时短时预报和中长期天气预报,同时开展临近预报和灾害性天气预报预警业务,并向县委县政府提供各类重要天气报告等。

2. 气象服务

公众气象服务 1959 年 2 月,通过县广播站播出气象信息。20 世纪 70 年代开始增加邮寄旬月报方式发布气象信息;1997 年 3 月开始,通过县电视台播放电视气象节目;1998 年开通了"121"(2005 年改号为"12121"、2007 年增开"96121"专项服务号码)天气预报电话自动答询系统,预报内容上增加了穿衣指数、雨伞指数、晾晒指数、晨练指数、森林火险等级等内容。2003 年开通手机短信服务,2004 年开通了"12121"固定电话反拨平台,2005 年在乡镇、机关、企业安装了气象灾害预警信息电子显示屏,2005 年 10 月宣城市气象局统一制作有主持人的天气预报节目。服务手段从单一的广播、电台逐渐扩展到电视、电话、手机短信、气象灾害预警信息电子显示屏等。

决策气象服务 20 世纪 90 年代中期前,以口头或电话方式向县委县政府提供决策服务。随后逐步开发《专题天气》《气象信息》《汛期(5—9 月)天气形势分析》等决策服务产品。在 1996 年 6 月 30 日和 2007 年 7 月 10 日的特大暴雨洪涝和 2008 年初严重低温雨雪冰冻灾害中,及时预报灾害天气过程,向县委县政府和有关部门提供及时有效的决策服务。

专业与专项服务 1985 年 3 月,依据国务院办公厅《转发国家气象局关于气象部门开展有偿服务和综合经营的报告的通知》,专业气象有偿服务开始起步。利用电话、邮寄、气象影视、电子显示屏、手机短信等手段,面向各行业开展气象科技服务。1996 年起开展庆典气球施放服务。2004 年开办旌德县气象技术开发服务部。1995 年起为工矿、企业和机关单位建筑物避雷设施开展安全检测;1998 年起全县各类新建建(构)筑物按照规范要求安装避雷装置。

1976 年和 1978 年大旱,使用"三七"高炮开展人工增雨作业,1978 年底停止。2001 年配备 2 门单管"三七"人工增雨高炮;2005 年成立县人工影响天气领导组,办公室设在县气象局,负责日常工作,配备人工增雨火箭发射装置 1 套。

气象科技服务 1999 年根据旌德县编委的《关于同意成立旌德县农村综合经济信息服务中心的批复》,成立旌德县农村综合经济信息服务中心,全县各乡镇成立农网信息服务站,依托安徽省农村综合经济信息网,发布各类供求信息,为建设新农村服务。

气象科普宣传 每年"3·23"世界气象日开展活动,组织气象科技宣传,普及防雷知识。不定期接待中、小学生的参观,宣传气象科普知识。

气象法规建设与管理

行政执法 1982 年 4 月 8 日,旌德县政府批转旌德县气象局《关于保护气象观测场四周自然环境的请示报告》,为气象观测环境保护提供依据。2000 年以来,每年 3 月和 6 月开展气象法律法规和安全生产宣传教育活动;落实《中华人民共和国气象法》《安徽省气象条例》等法律法规;旌德县人大领导视察或听取气象工作汇报。2008 年 10 月,旌德县政府行政服务中心设立气象窗口,承担气象行政审批职能,规范天气预报发布,防雷审核验收许可,审批气球施放等。

社会管理 1997 年根据县政府《关于加强防雷安全管理工作得通知》(政办〔1997〕19号)组建旌德县防雷中心;逐步开展建筑物防雷装置、新建建(构)筑物防雷工程图纸审核、竣工验收、计算机信息系统等防雷安全检测。对全县各种避雷设施依法管理,依法检测及审定验收。2007 年制定《气象灾害应急响应预案》,承担气象灾害应急响应管理职能。

政务公开 2005 年起采取公开栏、会议、网站(局域网)等多种形式公开规定内容,特别加强财务、科技服务经营管理和重点工程款项支付、工程变动等事项的公开。2007 年制定下发了《旌德县气象局局务公开实施方案》,规范了局务公开工作。2006 年起做好对社会公开工作,对气象行政审批办事程序、气象服务、服务承诺、气象行政执法依据、服务收费依据及标准等内容通过网络公开。

党建与气象文化建设

1. 党建工作

支部组织建设 1978 年前,党员组织生活先后参加县农业局、县革命委员会政工组、县农办等支部。1978 年,始建党支部,李望春任专职书记。1980 年党支部撤销,党员组织生活先后并入县农办、水务局支部。1987 年 11 月重新成立党支部,朱正清任支部书记。1989 年 8 月党支部撤销,党员组织生活先后并入县委农工部、县委农业委员会。1993 年再次成立党支部,朱正清、方亚平先后任支部书记;1999 年 1 月程向敏任支部书记。2008 年,有中共党员 7 人(预备党员 1 人),其中在职 5 人,退休 2 人。

党风廉政建设 党风廉政建设始终坚持"一把手"负责制,与宣城市气象局签订目标责任状,认真落实党风廉政建设目标责任制,积极开展廉政教育和廉政文化建设活动。2007 年成立旌德县气象局"三人决策"小组,对局内的重大决策、干部任免、项目安排和大额资金使用等进行决策,"三人决策"按照民主集中制的原则,在广泛听取意见的前提下,由主要负责人作出决定。认真贯彻执行宣城市气象局制定的《宣城市县(市)局气象科技服务与财务监管九项制度》等各项制度,强化监督检查,努力构建惩治和预防腐败体系。

2. 气象文化建设

精神文明建设 县气象局领导班子把自身建设和职工队伍的思想建设作为文明创建的重要内容,通过开展经常性的政治理论、法律法规学习,造就了清正廉洁的干部队伍,锻炼出一支高素质的职工队伍。深入持久地开展文明创建工作,学习有制度、文体活动有场所,职工生活丰富多彩。

文明单位创建 1998 年被县委、县政府授予县级"文明单位";2000 年、2002 年、2004 年、2006 年、2008 年连续被市委、市政府授予市级"文明单位"。

3. 荣誉

集体荣誉 2003 年,获安徽省气象系统防汛抗旱先进集体、安徽省人工增雨防雹先进单位;2003 年、2006 年获宣城市气象局综合目标管理特别优秀达标单位。

个人荣誉 1998 年,陶曙华获安徽省人事厅、省气象局授予的安徽省气象系统先进个人称号;2003 年,程向敏获安徽省人事厅、省气象局授予的安徽省气象系统先进个人称号。

台站建设

1958 年 10 月建设了砖木结构瓦顶的平房 3 间;1971 年 7 月建设了砖木结构瓦顶的平房 4 间;1971 年 7 月建设了砖木结构瓦顶的职工宿舍平房 251 平方米;1982 年 11 月建设了砖木结构瓦顶的职工宿舍平房 276 平方米;1986 年建设了砖混结构的职工宿舍平房 100 平方米;1989 年建设了砖混结构的职工宿舍平房 100 平方米;1989 年向省气象局申请资金,建成了 260 平方米办公楼,结束了县气象局无楼房年代;1995 年向省气象局申请资金,建成了 4 套 248 平方米的职工宿舍。1999 年多方争取资金,建成了县级地面气象卫星接收小站。2004 年 1 月向省气象局和地方政府申请资金,建成 SAWS-1 自动气象站。2008 年向省气象局申请项目资金,于 9 月 28 日开工建设办公楼和大院。县气象局现占地面积 4586.74 平方米。

1982 年的旌德县气象局办公平房 　　　　2008 年完工的旌德县气象局办公楼
（观测员在进行集体观测）

绩溪县气象局

绩溪县位于安徽省东南部,东倚天目山,西枕黄山,是历史悠久、山川秀丽、文物众多,徽文化底蕴十分丰厚的国家级历史文化名城。南北朝梁大同元年(535)置良安县,唐朝永泰元年(765),置绩溪县,属江南西道歙州。总面积 1126 平方千米,总人口 18 万。绩溪素以中国徽菜之乡、徽厨之乡、徽墨之乡和徽商故里而闻名于世,中华传统文化在此积淀深厚,是徽文化的重要发祥地,也是 2008 年奥运火炬传递城市之一。

绩溪县属亚热带湿润性季风气候,季风明显,四季分明。降水主要集中在 5—8 月。境内地形复杂,灾害性天气频发,尤以暴雨、干旱、大风、冰雹、雷电为甚。

机构历史沿革

1. 始建及沿革情况

绩溪县气候站始建于 1956 年 11 月 1 日,站址在绩溪县西门外"小山岭";北纬 30°05′,东经 118°31′,观测场海拔高度 189.1 米。1977 年 5 月因铁路建设迁移到县城北门外五龙岭 9 号,北纬 30°05′,东经 118°35′,海拔高度 191.1 米。为国家一般气象站,2007 年 1 月 1 日改为国家气象观测二级站。

2. 建制情况

领导体制与机构设置演变 1963 年 12 月前,建制归地方,县农业局代管。1959 年 3 月—1960 年 4 月,代管绩溪县旌阳镇气候站(现旌德县气象局)。1960 年 1 月,更名为绩溪县气象站。1964 年 1 月,建制收归省气象局,党政由地方代管。1970 年 2 月,更名为绩溪县革命委员会气象站。1970 年 11 月,行政隶属县人民武装部管理,省气象局负责业务管理。1979 年 8 月,更名为绩溪县气象局,正科级单位,建制由地方划归省气象局管理,行政隶属徽州地区气象局。1988 年 1 月,因区划调整,绩溪县划入宣城行署,由宣城行署气象局和绩溪县政府双重领导,以宣城行署气象局领导为主。2001 年,随宣城行署撤地建市改由宣城市气象局领导。

人员状况 1956 年建气候站时 2 人。2008 年 12 月,在编职工 7 人,其中大学学历 4 人、大专学历 3 人;工程师 4 人、初级专业技术人员 2 人、见习人员 1 人;50～55 岁 2 人、40～49 岁 2 人、40 岁以下 3 人。

单位名称及主要负责人更替情况

单位名称	负责人	职务	性别	任职时间
绩溪县气候站	朱正清	负责人	男	1956.11—1959.12
绩溪县气象站	朱正清	站长	男	1960.01—1963.06
绩溪县气象站	刘义成	副站长(主持工作)	男	1963.07—1970.02
绩溪县革命委员会气象站	刘义成	副站长(主持工作)	男	1970.02—1973.05
绩溪县革命委员会气象站	程庸洲	站长	男	1973.06—1979.04
绩溪县革命委员会气象站	刘义成	站长	男	1979.04—1979.08
绩溪县气象局	刘义成	局长	男	1979.08—1988.12
绩溪县气象局	刘尚春	局长	男	1989.01—1996.07
绩溪县气象局	王文奎	局长	男	1996.08—2001.09
绩溪县气象局	訾中福	局长	男	2001.10—

气象业务与服务

1. 气象业务

地面观测 1956 年 11 月 1 日—1960 年 7 月 31 日,每天 01、07、13、19 时 4 次观测,1960 年 8 月 1 日改为 02、08、14、20 时 4 次观测,1961 年 4 月 1 日调整为 08、14、20 时 3 次观测,夜间不守班。观测项目有云、能见度、天气现象、气压、气温、湿度、风向风速、降水、雪深、日照、蒸发、地温等。

1972 年 1 月 1 日—1988 年 12 月 31 日,每天 06—18 时向 OBSAV(为军航拍发的航危报)长兴,06—16 时向 OBSMH(指为民航拍发的航危报)杭州发固定航空(危险)报,19—22 时预约航空(危险)报,即每小时正点前观测发航空报 1 次,危险报则是当有危险天气现象时,5 分钟内及时拍发。1989 年 1 月 1 日改为 06—22 时预约航空(危险)报,1993 年 9 月停发航危报。每月向 OBSER 合肥、屯溪(1988 年改为 OBS 合肥、宣城)发旬月报,每年 5 月 1

日—9月30日发4段3次水情报(7315合肥、9705屯溪、3190宣城),10月1日至次年4月30日为1段1次水情报,2005年5月停止向水利部门发水情报。

天气报的内容有云、能见度、天气现象、气压、气温、风向风速、降水、雪深、地温等;航空报的内容有云、能见度、天气现象、风向风速等;重要天气报的内容有降水、大风、雨凇、积雪、冰雹、龙卷风、雷暴、视程障碍等。

2004年7月增设水泥路面温度、草面温度、裸露空气温度观测、土壤墒情观测,2007年7月取消特种地温观测及发报。

2003年在全县所有乡镇安装自动雨量观测站,2005年开始布设四要素自动气象站,2007年开始布设六要素自动气象站,截至2008年12月建设各类自动气象站11个,其中七要素站1个、六要素站1个、四要素站2个、单雨量站7个。

1990年开始使用PC-1500计算机,1995年使用IBM计算机(486),2002年开始使用测报软件。编制的报表有气表-1、气表-21。1994年气表-1底本只作月合计,开始使用机制报表;1996年使用IBM计算机(486)统计、打印报表,停止报送纸质报表。2004年4月绩溪县气象局CAWS600BS-I型自动气象站建成,2005—2006年实行自动站和人工站双轨运行,2007年1月1日自动站开始单轨运行。2007年建成气象站实景观测系统。

气象信息网络 1980年前,利用收音机收听电台播发的天气预报和天气形势。1981—1997年利用传真接收机接收北京、欧洲气象中心以及东京的气象传真图。1986年7月,开通甚高频无线对讲通讯电话,实现与地区气象局直接业务会商。1995年建成X.25分组交换网。1997年通过162分组网实行气象电码上传。1998年建成VSAT卫星资料单收站。2002年建立气象网络应用平台、专用服务器,开通10兆光缆,接收从地面到高空各类天气形势图和云图、雷达等数据,为气象信息的采集、传输处理、分发应用、会商分析提供支持。2007年建成市—县多媒体视频会议系统。

气象预报 1956年11月,县站开始作补充天气预报。1959年开始每天在县广播站播出天气预报,1960年开始每旬末、月末发布旬、月趋势预报。1985年1月开始利用传真图表独立地分析判断天气变化,1998年使用MICAPS 1.0分析气象资料,2003年升级为2.0版。2002年使用"新一代市、县级预报业务系统"制作预报,预报业务开始实现自动化、电子化、网络化。

2. 气象服务

公众气象服务 1986年前,主要通过广播和邮寄旬报方式向全县发布气象信息。1987年建立气象警报系统,面向有关部门和企业等单位开展天气预报警报信息发布服务。1997年4月建立电视气象影视制作系统,每日18时55分在绩溪电视台播出电视天气预报节目。2005年10月,宣城市气象局统一制作有主持人的电视天气预报节目,通过网络传输到县气象局。1997年6月开通"121"(2005年改号为"12121"、2007年增开"96121"专项服务号码)天气预报电话自动答询系统,向公众发布未来3~5天的天气预报、穿衣指数、晨练指数、晾晒指数、森林火险等级、人体舒适度等预报。2008年5月,建成了"12121"气象灾害预警信息反拨系统,在遇有重大灾害性天气时,可通过该系统主动外呼,用语音的方式发布预警预报。

决策气象服务 20 世纪 80 年代前以口头或电话方式向县委、县政府提供决策气象服务。20 世纪 90 年代后制作《重要天气专报》、旬月报、汛期(5—9 月)气候趋势预测等决策服务产品,决策服务对象从县委、县政府、县人大、县政协逐渐扩展至水务、农业、国土、林业、民政、教育、交通、电力、安监、粮食、教育、卫生、通信等部门,并逐步扩大到乡镇、行政村、中小学校。

2005 年 5 月,绩溪县气象局与绩溪县国土资源局合作建立"绩溪县地质灾害监测、预警系统",在全县最严重的 9 个地质灾害点上安装雨量监测站,及时发布地质灾害预警信息。

2008 年 5 月 30 日,奥运火炬在绩溪县传递,编制了气象服务实施方案,圆满完成了奥运火炬传递气象保障任务。

专业与专项服务 1986 年开始推行气象有偿专业服务。气象有偿专业服务主要是为有关企事业单位提供中、长期天气预报和气象资料。1990 年 3 月,开始使用气象警报机对外开展服务,服务单位通过气象警报接收机定时接收天气预报。

1992 年开展防雷设施的检测。2003 年,绩溪县气象局被列为县安全生产委员会成员单位,负责全县防雷安全的管理,定期对企事业单位、液化气站、加油站、民爆仓库等高危行业的防雷设施进行检查,对建(构)筑物防雷工程图纸进行审核和工程技术服务,监督防雷工程施工。

1976 年从外地调用"三七"高炮开展人工影响天气抗旱作业,年底停止。1998 年政府购买 2 门"三七"高炮用于人工降雨,同时成立绩溪县人民政府人工降雨领导小组,办公室设在绩溪县气象局。2005 年购买 BL-1 型火箭发射系统 1 套,皮卡车 1 辆用于开展人工影响天气工作。

气象科技服务 2000 年 11 月,作为安徽省农村综合经济信息中心的服务站,在绩溪县建成"绩溪县农村综合经济信息网",并在全县各乡镇开通了信息站,免费为群众查询和发布农产品信息。

2003 年开通了气象服务短信平台,以手机短信方式向各级领导及相关单位等发送气象信息。

气象科普宣传 绩溪县气象局主动与教育、安全部门联系,每年安排接待中小学校学生参观学习,并走上街头宣传、发放气象防灾避灾手册,宣传挂图等,同时还利用广播、电视、报纸、网络等渠道进行气象知识宣传。

气象法规建设与管理

气象法规建设 2000 年以来,每年定期开展气象法律法规宣传活动。重点加强雷电灾害防御工作的依法管理工作,规范天气预报发布和传播,实行施放气球审批制度等。2008 年有兼职执法人员 4 名,全部通过省政府法制办培训考核,持证上岗。

社会管理 2005 年绘制了《绩溪县气象探测环境保护控制图》,并报县规划部门备案(建办〔2005〕23 号),为气象探测环境保护提供重要依据。

绩溪县气象局认真做好雷电防护的行业管理,每年定期对企事业单位、液化气站、加油站、民爆仓库等高危行业防雷设施进行检查,对不符合防雷技术规范的单位,责令进行整改。2004 年规范了全县的防雷工作,将防雷工程从设计、施工到竣工验收,全部纳入气象行政管理范围。气球施放严格执行《施放气球管理办法》和《通用航空飞行管制条例》,严禁无资质的单位或个人从事施放气球活动,加强对施放气球活动的审批许可和监督管理工作。

政务公开 2003 年 1 月起,对气象行政审批办事程序、气象服务内容、服务承诺、气象行政执法依据、服务收费依据及标准等,采取户外公示栏等方式向社会公开。对干部任用、财务收支、目标考核、基础设施建设等内容采取公开栏、会议等多种形式向职工公开。

党建与气象文化建设

1. 党建工作

支部组织建设 1956 年 11 月—1991 年,党员编入绩溪县农委党支部。1992 年县气象局成立党支部,刘尚春任书记;1996 年王文奎任党支部书记。1998 年因党员人数不够,党支部撤销,中共党员编入绩溪县农委党支部参加组织生活。2003 年恢复绩溪县气象局党支部,誉中福任党支部书记。

党风廉政建设 坚持"一岗双责"和"一把手"负责制。积极开展廉政教育和廉政文化建设活动,努力建设文明机关、和谐机关和廉洁机关。强化监督检查,努力构建惩治和预防腐败体系。

2. 气象文化建设

精神文明建设 1998 年成立了绩溪县气象局精神文明建设领导小组,一把手任组长负总责,并制定了绩溪县气象局创建文明单位规划,做到深入持久地开展文明创建工作。绩溪县气象局把领导班子的自身建设和职工队伍的思想建设作为文明创建的重要内容,经常开展政治理论、法律法规和业务知识学习,通过自学和深造,7 名职工均达到大专以上学历。

文明单位创建 2002 年,被绩溪县委、县政府授予绩溪县文明单位称号,2004 年被宣城市委、市政府授予第三届宣城市文明单位,2006 年被宣城市委、市政府授予第四届宣城市级文明单位,2008 年被宣城市委、市政府授予第五届宣城市级文明单位。

经常组织文体活动,2005 年改造了大院环境,建立了职工活动室、阅览室等活动场所,单位的办公、生活环境焕然一新。

3. 荣誉

1998 年,被安徽省人事厅和安徽省气象局授予"奔小康示范台站"。

台站建设

2006 年新建办公楼 1 栋,建筑面积 760 平方米,综合业务平面 100 多平方米;完成水、电、路基础设施改造。2007 年改造观测场,在观测场南边建立了挡土墙;同时改造大院环境,新建门卫室、车库和单身职工公寓;整修道路和徽派围墙,在庭院内种植草坪和花卉。县气象局大院整洁漂亮,鲜花盛开、绿草如茵,工作生活环境舒适优美。

1977 年绩溪气象局办公室

1985 年绩溪气象局办公楼

2007 年绩溪气象局办公楼

铜陵市气象局

铜陵市位于安徽中南部,地处长江下游南岸,位于东经117°42′00″～118°10′6″,北纬30°45′12″～31°07′56″之间,面积1113平方千米,辖1县3区(铜陵县、铜官山区、狮子山区和郊区),总人口73万。铜陵历史悠久,是中华民族青铜文明发祥地之一。早在3千多年前的商周时代,铜陵就开始了相当规模的铜业生产,历经汉唐宋等历史时期,相继为中国铜工业史写下了一页页光辉灿烂的篇章。铜陵因此而享有"中国古铜都"之誉。铜陵地处上海与武汉、南京与九江、芜湖与安庆的正中心,是黄山、九华山等皖南旅游风景区的北大门,是徐(州)合(肥)、黄(山)公路与长江、铜沪铁路的十字交汇点,也是安徽省实施"两点一线"发展战略的十字交汇点。长江"黄金水道"依城东去,皖江第一桥——铜陵长江大桥飞架南北。

铜陵市属亚热带季风性气候。气候特点:春天气温回升快,降雨日数多。由于春季冷暖空气活动频繁,常导致天气时晴时雨,乍暖乍寒,复杂多变;夏天季节最长,天气炎热,雨量集中,降水强度大;秋天季节最短,气温下降快,晴好天气多;冬天天气较寒冷,雨雪天气少,晴朗天气多。

气象工作基本情况

铜陵市气象局为正处级建制,不辖县局。市局设有3个管理科室:人事教育科,办公室,业务科技科。4个事业单位:市气象台,市农网中心,国家气象观测站和科技服务中心(防雷中心、广告中心、影视中心)。

地处长江南岸的铜陵市每年的防汛抗旱任务非常繁重,气象服务工作责任重大。铜陵市气象局依托分组交换网、VSAT/PC-VSAT气象卫星通信网、Internet互联网,实现与中国气象局和省气象局联网。通过电视天气预报、"121"天气预报自动答询系统向社会发布短期天气预报。并向市领导及有关部门发布月、季、年等短期气候预测。同时提供旱情分析报告、春播、汛期天气趋势预测和雨情、墒情、灾情等信息。向农业、林业、水利、地震、环保等部门以及厂矿企业提供专门的天气预报。

铜陵市气象局统一管理铜陵市气象预报的制作与发布,管理铜陵市气象业务工作的发展与规划;负责铜陵市气候资源的开发、利用和保护,参与铜陵市有关气象灾害防御的决策;负责铜陵市国民经济和社会发展计划、重点建设工程、重大区域性经济开发项目和城市规划所必需的气候可行性论证工作;归口管理铜陵市建筑物防雷设施的设计、施工和技术检测;负责实施人工影响局部天气工作;负责对乡镇信息站的管理和业务指导;省气象局和市政府赋予的其他职责。

机构历史沿革

1. 始建及沿革情况

1955年7月,成立铜官山气候服务站,站址在铜陵县铜官山互助新村二栋一号"矿区"。1958年11月迁至铜陵市科学研究所"矿区"。1958年改为专业气象站,隶属铜陵有色公司科研所地测科。1960年2月迁至贵池县铜山铜矿。1966年停止工作。铜官山气候服务站与此后成立的铜陵气象局没有直接关系,但为铜陵积累了一些宝贵的气候资料数据。

1960年2月,铜陵县气候服务站成立。站址在铜陵县城关镇北郊箬笠山,位于北纬30°57′,东经117°48′,海拔高度37.8米。1988年12月,成立铜陵市气象局筹备组(处级单位)。1990年9月,铜陵市气象局正式成立。1996年9月16日,成立铜陵市防雷减灾局,与铜陵市气象局一个机构,两块牌子。根据铜陵县政府要求,增挂铜陵县气象局牌子。

2006年8月31日,铜陵市气象局观测站升级成为铜陵国家气象观测一级站。2008年12月31日,更名为铜陵国家基本气象站。

2. 建制情况

领导体制与机构设置演变情况 自1960年2月至1962年3月,由铜陵县委农工部领导。1962年4月至1964年1月由铜陵县农林局领导。1960年2月起,铜陵县气候服务站业务管理先后隶属安庆专署气象局和池州专署气象局。1964年2月至1970年11月,体制"三权"收回省气象局管理,地方负责党政领导配置。1970年12月至1973年7月,由铜陵县人武部领导,省气象局负责业务,建制归属地方。1973年8月至1979年8月,由铜陵县革委会领导。1979年9月至今,体制"三权"收回,由省气象局和地方双重领导,以省气象局领导为主。1983年12月至1985年3月隶属省气象局直接管理。1985年4月至1988年12月隶属芜湖市气象局。1990年1月后,隶属安徽省气象局直接管理。

人员状况 1960年2月,铜陵县气候服务站有职工3人。2008年底,铜陵市气象局在编职工24人。其中,硕士1人,大学本科学历9人,大专及其以下学历14人;高级专业技术人员2人,中级13人,其他9人。在编职工中50岁以上3人,35岁以下11人。少数民族1人。

单位名称及主要负责人更替情况

单位名称	负责人	职务	性别	任职时间
铜官山气候站	潘子云	临时负责人	男	1955.7—1955.12
铜官山气候站	陆 英	临时负责人	男	1956.1—1960.1
铜陵县气象服务站	唐明富	临时负责人	男	1960.2—1961.11
铜陵县气象服务站	不详			1961.12—1965.3
铜陵县气象服务站	游若汉	副站长	男	1965.4—1972.2

单位名称	负责人	职务	性别	任职时间
铜陵县革命委员会气象站	吴多文	站长	男	1972.3—1976.7
铜陵县气象局站	唐英	站长	男	1976.8—1980.6
铜陵县气象站	贾世东	站长	男	1980.7—1982.10
铜陵县气象局站	徐兰圃	临时负责人	男	1982.11—1984.2
铜陵县气象局(站)	刘长忍	局(站)长	男	1984.3—1987.2
铜陵县气象局	徐兰圃	副局(站)长	男	1987.3—1988.11
铜陵市气象局筹备组(处)	李丛林	组长	男	1988.12—1989.11
铜陵市气象局筹备组	杜德才	组长	男	1989.12—1990.9
铜陵市气象局	杜德才	局长	男	1990.10—1997.1
铜陵市气象局	马传来	局长	男	1997.2—2003.5
铜陵市气象局	汪露生	局长	男	2003.6—2008.5
铜陵市气象局	徐进	副局长	男	2008.5—

气象业务与服务

1. 气象业务

地面观测　1955 年 7 月—1960 年 2 月 10 日 20 时,每天 01、07、13、19 时 4 次观测。1960 年 2 月 10 日 20 时 01 分—1972 年 3 月,调整为每天 02、08、14、20 时 4 次观测。1972 年 4 月—2006 年 12 月,调整为 08、14、20 时每天 3 次观测。2006 年 12 月 31 日 20 时 01 分起,调整为 02、05、08、11、14、17、20、23 时每天 8 次观测,开始夜间守班。

观测项目有云、能见度、天气现象、气压、气温、湿度、风向风速、降水(雪)、雪深、日照、蒸发、地温(1960 年 3 月 1 日起,增加地面最高、最低、曲管温度)。

1961 年 10 月 5 日—2006 年 12 月 31 日 20 时,向省台和省水利部门编发雨量报。1964 年 4 月 13 日—2006 年 12 月 31 日 20 时,向省台发小图报。1969 年 9 月 30 日—2003 年 12 月 31 日 20 时,向芜湖湾址机场定时拍发固定航危报和预约航危报。2003 年 12 月 31 日 20 时 01 分开始,航危报时次调整为 08 时至 20 时。1978 年 1 月开始,向省台发旬月报。1982 年 4 月 1 日开始,向省台发重要天气报。2006 年 12 月 31 日 20 时 01 分开始,发 02、08、14、20 时天气报和 05、11、17、23 时补充天气报。

1979 年 1 月,开始冻土观测。1982 年 6 月 1 日,开始酸雨观测。2004 年 12 月 31 日 20 时 01 分,开始深层地温、GPS、闪电定位观测。2008 年 12 月 31 日 20 时 01 分,增加电线积冰观测。2004 年 4 月 1 日—2007 年 7 月 31 日,进行土壤墒情观测,2007 年 8 月 1 日停止观测。

2003 年 10 月 20 日,建成 CAWS600BS-Ⅰ型多要素自动站。2003—2004 年,先后在胥坝、铜山、老洲、西湖、顺安、钟鸣、市区、桥南、灰河、董店乡镇点建成 DSD-1T 型单雨量自动站。2005 年,在太平乡建成 DYYZ-RTF 型四要素自动站。2006 年,在永丰、金栏、大通、铜陵职业技术学院、朱村等点建成 DYYZ-RTF 型四要素自动站。2008 年 6 月 25 日,将太平、顺安四要素自动站升级为六要素自动站。

2004 年 8 月安装了 711B 天气雷达，并投入业务使用。

气象信息网络 自 1960 年铜陵县气候服务站建站以来，通讯方式经历了翻天覆地的演变。20 世纪 90 年代开始，网络、卫星通讯逐步取代了手摇电话，程控电话、传真电话、高频电话。1993 年，建成 Novell 局域网并通过 X.25 分组交换网与省气象台报文传输。1995 年，建成 VSAT 卫星通讯、1996 年建成 ADSL 宽带和 VSAT 双向站，1998 年建成 PC-VSAT 卫星气象资料接收系统。1999 年建成光纤宽带，2001 年建成 Windows 对等网并与省局建立虚拟网。2007 年建成 DVB-S 卫星气象资料接收系统。

气象预报 1959 年，铜陵县气候服务站开始发布天气预报。1986 年之前，用收音机接收天气图，进行手工填图和分析。1986 年 5 月，开始接收北京气象传真和东京传真图表，独立制作天气预报。1985—1986 年，铜陵的天气预报需由芜湖市气象局统一上报省台。1988 年 12 月，铜陵市气象局筹备建立期间，天气预报由省气象台代做，并开始在省电视台发布。1989 年 12 月，铜陵市气象台独立制作发布天气预报。1995 年，铜陵市气象台使用 MICAPS 系统。

2. 气象服务

公众气象服务 20 世纪 90 年代前，天气预报由县广播站播出，每天早、中、晚 3 次发布 24、48 小时天气预报。1997 年 4 月 1 日，开通铜陵市电视台、铜陵有色电视台、铜陵有线电视台、铜陵县电视台 4 套天气预报口播节目。2004 年开始，在广播电视上播发生活气象指数预报。2005 年 5 月，有主持人电视天气预报节目在电视台亮相。

2003 年 1 月开始，每天发布森林火险气象等级预报、空气质量报告。2003 年 3 月开始，开展地质灾害气象指数预报。2007 年开展空气污染指数预报。

决策气象服务 1970 年后，用电话或书面形式等将旬、月及灾害性天气向铜陵县委县政府汇报。1988 年 12 月以后，通过传真、电话、书面材料向铜陵市、县领导开展气象服务。

2000 年 5 月，按照省政府统一部署，开展安徽农村综合经济信息网（以下简称"安徽农网"）"信息入乡"，在 23 个乡镇建立了农网信息站。2005 年，与市委组织部合作，依托安徽农网建成了"铜陵先锋网"，用于农村党员远程教育。2006 年 6 月，在 3 个乡镇建立了"气象信息站"，实现了农网、先锋网、气象网"三站合一"。2008 年，研制了农村专用气象广播系统，并在 10 个行政村进行试点。

专业与专项气象服务 1985 年 3 月，按照国务院办公厅（国办发〔1985〕25 号）文件精神，开展了专业气象有偿服务。主要是为工矿企业提供中、长期天气预报和气象资料。1991 年 4 月，甚高频无线对讲电话开通后，每天上、下午为工矿企业发布专业气象服务预报预警。

1997 年成立铜陵市人工降雨领导小组，办公室设在市气象局。同年 7 月，市政府投资 15 万元购置 2 门"65 式双管三七"高炮。2005 年购置人工影响天气火箭发射装置。在每年发生旱情时，遵照市政府要求，实施人工增雨抗旱作业。

1986 年春，开始对工矿企业防雷接地测试。2002 年，开始防雷工程工作；2006 年，开始新建筑物防雷图纸审查业务，同年在市行政服务中心设立气象局窗口。2008 年 4 月 15

日,防雷审核被纳入铜陵市基本建设项目集中审批"一表清"中。

气象科技服务与技术开发　1998年1月,建成铜陵县"121"天气预报自动语音答询系统。2004年11月,自动语音答询系统升级,改为"12121"。2007年11月,在全省率先建成数字式天气预报自动语音答询系统,能同时提供120路电话答询,拨打号码改为"96121"。2002年开始,以手机短信和传真相结合方式为客户提供服务。2003年增加气象电子显示屏服务。

气象科普宣传　20世纪90年代开始,每年"3·23"世界气象日、"12·4"法制宣传日都组织干部职工到街头、工厂、学校、社区等公共场所进行气象科普宣传。1983年,在铜陵师范专科学校建立了"校园气象站"。1997—1999年,分别在铜陵市一中、三中、郊区望江亭小学建立了"红领巾气象站"。

法规建设与管理

气象法规建设　1995年9月29日,铜陵市政府转发了市气象局、市消防支队联合制订的《关于加强全市升空气球安全管理的意见》(铜政办〔1995〕060号),明确升空物业务由市气象局主管,从而规范了此项工作管理。1996年5月20日,铜陵县防雷安全工作领导小组成立,办公室设在气象局。同年8月,县政府下发《铜陵县防雷安全工作管理办法》(秘字〔1996〕第128号)。2002年后,市政府相继出台了《关于对易燃易爆场所的避雷及静电导除装置加强安全检测的通知》(铜气防雷字〔2002〕04号)、《关于印发〈铜陵市建(构)筑物防雷工程设计审核、验收实施办法〉的通知》(建政〔2002〕第200号)、《转发关于施放氢气球和其他升空物体管理办法的通知》(铜政办〔2003〕12号)等规范性文件。

社会管理　2006年12月,在铜陵市行政服务中心设立气象局行政审批窗口,对气象行政审批、服务项目程序、内容、承诺、气象行政执法依据、收费标准等,通过户外公示栏、电视广告、铜陵气象网公开。

2006年2月,成立局政务公开领导小组和局务公开监督领导小组。对干部任用、财务收支、目标考核、基础设施建设、工程招投标,外聘人员招聘等采取职工大会、老干部会、局政务公开栏、办公网等形式向职工公开。财务每半年公示1次。

党建与气象文化建设

1. 党建工作

支部组织建设　1984年前,党员组织关系挂靠铜陵县农牧渔业局党支部。1984年11月,成立中共铜陵县气象局支部,书记刘长忍,党员共4人。至2008年12月31日,在职党员11人,退休党员6人。

党风廉政建设　2001年以来,每年年初局主要领导与中层干部签订《党风廉政建设责任书》,年终做述职述廉述学报告。每年4月,开展党风廉政建设宣传教育月活动,确定1个主题开展警示教育、民主生活会、上党课、廉政谈话等活动。开展面向职工的廉政文化平台,开展读书学习谈感言活动,编集《学风铜韵进机关》;开展"立铭立廉"进机关、廉政书画征集等活动。

2. 气象文化建设

精神文明建设　1997年初,开展了"创优美环境、创优质服务、创优秀素质"文明单位创建活动。2004年5月,编辑《铜陵市气象局文明职工手册》,凝炼了铜陵气象人精神:团结和谐,奋力拼搏的团队精神;求真务实,艰苦创业的奉献精神;诚信守业,服务社会的敬业精神;熔旧铸新,开拓进取的创新精神。

文明单位创建　1999年,被铜陵市文明委授予"市级文明单位"。2005年,被铜陵市总工会授予"市级文明行业单位";2006年、2008年先后被安徽省委、省政府授予第七届、第八届"省级文明单位"。

3. 荣誉与人物

集体荣誉　2008年7月,被铜陵市纪委授予"铜陵市廉政文化示范点单位"。2008年被中国气象局授予"气象科普先进集体"。

人物简介　唐子因,女,汉族,中共党员,辽宁省沈阳市人。1962年8月参加工作,1977年6月调到铜陵县气象局任气象观测员。该同志在测报岗位上兢兢业业,取得较大成绩。1979—1989年获得百班无错情13个,250班无错情1个。1987年,被安徽省总工会授予五一劳动奖章。1996年6月从铜陵市气象局退休。

台站建设

台站综合改善　1960年铜陵县气候服务站建立时,仅有5间平房。其中1间用于办公,4间作为宿舍,条件极为简陋。1979年,新建了333.2平方米的二层办公楼1栋。1989年,由市政府出资70万元,将办公楼改造为三层,并新建五层1200平方米的职工宿舍楼1栋。2002年,市政府投资95万元建设雷达楼。铜陵市气象局现占地面积8000平方米,办公楼1080平方米,雷达楼650平方米。

20世纪60—70年代的红砖平房办公室和职工宿舍

办公与生活条件改善　2002年以来,铜陵市气象局自筹资金近20万元对办公、业务和生活环境进行综合改造,新增建了职工图书室、文明夜校、健身活动室和荣誉室,整修路面、栽种风景树、铺设草坪,设置文明创建规范、人生格言标牌。现今的铜陵市气象局,局容整洁,道路畅通,草青树绿,花香四季,被誉为"花园式单位"。

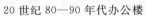

20 世纪 80—90 年代办公楼   现今的办公楼

池州市气象台站概况

池州市位于安徽省西南部,长江中下游南岸,地处东经 116°33′～118°05′,北纬 29°33′～30°51′,北临长江,南接黄山。现辖贵池区、东至县、石台县、青阳县和九华山风景区以及省级池州经济开发区,总面积 8272 平方千米,总人口 158 万。

池州设州置府始于唐武德四年,迄今已有近 1400 年的历史。历史文化底蕴积淀深厚。晚唐杜牧、北宋包拯等历史名人曾先后任池州刺史、知府,李白、苏轼等众多文人雅士都曾驻足寻芳,留下了千余首脍炙人口的不朽诗篇,为池州赢得了"千载诗人地"的美誉,始于母系社会的池州傩戏更被誉为"戏曲活化石"。池州旅游资源得天独厚,境内有全国四大佛教圣地之一的九华山,有被称为"华东动植物基因库"的国家级野生动植物自然保护区牯牛降,有被誉为"中国鹤湖"的亚洲重要湿地自然保护区升金湖,还有九华山国家森林公园以及多处省级自然保护区和省级风景名胜区。池州市生态环境良好,森林覆盖率达 57% 以上,是中国第一个国家生态经济示范区,是实施《中国 21 世纪议程》地方试点地区,也是"生态安徽"建设首批综合示范市之一。

池州市属暖湿性亚热带季风气候,气候温暖,四季分明,雨量充足,梅雨显著,光照充足,无霜期长。历年平均气温 16.3℃,历年平均降水量 1518.6 毫米,历年年均日照率 40%,历年平均无霜期为 244 天。主要气象灾害有暴雨、干旱、冰雹、大风、雷电、霜冻、寒潮、冻雨等。

气象工作基本情况

台站概况　池州市气象局属正处级事业单位,下辖东至、石台、青阳 3 个县气象局。截至 2008 年底,全市建成 4 个地面七要素自动气象站、4 个地面六要素区域自动气象站、13 个地面四要素区域自动气象站和 38 个自动雨量站。建有 VSAT 双向站、PC-VSAT 单收站、FY-2C 卫星接收站、宽带和 VPN 技术的气象高速通信网。区域自动气象站中,单要素(雨量)站 38 个,四要素(雨量、温度、风向、风速)站 13 个,六要素(雨量、温度、湿度、风向、风速、气压)站 4 个。

1967 年 1 月,辖管铜陵、青阳、东至和石埭县气象站。1959 年 1 月,石埭县气象站划出。1966 年,划入石台县气象站。1974 年,铜陵县气象站划出,划入太平县气象站。1980 年 5 月池州地区气象局撤销,降格为贵池县气象局,隶属安庆地区气象局。1993 年 1 月,筹建池州地区气象局,辖管青阳、石台、东至、九华山气象站(局)。1994 年 11 月,九华山气象站划出,所管辖的有青阳、石台、东至 3 个县气象局。

人员状况 截至 2008 年 12 月 31 日,全市气象部门在编人数 55 人,其中研究生 2 人,本科学历 21 人;高级职称 2 人,中级以上职称 32 人。

党建和文明创建 截至 2008 年底,全市气象部门有党支部 5 个,党员 32 人。全市气象部门共建成全国文明单位 1 个(池州市气象局),省级文明单位 3 个,市级文明单位 1 个。

主要业务范围

主要业务有地面气象观测、农业气象观测、特种气象观测、气象信息网络、天气预报、气候预测、环境气象预报、气象卫星应用、决策气象服务、公众气象服务、专业与专项气象服务、气象科技服务与技术开发、气象科普宣传等。

地面气象观测中,分别承担国家基本气象观测站和国家一般气象观测站全国统一观测项目任务,内容包括云、能见度、天气现象、气压、气温、湿度、风向风速、降水、雪深、日照、蒸发(小型)、地温(距地面 0、5、10、15、20 厘米)。其中东至县气象站于 2007 年 1 月 1 日由国家一般气象观测站升格为国家基本气象观测站,每天 02、08、14、20 时(北京时)4 次定时观测,并拍发天气电报;进行 05、11、17、23 时补充定时观测,拍发补充天气电报;市气象台、石台县站、青阳县站每天 08、14、20 时(北京时)3 次定时观测,向省气象台拍发省区域天气加密电报。市台和东至 2 个站承担固定航危报任务。

专业与专项气象服务中,包括建(构)筑物避雷设施检测、防雷图纸审查与跟踪技术服务、防雷工程竣工验收和防雷工程等服务。气象科技服务与技术开发中,包括农村综合经济信息服务。

池州市气象局

机构历史沿革

始建及站址迁移情况 1958 年 12 月 31 日贵池县气候站建立,1959 年 1 月 1 日正式观测。观测场场址位于贵池县委党校内,经纬度为北纬 30°40′,东经 117°29′,海拔高度为27.2 米。1964 年 12 月迁至贵池县北门外小花园"郊区"(1967 年 4 月站址改名为贵池县北门外水井山"郊区"),北纬 30°40′,东经 117°29′,海拔高度为 26.1 米。1968 年 8 月迁至贵池县北门外营盘山"郊区"(2004 年 1 月更名为池州市建设路营盘山"山顶"),经纬度为北纬 30°40′,东经 117°29′,海拔高度为 35.0 米。

建制情况 1950 年以来,池州地区经历了 2 次撤销、3 次重建,辖区和疆域多有变化。池州地区气象机构也随着地方机构变化而调整,1967 年 1 月成立池州专区气象服务台(1974 年 1 月改称池州地区气象局),1980 年 5 月撤销。1992 年 8 月筹建池州地区气象局

(1994 年 6 月 26 日成立,2001 年 1 月 10 日改称池州市气象局)。

管理体制 1959 年 1 月,由省气象局与县农业局双重领导,以省气象局领导为主。1959 年 4 月,"人、财"权放给地方,以县农业局领导为主,省气象局负责业务指导。1964 年 1 月,"人、财"权收归省气象局,以省气象局领导为主。1970 年 2 月实行军管,以池州军分区领导为主。1973 年 7 月,"人、财"权放给地方,以地方革命委员会指导组领导为主。1979 年 2 月,"人、财、业务"权收归省气象局,实行省气象局和地方政府双重领导,以省气象局领导为主的管理体制。

人员状况 建站初期在职职工 3 人。2008 年 12 月底,在职职工 32 人,其中有中共党员 20 人,研究生学历 2 人,本科学历 17 人;高级技术职称 2 人,中级技术职称 19 人;年龄在 30 周岁及其以下 8 人,31～40 岁 9 人,41～50 岁 11 人,51 岁以上 4 人。

单位名称及主要负责人更替情况

单位名称	负责人	职务	性别	任职时间
贵池县气候站	陈介文	负责人	男	1959.1—1960.4
贵池县气象站	陈介文	副站长(主持工作)	男	1960.5—1965.8
贵池县气象站	陈先行	站长	男	1965.9—1966.6
贵池县气象站	陈介文	站长	男	1966.7—1967.1
池州专区气象服务台	刘宝珠	台长	男	1967.2—1968.10
池州专区气象服务台	杨则棠	台长	男	1968.11—1970.1
池州专区气象服务台	任笑英	书记	女	1970.2—1974.1
池州地区行署气象局	任笑英	书记	女	1974.2—1978.11
池州地区行署气象局	柳桂三	局长	男	1978.12—1979.12
池州地区行署气象局	李新桥	书记(主持工作)	男	1980.1—1980.5
贵池县气象局	谈治	局长	男	1980.6—1986.6
贵池县气象局	黄时程	副局长(主持工作)	男	1986.7—1988.8
贵池市气象局	黄时程	局长	男	1988.9—1992.8
池州地区气象局筹备组	吴建平	组长	男	1992.9—1994.6
池州地区行署气象局	吴建平	副局长(主持工作)	男	1994.7—1995.6
池州地区行署气象局	吴建平	局长	男	1995.7—1997.6
池州地区行署气象局	王良朝	局长	男	1997.7—2000.10
池州地区行署气象局	鲍文中	局长	男	2000.11—2001.1
池州市气象局	鲍文中	局长	男	2001.2—2001.12
池州市气象局	周述学	副局长(主持工作)	男	2002.1—2003.10
池州市气象局	程铁军	副局长(主持工作)	男	2003.11—2005.5
池州市气象局	程铁军	局长	男	2005.6—

气象业务与服务

1. 气象业务

气象观测 1959 年 1 月 1 日进行人工观测。观测项目有气温、风向风速、云、降水、地面温度(0 厘米、最高、最低),实行 4 次观测,观测时间为 01、07、13、19 时(地方平均太阳时)。1959 年 2 月增加日照观测。1959 年 5 月增加气压表和蒸发观测。1959 年 8 月增加曲管地温观测。1960年8月1日更改观测时制,地方平均太阳时01、07、13、19时改为北京时02、08、14、20时。1961年增加雨量计和气压计观测。1961年4月1日起实行每天08、14、20时3次观测,02时记录用自记记录订正后代替。1961年4月1日起开始发全省区域绘图报。1961年5月开始发雨量报。1965年增加温度计、湿度计观测。1968年8月安装使用电接风向风速仪(EL)替代维尔达风压器,由室外测风改为室内。1970年起拍发航危报,先后向MH合肥、AV安庆和AV南京拍发。1974年开展台风加密观测。1979年改用电动通风干湿表观测。1980年执行1980版新规范,调整观测项目。1982年开展酸雨实验。1983年向省台发气象旬月报。1989年4月1日使用PC-1500计算机,进行气象记录处理、发报和数据记带工作。1996年6月开始使用EN型自动风向风速仪,2002年6月停止使用。2003年执行2003版新规范。2003年10月安装七要素自动气象站,2004年进行对比观测,以人工站为主。2005年以自动站为主,自动观测气压、温度、湿度、风向、风速、降水、地温(包括地面温度、浅层5、10、15、20厘米和深层40、80、160、320厘米地温)。2004年7月1日,开展大气拓展观测,观测裸露空气、水泥地面和草面的最高、最低温度,2007年7月1日停止观测。2004年8月,开展土壤墒情观测,观测地下10、20、30、40、50厘米水分含量。1975年1月,安装711测雨雷达并观测,1980年5月停止观测。1998年8月,安装711-B数字化测雨雷达,用于人工影响天气作业。

气象信息网络 1975年使用单边带接收机(电传机)。1980年使用传真机。1994年安装卫星云图接收机接收日本气象卫星云图。1998年建成VSAT双向站。2001年建成PC-VSAT卫星气象资料接收系统。2003年5月,与省气象局连接由VPN虚拟拨号改成路由器虚拟专网。2003年7月,新增全省可视电话会议系统,实现与全省各个地市可视会商。2006年11月,市—县开始采用路由器虚拟专网进行连接。2007年建成DVB-S卫星气象资料接收系统。2008年10月,升级全市电视电话会议系统。

气象预报 1959—1968年,依托简易天气图、单站资料制作县站预报。1969年11月成立预报组,开展天气预报业务服务。1971年增加填图业务,制作中、短期预报。1980年开展传真图接收业务。1987年使用APPLE-Ⅱ微型计算机。1995年开始使用MICAPS系统制作天气预报。

农业气象 1976年开展农气观测和服务。农气观测项目有双季早稻、双季晚稻、油菜和物候。物候观测桂花、法国梧桐、燕子和布谷鸟。农气服务项目有制作早、晚稻,油菜产量预报分析并开展农事服务。

2. 气象服务

公众气象服务 1970年以前,通过农村有线广播站播报气象消息。1993年1月,池州地区天气预报在省电视台播出。1997年7月,贵池市有线电视台开通全区及风景区、周边城市天气预报;同年8月,贵池市电视台开通全区天气预报。1999年1月,池州地区气象影视中心成立,在全省率先建立有节目主持人的电视天气预报制作系统。2000年12月建立"121"(后改为"12121")天气预报电话自动答询系统,开展气象信息服务。

决策气象服务 1993年以前,用电话或书面材料将旬、月及灾害性天气预报向地方党委政府和有关部门汇报。1993年以后,逐步增加了《重要天气报告》、《汛期气象专报》、《气象信息》、

《汛期(5—9月)天气形势分析》等决策服务产品。自2003年开始,增加手机短信气象服务。

1998年汛期,长江流域发生特大洪涝灾害。在防汛抗洪决策气象服务过程中,每天多次向地区防汛指挥部汇报天气,还经常深夜给地委行署主要领导汇报全区和与本地邻近关联地区的气象信息,并且提供长江流域主要站点雨情和水情。1998年池州地区气象局被中国气象局授予"全国防汛抗洪气象服务先进集体"称号。

2008年1月中旬至2月初,池州市发生50年罕见的低温雨雪冰冻天气,降雪持续24天,最大雪深28厘米,平均雨雪量148.6毫米,积雪时间31天。在抗雪防冻救灾服务中,市气象局向市委市政府提供40余份决策服务材料,发布预警信号27次,为地方党委政府指挥抗雪防冻救灾发挥了参谋作用。市气象局程铁军同志被授予"安徽省抗雪防冻救灾先进个人"称号;市气象台被授予"池州市抗雪防冻救灾先进集体"称号。

专业与专项气象服务 1988年,贵池县气象局开展专业气象服务,以邮寄、人工递送纸质天气周、旬、月报方式为主。1993年组建专业气象台,独立制作专业气象预报。1996年组建"贵池市防灾减灾气象警报网"和"池州矿山安全生产气象服务网",利用气象警报机开展气象服务。2002年开通手机天气预报短信,利用手机气象短信取代气象警报机开展专业气象服务。2005年9月,在社区、学校、工厂和企事业单位安装气象预警信息显示屏,开展气象防灾预警专业气象服务。

1989年4月开展建(构)筑物避雷设施检测。1995年9月开展防雷工程技术服务。1998年12月18日成立池州地区防雷减灾局,开展防雷图纸审查与跟踪技术服务、防雷工程竣工验收服务。

气象科技服务与技术开发 1999年6月成立池州地区农村综合经济信息服务中心。1999年9月至2000年8月在全区93个乡镇建立了农网信息服务站,举办技术培训班2期。

2003年10月《池州市气象局防雷减灾综合业务管理系统》获池州市科学技术二等奖。2005年11月《池州市专业气象服务指标研究》获池州市科学技术三等奖。

气象科普宣传 1991年后,每年"3·23"世界气象日和"科技活动周",组织职工走向街头、农村、学校、社区等公共场所进行气象科普宣传。2002年建立气象科普长廊。2003年10月设立池州市青少年科普基地;同年12月建立"气象科技园",定期或不定期地为当地大、中、小学学生开展气象科普宣传教育。

法规建设与管理

气象法规建设 2006年9月1日池州市人民政府颁布《池州市防雷减灾管理实施细则》(2005年5月17日池州市人民政府第二次常务会议通过),自2006年10月1日起施行。

社会管理 负责对本行政区域内建设工程避免危害气象探测环境许可的办理、升放气球单位资质初审和施放气球活动的审批、大气环境影响评价使用的气象资料审查、防雷装置设计审核和竣工验收及防雷工程施工资质初审。承担本行政区域内人工影响天气工作和气象信息发布的管理。

2006年4月在市行政服务中心设立气象局窗口,统一办理行政许可审批事项。

局务公开 2001年9月制定《池州市气象局局务公开制度》。2002年4月成立局务公开领导小组和监督小组,制定《池州市气象局局务公开实施办法》。通过公开栏、公示栏、电子触摸屏和网站等载体,向社会公开单位职责、人员分工、办事依据、程序和时限、气象法律法规等内容;通过办公网电子信箱、文件和会议对内公开事业发展规划、工作计划、目标管理、干部人事、计划财务、气象服务、科技服务、文明创建和党风廉政等重要事项。2008 年 1 月在池州市政府信息公开网上公开本单位政务信息目录。2005 年 10 月被中国气象局授予"气象部门局务公开先进单位"。2008 年 12 月被中国气象局授予"全国气象部门局务公开示范单位"。

党建与气象文化建设

1. 党建工作

支部组织建设　1960 年建站初期有 1 名中共党员,组织关系在县水电局党支部。1966 年组织关系在地区农林办党支部。1971 年成立池州专区气象服务台党支部。1974 年改为池州地区行署气象局党支部。1980 年 5 月池州地区气象局撤销,成立贵池县气象局党支部。1994 年 6 月成立池州地区气象局机关党支部。2001 年 1 月改为池州市气象局机关党支部。2008 年 12 月有中共党员 24 名。1997—2008 年,市气象局机关党支部连续 6 届 12 年被市直机关工委授予"先进基层党组织"称号。

党风廉政建设　1998 年 3 月成立中共池州地区气象局党组纪检组。2001 年以来,制定了《池州市气象局党风廉政建设责任制实施细则》、《池州市气象局"三重一大"民主决策制度》、《池州市气象局党风廉政建设联席会议制度》等规章制度。认真贯彻落实党风廉政建设责任制,进行目标责任分解,局主要领导与中层干部签订《党风廉政建设责任书》,并开展责任检查和考核。每年开展党风廉政建设宣传教育月、廉政党课、廉政谈话、民主生活会、述职述廉报告会和廉政文化等活动。

2. 气象文化建设

精神文明建设　1994 年 12 月,成立池州地区气象局精神文明建设领导小组,下设领导小组办公室(文明办)。1998 年 12 月,成立池州地区气象局创建文明行业领导小组,下设领导小组办公室(文行办)。1997 年 6 月,制定《池州地区气象局局直机关文明创建实施细则》。2004 年 8 月,制定《池州市气象局实行精神文明创建工作责任制的规定》。2005 年 3 月,制定《池州市气象系统文明创建奖惩暂行规定》。

文明单位创建　1995 年起正式启动文明单位创建活动。坚持以人为本抓创建,重视职工政治理论教育、思想道德教育、文明素质教育和专业知识教育,提高气象职工队伍综合素质。大力开展优质规范化气象服务,实现"决策服务让领导满意,公益服务让社会满意,专业专项服务让用户满意",文明单位创建工作稳步推进。2000 年 8 月,池州地区文明委下发《关于开展向池州地区气象局学习的决定》(池文委〔2000〕11 号)。

文体活动　市气象局院内设有科技园、科普长廊、阅览室、篮球场、职工文明学校和职工活动中心,经常性地开展各类文体娱乐活动。如:职工读书比赛、文明创建知识竞赛、演讲比赛、文艺晚会、登山比赛和各种球类体育比赛等活动。1999 年 9 月,池州市气象局代表队获地直单位"党和祖国在我们心中"电视知识竞赛第二名。2002年7月,池州市气象局代表队获全市"证券杯"公民道德建设知识电视大赛一等奖。2002年8月,韦玮同志作为池州市参赛选手之一,在"美菱杯"全省公民道德建设知识电视竞赛中荣获一等奖。2007年6月,韦玮同志荣获第二届全省气象系统"安徽气象人精神"演讲比赛一等奖。

3. 荣誉与人物

集体荣誉

序号	荣誉名称	获得时间	授予单位
1	第四届安徽省文明单位	2000.4	省委、省政府
2	全国气象部门双文明建设先进集体	2000.12	中国气象局
3	全国气象部门文明服务示范单位	2001.7	中国气象局
4	第五届安徽省文明单位	2002.4	省委、省政府
5	全国创建文明行业工作先进单位	2003.1	中央文明委
6	第六届安徽省文明单位	2004.5	省委、省政府
7	全国文明单位	2005.10	中央文明委
8	池州建市五周年先进集体	2006.1	市委、市政府
9	第七届安徽省文明单位	2006.4	省委、省政府
10	第八届安徽省文明单位	2008.4	省委、省政府

个人荣誉 孟志群,女,工程师,科长,1979年10月被池州地委、行署授予"三八红旗手"称号。许勇,男,助理工程师,副科长,2008年12月被池州市委、市政府授予"池州市改革开放30周年暨池州复建20周年突出贡献者"荣誉称号。

人物简介 焦克刚,男,1946年11月出生,湖南资兴人。1967年7月参加工作,爱岗敬业,无私奉献。1990年,焦克刚妻子不幸患子宫瘤,动了大手术。妻子出院的第二天,焦克刚立刻不顾身体的疲劳投入工作。1991年主汛期,池州地区暴雨不断,洪水肆虐。焦克刚1个人连续值班20多个昼夜,由于过度劳累,患上肠炎和喉炎。6月15日凌晨,雷电击坏高频电话,为了获取雨量资料,焦克刚不顾危险排除故障,被落地雷震倒在地;7月上旬,焦克刚母亲70寿辰,身为气象台台长的焦克刚身感责任重大,放弃了回湖南老家贺寿的心愿,坚守预报服务一线。由于工作突出,1992年4月被安徽省人民政府授予"安徽省劳动模范"称号;1993年4月被全国总工会授予"全国五一劳动奖章"。

台站建设

池州市气象局占地面积15334平方米。1970年以前,仅有3幢平房共9间,其中业务用房3间40平方米,工作生活条件十分简陋。1970年建业务办公楼,主体二层,局部三层,建筑面积690平方米;1997年建池州气象防灾减灾大楼,主体五层,局部七层,建筑面积1989平方米,装修业务平面320平方米;2001年、2006年对供电线路进行2次改造,原50千伏变压器升级为200千伏,户外架空线路更换为电缆下地,职工用电全部进行1户1表改造,实行社会化管理;2004年、2007年2次对局大院主干道和给排水管网进行修缮改造;

1993—2003 年,对观测场及周边、道路两侧进行 3 次绿化改造,局大院内除硬化路面外全部进行绿化建设,绿化率达 60％;观测场四周修建了草坪花坛和气象科普长廊,建成了气象科技园。2001 年 7 月被池州市绿化委员会授予"花园式单位"。2006 年 10 月被池州市建委授予"园林单位"。

池州市气象局 20 世纪 70 年代初的面貌

池州市气象局新貌

东至县气象局

　　东至县位于长江中下游南岸,系皖江之首,北望安庆,南邻江西,是安徽省的西南门户,辖 15 个乡镇,人口 54 万,面积 3256 平方千米(1958 年由东流、至德 2 县合并而成),境内舜耕山(又名大历山),相传为舜躬耕之地,尧访舜时由此渡河,留下众多遗址和传说,县城遂称"尧渡",自古就有"尧舜之乡"美誉。

机构历史沿革

　　始建及沿革情况　1956 年 10 月于昭潭区河溪园艺场筹建至德县气候站,位于北纬 29°35′,东经 116°48′,1957 年 1 月 1 日正式开展工作。1958 年 11 月至德、东流 2 县合并后,更名为东至县气候站。1959 年 1 月 1 日,迁至东至县尧渡区樟树公社,位于北纬 30°03′,东经 116°59′,观测场海拔高度 21.4 米。1981 年 1 月 1 日,迁至东至县尧渡镇团结村,位于北纬 30°06′,东经 117°01′,观测场海拔高度 17.6 米。2007 年 1 月 1 日,由国家一般气象站升格为国家气象观测站一级站。

　　建制情况　1957 年 1 月 1 日,至德县气候站,业务、人事、财务隶属省气象局领导,党政隶属地方领导。1959 年 1 月 1 日,东至县气候服务站"人、财"权划归地方,以地方政府领导为主,业务受省气象局指导。1964 年 1 月,"人、财"回收,以省气象局领导为主。1970 年 11 月,以县人武部领导为主。1973 年 7 月,"人、财"权划归地方,以地方政府领导为主,业务受省气象局指导。1979 年 2 月"人、财"权收回省气象局,实行由省气象局和地方政府双重领导,以省气象局领导为主的管理体制。

从建站至 1965 年 6 月,隶属安庆专区气象局。1965 年 7 月,隶属池州专区(地区)气象局。1980 年 5 月,隶属安庆行署气象局。1993 年 1 月 1 日,隶属池州地区(市)气象局。

人员状况　1957 年建站初期有在职职工 4 人。2008 年底,在职职工 10 人,其中大学本科学历 2 人、大专学历 6 人;中级专业技术人员 5 人、初级专业技术人员 4 人;年龄在 50 岁以上 2 人、40～49 岁 4 人、30～39 岁 2 人、30 岁以下 2 人。

单位名称及主要负责人更替情况

单位名称	负责人	职务	性别	任职时间
至德县气候站	丁身喜	站长	男	1956.10—1958.11
东至县气候站	丁身喜	站长	男	1958.12—1959.5
东至县气象站	丁身喜	站长	男	1959.6—1960.3
东至县气象服务站	丁身喜	站长	男	1960.4—1962.1
东至县气象服务站	邱胜华	副站长(主持工作)	男	1962.2—1970.11
东至县革命委员会气象站	邱胜华	副站长(主持工作)	男	1970.12—1971.5
东至县革命委员会气象站	何世开	站长	男	1971.6—1974.2
东至县革命委员会气象站	张德枝	站长	男	1974.3—1978.11
东至县气象局	张德枝	局长	男	1978.12—1981.12
东至县气象局	邱胜华	副局长(主持工作)	男	1982.1—1984.4
东至县气象局	夏英祥	局长	男	1984.5—1996.4
东至县气象局	左宗国	副局长(主持工作)	男	1996.5—1999.7
东至县气象局	左宗国	局长	男	1999.8—2005.1
东至县气象局	张志良	副局长(主持工作)	男	2005.2—2007.1
东至县气象局	张志良	局长	男	2007.2—

气象业务与服务

1. 气象业务

地面观测　1957 年 1 月 1 日,开始进行人工观测。观测项目有气温、湿度、风向风速、云、降水、能见度和天气现象,采用地方平均太阳时 01、07、13、19 时每天 4 次观测。1957 年 8 月 1 日,增加地面温度观测;1957 年 9 月 1 日,增加雨量自记仪器。1959 年 3 月 1 日,增加气压表观测;1959 年 6 月 30 日,增加气压计。1960 年 1 月 1 日,增加日照、5～20 厘米曲管地温观测。1960 年 8 月 1 日,改为北京时 02、08、14、20 时每天 4 次观测。1961 年 4 月 1 日,每天 08、14、20 时 3 次观测,02 时记录用自记记录订正后代替。1964 年 1 月 1 日,增加温度计、湿度计。1968 年 8 月安装使用电接风向风速仪(EL)替代维尔达风压器,由室外测风改为室内。1974 年开展台风加密观测。1979 年改用电动通风干湿表观测。1980 年执行 1980 版新规范,调整观测项目。1989 年 1 月 1 日,使用 PC-1500 计算机,进行气象记录处理、发报和数据记带工作。2003 年执行 2003 版新规范。2004 年 2 月 29 日完成自动气象站安装调试工作,试运行正常。2004 年 12 月 31 日 20 时起,开始实行双轨制气象观测业务,以人工站为主。2005年12月31日20时,开始以自动站观测为主,自动观测气压、温度、湿度、风向、风速、降水、地温(包括地面温度、浅层5、10、15、20厘米和深层40、80、160、320厘米地温)。2006年5月24日建成中尺度水汽监测站—GPS/MET水汽监测。2006年10月,建成观测场视频监控及实景观测系统。2007年1月1日开始实行02、05、08、11、14、17、20、23时每日8次定时观测,观测项目有云、能见度、天气现象、气压、气温、湿度、风向风速、降水、雪深、日照、蒸发、地温等。2004年7月1日至2007年6月30日开展拓展项目(裸露空气、草面和水泥面最高、低温度)观测。

1957年3月1日,增加向省台拍发气候旬(月)报。1958年5月21日,增加雨量报。1958年10月起,每日04、10、16、20时4次向省气象台拍发天气报告。1959年1月25日,增加小图报。1961年4月1日,省小图报每日4次改为08、14时2次;1961年8月3日每日02、08、14、20时4次向省台拍发小图报。1962年3月15日,省小图报改为每日14时1次向省台拍发。1962年5月4日,增加向省台拍发雨量报。1965年6月20日起,拍发航危报,先后向OBSAV安庆、OBSMH合肥、OBSAV景德镇、OBSAV南京拍发。1977年7月1日,开始向省台发气象旬(月)报。1982年4月1日,增加重要天气报业务。2007年1月1日,增加每日02、08、14、20时4次天气报及05、11、17、23时4次补充天气报。2008年7月1日起调整积雪、雨凇重要天气发报任务,增加拍发雷暴、视程障碍现象重要天气报任务。

气象信息网络 建站以来,信息网络经历了人工电话、程控交换机、传真机、甚高频电话、X.25拨号网络和光纤宽带演变过程。1981年使用无线电传真机,接收气象信息传真图。1987年安装使用甚高频电话。1993年7月,开通地—县甚高频电话。1995年6月,开通地—县微机终端,进行拨号上网。1999年7月,建成PC-VSAT气象卫星单收站。2003年5月,与省气象局连接由拨号连接改VPN连接。2003年7月,开通全省可视电话会议系统,实现省、市、县之间可视会商。2006年11月,市—县开始采用路由器虚拟专网进行连接。2008年11月,开通全市电视电话会议系统。

气象预报 1959年开始,县气象站通过收听天气形势,结合本站气象观测,参考天气物象反应,制作1~3天的短期天气预报。1960年试作旬、月天气预报。1962年开始制作季度、年度、汛期以及"春播"、"双抢"、"三秋"、冬季等农事季节性天气展望。1971年增加填图业务,制作中、短期预报。1980年开展传真图接收业务。

农业气象 1957年始开展水稻、油菜等农作物生长状况观测业务,1962年停止观测。1979年为省农业气象观测站,恢复了双季早稻、双季晚稻、油菜等农作物的生育期观测。1983年成立了农气组,负责农业气象观测,开展农业气象情报预报以及资料分析服务等业务;同年,承担柑橘专业气象哨的技术指导工作。1984年增加了法国梧桐、侧柏生长期和蛙鸣始末等自然物候观测。2004年7月23日开始,每旬逢3、8日进行土壤墒情观测,观测地下10、20、30、40、50厘米水分含量。

2. 气象服务

公众气象服务 1959年开始每天早上06时,晚上20时发布1次天气预报。1960年通过纸质材料开展气象旬、月天气预报服务。1962年开展季度、年度、汛期、春播、双抢、三秋、冬季、农事季节性天气服务。1971年起,利用农村有线广播站播报气象消息。1996年6月,在全省率先同县电信局合作开通"121"天气预报自动咨询台,2005年1月1日升位为"12121"。1997年5月,在全区率先开播电视天气预报节目,2005年10月升级为有主持人的数字视频电视天气预报。2003年开展手机短信发布气象信息。2007年、2008年为池州市东流菊花节活动提供气象保障。

决策气象服务　1990年之前,以口头、纸质材料和电话方式向县委县政府提供决策服务。1990年以后,逐步增加了《重要天气报告》、《汛期气象专报》、《气象信息》、《汛期(5—9月)天气形势分析》等决策服务产品。自2003年开始,增加手机短信气象服务。

2007年汛期,在防汛抗洪决策气象服务过程中,东至县气象局于7月6日提前3天预报出"7·10"全县大暴雨天气过程,并及时向县委县政府报告。同时,通过气象预警信息显示屏、手机短信、电视滚动字幕等方式向公众发布灾害预警信息。在暴雨过程中,通过气象雷达图、自动雨量站网对雨情进行实时监控,及时向县防汛指挥部报告汛情。大暴雨过后,立即组织气象服务小分队赶赴重点灾区开展灾情调查和气象服务。2007年,县气象局向县委县政府提供22份决策服务材料,发布预警信号54次。2007年东至县气象局被池州市委、市政府授予"池州市抗洪救灾先进集体"称号。

2008年1月中旬至2月初,东至县发生50年罕见的雨雪冰冻天气,降雪持续23天,最大雪深16厘米,平均雨雪量109.7毫米,积雪时间19天。在抗雪防冻救灾服务中,县气象局向县委县政府提供23份决策服务材料,发布预警信号19次,为地方党委政府指挥抗雪防冻救灾工作起到了积极参谋作用。县气象局张志良同志被池州市委市政府授予"2008年池州市抗雪防冻救灾先进个人"称号。

专业与专项气象服务　1985年3月,开展专业气象服务,以邮寄、人工递送纸质天气旬、月报方式为主。1995年3月,利用甚高频电话和警报接收机组建气象预警服务系统,开展专业气象服务,1999年5月停止广播。2002年开通手机天气预报短信,利用手机气象短信取代气象警报机开展专业气象服务。2006年6月,在社区、学校、工厂和企事业单位安装气象预警信息显示屏,开展气象防灾预警专业气象服务。2007年11月1日开展"96121"专业气象服务。1998年4月,开展庆典气球施放服务。

1993年起,开展建(构)筑物避雷设施安全检测;2001年7月成立东至县防雷减灾局;2003年5月,开展图纸审核、施工跟踪检测、竣工验收服务,开展雷击灾害事故调查和评估工作。

1996年成立县人工影响天气办公室,配备"三七"高炮2门,建立人工增雨固定作业点3个,流动作业点9个。2000—2008年,共开展25次人工增雨作业,4次获得安徽省人工增雨防雹联席会议授予的"先进单位"。

气象科技服务　1999年东至农村综合经济信息中心成立,在32个乡镇设立农网信息服务站,同年创办《东至农网》报。2001年8月在县气象局举办农网信息员技术培训班1期。2003年成立东至县信息化工作领导小组,县气象局局长兼任办公室主任。东至政府网站由县气象局承办,2001年获安徽省"优秀政府网站"和"最佳栏目"奖,2004年获安徽省"优秀政府网站三等奖"。

气象科普宣传　2001年以来,每年"3·23"世界气象日和科技活动周,组织职工走向街头、农村、学校、社区等公共场所进行气象科普宣传。利用气象业务工作平面,定期或不定期地为当地中、小学学生开展气象科普宣传教育。

法规建设与管理

社会管理 2003 年开始,对新建、改建、扩建建筑物防雷装置实行图纸技术审查和竣工验收的行政许可。同年,实行升放系留气球行政许可。2005 年 4 月,《东至县国家一般气象站气象探测环境保护技术规定》在东至县建委进行备案;2007 年 1 月,《东至县国家气象观测一级站气象探测环境保护技术规定》在东至县建委备案。负责对本行政区域内建设工程避免危害气象探测环境许可的办理、大气环境影响评价使用的气象资料审查。承担本行政区域内人工影响天气和气象信息发布的管理。

局务公开 2002 年推行气象部门局务公开,成立东至县局务公开领导小组和监督小组,在全省率先推出局务公开栏。2005 年制定《东至县气象局局务公开制度》《东至县气象局局务公开实施办法》。通过公开栏、公示栏和网站等载体,向社会公开单位职责、人员分工、办事依据、程序和时限、气象法律法规等内容;通过办公网电子信箱、文件和会议对内公开事业发展规划、工作计划、目标管理、干部人事、计划财务、气象服务、科技服务、文明创建和党风廉政等重要事项。2005 年 10 月被安徽省气象局授予"气象部门局务公开先进单位"。

党建与气象文化建设

1. 党建工作

支部组织建设 1957 年 1 月—1970 年 12 月,有中共党员 1 人,编入县农林局党支部。1971 年 1 月—1974 年 2 月,有中共党员 2 人,编入县国防工办党支部,后编入县委农工部党支部。1976 年 7 月,有中共党员 3 人,成立东至县气象站党支部(1978 年 11 月改称东至县气象局党支部)。2008 年,党员发展至 10 人(含离退休党员 4 人)。2003 年、2006 年县委组织部、县直机关工委授予"先进基层党组织"称号。

党风廉政建设 2002 年 1 月成立东至县气象局党风廉政建设工作领导小组,左宗国同志兼任领导小组组长。2003 年以来,制定了《东至县领导班子自身建设制度》、《东至县气象局领导班子勤政廉政准则》。认真贯彻落实党风廉政建设责任制,进行目标责任分解,局主要领导与市局签订《党风廉政建设责任书》。每年开展党风廉政建设宣传教育月、廉政党课、民主生活会和廉政文化等活动。2005 年起,每年进行局领导述职述廉报告,财务账目每年接受市气象局审计室审计,并向职工通报审计结果。2007 年 4 月开始执行县气象局"三人决策"制度。

2. 气象文化建设

文明单位创建 1995 年 9 月,成立东至县气象局精神文明建设领导小组,下设领导小组办公室。1996 年起,开展争创文明单位活动。1998 年建成县级文明单位;2004 年 1 月建成地市级文明单位。2005 年 7 月被池州市文明委授予 2003—2004 年全市创建文明行业"文明窗口"称号;2005 年 7 月和 2007 年 4 月被东至县文明行业委员会授予 2004 年、2006

年度东至县创建文明行业先进单位。2005—2008年,在县政府组织的"机关行风评议"活动中连续4年名列第1~3名。

文体活动 县气象局院内设有图书阅览室、乒乓球室、羽毛球场、职工文明学校,经常性地开展各类文体娱乐活动。如:职工读书比赛、文明创建知识竞赛、演讲比赛、文艺晚会、登山比赛和各种球类体育比赛等活动。

3. 荣誉

集体荣誉 2004—2008年,3次被池州市委、市政府授予"池州市文明单位";2007年,被池州市委、市政府授予"池州市抗洪救灾先进集体"荣誉称号。

个人荣誉 左宗国,男,中共党员,局长,1998年2月被省人事厅、省气象局授予"安徽省气象系统先进工作者"称号。王有德,男,副局长,2004年12月被省人事厅、省气象局授予"安徽省气象系统先进工作者"称号。

台站建设

东至县气象局现占地面积8498平方米。建站初期,仅有平房3间,工作生活条件十分简陋。1981年建有1幢建筑面积654平方米办公楼、1幢建筑面积330平方米宿舍楼、1幢建筑面积92平方米平房。1989年建成1幢建筑面积377平方米职工宿舍楼。1995年12月,对局办公楼进行全面维修。1997年9月,建成1幢建筑面积626平方米职工宿舍楼。2003年建成建筑面积1666平方米农网综合大楼,装修业务平面200平方米;对局大院主干道进行重修,修建给排水管网、电动大门和水冲式厕所。2008年对职工用水、用电全部进行1户1表改造,实

20世纪80年代初站貌

行社会化管理。2000年以来,对观测场及周边、道路两侧进行4次绿化改造,局大院内除硬化路面外全部进行绿化建设,栽种绿化苗木、种植草坪近3000平方米,绿化率达51%。2008年12月被池州市绿化委员会授予"花园式单位"。

业务楼新貌

观测场新貌

石台县气象局

石台县位于山川秀美的皖南,介于旅游胜地黄山和佛教圣地九华山之间,辖 8 个乡镇,面积 1403 平方千米,人口 11 万。县内地貌以低山、高丘分布最广,占全县总面积的 82%,是国家级生态经济示范区、中国 21 世纪议程试点地区和特色农业示范县。境内的牯牛降国家级自然保护区被生态学者誉为"绿色的自然博物院"、"动植物基因库";蓬莱仙洞是国家 AA 级旅游名胜区,慈云洞、鱼龙洞均为省级风景名胜区,被誉为"溶洞之乡"。

机构历史沿革

1. 始建情况

原石埭县气象站始建于 1957 年,站址在石埭县城关镇(广阳镇)西门外,位于东经 117°57′,北纬 30°21′,同年 8 月 1 日开展工作。因兴建陈村水库被淹没,1959 年 1 月,石埭县气象站并入太平县气象站。1966 年 3 月 18 日,重建石台县气象站,站址设在石台县城关的西南角,位于东经 117°29′,北纬 30°13′,海拔高度 64.7 米,1967 年 1 月 1 日正式开展工作,属国家一般气象站。1996 年 9 月 28 日人事部、财政部批复石台县气象局为六类艰苦台站。

2. 建制情况

领导体制与机构设置演变情况 自建站至 1966 年 3 月,由省气象局和县政府双重领导,以省气象局领导为主。1970 年 11 月实行军管,由县人武部领导为主。1973 年 7 月"人、财"权放在地方,以县革委会农工部领导为主。1979 年 2 月"三权"收归省气象局,实行由省气象局和地方政府双重领导,以省气象局为主的管理体制。

自建站至 1966 年底,隶属屯溪中心气象站业务指导和管理。1967 年,隶属池州地区气象局业务指导和管理。1980 年 6 月隶属徽州地区气象局管理。1988 年 1 月隶属安庆市气象局管理。1993 年 1 月起隶属池州地区(市)气象局管理。

人员状况 建站初期,有气象职工 2 人。截至 2008 年 12 月底,在职职工 6 人,其中有中共党员 2 人;大学本科学历 2 人,大专学历 2 人;中级技术职称 3 人,初级技术职称 3 人;年龄在 40～49 岁 3 人,30～39 岁 1 人,20～29 岁 2 人;壮族 1 人。

单位名称及主要负责人更替情况

单位名称	主要负责人	职务	性别	任职时间
石台县气象站	缪炳华	站长	男	1966—1968.1
石台县革命委员会气象站	缪炳华	站长	男	1968.2—1970.11
石台县气象站	缪炳华	站长	男	1970.12—1971

台站名称	主要负责人	职务	性别	任职时间
石台县气象站	陈先行	站长	男	1971—1973.8
石台县气象站	戴昭德	副站长（主持工作）	男	1973.9—1975.2
石台县气象站	李绍连	站长	男	1975.3—1978.2
石台县气象站	张新良	站长	男	1978.3—1978.6
石台县气象站	谈 治	站长	男	1978.7—1979.9
石台县气象局	谈 治	局长	男	1979.10—1980.7
石台县气象局	袁功延	副局长（主持工作）	男	1980.8—1984.4
石台县气象局	汪林祥	副局长（主持工作）	男	1984.5—1986.1
石台县气象局	袁功延	副局长（主持工作）	男	1986.2—1986.12
石台县气象局	袁功延	局长	男	1987.1—1994.11
石台县气象局	罗海涛	局长	男	1994.12—1998.4
石台县气象局	王自如	副局长（主持工作）	男	1998.5—2000.7
石台县气象局	王自如	局长	男	2000.8—2005.1
石台县气象局	王 旋	副局长（主持工作）	男	2005.2—2008.1
石台县气象局	戴建胜	副局长（主持工作）	男	2008.2—

气象业务与服务

1. 气象业务

气象观测 1967 年 1 月 1 日开始人工观测。观测项目有气温、湿度、降水、蒸发、日照、地面温度、积雪深度、天气现象、云、风、气压计观测。每日进行 3 次定时观测，夜间不守班，02 时记录用自记记录订正后代替。1967 年 6 月 27 日增加温度计、湿度计观测。1967 年 7 月 1 日开始气压观测。1971 年 10 月 1 日增加雨量自记观测。1973 年 10 月 20 日使用 EL 电接风向风速仪替代维尔达风压器，由室外测风改为室内。1977 年 5 月 3 日开始风自记观测。1980 年执行 1980 版新规范，调整观测项目。1982 年 1 月 1 日开始水平能见度观测。1998 年 5 月 1 日启用测报软件，通过计算机计算气压、水汽压、相对湿度、露点温度，并编报、传输报文（162 拨号方式）、制作报表。2003 年执行 2003 版新规范。2004 年 4 月 6 日安装七要素自动站；2005 年进行对比观测，以人工站为主；2006 年以自动站为主，自动观测气压、温度、湿度、风向、风速、降水、地温（包括地面温度，浅层 5、10、15、20 厘米和深层 40、80、160、320 厘米地温），2007 年起自动站单轨运行。2004 年 7 月 1 日—2007 年 6 月 30 日开展拓展项目（裸露空气、草面和水泥面最高、最低温度）观测。2004 年 7 月 23 日开始每旬逢 3、8 日进行土壤墒情观测，观测地下 10、20、30、40、50 厘米水分含量。2007 年 2 月 1 日启用观测场视频监控系统。2003—2008 年，先后在七都、横渡、贡溪、小河、琏溪、珂田、矶滩建 7 个单雨量站，在仙寓、牯牛降建 2 个四要素区域自动气象站，在丁香建 1 个六要素区域自动气象站。

1967 年开始编发小图报（天气加密报），1982 年 4 月 1 日开始编发重要天气报。1969 年 12 月 11 日—1970 年 5 月 31 日，每日 6 时至 18 时 OBSMH 合肥预约航危报，1970 年 6 月 1 日—1981 年 6 月 1 日冬季 6 时（夏季 5 时）至 13 时固定及 14 时至 20 时 OBSMH 合肥预约航危报，1984 年 1 月 1 日—1985 年 12 月 31 日 04 时至 24 时 OBSMH 合肥预约航危报。

气象信息网络 建站以来,通信网络经历了从人工电话、程控交换机、传真、甚高频电话、X.21拨号到光纤通信的演变。1984年5月1日启用CZ-80传真机。1999年5月建成地面卫星接收站(PC-VSAT单收站)。2003年5月1日开通ADSL宽带通信。2005年4月30日开通100兆光纤通信。2006年11月,市—县开始采用路由器虚拟专网进行连接。2008年10月,建成电视电话会商系统。

气象预报 1966年开展单站补充天气预报,并通过县广播站对外广播服务。逐步增加了制作中、长期天气预报和主要农事活动期间的天气预报(如春播、汛期、三秋等)。到了1970年以后,提高"图、资、群"的应用,制作多种形式的预报工具如"9·5"剖面图、"6·5"剖面图、"三线曲线图"、"点聚图"等。1980年以后,县站预报独成一系统,根据本站资料的预报因子,建立预报档案,开始应用数理统计和"MOS"预报方法。1984年5月无线电传真替代收音机投入预报业务,接收北京、武汉区域气象中心的有关气象资料和日本雨量传真图。1987年配置甚高频电话,实现与地区局及周边县局的天气会商。1996年以后停止手工抄报及传真接收业务,县站预报主要是根据省、市气象台的预报进行订正后,通过媒体向外发布。

2. 气象服务

公众气象服务 自建站至1998年,通过县广播站播放和寄送材料等形式,定时对外发布短期、旬、月及重要农事季节的天气预报。1998年10月1日起制作多媒体天气预报,每晚在县电视台播出;2005年10月升级为有主持人的数字视频电视天气预报节目(由池州市气象局统一制作),播出日常预报、生活指数、科普知识、农业气象等预报内容。2003年起,通过手机短信每天2次对外发布天气预报,随时发布天气预警。2006年6月起在县委、县政府、乡镇政府、机关、企事业单位及宾馆等单位共布设29块LED气象预警信息显示屏,每天早晚2次发布天气预报,随时发布天气预警(语音)。

决策气象服务 1980年以前,以书面和电话形式向县委县政府提供决策服务。服务产品从"春播"、"汛期"天气趋势预报逐步增加了《天气情况汇报》《灾害性天气警报》等决策服务产品。自2003年开始,增加手机短信气象服务,开展灾害性天气预报预警信息服务。

1998年6月24—26日,石台县连降暴雨,雨量达232.6毫米,造成自1970年以来最大的洪涝灾害,15个乡镇全部受灾,供水、供电、交通中断;26日,秋浦河城区段最高水位达55.83米,县城被淹没,平均水深超过2米,最深处达7米,8000余居民被洪水围困;自22日起,气象局连续4天作出暴雨预报,提前2天准确预报了连续暴雨天气过程。

2007年7月10日,石台县普降大暴雨,城关降水量211.0毫米,为建站以来日降水量之最。县气象局8日即作出10日有大到暴雨预报,9日再次作出10日有暴雨、局部大暴雨的预报,通过电视、"12121"、手机短信向公众发布,并书面向县委、县政府及县防办等有关部门汇报。

2008年1月11日—2月2日,石台县遭受严重的低温冰冻连阴雨雪灾害,过程雨雪量为历年同期平均的2.8倍,最大雪深19厘米,平均气温维持在−2~1℃之间,并出现冻雨天气。县气象局准确预报了1月28—29日、2月1—2日的暴雪天气,先后向县委、县政府及有关部门报送16期天气情况汇报材料,并通过手机短信、气象预警信息显示屏、电视天气预报、"96121"等多种途径向公众发布。

1999—2008 年,每年 4 月中旬,县气象局向石台县盆景展、茶叶展示展销会、茶叶节活动组委会提供活动期间滚动天气预报。

专业与专项服务 1985 年开始开展气象专业服务,主要是为乡镇和相关企事业单位提供中、长期天气预报和气象资料。1995 年 3 月,利用甚高频电话和警报接收机组建气象预警服务系统,每天上、下午各广播 1 次天气预报,遇有特殊天气及时发布预警,1999 年 5 月 4 日停止广播。1996 年 3 月开通"121"天气预报电话自动答询系统。2007 年 11 月 1 日改为"96121"。

1994 年起对全县石油、化工、危险品、易燃易爆场所、电子信息系统等防雷设施进行安全检测。2004 年开展新建(构)筑物避雷装置图纸审查与跟踪技术服务、防雷工程竣工验收服务。2008 年 3 月成立石台县雷电防护所。

1975 年和 1976 年夏秋,分别在黄沙坑林场及中龙山林场、丁香公社开展人工降雨试验。1996 年,石台县人民政府成立人工降雨领导小组办公室,领导小组办公室挂靠县气象局。2000 年 7—8 月,开展人工增雨作业,发射人工增雨炮弹 200 余发。

气象科技服务 1999 年 8 月 24 日,成立石台县农村综合经济信息服务中心,同时在安徽农网上设立石台县网页。

气象科普宣传 1991 年以来,每年在"3·23"世界气象日组织开展科普宣传活动,并经常深入校园普及防雷知识,为前来参观的中小学生讲解气象知识。

法规建设与管理

社会管理 2006 年 7 月,县政府办公室下发《关于进一步加强气象探测环境保护的通知》,明确要求加强气象观测环境和设施的保护工作。2005 年,县政府办公室下发《关于进一步加强防雷安全管理工作的通知》,规定县气象局对新、改、扩建(构)筑物、易燃易爆场所、电子信息系统等防雷装置设计必须进行技术审查,并出具审查意见书和核准书,县建委据此作为发放施工许可的前置条件。

局务公开 2005 年制定《局务公开实施细则》、《民主决策制度》,通过公示栏、网站等方式向社会公开气象行政审批办事程序、气象服务内容、服务承诺、气象行政执法依据、收费依据及标准等;财务收支、目标考核、评先评优等采取职工会议、公示栏或办公网等方式向职工公开。2007 年 4 月起实行"三人决策"制度,凡涉及重大决策、重要干部任免、重大项目安排和大额资金使用即"三重一大"由三人小组讨论决定。

党建与气象文化建设

1. 支部组织建设

1976 年以前,中共党员人数不足 3 人,编入县生产指挥组党支部。1977 年有中共党员 3 人,成立中共石台县气象站(后改气象局)支部,戴昭德同志任党支部书记。1978 年谈治同志任党支部书记。1980 年下半年,中共党员人数不足 3 人,编入县农办党支部,1984 年转入县委农工部支部。1995 年有中共党员 3 人,恢复成立气象局党支部,袁功延同志任党支部书记。2001 年有中共党员 5 人,王自如同志任党支部书记。2005 年有中共党员 5 人,戴建胜同志任党支部书记。截至 2008 年底,有中共党员 3 人。2007 年被县委授予"基层先进党组织"。

2. 文明创建与气象文化

1999 年成立精神文明创建领导小组,同年对大院环境和办公室进行了改造。2005 年制定了石台县气象局《文明服务规范》《首问负责制度》《实行精神文明建设工作岗位责任制的规定》《文明服务承诺制度》,成立文明市民学校,制定了《文明市民学校学习制度》,建立并开放了图书室,拥有气象、法律等书籍近千册;同时开展多种形式的文明创建活动,2005 年起每年开展结对帮扶活动,先后资助多名贫困生,向帮扶对象提供气象服务;每年"八一"建军节慰问消防官兵,举办登山、钓鱼比赛等活动。1997 年获县级文明单位;1999 年获地级文明单位;2006 年获省级文明单位。2007 年 10 月,严忠国同志代表安徽省气象局参加全国第二届气象行业运动会乒乓球项目的比赛。

3. 荣誉与人物

集体荣誉 1999—2004 年被池州市委、市政府授予市级文明单位(标兵)。2006—2008 年被省委省政府授予第七届、第八届省级文明单位。2004 年 12 月、2008 年 12 月连续 2 届被安徽省人事厅、省气象局授予安徽省气象系统"先进集体"荣誉称号。

人物简介 刘长恕,男,1940 年生,安徽庐江人。1961 年加入中国共产党,1970 年 6 月调到石台县气象站,先后被评为地区、省、全国气象系统的先进个人,1979 年 12 月被评为"全国劳动模范",1983 年当选全国第六届人大代表,1984 年被评为"安徽省劳动模范"。

刘长恕同志对工作认真负责、一丝不苟,在平凡的岗位上取得了不平凡的成绩,1977 年全国气象系统开展"测报工作连续百班无错情"劳动竞赛以前,他已连续 397 个班无错情,竞赛活动开展后,他取得连续 636 个班无错情、连续 45 个月报表预审全部合格的优异成绩。4 次获得国家气象局授予的"质量优秀观测员"称号。

台站建设

石台县气象局现占地面积 7165 平方米。1970 年以前,办公、宿舍面积仅 124 平方米,工作生活条件非常艰苦。1972 年 7 月新建办公(西)和宿舍(东)平房 1 栋。1981 年 9 月建 388 平方米的平房宿舍。1988 年新建 307.7 平方米业务楼 1 栋。1992 年 11 月新建二层 8 套 460 平方米职工宿舍楼 1 栋。1997 年拓宽主干道,兴建大门。2000 年建设篮球场。2003 年 3 月办公楼扩建 100 平方米,设立业务平面和会议室。2004—2008 年,对大院环境进行绿化,种植草皮 1300 平方米,树木 200 多株。建站时栽植的 2 棵龙柏,经过 40 多年的生长,冠径为全县同类树木之最,树干犹如人工雕琢、苍劲有力。

1972—1988 年的台站面貌　　　　　　　　　气象局新貌

青阳县气象局

青阳县始建于汉初至元始二年(公元 2 年),地处长江中下游南岸,皖南山区北部,中国四大佛教名山之一九华山雄踞县境西南。县境地势南高北低,南部群峰峭拔,中部丘陵绵延,北部以平原、圩区为主,素有"七山一水一分田,一分道路和庄园"之称,全县总面积 1181 平方千米,辖 11 个乡镇、110 个行政村,人口 26.7 万。青阳县历史悠久,资源丰饶,物产丰富,素有"蚕桑之地、鱼米之乡"之美誉。

机构历史沿革

1. 始建及站址迁移情况

1956 年 11 月 1 日,青阳县气候站成立并正式开展观测,站址位于青阳合兴圩农场内,经纬度为北纬 30°40′,东经 117°51′。1959 年 3 月 18 日,迁移至中山堂望华楼。1961 年 3 月 29 日,迁移至农业试验场附近的宝灵观。1963 年 12 月 30 日,迁至城东公社南杨家山咀"郊外"(蓉城镇陵阳路 322 号),经纬度为北纬 30°38′,东经 117°52′,海拔高度为 31.0 米。

2. 建制情况

领导体制与机构设置演变情况　1956 年 11 月,实行省气象局和地方政府双重领导,以省气象局领导为主。1958 年"人、财"权放给地方,以地方政府领导为主。1964 年 1 月"人、财"权收归省气象局,以省气象局领导为主。1970 年 11 月实行军管,以县人武部领导为主。1977 年 7 月"人、财"权划归地方,以县革委会农工部领导为主。1979 年 2 月"人、财"权收归省气象局,实行由省气象局和地方政府双重领导,以省气象局为主的管理体制。

自建站到 1958 年 5 月,隶属屯溪中心气象站业务指导和管理。1967 年 1 月,隶属池州地区气象局业务指导和管理。1980 年 5 月,隶属宣城地区气象局管理。1983 年 12 月,隶属芜湖市气象局管理。1993 年 1 月 1 日,隶属池州地区(市)气象局管理。

人员状况 1956 年建站初期,在职职工 3 人。截至 2008 年 12 月底,在职职工 6 人;具有大专以上学历 5 人;中级专业技术职称 3 人;年龄在 50 周岁以上 1 人,40～50 岁 1 人,30～40 岁 3 人,30 岁以下 1 人。

单位名称及主要负责人更替情况

单位名称	负责人	职务	性别	任职时间
青阳县气候站	王均匀	副站长	男	1956.11—1960.2
青阳县气象服务站	王均匀	站长	男	1960.3—1970.10
青阳县革委会气象站	王均匀	站长	男	1970.11—1971.4
青阳县革委会气象站	王军荣	站长	男	1971.5—1978.6
青阳县革委会气象站	王永德	站长	男	1978.7—1978.10
青阳县气象站	王永德	站长	男	1978.11—1979.7
青阳县气象局	王永德	副局长(主持工作)	男	1979.8—1984.3
青阳县气象局	罗海涛	局长	男	1984.4—1990.2
青阳县气象局	王新才	副局长(主持工作)	男	1990.3—1991.8
青阳县气象局	孙元明	局长	男	1991.9—1997.12
青阳县气象局	王巧玉	局长	女	1998.1—2001.11
青阳县气象局	丁慧敏	副局长(主持工作)	女	2001.12—2004.1
青阳县气象局	程东兵	局长	男	2004.2—2004.12
青阳县气象局	丁慧敏	局长	女	2005.1—2008.10
青阳县气象局	房厚林	副局长(主持工作)	男	2008.11—

气象业务与服务

1. 气象业务

地面观测 1956 年 11 月 1 日进行人工观测。观测项目有气温、湿度、风向风速、云、降水、蒸发、雪深、能见度(1962 年 1 月 26 日停止)和天气现象,观测时次为地方平均太阳时 01、07、13、19 时每天 4 次。1957 年 9 月 1 日—1967 年 1 月 1 日,增加曲管地温(5～20 厘米)观测。1957 年 4 月 1 日,增加地面温度观测。1958 年 6 月 1 日,增加雨量计观测。1960 年 3 月 1 日,增加水银气压表观测。1960 年 8 月 1 日更改为北京时 02、08、14、20 时每天 4 次观测。1961 年 4 月 1 日起实行每天 3 次观测,夜间不守班。1961 年 5 月 1 日,增加温、湿度计观测。1965 年 5 月 1 日,增加气压计观测。1971 年 1 月 1 日,开始使用 EL 电接风指示器观测。1980 年执行 1980 版新规范,同年 1 月 1 日增加 EL 电接风自记部分观测,恢复能见度和曲管地温表(5～20厘米)观测。1989年4月1日使用PC-1500计算机进行记录处理、发报和数据记带工作。1997年9月,计算机(386)取代PC-1500。1998年5月1日启用AHDM4.0测报软件,通过计算机计算、编报、传输报文(162拨号方式)。2003年执行2003版新规范。2003年12月17日安装七要素自动站,2004—2005年进行自动站和人工站平行对比观测,2006年1月1日起自动站单轨运行。2004年7月1日—2007年7月1日,开展裸露空气、水泥地面和草面的最高、最低温度观测。2004年8月,开始每旬逢3、8日进行土壤墒情观测。2006年10月观测场安装全景实时监控系统。2004—2008年,建成杜村、朱备、东山、酉华、木镇5个单雨量站,童埠、陵阳2个四要素区域自动气象站,新河1个六要素区域自动气象站。

气象预报　1979年以前,通过收音机收听武汉区域中心气象台和上级以及周边气象台站发布的天气形势,结合本站资料,利用简易天气图每日早、晚制作24小时全县天气预报。1983年开始接收气象传真图并制作中、长期天气预报。2000年开始使用MICAPS系统制作天气预报。

气象信息网络　1983年起利用ZSQ-1(123)传真接收机接收北京、欧洲气象中心以及东京的气象传真图。1985年使用甚高频电话用于天气会商和天气联防。1998年建成PC-VSAT卫星气象资料接收系统。2003年5月1日开通ADSL宽带。2004年10月开通100兆光纤通信。2007年开通省、市、县气象视频会商系统。

农业气象　1957年3月起开展农业气象观测工作,农气观测项目有水稻、小麦、油菜、物候。1978年停止观测。

2. 气象服务

公众气象服务　1991年之前,利用农村有线广播播报天气预报。1995年起由县电视台制作文字形式气象节目。1996年9月开通"121"天气预报电话自动答询系统。1998年2月建立电视天气预报节目影视制作系统,向全县发布各乡镇及周边城市天气预报。2007年,青阳县开播有主持人电视天气预报节目,播出日常预报、生活指数、科普知识、农业气象等预报内容。

决策气象服务　1980年以前,以口头、书面和电话形式向县委县政府提供决策服务。1995年后,逐步制作《重要天气报告》、《春播天气展望》、《汛期(5—8月)天气形势分析》、《灾害性天气警报》等决策服务产品,开展灾害性天气预报预警业务,为县党委政府、有关部门提供决策气象服务。

1998年汛期,长江流域发生大面积洪水,青阳县受客水影响,童埠圩水位达16.14米,所有圩区告急,青阳县气象局全体职工24小时坚守岗位,严密监视天气,及时将雨情资料和预报信息向县委、县政府及县防指汇报。

2007年7月10日遭受特大暴雨袭击,通过手机短信、气象预警显示屏等及时发布预警信息,为县委县政府和有关部门提供准确及时决策服务,有1人荣获"池州市防汛抗洪救灾先进个人"称号。

专业专项气象服务　1985年3月起,开展专业专项气象服务,先后利用邮寄纸质材料、无线气象警报机、电话等方式向有关单位提供天气预报预测、气象资料及气象灾害论证等服务。1993年起,开展庆典气球施放服务。2003年开通手机短信服务。2005—2008年,在社区、学校、工厂和企事业单位安装气象灾害预警信息显示屏26块。

1990年5月开展建(构)筑物避雷设施安全检测。1996年成立青阳县防雷减灾局。2004年逐步开展建筑物防雷装置、新建建(构)筑物防雷工图纸设计审核、竣工验收及计算机信息系统等防雷安全检测。2008年3月成立青阳县雷电防护所。

1977年成立县人工降雨领导小组,领导小组办公室设在县气象局。1978年、2000年开展人工增雨作业。

气象科技服务 1999年成立青阳县农村综合经济信息中心,同年在安徽农网上设立青阳县网页。2004年7月建成并开通《青阳先锋网》;2006年朱备镇"先锋在线"工作站开通,成为池州市首个开通"先锋在线"工作站的乡镇。

气象科普宣传 每年的"3·23"世界气象日、科技活动周,气象科技工作者走上街头,宣传气象科普知识。每月编发1期《青阳气象》,进行气象小知识、防雷减灾、灾害性天气预警等科普知识宣传。2005年建立气象科普宣传栏。2008年9月17日,《安徽小学生气象灾害防御教育读本》赠书发行仪式在青阳县新河镇中心小学隆重举行,安徽省委常委、副省长赵树丛、中国气象局副局长矫梅燕出席了赠书发行仪式。

法规建设与管理

社会管理 2003年5月与县建设委员会联合下发《关于加强我县建(构)筑物防雷设施安全管理的通知》,规定县气象局对新、改、扩建(构)筑物、易燃易爆场所、电子信息系统或机房等防雷装置设计进行技术审查,并出具防雷装置审查意见书和核准书,县建委据此作为新、改、扩建(构)筑物发放施工许可的前置条件。

2004年,县政府下发《转发省政府办公厅关于加强施放气球和防雷安全管理工作的通知》,明确施放气球及防雷减灾工作的监督管理是气象部门的重要职责。

局务公开 2005年制定《青阳县气象局局务公开实施细则》。对外通过公示栏、网站等方式向社会公开气象行政审批办事程序、气象服务内容、服务承诺、气象行政执法依据、收费依据及标准等。对内通过职工会议、公示栏、办公网等方式向全局职工公开财务收支、目标考核、评先评优等。

党建与气象文化建设

1. 党建工作

党支部建设 1971年之前,中共党员人数不足3人,编入县农工办党支部。1971年5月,成立青阳县气象站党支部。2008年底,有中共党员8人,其中退休党员4人。

党风廉政建设 2001年以来,认真贯彻落实党风廉政建设责任制,进行目标责任分解,局主要负责人与市气象局签订《党风廉政建设责任书》。每年开展党风廉政建设宣传教育月、民主生活会、述职述廉报告会和廉政文化等活动。2007年4月执行县气象局"三人决策"制度,凡涉及重大决策、重要人事安排、重大项目安排和大额度资金使用即"三重一大"由"三人小组"讨论决定。2007年、2008年连续2年荣获县委、县政府授予的"三项建设先进单位"(机关作风、效能和经济发展环境建设)称号。

2. 气象文化建设

精神文明建设 1995年6月,成立青阳县气象局精神文明建设领导小组,下设领导小组办公室(文明办)。1996年后制定《青阳县气象局文明服务规范》、《首问负责制度》和《青阳县气象局实行精神文明建设工作岗位责任制的规定》、《青阳县气象局文明服务承诺制度》。

文明单位创建 1995年起正式启动文明单位创建活动。通过艰苦创业抓创建,组织职工自己动手改造环境。坚持以人为本抓创建,文明单位创建工作稳步推进。1996年建成县级文明单位;1998年建成地级文明单位;2000年4月建成省级文明单位。2003年9月,被县文行委授予"创建文明行业标兵单位"称号。

文体活动 1995年成立文明市民学校,建立并开放图书室,拥有各类图书近千册。2004年起,每年开展结对帮扶活动;每年"八一"建军节慰问消防官兵;举办登山、棋牌、球类、垂钓比赛等文体娱乐活动。积极参加县政府、省、市气象局组织的各类活动。

3. 荣誉

集体荣誉 1998年,被安徽省人事厅、安徽省气象局授予安徽省气象系统先进集体,被县委、县政府授予抗洪救灾先进集体;1999年被中共池州地委、池州行政公署授予地级文明单位标兵;2000—2008年,连续被省委、省政府授予第四届、第五届、第六届、第七届、第八届安徽省文明单位。

个人荣誉 王巧玉1998年被省人事厅、省气象局授予"安徽省气象系统先进工作者"。

台站建设

青阳县气象局现占地面积7064.1平方米。1956年11月1日建站初期,仅有3间破旧平房,工作生活条件非常艰苦。1988年建办公楼业务楼1幢,建筑面积350平方米,工作条件得到改善。2001年对业务楼进行装修改造。1991年8月建职工宿舍楼1幢4套,建筑面积240平方米。1995年9月建职工宿舍1幢6套,建筑面积365平方米,职工生活条件得到改善。1995年,先后进行气象观测场室、大院综合环境、自来水、道路等基础设施建设与改造,并建成图书阅览室、党员活动室、职工活动室、篮球场、车库等,单位环境面貌逐渐改善,已成为"花园式单位"。

青阳县气象局 20 世纪 80 年代初的站貌

青阳县气象局新貌

安庆市气象台站概况

安庆市位于安徽省西南部,长江中下游北岸,毗邻鄂、赣。东晋诗人郭璞曾称"此地宜城",故别称"宜城"。南宋绍兴十七年(1147)置安庆军,始得名"安庆",清乾隆二十五年(公元1760年)至民国二十六年(公元1937年),为安徽省省会所在地和省政治、经济、文化中心。现辖1市7县4区,人口610多万,总面积15398平方千米。境内山地、丘陵和洲圩湖泊各占三分之一。

东周时期安庆是古皖国所在地,"皖"为"美好"之意,"皖山皖水"意为"锦绣河山"。安徽省潜山县有天柱山,古时候也叫皖山。山下的河流叫皖河,注入长江,水叫皖水。城,叫皖城。安徽省简称"皖",即源于此。

安庆属北亚热带湿润气候区,适宜农林牧渔全面发展。主要特点是:季风明显,四季分明,气候温和,雨量适中,光照充足,无霜期长,严寒期短。太阳辐射总量112~117千卡/平方厘米,年平均气温14.4℃~16.8℃,年平均降水量1300~1520毫米。

气象工作基本情况

台站概况　安庆市气象局属正处级事业单位,辖8县(市)和天柱山气象局。其中,2个国家基本气象站(安庆国家基本站、太湖国家基本站),1个国家基准气候站(桐城国家基准气候站),2个国家农业气象站(宿松农业气象站、桐城农业气象站),7个国家一般气象站(岳西国家一般气象站、怀宁国家一般气象站、潜山一般气象站、天柱山一般气象站、望江一般气象站、枞阳一般气象站、宿松一般气象站)。市本级观测站是安徽仅有的2个高空探测站点之一,其观测资料参加全球交换,除承担常规地面观测和高空观测任务外,还承担大气成分(酸雨)观测、省内土壤水分观测等任务。

截至2008年底,全市建成10个地面气象站和遥测自动站、90个乡镇自动雨量站、30个四要素自动气象站、10个六要素自动气象站,建有闪电定位仪、L波段二次测风雷达、FY-2C卫星接收站、宽带和VPN技术的气象高速通信网。

人员状况　截至2008年12月31日,全市气象部门有职工143人,其中本科以上学历53人,大专学历45人;中级职称67人,高级职称6人。

党建与文明创建　截至2008年底,全市气象部门有党支部12个,党员119人。共建

成省级文明单位 6 个,市级文明单位 3 个

主要业务范围

负责本行政区域内气象事业发展规划、规划的制定及气象业务建设的组织实施;负责本行政区域内气象设施建设项目的审查;对本行政区域内的气象活动进行指导、监督和行业管理。

组织管理本行政区域内气象探测资料的汇总、传输;依法保护气象探测环境。

负责本行政区域内的气象监测、预报管理工作,及时提出气象灾害防御措施,并对重大气象灾害作出评估,为本级人民政府组织防御气象灾害提供决策依据;管理本行政区域内公众气象预报,灾害性天气警报以及农业气象预报,城市环境气象预报,火险气象等级预报等专业气象预报的发布。

管理本行政区域人工影响天气工作,指导和组织人工影响天气作业;组织管理雷电灾害防御工作,会同有关部门指导对可能遭受袭击的建筑物、构筑物和其他设施安装的雷电灾害防护装置的检测工作。

负责向本级人民政府和同级有关部门提出利用、保护气候资源和推广应用气候资源区划等成果的建议;组织对气候资源开发利用项目进行气候可行性论证。

安庆市气象局

机构历史沿革

1. 始建情况

1950 年 3 月 15 日建站,站址位于安庆市区大墨子巷的邮电局楼平台上,北纬 30°37′,东经 117°02′,海拔高度 30.6 米。

站址迁移 1951 年 2 月 1 日,迁至财政街 3 号,北纬 30°32′,东经 117°02′,海拔高度 26.3 米。1977 年 1 月 1 日,迁至大庆路东菱湖大队汪家老屋——即现在站址,北纬30°32′,东经 117°03′,海拔高度 19.8 米。

2. 建制情况

领导体制与机构设置演变情况 1950 年 3 月 15 日,华东军区司令部气象处在安庆建立安徽省第 1 个气象站;1952 年,属安徽省军区司令部气象科建制;1955 年 6 月,隶属安徽省气象局;1958 年 9 月,扩建为安庆地区气象台;1960 年 3 月,改为安庆专区气象服务台;1969 年 9 月,改为安庆地区气象台;1971 年 1 月,实行地区革委会、军分区双重领导,以军事部门为主的管理体制;1973 年 10 月,升格为安庆地区革委会气象局;1980 年 5 月,更名

为安庆地区行政公署气象局;1988年12月,更名为安庆市气象局。1979年2月19日至今,实行省气象局、地方政府双重领导,以省气象局领导为主。

人员状况　截至2008年12月31日,全市气象部门有职工143人,其中大专学历45人,本科53人,中级职称67人,高级职称6人。

单位名称及主要负责人更替情况

单位名称	主要负责人	职务	性别	任职时间
安庆气象站	刘宝珠	站长	男	1951—1952
安庆气象站	雷震庭	站长	男	1953
安庆气象站	李　凯	站长	男	1954.1—1956.03
安庆气象站	夏正刚	站长	男	1956.3—1958.9
安庆专区气象台	顾家富	副台长(主持工作)	男	1958.9—1960.7
安庆专区气象台	顾家富	台长	男	1960.7—1970.4
安庆地区气象台	齐世英	革委会主任	男	1970.4—1974.5
安庆地区气象局	齐世英	局长	男	1974.5—1983.11
安庆地区气象局	郑金春	局长	男	1983.11—1985.04
安庆地区气象局	郑金春	局长	男	1985.4—1988.12
安庆市气象局	郑金春	局长	男	1988.12—1997.1
安庆市气象局	张文玉	局长	女	1997.1—1999.12
安庆市气象局	周倍顺	副局长(主持工作)	男	1999.12—2000.10
安庆市气象局	周倍顺	局长	男	2000.10—2008.5
安庆市气象局	汪露生	局长	男	2008.5—

气象业务与服务

1. 气象业务

地面观测　建站时每天02、08、14、20时进行4次观测,昼夜守班。观测项目有云、能见度、天气现象、气温、湿度、风、降水、气压、地面状态、蒸发等。编发天气报。

1954年12月1日,增加航空报,06—21时每小时1次固定拍发;1956年6月1日起,向南京、上海民航增发危险报。1999年1月1日后,航危报任务停止。

1999年4月,建成地面综合有线遥测Ⅱ型站,并开始双轨运行;2002年1月1日起,实行遥测站单轨运行。气压、气温、湿度、风向风速、降水、地温等要素每天进行24次定时自动观测;云、能见度、天气现象、蒸发、日照、雪深、雪压、冻土、电线积冰仍采用人工观测方式,每天进行02、08、14、20时4次定时观测;编发4次天气报、4次补充天气报、重要天气报、气象旬月报、气候月报等。

2004年,开始酸雨观测。2006年1月1日,升级为国家级酸雨站,观测项目包括pH值和电导率。2005年7月开始土壤水分观测,每旬逢3日、8日观测并发报。2006年开展闪电定位观测。

2004年市区建设10个乡镇自动雨量站;2006年建设6个四要素站;2008年白泽四要素站升级为六要素站。

2006年设立市级气象探测技术保障分中心,负责全市雨量站的维修工作。

高空观测 1966 年 1 月 1 日,开展探空观测,每天 08、20 时 2 次使用 P3-049 型探空仪进行探测,利用经纬仪测风。1969 年 6 月 1 日起,改为 3 次探测,并增加 02 时单独测风。1969 年 6 月 21 日,改用 59 型探空仪。1973 年 6 月 1 日,测风改为 701 雷达。1991 年 1 月 1 日,停止 02 时雷达单独测风。1996 年 11 月 1 日,实现计算机自动发报。

2001 年 11 月 1 日增发特性层报。2003 年 1 月 1 日增加经纬编发报。2004 年 7 月 1 日正式使用 L 波段雷达和 GTS1 型电子探空仪。

气象信息网络 从建站开始起相当长的时间里,各种报文通过与地方邮电部门的专线口传,与省、县之间联系依赖于电话。1958 年 10 月采用手工抄收莫尔斯电码。20 世纪 70 年代初实行无线电传移频广播,由手工到机械操作。1977 年配备 50 式电传机接收汉口、北京气象中心国内、国外报。1976 年起配备了 117、123 型传真收片机。1977 年调试接收北京、东京气象广播台的传真天气图和数值预报图。1987 年建设甚高频电话,省市、市县之间实行无线通话。1994 年全省推广自动填图,取消人工填图,直接从单边带与计算机相接,利用填图软件,计算机自动打印高空、地面天气图。1996 年加入 X.25 分组数据交换网,各种报文和部分文件及预报资料通过 X.25 分组网,同时市气象台组建了局域网,一定范围内资料实施共享。1997 年,通过卫星双、单向站,资料收集、显示完全实行计算机自动化,实行无纸化预报分析工作。2000 年建设市局局域网,利用代理服务器,由 PSTN 线连接互联网。2003 年建设 10 兆光缆宽带网和 WEB 服务器并联上互联网。

气象预报 1958 年 4 月,开展天气预报工作,绘制天气图,通过市广播站发布预报。20 世纪 70 年代中期引进数理统计方法制作天气预报,20 世纪 80 年代使用传真图。

1980 年使用 3 厘米 711 测雨雷达。1994 年安装 S 波段 GMS 卫星云图接收仪。1996 年建成 VSAT 接收站和 MICAPS 综合预报平台。1998 年对 711-B1 雷达进行数字化改造。2002 年 5 月引进中尺度数值预报业务系统——MM5。

预报产品变迁:最初只有 24 小时、48 小时天气预报;目前预报产品还包括 5 天滚动预报、周报、专项预报、数十种气象指数预报、空气质量预报、森林火险预报、重点工程(活动)气象预报、各种气象灾害预警预报等服务。

预报发布方式变迁:最初只在广播站发布。1995 年开始,在电视上和电话专线进行发布。2005 年后,开始在互联网和用手机短信进行发布。

2. 气象服务

公众气象服务 1958 年 8 月 4 日,开始制作补充订正预报,并通过市广播站对外广播。1994 年,在安庆电视台开播天气预报节目(1995 年、1996 年相继在安庆有线电视台、安庆教育电视台开播天气预报节目)。2003 年 4 月,在电视天气预报节目中开播生活气象指数预报,增播空气质量日报、预报。2004 年 7 月 1 日,有气象主持人节目正式开播。2007 年 11 月,开播森林火险等级预报。2008 年 5 月,在安庆石化电视台开播天气预报节目。

1989 年 9 月建成气象警报发布与接收服务系统。1990 年 6 月起,每天早、中、晚 3 次广播,遇有突发性、灾害性天气,随时开机广播。2005 年 5 月 1 日起,安庆电视台和安庆人民广播电台按规定和要求向社会公众及时发布灾害性天气预警信号。2006 年在厂矿、企事业单位安装气象灾害预警信息电子显示屏,开展气象灾害预警信息发布工作。1993 年,组建甚高频中转台,为入网用户提供对讲机中转服务和天气预警报服务。1995 年与寻呼台合作开展寻呼气象服务,用户通过文字寻呼机接收天气预报信息。2002 年在全国率先自行研制开发手机气象短信服务系统,根据用户需求提供各类气象短信息。2004 年以后全省建立统一平台发布手机短信。2005 年 7 月,开通"8008689121"免费报灾热线电话。

决策气象服务　1958 年起短期与中长期预报业务逐步开展,决策气象服务产品包括旬报、月报、重要农事季节(春播、汛期、秋季、冬季)预报及全年天气展望。

1990 年至今,除定期发布周、旬、月、季、年报,重要农事季节(春播、汛期、秋季、冬季)预报等决策服务产品外,还不定期制作灾害性、转折性、关键性天气过程的预报服务产品。

20 世纪 90 年代以前,决策气象服务产品通过口头汇报或书面形式提供服务。20 世纪 90 年代以后,服务手段中增加微机终端、电话传真、手机短信、互联网等形式。

2004 年 7 月 10 日,安庆市气象局在一份呈阅材料中提出:出梅后将持续晴热少雨,加之梅雨期降水不是很多,且前期水库水位较低,建议引江济湖,蓄水防旱。是日,市防汛抗旱指挥部根据预报和建议,及时调度开启皖河、枞阳、杨湾等江涵闸引江济湖,共开启大小涵闸 12 座,累计引水 1.94 亿立方米,使得沿江各大湖泊水位抬升 30~50 厘米,达到预期补充水源的目的,有效地改善了武昌湖、菜子湖等沿江湖泊周边地区近百万亩农田灌溉条件。

2008 年 1 月 11 日—2 月 4 日,安庆市遭遇新中国成立后最严重的一次低温雨雪冰冻灾害,造成道路交通受阻、房屋坍塌、农作物受灾等重大自然灾害。在低温雨雪冰冻天气过程中,全市制作《重要天气信息专报》《天气情况汇报》等服务材料共 300 余期,向党政机关领导和有关部门提供雨雪实况和预报。在全国抗击低温雨雪冰冻灾害气象服务工作表彰会上,安庆市气象台获得中国气象局颁发的"全国抗击低温雨雪冰冻灾害气象服务先进集体"称号。

重点工程服务　相继为合安高速公路、安庆师范学院新校区、安庆大电厂、安庆石油国家储备库、安庆长江公路大桥等省、市重点工程提供专项保障气象服务。尤其是 2001—2004 年在安庆长江公路大桥前期项目论证、主桥墩钢围堰封底施工、钢箱梁吊装与桥面合龙、沥青混凝土浇筑等关键环节,通过提供气象资料、各类气象信息、在桥面安装风况观测设备等形式全程参与保障服务。

专项专业气象服务　1976 年 6 月成立安庆地区人工降雨领导小组和办公室。人工降雨作业队员由气象业务人员和安庆造纸厂"三七"高炮民兵连民兵组成。1976—1978 年开展作业,1979 年停止,1997 年恢复,共有"三七"高炮 12 门。

1989 年,开始防雷装置安全检测工作,主要检测范围为机关企事业单位的办公场所和厂房。

2000 年开始,对防雷装置设计图纸进行技术审查,并通过防雷计量认证。防雷技术服务范围增加为防雷装置安全检测、图纸审查和跟踪检测服务、防雷工程服务,服务和合作的单位涵盖工业、商业、建筑、交通、旅游、保险、金融、教育、卫生、体育、环保、国土资源、通信、安监、公安消防等数十个行业、部门。

2006 年 3 月,安庆市防雷中心取得安庆市人民法院司法鉴定资格,开展防雷司法鉴定工作。

2006 年 12 月,安庆市云雷新技术有限公司取得防雷工程设计乙级、防雷工程施工乙级资质和施放气球资质,在全市从事防雷工程和施放气球服务。

气象科技服务与技术开发　1998 年 1 月 21 日,开通"121"天气预报固定电话自动答询。2002 年开通手机"121"天气预报自动答询。2005 年 1 月,"121"电话升位为"12121"。

2007 年 9 月,开通"96121"天气预报自动答询电话。

1999 年起,开展农村综合经济信息服务。2000 年 6 月,建成安庆市农村综合经济信息网(以下简称"安庆农网"),并在各乡镇设立信息站。2002 年创办《安庆农网信息》报纸,免费发送全市各乡(镇)、村。

气象科普宣传　1979 年 5 月,地区气象学会成立。按照学会章程,组织会员积极撰写科普文章,举办科普讲座,宣传和普及气象科技知识。每年世界气象日、科普活动周、减灾日等在街头开展科普宣传咨询活动,接待中小学生前来参观学习。

2004 年 3—10 月,与市科协联合开展"气象科学和防灾减灾知识青少年科技传播行动",通过印制辅导材料、举行专家报告会、书面答题等形式,向 10000 多名青少年宣传普及防灾减灾知识。2004 年 10 月,安庆市气象局被市科普工作领导小组命名为青少年科技教育基地。2008 年 9 月,在潜山县罗汉中心小学启动向全市小学生赠送《气象灾害防御知识读本》活动。

法规建设与管理

气象法规建设　1998 年 3 月 23 日,市政府办公室印发《安庆市防雷减灾管理暂行办法》。2005 年 3 月 31 日,市政府印发《安庆市灾害性天气的预警信号发布试行规定》。2006 年 11 月 20 日,市政府做出《关于加快安庆气象事业发展的决定》。2007 年 6 月 1 日,市政府印发《安庆市防雷减灾管理办法》。

社会管理　2000 年 9 月成立气象行政执法大队,2001 年设立法规科,2003 年气象行政许可审批进入市行政服务中心。

2004 年 10 月,制定《依法加强安庆市气象探测环境和设施保护规定》,送市城市规划局备案。2005 年 4 月,制定《安庆国家基本气象站气象探测环境保护技术规定》,送市城市规划局备案。2007 年全面开展并完成全市气象台站观测环境调查评估工作。2008 年 11 月初步完成全市气象台站探测环境专项规划设计。2008 年完成制作并悬挂《气象探测环境现状公示牌》。

2008 年 6 月,成立施放气球单位资质专家评审委员会。

政务公开　2004 年,按照《安庆市气象局局务公开工作实施细则》,开展局务公开工作。

对外公开的内容为气象预报、警报的发布与管理;气象探测管理;气象资料管理;防雷安全与管理;充气升空物球管理。

对内公开的内容为年度目标任务及工作分工,重大事项(业务、科教),干部人事(评优评先),计划财务(工资福利),党务,精神文明建设(工会、共青团、妇联),气象科技服务(科普、学会)。

党建与气象文化建设

1. 党建工作

支部组织建设　市气象局现设有党总支 1 个,下属 4 个支部,中共党员 61 名。

党风廉政建设 2002 年起,每年参加中国气象局开展的全国气象部门党风廉政宣传教育月活动,收看廉政警示片、参观廉政展览、发廉政短信、写廉政书画、制作廉政橱窗、悬挂廉政警句等;2006 年编印《党风廉政建设及政治理论学习应知应答 100 问》;2007 年,开发"党风廉政建设及政治理论学习"在线学习软件。

安庆市气象局审计室对县(市)气象局开展财务收支审计;对离任的县(市)气象局主要负责人进行经济责任审计;对部分县(市)气象局主要负责人进行任期经济责任审计;委托审计事务所对市气象局和县(市)气象局基本建设工程开展基建审计。

2. 气象文化建设

精神文明建设 1983 年地区气象局提出加强精神文明建设,1985 年成立创建文明单位领导小组。1989 年成立市气象局"双文明"建设委员会,2001 年在人事教育科增设精神文明建设办公室。1987 年开始制定精神文明建设年度目标管理考核办法,先后制定了《安庆市气象局关于实行社会治安综合治理一票否决权和"双奖双罚"实施办法(试行)》、大院环境管理制度、岗位责任制度、服务承诺制度、首问负责制度、一次性告知制度、限时办结制度、责任追究制度、工作人员日常管理考核办法等规章制度,凝炼了"以人为本、艰苦创业、和谐发展"的安庆气象人精神。

文明单位创建 1985 年启动创建文明单位和文明行业活动。1992 年被市委、市政府评为花园式单位。1997 年建成县级文明单位。1999 年,市气象台观测组被团市委、市直工委命名为"青年文明号"。2001 年建成市级文明单位。2004 年,被市委、市政府评为市文明单位标兵,被市创建文明行业指导委员会、总工会认定为市创建文明行业活动达标单位。2005 年建成第七届省文明单位。2006 年,市气象台被省劳动竞赛委员会和总工会评为"安徽省模范班组"、被省创建文明行业活动指导委员会评为"安徽省文明窗口"。2008 年,获中国气象局 2007—2008 年度"全国气象部门文明台站标兵"称号。

1995—2008 年底,先后开展了卡拉 OK 演唱会、气象文化调研交流、书画笔会、"青春、成长、奉献"青年论坛、"爱岗敬业、诚实守信"、"我为气象添光彩"、"气象人精神"、"荣辱故事会"演讲比赛、党建知识竞赛和工间操、乒乓球与第二届全国气象行业运动会选拔比赛等文体活动。有 1 名同志获得中国气象局"1995 年全国首届文艺汇演"优秀奖。

3. 荣誉与人物

集体荣誉 2006 年市气象台获省模范班组,2006 年市气象台获省文明窗口荣誉,2008 年市气象局获中国气象局"全国气象部门文明台站标兵"称号。

人物简介 蒋元政,男,1939 年 6 月出生,重庆市人,1953 年 9 月参加工作,北京气象专科学校大专毕业,中共党员,气象工程师。1957 年 4 月获"全国气象先进工作者"称号;1957 年 12 月获安徽省人民委员会农业劳动模范称号。

周静林,女,1938 年 12 月出生,浙江平湖市人,1958 年 5 月参加工作,北京气象学校中专毕业,中共党员,气象工程师。1992 年获安徽省劳动模范称号。

台站建设

办公业务大楼建于 1976 年,总建筑面积为 1243.64 平方米。2000 年对业务办公大楼进行了维修综合改造,新建了大楼门厅,并对外观进行了装饰。2004 年底—2005 年上半年,对大院进行了综合改造,新建了氢气存放室、传达室和车库;并建成职工阅览室、篮球场、集乒乓球、台球于一体的职工活动场所。建成有凉亭、鱼池、花草、灌木和廉政宣传栏的花园式单位。

安庆市气象局原办公大楼和观测场(拍摄于 1991 年)　　安庆市气象局新办公大楼(拍摄于 2005 年)

怀宁县气象局

怀宁县位于皖西南交通要塞,东临安庆,南枕长江,境内独秀山与大龙山遥相竞奇,面积 1276 平方千米,辖 20 个乡镇,人口 69 万。地处长江平原区,低山丘陵岗地平原湖泊亚区,东部群山叠翠,中部岗峦起伏,西南圩畈相连,县内河流密布,湖泊众多。本县属亚热带湿润气候,具有季风明显、四季分明特点,主导风向东北风,8 月至次年 5 月为盛行期,6—7 月盛行西南风,两种风盛行及交替,形成春、夏、秋、冬四季。年平均气温 16.2℃,夏季极端最高气温 39.9℃(1988 年 7 月 10 日),冬季极端最低气温 −15.1℃(1991 年 12 月 29 日)。年平均降水量 1495.1 毫米。

机构历史沿革

1. 始建及站址迁移情况

1958 年,筹建怀宁县气候站,站址在石牌镇姜网生产队,北纬 30°24′,东经 116°39′,海拔高度 15.4 米。1965 年 1 月,迁至石牌镇龙头大队新村生产队,北纬 30°25′,东经116°39′。1984 年 10 月 1 日,迁至皖河乡九华居民小组,北纬 30°25′,东经 116°39′。2005 年 1 月 1

日,迁至县城高河镇金星村,北纬 30°45′,东经 116°49′,海拔高度 35.5 米。

2. 建制情况

领导体制与机构设置演变 1958 年—1970 年 12 月,隶属县农业局,业务受安庆地区气象台指导。1964 年 1 月,属省气象局建制。1968 年 3 月,管理体制下放,隶属县农业局,省气象局负责业务管理和技术指导。1971 年 1 月,升格为科(局)级单位,隶属于县革委会建制,实行以县人武部为主的人武部和县革委会双重领导。1973 年 7 月,又调整为县革委会建制和领导。1979 年 2 月,纳入省气象局统一管理和领导。1985 年起至今,实行上级气象部门和地方政府双重计划财务管理体制。

人员状况 1958 年建站时,职工 2 人。2008 年年底,在编职工 8 人,其中中共党员 5 人;大学以上学历 3 人,专科学历 4 人;中级专业技术人员 4 人,初级专业技术人员 4 人;年龄 50 岁以上 1 人,40～49 岁 4 人,40 岁以下 3 人。

单位名称及主要负责人更替情况

单位名称	负责人	职务	性别	任职时间
怀宁县气象服务站	韩成业	站长	男	1961.01—1970.12
怀宁县气象服务站	祝振寅	副站长(主持工作)	男	1971.01—1981.11
怀宁县气象局	王曙升	局长	男	1981.12—1983.02
怀宁县气象局	赵典潘	局长	男	1983.03—1997.06
怀宁县气象局	程维虎	局长	男	1997.07—

气象业务与服务

1. 气象业务

地面观测 1960 年 7 月 31 日前,每天按地方平均太阳时(即东经 116°39′时间)进行 01、07、13、19 时 4 次定时气象观测,以 19 时为日界;是年 8 月 1 日,改用北京时(东经 120°时间),每天进行 02、08、14、20 时 4 次定时气象观测,以 20 时为日界。1961 年 4 月 1 日后,每天改为 08、14、20 时 3 次定时观测。日照观测沿用真太阳时,并以每天日落为日界。观测项目有空气温度(气温)、空气湿度(相对湿度和绝对湿度)、风(风向、风速)、云(云状、云量)、水平能见度、天气现象、地面及地中浅层温度、蒸发量、积雪深度、降水量、地面状态等。2004 年 7 月 1 日—2007 年 6 月 30 日,增加水泥路面、草面、裸露空气最高、最低温度观测;是年 7 月 23 日起,增设土壤墒情观测。1980 年 1 月 1 日,增加了冻土观测项目;同年,以电接风向风速仪(EL 型)取代维尔达风压器。1989 年 1 月 1 日,PC-1500 袖珍型微机用于编制、打印气象电报、观测记录整理、统计和储存。2000 年 4 月 1 日,EN-1 型风向风速数据处理仪开始投入使用。

1965 年开始,承担安庆航线上的航危报业务,06—18 时固定,19—22 时预约。2006 年 1 月,改为发往南京,08—20 时固定,取消预约报任务;2007 年 1 月,变更为 08—18 时固定。

1975 年开始,参加省内台风气象服务和联防协作;1980—1982 年,参加由省气象局组织的梅雨暴雨试验观测;1981—1983 年,参加国际台风业务试验观测;1989 年 5 月 22 日—7 月 10 日,进行中尺度对流天气业务试验。

1992 年,286 微机与安庆市气象台有线联网成功,并于 1993 年汛期投入业务使用,为防汛抗旱提供了相关资料和依据。

1997 年 1 月 1 日,用 386 微机取代了 PC-1500 袖珍型微机应用于气象测报业务。数据、报文传输途径,由电报方式改为分组网络传输方式,2002 年 4 月 16 日起,原由"162"拨号传输的各类气象报改为专线上传。

2005 年 1 月 1 日,自动气象站正式投入运行。2005 年以人工站记录为准。2006 年以自动站记录为准。2007 年 1 月 1 日起,正式使用自动站,保留原有人工站仪器备份,仅在 20 时进行对比观测。

2004—2008 年,先后在腊树、黄龙、三桥、小市、公岭、马庙、金拱、凉亭、洪铺、清河新建 10 个雨量自动观测点,在石牌、月山、石境建设 3 个四要素自动气象站,在平山镇建设 1 个六要素自动气象站。

气象信息网络 1980 年前,气象站用收音机收听武汉区域中心气象台和省台以及周边气象台站播发的天气预报和天气形势。1981—2000 年,利用超短波双边带电台接收武汉区域中心气象信息。1982 年,安装 Z-80 型气象传真收片机,接收北京、欧洲气象中心以及东京的气象传真图。1987 年 5 月,高频无线发射接收机投入使用,实现了气象信息在远距离内快速传递,为县内水泥、砖瓦和建筑等生产、施工企业提供天气动态服务。首批 10 台气象警报接收机分别安装在县政府办公室、防汛抗旱指挥部及雷埠、平山、腊树等地。1992 年,建立覆盖全县的气象服务警报网。1999—2005 年,先后建立 PC-VSAT 单收站、专用服务器和省市县气象视频会商系统。2000 年怀宁县农村综合经济信息服务中心成立。2001 年完成安徽农村综合经济信息网"信息入乡"工程。2002 年开展信息"进村到企"工作。2003 年开通 10 兆光纤专线,接收从地面到高空各类天气形势图和云图、雷达拼图等。

气象预报 建站初期,用 1 台三波段收音机收听天气形势广播,观察生物反应,结合群众经验和本地气象要素变化,作出本地区的天气预报。20 世纪 60 年代前期,建立单站气象要素时间综合剖面图,绘制简易天气形势图。20 世纪 70 年代,统计学方法被引进天气预报业务,用现有的气象资料对天气谚语和民间测天经验进行去粗取精、去伪存真的筛选,建立暴雨、春播期低温阴雨等重要天气的定性预报方法。

1999 年 7 月 1 日,气象卫星单收站正式投入应用,利用 MICAPS 制作气象预报。

2. 气象服务

公众气象服务 1959—1984 年,通过广播、电话和邮寄旬报方式向全县发布气象信息。1995 年 12 月,购置电视天气预报制作系统。1996 年 1 月,开播怀宁县电视天气预报节目。1997 年 5 月,开通"121"天气预报自动答询系统。2005 年 1 月,"121"电话升号为"12121"。2007 年 9 月增加"96121"。2006 年起,面向县委、县政府各部门、村(社区)、中小学主要负责人和乡镇、各相关单位防汛抗旱负责人,开通手机短信气象信息服务,每天数次发布天气预警信息。

2008 年,在全县各乡镇政府、水利和林业部门安装气象预警信息电子显示屏。同年起,由安庆市气象局统一制作电视气象节目,开展短期预报、天气趋势、生活指数、灾害防御、科普知识、农业气象等服务。

决策气象服务　20 世纪 80 年代前期,以电话或口头方式向县委县政府提供决策服务,20 世纪 80 年代中期以后,逐步发布《重要天气报告》、《气象科技与服务》、《汛期(5—9 月)天气趋势预报及对策建议》、《春播天气服务材料》、《午收天气服务材料》等决策服务产品。2006 年,开始通过手机短信服务平台,为各级领导和教育、农业、交通、国土、水利等相关部门开展 24~48 小时、未来 5 天天气趋势及气象灾害预警短信决策服务。

气象科技服务　20 世纪 80 年代以后,天气预报服务开始向工业、商业、交通运输、建筑施工及乡镇企业等行业深入。从 1985 年开始,对部分气象服务项目实行有偿服务。先后与受天气制约较大的砖瓦厂、水泥厂及建筑施工单位签订气象服务协议。

1997 年,开始对全县计算机网络防雷安全检查,各中学的电教网络、银行的经营网络,在县气象局技术人员的指导下,完善了防雷设备,安装信号防雷器。1998 年,经县编委会同意,成立怀宁县防雷减灾局,负责全县的防雷安全管理工作;同年,联合县安委会下文并会同有关部门对可能遭受雷击的建筑物、构筑物和其他设施安装的雷电灾害防护装置,开展年度检测工作,并对新建的高层建筑物和构筑物进行防雷工程图纸审核和验收工作。

1993 年,开展庆典活动气象系列服务及保障业务。先后为许多重大庆典活动及建设项目营造喜庆氛围、提供气象专业服务保障。

气象科普宣传　20 世纪 80 年代初,通过县广播站宣传气象科普知识,其后逐步发展到通过报纸、电视台、手机短信、网站、公共场所、乡村、学校宣传科普知识。2005—2008 年,向全县中、小学生发放科普卡片 2000 余张,向小学赠送气象科普书籍 400 多套、科普光盘 150 多张。

法规建设与管理

气象法规建设　2005 年 2 月 2 日,县政府办公室下发《转发县气象局关于加强气象探测环境和设施保护意见的通知》。2005 年在《安徽省防雷减灾管理办法》颁布实施后,组织相关部门对全县 9 家烟花爆竹生产企业进行防雷安全专项整治。2006 年开展怀宁县农村中小学远程教育工程防雷工程,全县有 273 个学校安装避雷装置。2007 年 3 月 16 日,联合县安监局下发《关于开展防雷安全设施检查检测的通知》文件。2007 年 6 月 18 日,联合怀宁县公安局下发《关于开展全县计算机网络防雷安全检查工作的通知》。2007 年 6 月 6 日,县政府办公室下发《关于进一步做好防雷减灾工作的通知》。2007 年 6 月 6 日,联合县建设局下发《关于进一步加强建筑物防雷设计审核、防雷设施施工验收的通知》。

政务公开　2002 年起,推行政务公开,对外公开单位的职责、机构设置和上岗人员的职务、职责、姓名、照片等;依法行政主要的法律法规;办事的依据、程序、过程和结果,服务承诺、违诺违纪的投诉处理途径。

对内公开财务预算决算、财务收支、奖金福利、招待费使用、专项经费使用、地方气象事业经费使用等;年度综合目标管理任务及分解,工作进度及完成情况;气象科技服务各项目指标任务、收入、成本、效益分配等情况;车辆使用情况及党务建设、文明创建工作和人事变动、干部任免;工程项目建设书、招投标、预算及工程进度等内容。

党建与气象文化建设

1. 党建工作

支部组织建设 县气象局支部建立于 1976 年 9 月。2008 年底,有党员 8 人(其中 3 人退休)。

党风廉政建设 2002 年起,连续 7 年开展党风廉政宣传教育月活动。2005—2008 年,先后组织干部职工参与气象部门和地方党委开展的党风廉政建设、学习党章、领导干部作风建设等知识竞赛活动。

2. 气象文化建设

精神文明建设 1987 年,被县委、县政府评为县级"文明单位"。2002 年,获得"安庆市文明单位"称号。2008 年 4 月,获第八届"安徽省文明单位"称号。同时,制作局务公开栏、学习园地、法制宣传栏和气象文化长廊、文化墙、文化标牌等。

文体活动 每年利用节假日组织职工开展扑克、象棋、乒乓球和卡拉 OK 演唱会等比赛活动。2005—2008 年底,先后组织职工参与"我为气象添光彩"、"安徽气象人精神"演讲比赛和"青春、成长、奉献"青年论坛及"中国气象事业发展战略"、"全国迎奥运讲文明树新风礼仪"知识竞赛等活动。

荣誉 1998 年,怀宁县气象局被县委、县政府授予"抗洪抢险先进集体"、被省气象局授予"防汛气象服务先进集体";2002 年被怀宁县委、县政府授予创建工作"标兵单位"。

台站建设

2004 年,站址迁至新县城高河镇,占地 8200 平方米。投资 120 万元,完成气象科技大楼建设,建筑面积 1320 平方米,建立了气象业务平台、图书阅览室、党员活动室、职工活动室等硬件设施。

1965 年的县气象站观测场

2004 年新建的气象观测场

2004 年新建的气象科技大楼

枞阳县气象局

枞阳县地处安徽省西南部的长江北岸,西依古城安庆、南望池州及铜都铜陵。总面积为 1808.1 平方千米。地势西北高,东南低,北部为低山区,西北部为低丘漫岗,中部是犬牙交错的丘陵岗冲,东南部属沿江洲圩,境内河流纵横,水系发达,通江湖泊有白荡湖、陈瑶湖、菜子湖等。属亚热带季风气候区,四季分明,气候温和,雨量充沛,年均气温 16.5℃,年均降水量 1326.5 毫米。

机构历史沿革

1. 始建及站址变迁情况

1958 年 12 月,组建枞阳县气候观测站,站址位于枞阳县长河公社蒲洲大队。1978 年 1 月迁入枞阳县城关镇石岭大队(现址枞阳镇光明路 54 号),观测场位于北纬 30°42′,东经 117°13′,海拔高度 38.9 米。

2. 建制情况

领导体制与机构设置演变情况　1958—1963 年,由县农业局领导,省气象局负责业务指导。1964—1967 年,以省气象局领导为主,地方负责党政领导。1968—1970 年,由县农业局领导,省气象局负责业务指导。1971—1974 年,属县人武部和县革命委员会双重领导,省气象局负责业务指导。1975—1977 年,属县革命委员会生产指挥组领导,省气象局负责业务指导。1978—1979 年,由县农村办公室领导,省气象局负责业务指导。1979 年开始,由省气象局领导,地方负责党政领导。1983 年起,实行以气象部门为主的双重领导体制。

人员状况　1959 年建站时,有职工 5 人。现有在职职工 10 人,其中大专以上学历 7

人,中专学历1人;中级专业技术人员4人,初级专业技术人员4人;50～56岁3人,40～49岁4人,40岁以下的3人。

单位名称及主要负责人更替情况

单位名称	负责人	职务	性别	任职时间
枞阳县气候观测站	宋守中	站长	男	1959.02—1960.03
枞阳县气候服务站	周信如	站长	男	1960.03—1960.06
枞阳县气候服务站	左世明	站长	男	1960.06—1962.06
枞阳县气候服务站	周春青	站长	男	1962.06—1962.12
枞阳县气候服务站	陶敬友	站长	男	1962.12—1967.12
枞阳县气候服务站	李虎荣	副站长(主持工作)	男	1967.12—1970.12
枞阳县革命委员会气象站	李虎荣	副站长(主持工作)	男	1970.12—1976.04
枞阳县革命委员会气象站	汪超武	站长	男	1976.04—1977.11
枞阳县革命委员会气象局	汪超武	局长	男	1977.11—1981.09
枞阳县气象局	汪超武	局长	男	1981.09—1984.04
枞阳县气象局	张志清	局长	男	1984.05—1987.12
枞阳县气象局	陆玉祥	局长	男	1987.12—1988.09
枞阳县气象局	甘启生	副局长(主持工作)	男	1988.09—1992.12
枞阳县气象局	甘启生	局长	男	1992.12—2002.02
枞阳县气象局	徐东曙	局长	男	2002.02—

气象业务与服务

1. 气象业务

地面观测 1959年2月1日起,采用北京时01、07、13、19时每天4次观测;1960年8月1日起,改为每天02、08、14、20时4次观测;1961年4月1日起,每天08、14、20时3次观测,夜间不守班。观测项目有云、能见度、天气现象、气压、气温、湿度、风向风速、降水、雪深、日照、蒸发、地温等。1988年,改为国家气候辅助站,观测项目只保留气温、风向、风速、降水和天气现象等。2000年1月,恢复国家一般站业务。1960年起编发天气报、重要天气报和雨量报,辅助站期间只发重要天气报和雨量报。2000年1月,恢复为国家一般站后天气报改为天气加密报。1972年12月—1981年1月,向安庆空军机场拍发航危报。从1975年至今,开始根据指令,拍发台风联防报。

2004年7月,开展水泥路面、草面和裸露空气最高、最低温度观测;同年8月,增加土壤墒情观测。2007年7月,取消水泥路面、草面和裸露空气温度观测。

2003年9月,安装CAWS600型遥测自动气象站。2006年,开始自动气象站单轨运行,形成数据文件作为正式记录,观测项目有温度、湿度、气压、降水量、风向风速和0厘米地温、5～20厘米浅层地温。2004—2008年,先后在麒麟、钱桥、雨坛、会宫、项铺、金社、白梅、陈瑶湖、汤沟、风仪安装了10个乡镇自动雨量站;在义津、周潭、藕山3个乡镇分别安装了四要素自动气象站;在横埠镇安装了1个六要素自动气象站,建成覆盖全县的地面中小尺度气象灾害自动监测网。

1983年,设置气象资料档案室,配备专人管理,保存建站以来气象资料3027卷。1981

年,编印《枞阳县农业气候资源调查区划和分析》。1982 年,整理编印《枞阳县气象资料》。1989 年,编辑出版《枞阳县气象志》,编写《枞阳县气象局大事记》和《组织机构沿革》等。2000 年,完成所有气象资料微机化自动处理,编制成《枞阳县气象资料综合服务系统》。2002 年,对所有气象资料进行全面清查和整理。2008 年 7 月,所有观测资料移交到省气象档案馆统一存档。

气象信息网络　1980 年前,气象站利用收音机收听武汉区域中心气象台和省及周边气象台站播发的天气预报和天气形势。1982 年,配备 ZSQ-1(123)天气传真接收机,接收北京、欧洲气象中心以及东京的气象传真图。1987 年,安装市至县高频电话专用网络,用于市、县天气会商。1995 年,县气象局购置 1 台 486 台式计算机,经公用分组数据交换网与省、市气象台联网。1999 年,建成卫星气象单收站(PC-VSAT)及天气预报人机交互系统(MICAPS)。2003 年 4 月,县气象局安装 10 兆光纤宽带网,实现省、市气象台宽带连接,接收各类气象信息等资料。

气象预报　1970 年以前,采用简单县站实况点聚图法,用经验和天气谚语验证,综合制作当地天气预报。1970 年以后,抄收区域中心、省台天气实况和形势,绘制简易天气图,制作短期预报。同时,运用概率统计、相关演变等方法制作中长期预报。1995 年开始,接收国内外数值预报产品和省、市气象台指导预报,订正制作本地 24 小时、48 小时预报,逐步开展 1 周预报和短时临近预报服务。

2. 气象服务

公众气象服务　1990 年以前,县内天气预报每天由县广播站定时播出。1990 年,建立枞阳县气象警报网,每天定时向各乡镇和有关单位发布气象预报和灾害性警报。在 1998 年长江流域特大洪涝灾害和 1999 年内涝防汛工作中,气象警报网定时发布沿江、内湖和闸口水位情况。1997 年 10 月 8 日,开通"121"天气预报咨询热线。1999 年 1 月 1 日,县电视台开播天气预报节目。

决策气象服务　1990 年以前,主要通过口头、电话和书面形式向县委县政府汇报,对重要转折性、关键性和灾害性天气及时向县领导提供实况分析、趋势预报和对策建议。2002 年以后,增加手机短信和编发《重要天气情况汇报》、《气象与服务》、《枞阳农业气象》等决策服务产品。每年发送专题服务材料约 15 期(200 余份)。2005 年,开始开展气象灾害预评估和灾害预报服务。

专业专项气象服务　1985 年,专业气象有偿服务开始起步。1990 年起,开展建筑物避雷设施安全检测,对部分单位进行防雷工程设计安装。2004 年起,开展新建建(构)筑物防雷图纸审查、竣工验收。1992 年起,开展庆典气球施放服务。2005 年 7 月 15 日,枞阳海螺水泥股份有限责任公司堆场大棚被大风吹倒,直接经济损失达 3000 多万元,县气象局在灾害第一时间赶赴现场进行勘察,邀请省专业气象台及国内知名专家利用雷达回波进行大风强度鉴定,使公司及时得到赔偿并早日恢复生产。

1997 年 3 月,成立县人工影响天气办公室。2004 年 3 月 9 日,周潭镇出现森林大火,组织实施人工增雨灭火,发射炮弹 50 枚,有效地扑灭森林大火。2005 年,县气象局购置"三七"高炮 1 门,在县内建立人工增雨作业点 4 个。

气象科技服务与技术开发　2000年,实施安徽农村综合经济信息网(以下简称"安徽农网")"信息入乡"工程,在全县27个乡镇建立安徽农网乡镇信息服务站,开展农业信息服务。

2002年,在全省率先使用手机短信方式开展气象预报预警服务。

气象科普宣传　1995年以来,每年都利用"3·23"世界气象日开展气象科普宣传活动,累计送发气象科普宣传材料近万份;先后多次利用县电视台、《皖枞报》等媒体,开展气象科普知识及法律法规的宣传活动。2008年,开展"小学生气象灾害防御教育专题讲座暨赠书仪式"和气象知识进校园活动,受益学生达万人。

法规建设与管理

气象法规建设　1990年以来,县政府相继出台《关于在全县开展气象警报服务系统的通知》、《关于农村气象科技服务网络管理意见》,在全县各乡镇安装了气象警报接收机,规范了气象信息服务工作。

1997—1998年,县政府相继下发《关于在陈瑶湖等四个乡镇建立气候雨量点(站)的通知》、《枞阳县气候雨量点(站)管理办法》,率先在全省建立人工气候雨量点(站),直接为防汛抗灾提供决策服务。

2004年,县政府出台《关于在全县建设自动雨量站网的通知》,在全县建设10个乡镇自动雨量站。

2005年,省人大气象执法检查组来枞阳县开展贯彻实施气象"一法、一条例、一办法"执法检查和《安徽省气象灾害防御条例》立法调研。

社会管理　2002年,县气象局、公安局联合发出《关于加强施放气球等充气升空物管理意见的通知》。2002—2008年,先后查处案件4件,对未经申报、擅自施放氢气球行为进行现场执法。

1997年12月,经县编委批准,成立枞阳县防雷减灾局,与县气象局合署办公。2005年,在《安徽省防雷减灾管理办法》颁布实施后,组织相关部门对全县19家烟花爆竹生产企业进行防雷安全专项整治。2006年,开展枞阳县农村中小学远程教育工程防雷工程,全县有297个学校安装避雷装置。之后,县气象局、教育局每年联合开展对全县各学校防雷安全检测工作。

同年,县建设局下发《关于枞阳县气象局气象探测环境保护技术规定备案的复函》的文件,气象探测环境保护纳入到城市建设项目审批程序。

政务公开　2002年起,气象部门开始实施政务公开。2004年,县行政服务中心设立气象窗口,制定《气象服务规范化标准》、《公开服务承诺》和《枞阳县气象局办事须知》等12项相关制度,向社会公开行政审批办事程序、气象服务内容、服务承诺、气象行政执法依据、服务收费依据及标准等内容。

2005—2008年,先后建立完善《局务公开考核细则》、《局务公开管理制度》、《枞阳县气象局规范化管理细则》等相关制度。向职工公开党务、干部任用、财务收支、目标考核、基础设施建设、工程招投标等内容,并通过设立3个内、外公开栏及时公布。

党建与气象文化建设

1. 党建工作

支部组织建设 1976 年 6 月有 3 名党员,成立县气象局党支部。至 2008 年 12 月 31 日,有中共党员 9 名。

党风廉政建设 2002 年起,连续 7 年开展党风廉政教育月活动。2005 年以来,先后组织干部职工参与气象部门和地方党委开展的党风廉政建设、学习党章、领导干部作风建设等知识竞赛活动共 8 次。2007 年建立"三人决策"制度。

2. 气象文化建设

精神文明建设 1990 年,开展"讲文明、讲礼貌、讲团结"互助活动;1991 年开展"学雷锋、树新风、创三优、争上游"为主题的活动。1993 年,开展文明公民教育活动。1999 年成立枞阳县气象局精神文明建设指导组,开展公民素质教育活动和争创市级"文明单位"活动。2000 年开展以"服务人民、奉献社会"为宗旨的创建文明行业活动。2001 年开展"三个代表"重要思想学习教育活动;修订完善了学习、财务、党风廉政、后勤管理和创建评优、目标管理等 16 项制度(规定)。2005 年,先后参加全省创建"八百里皖江气象文明长廊"活动和"安庆气象事业 55 周年纪念"活动;开展了保持共产党员先进性教育活动。2008 年,在 5 月 12 日四川汶川特大地震发生后,全体职工向地震灾区共捐款 5000 元,交纳"特殊党费"2400 元。

文明单位创建 1990 年被县委、县政府评为第一批县级"文明单位"。1999 年制定《枞阳县气象局文明创建实施方案》。2003 年建成"安庆市文明单位"。2006 年建成"安徽省第七届文明单位"。2008 年建成"安徽省第八届文明单位";同年,开展创建文明行业活动。

文体活动 每年利用节假日组织职工开展扑克、象棋、乒乓球和卡拉 OK 演唱会等比赛活动。2005 年以来,先后组织职工参加了"我为气象添光彩"、"第二届安徽气象人精神"演讲比赛和"青春、成长、奉献"青年论坛、"全国迎奥运讲文明树新风礼仪"知识竞赛等活动。

3. 荣誉

2005 年,被中国气象局评为局务公开工作"先进单位"。

台站建设

1958 年 12 月建站时,位于枞阳县长河公社蒲洲大队,办公、生活用房约 150 平方米。1994 年,新建 1 栋职工宿舍搂 340 平方米(6 套),改造职工宿舍 5 套。1998 年,新建 1 栋职工宿舍搂 480 平方米(6 套)。1999 年,自筹资金 9 万余元,对机关大院进行综合环境改造,新建业务综合用房 80 平方米,改建了大门,进行道路硬化、环境美化。2003—2005 年,先后 2 次对大院环境进行综合改造,因地制宜建造小型体育活动场、党员活动室、图书室、健身房等。

枞阳县气象站老观测场

枞阳县气象局新观测场

桐城市气象局

桐城市位居安徽省中部,南滨长江,西依大别山。面积 1571.6 平方千米,现辖 12 个镇、2 个街道、203 个行政村、18 个居民委员会,全市人口 75 万。地势自西北向东南,分别是山地、丘陵、平原,依次呈阶梯分布。

桐城地处亚热带湿润季风气候区,气候温和,雨量充沛,光照充足,四季分明,无霜期较长,光、热、水资源丰富。春末、夏初冷暖气团交锋频繁,天气多变,降水量的年际变化较大,常有旱、涝、风、冻、霜、雹等气象灾害发生。

机构历史沿革

1. 始建情况

1956 年 9 月,建立桐城县气候站,站址设在城关西郊农科所大田中间,观测场位于东经 116°57′,北纬 31°03′,海拔高度 44.9 米;同年 11 月 1 日,开展地面气象观测。

站址变迁 1982 年 4 月,迁址至城关西北郊外仙姑井南侧的山顶,东经 116°57′,北纬 31°04′,观测场海拔高度 85.4 米。

2. 建制情况

领导体制与机构设置演变情况 1956 年建站初,属安徽省气象局建制,为一般气候站,时名桐城县气候站。1958 年 1 月起,建制属桐城县农林局。1960 年 7 月,更名为桐城县气象服务站,建制收归安徽省气象局。1970 年 1 月,改属地方政府建制,纳入县武装部领导。1973 年升格为科(局)级单位。1979 年,调整管理体制,实行气象部门与地方政府双重领导、以气象部门为主,同时更名为桐城县气象局,建制收归安徽省气象局,隶属于安庆市气象局管理。1990 年 12 月,被确定为国家基准气候站。1996 年 8 月更名为桐城市气象局。

人员状况　建站初有职工 3 人。2008 年底有在编职工 15 人,其中,大学本科学历 9 人,大专学历 5 人;具有中级专业技术职称人员 7 人,初级专业技术职称人员 7 人;年龄 50 岁以上的 3 人,40～49 岁的 4 人,40 岁以下的 10 人。

单位名称及主要负责人更替情况

单位名称	负责人	职务	性别	任职时间
桐城县气候站	李虎荣	负责人	男	1956.09—1958.08
桐城县气候站	张宏平	负责人	男	1958.09—1960
桐城县气象服务站	张传书	站长	男	1960—1964.03
桐城县气象服务站	赵典潘	负责人	男	1964.04—1971.10
桐城县革命委员会气象站	倪渐元	站长	男	1971.11—1978.04
桐城县革命委员会气象站	方庆荃	副站长(主持工作)	男	1978.05—1978.07
桐城县革命委员会气象站	金文生	站长	男	1978.07—1979
桐城县气象局		局长		1979—1981.11
桐城县气象局	崔少如	副局长(主持工作)	男	1981.12—1983.07
桐城县气象局	周大海	临时负责人	男	1983.07—1984.03
桐城县气象局	汪高杰	局长	男	1984.04—1993.08
桐城县气象局	汪露生	局长	男	1993.08—1996.08
桐城市气象局				1996.08—1999.04
桐城市气象局	程　林	局长	男	1999.04—

备注:1988.7—1990.7 由陈和平副局长主持工作

气象业务与服务

1. 气象业务

地面观测　1956 年 11 月 1 日,观测时次采用地方时,即每天 01、07、13、19 时进行 4 次观测;1960 年 8 月 1 日,改为北京时,每天 02、08、14、20 时 4 次观测;1961 年 2 月,取消夜间 02 时观测,夜间不守班。1991 年 1 月 1 日升级为国家基准气候站,每天 24 小时观测。观测项目有云、能见度、天气现象、气压、气温、湿度、风向风速、降水、雪深、雪压、日照、蒸发、地面温度、浅层及深层地温、冻土、电线积冰等。

1959 年开始,先后承担 AV 安庆、NY 肥东、MH 合肥、AV 南京、NY 宁波等地的航危报业务。1957 年 5 月起,拍发地面天气报,8 月起拍发气象旬(月)报。1982 年 4 月 1 日起,拍发重要天气报。2007 年 1 月起,拍发气候月报。截至 2008 年底,地面观测承担的各类气象报为 8 次天气报、重要天气报、气象旬(月)报、气候月报、24 小时航危报等。

1986 年前,地面观测、编报全是手工操作,同年 10 月,配备 PC-1500 袖珍计算机 1 台,用于处理地面气象观测数据和编报。1991 年 8 月,改用 286 微机,使用的软件随之升级为 AHDM3.0,之后先后升级为 AHDM4.0 和 AHDM5.0。2004 年开始使用全国统一的地面测报软件 OSSMO 2004。

1972—1978 年,开展地电观测。2004 年 6 月,开展土壤墒情监测、特种温度(裸露空气温度、水泥路面温度和草面温度)观测。2006年6月,进行GPS/MET观测,同时承担全市14个区域自动气象站维护等业务。

2002年9月,安装CAWS-600型自动气象站,2003年1月1日开始试运行,2004年1月1日起正式运行。自动观测的项目有气压、气温、湿度、风向风速、降水、蒸发、地面温度、浅层及深层地温等。2004—2008年,建立大塘、唐湾、兴店、嬉子湖、高桥、老梅、双港、香铺、青草、南演、大关、陶冲、中义、金神10个自动雨量站、3个四要素站和1个六要素站的自动气象监测站,并入10千米格距"安徽省高密度自动观测站网"。

1999年,建成VSAT小站,通过MICAPS系统显示高分辨率卫星云图和各类天气预报资料。2008年12月,VSAT站升级为PC-VSAT U6。

气象信息网络 1980年前,气象站利用收音机收听武汉区域中心气象台和上级以及周边气象台站播发的天气预报和天气形势。1981—2000年,利用超短波双边带电台接收武汉区域中心气象信息。1984年3月,安装Z-80型气象传真收片机,接收北京、欧洲气象中心以及东京的气象传真图。1999—2005年,先后建立VSAT站、专用服务器和省市县气象视频会商系统,开通10兆光缆,接收从地面到高空各类天气形势图和云图、雷达拼图等数据。

1984年,开通甚高频电话。1992年,建立覆盖全县的气象服务警报网。2006—2008年,在全市安装10块气象灾害预警信息电子显示屏。2008年,开通短时临近预报预警系统。2008年12月起,每天在桐城市政府网站发布1次天气预报信息、天气公告等内容。

1999年10月,各乡镇建成安徽农村综合经济信息网(以下简称安徽农网)信息服务站,收集并发布各类农业信息。

气象预报 1958年9月开始,通过收听天气形势,结合本站天气要素变化、天象和物候反应以及本地的天气气候规律,每日早晚制作24小时天气预报。20世纪80年代,利用单站气象资料、简易天气图、传真图等资料,每日06、10、15时制作3次短期天气预报,制作发布年度预报、季度预报、月报、旬报、周报、5天滚动预报等中、长期天气预报。2000年起,增加制作发布临近预报,并开展灾害性天气预报预警业务和供领导决策的各类重要天气专报服务。

农业气象 1958年,开展农作物物候期及目测土壤湿度观测。1966年起,停止农业气象工作14年。1980年,恢复农业气象工作,被确定为国家农业气象基本站。观测任务有早稻、双季晚稻、油菜3种作物的生育期状况观测,1985年起,增加物候期观测;1984年5月起,编发气象旬(月)报的农业气象部分。

1973—1980年,分别在练潭、三河、徐河、金神、中义等地建立5个气象哨,进行气温、湿度、风向风速、雨量、天气现象等要素的观测。1984年,气象哨先后拆除或移交当地乡政府管理。

农业气象服务的内容主要有:每月气候与农情分析、低温阴雨情报、灾情报告、春季回暖日期及春播期预报、油菜及双季稻产量预报、双季晚稻及午季作物适宜播种期预报、秋季低温趋势预报、双季稻及油菜全生育期间的农业气候评价等。

1986年,完成《桐城县气象志》编纂。1997年起,参与《桐城年鉴》编辑工作。2008年起,为政策性农业保险开展保前、保中、保后气象影响评估鉴定。

2. 气象服务

公众气象服务　1958—1995 年,主要通过广播、电话和邮寄旬报方式向全县发布气象信息。1995 年 12 月,建成县级多媒体电视天气预报制作系统,将自制的天气预报节目带送电视台播放。1997 年 4 月,开通天气预报电话自动答询系统。2003 年 4 月,电视天气预报制作系统升级为非线性编辑系统,模拟气象节目主持人走上荧屏。2004 年,开始利用手机短信,每天 2 时次发布气象信息。2006 年起,由安庆市气象局统一制作电视气象节目,开始由气象节目主持人在荧屏上播讲气象预报和灾害防御、气象科普知识。2007 年 9 月,增加“96121”。2008 年,通过互联网开展公众气象服务。

决策气象服务　20 世纪 80 年代前期,以电话或口头方式向县委县政府提供决策服务。20 世纪 80 年代后期,逐步开发了《重要天气报告》、《气象呈阅材料》、《气象信息》、《汛期(5～9 月)天气形势趋势》、《春播天气公告》、《午收天气公告》等决策服务产品。2004 年 5 月,开展气象灾害预评估和灾害预报服务。2005 年开始,通过手机短信服务平台,为各级领导和教育、农业、交通、国土、水利等相关部门开展 3～5 天和 24～48 小时气象短信决策服务。

专业专项服务　1985 年 3 月,专业气象有偿服务开始起步,利用邮寄、警报系统、声讯、影视、电子屏、手机短信等手段,面向各行业开展气象科技服务。1991 年起,为各单位建筑物避雷设施开展安全检测,开展庆典气球施放服务。1997 年开始开展新建建(构)筑物防雷工程图纸设计审核与竣工验收、计算机信息系统防雷安全检测工作。2006 年开通部分乡镇企业电子显示屏服务。

1976 年至 1978 年,开展了人工降雨研究和试验工作,并于 1976 年成立人工降雨领导小组,办公室设在气象站,安庆地区民兵指挥部提供 2 门人工降雨“三七”高炮。1997 年 7 月,成立桐城市人工降雨防雹指挥部,办公室设在气象局。同时,购置 2 门“三七”高炮,选聘 4 名炮手,布设 6 个炮点。

气象科技服务与技术开发　1990 年前,以预报方法研究为主,其中《油菜籽产量预报方法初探》获安庆市科技进步奖。1975—1977 年,先后进行了烟幕弹防霜和石油土面增温剂试验。1982 年,完成桐城县农业气候资源调查和农业气候区划。

1991—1995 年,承担中国气象局气象科学研究院大气所和长春气象仪器科研研究所自动气候站仪器对比观测。1991—1999 年,承担中国气象局标准雨量站观测的实验任务;同时,参与省气象局课题——遥测站Ⅱ型和长期自动气候站业务软件和 AHDM4.0 地面测报软件的开发研制,其中,遥测站Ⅱ型和长期自动气候站业务软件获安徽省科技进步二等奖。其间,开发研制出“TC-198 电视天气预报制播系统”和“‘121’天气预报自动答询系统”,并在全省气象部门中推广应用。

2000 年后,共申报省级课题 1 项,市级课题 8 项;参与中国气象局科技扶贫项目 1 项,省气象局科研课题 3 项。

2002 年,安徽省气象局批准,在桐城市气象局建立安徽省地面气象探测培训基地。到 2008 年底,为全省培训地面气象观测人员 125 人次。

气象科普宣传　1990 年前,通过县广播站宣传气象科普知识。1990 年以后,逐步发展到通过报纸、电视台、手机短信、网站、公共场所、乡村、学校宣传科普知识,已先后接待中学生 5000 余人次。2005—2008 年,向全市小学生发放科普卡片 2300 余张,向 10 多所小学赠送气象科普书籍 300 多套、光盘 80 多张。

法规建设与管理

气象法规建设 2000 年开始,气象工作纳入市政府目标责任制考核体系。2008 年,市政府颁发《桐城市防雷减灾管理办法》;同年完成《大气探测环境保护专业规划》编制。

1979 年,调整管理体制,逐步建立完善观测员职责、资料档案管理制度、目标管理责任制、财务管理制度、卫生管理制度、政务公开制度、学习制度等多项气象工作制度。2005 年,对各项制度进行修订。2006 年 4 月,制订桐城市气象局中尺度自动站管理制度和天气预报服务工作制度。2007 年 1 月,制订桐城市气象局测报业务应急预案。2008 年,对各项制度进行进一步的梳理和补充、完善,涉及党风廉政与效能建设、业务服务与考核、日常工作与生活等 3 大方面共计 41 项制度。

社会管理 2004 年 10 月,桐城市政府下发《批准市气象局关于加强气象探测环境和设施保护意见的通知》。2005 年 4 月,桐城市建设局制订《关于桐城国家基准气候站气象探测环境保护技术规定备案》,将气象探测环境保护纳入到城市建设项目审批程序。

1991 年,防雷安全管理工作起步。1997 年 8 月,桐城市编委批准成立桐城市防雷减灾局,与市气象局合署办公,一个机构两块牌子,市气象局开始防雷安全管理工作。

2001—2008 年,先后与桐城市建设委员会、桐城市公安局消防大队、桐城市公安局、桐城市教育局、桐城市安全生产委员会办公室、桐城市安全生产监督管理局等单位,联合下发《关于加强建筑工程防雷施工图审查工作的通知》、《关于进一步做好加油站防雷工作的通知》、《关于开展计算机网络信息系统防雷安全检查工作的通知》、《关于在全市中小学开展防雷安全工作的通知》、《关于开展防雷专项检查的通知》、《关于进一步完善全市学校防雷安全设施的通知》等防雷安全管理文件。

2004 年 4 月,桐城市人民政府办公室下发《关于进一步加强施放气球和防雷安全管理工作的通知》。2006—2007 年,先后发布《桐城市保留实施的行政许可项目》和《关于公布我市行政许可和审批项目的通知》,均将"防雷装置设计审核和竣工验收"列为气象行政许可项目。2008 年 6 月 1 日,《桐城市防雷减灾管理办法》施行。2008 年 7 月 30 日,桐城市行政服务中心下发《关于加强防雷行政许可工作的通知》,防雷行政许可开始进入市行政服务中心办理。

1997 年 1 月,管理施放气球过程中的申报与施放活动的监管,依法处置违法施放气球行为。

2001 年,气象行政执法开始起步。2006 年,对行政执法人员进行调整和补充。2005 年起聘请 1 名律师为常年法律顾问。

2005 年,开始立案查处违反防雷法规的单位和个人。截至 2008 年底,对违反防雷法规的行为共立案 47 起,违反施放氢气球法规的行为共立案 7 起,发出《停止违法行为通知书》47 份,其中免于行政处罚的共 46 起,发出《行政处罚决定书》8 份。

政务公开 2002 年起,对气象行政审批办事程序、气象服务、服务承诺、气象行政执法依据、服务收费依据及标准等内容向社会公开。2006 年 10 月,向社会推行岗位责任制、服务承诺制、首问负责制、一次告知制、限时办结制、责任追究制等 6 项制度。通过上墙、网络、办事窗口及媒体等渠道开展局务公开工作。2007 年,在全省气象部门局务公开检查考核中并列第一。2005 年被中国气象局评为全国气象系统"局务公开先进单位"。

党建与气象文化建设

1. 党建工作

支部组织建设　1971 年,中共桐城县气象站党支部成立,有中共党员 3 名。2008 年底有 12 名中共党员。2005 年,被中共桐城市委评为"先进党(总)支部"。

党风廉政建设　2000—2008 年,参与气象部门和地方党委开展的党的知识、法律法规知识竞赛,其中 2007 年在安庆气象局党建知识竞赛中获二等奖。2006 年起,每年开展局领导党风廉政述职报告和党课教育活动,并签订党风廉政目标责任书,推进惩治和防腐败体系建设。2006 年 4 月,制订桐城市气象局党风廉政建设制度。2006 年 8 月,制订桐城市气象局党内监督制度。2007 年 6 月,制订桐城市气象局党风廉政建设责任制实施细则和桐城市气象局"三人决策"议事制度。

2. 气象文化建设

1997 年,成立创建文明单位活动领导小组,创建文明单位开始起步。每年组织职工参加"我为气象添光彩"、"青春、成长、奉献"等演讲比赛等活动;参与社会扶贫济困、助弱助残送温暖、义务献血等活动。年年开展乒乓球、篮球、拔河、棋牌等文体活动。2005 年,被桐城市文明委授予"文明楼院"称号。2007 年 10 月,桐城市文明委将市气象局作为创建省级文明城市活动中的一个先进典型和亮点,通过各媒体进行重点宣传报道。2008 年 5 月 12 日四川汶川特大地震发生后,全体职工积极向地震灾区捐款,组织党员交纳"特殊党费"。1997 年获得桐城市"文明单位"称号。1999 年获得安庆市"文明单位"称号。2002—2008 年,连续 4 届获得安徽省"文明单位"称号。2006 年获全国气象部门"文明台站标兵"称号。

3. 荣誉

1985 年度,被安庆行署评为"最佳经济效益先进单位";1986 年度,被安庆地委、行署授予"四化建设先进集体";1993 年,观测组被安徽省劳动竞赛委员会授予安徽省"模范班组";2000 年,被安徽省劳动竞赛委员会授予全省气象系统"最佳优秀服务单位";1997 年和 2004 年,2 次被省人事厅、省气象局联合授予"全省气象系统先进集体"。

台站建设

桐城市气象局占地 11068.0 平方米,总建筑面 1862 平方米,建有人工增雨高炮库、气象观测场,气象培训基地业务楼,气象防灾减灾综合楼、体育健身场等。

1980 年,投资 3.7 万元,建设气象培训基地业务楼,于 1981 年 4 月投入使用。1997

年,投资 5 万元进行综合改造,增建一层会议室,面积 70 平方米。

1999 年,建成近 600 平方米的四层职工住宅楼,并在第一层设置人工增雨高炮库。

1997—2005 年,筹资 60 余万元,对工作环境和供配电设施进行整治改造,陆续修建环山小道、休闲亭、健身园、篮球场、停车场,在观测场周围种植草坪和景观树,安装路灯,建成职工阅览室。

2007 年,投资 170 万元,沿文城西路新建1200 平方米的气象防灾减灾综合楼,建成新型业务平面、多功能会议室、行政办公室。同时对大门及其周边环境进行改造。

观测场旧貌(1981 年摄)

观测场新貌(2007 年摄)

2008 年新落成的业务大楼

望江县气象局

望江县位于长江中下游北岸,属亚热带季风气候区,四季分明,气候温和,雨量充沛,年平均气温 16.6℃,无霜期 254 天,年平均降水量 1439.8 毫米,年平均日照时数为 1868.5 小时,是安徽省热量资源和风能资源最丰富的县份之一。全县总面积 1357 平方千米,辖 8 镇 2 乡,122 个行政村,人口 60.5 万。

望江人文荟萃,历史悠久,成语"不越雷池一步"即源于此。现是全国优质棉、商品粮生产基地县,生态示范区建设试点县,安徽省优质油、水产品、瘦肉型商品猪生产基地县。

机构历史沿革

1. 始建及站址迁移情况

1956 年 10 月在县农场始建气候观测站,站址在县华阳区马厂乡,东经 116°48′,北纬 30°15′。1958 年 9 月,迁至城东张家坝郊外,东经 116°42′,北纬 30°08′,海拔高度26.1 米。

2. 建制情况

领导体制与机构设置演变 1957 年 1 月,县气象站由安徽省气象局和望江县农场双重领导,以省气象局为主。1958 年 12 月—1963 年 12 月归望江县农林局领导,省气象局负责业务指导。1964 年 1 月—1967 年 12 月以省气象局领导为主,地方负责党政领导。1968—1970 年 10 月由望江县革命委员会生产指挥组领导,省气象局负责业务指导。1970年 11 月—1971 年 1 月,由部队领导,省气象局负责业务指导,建制仍属地方。1971 年 2月—1973 年 6 月,由县革命委员会和人武部双重领导,以军队为主,省气象局负责业务指导。1973 年 7 月,改为县革命委员会领导,属科局级单位。1973 年 8 月—1979 年 8 月,由县革委会和县农办领导,省气象局负责业务指导。1979 年 8 月,改为以省气象局领导为主,地方负责党政领导。1982 年 4 月,改为部门和地方双重管理的领导体制,由部门领导为主,即垂直管理,这种管理体制一直延续至今。

人员状况 1956 年建站时,有职工 2 人。现有在职职工 7 人,其中本科学历 4 人、大专学历 1 人、中专学历 2 人;具有中级专业技术职称 5 人。

单位名称及主要负责人更替情况

单位名称	负责人	职务	性别	任职时间
望江县气候站	徐兰圃	站长	男	1956.10—不详
望江县气象站	陆秀国	站长	男	不详—1972.5
望江县革命委员会气象站	张金保	站长	男	1972.6—1976.1
望江县革命委员会气象局	盛银奎	局长	男	1976.2—1979.8
望江县气象局	曹结萍	局长	男	1979.9—1980.8
望江县气象局	张支清	副局长(主持工作)	男	1980.9—1982.9
望江县气象局	史凯迎	局长	男	1982.10—1984.4
望江县气象局	胡孝和	局长	男	1984.5—1996.10
望江县气象局	王宏平	局长	男	1996.11—2002.8
望江县气象局	王春波	局长	男	2002.9—2005.1
望江县气象局	周淮斌	局长	男	2005.2—

气象业务与服务

1. 气象业务

地面观测 1957 年 1 月 1 日起,观测时次采用地方时 01、07、13、19 时每天 4 次观测;

1960年8月1日起改为北京时,每天08、14、20时3次观测。观测项目有云、能见度、天气现象、气压、气温、湿度、降水、蒸发、日照、风向、风速、地温、积雪深度、地面状态等。1961年5月20日起,汛期每日05时、08时向省气象台发雨量报;1982年6月30日至1982年10月30日,向安庆机场发预约航危报任务;1971年5月1日起,向省气象台拍发绘图报;1982年4月1日起,向省气象台发重要天气报;2001年4月1日起,每日08、14、20时向省气象台发天气加密报;2007年6月6日开始,取消雨量报。

2004年1月1日,建成CAWS600型自动气象站,并实行与人工站平行观测。2006年1月1日,实行遥测站单轨运行,只在20时进行人工对比观测。

2004年7月1日—2007年8月1日,开展裸露空气温度、草面温度、水泥温度观测。2007年8月1日起,开展土壤墒情观测。2008年7月,在雷池乡建立测风塔,用于观测不同高度的风向风速,并进行温、压、湿等要素观测。

2003年5月1日,建成漳湖、武昌湖、麦元、大治圩4个雨量自动站。2005—2008年间,建立6个雨量自动站、3个四要素站和1个六要素站。

气象信息网络 1999—2001年,利用计算机网络接收省气象台的天气形势分析和天气预报以及安庆的指导预报。2001年以后,利用PC-VSAT接收气象资料,并通过计算机网络接收省、市台指导预报。2004年5月,开通10兆光纤宽带网。

气象预报 1970年以前,通过传真机手工接收形势图,制作天气预报。1970年12月起,通过收听天气形势加以分析,结合本站资料制作短期天气预报。1983年起,每日06、11、17时制作3次预报。1995—2008年底,制作短期、3~5天、旬月预报和短时临近预报,开展灾害性天气预报预警业务和供领导决策的各类重要天气专报。1980年后,通过制作专题汇报的形式制作农业气象情报,报送县委、县政府和相关的涉农部门。

2. 气象服务

公众气象服务 1971年起,利用农村有线广播播报气象消息。1993—1997年,由电视台制作文字形式气象节目。1997年3月1日,制作电视天气预报影视节目。1998年,开通"121"电话自动答询系统。2003年5月起,电视气象节目主持人走上荧屏播讲气象,开展日常预报、天气趋势、生活指数、灾害防御、科普知识、农业气象等服务。

决策气象服务 1980年以前,以口头或电话方式向县委县政府提供决策服务。20世纪90年代起,服务内容逐渐增加《望江气象信息》、《天气情况汇报》、《重要天气报告》、《汛期专报》、《春播天气公告》、《午收天气公告》等。2007年起,为农业保险开展保前、保中、保后气象预报评估鉴定。2008年,建立突发公共事件预警互动平台,建立决策气象和专业气象手机服务群,为党委和政府以及各部门发布公共预警信息。

专业与专项气象服务 1992年,开始专业气象有偿服务。2000年以后,利用传真、邮寄、警报系统、声讯、影视、电子屏、手机短信等手段,面向各行业开展气象科技服务。

1992年,成立望江县气象局防雷中心,开展建筑物防雷安全检测。1996年,县编委发文成立望江县防雷减灾局,逐步开展建筑物防雷装置、新建建(构)筑物防雷工程图纸审核、竣工验收、计算机信息系统等防雷安全检测。2003年4月,与县公安局联合开展计算机信息系统防雷检查检测工作。2004年5月,开展建筑防雷工程图纸审查。

1997年起，开展庆典气球施放服务。

1999年5月10日，成立人工降雨领导小组，组长由分管农业的副县长担任。全县在雷阳、太慈、高士、凉泉、杨林、泊湖设有固定高炮作业点。

2001年，在望江县境内实施人工增雨作业11次。2004年3月11日，赴枞阳县茅山实施安徽省首次人工增雨森林灭火，并取得圆满成功。新闻媒体也高度关注人工降雨工作，《安徽日报》在头版新闻中报道过望江县的人工增雨事例。《安庆日报》2次派记者到炮点进行现场采访报道，《雷阳经济快讯》也专栏报道了人工降雨工作。

气象科技服务 2000年起，建立安徽农村综合经济信息网（以下简称"安徽农网"），并实施"信息入乡"工程，各乡镇建立了农网信息站，免费为涉农部门和农业大户开通农网服务，并发布气象与农业信息。2004年，建立安徽先锋网，并在先锋网上开通气象服务台专栏，专门发布天气预报和气象灾害预警信息。2005年，开通手机短信服务，发布重要天气汇报和灾害预警，短信用户3万人。2005年升级为"12121"，2007年增加"96121"。2006年，为县委县政府和各乡镇安装了气象灾害预警信息电子显示屏，24小时播报实时天气预报。

法规建设与管理

气象法规建设 2003—2005年，县政府先后出台《关于加快气象事业发展的实施意见》和《关于进一步加强防雷减灾工作的通知》2个规范性文件。2004年，县政府首次将防雷安全工作纳入全县年度十大重点工作之一。2003年8月，在望江县行政服务中心设立气象窗口，承担气象行政审批职能，规范天气预报发布和传播，施放升空气球审批，避免危害观测环境的审批，和新、改（扩）建建筑物防雷装置设计图纸的审查审批手续。2008年9月，增设二级机构行政许可股。

政务公开 2008年8月，制定了《望江县气象局行政服务中心窗口"两集中、两到位"审批制度实施方案》和《望江县气象局行政审批问责办法》，对外公布举报或投诉电话，加强舆论和社会监督，行政审批简捷便民，规范有序。

2003年，制定了《望江县气象局工作守则》，对本单位的人事，财务，职称进行张榜公布，加强重大事项的民主决策和结果公开，加大单位透明度，增强职工对工作的积极性和凝聚力。

党建与气象文化建设

1. 党建工作

支部组织建设 1976年成立党支部。1980年县气象局党支部撤销，党员并入县农业委员会党支部。1989年再次成立县气象局党支部。

党风廉政建设 2003年起，每年开展党风廉政教育月活动。2004年起，每年开展作风建设年活动，并规范和建立各项党风廉政建设制度，每年与安庆市气象局和县党委签订党风廉政建设责任书。2003—2007年，先后参加安徽省气象局举办的廉政书画展览竞赛。

2003年,在安徽省气象局主办的廉政短信竞赛中,1人获得"三等奖。"

2. 气象文化建设

1997年,开始文明创建活动。1999年获"望江县文明单位"称号。2001年获得安徽省气象局创建文明行业活动达标单位。2006年与2008年连续2年获"安徽省文明单位"。

2004—2008年,每年五一、国庆节假日期间开展象棋、扑克、康乐球竞赛活动,丰富了职工文化生活。

3. 荣誉

1998年,被安徽省气象局评为防汛抗洪先进单位。2000年,被安徽省气象局评为创文明行业达标单位。

台站建设

1958年9月迁至城东张家坝时,只有原畜医站9间旧平房。现在占地面积为5715平方米,1980年建设了办公大楼,其建筑面积675平方米,并建职工宿舍(平房)3套。2002—2005年,筹集资金百余万元,对大院进行了整体规划、改造,建成融健身与休闲于一体的气象健身园、图书室、职工篮球场、气象文化长廊。

20世纪80年代的观测场

2003年改造后的业务楼

2006年新建的科普文化长廊

潜山县气象局

潜山县地处安徽省西南部,大别山东南麓,长江北岸,皖河上游。西北与岳西县及舒城县毗连,东北与桐城市接壤,东南与怀宁县相邻,西南与太湖县交界。总面积1686平方千米。国家级著名风景区天柱山坐落在本县境内西北部。

潜山县现辖11镇、19乡、298个行政村,总人口56.7万。潜山地势由西北向东南,依次形成山区、丘陵和圩畈。西北的大别山余脉,层峦叠嶂,百崒争奇,千米以上的山峰69座。坐落在官庄镇的猪头尖,海拔1538.6米,为全县最高峰。中部丘陵,岗川相间,丘冲交错。东南圩畈,阡陌纵横,河湖穿插,良田相连。境内主要有菜子湖流域的大沙河和皖河流域的潜水。潜山属北亚热带季风性气候,气候温和,雨水充沛,日照充足,四季分明,无霜期长,特别适宜于农作物生长。

机构历史沿革

1. 始建及站址迁移情况

1956年9月1日,经安徽省气象局批准,在周庵区河镇乡枫树山王河农场建立潜山县气候站,观测场海拔高度27.0米,北纬30°32′,东经116°35′。1958年12月1日,迁至现址潜山县梅城镇天寨,观测场海拔高度34.5米,北纬30°38′,东经116°35′。2000年3月14日,观测场垫高,海拔高度变为35.1米。

2. 建制情况

领导体制与机构设置演变 1956年建站时,人权、财权、业务管理权归省气象局,行政委托王河农场管理。1958年12月,建制属地方,业务由省气象局管理。1963年6月6日,"三权"收回省气象局,地方负责行政领导。1970年11月7日,由县革委会和人武部双重领导,以军队领导为主,业务属省气象局领导。1973年7月11日,调整体制,归县革委会领导。1979年3月起至今,实行双重领导体制,以省气象局为主。

人员状况 1956年建站时只有1人。现有在编职工6人,其中大专学历2人、中专学历4人;中级专业技术人员3人、初级专业技术人员3人;40~50岁3人、50~60岁3人;党员5人。

单位名称及主要负责人更替情况

单位名称	负责人	职务	性别	任职时间
潜山县气候站	舒世林	副站长	男	1956.9—1960.4
潜山县气象服务站	舒世林	副站长	男	1960.4—1968.2
潜山县气象站	舒世林	副站长	男	1968.3—1970.11
潜山县革命委员会气象站	舒世林	副站长	男	1970.11—1971.7

续表

单位名称	负责人	职务	性别	任职时间
潜山县革命委员会气象站	黄丽中	副站长	男	1971.7—1975.7
潜山县革命委员会气象站	华从坤	站长	男	1975.7—1976.1
潜山县革命委员会气象局	华从坤	站长	男	1976.1—1977.1
潜山县革命委员会气象局	李 旭	副局长	男	1977.1—1978.6
潜山县革命委员会气象局	王生记	局长	男	1978.6—1979.8
潜山县气象站	王生记	局长	男	1979.8—1984.2
潜山县气象站	张维志	副站长、站长	男	1984.2—1988.6
潜山县气象站	周传标	站长	男	1988.6—1988.10
潜山县气象局	周传标	局长	男	1988.10—1993.6
潜山县气象局	张有根	局长	男	1993.6—1995.5
潜山县气象局	周传标	局长	男	1995.5—2005.2
潜山县气象局	戴正标	局长	男	2005.2—

气象业务与服务

1. 气象业务

地面测报 建站初期每天 02、08、14、20 时 4 次定时观测，夜间不守班，不拍发气象电报。观测项目有：气温、湿度、云、能见度、天气现象、降水、风、日照、蒸发、雪深、地面状态、地温（0 厘米、地面最高）。1961 年 4 月 1 日起，每天 08、14、20 时 3 次人工观测，夜间不守班。现人工观测项目有云、能见度、天气现象、气压、空气温度和湿度、风向风速、降水、日照、蒸发、地温（包括浅层和深层）、雪深、冻土。自动观测项目：空气温度和湿度、气压、风向风速、降水、地温（包括浅层和深层）。

现拍发的气象报有：08、14 和 20 时天气加密报；4 月 1 日—8 月 31 日 05 时雨量报；霜、大风、龙卷、积雪、雨凇、冰雹、雷暴、雾、沙尘暴、浮尘和霾定时或不定时重要天气报；08—18 时 AV 南京航危报。

1956 年 9 月—2005 年 12 月，制作地面气象观测记录月报表。1957—2005 年，制作地面气象观测记录年报表。2005 年之前，向市气象局报送纸质报表。2006 年开始报送数据文件。

2004 年 7 月 1 日—2007 年 6 月 30 日，开展裸露空气温度、草温、水泥地表最高与最低温度观测。

2004 年 7 月 23 日，开始土壤墒情观测。

1981 年，对 1956—1980 年的资料进行了整编，2 次参与《潜山县志》编纂工作。气象记录档案、文书档案、基建档案均按照要求进行归档。2008 年 8 月，将 1956—2006 年气象记录档案，移交安徽省气象局气候中心气象档案馆管理。

气候考察 1983 年 4 月 1 日—1986 年 3 月 31 日，开展天柱山气候考察，由国家气象局亚热带山区气候考察课题组委托安徽省气象局区划办公室、安庆市气象局和潜山县气象局共同完成此项考察任务，共设蛇形坦（现称青龙涧）、天柱林场、马祖庵和赵公岭 4 个考察点。

气象信息网络 1988 年配备 PC-1500 袖珍计算机 1 台(业务软件 AHDM1.0—2.0)。1996 年底,配置 PC 兼容机及针式宽打印机(业务软件 AHDM3.0—5.0),辅助观测编发报及编制报表。2003 年 12 月,配置 CAWS600 自动站设备 1 套(业务软件 OSSMO 2004),进行 24 小时自动观测。

1981—1989 年,利用气象传真机,接收预报传真图。2000 年建成 PC-VSAT 单收站,接收卫星气象资料,并使用预报分析软件 MICAPS 系统。

1997 年初,开通分组数据交换网 ChinaNet,开始网络传输气象资料和报文;1999 年通过 56K modem 开通互联网;2001 年使用安徽气象办公网,开始网上办公;2005 年开通 10 兆光纤专线;2007 年启用观测场视频监控与实景观测系统,配备 GPRS 无线传输备份设备,开通省、市、县气象视频会商系统。

2004 年开始进行乡镇雨量站建设工作,截至 2008 年 8 月,先后建成 10 个单雨量站(官庄、塔坂、逆水、槎水、龙潭、余井、源潭、五庙、黄铺和黄泥),2 个四要素(空气温度、风向风速及降水)站(黄柏和王河),1 个六要素(空气温度和湿度、气压、风向风速及降水)站(水吼)。

气象预报 1958 年,开始收听天气形势和预报,绘制简易天气图,制作短期预报;20 世纪 80 年代后,利用国内外数值预报产品和省、市台指导预报意见,结合本站气象要素的变化和实况制作常规 24 小时、48 小时、未来 3~5 天和旬月报等短、中、长期天气预报以及临近预报,并开展灾害性天气预报、预警业务。每天 06、11 时和 16 时 3 次制作并发布潜山县公众天气预报、火险气象等级预报及生活指数预报。不定期制作专题预报、重大灾害性天气预报和警报。

农业气象 1956 年 10 月—1959 年 10 月,进行水稻、油菜、小麦、大麦农业气象观测。1980—1983 年,完成《潜山县气候区划》的编制工作。1998 年,参与《潜山县资源与开发利用》课题研究工作。

2. 气象服务

公众气象服务 1958—1997 年,每天早晚 2 次在潜山县广播站发布本县天气短期预报。1997 年 5 月,添置电视天气预报节目制作系统;同年 7 月起,制作本县梅城、黄柏、余井、天柱山、水吼、源潭、黄铺、王河以及合肥、安庆 24 小时天气预报及本县 48 小时天气趋势预报,每晚在潜山电视台新闻节目后播出。1997 年 11 月添置"121"(2006 年增加"96121")天气预报自动答询系统,每天 24 小时向公众发布短期天气预报、3~5 天天气趋势预报、火险气象等级预报及生活指数预报;关键性、转折性、灾害性天气出现时,通过手机短信平台、电视、"96121"系统、报纸、气象电子显示屏等手段,及时发布天气预报和预警,信息直达各级政府、各行各业。

决策气象服务 1958 年,开始通过口头及电话汇报、书面材料形式向地方党委、政府提供服务,近年又辅以手机短信形式提供服务。重要天气过程,局领导到决策部门进行详细汇报并提出建议。决策服务产品包括《天气情况汇报》、《重要天气专报》、《汛期气候趋势预测》、《春播气象服务》、《汛期气象服务》。

2008 年,为"天柱山国际女子网球挑战赛首届天柱山网球旅游节"提供气象保障。

专业与专项服务 1976 年,成立潜山县人工降雨指挥部,其人工降雨办公室设在县气象局,办公室负责全县人工影响天气工作。1976年,开始进行人工降雨工作。1998年,购置2门人工增雨作业高炮,设人工影响天气作业点6个。

1998年1月,成立潜山县防雷减灾局,与县气象局一个机构两块牌子,负责全县雷电灾害预防和防雷减灾工作的组织实施;负责对全县范围内建筑和重要设施避雷装置进行安全检测;宣传防雷减灾工作和防雷科学知识。

1999年10月,成立安徽省农村综合经济信息网(以下简称"安徽农网")潜山县信息服务中心,挂靠县气象局,并组建乡镇信息站,开展农村综合经济信息服务。

气象科技服务 1985年开始开展中、长期天气预报,气象资料服务。1992年增加了避雷装置检测。1993年布设天气预报警报接收机16部。1994年起,增加电视天气预报背景画面。2005年起,开展防雷图纸审核和防雷工程竣工验收。

法规建设与管理

气象法规建设 2000年以来,气象工作纳入县政府目标责任制考核体系。2003年7月,县政府行政服务中心设立气象窗口,承担气象行政审批职能,对防雷工程设计和施工资质管理、施放气球活动许可制度等实行社会管理。

2003年8月,成立气象行政执法队。2006—2008年,与多部门联合开展气象行政执法检查。2006年10月24日,潜山县人民政府出台《潜山县防雷减灾管理办法》。2008年1月2日,潜山县人民政府出台《潜山县重大气象灾害预警应急预案》。2008年9月16日,潜山县人民政府安委会出台《潜山县防雷安全隐患排查治理工作方案》。2008年4月13日,潜山县气象局会同县发改委等13个部门,联合印发《进一步规范新开工项目审批程序,做好安全管理和气候可行性论证工作的通知》;同年9月22日,联合县发改委、建设局、安监局印发《潜山县气象灾害风险评估管理办法》。

从20世纪70代开始,重视观测环境保护工作。1976年,县政府批复要保护观测场周围环境。2008年,重申要保护观测场周围环境。2007年完成观测环境评估。2005年完成探测环境备案。2008年,绘制潜山观测环境现状证书公示牌。从2008年起,每月报送气象探测环境月报告。

政务公开 2002年起实行政务公开,分为对外公开和对内公开。对外公开内容包括气象行政审批办事程序、气象服务、服务承诺、法律依据、服务收费依据及标准;2006年10月,向社会推行岗位责任制、服务承诺制、首问负责制、一次告知制、限时办结制、责任追究制等6项制度。对内通过公示栏、办公网、会议、简报等渠道进行定期或不定期公开,内容含工作计划、目标考核、财务运行、评优评先、职务职称晋级等,对重大及热点事项做到事前、事中、事后公开。

党建与气象文化建设

1. 党建工作

党支部组织建设 1977年1月,成立中共潜山县气象局支部。2008年年底,有党员10人。

党风廉政建设 2005年,实行政务公开制度。2007年,建立"三人决策"制度,聘请县政协委员担任特约监督员工作。2004年6月,潜山县气象局党支部被中共潜山县委授予"五个好支部"的光荣称号。

2．气象文化建设

2000年,成立潜山县气象局精神文明建设领导小组,先后制定完善学习、卫生、后勤管理、奖惩、局务公开等制度。2002年,被安庆市委、市政府命名为"文明单位"。2004年,被安庆市委、市政府评为"文明单位标兵";同年4月6日,被安庆市创建文明行业活动委员会评为"2001—2003年度安庆市创建文明行业工作先进单位"。

3．荣誉

2005年,周传标被安徽省气象局和安徽省人事厅评为"先进工作者"。

台站建设

1984年,新建办公楼1栋。1998年,装修办公楼,改造了业务值班室。2007年完成业务系统的规范化建设。2007—2008年,拆除机关院内破旧平房,新建炮库、车库各2间,值班室1间。1997年和2008年,2次对大院环境进行综合改造。

截至2008年底,设有图书阅览室、职工活动室(会议室),职工篮球场及健身场地,添置乒乓球桌及部分健身器材。

1958年迁站时建的办公室　　　　　　2008年改造后的潜山气象灾害防御中心

宿松县气象局

宿松县地处大别山南麓、皖江之首,是皖鄂赣3省8县结合部,为皖西南门户。宿松属北亚热带湿润气候,四季分明、日照充足、热量丰富、雨量充沛,气候条件较为优越。境内山区、丘陵、湖泊、平原依次分布,自然资源丰富,宜渔淡水面积居全国第二、安徽第一,是国家优质棉生产基地县。

机构历史沿革

1. 始建情况

1957年1月1日,始建宿松县气候站,位于韩文公社马鞍生产队先觉岭。有职工3人。

2. 建制情况

领导体制与机构设置演变　1960年3月,更名为宿松县气象服务站。1965年1月1日,迁至宿松县城关北郊。1970年11月7日,更名为宿松县革命委员会气象站。1973年1月1日,迁到宿松县城关镇桐子坡,北纬30°10′,东经116°08′,海拔高度54.7米。1977年2月6日,更名为宿松县革命委员会气象局。1979年8月4日,更名为宿松县气象局,一直延用至今。

1957年1月1日—1964年12月,由安徽省气象局和宿松县政府双重领导。1965年1月,归安徽省气象局领导。1970年11月,由宿松县革委会和县人武部双重领导。1973年7月,由宿松县政府领导。1979年2月起,实行上级气象部门垂直管理至今。1985年起至今,实行上级气象部门和地方政府双重计划财务管理体制。

人员状况　现有在职职工9人。其中大学以上学历2人,大专学历4人;中级专业技术人员5人,初级专业技术人员4人;年龄50岁以上2人,40~49岁5人,40岁以下2人。

单位名称及主要负责人更替情况

单位名称	负责人	职务	性别	任职时间
宿松县气候站	游若汉	副站长(主持工作)	男	1957.01—1960.03
宿松县气象服务站	游若汉	副站长(主持工作)	男	1960.03—1964.12
	刘大璞	副站长(主持工作)	男	1964.12—1970.11
宿松县革命委员会气象站	刘大璞	副站长(主持工作)	男	1970.11—1971.06
	孙喜茂	副站长(主持工作)	男	1971.06—1972.09
	柳玉明	站长	男	1972.09—1977.02
宿松县革命委员会气象局	柳玉明	局长	男	1977.02—1978.03
	张绍奎	局长	男	1978.03—1979.08
宿松县气象局	张绍奎	局长	男	1979.08—1982.03
	邓远胜	局长	男	1982.03—1988.08
	汪永双	局长	男	1988.08—1998.11
	王文斌	局长	男	1998.11—2001.12
	周淮斌	副局长(主持工作)	男	2001.12—2005.02
	王宏平	局长	男	2005.02—

气象业务与服务

1. 气象业务

地面观测　1957年1月1日起,采用地方时01、07、13、19时每天4次观测;1960年8

月 1 日起,改为北京时 02、08、14、20 时每天 4 次观测;1961 年 4 月 1 日起,每天 08、14、20 时 3 次观测。观测项目有云、能见度、天气现象、气压、气温、湿度、风向风速、降水、雪深、日照、蒸发、地温等。1958 年 10 月 1 日起,10、16 时向合肥拍发定时天气报。1960 年 8 月 1 日,改为 02、08、14、20 时拍发绘图报。1961 年 3 月 24 日,调整为 08、14 时拍发绘图报。2001 年 1 月 1 日起,08、14、20 时向合肥拍发加密报。1960 年 5 月 2 日—2007 年 6 月 6 日,每日 05 时向合肥增发雨量报;1982 年 4 月 1 日起,增发重要天气报。

2004 年 7 月 1 日—2007 年 7 月 1 日,开展裸露空气、水泥面及草面最高最低温度的观测;2004 年 7 月,增加土壤墒情监测;2008 年建成 1 个风能资源观测站。

1971 年 5 月 1 日—2004 年 12 月 31 日,06—18 时向 OBSAV 安庆发固定航危报、19—22 时预约航危报。2005 年 1 月 1 日—12 月 31 日,08—18 时向 OBSAV 安庆发固定航危报。2006 年 1 月 1 日—12 月 31 日,08—20 时向 OBSAV 南京发固定航危报。2007 年 1 月 1 日起,08—18 时向 OBSAV 南京发固定航危报。

2003 年 11 月 4 日,CASW-1 自动气象站开始试运行。2004 年 1 月 1 日,人工观测与自动观测并轨运行,以人工观测记录为主;2005 年 1 月 1 日,以自动观测记录为主。2006 年 1 月 1 日,自动气象站正式单轨运行。2004—2008 年,先后在北浴、柳坪、长铺、洲头、汇口、佐坝、下仓、高岭、九姑、工业园区建立 10 个单雨量自动气象站,在陈汉、凉亭、许岭、竹墩、王营建立 5 个四要素自动气象站,在华阳河农场建立六要素自动气象站。

气象信息网络 1981—1999 年,采用超短波双边带电台接收武汉区域中心气象信息,采用传真接收机接收气象传真图。1999—2001 年,采用计算机网络收取安徽气象台的天气形势和天气预报以及安庆的指导预报。2001 年以后,采用 PC-VSAT 系统接收天气分析资料,通过计算机网络接收省市台指导预报。2000 年 1 月,开通 10 兆专线网络。2001 年 4 月,建成 9210 卫星接收系统,并利用 MICAPS 系统分析预报资料。

气象预报 1970 年 12 月起,通过收听天气形势,结合本站资料图表制作 24 小时天气预报。1983 年起,每日 06、11、17 时制作 3 次短期天气预报。1995 年至今,开展临近、短、中、长期天气预报,同时开展灾害性天气预警和重大天气决策服务。

农业气象 1979 年 10 月,开始柑橘和油菜农业气象观测。1983 年 9 月,确定为省级农业气象观测站,观测项目为双季稻、油菜。1985 年起增加物候观测。1984 年 5 月起,编发农业气象旬(月)报。服务内容有农业气象月报、适宜播种期预报、产量预报、灾情影响分析、全生育期农业气候评价等。

2. 气象服务

公众气象服务 1971—1995 年,通过广播、电话、报纸播发气象信息。1996 年,通过电话发布日常预报、周边预报、趋势预报、生活指数、科普知识、农业气象等。同年,开通"121"(2005 年升位"12121",2007 年 1 月增加"96121")天气预报电话自动答询系统。1997 年,开始在县电视台播发电视天气预报。2000 年,通过安徽农村综合经济信息网(以下简称"安徽农网"),向各乡镇发布旬月天气预报、农业气象信息等。2005 年,开展手机短信服务,发布灾害预警、重大天气报告、雨情水情、火险等级等。2008 年,取得宿松县政府网直接发布权,发布预报预警、决策气象服务、重大天气分析和灾害防御知识等。

决策气象服务 主要以当面汇报、电话报告、书面呈报方式向党委政府提供决策服务。20 世纪 90 年代起，内容逐渐增加《宿松气象信息》、《天气情况汇报》、《重要天气报告》、《汛期专报》等。

专业与专项气象服务 1989 年起，开展建筑物防雷设施安全检测服务。1992 年起开展庆典气球施放服务，1997 年起，开展新建建（构）筑物防雷工程图纸审查与竣工验收服务。

1999 年 4 月，县政府成立人工降雨领导小组，其办公室设在县气象局；同年配置作业用双管"三七"高炮 2 门，建立千岭等作业点 6 个。2000—2007 年，逐年开展增雨、消雹、降低森林火险等级作业。

气象科技服务 1985 年开始，服务手段历经人工送达、邮寄、传真、警报接收机、程控电话、"121"自动答询、多媒体电视天气预报节目制作系统、电子显示屏、计算机网络、手机短信等，面向各行业开展气象科技服务。2000 年 1 月，县政府成立"安徽农网"建设工作领导小组；同年 8 月，印发《关于实施安徽农网'信息入乡'工程以奖代补方案》。2001 年，建成 22 个乡镇信息服务站，举办信息员培训班，开展农村综合经济信息服务。

1978 年 9—12 月，进行全县气候普查。1982 年，完成《宿松县农业气候资源和区划》编制。2005—2007 年参加"安庆市风能资源分布与可利用性研究"课题。2008 年 12 月，在洲头乡建成 70 米高的风能资源观测塔，开展风力发电的应用研究。

气象科普宣传 2008 年 8 月，向全县免费发放 10967 本《安徽省小学生气象灾害防御教育读本》。2008 年 1 月，宿松县气象局被定为宿松县青少年科技教育基地。

法规建设与管理

气象法规建设 2001 年 6 月，县政府发布《关于加强我县防雷减灾管理工作的意见》，并先后出台多个关于加快气象事业发展的文件，气象工作纳入县政府目标责任制考核体系。2003 年，建立气象行政执法队伍，执法人员通过培训考核、持证上岗，多次联合相关部门开展气象执法活动。2004 年 8 月，县行政服务中心设立气象窗口，履行气象行政审批职能。2008 年，完成《宿松县大气探测环境专项保护规划》的编制和备案工作。

社会管理 2000 年 1 月，县编委批复成立宿松县防雷减灾局，与县气象局一套机构两块牌子。2004 年 8 月，防雷行政审批工作进入县行政服务中心办理。2008 年 5 月，县政府松政〔2008〕17 号文件，明确防雷技术服务纳入"基建一表制"办理、防雷技术审查列为办理施工许可的必要条件。

1999—2006 年，与县安监局联合发文，开展防雷设施安全检查检测工作；2006 年，与县公安局联合发布《关于加强全县计算机网络安全管理工作的通知》，全面开展建筑物防雷装置检测、新建建（构）筑物防雷工程图纸审核、竣工验收、计算机信息系统等防雷安全工作，防雷检测验收报告列为建筑工程资料备案的必备资料。

1997 年 1 月，开始施放氢气球等升空物的管理工作，审查施放单位的资质和施放人员的资格，执行申报和审批制度，对有关人员进行技术培训，监管施放活动，保障公共安全。

政务公开 2002 年起对气象行政审批办事程序、气象服务、服务承诺、法律依据、服务收费依据及标准等内容向社会公开。2006 年 10 月，向社会推行岗位责任制、服务承诺制、首问负责制、一次告知制、限时办结制、责任追究制等六项制度。通过公示栏、办公网、会议、简报等渠道开展局务公开,内容含工作计划、目标考核、财务运行、评优评先、职务职称晋级等,对重大及热点事项做到事前、事中、事后公开。

党建与气象文化建设

1. 党建工作

支部组织建设 1971 年 10 月,成立宿松县气象站党支部,正式党员 4 人。1977 年 2 月 6 日,更名为宿松县革命委员会气象局支部。1979 年 8 月 4 日,更名为宿松县气象局党支部。2008 年年底,有中共党员 5 人。

党风廉政建设 2002 年起,连续 7 年开展党风廉政教育月活动。2005—2008 年底,参加气象部门及地方党委开展的党风廉政建设、学党章、作风建设等知识竞赛活动 8 次。2007 年 5 月,由市气象局纪检组任命配备纪检员,建立"三人决策"机制。先后修订完善工作、学习、服务、财务、党风廉政、局务公开、安全、卫生 8 个方面规章制度。

2. 气象文化建设

精神文明建设 1990 年,开展讲文明、讲礼貌、讲团结互助活动。1991 年,开展"学雷锋、树新风、创三优、争上游"主题活动。1993 年开展文明公民教育活动。1999 年开展公民素质教育活动和争创县级"文明单位"活动。2000 年开展以"服务人民、奉献社会"为宗旨的创建文明行业活动。2001 年开展"三个代表"重要思想学习教育活动。2005 年参加全省创建八百里皖江气象文明长廊活动、安庆气象事业 55 周年纪念活动、保持共产党员先进性教育活动。2007 年开展第二届安庆市文明行业创建活动。

文明单位创建 1999 年、2000 年被宿松县委、县政府授予县级"文明单位"、县"创建文明行业先进单位",被安徽省气象局评为安徽省气象部门"创建文明行业达标单位",被安庆市委、市政府授予安庆市创建文明行业活动"十佳文明窗口"、被安庆市气象局评为市气象系统"文明创建工作先进单位"等荣誉称号。2004 年、2006 年,被安庆市委、市政府命名为"市级文明单位"、"安庆市文明单位标兵"。2007 年被安庆市委、市政府表彰为"安庆市创建文明行业工作先进单位"。

3. 荣誉

2000—2008 年,共获得地厅级以上集体荣誉 8 项,主要有 2001 年、2008 年分别被安徽省人工降雨防雹领导小组、安徽省人工降雨防雹联席会议授予安徽省"人工增雨防雹先进单位",被安徽省气象局评为"安徽农网建设先进单位",被安庆市委、市政府授予"安庆市文明单位标兵"、"安庆市创建文明行业工作先进单位"。

台站建设

现占地面积 7448 平方米,公用建筑面积 1390 平方米,建有业务楼、办公楼、炮库、车库、气象观测场等。

1980年，建成370平方米的办公楼。2000年，投资20万元进行综合改造。1998年、2007年，分2批完成12套职工集资建房，同时建设局炮库及车库。2001年，进行标准化观测场、新一代综合业务系统建设。2002—2008年，总投资110万元，相继进行道路硬化、环境绿化、护坡挡土墙建设、供电供水设施改造等，建成阅览室、活动室、休闲小道、健身园、停车场、水冲公厕等。2008年8月，建筑面积945平方米的业务楼投入使用，含有新型业务平面、多功能会议室、双向视屏会商系统等。

2008年建设的气象业务楼

建站初期的观测场

2001年标准化建设后的观测场

岳西县气象局

岳西县位于大别山腹地，皖西南边陲，全县总面积2398平方千米，人口40.1万，辖24个乡镇。岳西县是革命老区，鄂豫皖革命老根据地的重要组成部分，是中共安徽省委第一书记王步文烈士的故乡。境内山清水秀，森林覆盖率达75%，生物资源极为丰富。1998年，被列为国家生态示范区建设县，境内有妙道山国家森林公园，鹞落坪国家级自然保护区，枯井园省级自然保护区。属北亚热带湿润性季风气候区，气候温和，四季分明且雨热同期。山地垂直自然带分布复杂，小气候差异大。年平均气温为14.5℃，年降水量为1520.5毫米，年降雪日为15天。干旱、暴雨洪涝、冰雹、大风、低温冷冻与雪灾等气象灾害频发。

机构历史沿革

1. 始建及站址迁移情况

1956年9月18日,始建岳西气候站,站址在岳西县原汤池公社汤池大队吴塘生产队,同年11月1日正式开展工作。1973年1月迁址天堂镇城关花果山顶,地理位置:北纬30°52′,东经116°22′,观测场海拔高度434.2米,属国家一般气象站。

2. 建制情况

领导体制与机构设置演变情况 1956年11月,岳西县气候站,归属安徽省气象局建制,行政领导单位是国营岳西县农场。1958年12月,"人、财"权属岳西县地方政府,业务由省气象局领导。1960年5月,更名为县气象服务站,行政领导单位是县农业局。1964年1月,"人、财"权收回省气象局管理,地方负责党、政领导。1971年1月,更改为岳西县革命委员会气象站,属地方政府建制,受县革委会与人武部双重领导,属部队管制。1973年11月,改由地方政府统一领导,同时升为科级单位。1977年2月,更名为县革命委员会气象局,由地方党、政统一领导,业务由省气象局领导。1979年10月,更名为县气象局,建制收归省气象局,党政属地方,人事、经费、业务均属省、市气象局统一管理,并延续至今。

人员状况 1956年建站时只有2名业务人员。现有在职职工9人,其中本科3人、大专3人、中专1人;中级专业技术人员1人;平均年龄40岁,30岁以下2人。另有离休1人,退休8人。

1980—1998年,蔡国华为岳西县第一至第五届政协委员(无党派),其间1993—1998年,任岳西第五届政协副主席;1993—1998年为安徽省第八届人大代表。1984年5月,舒世林为岳西县第八届人大代表。2007年3月,储圣求由民主协商推荐为岳西县第八届政协委员(无党派)。

名称及主要负责人更替情况

单位名称	负责人	职务	性别	任职时间
岳西县气候站	曾天明	组长	男	1956.10—1958.07
岳西县气候站	章灿华	组长	男	1958.07—1963.04
岳西县气象服务站	郑金春	副站长(主持工作)	男	1963.04—1971.01
岳西县革命委员会气象站	郑金春	站长	男	1971.01—1977.02
岳西县革命委员会气象局	郑金春	局长	男	1977.02—1979.10
岳西县气象局	储城明	局长	男	1979.10—1981.11
岳西县气象局	吴功顺	副局长(主持工作)	男	1981.11—1983.05
岳西县气象局	金友谦	局长	男	1983.05—1988.03
岳西县气象局	汪露生	局长	男	1988.03—1993.05
岳西县气象局	胡效文	局长	男	1993.05—2005.07
岳西县气象局	徐建斌	局长	男	2005.07—

气象业务与服务

1. 气象业务

地面观测　1956 年 11 月 1 日起,观测时次采用地方平均太阳时 01、07、13、19 时每天 4 次定时观测。1959 年 1 月 1 日,改观测时间为北京时 02、08、14、20 时每天 4 次。1961 年 4 月 1 日起,取消 02 时定时观测。1980 年 1 月 1 日起,观测项目固定为云、能见度、天气现象、风向、风速、气温、湿度、降水、气压、日照、蒸发、积雪、地温、冻土、电线积冰。

1956 年 11 月,开始拍发气候旬(月)报、预约航危报、天气报,以后逐渐更改拍发气象旬(月)报、航危报、雨量报、绘图报、台风加密报、重要天气报等,发报内容与拍发时间时有更改。1998 年,停止航危报。2000 年 12 月 1 日,绘图报改为全国交换的天气加密报,每天 08、14、20 时 3 次定时;同年 4 月 1 日—8 月 31 日,固定拍发过去 24 小时雨量报。到 2008 年底,向省气象台拍发的报文有 08、14、20 时天气加密报(SX)、气象旬月报(AB)、雨量报(SL)和重要天气报(WS 定时与不定时)。

1997 年 4 月,开始使用计算机用"AHDM3.0"地面测报软件,进行编发报文、制作打印月报表。2004 年 1 月 1 日,建成地面有线遥测自动气象站,平行观测 2 年。2006 年,以自动站记录为主,人工报表不再手工抄录。2007 年 1 月 1 日,自动气象站单轨运行,使用 OS-SMO-2004 版测报软件。

1980 年 6—7 月,增加梅雨期暴雨试验观测。1981—1998 年进行台风业务试验加密观测。2004 年 7 月 1 日至 2007 年 6 月 30 日,进行水泥地面、草面、裸露空气的最高、最低温度观测。2008 年汛期,开展 SCHEREX 计划江淮流域试验 GPS 高空加密观测,在接收指令期间每日 02、08、14、20 时加密观测,向江淮流域指挥中心传输数据。

1989 年 7 月 1 日,配备使用 PC-1500 袖珍计算机,《地面测报月报表自动化系列技术》正式投入业务使用。1997 年 4 月,配备微型计算机;同年 9 月,停用 PC-1500。2000 年 4 月 1 日,启用 EN1 型测风数据处理仪,增加极大风的记录。2004 年,建成地面遥测自动气象站,配备 UPS 电源与汽油发电机,确保通信网络畅通。2004—2008 年,先后建成 10 个自动雨量站,3 个四要素(温度、降水量、风向、风速、)自动站,2 个六要素(加湿度、气压)自动站。

农业气象　1957 年 3 月,进行水稻物候观测,相继开展棉花、冬小麦、油菜与大豆的观测。1979 年 10 月,定为省内农业气象基本观测站点。1979—1984 年恢复水稻观测、中季稻发育期观测与水稻产量预报。

气象信息网络　建站初期,气象电报用电话通过邮局拍发。1997 年,通过计算机分组数据交换网实现网络发报。2002 年 10 月,改为 ADSL。2005 年 4 月,改为光纤宽带上网。2007 年,以 GPRS 无线上网为辅助通讯,及时传输实时地面气象数据文件,实现 10 分钟 1 次的 VP 报文传输。

气象预报　1958 年,在收听省和邻省气象台预报基础上,结合观测结果和群众看天经验,制作发布 3 天以内短期天气预报。20 世纪 60 年代起,运用数理统计方法,制作 3～10 天中期天气预报和月、季、年中长期气候预测。1975—1979 年,先后配备 117 型、123-Ⅰ 型气象传真机,接收北京、上海及本省气象台天气预报图、国内外天气形势预报图、B 模式形势预告图,结合单站资料,制作本地天气预报。1987年,安装高频电话,主要用于市、县天气会商,于2000年停用。2001年,建成卫星气象单收站(PC-VSAT)及天气预报人机交互系统(MICAPS),接收全球共享气象资料。

2. 气象服务

公众气象服务 1990年以前,县内天气预报每天由县广播站早、晚2次定时播出;中长期天气预报在旬末、月终印发到有关单位。1989年,推广气象警报机,向各乡镇和有关单位直接发布气象预报和灾害性警报。1997年4月,开通电视天气预报,每天晚上岳西电视台按时播出县气象局制作的天气预报节目。1998年3月,开通"121"天气预报自动咨询系统,用户通过电话了解本地、周边城市及省内旅游景点天气预报。

决策气象服务 20世纪70年代,主要通过口头、电话和书面形式向县委、县政府汇报,对重要转折性、关键性和灾害性天气及时向县领导提供实况分析、趋势预报和对策建议。20世纪80年代,发布《重要天气报告》、《天气专报》、《春播期天气预报》、《汛期(5—9月)天气形势分析》等。20世纪90年代后,以电视、电话、网络、手机短信等多途径多渠道提供决策服务产品。

专业与专项服务 1990年起,开展建筑物和微机房的防雷安全检测与防雷设计施工,逐步开展对全县各类新建建筑物的防雷图纸审核、竣工验收等工作。1997年,成立岳西县防雷减灾局,与县气象局一个机构两个牌子。2007年,开展农村中小学现代远程教育防雷系统工程建设,全县143所学校安装了避雷装置。1998年起,开展庆典气球施放服务。

2000年,成立岳西县人工降雨防雹领导小组,办公室设在县气象局,局长兼任办公室主任。2001年,购置2门"三七"高炮,在干旱重灾乡镇实施人工增雨作业。2006年、2008年度,分别获得安徽省气象部门人工增雨防雹先进单位。

气象科技服务 2005年开通"12121"。2000年以后,开展专题气象服务,发布节假日、中考、高考天气预报等。2002年开通手机短信气象预报服务,通过短信平台,发布灾害天气预警信息。2006年,在温泉、冶溪、头陀、石关、黄尾、包家、主簿等12个乡镇安装了气象灾害预警信息电子显示屏,用于发布气象信息、便民服务。

气象科普宣传 2007年,开展《安徽省气象灾害防御条例》进社区、进学校、进农村宣传活动。2006年与2008年的"3·23"世界气象日,组织职工走上街头进行气象知识、雷电知识以及全球发生的重大灾害性天气宣传,通过印制宣传单、制作宣传展板开展气象科普宣传。

法规建设与管理

气象法规建设 2006年,岳西县人民政府出具依法保护气象探测环境的承诺书。2007年7月10日,岳西县人民政府第四次县长常务会议讨论通过《岳西县防雷减灾管理办法》,并于7月11日起发布实施。

政务公开 从2002年起建立《政务公开工作制度》,成立了领导机构,对气象行政审批办事程序、气象服务承诺、气象行政执法依据、服务收费依据及标准向社会公开。落实气象服务限时办结、气象电话投诉、气象服务义务监督、领导接待日、财务管理等一系列规章制度。2007年,重新制作了标准的对内、对外公开栏,将单位职能、岗位职责、办事流程、工作动态等上墙公布。

党建与气象文化建设

1. 党建工作

支部组织建设 1958年至1978年5月前,无党支部,党员先后归入县农业技术学校、农林办公室党支部。1978年6月,成立中共岳西县气象局支部。2008年底,有中共党员8人。

党风廉政建设 2005年,制定《岳西县气象局共产党员先进性标准》《岳西县气象局党支部关于加强领导班子党风和勤政廉政建设的规定》。2006年,在"深化效能建设,优化发展环境,提升岳西形象"大讨论活动中,认真开展向先进模范人物学习,组织观看反映气象人艰苦创业精神的《北极光》警示专题片。2008年,岳西县气象局在参加安徽省气象部门组织的"反腐倡廉建设知识竞赛"中获三等奖。

2. 气象文化建设

精神文明建设 1998年初,开展"青春为气象闪光"演讲活动。2000年,成立文明创建领导小组,制订精神文明建设目标管理考核评比办法、岳西县气象局文明公约。组织职工到先进单位参观学习,积极参加义务献血、义务植树等,在扶贫村结对、送温暖工程等社会公益活动中,多次捐款捐物,受到扶贫村和相关单位的好评。2008年5月12日,四川省汶川发生大地震,县气象局向地震灾区的都江堰市、绵阳市、汶川县、北川县等17个市县气象部门同仁致函慰问,并向灾区捐款5000元。年底向扶贫村捐款3000元。

文明单位创建 1985年,启动创建文明单位和文明行业活动。1999年底,建成县级文明单位。2006年,被中共安庆市委、市人民政府授予"文明单位"称号。2008年,被中共安庆市委、市人民政府授予"文明单位标兵"称号。

文体活动 建造了小型体育活动场地、党员活动室、图书室等职工活动场所,每年利用节假日组织职工开展扑克、乒乓球和卡拉OK演唱会等比赛活动。以不同的形式开展群众性的文体活动,寓教于乐。积极参加县内的文体活动,职工参加"振风杯"、"花园杯"等桥牌赛,获得双人组冠、亚军。

3. 荣誉

1978年,被安徽省气象局评为安徽省气象部门"学大寨、学大庆"先进集体。

台站建设

1972年底,岳西气候站迁站到天堂镇城关花果山,建办公楼宿舍,占地总面积4544.2平方米。1985年,修建出行和物资搬运公路1条。1990年,兴建宿舍6套。1997年,对业务楼进行改造。1999年底,新建职工住宅8套;同时对工作区进行美化、绿化。2005年,筹资 50 余万元,拆除老办公楼新建气象防灾减灾业务楼,实现测报、预报业务平面一体化。2006—2008 年,先后新建人工降雨炮库、围墙,占地面积扩大到 6924.2 平方米,配置人均 1 台办公用计算机。

2005 年改建前的业务楼和大院环境

2005 年重建后的业务楼

太湖县气象局

太湖县位于安徽省西南部、大别山区南缘,东邻潜山、怀宁,西和湖北英山交界,南邻宿松、望江,北与岳西县相依,介于北纬 30°09′～30°46′和东经 115°45′～116°30′之间。境内山川秀美,名胜古迹灿若繁星。"龙山夜雨、马路西风、法华方竹、玄妙古松"四大景致自古以来闻名遐迩。汉代建的海会寺、三国筑的上格城、晋代修的佛图寺、唐代建的西风禅寺等文化古迹保存完好。现辖 26 个乡镇,426 个行政村,人口 57 万,总面积为 2030 平方千米。

太湖县属北亚热带向中亚热带过渡的湿润季风气候区:四季分明、气候温和、光照充足、无霜期长、雨量充沛、季风显著。春末、夏初冷暖气团交锋频繁,天气多变,降水量的年际变化较大,常有旱、涝、风、冻、霜、雹等气象灾害发生。

机构历史沿革

1. 始建及沿革情况

1959 年 6 月 1 日,经安徽省气象局批准成立太湖县气候站,站址位于太湖县老城区东部城乡结合部乡村。1960 年 3 月 1 日,更名为太湖县气象服务站。1960 年 8 月 1 日,迁往老城区东岔路口乡村的无名小山头并开始工作,占地面积 700 平方米。1962 年 5 月 9 日,经安徽省气象局批准,迁往太湖县老城区南门外农场乡村无名山头,占地 620 平方米。1964 年 12 月 1 日,经安徽省气象局批准,迁往太湖老城区城南郊外并开始记录数据,占地 3335 平方米。1986 年 1 月 1 日,迁往县新城区岔路村铜鼓包山头,为国家一般气象站。2007 年 1 月 1 日,调整为国家一级气象观测站。2009 年 1 月 1 日,更名为国家基本气象

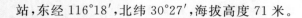

站,东经 116°18′,北纬 30°27′,海拔高度 71 米。

2. 建制情况

领导体制与机构设置演变 1959 年 6 月由县农林局领导。1961 年至 1971 年以省气象局领导为主,地方负责党政领导。1971 年至 1973 年 7 月实行县人武部和县革命委员会双重领导,省气象局负责业务指导。1973 年 7 月至 1977 年属县革命委员会生产指挥组领导,省气象局负责业务指导。1977—1979 年,县气象局由县委农工部领导,省气象局负责业务指导。1979 年,开始由省气象局领导,地方负责党政领导。1980 年 12 月,成立太湖县气象局,与气象站合署办公。1983 年,实行上级主管机构与当地人民政府双重领导,以气象主管机构为主的管理体制。1996 年,县成立人工影响天气领导小组,办公室设在县气象局,负责开展县内人工增雨和消雹等工作。2000 年,成立太湖农村综合经济信息服务中心(简称县"农网中心"),为全县农业和农村经济发展提供综合经济信息服务。

人员状况 1959 年建站时仅有 1 名职工。2008 年年底,有在职职工 11 人,其中本科学历 7 人、大专学历 2 人、中专学历 2 人,中级职称 4 人、初级职称 7 人。

单位名称及主要负责人更替情况

单位名称	负责人	职务	性别	任职时间
太湖县气象服务站	袁 斌	副站长(主持工作)	男	1959.5—1960.7
太湖县气象服务站	曾天明	副站长(主持工作)	男	1962.1—1975.9
太湖县革命委员会气象站	夏如志	站长	男	1971.9—1979.11
太湖县革命委员会气象站	汪传松	局长	男	1978.6—1984.4
太湖县气象局	曾天明	局长	男	1984.4—1990.3
太湖县气象局	张有根	局长	男	1990.3—1993.6
太湖县气象局	黄传礼	局长	男	1993.6—2002.6
太湖县气象局	何炳节	局长	男	2002.6—2006.7
太湖县气象局	张斗胜	局长	男	2006.7—

气象业务与服务

1. 气象业务

地面观测 1959 年 6 月 1 日,观测时次采用北京时 04、10、16、20 时每天 4 次观测;1960 年,改为每天 02、08、14、20 时 4 次观测;1961 年 4 月取消夜间 02 时观测,改为 08、14、20 时 3 次观测。2007 年至 2008 年测报业务为每天 8 次观测(08、11、14、17、20、23、02、05 时),观测项目有气温、气压、湿度、风向、风速、降水、云、能见度、天气现象、蒸发、积雪、日照和地温等。1960 年起编发天气报、重要天气报和雨量报;2007 年 1 月起增加气象旬(月)报,截至 2008 年底,地面观测承担的各类气象报为 8 次天气报、重要天气报、气象旬(月)报。

2004 年 7 月 1 日—2007 年 6 月 30 日,增加大气拓展项目观测,观测项目有:裸露空气最高、最低温度,水泥地面最高、最低温度,草面最高、最低温度。2004 年 7 月 23 日起,增加土壤墒情观测。

2003年11月,安装CAWS600型遥测自动气象站。2004年1月1日起,以人工观测为主、自动观测为辅。2005年1月1日起,以自动观测为主、人工观测为辅,同时运用OSS-MO 2004版软件。2006年1月1日起,自动站开始单轨运行。

1981年,编印《太湖县农业气候资源调查区划和分析》。1988年,整理编印《太湖县气象资料》和《太湖县气候资源分析与原则》。1989年,编辑出版《太湖县气象志》,同时编写《太湖县气象局大事记》和《组织机构沿革》等。2000年,太湖县气象局完成所有气象资料微机化自动处理,编制成《太湖县气象资料综合服务系统》。2008年,对所有气象资料进行了全面清查和整理,现已按规定移交到省气象档案馆统一存档。

气象信息网络 1980年前,气象站利用收音机收听武汉区域中心气象台和省以及周边气象台站播发的天气预报和天气形势。1982年,配备ZSQ-1(123)天气传真接收机接收北京、欧洲气象中心以及东京的气象传真图。1987年,安装市—县高频电话专用网络,用于市、县天气会商。1989年5月建立太湖县气象警报网。1995年,购置486台式计算机,经中国公用分组数据交换网与省、市气象台联网,接收卫星云图、雨量图、传真图等资料。1999年,建成卫星气象单收站(PC-VSAT)及天气预报人机交互系统(MICAPS),接收全球共享的气象资料,实现天气预报分析无纸化操作;到2002年,县气象局能够接收各类实况资料、数值预报产品,以及卫星云图、雷达图等图象资料。2008年,开通短时临近预报预警系统。

气象预报 1995年以前,通过接收国家气象中心和东京的气象传真图,抄收区域中心和省台天气实况和形势,绘制简易天气图,制作短期预报,同时运用概率统计法、相关演变等方法制作中长期预报。1995年开始,接收国内外数值预报产品和省、市气象台指导预报,订正制作本地24小时、48小时预报,逐步开展1周预报和短时临近预报服务。

2. 气象服务

公众气象服务 1989年以前,县内天气预报每天由县广播站定时播出,灾害性天气预报随时向县委、县政府汇报并通知有关部门做好预防。1989年5月,通过气象警报网,对各区乡镇和有关单位发布气象预报和灾害性警报信息。1997年,开通"121"天气预报咨询热线,县内用户可通过电话了解本地、周边城市及省内旅游景点等天气预报。1996年开通县电视天气预报服务业务,太湖电视台每晚19点50分定时播出县气象局制作的天气预报节目。

决策气象服务 1990年以前,主要通过口头、电话和书面形式向县委县政府汇报,对重要转折性、关键性和灾害性天气及时向县领导提供实况分析、趋势预报和对策建议。2002年以后,增加了短信和编发《重要天气情况汇报》、《气象与服务》等决策服务产品。2005年开始开展气象灾害预评估和灾害预报服务。

专业与专项服务 1985年,专业气象有偿服务开始起步。1990年起,县气象局开展建筑物防雷检测及防雷设施设计施工。1992年起,开展庆典气球施放服务。1997年12月,经县编制机构委员会批准,成立了太湖县防雷减灾局,与县气象局一个机构两块牌子。每年汛期来临之前,对全县的较高建筑物及重要设施和计算机房进行防雷检测,合格者发《防雷设施合格证书》;不合格者,限期整改。2004年,对全县加油站防雷设施进行集中检测,并开展新建建(构)筑物防雷工程图纸审核与竣工验收工作。

太湖县人工增雨工作始于20世纪70年代中期,20世纪80—90年代中期一度停止。

2001年8月7日,重新成立了太湖县人工增雨防雹领导小组,由县政府副县长任组长,县气象局、县政府办、县人武部主要负责人任副组长,办公室设在县气象局;同年,县财政投资配备1门人工增雨作业专用"三七"高炮,并从有关乡镇抽调了6名作业炮手。2002年7月,太湖县人工增雨作业人员和作业指挥人员,经培训后,全部持有作业上岗证,弥陀、牛镇、天华、江塘、新仓、刘羊6个乡镇为固定人工增雨作业炮点。2001年8月—2007年8月,太湖县先后在弥陀、江塘、小池、牛镇、天华及花凉亭水库周边,成功实施了多次人工增雨作业,增雨效果明显。

气象科技服务 2002年,县气象局增加手机短信气象业务,不定期为县乡党政领导和有关单位提供天气信息。2006—2008年,在全县安装了气象灾害预警信息电子显示屏,每日定时提供天气信息。

气象科普宣传 1990年以前,每年都利用"3·23"世界气象日开展气象科普宣传活动。1990年以后,逐步发展到通过报纸、电视台、手机短信、网站、公共场所、乡村、学校宣传科普知识,累积发送气象科普宣传材料约近万份。2008年,开展"小学生气象灾害防御教育专题讲座暨赠书仪式"和气象知识进校园活动,受益学生达万人。

法规建设与管理

气象法规建设 1994年《中华人民共和国气象条例》和1998年《安徽省气象管理条例》颁布实施后,县政府先后出台《关于在全县开展气象警报服务系统的通知》和《关于农村气象科技服务网络管理意见》文件,在全县各乡镇安装了气象警报接收机,规范了气象信息服务工作。

1979年,调整管理体制,逐步建立、完善观测员职责、资料档案管理制度、目标管理责任制、财务管理制度、卫生管理制度、政务公开制度、学习制度等多项气象工作制度。2006年,对各项制度进行修订。2007年1月,制订太湖县气象局测报业务应急预案。2008年,对各项制度进行进一步的梳理和补充、完善,涉及党风廉政与效能建设、业务服务与考核、日常工作与生活等三大方面制度。

社会管理 2002年,县气象局、县公安局联合发出《关于加强施放气球等充气升空物管理意见的通知》。2002—2008年,加大执法力度,对未经申报、擅自施放氢气球行为进行现场执法。2005年,在《安徽省防雷减灾管理办法》颁布实施后,组织相关部门对全县烟花爆竹生产企业进行防雷安全专项整治。2006年,开展了太湖县农村中小学远程教育防雷工程,全县大部分学校安装避雷装置;从这年开始,县气象局、教育局每年联合开展对全县各学校防雷安全检测工作。

政务公开 自2002年开展政务公开工作以来,利用办公楼显著位置、政府信息公开网、电子显示屏、县政府政务网、行政服务大厅公告栏、县气象局政务公开小册子等方式将机构网络图、领导班子分工、股室人员岗位职责、气象行政审批办事程序、气象服务、服务承诺、气象行政执法依据、服务收费依据及标准等内容向社会公开。在政务中心对外服务窗口,工作人员坚持挂牌上岗服务,规范语言和操作程序,接受群众监督;设置举报咨询电话和监督电话各1部,举报意见信箱1个,公开接受群众监督。

党建与气象文化建设

1. 党建工作

支部组织建设 1971 年以前,县气象局无中共党员。1974 年,成立县气象站党支部。1983—1985 年,因中共党员人数减少,县气象局党支部撤销,与县劳动局成立联合支部,以县劳动局党支部名义开展组织生活。1985 年,重新成立党支部。1990 年,党支部撤销,党员并入县农业委员会支部。1999 年,重建党支部,有中共党员 4 人。

党风廉政建设 2002 年起,连续 7 年开展党风廉政教育月活动。2004 年起,每年开展作风建设年活动。2007 年,建立"三人决策"制度。同年,开展决策事项 13 次。2008 年,决策事项 5 次,内容涵盖人事变动、工程建设、职工考核等。完善补充了《大宗物品审批、购买、报销制度》《太湖县气象局财务管理制度》等内部财务、后勤管理制度共 7 项。

2. 气象文化建设

精神文明建设 县气象局一直坚持精神文明建设不放松,建立健全文明创建的领导体系和工作机制,多年来共组织职工义务劳动 42 次,"健康、文明"文体活动 4 次;2005 年,参加"安庆市气象局成立 55 周年气象业务知识竞赛",获全市第一名。

文明单位创建 1999 年建设成"市级文明单位";2002 年建成"市级文明单位标兵";自 2004 年起,蝉联安徽省第六届、第七届、第八届"文明单位"。

局大院内,设置了文明创建宣传栏,办公楼里设置了政务公开栏。每年利用节假日组织职工开展扑克、象棋、乒乓球比赛活动。2005—2008 年底,先后组织职工参与了"我为气象添光彩"、"第二届安徽气象人精神"演讲比赛等活动。

3. 荣誉

2004—2008 年,太湖县气象局连续 3 届被中共安徽省委、省人民政府授予"省级文明单位"称号。2001 年,县气象局被省人事厅、省气象局授予"全省气象系统先进集体"称号。2001 年,县气象局被省政府授予"全省人工增雨防雹先进集体"称号。2001 年,被省气象局授予"全省气象系统最佳优质服务单位"称号。2003 年,被省气象局评为"全省防汛抗旱气象服务先进集体"称号。

台站建设

1998 年,对办公楼进行了装修改造。2007—2008 年,在原地重建业务楼,业务平面、会议室等。对大院环境进行了改造和建设。建造了小型体育活动场地、党员活动室、图书室、健身房等职工活动场所,并聘请了环境卫生维护员,长期保持单位环境的整洁、卫生和美观。现在的太湖县气象局占地面积 12800 平方米,办公楼 1 幢,职工宿舍 8 套,车库、库房 3 间,厨房 1 间。

20 世纪 80 年代的太湖县气象观测场

新建太湖县气象观测场   新建太湖县气象减灾大楼

黄山市气象台站概况

黄山市地处安徽省南部,毗邻江西、浙江,辖屯溪区、黄山区、徽州区、歙县、休宁、祁门、黟县和黄山风景区,总面积为 9807 平方千米,人口 147 万。黄山市前身为徽州地区,自秦初置歙、黟 2 县至今已有 2300 多年历史。1987 年 11 月经国务院批准撤销徽州地区设立黄山市。境内的黄山风景区和西递、宏村古民居被联合国教科文组织列入世界遗产名录。

黄山市是一个"八山一水一分田"的山区,地处北亚热带,属于湿润性季风气候,具有温和多雨,四季分明的特征。年平均气温 15℃～16℃,平均年降水量 1670 毫米,主要气象灾害有暴雨、雷电、干旱、大风、雾等。

气象工作基本情况

台站概况　黄山市气象局下辖 5 个区县气象局:歙县气象局、休宁县气象局、黟县气象局、祁门县气象局、黄山区气象局。截至 2008 年 12 月,全市有 6 个地面气象观测站,2 个农业气象站,88 个区域自动气象站。地面气象观测站中,有 1 个国家基准气候站,1 个国家基本气象观测站,4 个国家一般气象观测站。区域自动气象站中,单要素(雨量)站 61 个,四要素(雨量、温度、风向、风速)站 20 个,六要素(雨量、温度、风向、风速、气压)站 7 个。

人员状况　1953 年建站初期,有职工 6 人。截至 2008 年 12 月 31 日,全市气象部门在编人数 100 人,其中研究生 3 人,本科 42 人;高级职称 3 人,中级以上职称 47 人。

党建和文明创建。截至 2008 年底,全市气象部门有党支部 8 个,党员 78 人。共建成省级文明单位 3 个,市级文明单位 3 个。

主要业务范围

组织负责本行政区域内气象探测资料的监测、汇总、传输,依法保护气象探测环境;提供本行政区域内公众气象服务预报,灾害性天气警报以及农业气象预报,城市环境气象预报,火险气象等级预报等专业气象预报的制作和发布,及时提出气象灾害防御措施,并对重大气象灾害作出评估,为本级人民政府组织防御气象灾害提供决策依据;负责本行政区域内气象事业发展规划、规划的制定及气象业务建设的组织实施;负责本行政区域内气象设施建设项目的审查,对本行政区域内的气象活动进行指导、监督和行业管理;管理本行政区域人工影响天气工作,指导和组织人工影响天气作业;组织管理雷电灾害防御工作,会同有关部门指导对可能遭受袭击的建筑物、构筑物和其他设施安装的雷电灾害防护装置的检测工作。负责向本级人民政府和同级有关部门提出利用、保护气候资源和推广应用气候资源区划等成果的建设;组织对气候资源开发利用项目进行气候可行性论证。

黄山市气象局

机构历史沿革

1. 始建及沿革情况

1952 年冬季,屯溪气象站建立。气象站位于屯溪区柏树路,经纬度分别是东经 118°23′,北纬 29°45′。1959 年 8 月 1 日,屯溪气象站迁到隆阜金山西侧,后由于砖瓦窑浓烟影响,1975 年 12 月 31 日观测场东迁 200 米,一直沿用至今。观测场海拔高度 142.7 米,东经 118°17′,北纬 29°43′。1986 年以前,为国家基本气象站。1987 年 1 月 1 日,升格为国家基准气候站。

2. 建制情况

领导体制与机构设置演变情况 黄山市气象局的前身是屯溪气象站,始建于 1952 年冬,建制隶属中国人民解放军安徽省军区徽州军分区。1954 年 10 月,建制改属安徽省气象局。1958 年 5 月,建立屯溪中心气象站,负责对绩溪、祁门、石台、青阳、太平 5 个站的业务指导。1959 年 1 月,屯溪中心气象站建制改属中共徽州地委农工部,业务由省气象局领导。1960 年 5 月 1 日,徽州地区气象服务台成立,负责对绩溪、祁门、宁国、休宁、太平、黄山、黟县、旌德、歙县 9 个站的业务指导。1963 年 7 月,徽州地区气象服务台的人、财、业务均由省气象局管理,地方负责党务工作。

1970 年 11 月,徽州地区气象服务台归属地区革委会、军分区双层领导,并以军事部门为主。1973 年 7 月,更名为徽州地区革委会气象服务台,属地方革委会建制,省气象局负责业务指导。1973 年 9 月,更名为徽州地区革委会气象局。1974 年 2 月,太平县气象局划归池州地区气象局管理。1979 年 2 月,徽州地区革委会气象局更名为徽州地区气象局,实行省气象局和地方政府双重领导,以省气象局垂直管理为主的领导体制。

1980 年 3 月,因行政区划变更,下辖宁国县气象局划出,石台县气象局由池州划入。1988 年 4 月 1 日,因行政区划变动,徽州地区气象局更名为黄山市气象局,下辖歙县、休宁县、黟县、祁门县、黄山区 5 个区县气象局。

人员状况 1953 年建站初期,有职工 6 人。2008 年 12 月 31 日,黄山市气象局有在职职工 56 人(其中参照公务员管理的 14 人),退休职工 22 人;本科以上学历 30 人,占 53%;

研究生学历 2 人,占 4%;工程师以上技术人员 29 人,占 52%。

单位名称及主要负责人更替情况

单位名称	负责人	职务	性别	任职时间
屯溪气象站	孙 刚	站长	男	1953.1—1956.4
屯溪气象站	方树柏	站长	男	1956.5—1958.5
屯溪中心气象站	周大海	观测组组长	男	1958.6—1960.4
徽州地区气象服务台	黄再瑞	负责人	男	1960.5—1970.11
徽州地区革委会气象台	黄再瑞	副台长 台长	男	1970.12—1973.7
徽州地区革委会气象台	李培贵	教导员	男	1973.8—1973.9
徽州地区革委会气象局	李培贵	教导员	男	1973.10—1973.11
徽州地区革委会气象局	郭春福	局长	男	1973.12—1979.2
徽州地区气象局	刘东屏	局长	男	1979.3—1981.8
徽州地区气象局	胡日信	局长	男	1981.9—1983.9
徽州地区气象局	涂宜祥	副局长(主持工作)	男	1983.10—1988.11
黄山市气象局	余仁国	局长	男	1988.12—1992.7
黄山市气象局	涂宜祥	局长	男	1992.8—1997.3
黄山市气象局	王社章	局长	男	1997.4—2001.10
黄山市气象局	倪高峰	局长	男	2001.10—

气象业务与服务

1. 气象业务

地面观测 1953 年 1 月 1 日正式开展地面气象观测工作,实测次数 20 次,观测时间 02—21 时,守班;1954 年 1 月 1 日起,实测次数 4 次,观测时间 01、07、13、19 时(地平时),守班;1960 年 8 月 1 日起,实测次数 4 次,观测时间 02、08、14、20 时,守班;1967 年 8 月 1 日起,实测次数 3 次,观测时间 08、14、20 时,不守班;1967 年 10 月 1 日起,实测次数 4 次,观测时间 02、08、14、20 时,守班;1987 年 1 月 1 日起,实测次数 24 次,观测时间 21—20 时,守班。

1953 年 1 月 1 日起,观测项目有云、能见度、天气现象、气温、湿度、风向、风速、降水、雪深、蒸发、地面状态、草温等。1953 年 1 月 1 日起,增加气压、日照观测。1954 年 1 月 1 日起,停止草温观测。1957 年 8 月 1 日起,增加地面温度观测。1961 年 1 月 1 日起,停止地面状态观测。1967 年 8 月 16 日至 9 月 5 日,由于文化大革命屯溪地区发生武斗,观测停止,记录缺失,现载记录用休宁县气象站 3 次(08、14、20 时)观测记录代替。1980 年 8 月 1 日起,增加冻土观测。1983 年 1 月 1 日起,增加酸雨观测,1985 年 3 月停止。1987 年 1 月 1 日起,增加雪压观测。1992 年 1 月 1 日起,增加太阳辐射观测,观测项目有总辐射。1992 年 12 月 15 日起,增加电线积冰观测。2002 年 7 月至 9 月,屯溪国家基准气候站进行观测场、值班室改造,2002 年 9 月 14 日安装使用 CAWS600 型自动站,2003 年 1 月 1 日起,人工

433

站与自动站平行观测,以人工站为主,自动站为辅,自动站观测项目有气压、气温、湿度、风向、风速、降水、蒸发、地温、太阳辐射;2004年1月1日起,以自动站为主,人工站为辅。

1953年1月1日起,每天02、04、06、08、10、12、14、16、18、20时向合肥、长兴拍发10次加密天气报。1954年9月1日起,开始拍发航危报。1954年12月1日起,加密天气报改成天气报,时次为02、05、08、11、14、17、20、23时。1955年6月1日起,增加气象旬月报。1961年3月15日取消05、11、17、23时天气报。1993年7月1日起停止拍发航危报。2007年1月1日起,增加气候月报,天气报改为02、05、08、11、14、17、20、23时每天8次。

1985年5月正式使用PC-1500计算机,编报和查算原始数据以计算机为准(程序AH-DB-B2/3);1987年1月1日,使用国家基准气候站测报程序,1993年7月16日,PC286计算机投入业务使用。2003年4月开始使用P4微机。

1983年1月1日起,增加酸雨观测,1985年3月停止。1992年1月开展太阳辐射观测。2004年7月1日起,增加裸露空气最高温度、裸露空气最低温度、水泥路面最高温度、水泥路面最低温度、草面最高温度、草面最低温度、草面高度、草面状态观测,土壤墒情普查观测。2005年9月增加闪电定位观测(省级),上传数据到省气象局。2007年2月1日建成安徽省观测场视频监控及实景观测系统。2009年7月增加闪电定位观测(国家级),上传数据到中国气象局。

2002年9月14日安装使用CAWS600型自动站;2003年1月1日起,人工站与自动站平行观测,实现实时资料的上传。2004年开始布设自动雨量站,2006年开始布设四要素自动气象站,2007年开始布设六要素自动气象站。截至2008年12月,建设各类区域自动气象站88个,其中六要素站7个、四要素站20个、单雨量站61个。

1982年3月,我国自行研制的711型3厘米波长雷达在徽州地区气象局安装并正式投入业务运行。1996年10月停止使用。

2003年10月建成全省观测场视频监控及实景观测系统。

2005年9月建成安徽省闪电定位系统黄山市子站。2009年7月增加闪电定位观测(国家级),上传数据到中国气象局。

2001年7月1日上海市气象局在黄山市气象局院内建成GPS水汽观测系统。

气象信息网络 1995年前,利用收音机收听武汉区域中心气象台、江西等邻近省市和上级气象台播发的天气预报和天气形势。1981—1997年,利用天气传真接收机接收北京、欧洲气象中心以及东京的气象传真图。1986年7月,甚高频无线对讲通讯系统建成并投入使用,开展市、县气象局语音天气会商。1995年引进卫星云图接收设备,接收北京、欧洲气象中心、东京天气形势图和预报图及日本同步气象卫星云图。1997年建成9210系统。1998年建成VSAT单收站。1995年建成X.25分组交换网,2000年升级为10兆宽带网。2003年建成省—市视频会议系统。2006年建成市—县视频会议系统。

1997年前,主要通过广播和邮寄旬月报方式发布气象信息。1989年建立气象警报系统,面向有关部门、乡(镇)、村和企业等每天3次开展天气预报警报信息发布服务。1997年开通"121"(2005年改号为"12121"、2007年增开"96121"专项服务号码)天气预报电话自动答询系统。1995年市气象台自己制作天气预报电视节目,2004年7月5日,气象小姐亮相黄山电视台荧屏。

2003 年建成黄山旅游气象网站,发布气象信息。2003 年利用手机短信每天定时或不定时发布气象信息。2006 年开始在政府机关和乡镇等单位布设气象电子显示屏。

气象预报 黄山市的气象预报始于 1960 年 5 月 1 日,1989 年以前每天 06 时和 17 时对外发布 1 次短期预报,主要通过电台发布;另外汛前发布汛期气候趋势预测,每旬末、月末发布旬、月趋势预报。1991 年以后,短期天气预报改为每天发布 3 次,分别是 06、11、16 时。1996 年使用 MICAPS 1.0 分析气象资料,2003 年升级为 2.0 版,2009 年升级为 3.0 版。2002 年使用新一代市、县级预报业务系统发布预报,预报业务开始实现自动化、电子化、网络化。2003 年开始,每周一发布一周预报;天气复杂时随时发布短时、临近预报。2006 年开始发布预警信号,同年开展灾情直报工作。2008 年使用安徽省气象局推广的短时临近预报系统。

农业气象 1964 年,歙县气象站开始进行农气观测(水稻和桑树),拍发 ER 合肥农业气象旬月报。1979 年 12 月被确定为国家农业气象基本观测站,观测项目有茶叶、水稻,并测定土壤湿度。1981 年增加茶树观测,1983 年 3 月水稻观测改为油菜观测,增加物候观测。

2. 气象服务

公众气象服务 1997 年前向公众发布的天气预报主要为未来 24、48 小时内的天气趋势,最高气温、最低气温、风向、风速。1997—2008 年向公众发布的天气预报时效逐渐延伸至 7 天,预报内容增加了穿衣指数、紫外线指数、旅游指数、中暑指数、空气污染指数、森林火险等级、地质灾害等级等内容,还开展高考和中考等特色气象服务。服务手段从单一的电台逐渐扩展至报纸、电视、电话、传真、网络、手机短信、电子显示屏。全市电视天气预报节目有 8 套,与电信公司、移动公司、联通公司和铁通公司合作开展了"96121"业务。

决策气象服务 1960 年 5 月 1 日到 20 世纪 90 年代,以口头或电话方式向徽州地区地委、政府以及 1987 年后的市委市政府提供决策服务,主要内容是农业气象服务内容。20 世纪 90 年代,呈送书面文字材料为主,决策气象服务产品不断丰富,开发《重要天气专报》、《一周天气预报》、《汛期天气专报》、《汛期(5—9 月)气候趋势预测》、旬月报、黄金周、庆典活动的《天气专报》等决策服务产品,除春播、午收、秋收天气预报服务外,开展大风、雷暴、低温雨雪等灾害性天气服务。决策服务对象从市委、市政府、市人大、市政协逐渐扩展至水利、农业、国土、林业、民政、交通、电力、水产、安监、粮食、教育、卫生、通信等部门。截至 2008 年通过手机短信进行决策服务的用户达到 1320 余人。

在 1993 年 6 月 30 日 203.2 毫米、2006 年 5 月 9 日 208.8 毫米特大暴雨洪涝和 2008 年初严重低温雨雪冰冻灾害中,准确预报灾害天气过程,及时向党委政府和有关部门提供决策服务。

专业与专项气象服务 1985 年 2 月,国务院办公厅下发了《转发国家气象局关于气象部门开展有偿服务和综合经营的报告的通知》(国办发〔1985〕25 号),有偿服务逐步向与气象关系密切的砖瓦等行业拓展。

1990 年开展庆典气球服务;1993 年底与广电部门联合开展电视天气预报服务;1988

年开展气象预报自动答询服务,1995 年初依托电信部门 168 语音平台联合开展天气预报电话自动答询服务,1998 年底建成"121"天气预报自动答询服务系统;1995 年底建成电视天气预报制作系统,2004 年 11 月推出有主持人电视天气预报节目,2004 年 6 月开始为县(市)局制作天气预报影视节目。2003 年 4 月成立华云防雷技术工程有限公司,2006 年 10 月成立防雷中心。

2001 年 12 月,成立防雷减灾局,与黄山市气象局合署办公。1987 年底,开展各类建筑物避雷装置年度安全检测工作;1992 年至 1996 年期间,徽州区岩寺镇部分行政村连续发生多起雷击伤亡惨案,13 人死亡,3 人重伤,人们谈雷色变。1997 年,防雷中心在田畈区建造避雷亭,加大防雷知识宣传,自此以后从未发生过雷击伤人事件。2000 年,开展防雷图纸审查和防雷装置竣工验收工作;2004 年起对各类新建建(构)筑物按照规范要求安装浪涌保护装置。

黄山市人工影响天气工作始于 1976 年 6 月,主要为农业抗旱实施人工增雨作业。2003 年 7—8 月间,黄山市遭遇 1978 年以来最为严重的旱灾,从 7 月 31 日打响人工增雨第一炮到 9 月 15 日全市旱情解除,历时 1 个半月,实施人工增雨作业 85 次,发射人雨弹 799 发、人工增雨火箭弹 37 枚,平均降雨量达 10 毫米以上,有效缓解了旱情。

气象科技服务与技术开发　1998 年 9 月,省政府正式批准建立安徽农网,黄山市气象局率先成立了安徽省农村综合经济信息网黄山农网中心,管理 5 个区县级信息中心和 101 个乡镇信息服务站。以信息服务平台为工作基础,以专业服务队伍、专家顾问为技术支撑,以网站、电视、电话、报纸为服务载体,以种养大户、农村经纪人、注册会员、涉农企业为纽带,无偿为农民提供信息服务。

气象科普宣传　2003 年建立黄山市青少年科普教育基地。依托屯溪基准气候站和黄山市气象台业务平台,接待中小学生参观学习。2007 年 6 月开始,市青少年科教基地科技人员到屯溪区第九小学等学校举办气象安全知识讲座,发放宣传材料 1000 余份;利用送科技下乡、科技宣传周、"3·23"世界气象日、国际减灾日开展科普宣传活动。在黄山旅游气象网、黄山农网、黄山先锋网开辟科普宣传栏目。

法规建设与管理

气象法规建设　2000 年以来,黄山市气象局认真贯彻落实《中华人民共和国气象法》、《安徽省气象条例》等法律法规,市人大领导每年视察或听取气象工作汇报和气象执法调研等工作。2002 年 12 月 6 日成立政策法规科,与业务科技科合署办公,现有兼职人员 4 人,同时成立气象执法大队,2005 年 2 月 18 日成立专职气象行政执法大队,并配备气象执法专用车、数码相机、录音笔等专用设备,到 2008 年 12 月具备执法资格证的人员有 12 人。2003 年 2 月 26 日,黄山市人民政府办公厅印发《黄山市防雷减灾管理办法》(黄政办〔2003〕9 号)。

社会管理　黄山市气象局履行法律法规赋予气象部门的社会管理职能,开展防雷装置设计审核、竣工验收、施放气球活动许可等行政许可工作。利用电视、网络和报纸开展气象法律法规的宣传,规范气象依法行政行为。2001 年 10 月,气象行政执法 1 次,查处违法施放气球 1 起。

政务公开　2003年1月起,采取公开栏、会议、网站(局域网)、个人信箱等多种形式公开规定内容,特别加强财务、科技服务经营管理和重点工程款项支付、工程变动等事项的公开;2004年,制定了《黄山市气象局局务公开实施细则》,规范了局务公开工作。2001年起做好对社会公开工作,对气象行政审批办事程序、气象服务、服务承诺、气象行政执法依据、服务收费依据及标准等内容通过网络公开。2006年通过黄山市人民政府网站向社会实行依申请公开,公民、法人和其他组织需要气象行政管理信息,可以向黄山市人民政府信息公开网站申请获取。

党建与气象文化建设

1. 党建工作

支部组织建设　1974年成立党支部,有党员4人。2005年成立党总支,下辖3个支部,党建工作归地方农委党委领导。2008年底,有中共党员51人,其中在职党员37人,离退休党员14人。加强支部建设,充分发挥党支部的战斗堡垒作用和共产党员的先锋模范作用,2003年被中共黄山市委组织部授予"全市防治非典型肺炎工作先进基层党支部",2006年被中共黄山市农委委员会授予"2004—2006年先进党支部"。

党风廉政建设情况　认真落实党风廉政建设责任制和领导干部"一岗双责";坚持"大宣教"工作格局,将反腐倡廉纳入班子理论学习中心组和干部培训学习的内容;强化权力运行的制约和监督,认真执行民主生活会、述职述廉、三项谈话、重大事项报告等制度;在县气象局建立"三人决策"制度和兼职纪检(监察)员管理办法,认真抓好区县气象局的财务管理,实行"县账市管"。

加强廉政文化建设,倡导"用勤廉之心画事业之圆"的廉政文化理念,引领干部职工营造"风清、气正、人和"的发展氛围。2005年被中国气象局授予"气象部门局务公开先进单位";2007年被黄山市委市政府授予"党风廉政建设责任制工作先进单位"。

2. 气象文化建设

精神文明建设　1997年8月,成立黄山市气象局精神文明建设领导小组,1999年4月成立了局文明办,制定和下发了《黄山市气象局文明创建工作管理办法》,《黄山市气象局文明大院公约》,《黄山市气象局文明创建知识职工应知应会手册》。

文明单位创建　自2002年起,黄山市气象局荣获第五届、第六届、第七届、第八届省级文明单位,2003年被黄山市创建文明行业活动委员会授予"黄山市创建文明行业活动先进单位",2006年市气象局荣获"全国气象部门文明台站标兵"荣誉称号。

文体活动　20世纪90年代以来,先后进行了环境改造,室外整修了篮球场、羽毛球场;2005年建成了气象文化广场和气象科技长廊;2006年,在新落成的气象信息楼内建成职工活动室。每年都开展一系列职工文体活动,包括篮球赛、乒乓球赛、趣味运动会、文艺汇演等,不断丰富干部职工的精神文化生活,营造奋发向上的良好氛围。

3. 荣誉

集体荣誉

荣誉称号	获奖时间	授奖机关
安徽省思想政治工作先进集体	2004 年	中共安徽省委思想政治工作领导小组
安徽省气象系统先进单位	2004 年	安徽省人事厅、安徽省气象局
党风廉政建设责任制工作先进单位	2007 年	黄山市委、市政府
重大气象服务先进集体	2008 年	安徽省气象局
安徽省卫生先进单位	2008 年	安徽省爱国卫生运动委员会

个人荣誉

获奖人	荣誉称号	获奖时间	授奖机关
姚桂李	五一劳动奖章和技术能手	1985 年	安徽省总工会
王荣贵	五一劳动奖章和技术能手	2004 年	安徽省总工会
倪高峰	全国气象工作先进个人	2006 年	国家人事部和中国气象局
刘裕禄	安徽省抗洪抢险先进个人	2007 年	安徽省政府
张 兵	安徽省抗雪防冻救灾先进个人	2008 年	安徽省政府

台站建设

1959 年,建成砖木结构的平房 2 幢共 700 平方米;1979 年,为改善办公条件,从地方争取经费,建成主体二层局部三层共 22 间的砖混结构的办公楼,建筑面积 754 平方米。

2002 年,在屯溪区迎宾大道征地 5.8 亩,2006 年 11 月在所征地块建成黄山市气象信息楼,建筑面积 4800 平方米,总投资近 1000 万元。

黄山市气象局 20 世纪 70 年代观测场

黄山市气象局 20 世纪 70 年代业务办公楼

2005 年建成的气象文化广场

2006 年建成的气象信息大楼

黟县气象局

黟县地处安徽省南部山区,因黟山(黄山)而得名,建于秦朝二十六年(公元前 221 年)。全县面积 857 平方千米,境内山脉绵延,割裂成数块小盆地,以县城盆地为最大,闻名中外的黄山位于县境东北面,中国著名古代文学家陶渊明受到这一特定环境和风情的启发,写下了不朽名篇《桃花源记》,从而使黟县自古享有"桃花源里人家"的美誉。西递、宏村古民居建筑群已被联合国教科文组织列为世界文化遗产,是中外游客向往的旅游胜地。

机构历史沿革

1. 始建情况

1961 年 7 月 1 日,在黟县城关外李山山岗建立黟县气候服务站,位于北纬 29°55′,东经 117°56′,观测场海拔高度为 227.5 米。

1963 年 4 月 5 日,以吴淞口为基点,测得观测场海拔高度为 228.8 米。1980 年 10 月 1 日,以黄海为基点重新测定,测得北纬 29°56′,东经 117°56′,海拔高度为 227.5 米。观测场从建站未进行迁动。

2. 建制情况

领导体制与机构设置演变情况 1961 年 7 月 1 日,行政归县农业局领导,业务归安徽省气象局领导。1963 年 7 月 1 日,"三权"收回气象部门,以省气象局领导为主,党政归地方领导。1970 年 11 月实行军管,以县人武部领导为主,省气象局负责业务指导。1973 年 8 月体制下放,属县革委会领导。1979 年 2 月"三权"收归安徽省气象局,实行由省气象局和地方政府双重领导,以省气象局为主的管理体制至今。

人员状况 1961 年建站之初,在职职工 2 人。截至 2008 年底,在职职工 6 人,其中本科学历 5 人;中级技术职称 4 人;年龄在 20～30 岁的 2 人,30～40 岁的 2 人,40～50 岁的 2 人,平均年龄 35.8 岁。

单位名称及主要负责人更替情况

单位名称	负责人	职务	性别	任职时间
黟县气候服务站	王继忠		男	1961.7—1965.12
黟县气象服务站	王继忠		男	1966.1—1971.4
黟县革命委员会气象站	俞美恩	站长	男	1971.4—1979.12
黟县气象局	俞美恩	局长	男	1980.1—1986.2
黟县气象局	张一善	局长	男	1986.3—1989.6
黟县气象局	倪高峰	局长	男	1989.7—1994.1
黟县气象局	戴培根	局长	男	1994.2—2005.4
黟县气象局	胡曙光	局长	男	2005.5—

气象业务与服务

1. 气象业务

地面测报　属一般气象观测站,从 1961 年 7 月 1 日开始每天 08、14、20 时 3 次观测,夜间不守班。观测项目有能见度、云、天气现象、温度、湿度、风、降水、雪深、日照时数、蒸发量、地面温度、浅层地温。1967 年 1 月 1 日启用动槽式水银气压表和空盒气压计,增加气压观测;1980 年 1 月 1 日起启用 EL 型电接风向风速计,增加自记风向风速观测;1980 年 4 月 1 日起启用虹吸式雨量计,增加自动雨量观测;1980 年曾开展台风试验观测和暴雨试验观测;2003 年 10 月,建成自动气象站,2004 年 1 月 1 日至 2005 年 12 月 31 日间自动站和人工站共同运行,进行了为期 2 年的对比观测,第一年以人工站资料为主,第二年以自动站资料为主。2006 年 1 月 1 日起,正式启用自动气象站进行观测。2004 年 7 月 1 日起,开展水泥路面、草面、裸露空气温度观测,2007 年 7 月 1 日起停止观测;同年 8 月 13 日,开展土壤墒情观测。2004 到现在,全县各乡镇已建设单雨量站 5 个,四要素自动站 3 个,六要素自动站 1 个,形成高密度的自动观测站网。黟县站地处县城外山岗,周边无高大建筑,因此探测环境良好,2005 年 4 月,《大气控测环境保护规划》已送城建局、规划局、国土资源局备案。2007 年 7 月,省气象局组织对黟县站探测环境进行了环境评估,同年 9 月 21 日,建成观测场视频监控系统并投入使用。观测资料由资料室每年整理归档 1 次,2007 年 7 月 10 日,根据省气象局要求,将建站以来至 2007 年的气象记录档案全部移送省信息中心。

1962 年 3 月 15 日 14 时,开始拍发每日 14 时 1 次区域绘图报;从 1964 年 4 月 13 日 08 时开始,每天 1 次的区域绘图报改为每天 08、14、20 时 3 次;同年 10 月 1 日改回为每日 14 时 1 次;1980 年 4 月 1 日起调整为每天 08、14、203 次,但拍发时段调整为每年的 4 月 1 日至 9 月 30 日,10 月 1 日至次年 3 月 31 日的发报任务取消。1962 年 6 月 15 日开始拍发灾害性天气报(1964 年 4 月 13 号予以取消)。1963 年 4 月 1 日起拍发雨量报,1987 年 4 月 1 日起雨量报改在 05 时拍发。1963 年 5 月 1 日起拍发雨情报(7315 合肥、5222 北京和 9705 屯溪),1987 年 5 月 1 日至 9 月 30 日,水情报增发 7089 杭州和 3055 建德(3055 建德 1988

年 5 月 23 日起停发,7089 杭州 1997 年 5 月 5 日起停发),2005 年全部停发水情报。1980 年 5 月 1 日起拍发旬(月)报。1982 年 4 月 1 日起增加重要天气报拍发。1982 年 6 月 2 日 增加 06 时雨量报一份(同年 9 月 1 日停发)。1983 年 5 月 1 日增加 06 时雨量报一份(1984 年 4 月 30 日停发)。1986 年 1 月 1 日起,担负 OBSMH 合肥 04—24 时预约航危报(同年 8 月 5 日予以取消)。2008 年 12 月底前,一天 3 次加密天气报,通过网络传输,20 时进行 1 次人工站和自动站的对比观测。

气象信息网络 自建站以来,各类电报均采用人工编制,用电话传递,由邮电局发出。 1985 年 5 月,购买 PC-1500 计算机 1 台,用于观测资料的处理和编报。1995 年 12 月,开通 与市局的数据交换网,开始用 AHDM 测报软件编发报。2003 年 1 月,测报软件升级为 OSSMO-AH2002,2004 年 4 月开通宽带传输,除水情报外,其余气象电报实现网络传输,大 大提高了传输效率,消除了因传输过程中人工失误而产生的错误。现在使用 OSSMO 2004 软件,实现资料的实时采集和 5 分钟 1 次的实时传输。

气象预报 早期的预报较为简单,每天早晚 2 次的预报结论,电话传送至广播站,每年 春播期和汛期都发布相关预报。1980 年 1 月开始手抄汉口气象广播电台的高空和地面填 图,并人工进行分析,从而做出预报结论。1982 年传真机投入使用,接收北京、武汉区域气 象中心的有关气象资料和日本东京雨量传真图,1996 年以后停止手工抄报及传真接收业 务。1987 年使用甚高频电话,实现与地区局及周边区县局的天气会商。2000 年 5 月,建成 地面卫星单收站并投入使用。

2. 气象服务

公众气象服务 早期的公众气象服务主要是每天早晚 2 次,通过电话将预报结论通知 黟县人民广播电台,广播站进行播出。内容单调,形式单一,覆盖面较小,预报准确性不高。 针对其他企业和单位的需求,均以旬报的形式提供服务,预报时效性不好,社会影响面不 大。1997 年 6 月,开办多媒体电视天气预报节目。2006 年有了节目主持人,使得节目内容 更丰富多彩,画面生动活泼。

黟县境内有西递、宏村古民居,是世界文化遗产地,同时是全国十大魅力名镇之一,因 此旅游业较为突出,气象为旅游服务是黟县气象服务的一大特色,每逢五一、十一、春节等 黄金周或较长的假期,发布旅游专题服务材料。

决策气象服务 早期的决策服务主要以旬报为主,目前已有手机短信、气象专题服务 材料、重大灾害性天气汇报等多种手段。1991 年以来,黟县举办黄山国际旅游节、黟县国 际山地车节、黟县摄影节、黟县桃花节等活动,县气象局精心组织安排,做好气象服务和保 障工作,开展了桃花"始花期"预报。如:2008 年黄山黟县国际山地车节于 5 月 10 日举办, 黟县气象局准确预报 8 日强降水结束后,10 日上午天气转晴,有利于山地车节的举办,实 况与预报完全相符,确保了山地车节的成功举办。

专业专项气象服务 1991 年后为专业用户提供了旬报以及天气警报接收机的服务。 1997 年 5 月,开通"121"天气预报电话自动答询台,后来相继升级为"12121"和"96121"。

2001 年 8 月,黟县人民政府出台《黟县防雷减灾管理办法》,并于 9 月成立黟县防雷减 灾领导小组,正式开展防雷安全的管理,开始进行防雷检测;2004 年起开展新建、改建建

(构)筑物的设计图纸审定和施工跟踪监督、竣工验收。

2003年购置了人工影响天气火箭发射架,开展人工影响天气作业;同年8月,成立黟县人工影响天气领导小组,其办公室设在县气象局。

新农村服务 2000年成立黟县农村综合经济信息服务中心,在各乡镇成立信息站,提供气象信息和农业科技信息服务。

气象科普宣传 在工作中做好气象知识普及,主要是气象预报知识,防雷减灾知识。通过县气象局网站和开展气象科技宣传活动宣传气象知识。2008年,黟县气象局被命名为黄山市科普基地。

党建与精神文明建设

1. 党建工作

支部组织建设 建站初期至2001年期间,由于中共党员人数不足3人,中共党员编入县农委党支部。2001年8月,成立中共黟县气象局支部,有中共党员3人,戴培根同志任党支部书记。2004年度被县直工委评为先进党支部。2008年底,有中共党员4人。

党风廉政建设 2002年起,每年签订党风廉政目标责任书。每年4月开展党风廉政教育月活动,组织开展廉政短信、书画、图片、动画征集和有关知识竞赛等。2004年开始局领导班子每年进行述廉报告。

局务公开 坚持进行局务公开,特别是财务的公开,设置了日常的政务公开栏和意见箱,每月还通过活动公开栏对单位的各种事项进行公开,2007年4月执行"三人决策"制度。2007年被中国气象局命名为"气象部门局务公开先进单位"。

2. 气象文化建设

文明单位创建 精神文明创建活动起步早,动作快,创建形式多样,创建制度规范。1985年就被评为县级文明单位,1993年起被评为市级文明单位,2000年起被评为省级文明单位,是安徽省气象系统第一批被评为省级文明单位的3个县局之一,至2008年已是连续5届荣获省级文明单位。1990年12月,局长倪高峰同志代表黟县气象局光荣出席了在北京召开的全国气象部门青年思想政治工作座谈会。

文体活动 单位每年都开展乒乓球、羽毛球、山地车、象棋、野外郊游等形式多样的文体活动。单位职工胡曙光还多次代表县里参加全市羽毛球比赛。

3. 荣誉

集体荣誉 1993年1月,被中国气象局授予"全国先进气象站(局)"光荣称号。2000年至2008年,连续5届被中共安徽省委、安徽省人民政府授予"文明单位"称号。2001年1月,被省人事厅、省气象局评为先进集体。2005年10月被中国气象局授予"气象部门局务公开先进单位"称号。1977年、1981年荣获省气象局先进集体锦旗一面。1982年荣获省先进集体奖状。1998年被省气象局评为"奔小康示范台站"。

个人荣誉 1985年,姚桂李同志被省总工会授予五一劳动奖章和技术能手。

台站建设

　　1981 年前,仅有平房办公室 9 间,建筑面积 286 平方米;生活用房 29 间,建筑面积 368 平方米。1982 年建成 1 栋两层办公楼,条件有所改善。1992 年,新建职工宿舍 6 套,1994 年再建 2 套,全部新建职工宿舍均采用统一的徽式建筑风格整齐排列,职工生活条件有所改善。1996 年,新建计算机房,并对业务值班室进行装潢;1998 年,对办公楼及环境进行综合改善;2005 年,拆除旧办公楼,建徽派、砖混、复式办公楼 1 栋,建筑面积 787 平方米。2006 年 8 月对大院围墙进行了全面改造。

黟县气象局老观测场

黟县气象局老办公楼

黟县气象局 2006 年新建成的业务办公大楼

黟县气象局新观测场

祁门县气象局

　　祁门县地处黄山西麓,与江西毗邻,是安徽的南大门,属古徽州"一府六县"之一。建县于唐永泰二年(公元 766 年),因城东北有祁山,西南有阊门而得名,境内有国家地质公园牯牛降,是一个"九山半水半分田"的山区县。县域面积 2257 平方千米,人口 18.7 万。祁门茶叶生产历史悠久,早在唐代就有十分繁盛的茶市,是"中国红茶之乡"。

祁门县属亚热带温润季风气候,气候温和,四季分明,日照充足,雨水充沛。

机构历史沿革

1. 始建情况

1925 年春,省茶叶改良场在平里设立气象观测点。1955 年 12 月 1 日,省气象局在城关外笔架山建祁门县气候站,位于北纬 29°51′,东经 117°43′,观测场海拔高度 140.4 米。2007 年 1 月 1 日扩建观测场,新观测场为 625 平方米。

2. 建制情况

领导体制与机构设置演变情况 1955 年 12 月归省气象局领导。1958 年"人、财"权放给地方政府领导(农委)。1970 年 11 月实行军管,以县人武部领导为主。1973 年 7 月"人、财"权由县农水茶管理委员会管理。1979 年 8 月至今"三权"收归省气象局,实行由省气象局和地方政府双重领导,以省气象局为主的管理体制。

人员状况 1961 年建站之初,有在职职工 2 人。截至 2008 年底,有在职职工 9 人。其中中共党员 6 人;硕士学历 1 人,本科学历 2 人,大专学历 2 人;中级专业技术人员 5 人;40～49 岁 3 人,30～39 岁 1 人,20～29 岁 5 人。

单位名称及主要负责人更替情况

单位名称	负责人	职务	性别	任职时间
祁门气候站	陶舒翘	站长	男	1955—1957(月份不详)
祁门气候站	程景亮	站长	男	1957—1960(月份不详)
祁门气象服务站	程景亮	站长	男	1960—1969(月份不详)
祁门气象站	程景亮	站长	男	1969—1971(月份不详)
革命委员会祁门县气象站	程景亮	站长	男	1971—1974(月份不详)
革命委员会祁门县气象站	胡正才	站长	男	1974—1979(月份不详)
祁门县气象站	谢兰生	站长	男	1979—1983(月份不详)
祁门县气象局	谢兰生	局长	男	1983—1984(月份不详)
祁门县气象局	钟梅彬	局长	女	1984—1997(月份不详)
祁门县气象局	戴志平	局长	男	1997—2002(月份不详)
祁门县气象局	吴谨平	局长	男	2002—2008.11
祁门县气象局	陈海峰	副局长	男	2008.11—

气象业务与服务

1. 气象业务

地面观测 1956 年 1 月 1 日起,观测时次采用地方时 02、08、14、20 时每天 4 次观测。1961 年 4 月改为 08、14、20 时每天 3 次观测。观测项目有云、能见度、天气现象、气压、气温、湿度、风向风速、降水、雪深、日照、蒸发、地温等。2006年12月31日20时由国家一般气象站升格为国家基本气象站,全天守班;拍发02、08、14、20时天气报,05、11、17、23时补充天气报。1964年开始承担合肥民航部门,安庆、长兴军事部门的08—18时航危报业务。2004年起只承担南京军事部门的08—20时航危报业务。2004年7月1日起开展空气裸露温度、草面温度、水泥面温度3项观测,2007年7月1日起停止观测。2004年7月下旬起每月3、8、13、18、23、28日开展土壤墒情观测。2003年10月22日,在县气象局观测场安装七要素自动气象站。2004年1月1日至2005年12月31日间自动站和人工站共同运行,进行了为期2年的对比观测,第一年以人工站资料为主,第二年以自动站资料为主。2006年1月1日起,正式启用自动气象站进行观测。2003年,在县城、凫峰、祁红、芦溪、大坦、金字牌、塔坊、大北埠、湘溪、新安、流源、牯牛降、雷湖建立了13个自动雨量站。2005年9月22日在牯牛降风景区建成1个四要素自动站。

气象信息网络 1980年前,气象站利用收音机收听武汉区域中心气象台和上级以及周边气象台站播发的天气预报和天气形势。1981—2000年,利用超短波双边带电台接收武汉区域中心气象信息,配备ZSQ-1(123)天气传真接收机接收北京、欧洲气象中心以及东京的气象传真图。2000—2005年,建立VSAT站(气象卫星资料单收站)、气象网络应用平台、专用服务器和省市县气象视频会商系统,开通100兆光缆,接收从地面到高空各类天气形势图和云图、雷达等数据,为气象信息的采集、传输处理、分发应用、会商分析提供支持。

气象预报 早期的预报较为简单,每天早晚2次的预报结论,电话传送至广播站,每年春播期和汛期都发布相关预报。1980年1月开始手抄汉口气象广播电台的高空和地面填图,并人工进行分析,从而做出预报结论。1982年传真机投入使用,接收北京、武汉区域气象中心的有关气象资料和日本东京雨量传真图,1996年以后停止手工抄报及传真接收业务。1987年购置甚高频电话,实现与地区局及周边区县局的天气会商,同时为一些重要部门提供句(月)报和警报接收机服务。2000年至今,开展常规24小时、未来3~5天和句月报等短、中、长期天气预报以及短时临近预报;同时,开展灾害性天气预报预警业务和供领导决策的各类重要天气报告等。

农业气象 1984—1985年,完成《祁门县综合农业区划》编制,获徽州地区农业区划成果一等奖;完成《祁门县农业气候资源和区划》编制,获得由徽州地区农业区划成果二等奖。1982年设立农业气象组,向县政府、涉农部门、乡镇寄发农业气象月报、农业产量预报、秋季低温预报、春播天气预报等业务产品。

1982年,祁门县气象局开展农业气象观测,主要茶叶,物候观测项目乌桕和杨柳,1998年停止茶叶观测。

2. 气象服务

公众气象服务 1995年前,利用有线广播站播报气象消息。1995年11月与县邮电局共同组建气象防灾减灾数据通信专用网,并开通"121"(2005年1月改号为"96121")天气预报电话自动答询系统。1997年开始制作电视天气预报。2004年起利用手机短信每天07时、17时发布气象信息。2006年,电视气象节目主持人走上荧屏播讲气象,开展日常预报、天气趋势、生活指数、灾害防御、科普知识、农业气象等服务。2007年依托乡镇自动气象站 10 分钟连续观测数据,建立气象实况信息自动报警系统。2006—2008 年,在全县安装气象预警信息显示屏 7 块。每年开展节日气象服务,还为历届祁门红茶节会等重大活动提供气象保障。

决策气象服务　1966 年起,为中国人民解放军第二炮兵驻祁部队提供本县原始气象资料。20 世纪 80 年代以口头或传真方式向县委县政府提供决策服务。20 世纪 90 年代逐步开发《重要天气报告》、《气象内参》、《气象信息与动态》、《汛期(5—9 月)天气形势分析》等决策服务产品。在 1982 年 6 月 20 日,准确预报大暴雨天气过程,及时向党委政府和有关部门提供决策服务,被县政府、县委评为先进单位。1996 年,汛期气象预报准确及时,并向江西景德镇市防汛指挥部气象台以及阊江下游部门传递情报,为各级政府和防汛部门组织抗洪、抢险、救灾工作提供了准确的气象信息,受到中国气象局的表彰,荣获"国家汛期气象服务先进集体"称号。在 2008 年初的严重低温雨雪冰冻灾害中,准确预报灾害天气过程,及时向党委政府和有关部门提供决策服务。

专业专项服务　1985 年 3 月,遵照国务院办公厅《转发国家气象局关于气象部门开展有偿服务和综合经营的报告的通知》(国办发〔1985〕25 号)文件精神,专业气象服务开始起步,从邮寄纸质服务材料,逐渐发展到电话、传真、警报接收机、电视、预警信息显示屏、手机短信等,面向各行业开展气象科技服务。

1989 年起,开展建(构)筑物避雷设施安全检测。1996 年成立祁门县防雷领导小组,下设县防雷安全管理检测中心,挂靠在县气象局。防雷安全管理检测中心对全县的防雷设施图纸审核和避雷设施开展安全检测。

1978 年开展人工增雨试验。2002 年取得"人工影响天气"作业证书,并配备人工增雨火箭发射装置 1 套。2003 年 8 月成立了祁门县人工增雨指挥部,分管县长任总指挥,气象局、水利局领导任副指挥。气象部门在水利、人武、民航等部门积极配合下,2003 年 8 月在全县范围内进行了为期半个多月的人工增雨作业,缓解了旱情。

气象科技服务　1994 年为加强气象为农业服务工作,以县政府主管、农经委主抓、气象局主办的祁门县农网中心在县气象局成立,纳入安徽农网、黄山市农网内统一运作,并在全县乡镇范围内成立 23 个信息站。

党建与气象文化建设

1. 党建工作

支部组织建设　建站初期,有中共党员 1 人,组织关系放在县农委党支部。1996 年 1 月,成立中共祁门县气象局支部,有中共党员 3 人,钟梅彬同志任党支部书记。1998 年 12 月曹良能任党支部书记。2002 年 4 月戴志平任党支部书记。2003 年 11 月至今程乔峰任党支部书记。截至 2008 年底,有中共党员 6 人。2006 年被县直属机关党委评为"先进党支部"。

2. 气象文化建设

精神文明建设　祁门县气象局对精神文明创建活动非常重视,起步早,动作快,创建形式多样,创建制度规范。1986 年被评为县级"文明单位";1990 年就被省气象局评为"双文明建设集体";2004 年起被评为市级"文明单位";2006 年起被评为省级"文明单位"。

3. 荣誉

集体荣誉   1996 年被中国气象局评为先进集体。2004 年被闽浙赣皖 4 省毗邻地区军队、地方气象联防协会评为联防先进单位。2004 年被中共黄山市委、黄山市人民政府评为黄山市第六届文明单位。

个人荣誉   1982 年、1984 年、1986 年、1990 年,戴志平同志 4 次被省人事厅和省气象局评为"先进工作者"。

台站建设

1979 年之前,仅有 3 间瓦房用于办公,共 54 平方米。1979 年建 1 座四层办公楼,面积380 平方米,办公条件有所改善。1983 年,新建职工宿舍 10 套;1994 年建职工宿舍 2 套,职工住房得以改善。2003 年对原有办公楼进行了改造,在原楼顶加建了 70 平方米的业务平台,同时对大院环境进行综合改造。2007 年 1 月将 16 米×20 米观测场扩建成了标准的 25米×25 米的新观测场。

祁门县气象局老观测场

2007 年改造后的观测场

祁门县气象局老办公平房

2003 年重新装修的业务办公大楼

休宁县气象局

休宁县位于安徽省最南端,与浙、赣两省交界,全县总面积 2151 平方千米,辖 9 镇 12 乡、190 个行政村,总人口 27.4 万,是典型的"八山半水半分田,一分道路和庄园"山区县。

休宁自东汉建安十三年(208 年)建县,距今已有 1800 年历史。县名为隋文帝钦定,取休阳、海宁各一字,含"吉庆平宁"之意。作为古徽州的"一府六县"之一,自古以来,休宁便以山水之美、林茶之富、商贾之多、文风之盛而名闻遐迩,被誉为"东南邹鲁"。邑产"徽墨"、"日规"等手工艺品驰名中外,万安罗盘曾获 1915 年巴拿马万国博览会金奖。

机构历史沿革

1. 始建情况

据《休宁县志》记载,1953 年曾在县政府大院内附设雨量点。1958 年中央气象局提出"专专有台、县县有站、社社有哨"建立全国气象台站网的要求,省气象局派林钦仁同志来休宁筹建休宁县气候站,站址在休宁县海阳镇东门小山顶,位于北纬 30°32′,东经 119°58′,海拔高度 170.2 米,1959 年 1 月 15 日正式开展气象观测,至今站址位置一直没有变化过。

2. 建制情况

领导体制与机构设置演变情况 1959 年 1 月 15 日隶属于县农业局领导。1960 年更名为休宁县气候服务站。1964 年 1 月,体制"三权"(人、财、业务)归属省气象局管理,地方负责党政领导。1971 年 1 月 6 日,休宁县革命委员会气象服务站实行以县人武部领导为主和省气象局负责业务双重领导。1973 年 7 月 11 日,调整气象部门领导体制,县站归属县革委会领导,属科局级单位。1977 年,更名为休宁县气象站。1979 年 2 月,"三权"收归安徽省气象局,实行由省气象局和地方政府双重领导,以省气象局为主的管理体制。

人员状况 1959 年建站初期,在职职工仅有 2 人。2008 年底,有在职职工 8 人,无少数民族。其中大学本科学历 3 人,大专学历 2 人,中专学历 2 人。年龄结构为 50 岁以上的 1 人,40～49 岁 5 人,40 岁以下的 2 人,平均年龄 38 岁。

单位名称及主要负责人更替情况

单位名称	负责人	职务	性别	任职时间
休宁县气候站	林钦仁	站长	男	1959.1—1960.3
休宁县气候服务站	姜祖安	站长	男	1960.3—1961.1
休宁县气候服务站	赖瑞可	站长	男	1961.1—1963.10
休宁县气候服务站	陈国柱	站长	男	1963.10—1971.6
休宁县革命委员会气象服务站	陈国柱	站长	男	1971.6—1972.9

续表

单位名称	负责人	职务	性别	任职时间
休宁县革命委员会气象服务站	吴发全	站长	男	1972.9—1974.1
休宁县革命委员会气象服务站	骆学平	站长	男	1974.1—1977.9
休宁县气象站	骆学平	站长	男	1977.9—1980.1
休宁县气象局	骆学平	局长	男	1980.1—1984.4
休宁县气象局	陈国柱	局长	男	1984.4—1986.5
休宁县气象局	汪志员	局长	男	1986.6—1989.3
休宁县气象局	陈国柱	局长	男	1989.3—1998.2
休宁县气象局	胡正维	局长	男	1998.2—2005.2
休宁县气象局	赵俊华	局长	男	2005.2—

气象业务与服务

1. 气象业务

地面测报 1959 年 1 月 15 日有观测记录,每天定时观测 3 次(08、14、20 时),白天守班,夜间不守班。观测项目有云、能见度、天气现象、气压、空气的温度和湿度、风、降水、雪深、日照、蒸发(小型)和地温。发报任务:4 至 9 月每天向合肥(省气象台、下同)、屯溪(今黄山市气象台、下同)拍发绘图报;每旬(月)初向屯溪拍发气象旬(月)报;向合肥、屯溪拍发重要天气报;常年向当地两级防汛指挥部发雨量报,冬半年向合肥、屯溪发日雨量报。气象电报通过电话传于邮电局,并由其发往用报单位。月(年)终编制月(年)报表,编报表原本留档,副本呈报。每月向地区气象局报送月简表、省气象局报送月报表(气表-1),每年向国家气象局报送年报表(气表-21)。

1988 年根据省气象局业务处文件,本站由一般站改为辅助站。规定观测项目为降水、天气现象、空气的温度和湿度、日照。但本站基本保留了一般站的观测项目,取消了地温、蒸发和能见度的观测。气压、温度、湿度、风向风速自记记录仅换纸不整理。辅助站延续到1999 年 12 月 31 日,辅助站期间,只制作月简表,先是不发绘图报,后又全年 08 时起向合肥发天气加密报;向合肥发雨量报;向合肥和黄山市发水情报;向合肥和黄山市发重要天气报。1995 年 11 月,添置了首台计算机(486 配置),用于气象业务平台,建立了数据交换网,开始用 AHDM 测报软件编发报,传报方式为网络传输。

从 2000 年 1 月 10 日起恢复为一般站,观测项目与一般站基本相同(与本站 1987 年以前相同)。现用仪器全部更换,正式使用 EN2 型表自动测风仪。2000 年 1 月 1 日 08 时起向合肥发加密天气报;4 月 1 日开始增为每天 08、14、20 时发报,另外还有雨量报、水情报、重要天气报和台风加密报。

2003 年 10 月 19 日自动气象站安装完成。2004 年 1 月 1 日自动气象站与人工站平行观测,增加了 5～320 厘米的地温观测项目。2004 年 7 月 1 日开展大气探测拓展观测业务,增加了裸露空气温度、水泥地面温度、草面温度的观测。2007 年 7 月 1 日停止特种温度的观测。2004 年 7 月 23 日,开展土壤墒情观测,2009 年 1 月 1 日起增加电线积冰和冻土观测。

全县乡镇共建成了六要素自动站 1 个,四要素自动站 4 个,单雨量站 12 个,形成分布合理的高密度自动观测站网。2008 年 8 月,将建站以来至 2006 年的气象记录档案全部移送省信息中心保管。

天气预报　休宁站 1959 年 5 月开展单站补充天气预报,并通过县广播站对外广播服务。当时人员少,技术弱,无设备,连用来抄收大台天气形势预报的基本工具——收音机,还得到县广播站借用。1963 年省气象局给予配备了直流电收音机,此段时间只制作短期天气预报。1964 年开始,增加了制作中、长期天气预报和主要农事活动期间的天气预报(如春播、汛期、三秋等)。1970 年以后,提高"图、资、群"的应用,制作多种形式的预报工具如"9·5"剖面图、"6·5"剖面图、"三线曲线图"、"点聚图"等。1980 年以后,根据本站资料的预报因子,建立预报档案,开始应用数理统计和"MOS"预报方法。1982 年无线电传真替代收音机投入预报业务,接收北京、武汉区域气象中心的有关气象资料和日本雨量传真图。1987 年配置甚高频电话,实现与地区局及周边县局的天气会商。1996 年以后停止手工抄报及传真接收业务,县站预报主要是根据省、市气象台的预报进行订正后,通过媒体向外发布。

2. 气象服务

公众气象服务　1996 年以前,利用农村有线广播站播报气象消息。1996 年 5 月 1 日,开通电视天气预报服务项目。2002 年升级为非线性编辑系统制作电视气象节目;2006 年11 月电视气象节目主持人走上荧屏。2004 年开通手机气象短信服务和气象预警信息显示屏天气预报、预警信息服务,至 2008 年底,在全县乡镇及地质灾害易发的自然村安装气象预警信息显示屏 14 个。休宁县政府网开通后第一时间为全县群众提供 24 小时、48 小时及一周天气预报。

决策气象服务　20 世纪 80 年代以前是以口头或电话方式向县委县政府提供决策服务,20 世纪 90 年代以来逐步以书面方式向县委县政府进行汇报。主要有《周报》、《重大天气情况汇报》、《汛期(5—9 月)天气形势分析》、《春播天气形势分析》等。还为历届茶交会、物资交流会、齐云山登山节等大型活动提供气象保障。汛期利用气象预警信息显示屏和手机短信发布天气预报及地质灾害气象等级预报,防火期发布天气预报森林防火等级预报。

专业与专项服务　1985 年 3 月,遵照国务院办公厅《转发国家气象局关于气象部门开展有偿服务和综合经营的报告的通知》(国办发〔1985〕25 号)文件精神,专业气象有偿服务开始起步。气象科技服务初期利用邮寄、传真旬报和警报接收机为主,逐步发展到声讯、气象影视、气象预警信息显示屏、手机短信和专题服务材料等多种形式,面向各行业开展气象科技服务。

1990 年起,配合市气象局开展建(构)筑物避雷设施开展安全检测。1996 年成立休宁县防雷中心。随着《安徽省气象管理条例》于 1998 年 9 月 1 日起施行,休宁县防雷中心加大了对防雷工作的监管,规范防雷管理工作程序。2003 年 7 月 7 日休宁县人民政府印发《休宁县防雷减灾管理实施办法》,全县的新建、扩建、改建建筑物或其他设施的防雷安全设施设计,须经县气象主管部门审核同意,最后通过气象主管部门验收才可投入使用。

2003 年购置了双管火箭发射架,开始开展人工影响天气作业。2003—2008 年共开展人工增雨作业 9 次。2005 年与县林业局签订协议,每年防火季节如遇重大山林火情,在气象条件允许的情况下随时进行人工增雨作业,以配合森林灭火工作。

气象科技服务 1996 年 5 月 1 日,与县广电局合作开通电视天气预报服务项目。1997 年 3 月,与电信部门合作建立"121"电话自动答询天气预报系统;1999 年 5 月,更新了"121"设备,功能、维护、操作方面更优。1998 年起,开展庆典气球施放服务。

2002—2009 年每年都利用安徽农网信息平台为参加中国休宁有机茶交易会暨名特农产品交易会的茶农免费提供茶叶信息网上发布服务。为"三农"服务是我们的主题,建立好的服务机制和服务手段,确保信息及时链接,使安徽农网、安徽先锋网深入千家万户,为乡镇培训安徽先锋网管理员办培训班一期。2006 年为配合县委、县政府把休宁县打造成为中国乡村旅游福地,主动为全县各乡村旅游景点免费安装电子显示屏,提供天气预报和气象信息。

气象科普宣传 应用电视、手机短信、报刊专版、气象预警信息屏、网站等渠道,开展气象科普入村、入企、入校、入社区。向县政府和相关部门、企业和专业户赠送《中国气象报》,为全县的中小学校发放防雷安全手册。每年的世界气象日和安全生产活动月,都开展气象科普宣传,气象周报上增加气象科普知识。

法规建设与管理

法规建设 2003 年 7 月 7 日休宁县人民政府印发《休宁县防雷减灾管理实施办法》(休政〔2003〕93 号)。1998 年 4 月 2 日县气象局和县建设环境保护局共同下发文件《关于加强建(构)筑物防雷安全管理工作的通知》(休城字〔1998〕第 45 号)。2002 年 4 月 1 日县气象局和休宁县人民政府安全生产委员会下发《关于进一步做好防雷安全工作的通知》(休安办〔2002〕13 号)。

2009 年 8 月 11 日,《休宁国家一般气象站探测环境保护专项规划》由县政府(休政秘〔2009〕40 号)批复执行,纳入城乡规划并组织实施。

局务公开 2003 年起对气象行政审批办事程序、气象服务、服务承诺、气象行政执法依据、服务收费依据及标准等内容向社会公开。落实首问责任制、气象服务限时办结、公开投诉电话。

党建与精神文明建设

1. 党建工作

支部组织建设 1980 年以前,由于中共党员人数少于 3 人,编入县农委党支部。1980 年成立中共休宁县气象局支部,骆学平任党支部书记,有中共党员 3 人。1983 年,陈国柱任党支部书记,有党员 5 人。1997 年 7 月,胡正维任党支部书记。2006 年 11 月,方毅任党支部书记。2008 年 6 月赵俊华任党支部书记至今。截至 2008 年底,有中共党员 5 人。2003 年被评为先进党支部。

党风廉政建设 每年与上级主管部门签订党风廉政建设责任状。积极参加地方和上级气象部门组织的党章、党史知识竞赛活动。定期组织党员干部开展廉政教育,并观看了《忠诚》等警示教育片。局里重要事项和重大开支必须经局"三人决策",最后将结果向职工公布。

2. 气象文化建设

2004 年被县创建文明行业委员会命名为文明行业、窗口单位。2005 年被县综合治理委员会命名为安全文明小区。2006 年被授予平安创建先进单位。2003 年(第六届)、2005年(第七届)和 2007 年(第八届)连续获市级文明单位。

台站建设

1959 年 1 月 15 日建站初期,仅有 1 栋平房。1978 年 10 月建 1 幢两层业务楼,建筑面积为 240 平方米,办公条件有所改善。1987 年 7 月在办公楼北面 20 米处建 1 幢两层 4 套宿舍楼,职工生活环境得到改善。1994 年建成 6 套职工宿舍(4 套为两层楼房,2 套为平房)。2002 年 10 月,观测场面积扩大为 25 米×25 米。2008 年 7 月 8 日开工建设防灾减灾业务楼,2009 年 6 月初正式投入使用。业务楼为三层砖混结构,建筑面积为 837 平方米,建筑风格为传统徽派,内设业务平面、图书阅览室、党员活动室和职工之家,功能较为齐全。

休宁站旧貌(1978 年)

休宁局新业务办公楼(2008 年摄)

业务平面

歙县气象局

歙县地处皖南山区,属北亚热带季风湿润气候。全县总面积 2122 平方千米,辖 28 个乡镇、297 个行政村,人口 50 万。歙县历史悠久,人文荟萃,山美水美,风景宜人,文风日盛,一直是徽州大地政治、经济、文化中心,素有"东南邹鲁"、"程朱阙里"、"文化之邦"之美誉,是中国三大地域文化之一,徽文化的主要发祥地和集中展示地。

机构历史沿革

1. 始建及站址迁移情况

歙县气象站始建于 1959 年 2 月,位于歙县岩寺朱坊农场,北纬 29°50′,东经 118°19′,海拔高度 131.9 米。1972 年 1 月,站址迁至歙县城内长青山顶,北纬 29°52′,东经 118°26′,海拔高度 168.7 米。

2. 建制情况

领导体制与机构设置演变情况　1959 年建站时,名为歙县气候站,由县农工部、农办领导为主,气象部门指导业务。1963 年 1 月,更名为歙县气象服务站。1964 年 1 月,"人、财"权归省气象局,以省气象局领导为主。1970 年 11 月,以县人武部领导为主。1971 年 1 月,更名为歙县革命委员会气象站,"人、财"权归地方,以歙县革命委员会领导为主。1978 年,更名为歙县气象站。1979 年 2 月,实行气象部门和地方双重领导,以气象部门为主的管理体制。1980 年,更名为歙县气象局。

人员状况　1959 年,建站初期仅有在职职工 3 人。截至 2008 年底,有气象在职职工 9 人,其中大学以上学历 2 人;中级专业技术人员 4 人,初级专业技术人员 1 人;50 岁以上 4 人,40～49 岁 3 人,40 岁以下 3 人。

单位名称及主要负责人更替情况

台站名称	负责人	职务	性别	任职时间
歙县气候站	陈灶金	站长	男	1959.2—1959.11
	徐顺中	副站长(主持工作)	男	1959.12—1962.12
歙县气象服务站	徐顺中	副站长(主持工作)	男	1963.1—1965.12
	梁展能	副站长(主持工作)	男	1966.1—1970.12
歙县革命委员会气象站	梁展能	副站长(主持工作)	男	1971.1—1971.5
	陈光中	副站长(主持工作)	男	1971.6—1977.12
	李献奎	站长	男	1978.1—1979.4
歙县气象站	李献奎	站长	男	1979.5—1980.4

台站名称	负责人	职务	性别	任职时间
歙县气象局	李献奎	局长	男	1980.5—1980.12
	陈光中	局长	男	1981.1—1993.12
	凌来寿	局长	男	1994.1—2008.4
	方毅	局长	男	2008.5—

气象业务与服务

1. 气象业务

地面观测 1959年2月1日起,观测时次采用地方时01、07、13、19时每天4次观测;1960年1月1日起,改为每天07、13、19时3次观测;1960年8月1日起,每天08、14、20时3次观测。观测项目有云、能见度、天气现象、气压、气温、湿度、风向风速、降水、雪深、日照、蒸发、地温等。编发地面天气报和重要天气报、旬月报,各气象报文电话传报县邮电局,经邮电局发往地、省、中央气象部门和有关单位。1995年1月1日采用PC-1500进行地面观测数据的查算、编报和报表编制工作。2000年1月1日采用AH2000地面测报软件进行地面观测数据的查算、编报、传报和报表编制、打印。2005年1月1日CAWS600型自动气象站正式使用,采用OSSMO 2004地面测报软件,自动采集、查算、编报、传报(VPN传报)和报表编制、打印。自动采集项目为气压、气温、湿度、风向风速、降水,人工观测项目为云、能、天、降水、雪深、日照、蒸发。

2003—2008年先后在桂林镇、富堨镇、郑村镇、溪头镇、雄村乡、坑口乡、北岸镇、三阳镇、金川乡、昌溪乡、武阳乡、岔口镇、新溪口乡、小川乡、璜田乡、长陔乡、王村镇、绍濂乡、许村镇、森村乡、石门乡建立21个自动雨量站,在上丰乡、杞梓里镇、深渡镇、街口镇建立4个四要素自动气象站,在霞坑镇建立1个六要素自动气象站。

2000年通过MICAPS卫星接收系统,接收高分辨率卫星云图,主要用于人工增雨作业和强对流突发天气监测。

气象信息网络 1983年前,气象站利用收音机收听武汉区域中心气象台和上级以及周边气象台站播发的天气预报和天气形势。1984—2000年,利用ZSQ-1A型天气传真接收机接收北京、日本东京、上海、合肥等地播送的气象传真图。1996年10月建成PC-VSAT单收站。2000年后气象办公网、气象网络应用平台、专用服务器和省、市、县气象视频会商系统的建立,为气象信息的采集、传输处理、分发应用、会商分析提供支持。

气象预报 1959年气象站建立就开始作单站天气预报,通过收听天气形势,绘制简易天气图,结合本站资料,制作24小时、48小时天气预报。根据相似预报法、天气过程模式法、韵律法和数理统计法制作旬、月、年的天气预报。2000年至今,制作短时临近和短、中、长期天气预报。同时,开展灾害性天气预报预警业务和制作供领导决策的各类重要天气报告等。

农业气象 1964年就开始进行农业气象观测(水稻和桑树)。1979年12月气象站确定为国家农业气象基本观测站,观测项目为茶叶、水稻,并测定土壤湿度。1980年完成《歙县农业气候资源和区划》的编制。1981年增加茶树观测,1983年3月水稻改为油菜观测,增加物候观测,并向县政府、涉农部门、乡镇寄发"农业气象月报"、"作物生育期间气象条件分析"、"双抢天气趋势"、"农业产量预报"、"灾害性天气服务"、"年气候影响评价"业务产品。为《歙县地方志》、《歙县年鉴》提供气候史料。

2. 气象服务

公众气象服务 1996年以前,利用农村有线广播站播报气象消息。1996年11月,多媒体电视天气预报同全县人民见面,2002年升级为非线性编辑系统,开展日常预报、天气趋势、灾害防御、科普知识、农业气象等服务。2004年开展手机气象短信天象服务和气象预预警信息显示屏天气预报、预警信息服务。截至2008年底,短信用户1300余户,气象预警信息显示屏39块。

决策气象服务 自建站以来,以汇报形式向县委县政府提供决策服务,长、中、短期天气预报和短时临近预报,《春播天气形势分析》、《汛期(5—9月)天气形势分析》、《年气候展望》等决策服务产品。在1996年6月30日、2007年7月10日和2008年6月10日等特大暴雨洪涝以及2008年初严重低温雨雪冰冻灾害中,及时向县政府和有关部门提供决策服务。利用气象预警信息显示屏和手机短信为县委、县政府和相关部门发布气象信息10000余条。

专业与专项服务 1989年小范围利用邮寄材料、警报接收机等开展气象服务。1999年8月,利用"121"天气预报电话自动答询系统、气象影视、气象预警信息显示屏、手机短信等手段,面向各行业开展气象科技服务。2000年起,开展庆典气球施放服务。

1990年起,开展建(构)筑物避雷设施安全检测。1996年3月成立防雷中心,逐步开展建筑物、计算机信息系统防雷装置等检测,开展重大工程建设项目雷击灾害风险评估和防雷设计。2004年3月开展新建建(构)筑物防雷工程图纸审核、设计评价、竣工验收等业务。

2000年7月成立县人工增雨办公室,配备"三七"高炮1门,正式实施人工增雨作业。

气象科技服务 围绕构建农村新型气象工作体系,建立好的服务机制和服务手段,使"安徽农网"、"安徽先锋网"深入千家万户,为乡镇培训"安徽先锋网"管理员,举办培训班1期。

气象科普宣传 应用电视、手机短信、报刊专版、气象预警信息显示屏、网站等渠道,实施气象科普入村、入企、入校、入社区。为县政府和相关部门、企业和专业户发放《中国气象报》专版,为全县的中小学校发放防雷安全手册,在县政府举办的安全生产活动日,发放防雷安全手册、光盘和气象灾害预警宣传挂图,在"气象与服务"和"一周气象"上增加气象科普知识。

法规建设与管理

社会管理 2006年1月在县政务中心设立气象窗口,承担气象行政审批职能。2001—2007年,县气象局兼职执法人员4次通过省政府法制办培训考核,持证上岗;2005年制定气象行政执法文件。2005—2007年,与市气象局执法队、市公安局网络管理科开展气象行政执法检查8次。

2004年6月,歙县气象局制定编发《歙县气象局处置重大气象灾害及突发事件预案》,并成立了领导小组;同时纳入县政府公共事件应急体系。2000—2004年,县政府成立了气象灾害应急、防雷减灾工作、人工影响天气 3 个领导小组,在县气象局设立办公室,负责日常工作。2008 年初,歙县遭遇严重雨雪冰冻灾害,发布"气象灾害 2 级响应预案"应急处置工作。

局务公开 2002 年起对气象行政审批办事程序、气象服务、服务承诺、气象行政执法依据、服务收费依据及标准等内容向社会公开。2005 年以来完善并制定《歙县局务公开实施方案》、《歙县气象局气象服务承诺制度》、《歙县气象局财务管理制度》,"三人决策"制度,落实气象电话投诉、气象服务义务监督,坚持上墙、网络、办事窗口等渠道开展局务公开工作。

党建与气象文化建设

1. 党建工作

支部组织建设 建站初期,有中共党员 1 人,纳入县农林党支部。1978 年 4 月,成立歙县气象局党支部,有中共党员 3 人,李献奎同志任党支部书记。1981 年 1 月陈光中同志任党支部书记。1994 年 2 月凌来寿同志任党支部书记。2008 年 12 月,有中共党员 5 人,方毅同志任党支部书记。

2002 年被县直机关工委授予"先进党支部"称号,2003 年、2004 年、2006 年被县直机关工委授予"先进基层党组织"称号。

党风廉政建设 2002—2008 年,制定歙县气象局"廉政文化进机关活动实施方案",歙县气象局党风廉政建设和反腐败工作制度"六项承诺"等制度,参与地方党委开展的党章、党规、法律法规的学习,开展作风建设活动,签订党风廉政目标责任书,推进惩治和防腐败体系建设。2007 年 4 月执行县气象局"三人决策"制度。

2. 气象文化建设

精神文明建设 2000 年起,开展争创文明单位活动。2000—2008 年,先后与徽城镇新南社区抗震结对共建活动,与贫困村(户)、残疾人开展结对帮扶活动。2006—2007 年,参与徽州古城"古歙徽风,和谐之光"灯展和"柔和杯"环城越野大赛等活动。

2006 年被评为"平安单位"。2007 年 11 个职工家庭荣获县文明委授予的"五好家庭"。

文明单位创建 制定"创文明科室、文明职工制度"和"创文明科室、文明职工"评选暂行办法,营造积极健康的文化氛围,大院秩序稳定,文明祥和。2006 年与桂林镇排头村文明创建共建结对活动。

文体活动 1988 年建有乒乓球室。1998 年建有羽毛球场。2008 年环境改造增设职工健身场地、健身器材。参加地方政府举办的文体活动,越野长跑、歌咏比赛、跳绳等。在本局举办文体活动,投掷飞标、球类等。

3. 荣誉

集体荣誉 1994 年度被中国气象局授予汛期气象服务先进集体称号。1997 年度被省气象局评为全省气象系统基本业务五好台站,同时被安徽省人事厅、安徽省气象局评为安徽省气象系统先进集体。2000 年度被省气象局评为防汛抗旱气象服务先进集体。2004—2008 年 3 次获黄山市"文明单位"(第六届、第七届、第八届)。

个人荣誉　凌来寿,男,中共党员,2001 年被安徽省人事厅、安徽省气象局授予"先进工作者"称号。

台站建设

　　建站初期,工作生活条件非常简陋,共有几间平房,1986 年建设业务楼,建筑面积为160 平方米。2007 年完成综合业务楼建设,业务楼的整体外观为徽派建筑,建筑面积为977 平方米,设立了防灾减灾信息中心、阅览室、党员活动室、职工活动室等场所。

1983 年的观测场和办公用房

　　2008 年对观测场和大院环境进行综合改善,环境绿化为徽派园林式样,业务楼和环境融为一体,和谐而清新,成为一道亮丽的风景线。2007 年被县人民政府评为"园林式单位"。

2008 年的观测场环境改造工程

2007 年的综合业务楼

综合业务楼内的业务会商平面

黄山区气象局

黄山区位于安徽省皖南山区中部,地处北纬 30°00′~30°32′,东经 117°50′~118°21′之间,总面积 1761.84 平方千米,人口 16.2 万。黄山区地势南高北低,南部黄山主峰莲花峰海拔 1872 米,为本区最高点(也是全省最高点)。黄山区水资源较为丰富,太平湖面积 88 平方千米。本区是全省重点林茶产区,太平茶叶品质超群,色、香、味、形俱佳。境内南部有堪称"四绝"(温泉、云海、奇松、怪石),闻名于世的联合国世界自然文化遗产的黄山。北卧"黄山情侣"之称的太平湖,像一块绿色翡翠镶嵌在青山绿丛之间,湖光山色,交相辉映,景色宜人。

机构历史沿革

1. 始建及站址迁移情况

黄山区气象局前身为石埭县气候站,于 1957 年 7 月建于广阳西门外郊区,同年 8 月 1 日正式开展各项业务工作,站址位于北纬 30°21′,东经 117°57′。1960 年 3 月迁到太平县甘棠镇狮形山山顶,站址位于北纬 30°17′,东经 118°07′,海拔高度 204.0 米。1972 年 10 月再次搬迁到太平县甘棠镇龙王井山顶至今,站址位于北纬 30°18′,东经 118°08′,海拔高度 193.4 米。

2. 建制情况

领导体制与机构设置演变情况　1957 年 8 月成立石埭县气候站。1960 年 7 月改为太平县气象服务站。1971 年改为安徽省太平县革命委员会气象站。1973 年改为太平县气象站。1978 年 10 月改为太平县气象局。1984 年 6 月改为黄山市(县级)气象局。1988 年 6 月改为黄山区气象局。

1963 年前,以地方领导为主,省气象局负责业务指导和管理。1964 年 1 月"三权"收归安徽省气象局领导,地方负责党政领导。1970 年 11 月实行军管,以县人武部领导为主,省气象局负责业务指导。1973 年 8 月体制下放,属县革委会领导。1979 年 2 月"三权"收归安徽省气象局,实行由省气象局和地方政府双重领导,以省气象局为主的管理体制。

在气象业务管理上,1960 年前属芜湖专区气象部门领导。1961 年至 1974 年 2 月属徽州专区气象部门领导。1974 年 3 月至 1980 年 2 月属池州专区气象部门领导。1980 年 3 月至 1984 年 5 月属徽州专区气象部门领导。1984 年 6 月至 1986 年 10 月归省气象局直属台站。1986 年 11 月至 1988 年 4 月属黄山气象管理处领导。1988 年 5 月属黄山市气象局领导至今。

人员状况　1957 年建站时,有气象职工 4 人。截至 2008 年底,有在职职工 10 人,其中

大学以上学历 2 人、大专学历 4 人;中级专业技术人员 4 人、初级专业技术人员 6 人;年龄
50 岁以上 3 人、40～49 岁 5 人、40 岁以下 2 人。

单位名称及主要负责人更替情况

单位名称	负责人	职务	性别	任职时间
石埭县气候站	陈康庸	负责人	男	1957.7—1958.8
石埭县气候站	刘荣华	负责人	男	1958.9—1960.6
太平县气象服务站	刘荣华	负责人	男	1960.7—1966.7
太平县气象服务站	李焕提	副站长(主持工作)	男	1966.8—1970.12
太平县革命委员会气象站	李焕提	副站长(主持工作)	男	1971.1—1972.12
太平县气象站	李焕提	副站长(主持工作)	男	1973.1—1978.6
太平县气象局	吴炳康	副局长(主持工作)	男	1978.7—1979.2
太平县气象局	叶惟俊	局长	男	1979.3—1984.3
黄山市(县级)气象局	石惠民	局长	男	1984.4—1988.5
黄山区气象局	石惠民	局长	男	1988.6—1995.12
黄山区气象局	王正华	副局长(主持工作)	男	1996.1—1997.3
黄山区气象局	孙敏	副局长(主持工作)	男	1997.4—1999.10
黄山区气象局	王正华	副局长(主持工作)	男	1999.11—2001.4
黄山区气象局	方建民	局长	男	2001.5—2003.6
黄山区气象局	方生标	副局长(主持工作)	男	2003.7—2005.4
黄山区气象局	方生标	局长	男	2005.5—

气象业务与服务

1. 气象业务

地面观测 1957 年 8 月 1 日正式开始地面气候观测工作,每日实测 4 次,实测时间为 01、07、13、19 时。1960 年 8 月 1 日观测时间改为 02、08、14、20 时 4 次观测。1961 年 4 月开始每日实测 3 次,时间是 08、14、20 时观测。观测项目有云、能见度、天气现象、空气温度、最高气温、最低气温、地面 0 厘米温度、最高和最低温度、日照、蒸发、降水、风、相对湿度和绝对湿度、积雪深度、气压、曲管地中 5、10、15、20 厘米温度。1962 年 8 月增加了气压观测。1963 年增加了气压、雨量自记记录。1967 年 1 月到 1979 年底停止了曲管 5、10、15、20 厘米地温观测。1973 年增加了温度和湿度自记记录。1980 年恢复了地面曲管 5、10、15、20 厘米地温观测。1980 年、1981 年每年 6—7 月开展暴雨试验业务观测。

1981 年至 1983 年,7 月 15 日—10 月 15 日,开展台风业务试验观测。1992 年 6 月前,观测业务的查算、计算、编码发报,月年报表制作一直是手工完成,计算工具就是算盘。1992 年 7 月配备 PC-1500 袖珍计算机用于观测资料查算、计算、编码。1998 年在原 386 微

机上安装了测报程序,观测资料输入、查算、计算、编码和制作月年报表。2000 年 1 月配备 486 微机 1 台。2003 年 7 月对观测场地进行了改造,同年 9 月份建立七要素自动气象站。2004 年 1 月自动气象站开始观测。2004 年 7 月开展裸露空气温度、草坪面温度、水泥地面温度的特种观测。2004 年 8 月开展土壤墒情观测和发报。2003 年 6 月在汤口、新明、焦村、郭村、新华、清溪 6 个乡镇建有线遥测雨量自动站。2004 年 5 月在耿城、谭家桥、乌石、太平湖、永丰、建立无线遥测自动测量站。2005 年 5 月将汤口、新明、焦村、郭村、新华、清溪有线自动雨量站升级为无线遥测自动雨量站。2005—2007 年在焦村、太平湖、三口建设四要素自动站,在新明建设六要素自动站。

1961 年 9 月、1964 年 6—8 月编发预约航危报。1960 年开始每天编发 14 时 1 次天气报,1975 年开始编发 08、14、20 时 3 次天气报。

气象信息网络   1986 年前,利用收音机收听武汉区域中心气象台和上级以及周边气象台站播发的天气预报和天气形势。1986—1995 年利用 CY-80 型气象传真机接收高空和地面天气图。1989 年引进卫星云图接收设备,以 APT 接收低分辨率日本气象同步卫星云图。1996—2001 年利用计算机互联网接收高空和地面天气图和其他资料。2000 年通过 MICAPS 系统使用高分辨率卫星云图。2002 年开通 ADSL 网络,2004 年改为光纤上网。2003 年以前通过电话传输各类天气报,2004 年以后通过网络传输各类天气报,电话传输作为应急补充。从 1958 年 10 月份起至今每天早晚通过广播发布天气预报。1997 年 7 月开始每天早晚通过"121"电话自动答询系统发布天气预报。1998 年 8 月开始利用电视发布天气预报。2002 年开通手机短信平台发布天气预报。

气象预报   1958 年 10 月根据上级业务部门要求增加了单站补充订正预报工作,每天早晚 2 次制作天气预报;预报时效为 24 小时和 48 小时;预报内容为天气状况、风向风速、最高最低气温;中长期预报有:旬、月、春播、汛期、三秋预报,内容为降水过程、降雨量、平均气温、最高最低温度等;预报主要是利用简易天气图,结合本站气象资料,参考上级台站的指导预报,制作本县天气预报。1970 年 10 月始,通过收听天气形势,结合本站资料图表每日早晚制作 24 小时内日常天气预报。2000 年至今,开展长、中短期和短时临近预报,同时还开展灾害性天气预报预警业务和制作供领导决策的各类重要天气报告等。

2. 气象服务

公众气象服务   从建站以来通过广播站播报天气预报。1997 年 7 月开通"121"气象预报电话自动答询系统,2004 年升位为"12121",2007 年改为"96121"。1998 年 8 月应用非线性编辑系统制作电视气象节目。2004 年通过区政府网站发布天气预报。预报有短期预报、一周预报,汛期天气趋势、气温、降水、灾害性天气等实况气象资料分析、意见与建议等。1999 年 10 月起在每年的 10 月至次年的 4 月间,每天制作森林火险气象等级预报,并在广播电台和电视台上发布。

决策气象服务   1980 年以口头或传真方式向县(区)政府提供决策服务。2003 年创办《气象信息》专刊供领导参阅,主要提供一周预报、季节性预报、节日预报、重大活动预报和重大天气预测预报。2003 年开始应用短信平台为领导发布气象信息。从过去单纯的为领导服务,拓展到为相关部门和全区 14 个乡镇提供气象服务。在 2007 年 7 月 10 日特大暴雨洪涝和 2008 年初的严重低温雨雪冰冻灾害中,准确预报灾害天气过程,及时向区委政府和有关部门提供决策服务和预警服务,先后被区委区政府授予"抗洪救灾先进集体"和区委区政府通报表彰。

专业与专项服务　从 1985 年起逐步开展专业有偿服务,主要为用户提供中长期天气预报和气象资料,作为安排生产参考依据。1997 年起为用户庆典活动提供气球施放业务。1997 年 10 月在太平湖举行了国际民间龙舟赛,2004 年 10 月在黄山区分会场耿城举行了国际民间艺术节,在"一赛一节"上分别施放气球 50 个以上,很好地烘托了重大活动气氛。

1997 年 7 月开始每天通过"121"电话自动答询系统发布天气预报,2004 年升位为"12121",2007 年改为"96121"。1998 年开始在电视天气预报上提供背景画面宣传服务业务。1999 年 10 月起在防火季节每天制作发布森林火险气象等级预报。2004 年开始制作发布地质灾害气象等级预报。2006 年开始安装电子显示屏发布气象信息和预报。

1991 年起开展防雷检测业务。1996 年,成立黄山区防雷领导小组,领导组办公室设在气象局。2004 年起开展建(构)筑物防雷装置图纸设计审核、跟踪检测和竣工验收业务。

1976 年起,利用"三七"高炮开展了人工影响天气作业。2003 年 8 月,成立黄山区人工影响天气领导小组,领导小组办公室设在气象局。2003 年起,利用火箭实施了人工影响天气作业。

气象科技服务　2000 年成立黄山区农村综合经济信息服务中心,在各乡镇成立信息站,提供气象信息和农业科技信息服务。

气象科普宣传　在工作中做好气象知识普及,主要是气象预报知识、防雷减灾知识。通过区政府网站和室外宣传栏宣传气象知识。通过"科技宣传月"和"安全宣传月"宣传气象知识。

法规建设与管理

社会管理　2005 年黄山区政府确定气球施放审批和防雷装置设计审核、施工监督及竣工验收许可项目的实施主体为黄山区气象局。

2005 年开始对观测场环境保护采取了一系列行之有效的措施,拆除了观测场北面 6 米处的老平房,对平房前面有 4 棵 10 米高的梧桐树进行了砍伐,观测场西北面旧业务楼的三楼进行拆除。

2003 年,针对黄山市全华旅游置业有限公司在观测场南面购买了大片土地,用于开发建设全华顺景住宅区。2006 年 7 月 12 日—8 月 9 日,分别向区规划局和区政府报送《关于要求控制全华顺景建筑物高度的函》和《关于我区大气探测环境需要采取措施进行保护的报告》,同年 8 月 25 日、10 月 25 日和 12 月 5 日,区政府 3 次召开专题协调会,协调解决全华建筑物高度问题,要求开发公司调整高度。2006 年 8 月,针对县政府拟在观测场西面建设黄山区体育馆,向区文体局发出一份告知书,要求对观测环境进行保护,区政府改变了建设规划,改建为室外体育场。2008 年开始进行黄山区观测场环境保护规划。

政务公开　2004 年起对气象行政审批办事程序、气象服务、服务承诺、气象行政执法依据、服务收费依据及标准等内容向社会公开。2005 年制定下发了《黄山区气象局政务公开工作细则》。

党建与气象文化建设

1. 党建工作

支部组织建设　1972年4月,有中共党员1人,编入太平县农水局党支部。1979年3月,有中共党员3人,成立太平县气象局党支部,叶维俊任党支部书记。2004年起方生标任党支部书记。截至2008年底,有党员9人,其中在职的7人,退休的2人。

2005年开展保持共产党员先进性教育活动,黄山区气象局党支部2006年获得区委授予的"保持共产党员先进性教育先进基层党组织"称号。2007年被黄山区农业党委授予"先进基层党组织"称号。2008年被黄山区委授予"先进基层党组织"称号。

党风廉政建设　2005年黄山市气象局党组纪检组首次聘用黄山区气象局兼职纪检员。2007年第二次聘用黄山区气象局兼职纪检员。2002年起,每年签订党风廉政目标责任书。每年4月开展党风廉政教育月活动,组织开展廉政短信、书画、图片、动画征集和有关知识竞赛等。2004年开始局领导班子每年进行述廉报告。2005年黄山区气象局被安徽省气象局授予"局务公开先进单位"。2007年4月执行县气象局"三人决策"制度。

2. 气象文化建设

精神文明建设　2002年开始,成立黄山区气象局文明创建领导小组,局长任组长,提出"团结、奋进、和谐、创新"的创建口号;到2008年,在思想、业务、服务、制度、环境改造等方面加强了建设;开展了扑克、乒乓球、知识竞赛、义务劳动、捐款、社区共驻共建等活动。

文明单位创建　2001—2003年、2004—2006年,荣获区级第十届、第十一届文明单位。2002—2003年荣获黄山市第六届文明单位,2004—2005年荣获黄山市第七届文明单位。

台站建设

建站初期,只有60平方米砖木结构平房,工作生活条件十分简陋。

1972年10月搬迁到甘棠镇龙王井山顶,占地面积为11470.18平方米,建砖木结构平房2栋,面积250平方米。1973—1974年建18立方米水塔1座,并铺建自来水管160米,解决生活用水。1975—1976年建宿舍4间114平方米。1977年铺建环境水泥地面及道路300平方米。

1985年建2栋8套职工宿舍,面积1120平方米。1984年建大院围墙460米。1986年将原砖木结构办公楼改建为砖混结构,同时加建一层100多平米,将二层改为三层。1984—1987年修建水泥路面约计800平方米、护坝80米。2007年进行观测场室改造,并在观测场南建设40米长、7.7米高的挡土墙。2008年9月3日,气象科技业务楼竣工,建筑面积1248平方米,同时大楼前面的场地改造和观测场周边绿化改造也全面完成,使台站的面貌得到了全面改善。

黄山区气象局 20 世纪 90 年代观测场

黄山区气象局 20 世纪 90 年代业务办公楼

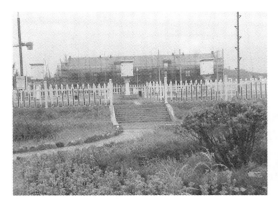

黄山区气象局新改造的观测场(2008 年)

黄山区气象局新建成的业务楼(2008 年)

附录

安徽省基层气象台站简史编纂主要贡献者
（按姓氏笔画排序）

丁言杰	丁敬芝	丁皖陵	刁庆元	马 玲	方 军	方生标	王 锋	王甲生
王克强	王克勤	王志刚	王新才	王新泉	邓先琪	甘启生	代方敏	史金保
江胜国	刘 秀	刘 诚	刘梅香	刘慧杰	许永姿	邢中华	成 梅	吕 娟
朱一正	朱士礼	朱延文	孙国庆	孙献革	汪 银	汪明光	汪留湛	杜希扬
杜建中	李庆根	李亚玲	李光余	李宣平	严小华	杨 勇	杨 彬	杨 静
杨会文	杨德安	杨德刚	张 彦	张 健	张马兵	张文善	张从贵	张志良
张新亮	吴 佳	吴云霞	吴本勋	吴新建	余四清	陈 平	陆星华	於克满
林 云	岳邦云	周 明	周 艳	周国宏	周景春	洪 伟	洪瑞林	姜 西
姜天霞	胡文旻	胡正维	胡在洪	胡启学	胡浪涛	胡森林	胡雅聘	赵三立
赵守春	段兆祥	袁学所	党修伍	夏卫宏	夏书权	秦兴娟	徐 伟	徐立新
徐红玲	徐玲玲	曹 剑	黄 震	黄永沧	黄传礼	黄远山	崔付发	董 斌
董志平	董保华	葛 曲	韩俊荣	程文杰	程云生	程向敏	程铁军	誉中福
詹友旺	蔡雪芹	薛光侠	戴建国	戴修尚				